CISCO

Cisco | Networking Academy®
Mind Wide Open™

思科网络技术学院教程（第7版）

企业网络+安全+自动化

CCNAv7: Enterprise Networking, Security, and Automation

Companion Guide

[加] 鲍勃·瓦钦（Bob Vachon）
[美] 艾伦·约翰逊（Allan Johnson） 著
思科系统公司 译

人民邮电出版社
北京

图书在版编目（CIP）数据

思科网络技术学院教程 ：第7版. 企业网络+安全+自动化 / （加）鲍勃·瓦钦（Bob Vachon），（美）艾伦·约翰逊（Allan Johnson）著 ；思科系统公司译. -- 北京 ：人民邮电出版社，2022.8
ISBN 978-7-115-59357-3

Ⅰ. ①思… Ⅱ. ①鲍… ②艾… ③思… Ⅲ. ①计算机网络—教材 Ⅳ. ①TP393

中国版本图书馆CIP数据核字(2022)第093226号

◆ 著　［加］鲍勃·瓦钦（Bob Vachon）
［美］艾伦·约翰逊（Allan Johnson）
译　思科系统公司
责任编辑　傅道坤
责任印制　王　郁　胡　南

◆ 人民邮电出版社出版发行　北京市丰台区成寿寺路 11 号
邮编　100164　电子邮件　315@ptpress.com.cn
网址　https://www.ptpress.com.cn
三河市中晟雅豪印务有限公司印刷

◆ 开本：787×1092　1/16
印张：28.75　2022 年 8 月第 1 版
字数：840 千字　2022 年 8 月河北第 1 次印刷
著作权合同登记号　图字：01-2021 -1730 号

定价：90.00 元

读者服务热线：(010)81055410　印装质量热线：(010)81055316
反盗版热线：(010)81055315
广告经营许可证：京东市监广登字 20170147 号

内容提要

思科网络技术学院项目是思科公司在全球范围内推出的一个主要面向初级网络工程技术人员的培训项目，旨在让更多的年轻人学习先进的网络技术知识，为互联网时代做好准备。

本书是思科网络技术学院全新版本的配套书面教材，主要内容包括单区域 OSPFv2 概念、单区域 OSPFv2 配置、网络安全概念、ACL 概念、IPv4 ACL 的配置、IPv4 的 NAT、WAN 概念、VPN 和 IPSec 概念、QoS 概念、网络管理、网络设计、排除网络故障、网络虚拟化、网络自动化。本书每章末尾还提供了复习题，并在附录中给出了答案和注释，以检验读者对每章知识的掌握情况。

本书适合准备参加 CCNA 认证考试的读者以及各类网络技术初学人员参考阅读。

审校者序

思科网络技术学院（Cisco Networking Academy）项目是思科公司规模最大和持续时间最长的企业社会责任项目。思科网络技术学院目前覆盖全球180个国家/地区，1万多所大学，2万多名教师，780多万学生，拥有全球先进的技术交流平台。

该项目自1998年进驻中国，在20多年时间里，思科公司累计成立400多所思科网络技术学院，培养了36万余学生，且每年都有超过6万名新生加入。思科网络技术学院在为数字化经济发展提供人才储备的同时，也促进了教育事业的发展，培养了无数全球互联网问题解决专家。

思科网络技术学院教程始终能够与时俱进。本书是思科网络技术学院教程《企业网络+安全+自动化》的官方学习教材，配备交互式的电子教程和丰富的实验素材，将真实设备和仿真实验进行结合，可以达到较好的学习效果。

我担任思科网络技术学院专职讲师已有13个年头，先后用过CCNA 3.0、4.0、5.0和6.0版本的教材。2020年3月，我有幸受邀，协助思科公司完成了CCNA 7.0电子教材的审校。在审校期间发现，本书除了新增“网络管理”“网络虚拟化”和“网络自动化”三章，还在内容编排上进行了很大的调整，与时俱进地反映了技术领域的变化，紧跟了时代潮流。

在本书的审校工作中，我得到了家人、同事、学生们的大力支持，在此表示衷心的感谢。特别感谢我的同事韩茂玲、张津铭，我的学生于飞凡、李雪林等，大家放弃了很多节假日一起投入本书的审校工作。正是因为大家的共同努力，本书的出版进程才得以加速，质量才得以保障。

由于本书内容涉及面广，加之时间仓促和自身水平有限，审校过程难免有疏漏之处，敬请广大读者批评指正。

烟台职业学院
刘彩凤
yantaicfl@126.com

关于特约作者

Bob Vachon（鲍勃·瓦钦）是寒武纪学院（位于加拿大安大略省萨德伯里）和亚岗昆学院（位于加拿大安大略省渥太华）的教授。他在计算机网络和信息技术方面有 30 多年的教学经验。他还以团队负责人、主要作者和主题专家的身份参与了许多思科网络学院课程，包括 CCNA、CCNA 安全、CCNP 和网络安全。Bob 热爱家庭，喜欢交友，并且喜欢在户外围着篝火弹吉他。

Allan Johnson（艾伦·约翰逊）于 1999 年进入学术界，将所有的精力投入教学中。在此之前，他做了 10 年的企业主和运营人。他拥有 MBA 和职业培训与发展专业的教育硕士学位。他曾在高中教授过 7 年的 CCNA 课程，并且一直在得克萨斯州科帕斯市的 Del Mar 学院教授 CCNA 和 CCNP 课程。2003 年，Allan 开始将大部分时间和精力投入 CCNA 教学支持小组，为全球各地的网络学院的教师提供服务以及开发培训材料。当前，他在思科网络技术学院担任全职的课程负责人。

前言

本书是思科网络技术学院 CCNA Enterprise Networking, Security, and Automation v7（CCNA 企业网络、安全和自动化第 7 版）课程的配套书面教材。思科网络技术学院是在全球范围内面向学生传授信息技术技能的综合性项目。本课程强调现实世界的实践性应用，同时为您在中小型企业、大型集团公司以及服务提供商环境中设计、安装、运行和维护网络提供所需技能和实践经验的机会。

作为教材，本书为解释与在线课程完全相同的网络概念、技术、协议，以及设备提供了现成的参考资料。本书强调关键主题、术语和练习，而且与在线课程相比，本书还提供了一些可选的解释和示例。您可以在老师的指导下使用在线课程，然后使用本书来巩固对所有主题的理解。

本书的读者

本书与在线课程一样，均是对数据网络技术的介绍，主要面向旨在成为网络专家的人，以及为职业提升而需要了解网络技术的人。本书简明地呈现主题，从最基本的概念开始，逐步进入对网络通信的全面介绍。本书的内容是其他思科网络技术学院课程的基础，还可以作为备考 CCNA 认证的资料。

本书的特点

本书的特点是将重点放在支持主题范围、可读性和课程材料实践几个方面，以便读者充分理解课程材料。

主题范围

通过下述方式全面概述每章介绍的主题，帮助读者科学分配学习时间。

- **学习目标**：在每章的开头列出，指明本章所包含的核心概念。该目标与在线课程中相应章节的目标相匹配；然而，本书中的问题形式是为了鼓励读者在阅读本章时勤于思考，发现答案。
- **注意**：这些简短的补充内容指出了有趣的事实、节约时间的方法以及重要的安全问题。
- **总结**：对本章关键概念的总结，它提供了本章的摘要，以帮助学习。

实践

实践铸就完美。本书为您提供了充足的机会将所学知识应用于实践。您将发现下面这个有价值且有效的方法，可以用来帮助您有效巩固所掌握的内容。

- **复习题**：每章末尾都有复习题，可作为自我评估的工具。这些问题的风格与在线课程中看到的问题相同。附录提供了所有问题的答案及其解释。

本书组织结构

本书分为 14 章和 1 个附录。

- **第 1 章，“单区域 OSPFv2 概念”**：本章介绍了单区域 OSPF，内容包括 OSPF 的基本功能和特点、数据包类型以及单区域操作。
- **第 2 章，“单区域 OSPFv2 配置”**：本章介绍了如何实现单区域 OSPFv2 网络，内容包括路由器 ID 配置、点对点配置、DR/BDR 选举、单区域修改、默认路由传播以及单区域 OSPFv2 配置的验证。

- **第 3 章，“网络安全概念”**：本章介绍了如何缓解漏洞、威胁和漏洞利用（exploit）以增强网络安全性，内容包括网络安全的现状、威胁发起者使用的工具、恶意软件类型、常见的网络攻击、IP 漏洞、TCP 和 UDP 漏洞、网络安全最佳实践以及密码学。
- **第 4 章，“ACL 概念”**：本章介绍了如何使用 ACL 过滤流量、如何使用通配符掩码、如何创建 ACL，以及标准 IPv4 ACL 和扩展 IPv4 ACL 之间的区别。
- **第 5 章，“IPv4 ACL 的配置”**：本章介绍了如何实现 ACL，内容包括标准 IPv4 ACL 配置、使用序号修改 ACL、将 ACL 应用于 VTY 线路以及扩展 IPv4 ACL 的配置。
- **第 6 章，“IPv4 的 NAT”**：本章介绍了如何在路由器上启用 NAT 服务，以提供 IPv4 地址的可扩展性，内容包括 NAT 的目的和功能、NAT 的不同类型，以及 NAT 的优缺点。本章中的配置主题包括静态 NAT、动态 NAT 和 PAT，此外还简要讨论了 NAT64。
- **第 7 章，“WAN 概念”**：本章介绍了如何使用 WAN 接入技术来满足业务需求，内容包括 WAN 的用途、WAN 的运行方式、传统 WAN 连接选项、现代 WAN 连接选项以及基于互联网的连接选项。
- **第 8 章，“VPN 和 IPSec 概念”**：本章介绍了如何使用 VPN 和 IPSec 保护通信，内容包括不同类型的 VPN，以及如何使用 IPSec 框架保护网络流量。
- **第 9 章，“QoS 概念”**：本章介绍了网络设备如何使用 QoS 对网络流量进行优先级排序，内容包括网络传输特征、排队算法、不同的排队模型和 QoS 实现技术。
- **第 10 章，“网络管理”**：本章介绍了如何使用各种协议和技术来管理网络，内容包括 CDP、LLDP、NTP、SNMP 和 syslog。另外，本章还讨论了配置文件和 IOS 镜像的管理。
- **第 11 章，“网络设计”**：本章介绍了可扩展网络的特征，内容包括网络融合、设计可扩展网络的注意事项，以及交换机和路由器硬件。
- **第 12 章，“排除网络故障”**：本章介绍了如何对网络进行故障排除，内容包括网络文档、故障排除方法和故障排除工具。本章还介绍了如何使用分层方法来确定网络问题的原因并消除其症状。
- **第 13 章，“网络虚拟化”**：本章介绍了网络虚拟化的目的和特点，内容包括云计算、虚拟化的重要性、网络设备虚拟化、软件定义网络，以及网络编程中使用的控制器。
- **第 14 章，“网络自动化”**：本章介绍了网络自动化，内容包括自动化、数据格式、API、REST、配置管理工具和思科 DNA 中心。
- **附录 A，“复习题答案”**：列出了每章末尾出现的复习题的答案及其解释。

资源与支持

本书由异步社区出品，社区（https://www.epubit.com/）为您提供相关资源和后续服务。

提交勘误

作者和编辑尽最大努力来确保书中内容的准确性，但难免会存在疏漏。欢迎您将发现的问题反馈给我们，帮助我们提升图书的质量。

当您发现错误时，请登录异步社区，按书名搜索，进入本书页面，单击“提交勘误”，输入勘误信息，单击“提交”按钮即可。本书的作者和编辑会对您提交的勘误进行审核，确认并接受后，您将获赠异步社区的 100 积分。积分可用于在异步社区兑换优惠券、样书或奖品。

扫码关注本书

扫描下方二维码，您将会在异步社区微信服务号中看到本书信息及相关的服务提示。

与我们联系

我们的联系邮箱是 contact@epubit.com.cn。

如果您对本书有任何疑问或建议，请您发邮件给我们，并请在邮件标题中注明本书书名，以便我们更高效地做出反馈。

如果您有兴趣出版图书、录制教学视频，或者参与图书技术审校等工作，可以发邮件给本书的责任编辑（fudaokun@ptpress.com.cn）。

如果您来自学校、培训机构或企业，想批量购买本书或异步社区出版的其他图书，也可以发邮件给我们。

如果您在网上发现有针对异步社区出品图书的各种形式的盗版行为，包括对图书全部或部分内容的非授权传播，请您将怀疑有侵权行为的链接通过邮件发给我们。您的这一举动是对作者权益的保护，也是我们持续为您提供有价值的内容的动力之源。

关于异步社区和异步图书

“异步社区”是人民邮电出版社旗下 IT 专业图书社区，致力于出版精品 IT 技术图书和相关学习产品，为作译者提供优质出版服务。异步社区创办于 2015 年 8 月，提供大量精品 IT 技术图书和电子书，以及高品质技术文章和视频课程。更多详情请访问异步社区官网 https://www.epubit.com。

“异步图书”是由异步社区编辑团队策划出版的精品 IT 专业图书的品牌，依托于人民邮电出版社的计算机图书出版积累和专业编辑团队，相关图书在封面上印有异步图书的 LOGO。异步图书的出版领域包括软件开发、大数据、AI、测试、前端、网络技术等。

异步社区

微信服务号

目　录

第 1 章

单区域 OSPFv2 概念

学习目标

通过完成本章的学习，您将能够回答下列问题：

- OSPF 的基本功能和特点是什么；
- 单区域 OSPF 使用哪种 OSPF 数据包类型；
- 单区域 OSPF 是如何运行的。

想象一下，您一家人现在要去探望您的祖父母。您收拾好行李，把行李装到车里。但这比预计的花了更长的时间，现在您要迟到了。您拿出地图，有 3 条不同的路线可选。第一条路线不好，因为主干道上有很多施工点，道路暂时封闭。第二条路线的沿途风景非常优美，但需要多花一个小时才能到达目的地。第三条路线没有那么漂亮，但它包含一条高速公路，会快很多。而且走这条路确实会快得多，您可能还可以准时到达。

在网络世界中，数据包不需要走风景优美的路线。最佳选择永远是最快的那条路线。开放最短路径优先（OSPF）旨在找出数据包从源到目的地的最快可用路径。本章介绍了单区域 OSPFv2 的基本概念。让我们开始吧！

1.1 OSPF 的功能和特点

OSPF 是一种常见的多厂商、开放标准、无类链路状态路由协议。本节将介绍 OSPF 是如何运行的。

1.1.1 OSPF 简介

本节简要概述开放最短路径优先（OSPF）的概念，包括单区域 OSPF 和多区域 OSPF。OSPFv2 用于 IPv4 网络，而 OSPFv3 用于 IPv6 网络。另外，具有地址族的 OSPFv3 支持 IPv4 和 IPv6。本章的重点是单区域 OSPFv2。

OSPF 是一种链路状态路由协议，它是距离向量协议路由信息协议（RIP）的替代产品。RIP 是网络和互联网早期广泛使用的路由协议。然而，由于 RIP 采用跳数作为确定最佳路由的唯一度量，这很快暴露出了问题。在具有多条不同速度的路径的大型网络中，使用跳数不能很好地扩展。OSPF 与 RIP 相比，具有显著优势，因为它既能快速收敛，又能扩展到更大型的网络。

OSPF 是一种链路状态路由协议，它使用了区域的概念。网络管理员可以把路由域划分为不同的区域，以此对路由更新流量实施控制。链路指的是路由器上的接口。链路也指连接两台路由器的网段，或者末端网络，比如只连接了一台路由器的以太网 LAN。有关各条链路的状态的信息称为链路状态信息。链路状态信息中包含网络前缀、前缀长度和开销。

本章介绍了单区域 OSPF 的基本实施和配置。

1.1.2　OSPF 的组件

所有路由协议共享相似的组件。它们都使用路由协议消息来交换路由信息。这些消息有助于建立数据结构，然后使用路由算法对其进行处理。

OSPF 的组件如下：

- 路由协议消息；
- 数据结构；
- 算法。

路由协议消息

运行 OSPF 的路由器使用 5 种类型的数据包来交换消息，以传递路由信息。这些数据包如下所示（见图 1-1）：

- Hello 数据包；
- 数据库描述（DBD）数据包；
- 链路状态请求（LSR）数据包；
- 链路状态更新（LSU）数据包；
- 链路状态确认（LSAck）数据包。

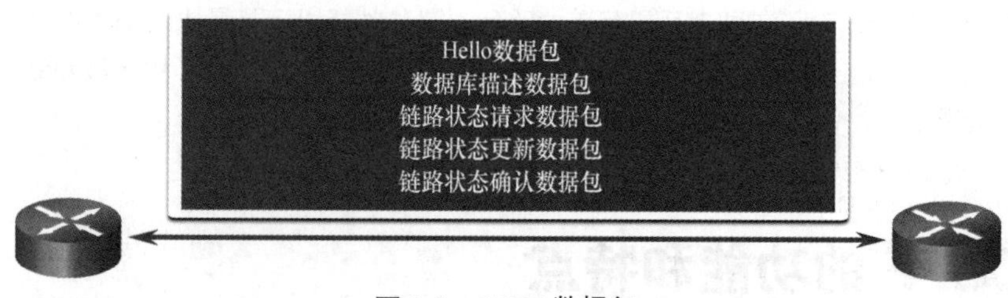

Hello数据包
数据库描述数据包
链路状态请求数据包
链路状态更新数据包
链路状态确认数据包

图 1-1　OSPF 数据包

这些数据包用于发现邻居路由器，还可交换路由信息来维护准确的网络信息。

数据结构

OSPF 消息用于创建和维护 3 个 OSPF 数据库。

- **邻接数据库**：构建了邻居表。
- **链路状态数据库（LSDB）**：构建了拓扑表。
- **转发数据库**：构建了路由表。

这些表中都包含一个邻居路由器列表，这些邻居路由器之间会交换路由信息。这些表保存并维护在 RAM 中。请特别注意表 1-1 中列出的用来查看每个表的命令。

表 1-1　OSPF 数据库

数据库	表	描述
邻接数据库	邻居表	■ 列出与路由器建立双向通信的所有邻居路由器 ■ 该表对每个路由器来说都是唯一的 ■ 可以使用 **show ip ospf neighbor** 命令查看

续表

数据库	表	描述
链路状态数据库（LSDB）	拓扑表	■ 列出网络中所有其他路由器的信息 ■ 该数据库代表网络拓扑 ■ 一个区域内的所有路由器都具有相同的 LSDB ■ 可以使用 **show ip ospf database** 命令查看
转发数据库	路由表	■ 列出在链路状态数据库上运行算法时生成的路由 ■ 每台路由器的路由表都是唯一的，并且包含了如何以及在何处将数据包发送到其他路由器的信息 ■ 可以使用 **show ip route** 命令查看

算法

路由器使用基于 Dijkstra 算法的计算结果来建立拓扑表。最短路径优先（SPF）算法以到达目的地的累计开销为基础。

SPF 算法将每台路由器作为树的根并计算到达每个节点的最短路径，从而创建 SPF 树，如图 1-2 所示。SPF 树随后被用来计算最佳路由。OSPF 将最佳路由放入转发数据库，后者用于创建路由表。

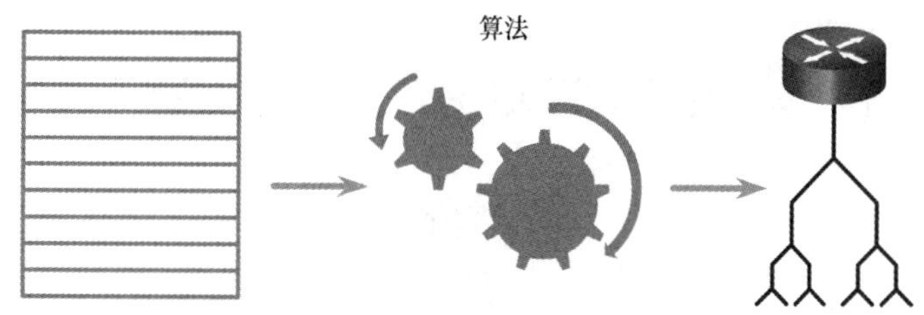

图 1-2 使用算法创建 SPF 树

1.1.3 链路状态的工作原理

为了维护路由信息，OSPF 路由器需要完成一个通用的链路状态路由过程，以达到收敛状态。路由器之间的每条链路上都有一个开销值标签。在 OSPF 中，开销用来确定去往目的地的最佳路径。路由器会按照以下步骤完成链路状态路由过程。

步骤 1. 建立邻居邻接关系。

步骤 2. 交换链路状态通告。

步骤 3. 建立链路状态数据库。

步骤 4. 执行 SPF 算法。

步骤 5. 选择最佳路由。

1. 建立邻居邻接关系

启用 OSPF 的路由器必须在网络中互相识别出对方，之后它们之间才能共享信息。启用 OSPF 的路由器将 Hello 数据包从所有启用 OSPF 的接口发送出去，以确定这些链路上是否存在邻居，如图 1-3 所示。如果存在邻居，启用 OSPF 的路由器将尝试与该邻居建立邻接关系。

2. 交换链路状态通告

建立邻接关系之后，路由器之间会交换链路状态通告（LSA），如图 1-4 所示。LSA 包含每个直连链路的状态和开销。路由器将其 LSA 泛洪到相邻邻居。收到 LSA 的相邻邻居立即将 LSA 泛洪到其他直连的邻居，直到区域中的所有路由器收到所有 LSA。

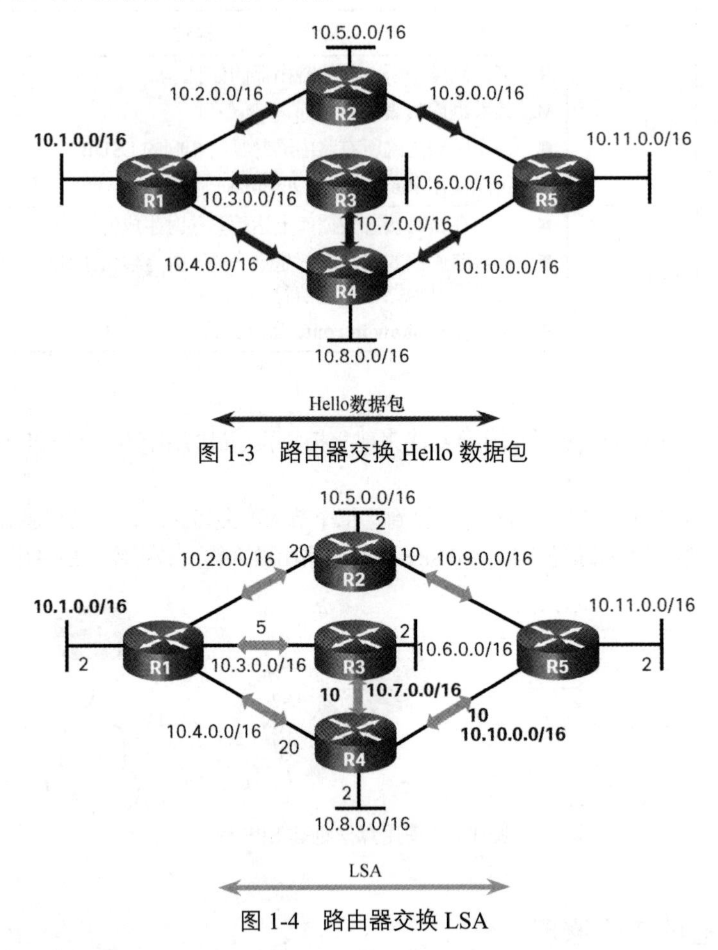

图 1-3　路由器交换 Hello 数据包

图 1-4　路由器交换 LSA

3. 构建链路状态数据库

接收到 LSA 后，启用 OSPF 的路由器将根据接收到的 LSA 构建拓扑表（LSDB），如图 1-5 所示。该数据库最终保存有关区域拓扑的所有信息。

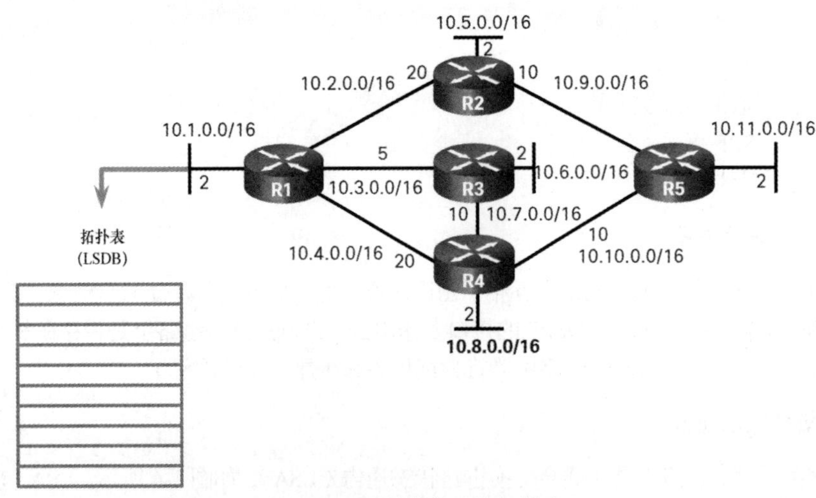

图 1-5　R1 创建自己的拓扑表

4. 执行 SPF 算法

建立 LSDB 后，路由器将执行 SPF 算法。图 1-6 中的齿轮用于指示 SPF 算法的执行。SPF 算法创建 SPF 树。

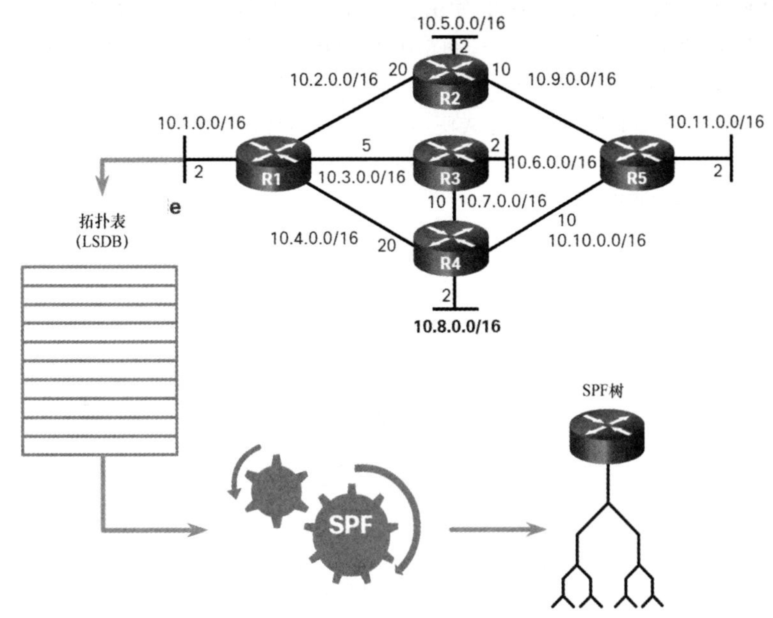

图 1-6　R1 创建 SPF 树

5. 选择最佳路由

在 SPF 树构建完成后，路由器会把去往每个网络的最佳路径放入 IP 路由表中，如图 1-7 所示。除非有一个去往同一网络的路由具有更低的管理距离（例如静态路由），否则会将该路由插入路由表中。路由器根据路由表中的条目做出路由决策。

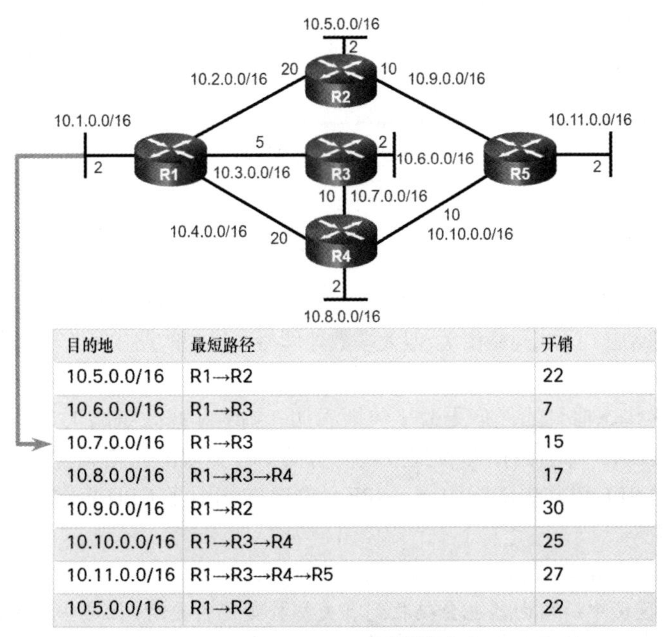

目的地	最短路径	开销
10.5.0.0/16	R1→R2	22
10.6.0.0/16	R1→R3	7
10.7.0.0/16	R1→R3	15
10.8.0.0/16	R1→R3→R4	17
10.9.0.0/16	R1→R2	30
10.10.0.0/16	R1→R3→R4	25
10.11.0.0/16	R1→R3→R4→R5	27
10.5.0.0/16	R1→R2	22

图 1-7　R1 SPF 树的内容

1.1.4　单区域和多区域 OSPF

为了让 OSPF 更高效且可扩展，OSPF 使用区域（area）的概念来支持分层路由。OSPF 区域指的是在其 LSDB 中共享相同链路状态信息的一组路由器。OSPF 可以通过以下两种方式实施。

- **单区域 OSPF**：所有路由器都属于同一个区域，如图 1-8 所示。最佳做法是使用区域 0。
- **多区域 OSPF**：OSPF 以分层的方式使用多个区域实现，如图 1-9 所示。所有区域必须连接到骨干区域（区域 0）。互连区域的路由器称为区域边界路由器（ABR）。

本章的重点是单区域 OSPFv2。

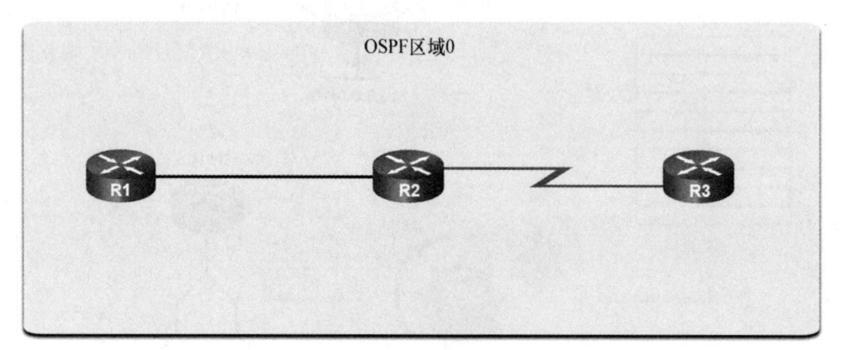

图 1-8　单区域 OSPF

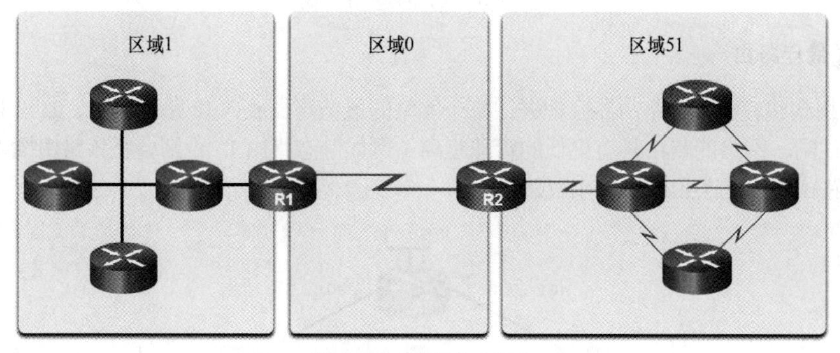

图 1-9　多区域 OSPF

1.1.5　多区域 OSPF

通过使用多区域 OSPF，可以把一个大型路由域划分为更小的区域，以此来支持分层路由。尽管各个区域之间也存在路由（区域间路由），但大多数处理器密集型的路由操作（如重新计算数据库）都是在一个区域内进行的。

例如，关于链路状态信息的任何更改（包括添加、删除和修改链路），都会导致连接到该链路的路由器发送新的 LSA。每当路由器收到区域内有关拓扑更改的新信息时，路由器必须重新运行 SPF 算法，创建新的 SPF 树并更新路由表。SPF 计算会占用很多 CPU 资源，且其采用的计算时间取决于区域大小。

注　意　其他区域中的路由器也会接收到有关拓扑变化的更新，但这些路由器只会更新自己的路由表，不会重新执行 SPF 算法。

一个区域中的路由器如果太多，会使 LSDB 非常大并增加 CPU 的负载。因此，将路由器划分为多个区域可以有效地将潜在的大型数据库划分成更小、更易管理的数据库。

多区域 OSPF 的分层拓扑设计具有以下优势。

- **缩小了路由表**：路由表比较小，因为其中的路由表条目比较少。这是因为可以在区域之间对网络地址进行汇总。默认情况下，不启用路由汇总。
- **减少了链路状态更新的开销**：通过使用较小的区域来设计多区域 OSPF，可以最大程度地减少处理和内存需求。
- **降低了 SPF 计算的频率**：在多区域 OSPF 中，拓扑的变化只会影响一个区域内部。例如，由于 LSA 泛洪在区域边界终止，因此可以使路由更新的影响降到最小。

例如，在图 1-10 中，R2 是区域 51 的 ABR。区域 51 中的拓扑更改将导致区域 51 中的所有路由器重新执行 SPF 计算，创建新的 SPF 树并更新其 IP 路由表。接着，ABR R2 将向区域 0 中的路由器发送 LSA，该 LSA 最终将泛洪到 OSPF 路由域中的所有路由器。这种类型的 LSA 不会导致其他区域的路由器重新执行 SPF 计算，它们只需要更新自己的 LSDB 和路由表。

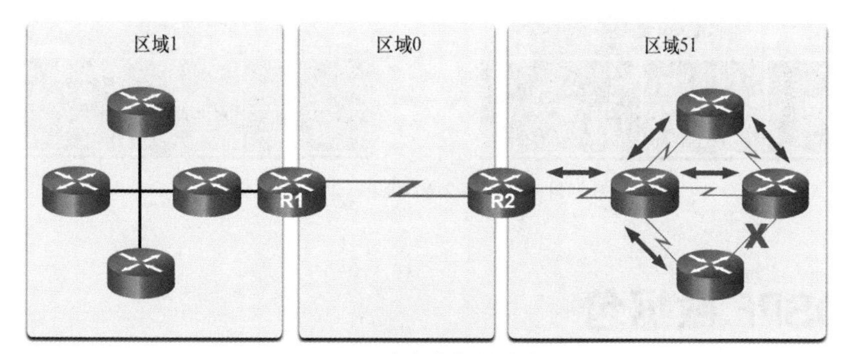

图 1-10 链路变化仅影响本区域

请注意图 1-10 中的以下内容：

- 链路故障仅影响本区域（区域 51）；
- ABR（R2）将特定 LSA 的洪泛隔离到区域 51；
- 区域 0 和区域 1 中的路由器不需要执行 SPF 算法。

1.1.6 OSPFv3

OSPFv3 是用于交换 IPv6 前缀的 OSPF 版本。在 IPv6 中，网络地址称为前缀，子网掩码称为前缀长度。

类似于工作在 IPv4 中的 OSPFv2，OSPFv3 也会交换路由信息，以使用远程前缀填充 IPv6 路由表。

注 意　通过使用 OSPFv3 地址族功能，OSPFv3 能够同时运行在 IPv4 和 IPv6 环境中。OSPF 地址族功能不属于本书的范围。

OSPFv2 运行在 IPv4 网络层上，与其他 OSPF IPv4 对等设备通信并且仅通告 IPv4 路由。

OSPFv3 具有与 OSPFv2 相同的功能，但它使用 IPv6 作为网络层传输，与 OSPFv3 对等设备通信并且通告 IPv6 路由。OSPFv3 还使用 SPF 算法作为计算引擎，以确定整个路由域中的最佳路径。

OSPFv3 有独立于 OSPFv2 的进程。尽管它的进程和操作基本上与 IPv4 路由协议相同，但它们是独立运行的。OSPFv2 和 OSPFv3 都有单独的邻接表、OSPF 拓扑表和 IP 路由表。

OSPFv3 中的配置和验证命令与 OSPFv2 中的类似。

图 1-11 汇总了 OSPFv2 和 OSPFv3 的相似之处。

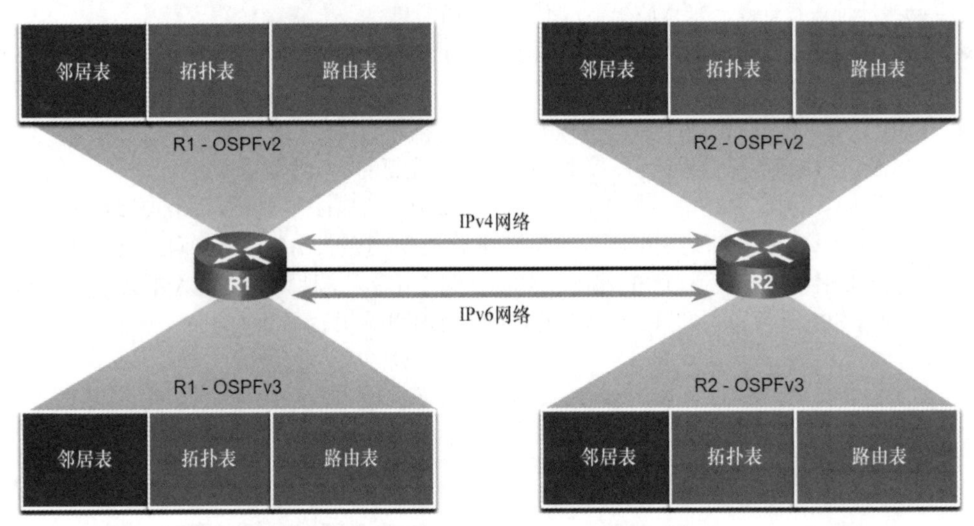

图 1-11　OSPFv2 和 OSPFv3 数据结构

1.2 OSPF 数据包

在本节中，您将学习用于建立和维护 OSPF 邻居关系的数据包类型。

1.2.1 OSPF 数据包类型

OSPF 使用链路状态数据包来确定转发数据包的最快可用路由。OSPF 使用链路状态数据包（LSP）建立和维护邻居邻接关系并交换路由更新。每种数据包在 OSPF 路由进程中都有特定的用途。

- **类型 1：Hello 数据包**——用来建立和维护与其他 OSPF 路由器之间的邻接关系。
- **类型 2：数据库描述（DBD）数据包**——该数据包包含发送方路由器的 LSDB 缩略表，接收方路由器用它来比对本地 LSDB。LSDB 必须在同一区域内的所有链路状态路由器上保持一致，以构建准确的 SPF 树。
- **类型 3：链路状态请求（LSR）数据包**——接收方路由器可以通过发送 LSR 来请求 DBD 中任意条目的详细信息。
- **类型 4：链路状态更新（LSU）数据包**——该数据包用来应答 LSR，以及用来通告新信息。LSU 中可以包含多种不同类型的 LSA。
- **类型 5：链路状态确认（LSAck）数据包**——当路由器接收到 LSU 之后，会发送 LSAck 来确认自己收到了 LSU。LSAck 数据字段为空。

表 1-2 中汇总了 OSPFv2 使用的 5 种不同类型的 LSP。OSPFv3 具有类似的数据包类型。

表 1-2 OSPF 数据包类型

类型	数据包名称	描述
1	Hello	发现邻居并与其建立邻接关系
2	数据库描述（DBD）	检查路由器间的数据库同步情况
3	链路状态请求（LSR）	用于请求特定的链路状态记录
4	链路状态更新（LSU）	发送所请求的特定链路状态记录
5	链路状态确认（LSAck）	确认其他数据包类型

1.2.2 链路状态更新

路由器起初会交换类型 2 的 DBD 数据包，其中会包含发送方路由器的 LSDB 缩略表。接收方路由器会用它来比对本地 LSDB。

接收方路由器使用类型 3 的 LSR 数据包来请求 DBD 中某条条目的详细信息。

类型 4 的 LSU 数据包用于应答 LSR 数据包。

类型 5 的数据包用于确认收到类型 4 的 LSU 数据包。

LSU 还用于转发 OSPF 路由更新，例如链路更改。具体来说，一个 LSU 数据包可以包含 11 种不同类型的 OSPFv2 LSA。图 1-12 所示为一些最常见的 OSPFv2 LSA。OSPFv3 重命名了其中的几种 LSA，还包含另外两个 LSA。

LSU

类型	数据包名称	说明
1	Hello	发现邻居并与其建立邻接关系
2	DBD	检查路由器间的数据库同步情况
3	LSR	一台路由器向另一台路由器请求特定的链路状态记录
4	LSU	发送所请求的特定链路状态记录
5	LSAck	确认其他数据包类型

LSA

LSA类型	说明
1	路由器LSA
2	检查路由器间的数据库同步情况
3或4	汇总LSA
5	自治系统外部LSA
6	组播 OSPF LSA
7	专为次末端区域而定义
8	用于边界网关协议(BGP)的外部属性LSA

图 1-12 LSU 包含 LSA

注 意 术语 LSU 和 LSA 经常互换使用，因此它们之间的差异有时较难分清。然而，一个 LSU 可以包含一个或多个 LSA。

请注意一下图 1-12 中的内容：

- 一个 LSU 包含一个或多个 LSA；
- LSA 包含目的网络的路由信息。

1.2.3　Hello 数据包

OSPF 的类型 1 数据包是 Hello 数据包。Hello 数据包用于执行以下操作：

- 发现 OSPF 邻居并建立邻接关系；
- 通告两台路由器为了成为邻居而必须达成一致的参数；
- 在以太网等多路访问网络上选举指定路由器（DR）和备份指定路由器（BDR）。点对点链路不需要 DR 或 BDR。

图 1-13 显示了 OSPFv2 中类型 1 的 Hello 数据包中包含的字段。

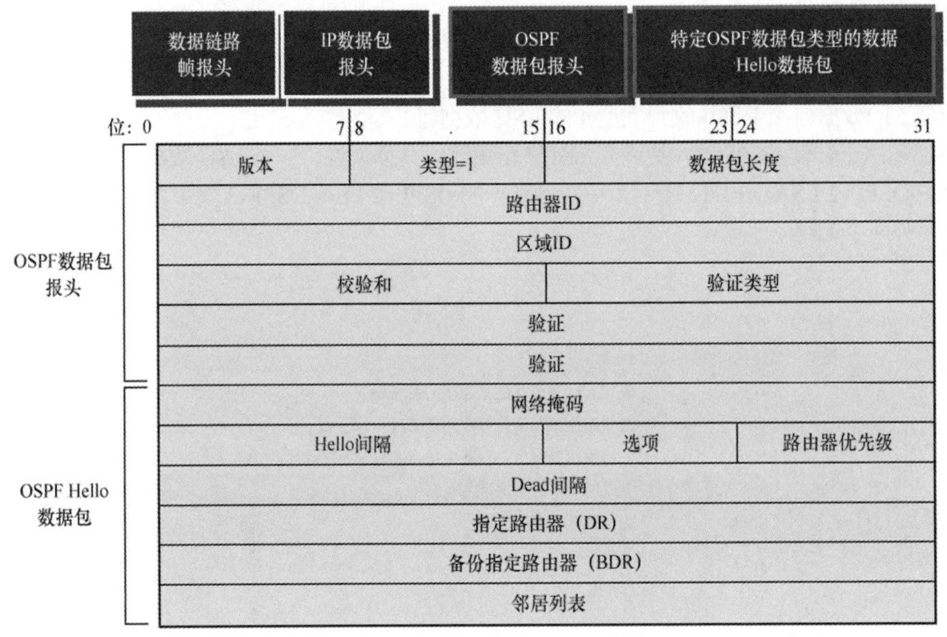

图 1-13　OSPF Hello 数据包内容

图 1-13 中显示的重要字段包括下面这些。

- **类型**：用来标识数据包的类型。值 1 表示 Hello 数据包。值 2 表示 DBD 数据包，值 3 表示 LSR 数据包，值 4 表示 LSU 数据包，值 5 表示 LSAck 数据包。
- **路由器 ID**：一个用点分十进制记法表示的 32 位值（格式与 IPv4 地址相同），用来唯一地标识始发路由器。
- **区域 ID**：这是数据包始发区域的区域编号。
- **网络掩码**：这是与发送方接口相关联的子网掩码。
- **Hello 间隔**：指定了路由器发送 Hello 数据包的频率（以秒为单位）。多路访问网络上的默认 Hello 间隔为 10s。该计时器必须在相邻路由器上保持一致，否则不能建立邻接关系。
- **路由器优先级**：用来选举 DR/BDR。所有 OSPF 路由器的默认优先级均为 1，但可以将其手动更改为 0～255 的值。该值越高，路由器越有可能成为链路上的 DR。
- **Dead 间隔**：这是路由器时在宣告邻居路由器失效之前，等待邻居消息的时间（以秒为单位）。

默认情况下，路由器的 Dead 间隔是 Hello 间隔的 4 倍。该计时器必须在相邻路由器上保持一致，否则不能建立邻接关系。

- **指定路由器（DR）**：这是 DR 的路由器 ID。
- **备份指定路由器（BDR）**：这是 BDR 的路由器 ID。
- **邻居列表**：该列表中标识了所有邻接路由器的路由器 ID。

1.3 OSPF 的工作方式

在本节中，您将学习 OSPF 如何实现收敛。

1.3.1 OSPF 运行状态

现在您已经了解了 OSPF 链接状态数据包，本节会介绍 OSPF 路由器如何使用这些数据包。当 OSPF 路由器初次连接网络时，它会尝试以下操作：

- 与邻居建立邻接关系；
- 交换路由信息；
- 计算最佳路由；
- 实现收敛。

表 1-3 详细列出了 OSPF 在试图实现收敛时所经历的状态。

表 1-3 OSPF 运行状态描述

状态	描述
Down 状态	■ 没有收到 Hello 数据包 ■ 路由器发送 Hello 数据包 ■ 转变为 Init 状态
Init 状态	■ 收到来自邻居的 Hello 数据包 ■ Hello 数据包包含发送方路由器的路由器 ID ■ 当路由器在邻居的 Hello 数据包中看到自己的路由器 ID 被通告时，转变为 Two-Way 状态
Two-Way 状态	■ 在这种状态下，两台路由器之间的通信是双向的 ■ 在多路访问链路中，路由器选举 DR 和 BDR ■ 转变为 ExStart 状态
ExStart 状态	■ 在点对点网络上，两台路由器会确定由哪台路由器来初始化 DBD 数据包的交换 ■ 接下来，它们决定初始的 DBD 数据包序列号
Exchange 状态	■ 路由器交换 DBD 数据包 ■ 如果路由器还要请求更多的路由器信息，则进入 Loading 状态；否则，进入 Full 状态
Loading 状态	■ LSR 和 LSU 用于获取更多路由信息 ■ 路由使用 SPF 算法进行处理 ■ 转变为 Full 状态
Full 状态	■ 路由器的链路状态数据库已经完全同步，OSPF 已经收敛

1.3.2　建立邻接关系

当在接口上启用 OSPF 时，路由器必须确定链路上是否存在另一个 OSPF 邻居。为此，路由器会通过所有启用 OSPF 的接口发送包含其路由器 ID 的 Hello 数据包。Hello 数据包被发送到 IPv4 组播地址 224.0.0.5，这个地址是预留给所有 OSPF 路由器的。只有 OSPFv2 路由器才会处理这些数据包。OSPF 进程使用 OSPF 路由器 ID 唯一地标识 OSPF 区域中的每台路由器。路由器 ID 是一个 32 位的数值，格式与 IPv4 地址相同，它用来在所有 OSPF 路由器中唯一地标识一台路由器。

如果启用 OSPF 的邻居路由器收到一个 Hello 数据包，但该数据包的路由器 ID 不在其邻居列表中，接收路由器会尝试与发起方路由器建立邻接关系。

1. Down 状态到 Init 状态

当启用 OSPFv2 后，已启用的 G0/0 接口从 Down 状态转变为 Init 状态，如图 1-14 所示。R1 开始通过所有启用 OSPF 的接口发送 Hello 数据包，以发现要建立邻接关系的 OSPF 邻居。

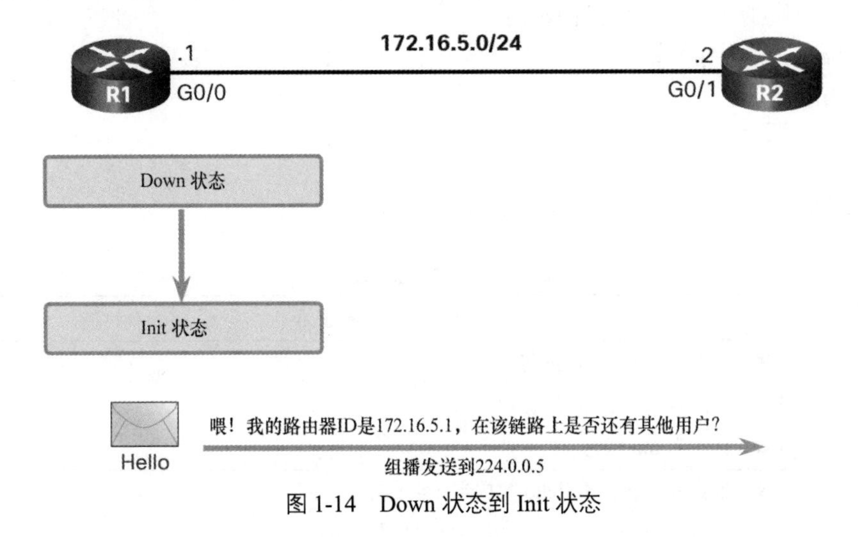

图 1-14　Down 状态到 Init 状态

2. Init 状态

R2 接收到 R1 发送的 Hello 数据包，并将 R1 的路由器 ID 添加到它的邻居表中。R2 随后向 R1 发送 Hello 数据包，如图 1-15 所示。数据包的邻居表中包含 R2 的路由器 ID 和 R1 的路由器 ID。

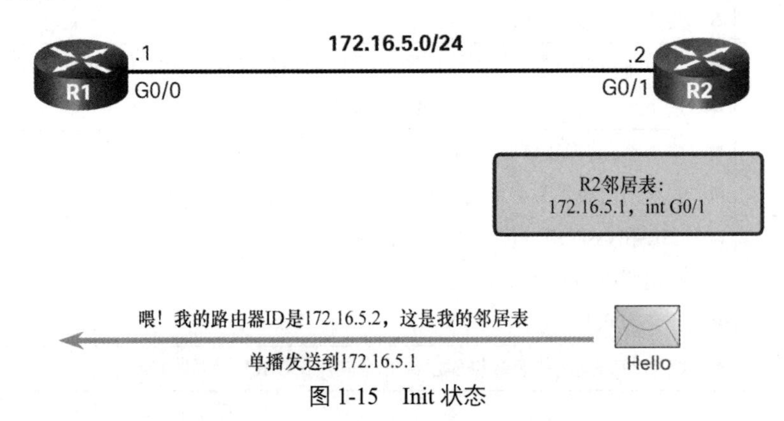

图 1-15　Init 状态

3. Two-Way 状态

R1 接收到 Hello 数据包，然后把 R2 的路由器 ID 添加到它的 OSPF 邻居表中，如图 1-16 所示。R1 也在这个 Hello 数据包携带的邻居表中看到了自己的路由器 ID。当路由器收到一个 Hello 数据包，且其路由器 ID 在邻居表中时，路由器将从 Init 状态转变为 Two-Way 状态。

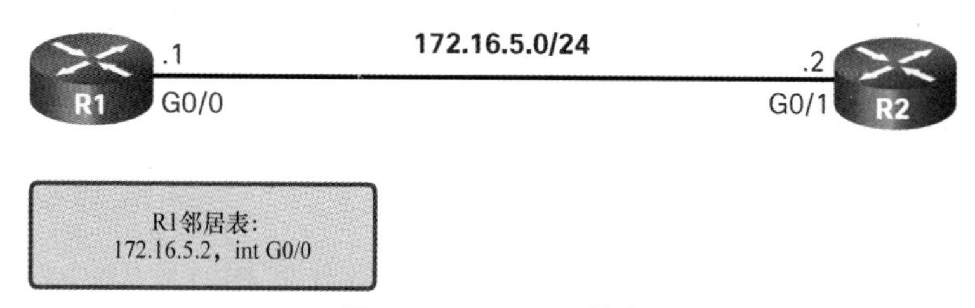

图 1-16 Two-Way 状态

在 Two-Way 状态下，路由器执行的操作取决于邻接的路由器之间的互连类型，如下所示：

- 如果两个邻接的邻居通过点对点链路互连，则它们立即从 Two-Way 状态转变为 ExStart 状态；
- 如果路由器通过公共以太网互连，则必须选出指定的路由器 DR 和 BDR。

4. 选举 DR 和 BDR

由于 R1 和 R2 通过以太网互连，因此将进行 DR 和 BDR 选举。如图 1-17 所示，R2 成为 DR，R1 成为 BDR。该过程仅在诸如以太网 LAN 等多路访问网络上发生。

Hello 数据包会不断交换以维护路由器信息。

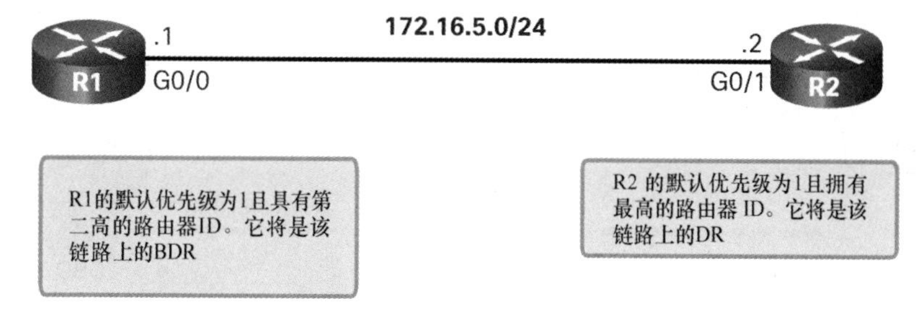

图 1-17 选举 DR 和 BDR

1.3.3 同步 OSPF 数据库

在 Two-Way 状态之后，路由器转变为数据库同步状态。当 Hello 数据包用于建立邻接关系时，在交换和同步 LSDB 的过程中，会使用其他 4 种类型的 OSPF 数据包。这是一个三步的过程，如下所示。

步骤 1. 决定第一台路由器。

步骤 2. 交换 DBD。

步骤 3. 发送 LSR。

1. 决定第一台路由器

在 ExStart 状态下，两台路由器将决定哪台路由器先发送 DBD 数据包。在 Exchange 状态期间，路由器 ID 较高的路由器将首先发送 DBD 数据包。在图 1-18 中，R2 具有较高的路由器 ID，因此首先发送其 DBD 数据包。

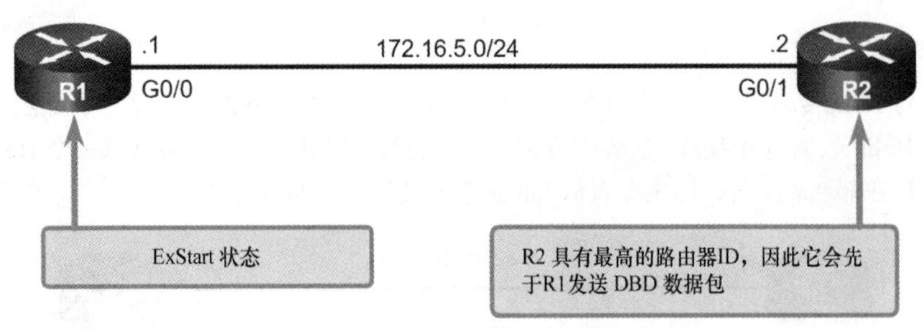

图 1-18 决定哪台路由器发送第一个 DBD

2. 交换 DBD

在 Exchange 状态下，两台路由器交换一个或多个 DBD 数据包。DBD 数据包中包含的信息与出现在路由器 LSDB 中的 LSA 条目报头有关。条目可以与链路有关，也可以与网络有关。每个 LSA 条目报头包括链路状态类型、通告路由器的地址、链路开销以及序列号等信息。路由器使用序列号来确定接收到的链路状态信息的新鲜程度。

在图 1-19 中，R2 将 DBD 数据包发送到 R1。R1 收到 DBD 时，将执行以下操作。

步骤 1. 使用 LSAck 数据包确认收到 DBD。

步骤 2. R1 然后将 DBD 数据包发送到 R2。

步骤 3. R2 确认 R1。

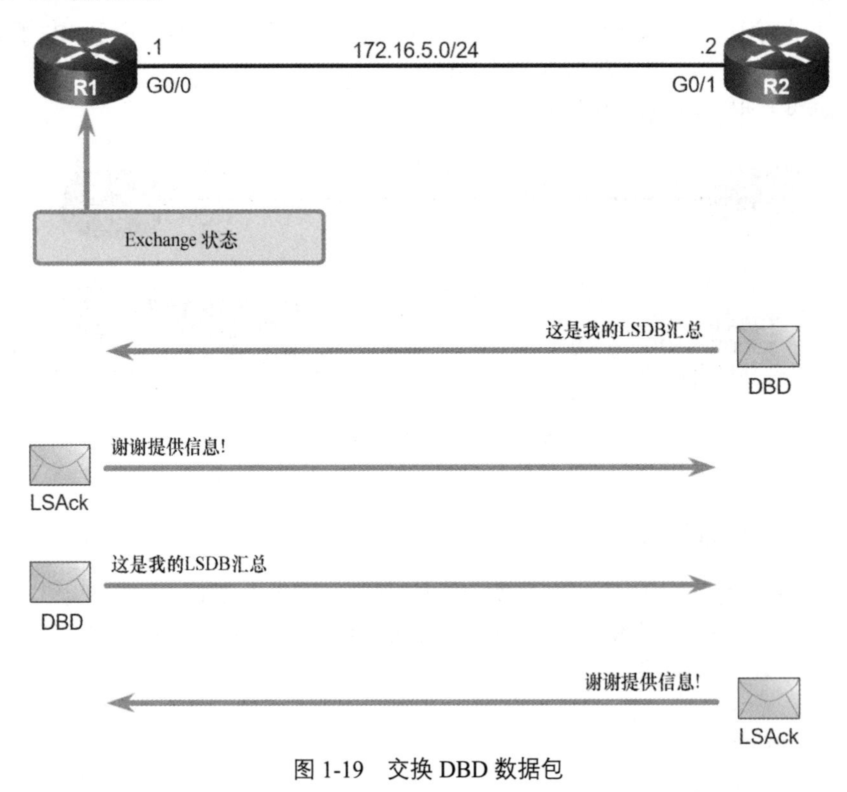

图 1-19 交换 DBD 数据包

3. 发送 LSR

R1 将收到的信息与其 LSDB 中的信息进行比较。如果 DBD 数据包有较新的链路状态条目，路由器将转换为 Loading 状态。

例如，在图 1-20 中，R1 向 R2 发送有关网络 172.16.6.0 的 LSR。R2 在 LSU 数据包中响应与 172.16.6.0 有关的完整信息。当 R1 接收到 LSU 时，它会发送 LSAck。R1 随后将新的链路状态条目添加到其 LSDB 中。

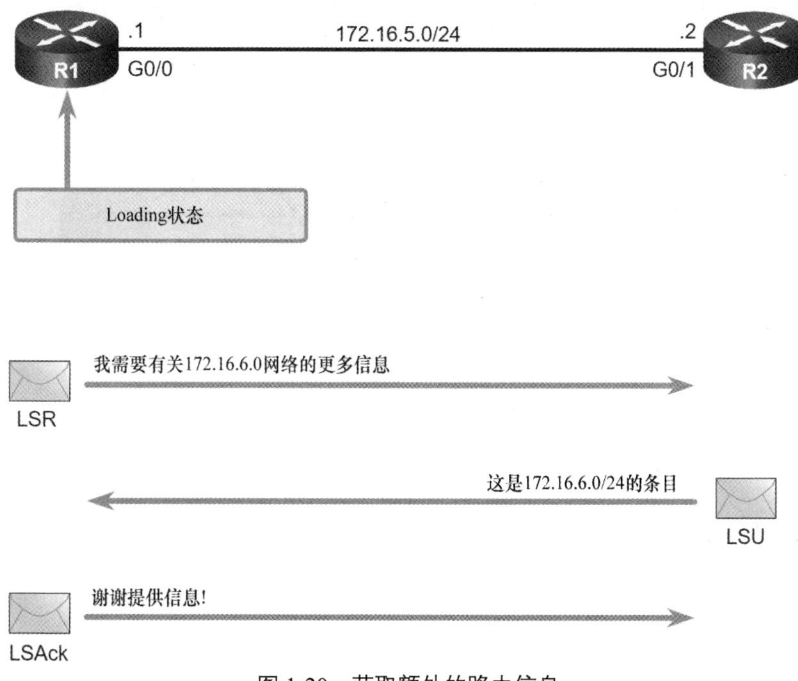

图 1-20　获取额外的路由信息

当满足特定路由器的所有 LSR 后，邻接路由器被视为已同步并处于 Full 状态。OSPF 路由器只会在以下情况下向邻居发送更新（LSU）:

- 感知到变化时（增量更新）;
- 每 30min。

1.3.4　对于 DR 的需求

为什么 DR 和 BDR 选举是必要的?

对于 LSA 泛洪，多路访问网络可能给 OSPF 带来两个挑战。

- **建立多个邻接关系**：以太网络可能在一条公共链路上互连许多 OSPF 路由器。与每台路由器都建立邻接关系是不必要的，也是不可取的。这将导致同一网络内的路由器间交换大量的 LSA。
- **LSA 泛洪过量**：当初始化 OSPF 或拓扑发生变化时，链路状态路由器都会泛洪其 LSA。这种泛洪可能会变得过量。

要理解多个邻接关系带来的问题，我们必须学习一个公式：对于多路访问网络上的任意数量的路由器（指定为 n），存在 $n(n-1)/2$ 个邻接关系。例如，图 1-21 所示为一个由 5 台路由器构成的简单拓扑，所有这些路由器都连接到同一个多路访问以太网络中。

如果不采用某种类型的机制来减少邻接的数量，这些路由器总共会形成 10 个邻接，即 5(5–1)/2 =10。这看起来似乎并不多，但是当更多的路由器被添加到网络中时，邻接的数量将急剧增加。例如，具有 20 台路由器的多路访问网络将创建 190 个邻接关系。

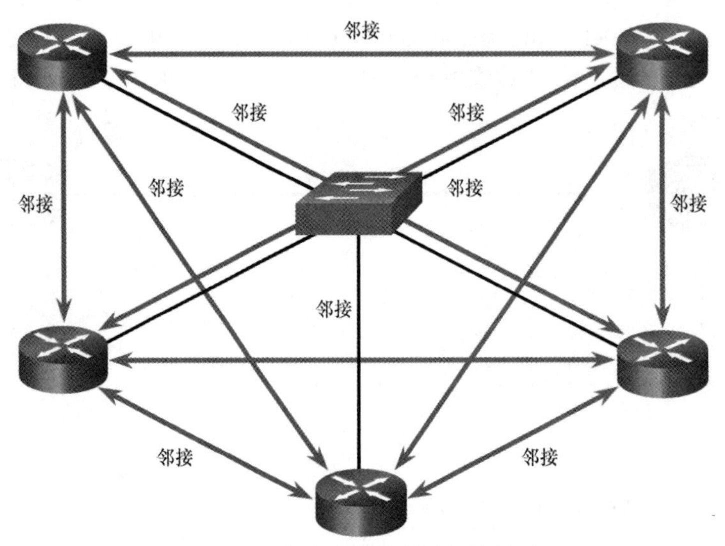

图 1-21 与每个邻居创建邻接关系

1.3.5 DR 的 LSA 泛洪

路由器数量的急剧增加也显著增加了路由器之间交换的 LSA 的数量。LSA 的泛洪会严重影响 OSPF 的运行。

泛洪 LSA

要理解 LSA 泛洪过量带来的问题，请看图 1-22。

在图 1-22 中，R2 发送一个 LSA，这将触发其他所有路由器也发送一个 LSA。图中未显示针对收到的每个 LSA 所需的确认信息。如果多路访问网络中的每台路由器都必须向该网络中所有其他路由器泛洪并确认所有收到的 LSA，则网络流量将变得非常混乱。

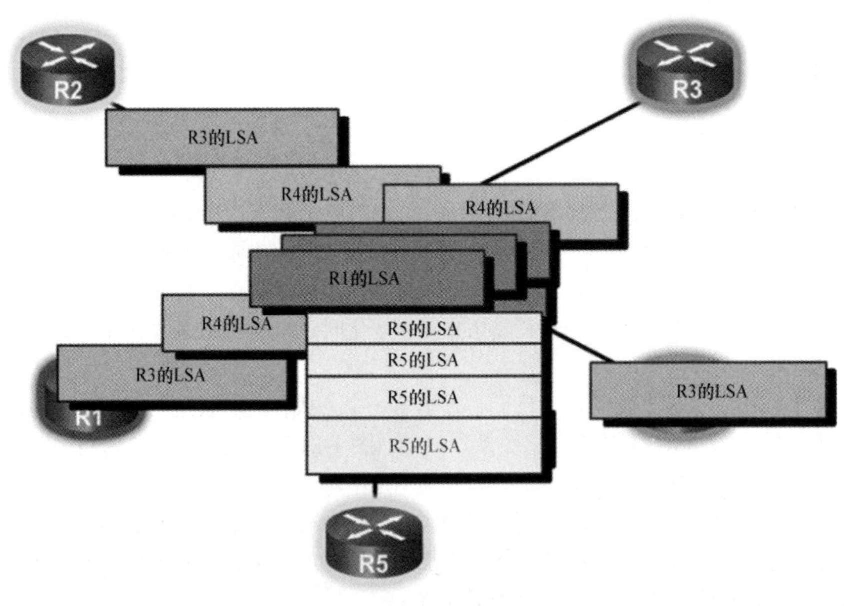

图 1-22 泛洪 LSA

LSA 和 DR

在多路访问网络上管理邻接数量和 LSA 泛洪的解决方案是使用指定路由器（DR）。在多路访问网络上，OSPF 会选举一个 DR 作为发送和接收 LSA 的收集与分发点。如果 DR 发生故障，将选举一台备份指定路由器（BDR）。所有其他路由器成为 DROTHER。DROTHER 路由器是既不是 DR 也不是 BDR。

注 意 DR 仅用于传播 LSA。路由器仍将使用路由表中指示的最佳下一跳路由器转发所有其他数据包。

图 1-23 所示为 DR 在多路访问网络中作为 LSA 收集器和分发器的角色。

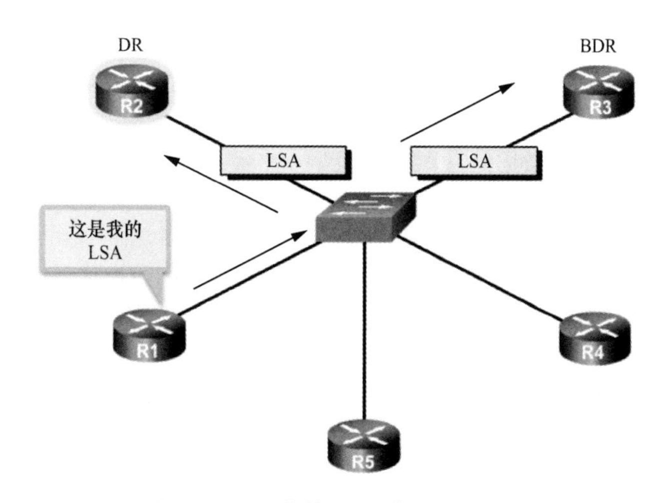

图 1-23 R1 发送 LSA 到 DR 和 BDR

1.4 总结

OSPF 的功能和特点

OSPF 是一种链路状态路由协议，它是距离向量协议路由信息协议（RIP）的替代产品。OSPF 与 RIP 相比，具有显著优势，因为它既能快速收敛，又能扩展到更大型的网络。OSPF 是一种链路状态路由协议，它使用了区域的概念。链路指的是路由器上的接口。链路也指连接两台路由器的网段，或者末端网络，比如只连接了一台路由器的以太网 LAN。链路状态信息中包含网络前缀、前缀长度和开销。所有路由协议使用路由协议消息来交换路由信息。这些消息有助于建立数据结构，然后使用路由算法对其进行处理。运行 OSPF 的路由器使用 5 种类型的数据包来交换消息，以传递路由信息。这些数据包分别是 Hello 数据包、数据库描述（DBD）数据包、链路状态请求（LSR）数据包、链路状态更新（LSU）数据包、链路状态确认（LSAck）数据包。OSPF 消息用于创建和维护 3 个 OSPF 数据库：邻接数据库，构建了邻居表；链路状态数据库（LSDB），构建了拓扑表；转发数据库，构建了路由表。路由器使用基于 Dijkstra 算法的计算结果来建立拓扑表。最短路径优先（SPF）算法以到达目的地的累计开销为基础。在 OSPF 中，开销用来确定去往目的地的最佳路径。为了维护路由信息，OSPF 路由器会完成一个通用的链路状态路由过程，以达到收敛状态。

步骤 1. 建立邻居邻接关系。

步骤 2. 交换链路状态通告。

步骤 3. 建立链路状态数据库。

步骤 4. 执行 SPF 算法。

步骤 5. 选择最佳路由。

对于单区域 OSPF，可以为该区域使用任何数字，但最佳做法是使用区域 0。单区域 OSPF 在路由器较少的小型网络中很有用。通过使用多区域 OSPF，可以把一个大型路由域划分为更小的区域，以此来支持分层路由。尽管各个区域之间也存在路由（区域间路由），但大多数处理器密集型的路由操作（如重新计算数据库）都是在一个区域内进行的。OSPFv3 是用于交换 IPv6 前缀的 OSPF 版本。在 IPv6 中，网络地址称为前缀，子网掩码称为前缀长度。

OSPF 数据包

OSPF 使用如下的链路状态数据包（LSP）建立和维护邻居邻接关系并交换路由更新：Hello（类型 1）、DBD（类型 2）、LSR（类型 3）、LSU（类型 4）、LSAck（类型 5）。LSU 还用于转发 OSPF 路由更新，例如链路更改。Hello 数据包用于：

- 发现 OSPF 邻居并建立邻接关系；
- 通告两台路由器为了成为邻居而必须达成一致的参数；
- 在以太网等多路访问网络上选举指定路由器（DR）和备份指定路由器（BDR）。点对点链路不需要 DR 或 BDR。

Hello 数据包中包含的重要字段有类型、路由器 ID、区域 ID、网络掩码、Hello 间隔、路由器优先级、Dead 间隔、DR、BDR 和邻居列表。

OSPF 的工作方式

当 OSPF 路由器初次连接网络时，它会尝试以下操作：

- 与邻居建立邻接关系；
- 交换路由信息；
- 计算最佳路由；
- 实现收敛。

OSPF 在试图实现收敛时所经历的状态有 Down 状态、Init 状态、Two-Way 状态、ExStart 状态、Exchange 状态、Loading 状态、Full 状态。当在接口上启用 OSPF 时，路由器必须确定链路上是否存在另一个 OSPF 邻居。为此，路由器会通过所有启用 OSPF 的接口发送包含其路由器 ID 的 Hello 数据包。Hello 数据包被发送到 IPv4 组播地址 224.0.0.5，这个地址是预留给所有 OSPF 路由器的。只有 OSPFv2 路由器才会处理这些数据包。如果启用 OSPF 的相邻路由器收到一个 Hello 数据包，但该数据包的路由器 ID 不在其邻居列表中，接收路由器会尝试与发起方路由器建立邻接关系。在 Two-Way 状态之后，路由器转变为数据库同步状态，这是一个三步的过程。

步骤 1. 决定第一台路由器。

步骤 2. 交换 DBD。

步骤 3. 发送 LSR。

对于 LSA 泛洪，多路访问网络可能给 OSPF 带来两个挑战：建立多个邻接关系、LSA 泛洪过量。路由器数量的急剧增加也显著增加了路由器之间交换的 LSA 的数量。LSA 的泛洪会严重影响 OSPF 的运行。如果多路访问网络中的每台路由器都必须向该网络中所有其他路由器泛洪并确认所有收到的 LSA，则网络流量将变得非常混乱。这就是有必要选举 DR 和 BDR 的原因。在多路访问网络上，OSPF 会选举一个 DR 作为发送和接收 LSA 的收集与分发点。如果 DR 发生故障，将选举一台备份指定路由器（BDR）。

复习题

完成这里列出的所有复习题，可以测试您对本章内容的理解。附录列出了答案。

1. 收敛后，一个 OSPF 区域中所有路由器的哪个 OSPF 数据结构是相同的？
   A. 邻接数据库
   B. 链路状态数据库
   C. 路由表
   D. SPF 树
2. 下面哪些语句描述了 OSPF 拓扑表的功能？（选择 3 项）
   A. 收敛之后，该表仅包含所有已知网络的最低开销的路由条目
   B. 一个区域中的所有路由器都具有相同的拓扑表
   C. 它是一个代表网络拓扑的链路状态数据库
   D. 它的内容是运行 SPF 算法的结果
   E. 该表可以通过 **show ip ospf database** 命令查看
   F. 拓扑表包含有关如何以及在何处将数据包发送到其他路由器的信息
3. 什么用于创建 OSPF 邻居表？
   A. 邻接数据库
   B. 链路状态数据库
   C. 转发数据库
   D. 路由表
4. OSPF Hello 数据包有什么功能？
   A. 发现邻居并与其建立邻接关系
   B. 确保路由器之间的数据库同步
   C. 向邻居路由器请求特定的链路状态记录
   D. 发送所请求的特定链路状态记录
5. 哪种 OSPF 数据包包含一个或多个链路状态通告？
   A. Hello
   B. DBD
   C. LSAck
   D. LSR
   E. LSU
6. OSPF 路由器 ID 的用途是什么？（选择两项）
   A. 使用 SPF 算法以确定到远程网络的最低开销的路径
   B. 便于路由器参与指定路由器的选举
   C. 便于网络的收敛
   D. 便于将 OSPF 邻居状态转换为 Full
   E. 在 OSPF 域内唯一地标识路由器
7. 哪个语句描述了一个多区域 OSPF 网络？
   A. 它由多个菊花链连接在一起的网络区域组成
   B. 它有一个核心骨干区域与其他区域连接
   C. 它有多台路由器同时运行多个路由协议，并且每个协议都包含一个区域
   D. 它需要一个三层的分层网络设计方法
8. 使用多区域 OSPF 有哪些优势？（选择两项）
   A. 不需要骨干区域
   B. 允许 OSPFv2 和 OSPFv3 一起运行
   C. 使多种路由协议可以在大型网络中运行

D. 通过减少路由表和链路状态更新开销来提高路由效率

E. 通过将邻居表划分为多个较小的表来提高路由性能

F. 一个区域的拓扑变化不会导致其他区域的 SPF 重新计算

9. 哪个命令可用于验证 OSPF 区域中 LSDB 的内容？

A. **show ip ospf database**　　B. **show ip ospf interface**

C. **show ip ospf neighbor**　　D. **show ip route ospf**

10. 下面哪一项便于 OSPF 中的分层路由？

A. 自动汇总　　B. 频繁的 SPF 计算

C. 选举指定路由器　　D. 使用多个区域

11. 启用 OSPF 的路由器构建拓扑表后，立即执行哪个步骤？

A. 选择最佳路径　　B. 与另一台路由器建立邻接关系

C. 交换链路状态通告　　D. 执行 SPF 算法

12. 哪种类型的 OSPFv2 数据包包含发送方路由器 LSDB 的缩略表，并且被接收方路由器用来检查本地 LSDB？

A. 数据库描述　　B. 链路状态确认

C. 链路状态请求　　D. 链路状态更新

13. 在两台路由器形成邻接关系之前，先执行哪些 OSPF 状态？（选择 3 项）

A. Down　　B. Exchange

C. ExStart　　D. Init

E. Loading　　F. Two-Way

14. 在 OSPF 网络中，何时需要选举 DR 和 BDR？

A. 当一个 OSPF 区域中所有路由器都不能形成邻接关系时

B. 当路由器在公共以太网上互连时

C. 当两个相邻的邻居位于两个不同的网络中时

D. 当两个相邻的邻居在点对点链路上互连时

15. 当 OSPF 网络收敛且路由器未检测到网络拓扑更改时，路由器多久向相邻路由器发送一次 LSU 数据包？

A. 每 10s　　B. 每 40s

C. 每 15min　　D. 每 30min

第 2 章

单区域 OSPFv2 配置

学习目标

通过完成本章的学习，您将能够回答下列问题：

- 如何配置 OSPFv2 路由器 ID；
- 如何在点对点网络中配置单区域 OSPFv2；
- 如何配置 OSPF 接口的优先级，以影响多路访问网络中 DR/BDR 的选举；
- 如何实施修改以更改单区域 OSPFv2 的运行；
- 如何配置 OSPF 以传播默认路由；
- 如何验证单区域 OSPFv2 的实施。

在了解了单区域 OSPFv2 之后，您应该可以想到它会为您的网络带来的各种好处。作为链路状态协议，OSPF 的设计目的不仅是寻找最快的可用路由，而且旨在创建快速可用的路由。如果您想对网络中的某些区域进行更多的控制，OSPF 为您提供了几种手动覆盖 DR 选举过程并创建自己的首选路由的方法。借助于 OSPF，您的网络可以把您的选择与自动化过程结合起来，从而可以在您睡眠的同时进行故障排除！本章将告诉您如何实现它！

2.1 OSPF 路由器 ID

在本节，您将配置 OSPF 路由器 ID。

2.1.1 OSPF 参考拓扑

本节讨论了 OSPF 整个进程的基础——OSPF 路由器 ID。图 2-1 所示为本章中用于配置 OSPFv2 的拓扑。

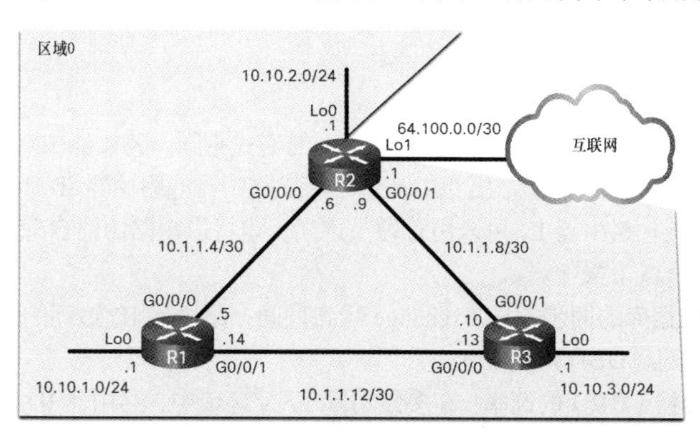

图 2-1 OSPF 参考拓扑

拓扑中的路由器有初始配置，包括接口地址。当前在所有路由器上都没有配置静态路由或动态路由。路由器R1、R2和R3上的所有接口（除R2的环回接口1）都属于OSPF骨干区域。ISP路由器是去往互联网路由域的网关。

注 意　在拓扑中，环回接口有两个作用：模拟去往互联网的WAN链路，以及模拟每台路由器直连的LAN。这样做是为了在只有2个吉比特以太网接口的路由器上实现这个拓扑。

2.1.2 OSPF的路由器配置模式

可以使用全局配置命令**router ospf** *process-id*来启用OSPFv2，如例2-1中的R1所示。*process-id*值的取值范围是1～65 535，由网络管理员选定。*process-id*值仅在本地有效，也就是说，不需要与其他OSPF路由器使用相同的值，就可以与邻居建立邻接关系。最佳做法是建议为所有OSPF路由器都使用相同的*process-id*值。

例2-1 OSPF路由器配置命令

```
R1(config)# router ospf 10
R1(config-router)# ?
  area                     OSPF area parameters
  auto-cost                Calculate OSPF interface cost according to bandwidth
  default-information      Control distribution of default information
  distance                 Define an administrative distance
  exit                     Exit from routing protocol configuration mode
  log-adjacency-changes    Log changes in adjacency state
  neighbor                 Specify a neighbor router
  network                  Enable routing on an IP network
  no                       Negate a command or set its defaults
  passive-interface        Suppress routing updates on an interface
  redistribute             Redistribute information from another routing protocol
  router-id                router-id for this OSPF process
R1(config-router)#
```

在输入**router ospf** *process-id*命令之后，路由器会进入路由器配置模式，如**R1(config-router)#**提示符所示。在该提示符后输入一个问号（？），可查看该模式下可用的所有命令。例2-1中显示的命令列表已更改为仅显示与本章相关的命令。

2.1.3 路由器ID

OSPF路由器ID是一个32位的值，与IPv4地址的格式相同。路由器ID的作用是唯一地标识一台OSPF路由器。所有类型的OSPF数据包中都包含始发路由器的路由器ID。每台路由器需要一个路由器ID来参与OSPF域。路由器ID可以由管理员定义，也可以由路由器自动分配。启用OSPF的路由器使用路由器ID执行以下操作。

- **参与OSPF数据库的同步**：在Exchange状态期间，路由器ID最高的路由器会首先发送自己的数据库描述符（DBD）数据包。
- **参与指定路由器（DR）的选举**：在多路访问LAN环境中，路由器ID最高的路由器会被选为DR。路由器ID次高的路由器会被选举为BDR。

注 意 本章后文会更详细地讨论 DR 和 BDR 的选举过程。

2.1.4 路由器 ID 的优先顺序

路由器如何确定路由器 ID 呢？在图 2-2 中可以看到，思科路由器根据 3 个条件中的一个来获取路由器 ID。

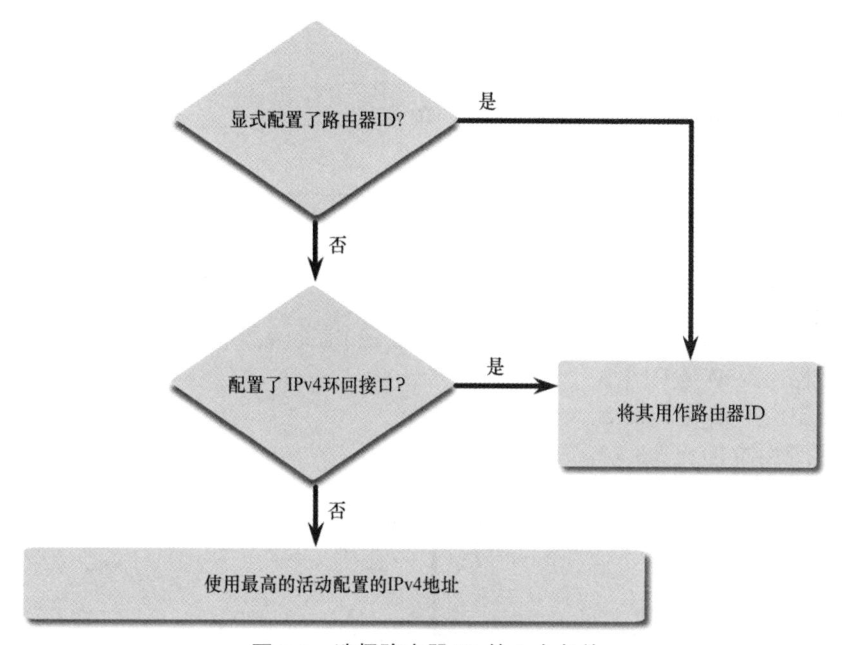

图 2-2 选择路由器 ID 的 3 个条件

使用 OSPF **router-id** *rid* 路由器配置模式命令显式配置路由器 ID。*rid* 是一个 32 位的值，与 IPv4 地址的格式相同。推荐使用这种方法分配路由器 ID。

如果未显式配置路由器 ID，则路由器在配置的任意环回接口中选择最高的 IPv4 地址。这是分配路由器 ID 的第二个最佳选择。

如果未配置环回接口，则路由器会在其所有的物理接口中选择最高的活动 IPv4 地址。这种方法最不推荐使用，因为它会增加管理员区分特定路由器的难度。

2.1.5 将环回接口配置为路由器 ID

在图 2-1 所示的拓扑中，只有物理接口被配置且处于活动状态，环回接口尚未配置。在路由器上启用 OSPF 路由时，路由器会挑选最高的活动 IPv4 地址作为路由器 ID。

- R1：10.1.1.14（G0/0/1）。
- R2：10.1.1.9（G0/0/1）。
- R3：10.1.1.13（G0/0/0）。

注 意 不需要在接口上启用 OSPF，就可以选择该接口的地址作为路由器 ID。

除了依赖物理接口，也可以将环回接口作为路由器 ID。通常情况下，环回接口的 IPv4 地址应该配置了 32 位子网掩码（255.255.255.255）。这样可以有效地创建主机路由。32 位的主机路由不会作为一条路由被通告给其他 OSPF 路由器。

例 2-2 所示为如何在 R1 上配置环回接口。假设管理员没有显式配置路由器 ID，R1 也还没有学到路由器 ID，那么它会使用 IPv4 地址 1.1.1.1 作为路由器 ID。假设这里 R1 还没有学到路由器 ID。

例 2-2 使用环回地址作为路由器 ID

```
R1(config-if)# interface Loopback 1
R1(config-if)# ip address 1.1.1.1 255.255.255.255
R1(config-if)# end
R1#
R1# show ip protocols | include Router ID
  Router ID 1.1.1.1
R1#
```

2.1.6 显式配置路由器 ID

在图 2-3 中，拓扑已经进行了更新，可以显示每台路由器的路由器 ID。

- R1 的路由器 ID 是 1.1.1.1。
- R2 的路由器 ID 是 2.2.2.2。
- R3 的路由器 ID 是 3.3.3.3。

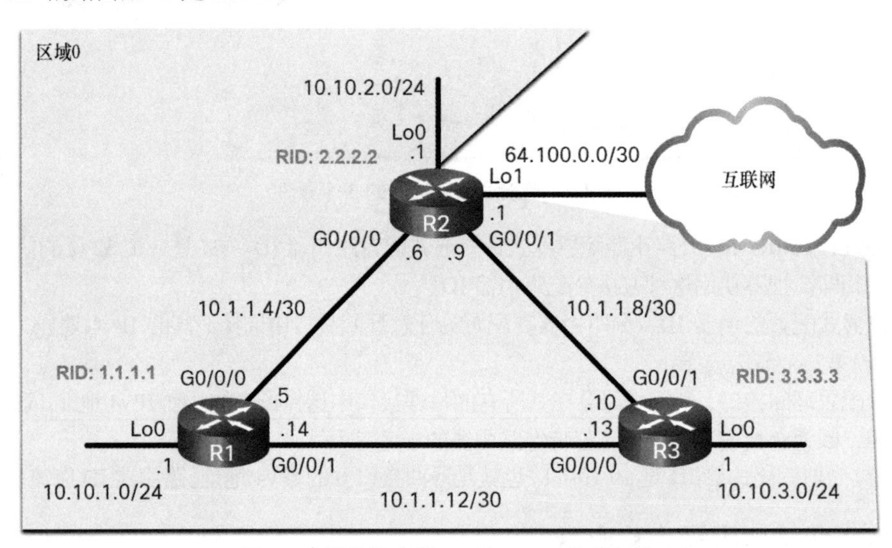

图 2-3 带有路由器 ID 的 OSPF 参考拓扑

可以使用 **router-id** *rid* 路由器配置模式命令来手动分配路由器 ID。在例 2-3 中，R1 的路由器 ID 是 1.1.1.1。可以使用 **show ip protocols** 命令来验证路由器 ID。

例 2-3 配置并验证路由器 ID

```
R1(config)# router ospf 10
R1(config-router)# router-id 1.1.1.1
R1(config-router)# end
*May 23 19:33:42.689: %SYS-5-CONFIG_I: Configured from console by console
R1#
```

```
R1# show ip protocols | include Router ID
  Router ID 1.1.1.1
R1#
```

2.1.7 修改路由器 ID

在路由器选定了路由器 ID 后，活动的 OSPF 路由器是不能更改路由器 ID 的，除非路由器被重启，或者重置了 OSPF 进程。

在例 2-4 中，已配置的路由器 ID 已经被删除，并重启了路由器。

例 2-4 修改路由器 ID

```
R1# show ip protocols | include Router ID
  Router ID 10.10.1.1
R1#
R1# conf t
Enter configuration commands, one per line. End with CNTL/Z.
R1(config)# router ospf 10
R1(config-router)# router-id 1.1.1.1
% OSPF: Reload or use "clear ip ospf process" command, for this to take effect
R1(config-router)# end
R1#
R1# clear ip ospf process
Reset ALL OSPF processes? [no]: y
*Jun 6 01:09:46.975: %OSPF-5-ADJCHG: Process 10, Nbr 3.3.3.3 on GigabitEthernet0/0/1
  from FULL to DOWN, Neighbor Down: Interface down or detached
*Jun 6 01:09:46.975: %OSPF-5-ADJCHG: Process 10, Nbr 2.2.2.2 on GigabitEthernet0/0/0
  from FULL to DOWN, Neighbor Down: Interface down or detached
*Jun 6 01:09:46.981: %OSPF-5-ADJCHG: Process 10, Nbr 3.3.3.3 on GigabitEthernet0/0/1
  from LOADING to FULL, Loading Done
*Jun 6 01:09:46.981: %OSPF-5-ADJCHG: Process 10, Nbr 2.2.2.2 on GigabitEthernet0/0/0
  from LOADING to FULL, Loading Done
R1#
R1# show ip protocols | include Router ID
  Router ID 1.1.1.1
R1#
```

请注意，当前的路由器 ID 是 10.10.1.1，也就是环回接口 0 的 IPv4 地址。路由器 ID 应该是 1.1.1.1。因此，管理员在 R1 上配置了 **router-id 1.1.1.1** 命令。

注意，这里会出现一条信息性消息，说明必须清除 OSPF 进程，或者必须重启路由器。这是因为 R1 已经使用路由器 ID 10.10.1.1 与其他邻居建立了邻接关系。这些邻接关系必须使用新的路由器 ID 1.1.1.1 重新协商。可以使用 **clear ip ospf process** 命令来重置邻接关系。为了验证 R1 是否使用了新的路由器 ID，可以在 **show ip protocols** 命令中使用管道符，使得命令输出只显示路由器 ID 部分。

清除 OSPF 进程是重置路由器 ID 的首选方法。

注 意 使用 **router-id** 命令是分配 OSPF 路由器 ID 的首选方法。否则，路由器将使用最高的 IPv4 环回接口地址，或者使用其物理接口的最高的活动 IPv4 地址。

2.2　点对点 OSPF 网络

在本节中，您将配置点对点单区域 OSPF 网络。

2.2.1　network 命令语法

按 OSPF 进行分类的一种网络类型是点对点网络。通过配置 **network** 路由器配置命令，可以指定属于点对点网络的接口。也可以使用 **ip ospf** 接口配置命令直接在接口上配置 OSPF（本章后文会介绍）。这两条命令都可以确定哪些接口参与了 OSPFv2 区域的路由进程。

network 命令的基本语法如下所示：

```
Router(config-router)# network network-address wildcard-mask area area-id
```

- *network-address wildcard-mask* 用于在接口上启用 OSPF。路由器上任何与 **network** 命令中的网络地址相匹配的接口都可以发送和接收 OSPF 数据包。
- **area** *area-id* 指的是 OSPF 区域。配置单区域 OSPFv2 时，必须在所有路由器上为 **network** 命令配置相同的 *area-id* 值。尽管可以使用任何区域 ID，但最好将单区域 OSPFv2 的区域 ID 设置为 0。如果以后要更改网络，以支持多区域 OSPFv2，则这样做将使操作变得更加容易。

2.2.2　通配符掩码

通配符掩码通常与接口上配置的子网掩码相反。在子网掩码中，二进制 1 表示匹配，二进制 0 表示不匹配。在通配符掩码中则相反，如下所示。

- **通配符掩码中的 0**：匹配地址中相应位的值。
- **通配符掩码中的 1**：忽略地址中相应位的值。

计算通配符掩码最简单的方法是用 255.255.255.255 减去网络的子网掩码，如图 2-4 中的/24 和/26 子网掩码所示。

计算/24的通配符掩码

子网掩码
255.255.255.255
- 255.255.255.000
通配符掩码
000.000.000.255

计算/26的通配符掩码

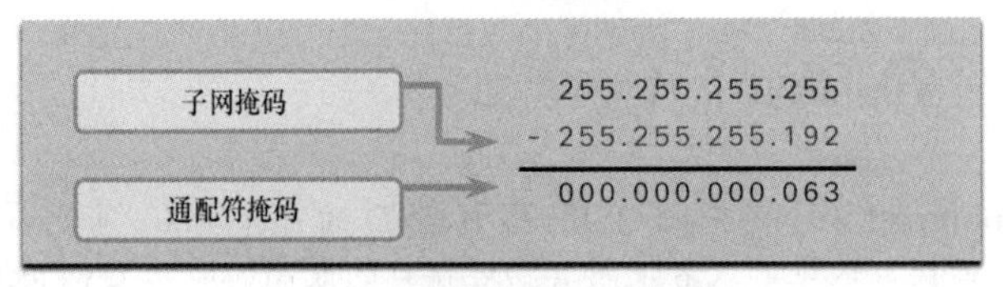

图 2-4　通配符掩码的计算

2.2.3 使用 network 命令配置 OSPF

在路由器配置模式中，有两种方法可识别将参与 OSPFv2 路由进程的接口。图 2-5 所示为本节要使用的参考拓扑。

在例 2-5 中，通配符掩码基于网络地址标识接口。只要活动的接口使用属于该网络的 IP 地址进行了配置，那么该接口将参与 OSPFv2 路由进程。

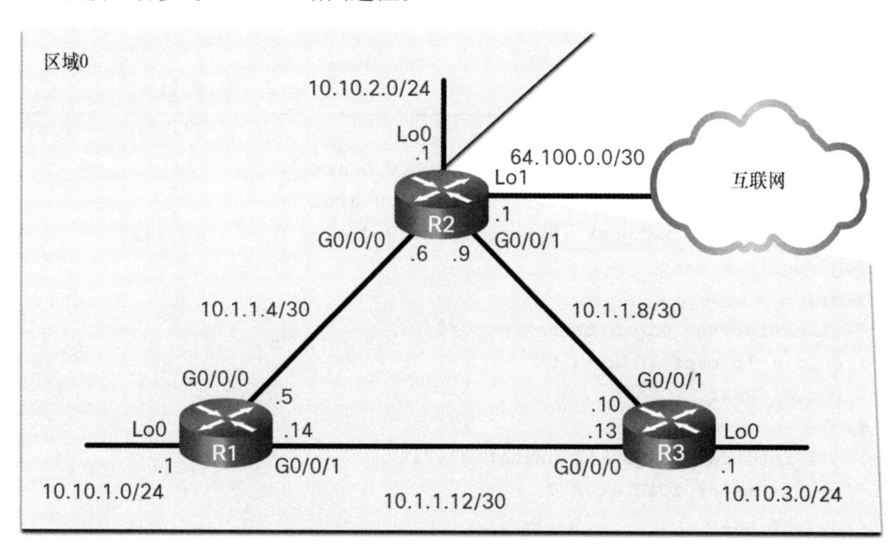

图 2-5 OSPF 参考拓扑

例 2-5 基于网络地址的通配符掩码

```
R1(config)# router ospf 10
R1(config-router)# network 10.10.1.0 0.0.0.255 area 0
R1(config-router)# network 10.1.1.4 0.0.0.3 area 0
R1(config-router)# network 10.1.1.12 0.0.0.3 area 0
R1(config-router)#
```

注 意 某些 IOS 版本允许输入子网掩码，而不输入通配符掩码。随后，IOS 会将子网掩码转换为通配符掩码格式。

作为另外一种方式，例 2-6 显示了如何通过使用全零的通配符掩码指定准确的接口 IPv4 地址，来启用 OSPFv2。在 R1 上输入 **network 10.1.1.5 0.0.0.0 area 0** 命令，告知路由器在 G0/0/0 接口上启用 OSPF 路由进程。配置完成后，OSPFv2 进程中会通告这个接口上的网络（10.1.1.4/30）。

例 2-6 基于接口 IPv4 地址的通配符

```
R1(config)# router ospf 10
R1(config-router)# network 10.10.1.1 0.0.0.0 area 0
R1(config-router)# network 10.1.1.5 0.0.0.0 area 0
R1(config-router)# network 10.1.1.14 0.0.0.0 area 0
R1(config-router)#
```

指定接口的好处是不需要计算通配符掩码。需要注意的是，在所有情况下，**area** 参数都指定为区域 0。

2.2.4　使用 ip ospf 命令配置 OSPF

也可以直接在接口上配置 OSPF，而不使用 **network** 命令。要想直接在接口上配置 OSPF，可以使用 **ip ospf** 接口配置命令。该命令的语法如下：

```
Router(config-if)# ip ospf process-id area area-id
```

对于 R1，可使用 **network** 命令的 **no** 形式来删除 **network** 命令。然后进入每个接口并配置 **ip ospf** 命令，如例 2-7 所示。

例 2-7　在接口上配置 OSPF

```
R1(config)# router ospf 10
R1(config-router)# no network 10.10.1.1 0.0.0.0 area 0
R1(config-router)# no network 10.1.1.5 0.0.0.0 area 0
R1(config-router)# no network 10.1.1.14 0.0.0.0 area 0
R1(config-router)# exit
R1(config)#
R1(config)# interface GigabitEthernet 0/0/0
R1(config-if)# ip ospf 10 area 0
R1(config-if)# exit
R1(config)#
R1(config)# interface GigabitEthernet 0/0/1
R1(config-if)# ip ospf 10 area 0
R1(config-if)# exit
R1(config)#
R1(config)# interface Loopback 0
R1(config-if)# ip ospf 10 area 0
R1(config-if)#
```

2.2.5　被动接口

默认情况下，OSPF 消息通过所有启用 OSPF 的接口转发出去。但实际上这些消息只需要从连接到其他启用 OSPF 的路由器的接口上转发出去。

请参考图 2-6 中的拓扑。

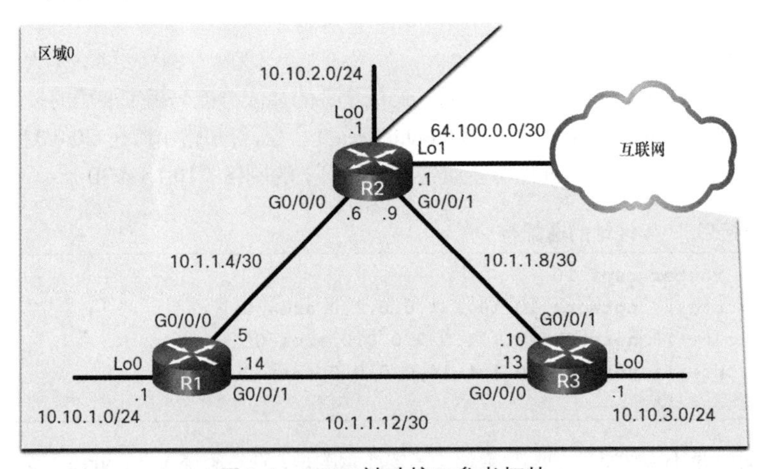

图 2-6　OSPF 被动接口参考拓扑

OSPFv2 消息也会从 3 个环回接口中转发出去，即使这些模拟的 LAN 上并不存在任何 OSPFv2 邻居。在生产网络中，这些环回接口应该是具有用户和流量的网络的物理接口。在 LAN 上发送不需要的消息会通过 3 种方式影响网络。

- **带宽利用率降低**：传输不必要的消息会消耗可用的带宽。
- **资源利用率降低**：LAN 上的所有设备都必须处理并最终丢弃该消息。
- **安全风险增大**：如果没有其他 OSPF 安全配置，可以使用数据包嗅探软件截获 OSPF 消息。路由更新可能会被修改后重新发回路由器，从而导致路由表使用错误的度量来误导流量。

2.2.6 配置被动接口

使用 **passive-interface** 路由器配置命令，可阻止路由消息通过路由器接口传输，但仍允许将该网络通告给其他路由器。在例 2-8 所示的配置中，R1 的 Loopback 0 被标识为被动接口。

例 2-8 配置并验证被动接口

```
R1(config)# router ospf 10
R1(config-router)# passive-interface loopback 0
R1(config-router)# end
R1#
*May 23 20:24:39.309: %SYS-5-CONFIG_I: Configured from console by console
R1#
R1# show ip protocols
*** IP Routing is NSF aware ***
(output omitted)
Routing Protocol is "ospf 10"
  Outgoing update filter list for all interfaces is not set
  Incoming update filter list for all interfaces is not set
  Router ID 1.1.1.1
  Number of areas in this router is 1. 1 normal 0 stub 0 nssa
  Maximum path: 4
  Routing for Networks:
  Routing on Interfaces Configured Explicitly (Area 0):
    Loopback0
    GigabitEthernet0/0/1
    GigabitEthernet0/0/0
  Passive Interface(s):
    Loopback0
  Routing Information Sources:
    Gateway         Distance      Last Update
    3.3.3.3              110      01:01:48
    2.2.2.2              110      01:01:38
  Distance: (default is 110)
R1#
```

注 意 *在该示例中，环回接口表示以太网。在生产网络中，环回接口不需要是被动的。*

可使用 **show ip protocols** 命令来验证 Loopback 0 是否为被动接口。该接口仍然列在了“Routing on Interfaces Configured Explicitly (Area 0)”部分。这意味着在发送给 R2 和 R3 的 OSPFv2 更新中，这个网络仍然作为一个路由条目包含在其中。

2.2.7 OSPF点对点网络

在默认情况下，思科路由器会在以太网接口上选举DR和BDR，即使链路上只有一台设备。可以使用**show ip ospf interface**命令来验证哪台路由器被选举为DR或BDR，如例2-9中R1的G0/0/0所示。

例2-9 验证OSPF网络类型

```
R1# show ip ospf interface GigabitEthernet 0/0/0
GigabitEthernet0/0/0 is up, line protocol is up
  Internet Address 10.1.1.5/30, Area 0, Attached via Interface Enable
  Process ID 10, Router ID 1.1.1.1, Network Type BROADCAST, Cost: 1
  Topology-MTID    Cost    Disabled    Shutdown      Topology Name
        0           1         no          no            Base
  Enabled by interface config, including secondary ip addresses
  Transmit Delay is 1 sec, State BDR, Priority 1
  Designated Router (ID) 2.2.2.2, Interface address 10.1.1.6
  Backup Designated router (ID) 1.1.1.1, Interface address 10.1.1.5
  Timer intervals configured, Hello 10, Dead 40, Wait 40, Retransmit 5
    oob-resync timeout 40
    Hello due in 00:00:08
  Supports Link-local Signaling (LLS)
  Cisco NSF helper support enabled
  IETF NSF helper support enabled
  Index 1/2/2, flood queue length 0
  Next 0x0(0)/0x0(0)/0x0(0)
  Last flood scan length is 1, maximum is 1
  Last flood scan time is 0 msec, maximum is 0 msec
  Neighbor Count is 1, Adjacent neighbor count is 1
    Adjacent with neighbor 2.2.2.2 (Designated Router)
  Suppress hello for 0 neighbor(s)
R1#
```

在例2-9中可以看到，在这种情况下，R1是BDR，R2是DR。由于R1和R2之间的点对点网络上只有两台路由器，因此DR/BDR的选举其实是不必要的。注意，在命令的输出内容中，路由器已将网络类型指定为BROADCAST。

要想把它改为点对点网络，可以在所有希望禁用DR/BDR选举进程的接口上使用**ip ospf network point-to-point**接口配置命令。例2-10所示为R1上的配置。OSPF邻居的邻接状态会中断几毫秒的时间。

例2-10 更改并验证OSPF网络类型

```
R1(config)# interface GigabitEthernet 0/0/0
R1(config-if)# ip ospf network point-to-point
*Jun 6 00:44:05.208: %OSPF-5-ADJCHG: Process 10, Nbr 2.2.2.2 on GigabitEthernet0/0/0
  from FULL to DOWN, Neighbor Down: Interface down or detached
*Jun 6 00:44:05.211: %OSPF-5-ADJCHG: Process 10, Nbr 2.2.2.2 on GigabitEthernet0/0/0
  from LOADING to FULL, Loading Done
R1(config-if)# exit
R1(config)#
R1(config)# interface GigabitEthernet 0/0/1
R1(config-if)# ip ospf network point-to-point
```

```
*Jun 6 00:44:45.532: %OSPF-5-ADJCHG: Process 10, Nbr 3.3.3.3 on GigabitEthernet0/0/1
  from FULL to DOWN, Neighbor Down: Interface down or detached
*Jun 6 00:44:45.535: %OSPF-5-ADJCHG: Process 10, Nbr 3.3.3.3 on GigabitEthernet0/0/1
  from LOADING to FULL, Loading Done
R1(config-if)# end
R1#
R1# show ip ospf interface GigabitEthernet 0/0/0
GigabitEthernet0/0/0 is up, line protocol is up
  Internet Address 10.1.1.5/30, Area 0, Attached via Interface Enable
  Process ID 10, Router ID 1.1.1.1, Network Type POINT_TO_POINT, Cost: 1
  Topology-MTID    Cost    Disabled    Shutdown      Topology Name
        0           1         no          no            Base
  Enabled by interface config, including secondary ip addresses
  Transmit Delay is 1 sec, State POINT_TO_POINT
  Timer intervals configured, Hello 10, Dead 40, Wait 40, Retransmit 5
    oob-resync timeout 40
    Hello due in 00:00:04
  Supports Link-local Signaling (LLS)
  Cisco NSF helper support enabled
  IETF NSF helper support enabled
  Index 1/2/2, flood queue length 0
  Next 0x0(0)/0x0(0)/0x0(0)
  Last flood scan length is 1, maximum is 2
  Last flood scan time is 0 msec, maximum is 1 msec
  Neighbor Count is 1, Adjacent neighbor count is 1
    Adjacent with neighbor 2.2.2.2
  Suppress hello for 0 neighbor(s)
R1#
```

注意，G0/0/0 接口的网络类型已经变成 POINT_TO_POINT，并且链路上没有 DR 和 BDR。

2.2.8 环回和点对点网络

出于多种目的，我们会使用环回接口来提供额外的接口。在本例中，我们将使用环回接口来模拟更多网络，可以超出设备物理接口的限制。默认情况下，环回接口会被通告为一条掩码为/32 的主机路由。例如，R1 在向 R2 和 R3 进行通告时，会把 10.10.1.0/24 网络通告为 10.10.1.1/32，如例 2-11 所示。

例 2-11　验证 R2 有一条通往 R1 环回接口的路由

```
R2# show ip route | include 10.10.1
O        10.10.1.1/32 [110/2] via 10.1.1.5, 00:03:05, GigabitEthernet0/0/0
R2#
```

为了模拟真实的 LAN 环境，Loopback 0 接口被配置为点对点网络，这样 R1 就会向 R2 和 R3 通告完整的 10.10.1.0/24 网络，如例 2-12 所示。

例 2-12　配置环回接口以模拟点对点网络

```
R1(config-if)# interface Loopback 0
R1(config-if)# ip ospf network point-to-point
R1(config-if)#
```

现在，R2 接收到了更准确的模拟 LAN 网络的地址 10.10.1.0/24，如例 2-13 所示。

注 意　在本书写作时，Packet Tracer 不支持在吉比特以太网接口上配置 **ip ospf network point-to-point** 接口配置命令。但它支持在环回接口上配置该命令。

例 2-13　验证 R2 现在具有到环回网络的/24 路由

```
R2# show ip route | include 10.10.1
O        10.10.1.0/24 [110/2] via 10.1.1.5, 00:00:30, GigabitEthernet0/0/0
R2#
```

2.3　多路访问 OSPF 网络

在本节中，您将配置 OSPF 接口优先级，以影响 DR/BDR 的选举。

2.3.1　OSPF 网络类型

使用 OSPF 的另一种网络类型是多路访问 OSPF 网络。多路访问 OSPF 网络的独特之处在于有一台路由器来负责 LSA 的分发。管理员需要通过正确的配置，来决定由哪台路由器承担这个角色。

OSPF 可能包括其他进程，具体取决于网络的类型。图 2-6 中的拓扑在路由器之间使用点对点以太网链路。但是，可以将路由器连接到同一交换机以形成多路访问以太网，如图 2-7 所示。

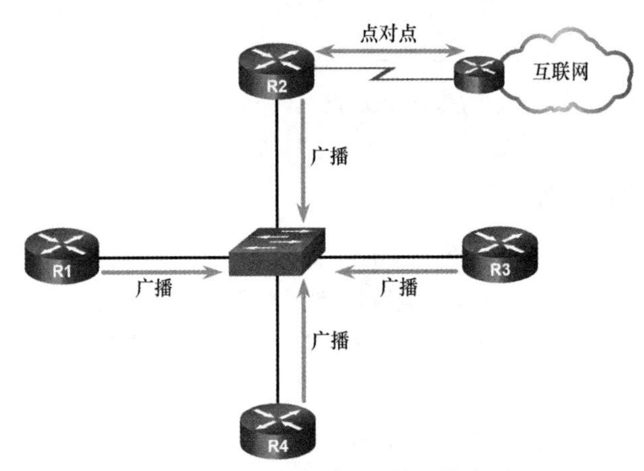

图 2-7　R2 连接到不同的网络类型

以太网 LAN 是广播多路访问网络的最常见示例。在广播网络中，网络中的所有设备可以看到所有的广播帧和组播帧。

2.3.2　OSPF 指定路由器

在多路访问网络中，OSPF 会选举 DR 和 BDR 来管理邻接数量和链路状态通告（LSA）的泛洪。DR 负责收集和分发它所发送与接收的 LSA。DR 使用组播 IPv4 地址 224.0.0.5，这个地址代表所有的 OSPF 路由器。

万一 DR 失败，还可以选举出 BDR。BDR 被动侦听并维护所有路由器的关系。如果 DR 停止产生 Hello 数据包，则 BDR 会升级并承担 DR 的角色。

其他所有路由器都将成为 DROTHER（既不是 DR 也不是 BDR 的路由器）。DROTHER 使用多路访问地址 224.0.0.6（所有指定的路由器）将 OSPF 数据包发送到 DR 和 BDR。仅 DR 和 BDR 侦听 224.0.0.6。

在图 2-8 中，R1 将 LSA 发送到 DR。注意，只有 DR 和 BDR 处理 R1 使用组播 IPv4 地址 224.0.0.6 发送的 LSA。

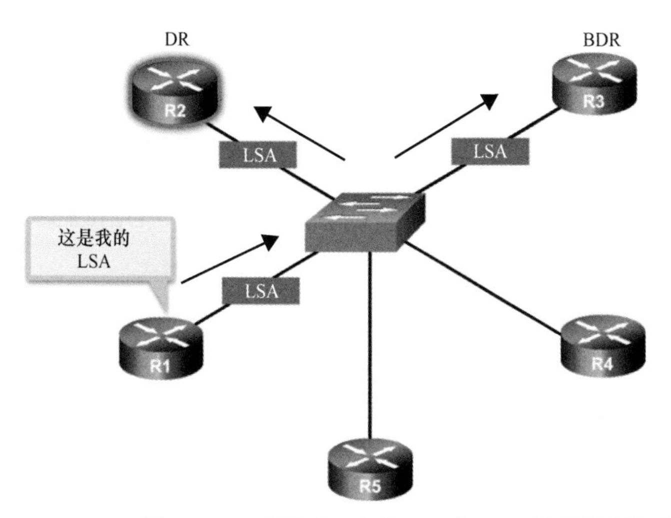

图 2-8　DR 的角色：仅与 DR 和 BDR 形成邻接关系

在图 2-9 中，R1、R5 和 R4 是 DROTHER。DR 使用组播 IPv4 地址 224.0.0 向所有 OSPF 路由器发送 LSA。

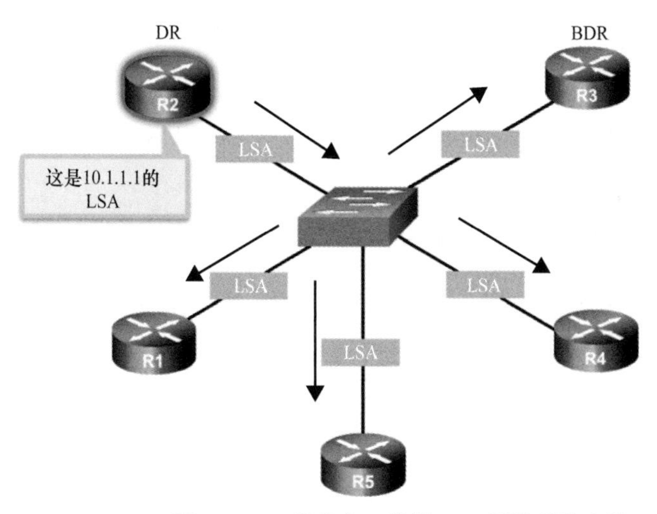

图 2-9　DR 的角色：发送 LSA 到其他路由器

2.3.3　OSPF 多路访问参考拓扑

在图 2-10 所示的多路访问拓扑中，有 3 台路由器通过公共以太网多路访问网络 192.168.1.0/24 相互连接。

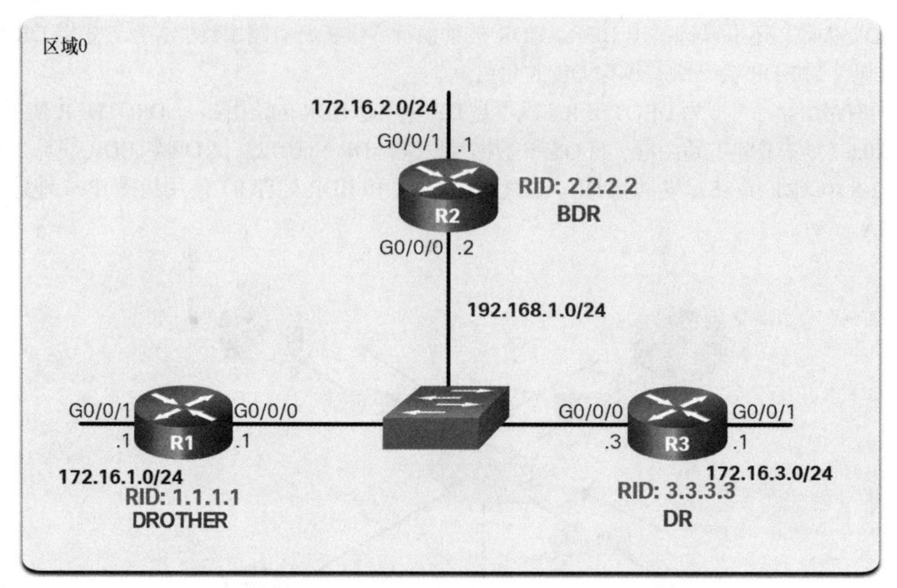

图 2-10　OSPF 多路访问参考拓扑

每台路由器在 G0/0/0 接口上配置了指定的 IPv4 地址。

由于这些路由器是通过公共的多路访问网络连接在一起的，因此 OSPF 自动选举出了 DR 和 BDR。在本示例中，R3 被选举为 DR，因为它的路由器 ID 3.3.3.3 在本网络中最高。R2 为 BDR，因为它在网络中具有第二高的路由器 ID。

2.3.4　验证 OSPF 路由器的角色

要想验证 OSPFv2 路由器的角色，可以使用 **show ip ospf interface** 命令。

R1 DROTHER

例 2-14 所示为在 R1 上执行 **show ip ospf interface** 命令后生成的输出。

例 2-14　验证 R1 的路由器角色

```
R1# show ip ospf interface GigabitEthernet 0/0/0
GigabitEthernet0/0/0 is up, line protocol is up
  Internet Address 192.168.1.1/24, Area 0, Attached via Interface Enable
  Process ID 10, Router ID 1.1.1.1, Network Type BROADCAST, Cost: 1
  Topology-MTID    Cost    Disabled    Shutdown      Topology Name
        0           1         no          no            Base
  Enabled by interface config, including secondary ip addresses
  Transmit Delay is 1 sec, State DROTHER, Priority 1
  Designated Router (ID) 3.3.3.3, Interface address 192.168.1.3
  Backup Designated router (ID) 2.2.2.2, Interface address 192.168.1.2
  Timer intervals configured, Hello 10, Dead 40, Wait 40, Retransmit 5
    oob-resync timeout 40
    Hello due in 00:00:07
  Supports Link-local Signaling (LLS)
  Cisco NSF helper support enabled
  IETF NSF helper support enabled
  Index 1/1/1, flood queue length 0
```

```
    Next 0x0(0)/0x0(0)/0x0(0)
    Last flood scan length is 0, maximum is 1
    Last flood scan time is 0 msec, maximum is 1 msec
    Neighbor Count is 2, Adjacent neighbor count is 2
      Adjacent with neighbor 2.2.2.2 (Backup Designated Router)
      Adjacent with neighbor 3.3.3.3 (Designated Router)
    Suppress hello for 0 neighbor(s)
R1#
```

在例 2-14 中，R1 既不是 DR 也不是 BDR，而是 DROTHER，其默认优先级为 1。DR 为 R3，路由器 ID 为 3.3.3.3，IPv4 地址为 192.168.1.3；BDR 为 R2，路由器 ID 为 2.2.2.2，IPv4 地址为 192.168.1.2。该输出还显示 R1 有两个邻接关系：与 BDR 的邻接关系以及与 DR 的邻接关系。

R2 BDR

例 2-15 所示为在 R2 上执行 **show ip ospf interface** 命令后生成的输出。

例 2-15 验证 R2 的路由器角色

```
R2# show ip ospf interface GigabitEthernet 0/0/0
GigabitEthernet0/0/0 is up, line protocol is up
  Internet Address 192.168.1.2/24, Area 0, Attached via Interface Enable
  Process ID 10, Router ID 2.2.2.2, Network Type BROADCAST, Cost: 1
  Topology-MTID    Cost    Disabled    Shutdown      Topology Name
        0           1         no          no            Base
  Enabled by interface config, including secondary ip addresses
  Transmit Delay is 1 sec, State BDR, Priority 1
  Designated Router (ID) 3.3.3.3, Interface address 192.168.1.3
  Backup Designated router (ID) 2.2.2.2, Interface address 192.168.1.2
  Timer intervals configured, Hello 10, Dead 40, Wait 40, Retransmit 5
    oob-resync timeout 40
    Hello due in 00:00:01
  Supports Link-local Signaling (LLS)
  Cisco NSF helper support enabled
  IETF NSF helper support enabled
  Index 1/1, flood queue length 0
  Next 0x0(0)/0x0(0)
  Last flood scan length is 0, maximum is 1
  Last flood scan time is 0 msec, maximum is 0 msec
  Neighbor Count is 2, Adjacent neighbor count is 2
    Adjacent with neighbor 1.1.1.1
    Adjacent with neighbor 3.3.3.3 (Designated Router)
  Suppress hello for 0 neighbor(s)
R2#
```

在例 2-15 中，R2 是 BDR，其默认优先级为 1。DR 是 R3，路由器 ID 为 3.3.3.3，IPv4 地址为 192.168.1.3；BDR 则是 R2，路由器 ID 为 2.2.2.2，IPv4 地址为 192.168.1.2。R2 有两个邻接关系：与邻居 R1（路由器 ID 为 1.1.1.1）的邻接关系以及与 DR 的邻接关系。

R3 DR

例 2-16 所示为在 R3 上执行 **show ip ospf interface** 命令后生成的输出。

例2-16 验证R3的路由器角色

```
R3# show ip ospf interface GigabitEthernet 0/0/0
GigabitEthernet0/0/0 is up, line protocol is up
  Internet Address 192.168.1.3/24, Area 0, Attached via Interface Enable
  Process ID 10, Router ID 3.3.3.3, Network Type BROADCAST, Cost: 1
  Topology-MTID    Cost    Disabled    Shutdown      Topology Name
        0           1         no          no            Base
  Enabled by interface config, including secondary ip addresses
  Transmit Delay is 1 sec, State DR, Priority 1
  Designated Router (ID) 3.3.3.3, Interface address 192.168.1.3
  Backup Designated router (ID) 2.2.2.2, Interface address 192.168.1.2
  Timer intervals configured, Hello 10, Dead 40, Wait 40, Retransmit 5
    oob-resync timeout 40
    Hello due in 00:00:06
  Supports Link-local Signaling (LLS)
  Cisco NSF helper support enabled
  IETF NSF helper support enabled
  Index 1/1/1, flood queue length 0
  Next 0x0(0)/0x0(0)/0x0(0)
  Last flood scan length is 2, maximum is 2
  Last flood scan time is 0 msec, maximum is 0 msec
  Neighbor Count is 2, Adjacent neighbor count is 2
    Adjacent with neighbor 1.1.1.1
    Adjacent with neighbor 2.2.2.2  (Backup Designated Router)
  Suppress hello for 0 neighbor(s)
R3#
```

在例2-16中,R3是DR,其默认优先级为1。DR是R3,路由器ID为3.3.3.3,IPv4地址为192.168.1.3;BDR则是R2，路由器ID为2.2.2.2，IPv4地址为192.168.1.2。R3有两个邻接关系：与邻居R1（路由器ID为1.1.1.1）的邻接关系以及与BDR的邻接关系。

2.3.5 验证DR/BDR的邻接关系

要想验证OSPFv2的邻接关系，可以使用**show ip ospf neighbor**命令。在多路访问网络中，邻居状态可以是以下状态。

- **FULL/DROTHER**：这是DR或BDR路由器与非DR或BDR路由器之间形成的完全邻接关系。这两个邻居可以交换Hello数据包、更新、查询、应答和确认。
- **FULL/DR**：这是路由器与指定的DR邻居形成的完全邻接关系。这两个邻居可以交换Hello数据包、更新、查询、应答和确认。
- **FULL/BDR**：这是路由器与指定的BDR邻居形成的完全邻接关系。这两个邻居可以交换Hello数据包、更新、查询、应答和确认。
- **2-WAY/DROTHER**：这是两台非DR或BDR路由器之间形成的邻居关系。这两个邻居可交换Hello数据包。

OSPF路由器的正常状态通常为FULL。如果路由器为其他状态，则表明在形成邻接关系时存在问题。唯一的例外是2-WAY状态，这在多路访问广播网络中是正常的。例如，DROTHER也会与网络中的其他DROTHER建立2-WAY邻居的邻接关系。在这种情况中，邻居状态会显示为2-WAY/DROTHER。

以下各节会显示在每台路由器上执行**show ip ospf neighbor**命令的输出结果。

R1 的邻接关系

在例 2-17 中，R1 生成的输出中显示出 R1 与以下路由器之间建立了邻接关系：

- 路由器 ID 为 2.2.2.2 的 R2 处于 FULL 状态，R2 的角色为 BDR；
- 路由器 ID 为 3.3.3.3 的 R3 处于 FULL 状态，R3 的角色为 DR。

例 2-17 R1 的邻居表

```
R1# show ip ospf neighbor
Neighbor ID     Pri   State         Dead Time    Address        Interface
2.2.2.2           1   FULL/BDR      00:00:31     192.168.1.2    GigabitEthernet0/0/0
3.3.3.3           1   FULL/DR       00:00:39     192.168.1.3    GigabitEthernet0/0/0
R1#
```

R2 的邻接关系

在例 2-18 中，R2 生成的输出中显示出 R2 与以下路由器之间建立了邻接关系：

- 路由器 ID 为 1.1.1.1 的 R1 处于 FULL 状态，R1 既不是 DR 也不是 BDR；
- 路由器 ID 为 3.3.3.3 的 R3 处于 FULL 状态，R3 的角色是 DR。

例 2-18 R2 的邻居表

```
R2# show ip ospf neighbor
Neighbor ID     Pri   State            Dead Time    Address        Interface
1.1.1.1           1   FULL/DROTHER     00:00:31     192.168.1.1    GigabitEthernet0/0/0
3.3.3.3           1   FULL/DR          00:00:34     192.168.1.3    GigabitEthernet0/0/0
R2#
```

R3 的邻接关系

在例 2-19 中，R3 生成的输出中显示出 R3 与以下路由器之间建立了邻接关系：

- 路由器 ID 为 1.1.1.1 的 R1 处于 FULL 状态，R1 既不是 DR 也不是 BDR；
- 路由器 ID 为 2.2.2.2 的 R2 处于 FULL 状态，R2 的角色是 BDR。

例 2-19 R3 的邻居表

```
R3# show ip ospf neighbor
Neighbor ID     Pri   State            Dead Time    Address        Interface
1.1.1.1           1   FULL/DROTHER     00:00:37     192.168.1.1    GigabitEthernet0/0/0
2.2.2.2           1   FULL/BDR         00:00:33     192.168.1.2    GigabitEthernet0/0/0
R3#
```

2.3.6 默认的 DR/BDR 选举过程

DR 和 BDR 是如何选举的呢？OSPF 中 DR 和 BDR 的选举根据以下几个标准。

在网络中，路由器将具有最高接口优先级的路由器选举为 DR。具有次高接口优先级的路由器被选举为 BDR。接口优先级可配置为 0～255 的任意数字。如果接口优先级的值被设置为 0，则该接口不会被选为 DR 或 BDR。广播多路访问接口的默认优先级为 1。因此，除非另有配置，否则所有路由器具有相同的优先级值，并且在 DR/BDR 选举过程中必须采用另外一种方法进行选举。

如果接口优先级相等，则将路由器 ID 最高的路由器选举为 DR。路由器 ID 次高的路由器被选为 BDR。

路由器会使用以下 3 种方法来确定路由器 ID：

- 路由器 ID 可以手动配置；
- 如果路由器 ID 尚未配置，那么它可由最高的环回 IPv4 地址来确定；
- 如果环回接口尚未配置，那么路由器 ID 可由最高的活动 IPv4 地址确定。

在图 2-11 中，所有以太网路由器接口的默认优先级都为 1。

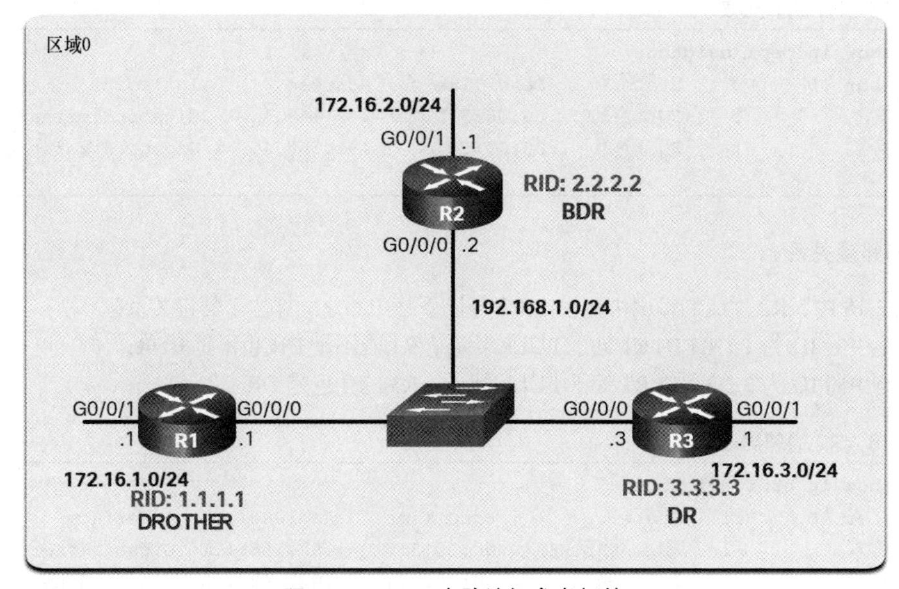

图 2-11　OSPF 多路访问参考拓扑

因此，根据以上所列出的选举条件，OSPF 路由器 ID 可用于选举 DR 和 BDR。具有最高路由器 ID 的 R3 成为 DR；具有次高路由器 ID 的 R2 成为 BDR。

当多路访问网络中接口启用了 OSPF 的第一台路由器开始工作时，DR 和 BDR 选举过程随即开始。在预配置的 OSPF 路由器加电启动后，或者在接口上激活了 OSPF 后，将发生选举过程。选举过程仅需几秒钟。如果多路访问网络中所有的路由器尚未完成启动，那么具有较低路由器 ID 的路由器可能成为 DR。

OSPF 的 DR 和 BDR 选举不是抢占性的。也就是说，如果在 DR 和 BDR 选举完成后，即使将具有更高优先级或更高路由器 ID 的新路由器添加到网络，新添加的路由器也不会接管 DR 或 BDR 角色。这是因为角色分配已经完成。添加新的路由器时，不会发起新的选举过程。

2.3.7　DR 的故障和恢复

DR 在选出之后，它会保持 DR 的角色，直到发生下列任一事件：

- DR 发生故障；
- DR 的 OSPF 进程发生故障或停止；
- DR 的多路访问接口发生故障或关闭。

如果 DR 发生故障，那么 BDR 将自动升级为 DR。即使在最初的 DR/BDR 选举之后将具有更高优先级或更高路由器 ID 的其他 DROTHER 添加到网络，BDR 仍会自动升级为 DR。但是，当 BDR 提升为 DR 后，就会发生新的 BDR 选举，这时具有更高优先级或更高路由器 ID 的 DROTHER 就会被选为新的 BDR。

以下各节介绍了与 DR 和 BDR 选举过程相关的各种情况。

R3 发生故障

在图 2-12 中，当前的 DR（R3）发生故障。

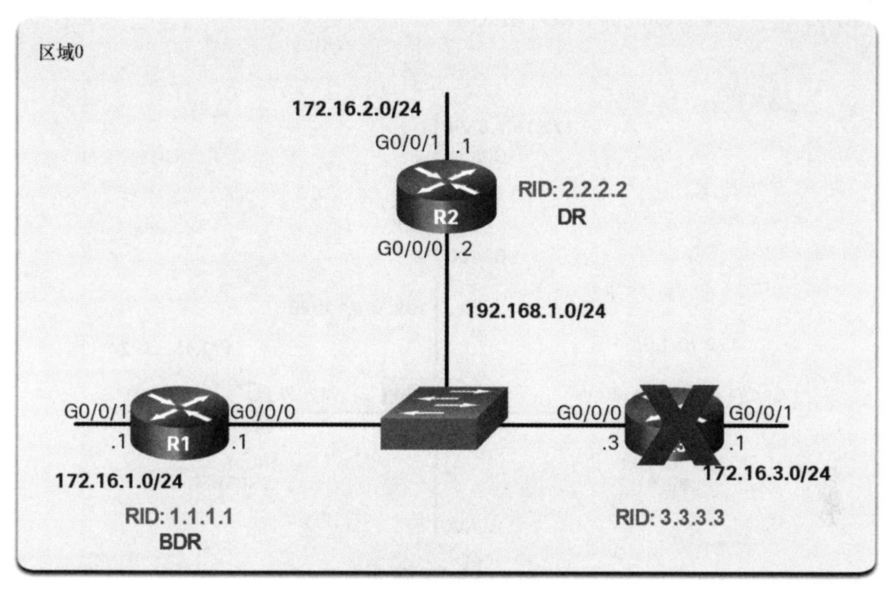

图 2-12　R3 发生故障

因此，已选举出的 BDR（R2）会承担 DR 的角色。随后，选举出新的 BDR。由于 R1 是唯一的 DROTHER，所以被选为 BDR。

R3 重新加入网络

在图 2-13 中，R3 在中断了几分钟后，重新加入到网络中。

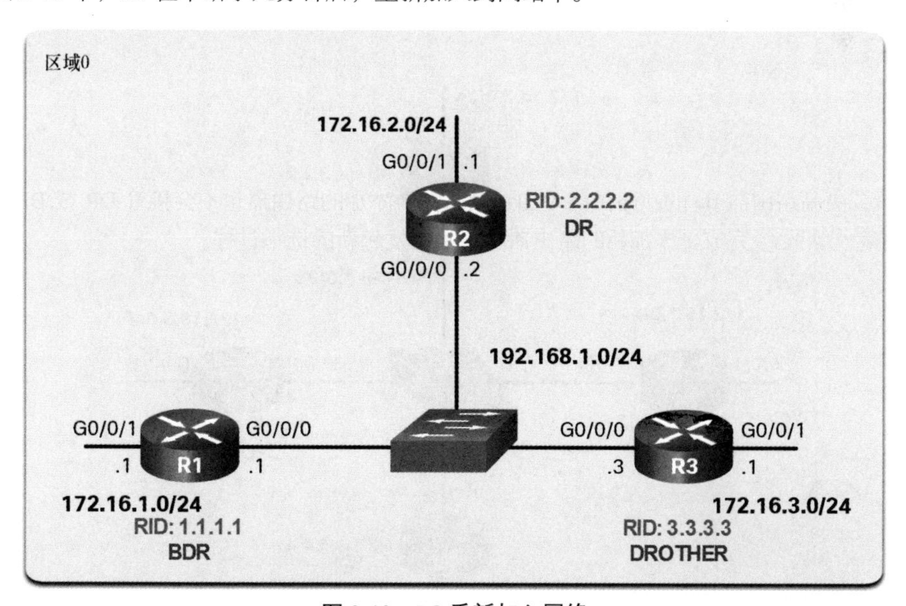

图 2-13　R3 重新加入网络

由于 DR 和 BDR 已经存在，因此 R3 没有接管任何角色，它成为了 DROTHER。

R4加入网络

在图2-14中，一台拥有更高路由器ID的新路由器（R4）加入了网络中。DR（R2）和BDR（R1）保留DR和BDR角色。R4自动成为DROTHER。

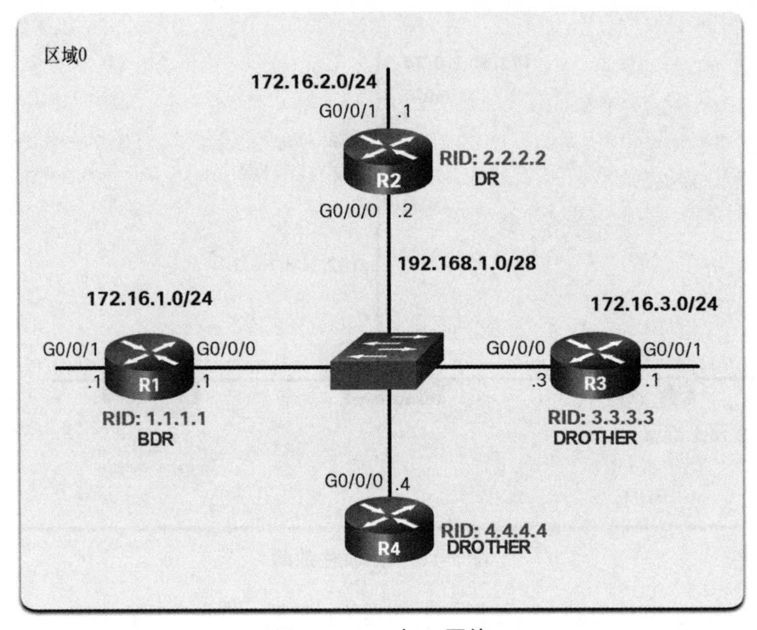

图2-14 R4加入网络

R2发生故障

在图2-15中，R2失效。

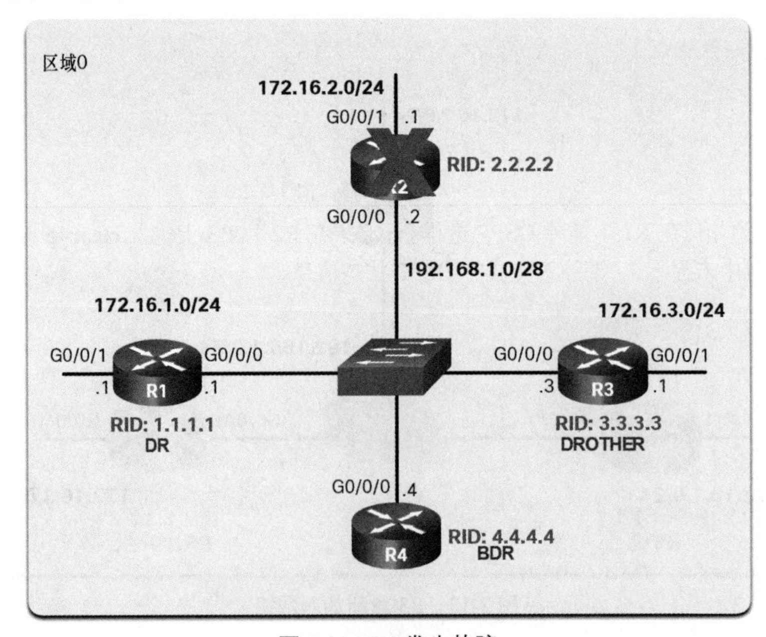

图2-15 R2发生故障

BDR（R1）自动成为DR，而由于R4具有更高的路由器ID，因此在选举过程中R4被选为BDR。

2.3.8 ip ospf priority 命令

如果所有路由器的接口优先级相等，则将具有最高路由器 ID 的路由器选为 DR。可以通过配置路由器 ID 来控制 DR/BDR 的选举。但是，只有在所有的路由器上都有严格的路由器 ID 设置规划时，这个过程才会有效。可以通过配置路由器 ID 来对此进行控制。但是，在大型网络中，这会带来繁重的工作量。

与其依赖路由器 ID，不如通过设置接口优先级来控制选举。这也允许路由器在一个网络中充当 DR 的同时，在另一个网络中充当 DROTHER。要设置接口的优先级，可以使用命令 **ip ospf priority** *value* 接口配置命令，其中 *value* 的取值范围为 0～255。*value* 值为 0 的路由器不会成为 DR 或 BDR。*value* 值为 1～255 的路由器会有机会成为 DR 或 BDR。

2.3.9 配置 OSPF 优先级

在图 2-11 所示的拓扑中，可以使用 **ip ospf priority** 命令对 DR 和 BDR 进行更改，具体如下：

- R1 应该是 DR，其优先级配置为 255；
- R2 应该是 BDR，保持其默认的优先级 1；
- R3 既不应该是 DR，也不应该是 BDR，其优先级配置为 0。

例 2-20 所示为把 R1 的 G0/0/0 接口优先级从 1 更改为 255。

例 2-20 配置 R1 的 OSPF 优先级

```
R1(config)# interface GigabitEthernet 0/0/0
R1(config-if)# ip ospf priority 255
R1(config-if)# end
R1#
```

例 2-21 所示为把 R3 的 G0/0/0 接口优先级从 1 更改为 0。

例 2-21 配置 R3 的 OSPF 优先级

```
R3(config)# interface GigabitEthernet 0/0/0
R3(config-if)# ip ospf priority 0
R3(config-if)# end
R3#
```

例 2-22 所示为如何在 R1 上清除 OSPF 进程。还必须在 R2 和 R3 上输入 **clear ip ospf process** 特权 EXEC 命令（本例中未显示）。请注意生成的 OSPF 状态信息。

例 2-22 在 R1 上清除 OSPF 进程

```
R1# clear ip ospf process
Reset ALL OSPF processes? [no]: y
R1#
*Jun 5 03:47:41.563: %OSPF-5-ADJCHG: Process 10, Nbr 2.2.2.2 on GigabitEthernet0/0/0
  from FULL to DOWN, Neighbor Down: Interface down or detached
*Jun 5 03:47:41.563: %OSPF-5-ADJCHG: Process 10, Nbr 3.3.3.3 on GigabitEthernet0/0/0
  from FULL to DOWN, Neighbor Down: Interface down or detached
*Jun 5 03:47:41.569: %OSPF-5-ADJCHG: Process 10, Nbr 2.2.2.2 on GigabitEthernet0/0/0
  from LOADING to FULL, Loading Done
*Jun 5 03:47:41.569: %OSPF-5-ADJCHG: Process 10, Nbr 3.3.3.3 on GigabitEthernet0/0/0
  from LOADING to FULL, Loading Done
```

在例 2-23 中，在 R1 上执行命令 **show ip ospf interface g0/0/0** 后的输出结果显示，R1 是 DR，其优先级为 255，并标识了 R1 的新邻居邻接关系。

例 2-23 验证 R1 现在是否为 DR

```
R1# show ip ospf interface GigabitEthernet 0/0/0
GigabitEthernet0/0/0 is up, line protocol is up
  Internet Address 192.168.1.1/24, Area 0, Attached via Interface Enable
  Process ID 10, Router ID 1.1.1.1, Network Type BROADCAST, Cost: 1
  Topology-MTID   Cost     Disabled    Shutdown       Topology Name
         0          1          no          no             Base
  Enabled by interface config, including secondary ip addresses
  Transmit Delay is 1 sec, State DR, Priority 255
  Designated Router (ID) 1.1.1.1, Interface address 192.168.1.1
  Backup Designated router (ID) 2.2.2.2, Interface address 192.168.1.2
  Timer intervals configured, Hello 10, Dead 40, Wait 40, Retransmit 5
    oob-resync timeout 40
    Hello due in 00:00:00
  Supports Link-local Signaling (LLS)
  Cisco NSF helper support enabled
  IETF NSF helper support enabled
  Index 1/1/1, flood queue length 0
  Next 0x0(0)/0x0(0)/0x0(0)
  Last flood scan length is 1, maximum is 2
  Last flood scan time is 0 msec, maximum is 1 msec
  Neighbor Count is 2, Adjacent neighbor count is 2
    Adjacent with neighbor 2.2.2.2 (Backup Designated Router)
    Adjacent with neighbor 3.3.3.3
  Suppress hello for 0 neighbor(s)
R1#
```

2.4 修改单区域 OSPFv2

在本节中，您将学习 OSPF 如何使用开销来确定最佳路径，并了解如何配置 OSPF 接口设置以提高网络性能。

2.4.1 思科 OSPF 开销度量

路由协议使用度量来确定数据包在网络中的最佳路径。度量可用于测量某一接口上发送数据包所需的开销。OSPF 使用开销作为度量。开销越低，表示路径越好。

注 意 OSPF RFC 未指定什么是开销（cost）。思科使用累积的带宽进行路由计算。

思科定义的接口开销与接口的带宽成反比。因此带宽越高，开销就越低。计算 OSPF 开销的公式为：

开销 = 参考带宽 / 接口带宽

默认的参考带宽为 10^8（100 000 000），因此计算公式如下所示：

开销 = 100 000 000 bit/s / 接口带宽（以 bit/s 为单位）

图 2-16 对开销的计算进行了拆解。

接口类型	参考带宽（以bit/s为单位）		默认带宽（以bit/s为单位）	开销
10吉比特以太网 10Gbit/s	100 000 000	÷	10 000 000 000	0.01=1
吉比特以太网 1Gbit/s	100 000 000	÷	1 000 000 000	0.1=1
快速以太网 100Mbit/s	100 000 000	÷	100 000 000	1
以太网 10Mbit/s	100 000 000	÷	10 000 000	10

由于参考带宽的设置，因此三者的开销值相同

图 2-16 默认的思科 OSPF 开销

由于 OSPF 的开销值必须是一个整数，因此 FE（快速以太网）接口、GE（吉比特以太网）接口和 10GE（10 吉比特以太网）接口的开销值相同。要想实现更精细的控制，可以：

- 在每台 OSPF 路由器上使用 **auto-cost reference-bandwidth** 路由器配置命令调整参考带宽；
- 需要时，在接口上使用 **ip ospf cost** 接口配置命令手动设置 OSPF 开销值。

2.4.2 调整参考带宽

开销值必须为整数。如果计算出的值比整数小，OSPF 会向上取整到最接近的整数。因此，根据默认参考带宽 100 000 000bit/s 计算出的吉比特以太网接口的 OSPF 开销值将等于 1，即使与 0.1 最近的整数是 0 而不是 1。

开销 = 100 000 000 bit/s / 1 000 000 000 = 1

因此，所有比快速以太网更快的接口，其接口开销都与快速以太网接口相同（为 1）。为了协助 OSPF 做出正确的路径决定，必须将参考带宽更改为更高的值，以适应链路速率高于 100Mbit/s 的网络。更改参考带宽实际上并不影响链路的带宽容量；相反，它仅影响确定度量所用的计算方法。要想调整参考带宽，可以使用 **auto-cost reference-bandwidth** *Mbps* 路由器配置命令。

```
Router(config-router)# auto-cost reference-bandwidth Mbps
```

OSPF 域中的每台路由器都必须配置该命令。需要注意的是，这个值是以 Mbit/s 为单位的。因此，要想调整吉比特以太网的开销，可以使用 **auto-cost reference-bandwidth 1000** 路由器配置命令。要想调整 10 吉比特以太网的开销，可以使用 **auto-cost reference-bandwidth 10000** 路由器配置命令。要想恢复默认的参考带宽，可以使用 **auto-cost reference-bandwidth 100** 命令。

无论使用哪种方法，重要的是要在这个 OSPF 路由域中的所有路由器上应用相同的配置。表 2-1 所示为为了适应 10 吉比特以太网链路，而调整参考带宽后的 OSPF 开销。当网络中使用了比快速以太网（100Mbit/s）速率更高的链路时，就应该调整参考带宽。

表 2-1 OSPF 参考带宽和开销

接口类型	参考带宽（以 bit/s 为单位）		默认带宽（以 bit/s 为单位）	开销
10 吉比特以太网 10Gbit/s	10 000 000 000	÷	10 000 000 000	1

续表

接口类型	参考带宽（以bit/s为单位）		默认带宽（以bit/s为单位）	开销
吉比特以太网 1Gbit/s	10 000 000 000	÷	1 000 000 000	10
快速以太网 100Mbit/s	10 000 000 000	÷	100 000 000	100
以太网 10Mbit/s	10 000 000 000	÷	10 000 000	1000

可以使用 **show ip ospf interface g0/0/0** 命令来验证分配给R1的G0/0/0接口的当前OSPFv2开销。在例2-24中可以看到，输出显示开销的值为1。在调整参考带宽后，开销值现在为10。这样在将来扩展到10吉比特以太网接口时，就无须再次调整参考带宽了。

注 意　OSPF路由域中的所有路由器上必须配置相同的 **auto-cost reference-bandwidth** 命令，以此来确保路由计算的准确性。

例2-24　配置并验证R1的参考带宽

```
R1# show ip ospf interface gigabitethernet0/0/0
GigabitEthernet0/0/0 is up, line protocol is up
  Internet Address 10.1.1.5/30, Area 0, Attached via Interface Enable
  Process ID 10, Router ID 1.1.1.1, Network Type POINT_TO_POINT, Cost: 1
(output omitted)
R1# config t
Enter configuration commands, one per line. End with CNTL/Z.
R1(config)# router ospf 10
R1(config-router)# auto-cost reference-bandwidth 10000
% OSPF: Reference bandwidth is changed.
          Please ensure reference bandwidth is consistent across all routers.
R1(config-router)#
R1(config-router)# do show ip ospf interface gigabitethernet0/0/0
GigabitEthernet0/0 is up, line protocol is up
  Internet address is 172.16.1.1/24, Area 0
  Process ID 10, Router ID 1.1.1.1, Network Type BROADCAST, Cost: 10
  Transmit Delay is 1 sec, State DR, Priority 1
(output omitted)
```

2.4.3 OSPF累计开销

OSPF路由的开销为从路由器到目的网络的累计开销值。假设在3台路由器上都配置了 **auto-cost reference-bandwidth 10000** 命令，现在每对路由器之间的链路开销都是10。环回接口的默认开销为1，如图2-17所示。

现在，我们可以计算每台路由器去往每个网络的开销了。例如，R1去往10.10.2.0/24网络的总开销为11。这是因为去往R2的链路开销为10，环回接口的默认开销为1，而10 + 1 = 11。

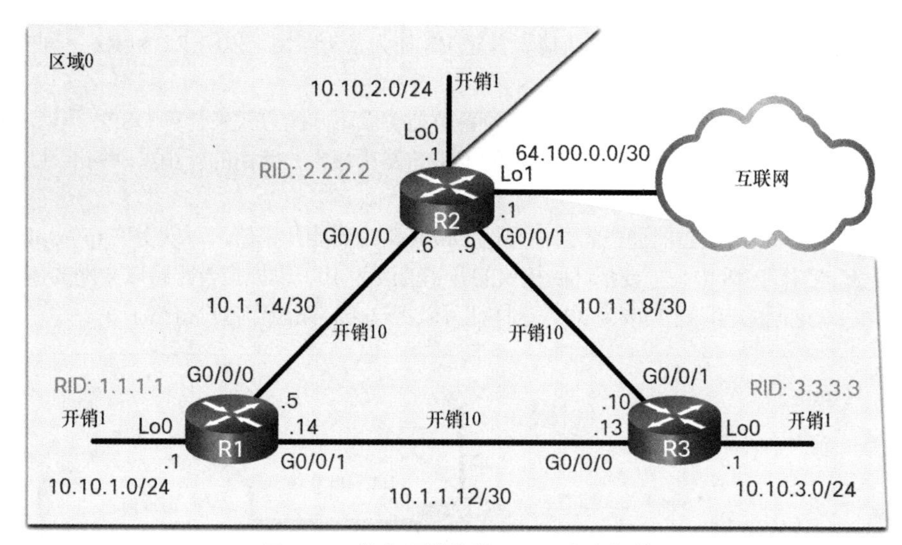

图 2-17　带有开销值的 OSPF 参考拓扑

例 2-25 中的 R1 的路由表显示，到达 R2 LAN 的开销为 11。

例 2-25　验证 R1 的度量

```
R1# show ip route | include 10.10.2.0
O        10.10.2.0/24 [110/11] via 10.1.1.6, 01:05:02, GigabitEthernet0/0/0
R1#
R1# show ip route 10.10.2.0
Routing entry for 10.10.2.0/24
  Known via "ospf 10", distance 110, metric 11, type intra area
  Last update from 10.1.1.6 on GigabitEthernet0/0/0, 01:05:13 ago
  Routing Descriptor Blocks:
  * 10.1.1.6, from 2.2.2.2, 01:05:13 ago, via GigabitEthernet0/0/0
      Route metric is 11, traffic share count is 1
R1#
```

2.4.4　手动设置 OSPF 开销值

可以通过操纵 OSPF 的开销值来影响 OSPF 的路由选择。例如，在当前的配置中，R1 去往 10.1.8/30 网络的路由是负载均衡的。它会把一些流量发送到 R2，把另一些流量发送到 R3。可以在例 2-26 中的路由表中看到这一点。

例 2-26　R1 将去往 10.1.1.8/30 网络的流量进行了负载均衡

```
R1# show ip route ospf | begin 10
      10.0.0.0/8 is variably subnetted, 9 subnets, 3 masks
O        10.1.1.8/30 [110/20] via 10.1.1.13, 00:54:50, GigabitEthernet0/0/1
                     [110/20] via 10.1.1.6, 00:55:14, GigabitEthernet0/0/0
(output omitted)
R1#
```

注　意　更改链路的开销可能会产生意想不到的后果。因此，仅在完全了解产生的后果时才可以调整接口的开销值。

管理员可能会希望通过R2来发送流量，并把R3作为备份路由，以防R1和R2之间的链路出现故障。

修改开销值的另一个原因是，其他厂商的设备可能会以不同的方式来计算OSPF开销。通过操纵开销值，管理员可以确保在多厂商路由器构成的OSPF路由域中，路由的开销可以精准地反映在路由表中。

要想更改本地OSPF路由器通告的去往其他OSPF路由器的开销值，可以使用 **ip ospf cost** *value* 接口配置命令。在图2-18中，需要把环回接口的开销值改为10，以模拟吉比特以太网的速率。此外，还要把R2和R3之间的链路开销改为30，这样就可以把这条链路当作备份链路了。

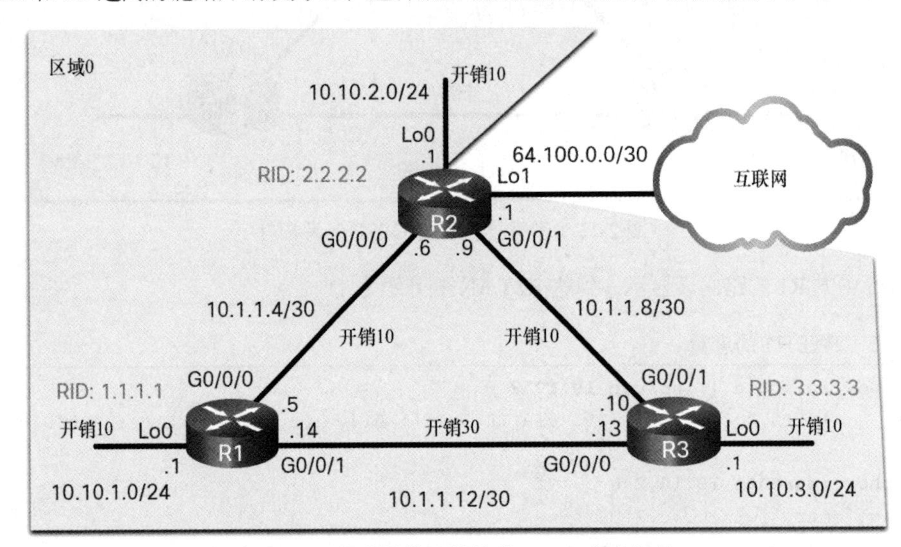

图2-18　手动调整开销值的OSPF参考拓扑

例2-27所示为R1上的配置。

例2-27　R1上的开销配置

```
R1(config)# interface g0/0/1
R1(config-if)# ip ospf cost 30
R1(config-if)# interface lo0
R1(config-if)# ip ospf cost 10
R1(config-if)# end
R1#
```

假设R2和R3已经按照图2-18中的拓扑配置了相应的开销值，那么R1的OSPF路由应该具有例2-28中所示的开销值。注意，R1此时不再对去往10.1.1.8/30网络的流量提供负载均衡了。事实上，所有路由都按照网络管理员的意图历经R2（通过10.1.1.6）。

例2-28　R1的OSPF开销值

```
R1# show ip route ospf | begin 10
      10.0.0.0/8 is variably subnetted, 9 subnets, 3 masks
O        10.1.1.8/30 [110/20] via 10.1.1.6, 01:18:25, GigabitEthernet0/0/0
O        10.10.2.0/24 [110/20] via 10.1.1.6, 00:04:31, GigabitEthernet0/0/0
O        10.10.3.0/24 [110/30] via 10.1.1.6, 00:03:21, GigabitEthernet0/0/0
R1#
```

注 意 虽然建议使用 **ip ospf cost** 接口配置命令来操纵 OSPF 的开销值，但管理员也可以使用 **bandwidth** *kbps* 接口配置命令来操纵开销值。但是，只有当所有路由器都是思科路由器时，才会起作用。

2.4.5 测试备份路由的故障切换

如果 R2 和 R3 之间的链路出现了故障，会发生什么？我们可以通过关闭 G0/0/0 接口来模拟故障，然后通过查看路由表来验证 R3 是否会成为下一跳路由器。在例 2-29 中可以看到，R1 当前通过 R3 去往 10.1.1.4/30 网络的路由开销值为 50。

例 2-29 模拟备份路由的故障切换

```
R1(config)# interface g0/0/0
R1(config-if)# shutdown
*Jun 7 03:41:34.866: %OSPF-5-ADJCHG: Process 10, Nbr 2.2.2.2 on GigabitEthernet0/0/0
  from FULL to DOWN, Neighbor Down: Interface down or detached
*Jun 7 03:41:36.865: %LINK-5-CHANGED: Interface GigabitEthernet0/0/0, changed state
  to administratively down
*Jun 7 03:41:37.865: %LINEPROTO-5-UPDOWN: Line protocol on Interface GigabitEthernet0
  /0/0, changed state to down
R1(config-if)# end
R1#
R1# show ip route ospf | begin 10
      10.0.0.0/8 is variably subnetted, 8 subnets, 3 masks
O        10.1.1.4/30 [110/50] via 10.1.1.13, 00:00:14, GigabitEthernet0/0/1
O        10.1.1.8/30 [110/40] via 10.1.1.13, 00:00:14, GigabitEthernet0/0/1
O        10.10.2.0/24 [110/50] via 10.1.1.13, 00:00:14, GigabitEthernet0/0/1
O        10.10.3.0/24 [110/40] via 10.1.1.13, 00:00:14, GigabitEthernet0/0/1
R1#
```

2.4.6 Hello 数据包间隔

在图 2-19 中可以看到，OSPFv2 路由器会每 10s 向组播地址 224.0.0.5（代表所有 OSPF 路由器）发送 Hello 数据包。这是多路访问网络和点对点网络上的默认计时器值。

注 意 路由器不会在模拟的 LAN 接口上发送 Hello 数据包，因为这些接口使用 **passive-interface** 路由器配置命令被设置为被动接口。

Dead 间隔是路由器在宣告邻居进入不可用状态之前等待接收 Hello 数据包的时长。如果一个邻居的 Dead 间隔已超时，而路由器尚未收到这个邻居发来的 Hello 数据包，则它会从链路状态数据库（LSDB）中删除这个邻居。路由器向所有启用了 OSPF 的接口泛洪带有邻居不可用信息的 LSDB。思科使用的 Dead 间隔默认是 Hello 间隔的 4 倍。也就是说，在多路访问网络和点对点网络上，Dead 间隔默认是 40s。

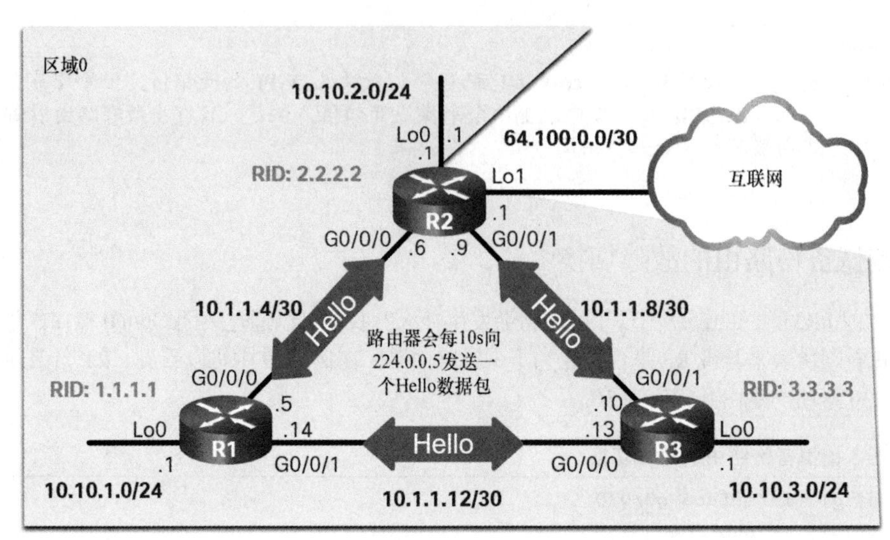

图 2-19　带有 Hello 数据包的 OSPF 参考拓扑

注　意　在非广播多路访问（NBMA）网络上，Hello 间隔默认是 30s，Dead 间隔默认是 120s。NBMA 网络超出了本章的知识范围。

2.4.7　验证 Hello 间隔和 Dead 间隔

可以根据每个接口的情况配置 OSPF Hello 间隔和 Dead 间隔。OSPF 间隔必须匹配，否则邻接关系不会发生。要想验证当前配置的 OSPFv2 接口的间隔，可以使用命令 **show ip ospf interface**，如例 2-30 所示。G0/0/0 接口上的 Hello 间隔和 Dead 间隔都使用了默认值，分别为 10s 和 40s。

例 2-30　R1 的 G0/0/0 接口的 Hello 和 Dead 间隔

```
R1# show ip ospf interface g0/0/0
GigabitEthernet0/0/0 is up, line protocol is up
  Internet Address 10.1.1.5/30, Area 0, Attached via Interface Enable
  Process ID 10, Router ID 1.1.1.1, Network Type POINT_TO_POINT, Cost: 10
  Topology-MTID    Cost    Disabled    Shutdown      Topology Name
        0           10        no          no            Base
  Enabled by interface config, including secondary ip addresses
  Transmit Delay is 1 sec, State POINT_TO_POINT
  Timer intervals configured, Hello 10, Dead 40, Wait 40, Retransmit 5
    oob-resync timeout 40
    Hello due in 00:00:06
  Supports Link-local Signaling (LLS)
  Cisco NSF helper support enabled
  IETF NSF helper support enabled
  Index 1/2/2, flood queue length 0
  Next 0x0(0)/0x0(0)/0x0(0)
  Last flood scan length is 1, maximum is 1
  Last flood scan time is 0 msec, maximum is 0 msec
  Neighbor Count is 1, Adjacent neighbor count is 1
    Adjacent with neighbor 2.2.2.2
```

```
    Suppress hello for 0 neighbor(s)
R1#
```

使用 **show ip ospf neighbor** 命令可以看到 Dead 计时器会从 40s 开始倒计时，如例 2-31 所示。默认情况下，当 R1 收到邻居每隔 10s 发来的 Hello 消息时，该值会被刷新。

例 2-31 Dead 间隔在 R1 上进行倒计时

```
R1# show ip ospf neighbor
Neighbor ID     Pri   State        Dead Time    Address       Interface
3.3.3.3           0   FULL/  -     00:00:35     10.1.1.13     GigabitEthernet0/0/1
2.2.2.2           0   FULL/  -     00:00:31     10.1.1.6      GigabitEthernet0/0/0
R1#
```

2.4.8 修改 OSPFv2 间隔

可能需要更改 OSPF 计时器，以便路由器在更短的时间内检测网络故障。这样做会增加流量，但有时快速收敛比它带来的额外流量更重要。

注 意　默认的 Hello 间隔和 Dead 间隔是根据最佳做法设置的，只有在极少数情况下需要更改默认值。

使用下列接口配置模式命令可以手动修改 OSPFv2 Hello 间隔和 Dead 间隔：

```
Router(config-if)# ip ospf hello-interval seconds
Router(config-if)# ip ospf dead-interval seconds
```

使用 **no ip ospf hello-interval** 和 **no ip ospf dead-interval** 命令可以把间隔时间重置为它们的默认值。

在例 2-32 中，R1 和 R2 之间链路上的 Hello 间隔被修改为 5s。更改 Hello 间隔之后，思科 IOS 立即自动将 Dead 间隔修改为 Hello 间隔的 4 倍。也可以在配置中设置新的 Dead 间隔，例如在例 2-32 中手动将其设置为 20s。

在阴影显示的 OSPFv2 邻接消息中可以看到，当 R1 上的 Dead 计时器超时后，R1 和 R2 的邻接关系就失效了。导致这种结果的原因是 R1 和 R2 使用了不同的 Hello 间隔，而 Hello 间隔必须配置为相同的值。在 R1 上使用 **show ip opsf neighbor** 命令来验证邻居的邻接关系。需要注意的是，所列出的唯一的邻居是 3.3.3.3（R3）路由器，而 R1 与 2.2.2.2（R2）邻居不再邻接。

例 2-32 在 R1 上修改 Hello 和 Dead 间隔，导致与 R2 的邻接关系失效

```
R1(config)# interface g0/0/0
R1(config-if)# ip ospf hello-interval 5
R1(config-if)# ip ospf dead-interval 20
R1(config-if)#
*Jun 7 04:56:07.571: %OSPF-5-ADJCHG: Process 10, Nbr 2.2.2.2 on GigabitEthernet0/0/0
  from FULL to DOWN, Neighbor Down: Dead timer expired
R1(config-if)# end
R1#
R1# show ip ospf neighbor
Neighbor ID     Pri   State        Dead Time    Address       Interface
3.3.3.3           0   FULL/  -     00:00:37     10.1.1.13     GigabitEthernet0/0/1
R1#
```

为了恢复 R1 和 R2 之间的邻接关系，把 R2 G0/0/0 接口上的 Hello 间隔也设置为 5s，如例 2-33 所示。很快，IOS 显示一条消息，表明已建立邻接关系，且状态变为 FULL。可以使用 **show ip ospf interface** 命令来验证接口的计时器间隔。注意，Hello 间隔为 5s，而 Dead 间隔被自动设为 20s，而不是默认的 40s。

例 2-33 调整 Hello 间隔以恢复与 R2 的邻接关系

```
R2(config)# interface g0/0/0
R2(config-if)# ip ospf hello-interval 5
*Jun 7 15:08:30.211: %OSPF-5-ADJCHG: Process 10, Nbr 1.1.1.1 on GigabitEthernet0/0/0
  from LOADING to FULL, Loading Done
R2(config-if)# end
R2#
R2# show ip ospf interface g0/0/0 | include Timer
  Timer intervals configured, Hello 5, Dead 20, Wait 20, Retransmit 5
R2#
R2# show ip ospf neighbor
Neighbor ID     Pri   State       Dead Time    Address         Interface
3.3.3.3           0   FULL/ -     00:00:38     10.1.1.10       GigabitEthernet0/0/1
1.1.1.1           0   FULL/ -     00:00:17     10.1.1.5        GigabitEthernet0/0/0
R2#
```

2.5 默认路由的传播

在本节中，您将配置 OSPF 以传播默认路由。

2.5.1 在 OSPFv2 中传播默认静态路由

如果网络中的用户需要向非 OSPF 网络发送数据包，如互联网。这时就需要提供一条默认静态路由。在图 2-20 所示的拓扑中，R2 与互联网相连，它应该向 R1 和 R3 传播默认路由。

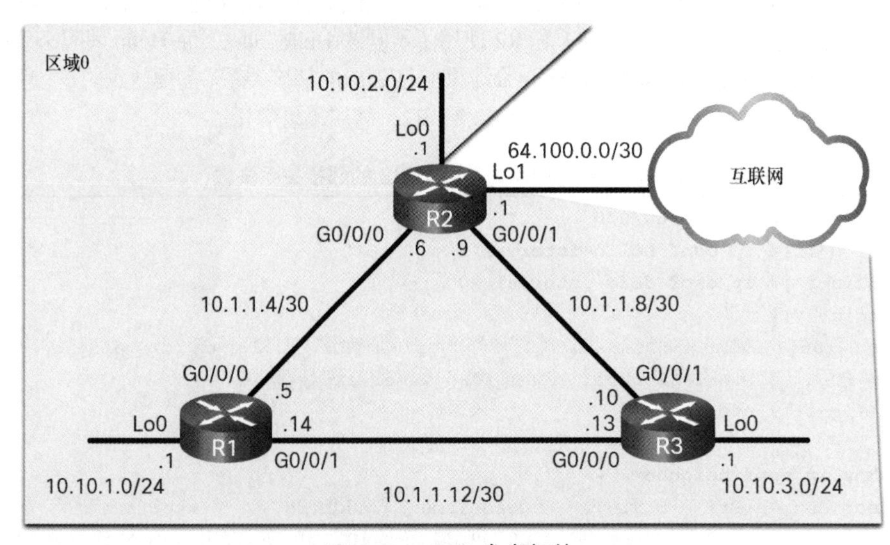

图 2-20 OSPF 参考拓扑

连接到互联网的路由器有时称为边缘路由器或网关路由器。然而，在 OSPF 术语中，位于 OSPF 路由域和非 OSPF 网络之间的路由器称为自治系统边界路由器（ASBR）。

要想让 R2 连接到互联网，只需要在 R2 上配置一条去往运营商的默认静态路由。

注 意　在本例中，我们使用 IPv4 地址为 64.100.0.1 的环回接口来模拟去往运营商的连接。

要想传播默认路由，边缘路由器（R2）上必须配置以下命令。

- 使用 **ip route 0.0.0.0 0.0.0.0** [*next-hop-address* | *exit-intf*]全局配置命令配置的默认静态路由。
- **default-information originate** 路由器配置命令。这表示 R2 是默认路由信息的来源，并且在 OSPF 更新中传播默认静态路由。

在例 2-34 中，R2 配置了环回接口以模拟与互联网的连接。然后，配置了一条默认路由并将其传播到 OSPF 路由域中的所有其他 OSPF 路由器。

注 意　在配置静态路由时，最佳做法建议使用下一跳 IP 地址。但是，在模拟去往互联网的连接时，并没有下一跳 IP 地址。因此，使用了 *exit-intf* 参数。

例 2-34　模拟并传播默认路由

```
R2(config)# interface lo1
R2(config-if)# ip address 64.100.0.1 255.255.255.252
R2(config-if)# exit
R2(config)#
R2(config)# ip route 0.0.0.0 0.0.0.0 loopback 1
%Default route without gateway, ifnot a point-to-point interface, may impact
  performance
R2(config)#
R2(config)# router ospf 10
R2(config-router)# default-information originate
R2(config-router)# end
R2#
```

2.5.2　验证默认路由的传播

可以使用 **show ip route** 命令验证 R2 上的默认路由设置，如例 2-35 所示。

例 2-35　R2 的路由表

```
R2# show ip route | begin Gateway
Gateway of last resort is 0.0.0.0 to network 0.0.0.0
S*    0.0.0.0/0 is directly connected, Loopback1
      10.0.0.0/8 is variably subnetted, 9 subnets, 3 masks
C        10.1.1.4/30 is directly connected, GigabitEthernet0/0/0
L        10.1.1.6/32 is directly connected, GigabitEthernet0/0/0
C        10.1.1.8/30 is directly connected, GigabitEthernet0/0/1
L        10.1.1.9/32 is directly connected, GigabitEthernet0/0/1
O        10.1.1.12/30 [110/40] via 10.1.1.10, 00:48:42, GigabitEthernet0/0/1
                      [110/40] via 10.1.1.5, 00:59:30, GigabitEthernet0/0/0
O        10.10.1.0/24 [110/20] via 10.1.1.5, 00:59:30, GigabitEthernet0/0/0
C        10.10.2.0/24 is directly connected, Loopback0
```

```
L        10.10.2.1/32 is directly connected, Loopback0
O        10.10.3.0/24 [110/20] via 10.1.1.10, 00:48:42, GigabitEthernet0/0/1
      64.0.0.0/8 is variably subnetted, 2 subnets, 2 masks
C        64.100.0.0/30 is directly connected, Loopback1
L        64.100.0.1/32 is directly connected, Loopback1
R2#
```

还可以使用该命令来验证 R1 和 R3 是否收到默认路由，如例 2-36 和例 2-37 所示。

例 2-36　R1 的路由表

```
R1# show ip route | begin Gateway
Gateway of last resort is 10.1.1.6 to network 0.0.0.0
O*E2  0.0.0.0/0 [110/1] via 10.1.1.6, 00:11:08, GigabitEthernet0/0/0
      10.0.0.0/8 is variably subnetted, 9 subnets, 3 masks
C        10.1.1.4/30 is directly connected, GigabitEthernet0/0/0
L        10.1.1.5/32 is directly connected, GigabitEthernet0/0/0
O        10.1.1.8/30 [110/20] via 10.1.1.6, 00:58:59, GigabitEthernet0/0/0
C        10.1.1.12/30 is directly connected, GigabitEthernet0/0/1
L        10.1.1.14/32 is directly connected, GigabitEthernet0/0/1
C        10.10.1.0/24 is directly connected, Loopback0
L        10.10.1.1/32 is directly connected, Loopback0
O        10.10.2.0/24 [110/20] via 10.1.1.6, 00:58:59, GigabitEthernet0/0/0
O        10.10.3.0/24 [110/30] via 10.1.1.6, 00:48:11, GigabitEthernet0/0/0
R1#
```

例 2-37　R3 的路由表

```
R3# show ip route | begin Gateway
Gateway of last resort is 10.1.1.9 to network 0.0.0.0
O*E2  0.0.0.0/0 [110/1] via 10.1.1.9, 00:12:04, GigabitEthernet0/0/1
      10.0.0.0/8 is variably subnetted, 9 subnets, 3 masks
O        10.1.1.4/30 [110/20] via 10.1.1.9, 00:49:08, GigabitEthernet0/0/1
C        10.1.1.8/30 is directly connected, GigabitEthernet0/0/1
L        10.1.1.10/32 is directly connected, GigabitEthernet0/0/1
C        10.1.1.12/30 is directly connected, GigabitEthernet0/0/0
L        10.1.1.13/32 is directly connected, GigabitEthernet0/0/0
O        10.10.1.0/24 [110/30] via 10.1.1.9, 00:49:08, GigabitEthernet0/0/1
O        10.10.2.0/24 [110/20] via 10.1.1.9, 00:49:08, GigabitEthernet0/0/1
C        10.10.3.0/24 is directly connected, Loopback0
L        10.10.3.1/32 is directly connected, Loopback0
R3#
```

请注意，R1 和 R3 上的路由来源显示为 **O*E2**，表示这是通过 OSPFv2 学到的路由。星号标识它为默认路由的良好候选路由。E2 表明这是一条外部路由（E1 和 E2 的含义超出了本章的知识范围）。

2.6　验证单区域 OSPFv2

在本节中，您将验证单区域 OSPFv2。

2.6.1 验证 OSPF 邻居

如果您已配置了单区域 OsPFv2，现在需要验证您的配置。本节详细介绍了用来验证 OSPF 配置的多个命令。

下面两条命令特别适合用来验证路由。

- **show ip interface brief**：可以验证所需的接口是否在正确的 IP 地址下处于活动状态。
- **show ip route**：可以用来验证路由表中是否包含了所有预期的路由。

用于确定 OSPF 是否按照预期运行的其他命令如下所示：

- **show ip opsf neighbor**
- **show ip protocols**
- **show ip ospf**
- **show ip opsf interface [brief]**

图 2-21 所示为用来演示这些命令的 OSPF 拓扑。

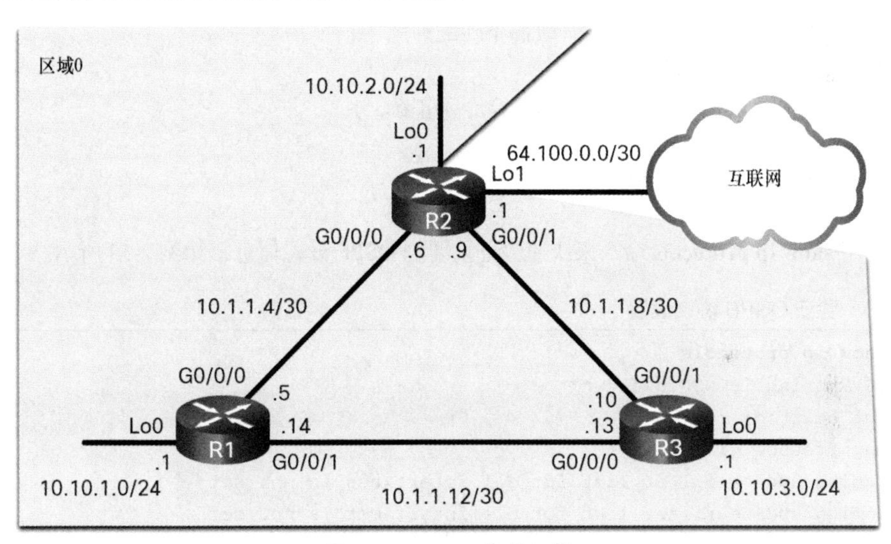

图 2-21 OSPF 参考拓扑

可以使用 **show ip opsf neighbor** 命令来验证路由器是否与邻居路由器建立了邻接关系。如果未显示邻居路由器的路由器 ID，或未显示 FULL 状态，则表明两台路由器尚未建立 OSPFv2 邻接关系。

如果两台路由器尚未建立邻接关系，则不会交换链路状态信息。不完整的 LSDB 可能导致 SPF 树和路由表不准确。通向目的网络的路由可能不存在或不是最佳路径。

注 意　非 DR 或 BDR 的路由器（即 DROTHER）在与另一台非 DR 或 BDR 的路由器之间建立邻居关系时，邻居关系会稳定在 Two-Way 状态，不会进入 FULL 状态。

例 2-38 显示了 R1 的邻居表。

例 2-38 R1 的 OSPF 邻居表

```
R1# show ip ospf neighbor
Neighbor ID      Pri   State        Dead Time    Address        Interface
3.3.3.3            0   FULL/ -      00:00:19     10.1.1.13      GigabitEthernet0/0/1
```

```
2.2.2.2           0    FULL/ -      00:00:18      10.1.1.6      GigabitEthernet0/0/0
R1#
```

对于每个邻居，**show ip ospf neighbor** 命令将显示以下信息。

- **Neighbor ID**：这是邻居路由器的路由器 ID。
- **Pri**：这是接口的 OSPFv2 优先级。该值用于 DR 和 BDR 选举。
- **State**：这是接口的 OSPFv2 状态。FULL 状态表明该路由器与其邻居具有相同的 OSPFv2 LSDB。在诸如以太网等多路访问网络中，相邻的两台路由器可能将它们的状态显示为 Two-Way。State 列中的横线表示该网络类型不需要 DR 或 BDR。
- **Dead Time**：路由器在宣布邻居不可用之前，等待从邻居接收 OSPFv2 Hello 数据包的剩余时间。该值在该接口收到 Hello 数据包时进行重置。
- **Address**：这是邻居接口的 IPv4 地址，路由器通过该接口直接连接到邻居。
- **Interface**：这是路由器与邻居形成邻接关系的接口。

在下列情况中，两台路由器之间不会形成 OSPFv2 邻接关系：

- 子网掩码不匹配，导致两台路由器处于不同的网络中；
- OSPFv2 Hello 计时器或 Dead 计时器不匹配；
- OSPFv2 网络类型不匹配；
- 缺少 OSPFv2 **network** 命令，或者该命令不正确。

2.6.2 验证 OSPF 协议设置

可以使用 **show ip protocols** 命令来快速验证重要的 OSPF 设置信息，如例 2-39 所示。

例 2-39 验证 OSPF 协议设置

```
R1# show ip protocols
*** IP Routing is NSF aware ***
(output omitted)
Routing Protocol is "ospf 10"
  Outgoing update filter list for all interfaces is not set
  Incoming update filter list for all interfaces is not set
  Router ID 1.1.1.1
  Number of areas in this router is 1. 1 normal 0 stub 0 nssa
  Maximum path: 4
  Routing for Networks:
  Routing on Interfaces Configured Explicitly (Area 0):
    Loopback0
    GigabitEthernet0/0/1
    GigabitEthernet0/0/0
  Routing Information Sources:
    Gateway          Distance      Last Update
    3.3.3.3               110      00:09:30
    2.2.2.2               110      00:09:58
  Distance: (default is 110)
R1#
```

该命令可以验证 OSPFv2 进程 ID、路由器 ID、显式配置为通告 OSPF 路由的接口、路由器从哪个邻居那里接收了更新，以及默认的管理距离（OSPF 为 110）。

2.6.3 验证 OSPF 进程信息

可以使用 **show ip opsf** 命令查看 OSPFv2 的进程 ID 和路由器 ID，如例 2-40 所示。

例 2-40 验证 OSPF 进程信息

```
R1# show ip ospf
Routing Process "ospf 10" with ID 1.1.1.1
  Start time: 00:01:47.390, Time elapsed: 00:12:32.320
  Supports only single TOS(TOS0) routes
  Supports opaque LSA
  Supports Link-local Signaling (LLS)
  Supports area transit capability
  Supports NSSA (compatible with RFC 3101)
  Supports Database Exchange Summary List Optimization (RFC 5243)
  Event-log enabled, Maximum number of events: 1000, Mode: cyclic
  Router is not originating router-LSAs with maximum metric
  Initial SPF schedule delay 5000 msecs
  Minimum hold time between two consecutive SPFs 10000 msecs
  Maximum wait time between two consecutive SPFs 10000 msecs
  Incremental-SPF disabled
  Minimum LSA interval 5 secs
  Minimum LSA arrival 1000 msecs
  LSA group pacing timer 240 secs
  Interface flood pacing timer 33 msecs
  Retransmission pacing timer 66 msecs
  EXCHANGE/LOADING adjacency limit: initial 300, process maximum 300
  Number of external LSA 1. Checksum Sum 0x00A1FF
  Number of opaque AS LSA 0. Checksum Sum 0x000000
  Number of DCbitless external and opaque AS LSA 0
  Number of DoNotAge external and opaque AS LSA 0
  Number of areas in this router is 1. 1 normal 0 stub 0 nssa
  Number of areas transit capable is 0
  External flood list length 0
  IETF NSF helper support enabled
  Cisco NSF helper support enabled
  Reference bandwidth unit is 10000 mbps
      Area BACKBONE(0)
         Number of interfaces in this area is 3
      Area has no authentication
      SPF algorithm last executed 00:11:31.231 ago
      SPF algorithm executed 4 times
      Area ranges are
      Number of LSA 3. Checksum Sum 0x00E77E
      Number of opaque link LSA 0. Checksum Sum 0x000000
      Number of DCbitless LSA 0
      Number of indication LSA 0
      Number of DoNotAge LSA 0
      Flood list length 0
R1#
```

该命令可以验证 OSPFv2 的区域信息，以及上次执行 SPF 算法的时间。

2.6.4 验证OSPF接口设置

show ip opsf interface 命令可以提供每个启用OSPFv2的接口的详细列表。在这条命令中指定一个接口，可以只显示与这个接口相关的设置。例2-41为G0/0/0的输出信息。

例2-41 验证OSPF接口设置

```
R1# show ip ospf interface GigabitEthernet 0/0/0
GigabitEthernet0/0/0 is up, line protocol is up
  Internet Address 10.1.1.5/30, Area 0, Attached via Interface Enable
  Process ID 10, Router ID 1.1.1.1, Network Type POINT_TO_POINT, Cost: 10
  Topology-MTID    Cost    Disabled    Shutdown      Topology Name
        0           10        no          no            Base
  Enabled by interface config, including secondary ip addresses
  Transmit Delay is 1 sec, State POINT_TO_POINT
  Timer intervals configured, Hello 5, Dead 20, Wait 20, Retransmit 5
    oob-resync timeout 40
    Hello due in 00:00:01
  Supports Link-local Signaling (LLS)
  Cisco NSF helper support enabled
  IETF NSF helper support enabled
  Index 1/2/2, flood queue length 0
  Next 0x0(0)/0x0(0)/0x0(0)
  Last flood scan length is 1, maximum is 1
  Last flood scan time is 0 msec, maximum is 0 msec
  Neighbor Count is 1, Adjacent neighbor count is 1
    Adjacent with neighbor 2.2.2.2
  Suppress hello for 0 neighbor(s)
R1#
```

该示例中的输出可以验证进程ID、本地路由器ID、网络类型、OSPF开销、多路访问链路上的DR和BDR信息（未显示），以及相邻的邻居。

要想快速查看启用OSPFv2的接口汇总，可以使用 **show ip opsf interface brief** 命令，如例2-42所示。

例2-42 OSPF接口汇总

```
R1# show ip ospf interface brief
Interface     PID   Area          IP Address/Mask     Cost   StateNbrs F/C
Lo0           10    0             10.10.1.1/24        10     P2P   0/0
Gi0/0/1       10    0             10.1.1.14/30        30     P2P   1/1
Gi0/0/0       10    0             10.1.1.5/30         10     P2P   1/1
R1#
```

该命令非常适合查看以下重要信息：

- 参与OSPF的接口；
- 正在通告的网络（IP地址/掩码）；
- 每条链路的开销；
- 网络状态；
- 每条链路上的邻居数量。

2.7 总结

OSPF 路由器 ID

可以使用全局配置命令 **router ospf** *process-id* 来启用 OSPFv2。*process-id* 值的取值范围是 1～65 535，由网络管理员选定。OSPF 路由器 ID 是一个 32 位的值，与 IPv4 地址的格式相同。启用 OSPF 的路由器使用路由器 ID 同步 OSPF 数据库并参与 DR 和 BDR 的选举。思科路由器根据 3 个条件中的一个来获取路由器 ID。

使用 OSPF **router-id** *rid* 路由器配置模式命令显式配置路由器 ID。*rid* 是一个 32 位的值，与 IPv4 地址的格式相同。

如果未显式配置路由器 ID，则路由器在配置的任意环回接口中选择最高的 IPv4 地址。

如果未配置环回接口，则路由器会在其所有的物理接口中选择最高的活动 IPv4 地址。

可以将环回接口作为路由器 ID。这种类型的环回接口的 IPv4 地址应该配置了 32 位子网掩码（255.255.255.255），从而创建了一条主机路由。32 位的主机路由不会作为一条路由被通告给其他 OSPF 路由器。在路由器选定了路由器 ID 后，活动的 OSPF 路由器是不能更改路由器 ID 的，除非路由器被重启，或者重置了 OSPF 进程。可以使用 **clear ip ospf process** 命令来重置邻接关系。为了验证路由器是否使用了新的路由器 ID，可以在 **show ip protocols** 命令中使用管道符，使得命令输出只显示路由器 ID 部分。

点对点 OSPF 网络

network 命令用来确定哪些接口参与了 OSPFv2 区域的路由进程。**network** 命令的基本语法是 **network** *network-address wildcard-mask* **area** *area-id*。路由器上任何与 **network** 命令中的网络地址相匹配的接口都可以发送和接收 OSPF 数据包。配置单区域 OSPFv2 时，必须在所有路由器上为 **network** 命令配置相同的 *area-id* 值。通配符掩码通常与接口上配置的子网掩码相反。在通配符掩码中，如下所示。

- **通配符掩码中的 0**：匹配地址中相应位的值。
- **通配符掩码中的 1**：忽略地址中相应位的值。

在路由器配置模式中，有两种方法可识别将参与 OSPFv2 路由进程的接口。一种方法是，通配符掩码基于网络地址标识接口。只要活动的接口使用属于该网络的 IP 地址进行了配置，那么该接口将参与 OSPFv2 路由进程。另一种方式是使用全零的通配符掩码指定准确的接口 IPv4 地址，来启用 OSPFv2。要想直接在接口上配置 OSPF，可以使用 **ip ospf** 接口配置命令。该命令的语法是 **ip ospf** *process-id* **area** *area-id*。在 LAN 上发送不需要的消息会通过 3 种方式影响网络：带宽利用率降低、资源利用率降低、安全风险增大。使用 **passive-interface** 路由器配置命令，可阻止路由消息通过路由器接口传输，但仍允许将该网络通告给其他路由器。可使用 **show ip protocols** 命令来验证 Loopback 0 是否为被动接口。在只有两台路由器的点对点网络中，DR/BDR 的选举是不必要的。可以在所有希望禁用 DR/BDR 选举进程的接口上，使用 **ip ospf network point-to-point** 接口配置命令。使用环回接口来模拟更多网络，可以超出设备物理接口的限制。默认情况下，环回接口会被通告为一条掩码为/32 的主机路由。为了模拟真实的 LAN 环境，Loopback 0 接口被配置为点对点网络。

多路访问 OSPF 网络

可以将路由器连接到同一交换机以形成多路访问以太网。以太网 LAN 是广播多路访问网络的最常见示例。在广播网络中，网络中的所有设备可以看到所有的广播帧和组播帧。DR 负责收集和分发它所发送与接收的 LSA。DR 使用组播 IPv4 地址 224.0.0.5，这个地址代表所有的 OSPF 路由器。如果 DR 停止产生 Hello 数据包，则 BDR 会升级并承担 DR 的角色。其他所有路由器都将成为 DROTHER。DROTHER 使用多路访问地址 224.0.0.6（所有指定的路由器）将 OSPF 数据包发送到 DR 和 BDR。仅 DR 和 BDR 侦听 224.0.0.6。要想验证 OSPFv2 路由器的角色，可以使用 **show ip ospf interface** 命令。要想验证 OSPFv2 的邻接关系，可以使用 **show ip ospf neighbor** 命令。在多路访问网络中，邻居状态可以是以下状态。

- **FULL/DROTHER**：这是 DR 或 BDR 路由器与非 DR 或 BDR 路由器之间形成的完全邻接关系。
- **FULL/DR**：这是路由器与指定的 DR 邻居形成的完全邻接关系。
- **FULL/BDR**：这是路由器与指定的 BDR 邻居形成的完全邻接关系。
- **2-WAY/DROTHER**：这是两台非 DR 或 BDR 路由器之间形成的邻居关系。

OSPF 中 DR 和 BDR 的选举以特定的标准为基础。在网络中，路由器将具有最高接口优先级的路由器选举为 DR。具有次高接口优先级的路由器被选举为 BDR。接口优先级可配置为 0～255 的任意数字。如果接口优先级的值被设置为 0，则该接口不会被选为 DR 或 BDR。广播多路访问接口的默认优先级为 1。因此，除非另有配置，否则所有路由器具有相同的优先级值，并且在 DR/BDR 选举过程中必须采用另外一种方法进行选举。

如果接口优先级相等，则将路由器 ID 最高的路由器选举为 DR。路由器 ID 次高的路由器被选为 BDR。

OSPF 的 DR 和 BDR 选举不是抢占性的。如果 DR 发生故障，那么 BDR 将自动升级为 DR。即使在最初的 DR/BDR 选举之后将具有更高优先级或更高路由器 ID 的其他 DROTHER 添加到网络，BDR 仍会自动升级为 DR。但是，当 BDR 提升为 DR 后，就会发生新的 BDR 选举，这时具有更高优先级或更高路由器 ID 的 DROTHER 就会被选为新的 BDR。要设置接口的优先级，可以使用命令 **ip ospf priority** *value* 接口配置命令，其中 *value* 的取值范围为 0～255。*value* 值为 0 的路由器不会成为 DR 或 BDR。*value* 值为 1～255 的路由器会有机会成为 DR 或 BDR。

修改单区域 OSPFv2

OSPF 使用开销作为度量。开销越低，表示路径越好。思科定义的接口开销与接口的带宽成反比。因此带宽越高，开销就越低。计算 OSPF 开销的公式为：开销 = 参考带宽 / 接口带宽。由于 OSPF 的开销值必须是一个整数，因此 FE（快速以太网）接口、GE（吉比特以太网）接口和 10GE（10 吉比特以太网）接口的开销值相同。要想实现更精细的控制，可以在每台 OSPF 路由器上使用 **auto-cost reference-bandwidth** 路由器配置命令调整参考带宽，或者在接口上使用 **ip ospf cost** 接口配置命令手动设置 OSPF 开销值。要想调整参考带宽，可以使用 **auto-cost reference-bandwidth** *Mbps* 路由器配置命令。OSPF 路由的开销为从路由器到目的网络的累计开销值。可以通过操纵 OSPF 的开销值来影响 OSPF 的路由选择。要想更改本地 OSPF 路由器通告的去往其他 OSPF 路由器的开销值，可以使用 **ip ospf cost** *value* 接口配置命令。如果一个邻居的 Dead 间隔已超时，而路由器尚未收到这个邻居发来的 Hello 数据包，则它会从链路状态数据库（LSDB）中删除这个邻居。路由器向所有启用了 OSPF 的接口泛洪带有邻居不可用信息的 LSDB。思科使用的 Dead 间隔默认是 Hello 间隔的 4 倍。也就是说，在多路访问网络和点对点网络上，Dead 间隔默认是 40s。想验证当前配置的 OSPFv2 接口的间隔，可以使用命令 **show ip ospf interface**。可以使用下列接口配置模式命令手动修改 OSPFv2 Hello 间隔和 Dead 间隔：**ip osfp hello-interval** *seconds* 和 **ip opsf dead-interval** *seconds*。

默认路由的传播

在 OSPF 术语中，位于 OSPF 路由域和非 OSPF 网络之间的路由器称为 ASBR。要想传播默认路由，ASBR 上必须使用 **ip route 0.0.0.0 0.0.0.0** [*next-hop-address* | *exit-intf*]全局配置命令配置默认静态路由并

配置了 **default-information originate** 路由器配置命令。这表示 ASBR 是默认路由信息的来源，并且在 OSPF 更新中传播默认静态路由。可以使用 **show ip route** 命令验证 ASBR 上的默认路由设置。

验证单区域 OSPFv2

下面两条命令特别适合用来验证路由。

- **show ip interface brief**：可以验证所需的接口是否在正确的 IP 地址下处于活动状态。
- **show ip route**：可以用来验证路由表中是否包含了所有预期的路由。

用于确定 OSPF 是否按照预期运行的其他命令包括 **show ip opsf neighbor**、**show ip protocols**、**show ip ospf**、**show ip opsf interface**。

可以使用 **show ip opsf neighbor** 命令来验证路由器是否与邻居路由器建立了邻接关系。对于每个邻居，该命令将显示以下信息。

- **Neighbor ID**：这是邻居路由器的路由器 ID。
- **Pri**：这是接口的 OSPFv2 优先级。该值用于 DR 和 BDR 选举。
- **State**：这是接口的 OSPFv2 状态。FULL 状态表明该路由器与其邻居具有相同的 OSPFv2 LSDB。在诸如以太网等多路访问网络中，相邻的两台路由器可能将它们的状态显示为 Two-Way。State 列中的横线表示该网络类型不需要 DR 或 BDR。
- **Dead Time**：路由器在宣布邻居不可用之前，等待从邻居接收 OSPFv2 Hello 数据包的剩余时间。该值在该接口收到 Hello 数据包时进行重置。
- **Address**：这是邻居接口的 IPv4 地址，路由器通过该接口直接连接到邻居。
- **Interface**：这是路由器与邻居形成邻接关系的接口。

可以使用 **show ip protocols** 命令来快速验证重要的 OSPF 设置信息，例如 OSPFv2 进程 ID、路由器 ID、显式配置为通告 OSPF 路由的接口、路由器从哪个邻居那里接收了更新，以及默认的管理距离（OSPF 为 110）。可以使用 **show ip opsf** 命令查看 OSPFv2 的进程 ID 和路由器 ID。该命令可以验证 OSPFv2 的区域信息，以及上次执行 SPF 算法的时间。**show ip opsf interface** 命令可以提供每个启用 OSPFv2 的接口的详细列表。在这条命令中指定一个接口，可以只显示与这个接口相关的设置，例如进程 ID、本地路由器 ID、网络类型、OSPF 开销、多路访问链路上的 DR 和 BDR 信息（未显示），以及相邻的邻居。

复习题

完成这里列出的所有复习题，可以测试您对本章内容的理解。附录列出了答案。

1. 一台路由器正在加入 OSPFv2 域。如果在路由器从相邻的 OSPF 路由器接收到 Hello 数据包之前，Dead 时间间隔过期，会发生什么情况？

   A. 一个新的 4 倍于 Hello 间隔的 Dead 间隔计时器将会启动
   B. OSPF 将从路由器的链路状态数据库中删除该邻居
   C. OSPF 将运行新的 DR/BDR 选举
   D. SPF 将运行并确定哪台邻居路由器已关闭

2. OSPF 路由器用来选举 DR 的第一个条件是什么？

   A. 最高优先级　　B. 最高 IP 地址
   C. 最高路由器 ID　　D. 最高 MAC 地址

3. 作为 OSPF 配置的一部分，哪个通配符掩码用来通告网络 192.168.5.96/27？

A. 0.0.0.31　　B. 0.0.0.32

C. 255.255.255.223　　D. 255.255.255.224

4. 哪个命令可以用来确定是否与邻接的路由器建立了 OSPF 路由协议启动关系？

A. **ping**　　B. **show ip interface brief**

C. **show ip ospf neighbor**　　D. **show ip protocols**

5. 哪个命令用于验证 OSPFv2 路由器 ID、显式配置为通告 OSPF 路由的接口、路由器从哪个邻居那里接收了更新，以及默认的管理距离（OSPF 为 110）？

A. **show ip interface brief**　　B. **show ip opsf interface**

C. **show ip protocols**　　D. **show ip route ospf**

6. 两台 OSPFv2 路由器通过点对点 WAN 链路互连。哪个命令可用于验证已配置的 Hello 和 Dead 定时器间隔？

A. **show ip ospf neighbor**　　B. **show ip ospf interface fastethernet 0/1**

C. **show ip ospf interface serial 0/0/0**　　D. **show ipv6 ospf interface serial 0/0/0**

7. 您正在排查 OSPFv2 网络中的收敛和邻接问题，您已经注意到路由表中缺少网络路由条目。哪些命令可提供有关路由器邻接状态、计时器间隔和区域 ID 的额外信息？（选择两项）

A. **show ip opsf interface**　　B. **show ip opsf neighbor**

C. **show ip protocols**　　D. **show ip route ospf**

E. **show running-configuration**

8. 网络工程师在运行 OSPFv2 的路由器接口上手动将 Hello 间隔配置为 15s。默认情况下，Dead 间隔会受到怎样的影响？

A. Dead 间隔将不会更改默认值　　B. Dead 间隔现在为 15s

C. Dead 间隔现在为 30s　　D. Dead 间隔现在为 60s

9. 为了建立邻接关系，两台 OSPF 路由器需要交换 Hello 数据包。在这两台路由器上，Hello 数据包的哪些值必须匹配？（选择两项）

A. Dead 间隔　　B. Hello 间隔

C. 邻居名单　　D. 路由器 ID

E. 路由器优先级

10. 所有思科 OSPF 路由器的默认路由器优先级值是多少？

A. 0　　B. 1

C. 10　　D. 255

11. 下面哪一项向链路状态路由器表明邻居不可达？

A. 路由器不再接收 Hello 数据包

B. 路由器不再接收路由更新

C. 路由器接收到的 LSP 中带有先前学习到的信息

D. 路由器收到跳数为 16 的更新

12. OSPF 在选择路由器 ID 时将使用以下哪项？

A. 在路由器上配置的最高 IP 地址的环回接口

B. 在路由器上配置的最高活动接口 IP 地址

C. 在路由器上配置的最低活动接口 IP 地址

D. 由于专门配置了 **network** 命令而参与路由进程的最高活动接口

13. 一台 OSPF 路由器有 3 个直连网络：10.1.0.0/16、10.1.1.0/16 和 10.1.2.0/16。哪个 OSPF **network** 命令仅将 10.1.1.0 网络通告给邻居？

A. router(config-router)# **network 10.1.0.0 0.0.15.255 area 0**

B. router(config-router)# **network 10.1.1.0 0.0.0.0 area 0**

C. router(config-router)# **network 10.1.1.0 0.0.0.255 area 0**

D. router(config-router)# **network 10.1.1.0 0.0.255.255 area 0**

14. 默认情况下，吉比特以太网接口链路的 OSPF 开销是多少？

A. 1
B. 100
C. 10 000
D. 100 000 000

15. 管理员正在路由器上配置单区域 OSPF，其中必须通告的一个网络是 64.100.1.64 255.255.255.192。应该配置哪个 OSPF **network** 命令？

A. **network 64.100.1.64 0.0.0.15 area 0**
B. **network 64.100.1.64 0.0.0.31 area 0**
C. **network 64.100.1.64 0.0.0.63 area 0**
D. **network 64.100.1.64 0.0.0.127 area 0**

16. 下面哪些因素会阻止两台路由器形成 OSPFv2 邻接关系？（选择两项）

A. 思科 IOS 版本不匹配

B. 以太网接口不匹配（例如，F0/0 与 G0/0）

C. OSPF Hello 计时器或 Dead 计时器不匹配

D. 链路接口上的子网掩码不匹配

E. 在链路接口上使用了私有 IP 地址

第3章 网络安全概念

学习目标

通过完成本章的学习，您将能够回答下列问题：

- 网络安全的现状和数据丢失的向量是什么；
- 威胁发起者使用哪些工具来利用网络；
- 恶意软件有哪些类型；
- 常见的网络攻击有哪些；
- 威胁发起者如何利用 IP 漏洞；
- 威胁发起者如何利用TCP和UDP漏洞；
- 威胁发起者如何利用 IP 服务；
- 保护网络的最佳做法是什么；
- 用来保护传输中的数据的常见加密过程是什么。

在有关大型公司甚至各国政府内部数据安全漏洞的数百个新闻报道中，也许您听说过其中的一两个。您的信用卡号是否被泄露？您的私人健康信息是否被泄露？您想知道如何防止这些数据的泄露吗？网络安全领域每天都在发展变化。本章详细介绍了网络犯罪的类型，以及对抗网络犯罪的多种方法。让我们开始吧！

本章将介绍网络罪犯使用的工具和技术，以演示各种攻击类型。在许多司法管辖区，未经授权访问数据、计算机和网络系统是一种犯罪行为，无论犯罪者的动机是什么，都会面临严重的后果。您在使用这些技术和工具时，有责任了解和遵守与计算机使用相关的法律。

3.1 网络安全的现状

媒体现在经常报道网络破坏事件，其中许多涉及知名组织、名人和各国的政府机构。这些攻击是如何进行的，威胁发起者在寻找什么？本节介绍了网络安全的现状和数据丢失的向量。

3.1.1 当前的网络安全形势

网络犯罪分子现在拥有破坏关键基础设施和系统所需的专业知识与工具，而且这些工具和技术在不断发展。

网络犯罪分子正在把恶意软件的复杂性和影响力提升到前所未有的程度。他们越来越善于使用隐身和躲避技术来隐藏自己的活动。此外，网络犯罪分子正在利用未经防御的安全漏洞发起攻击。

网络安全攻击会中断电子商务，导致商业数据丢失，还会威胁人们的隐私，并危害信息的完整性。企业被攻击可能导致收入损失、知识产权失窃和诉讼，甚至可能威胁公共安全。

维护网络安全可确保网络用户的安全并保护商业利益。组织机构中需要有人能够识别出对手集结和改进网络武器的速度与规模。所有用户都应该了解表 3-1 中的安全术语。

表 3-1 常用的安全术语

安全术语	描述
资产	对组织机构有价值的所有事物，包括人员、设备、资源和数据
漏洞	一个系统或其设计中可能被威胁利用的弱点
威胁	公司资产、数据或网络功能面临的潜在危险
漏洞利用（exploit）	对漏洞进行利用的一种机制
缓解	缓解是指降低潜在威胁或风险的可能性或严重性的对策。网络安全包含多种缓解技术
风险	风险是指利用资产漏洞进行威胁的可能性，其目的是对组织机构造成负面影响。风险是用事件发生的概率及其后果来衡量的

组织机构必须对资产进行识别和保护。组织机构必须对漏洞进行修复，以防漏洞变成威胁并被利用。在攻击发生之前、发生期间以及发生之后，都需要缓解技术。

3.1.2 网络攻击的向量

攻击向量（vector）是威胁发起者可以用来访问服务器、主机或网络的途径。攻击向量可以源自公司网络内部或外部，如图 3-1 所示。例如，威胁发起者可能会通过互联网将某个网络作为目标，试图中断网络运行并发起拒绝服务（DoS）攻击。

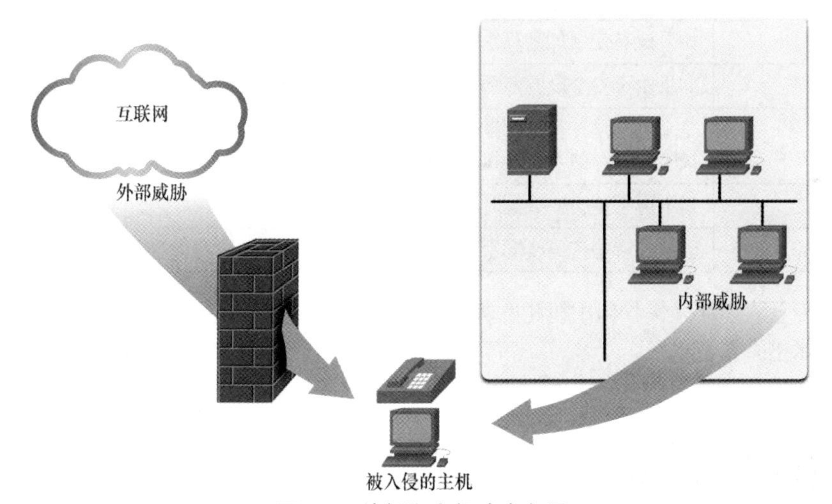

图 3-1 外部和内部攻击向量

内部用户（比如员工）可能会无意或有意地做出以下行为：

- 窃取机密数据并将其复制到可移动介质、邮件、消息传递软件和其他介质；
- 入侵内部服务器或网络基础设施设备；
- 断开关键网络连接，引起网络中断；
- 将受感染的 USB 驱动器接到公司计算机系统。

内部威胁造成的损害可能比外部威胁还要大，这是因为内部用户可以直接进入大楼并访问其基础设施设备。员工还有可能会掌握企业网络、网络资源，以及其中的机密数据。

注 意 当网络设备或应用程序无法使用，且不再能够支持来自合法用户的请求时，就会发生 DoS 攻击。

网络安全专业人员必须采用各种工具和方法来缓解外部与内部威胁。

3.1.3 数据丢失

对一个组织机构来说，数据可能是其最有价值的资产。组织机构的数据可能包括研发数据、销售数据、财务数据、人力资源和法务数据、员工数据、承包商数据，以及客户数据。

数据丢失或数据泄露是指数据有意或无意丢失、被盗或泄露到外界。数据丢失可能会导致以下后果：

- 损害品牌和声誉；
- 失去竞争优势；
- 客户流失；
- 收入损失；
- 招致法律诉讼，从而导致罚款和民事处罚；
- 需要花费巨大的财力和人力去通知受影响的各方，并从中恢复。

表3-2列出了常见的数据丢失向量。

表3-2 数据丢失向量

数据丢失向量	描述
邮件/社交网络	电子邮件或即时消息可能会被捕获，并由此泄露机密信息
未加密的设备	如果没有使用加密算法来存储数据，窃贼就能够获取重要的机密数据
云存储设备	如果由于安全设置薄弱而导致对云的访问被入侵，敏感数据就有可能丢失
可移动的介质	一个风险是，员工可能会在未经授权的情况下将数据传输到USB驱动器；还有一个风险是，存储了企业重要数据的USB驱动器可能会丢失
硬拷贝	当不再需要机密数据时，应该将其粉碎
访问控制不当	已被破解的密码或弱密码可以让威胁发起者轻松访问企业数据

网络安全专业人员必须保护组织机构的数据，必须实施各种数据丢失预防（DLP）控制，以将战略、操作和战术措施结合起来。

3.2 威胁发起者

本节介绍威胁发起者。

3.2.1 黑客

前文对网络安全的当前状况进行了概述，其中包括困扰所有网络管理员和架构师的各种威胁与漏洞类型。在本节，您将了解有关特定类型的威胁发起者的更多细节。

黑客是用来描述威胁发起者的常用术语。最初，这个词指的是熟练的计算机专家。这个词后来演变成了我们今天所理解的那样。

如表3-3所示，白帽黑客、灰帽黑客和黑帽黑客等术语通常用于描述黑客的类型。

表 3-3 黑客类型

黑客类型	描述
白帽黑客	■ 他们是道德黑客，他们将自己的编程技能用于良好目的、道德和法律目的 ■ 白帽黑客可能会进行网络渗透测试，以利用他们对计算机安全系统的了解来发现网络漏洞 ■ 安全漏洞会被报告给开发人员，开发人员需要在这些漏洞被利用之前对其进行修复
灰帽黑客	■ 他们的行为是犯罪行为，做的事情也不道德，但他们并不是为了个人利益，也不想造成损害 ■ 灰帽黑客可能会在破坏网络后向受影响的组织机构披露漏洞
黑帽黑客	■ 他们都是不道德的罪犯，通常出于个人利益或出于恶意目的（例如攻击网络）而破坏计算机和网络安全

注 意 在本书中，我们只会在本章中使用术语“黑客”。在其他章中，我们会使用威胁发起者（threat actor）这个术语。威胁发起者包括黑客，但它还包括有意或无意成为攻击发起源的任何设备、个人和团体。

3.2.2 黑客的演变

黑客攻击始于 20 世纪 60 年代，当时他们使用电话进行盗打或窃听，也就是使用音频来操纵电话系统。当时，电话交换机会使用不同的音调来指示不同的功能。早期的黑客认识到，通过用口哨模仿音调，他们可以利用电话交换机打免费的长途电话。

在 20 世纪 80 年代中期，计算机拨号调制解调器用于将计算机连接到网络。黑客编写了“战争拨号”程序，这个程序通过拨打指定区域中的每个电话号码来搜索计算机。在找到计算机后，会使用密码破解程序来获取其访问权限。

表 3-4 列出了一些现代黑客术语以及每个术语的简要描述。

表 3-4 常见的黑客术语

黑客术语	描述
脚本小子	■ 他们是一些青少年或经验不足的黑客，通过运行现有的脚本、工具和漏洞利用程序来造成破坏，但通常不以牟利为目的
漏洞经纪人	■ 他们通常是灰帽黑客，他们试图发现漏洞并向厂商进行报告，不过有时是为了获得奖励或奖金
激进黑客	■ 他们是灰帽黑客，通过发布文章和视频、泄漏敏感信息和实施网络攻击进行公开抗议
网络犯罪分子	■ 他们是黑帽黑客，要么是为自己工作，要么是为大型网络犯罪组织工作

3.2.3 网络犯罪分子

据估计，网络犯罪分子从消费者和企业那里窃取了数十亿美元。网络犯罪分子从事地下经济活动，他们会购买、出售和交换攻击工具包、零日漏洞攻击代码、僵尸网络服务、银行木马、按键记录器等。

他们还买卖窃取来的私人信息和知识产权。网络犯罪分子的目标是小型企业和消费者、大型企业，甚至整个行业。

3.2.4 激进黑客

激进黑客组织的一个案例是 Anonymous。尽管大多数激进黑客组织并不严密，但它们可能会给政府和企业带来严重的问题。激进黑客往往依赖于相当基础的免费工具。

3.3 威胁发起者工具

威胁发起者使用什么来实施其恶意的行为?

本节介绍了威胁发起者用来攻击网络的一些工具。

3.3.1 攻击工具简介

要想对漏洞进行利用，威胁发起者必须拥有相应的技术或工具。经过多年的发展，攻击工具变得更加复杂且高度自动化。与一些旧工具相比，这些新工具需要的技术知识更少。

图 3-2 和图 3-3 显示了攻击工具的复杂度及其所需技术在 1985 年和现在的对比关系。

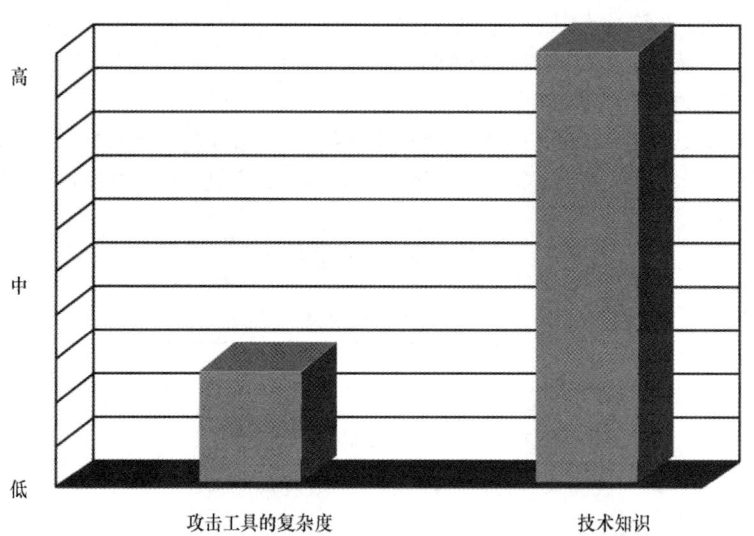

图 3-2 攻击工具的复杂度与技术知识的对比（1985 年）

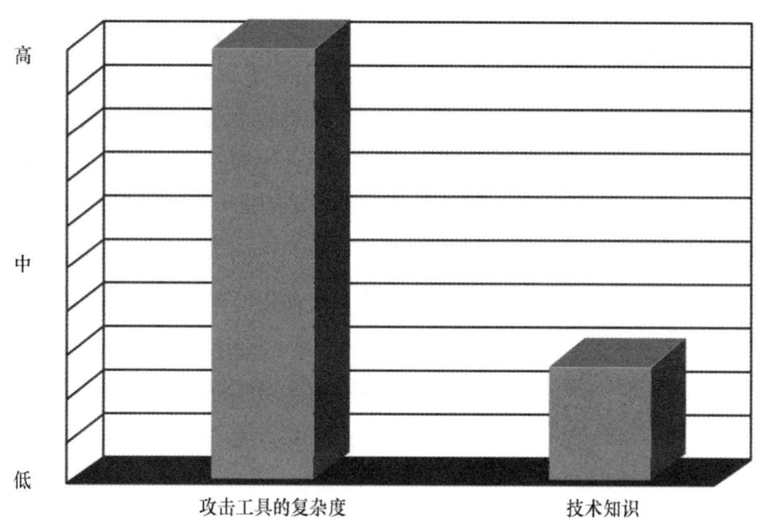

图 3-3 攻击工具的复杂度与技术知识的对比（现在）

3.3.2 安全工具的演变

白帽黑客会使用很多不同类型的工具来测试网络，并确保其数据的安全性。为了验证网络及其系统的安全，他们开发了许多网络渗透测试工具。不过，其中许多工具也可以被黑帽黑客用于进行漏洞利用。

黑帽黑客也制作了很多黑客攻击工具。这些工具完全是出于恶意目的而编写的。在执行网络渗透测试时，白帽黑客也必须知道如何使用这些工具。

表 3-5 列出了常见渗透测试工具的类别。注意白帽黑客和黑帽黑客是如何使用某些工具的。请记住，人们总是在不断推出新的工具，因此这个列表并不全面。

表 3-5 渗透测试工具

渗透测试工具的类别	描述
密码破解器	■ 密码破解工具通常称为密码恢复工具，可用于破解或恢复密码。这可以通过绕过密码加密后删除原始密码来实现，也可以直接执行密码发现来实现 ■ 密码破解器会通过反复猜测来破解密码 ■ 密码破解工具包括 John the Ripper、Ophcrack、L0phtCrack、THC Hydra、RainbowCrack 和 Medusa 等
无线破解工具	■ 无线破解工具用于故意入侵无线网络，以检测安全漏洞 ■ 无线破解工具包括 Aircrack-ng、Kismet、InSSIDer、KisMAC、Firesheep 和 NetStumbler
网络扫描和破解工具	■ 网络扫描工具用来探测网络设备、服务器和主机上打开的 TCP 或 UDP 端口 ■ 扫描工具包括 Nmap、SuperScan、Angry IP Scanner 和 NetScanTools
数据包构造工具	■ 这些工具通过使用精心伪造的数据包来探测和测试防火墙的稳健性 ■ 数据包构造工具包括 Hping、Scapy、Socat、Yersinia、Netcat、Nping 和 Nemesis 等

续表

渗透测试工具的类别	描述
数据包嗅探器	■ 这些工具用来捕获和分析传统以太网 LAN 或 WLAN 中的数据包 ■ 数据包嗅探工具包括 Wireshark、Tcpdump、Ettercap、Dsniff、EtherApe、Paros、Fiddler、Ratproxy 和 SSLStrip 等
rootkit 探测器	■ 这是白帽黑客使用的目录和文件完整性检查工具，用来检测已安装的 rootkit 黑客程序 ■ 这类工具包括 AIDE、Netfilter 和 PF。
用于搜索漏洞的模糊测试工具	■ 模糊测试工具（Fuzzer）是威胁发起者用来发现计算机安全漏洞的工具 ■ 模糊测试工具包括 Skipfish、Wapiti 和 W3af 等
取证工具	■ 白帽黑客使用这些工具来嗅探计算机中存在的任何证据的痕迹 ■ 取证工具包括 Sleuth Kit、Helix、Maltego 和 Encase 等
调试程序	■ 黑帽黑客在编写漏洞利用程序时，会使用这些工具对二进制文件进行逆向工程 ■ 白帽黑客在分析恶意软件时也会用到调试程序 ■ 调试工具包括 GDB、WinDbg、IDA Pro 和 Immunity Debugger 等
黑客操作系统	■ 这些是专门设计的操作系统，预装了针对黑客攻击而优化的工具 ■ 黑客攻击操作系统包括 Kali Linux、Knoppix、BackBox Linux 等
加密工具	■ 加密工具使用算法机制对数据进行编码，以防止对加密数据进行未经授权的访问 ■ 加密工具包括 VeraCrypt、CipherShed、OpenSSH、OpenSSL、Tor、OpenVPN 和 Stunnel 等
漏洞利用工具	■ 这些工具能够确定远程主机是否容易受到安全攻击 ■ 漏洞利用工具包括 Metasploit、Core Impact、sqlmap、Social Engineer Toolkit 和 Netsparker 等
漏洞扫描工具	■ 这些工具用于扫描网络或系统以识别打开的端口 ■ 它们还可以用于扫描已知漏洞，以及扫描 VM、BYOD 设备和客户端数据库 ■ 漏洞扫描工具包括 Nipper、Secunia PSI、Core Impact、Nessus v6、SAINT 和 OpenVAS 等

注　意　这些工具中的大多数都是基于 UNIX 或 Linux，因此安全专家应具有较强的 UNIX 和 Linux 背景。

3.3.3　攻击类型

威胁发起者可以使用前文提到的攻击工具或工具组合来发起攻击。表 3-6 列出了一些常见的攻击类型。但是，由于人们还在不断发现新的攻击漏洞，因此这个攻击列表并不全面。

表 3-6 攻击类型

攻击类型	说明
窃听攻击	■ 威胁发起者捕获和监听网络流量 ■ 这种攻击也称为嗅探或监听
数据修改攻击	■ 如果威胁发起者捕获到了企业流量，他们可以在发送方或接收方不知情的情况下更改数据包中的数据
IP 地址欺骗攻击	■ 威胁发起者可以构造一个 IP 数据包，让这个数据包看起来是源自公司内部网络的有效 IP 地址
基于密码的攻击	■ 如果威胁发起者发现了有效的用户账户，他就拥有了与真实用户相同的权限 ■ 威胁发起者可以使用这个有效的账户获取其他用户列表和网络信息，更改服务器和网络配置，并且修改、更新路由或删除数据
拒绝服务（DoS）攻击	■ DoS 攻击会阻止合法用户正常使用计算机或网络 ■ DoS 攻击可以把大量流量泛洪到计算机或整个网络，直到由于过载而关闭 ■ DoS 攻击还可以阻断流量，从而导致拥有授权的用户无法访问网络资源
中间人（MITM）攻击	■ 当威胁发起者把自己置于源和目的地之间时，发起的攻击称为中间人攻击 ■ 攻击者可以主动监控、捕获并透明地控制源和目的地之间的通信
窃取密钥攻击	■ 威胁发起者获得了一个密钥，这个密钥就是被窃取的密钥 ■ 威胁发起者可以在发送方或接收方对攻击一无所知的情况下，使用窃取的密钥访问安全的通信
嗅探攻击	■ 嗅探器指一种应用程序或设备，它可以读取、监控以及捕获网络中交换的数据，并且能够读取网络数据包 ■ 如果数据包未加密，那么嗅探器就可以看到数据包中的所有数据

3.4 恶意软件

威胁发起者如何让受害者发动攻击？他们诱使受害者安装恶意代码（恶意软件）。恶意软件是专门为利用（exploit）目标主机而设计的软件。恶意软件有很多不同的类型，包括病毒、蠕虫、特洛伊木马、勒索软件、间谍软件、广告软件和恐吓软件。

本节介绍威胁参与者使用的各种类型的恶意软件。

3.4.1 恶意软件概述

现在您已知道了黑客所使用的工具，本节会介绍黑客用来获取终端设备访问权限的各类恶意软件。

终端设备特别容易受到恶意软件的攻击。我们必须对恶意软件有所了解，因为威胁发起者依赖用户安装恶意软件，从而实现对安全漏洞的利用。

终端用户工作站的主要漏洞是病毒、蠕虫和特洛伊木马攻击。

■ 蠕虫执行任意代码，并将其自身副本安装在受感染计算机的内存中。蠕虫的主要目的是自动复制自身，并在网络上从一个系统传播到另一个系统。

■ 病毒是一种恶意软件，它在计算机上执行特定的、不需要的且通常有害的功能。

- 特洛伊木马是一种非自我复制类型的恶意软件。它通常包含恶意代码，这些代码看起来像其他东西，例如合法的应用程序或文件。当下载并打开受感染的应用程序或文件时，特洛伊木马可以从中攻击终端设备。

3.4.2 病毒和木马

最常见的计算机恶意软件是病毒。病毒需要人为操作才能传播和感染其他计算机。例如，当受害者打开电子邮件附件，打开 USB 驱动器上的文件，或下载文件时，病毒才可能感染计算机。

病毒通过将其自身附着到计算机上的代码、软件或文档中来隐藏自己。打开这种文件时，就会执行病毒程序并感染计算机。

病毒有以下危害：

- 更改、损坏、删除文件，或擦除整个驱动器；
- 导致与计算机启动有关的问题，并损坏应用程序；
- 捕获敏感信息并将其发送给威胁发起者；
- 访问并使用邮件账户进行传播；
- 在被威胁发起者唤醒之前，一直处于休眠状态。

现代的病毒是针对特定目的而开发的，如表 3-7 所示。

表 3-7 病毒类型

病毒类型	描述
引导扇区病毒	病毒攻击引导扇区、文件分区表或文件系统
固件病毒	病毒攻击设备固件
宏病毒	病毒恶意使用微软的 Office 或其他应用程序的宏功能
程序病毒	病毒将自身插入另一个可执行程序中
脚本病毒	病毒攻击用于执行脚本的操作系统解释器

威胁发起者使用特洛伊木马来攻陷主机。特洛伊木马是一种看似有用但携带恶意代码的程序。特洛伊木马经常与免费的在线程序（例如计算机游戏）捆绑在一起。不知情的用户下载并安装游戏时，也就安装了特洛伊木马。

表 3-8 中描述了几种类型的特洛伊木马。

表 3-8 特洛伊木马的类型

特洛伊木马的类型	描述
远程访问木马	启用未经授权的远程访问
数据发送木马	为威胁发起者提供敏感数据，比如密码
破坏性木马	损坏或删除文件
代理木马	将受害者计算机当作源设备，以发起攻击并执行其他非法行为
FTP 木马	在终端设备上启用未经授权的文件传输服务
安全软件禁用程序木马	阻止防病毒程序或防火墙的运行
拒绝服务（DoS）木马	减缓或停止网络活动
击键记录器木马	通过记录输入到网络表单中的击键信息，主动尝试窃取机密信息，比如信用卡号码

3.4.3 其他类型的恶意软件

病毒和特洛伊木马只是威胁发起者使用的两种恶意软件。还有许多其他类型的恶意软件是为特定目的而设计的。表 3-9 描述了许多不同类型的恶意软件。

表 3-9 其他类型的恶意软件

恶意软件	描述
广告软件	■ 广告软件通常通过在线下载软件来实现分发 ■ 广告软件可以使用弹出式的 Web 浏览器窗口或者新工具栏来显示未经请求的广告,也可以意外地将网页重定向到其他网站 ■ 弹出式的窗口可能很难控制，因为新窗口的弹出速度远远超过用户关闭它们的速度
勒索软件	■ 勒索软件通常会对文件进行加密，然后显示一条消息，要求索取解密密钥的赎金，从而拒绝用户访问其文件 ■ 如果用户没有最新的备份文件，就必须支付赎金才能解密自己的文件 ■ 赎金通常使用电汇或加密数字货币（例如比特币）等方式进行支付
rootkit	■ 威胁发起者会使用 rootkit 来获取管理员级别的计算机访问权限 ■ rootkit 很难检测出来，因为它们可以更改防火墙、防病毒保护、系统文件，甚至 OS 命令来隐藏自己的存在 ■ rootkit 可以为威胁发起者提供一个访问 PC 的后门,以允许他们上传文件并安装用于 DDoS 攻击的新软件 ■ 必须使用专门的 rootkit 移除工具才能将其清除，否则可能需要重装完整的系统才能解决问题
间谍软件	■ 与广告软件类似，但用于收集有关用户的信息，并在未经用户同意的情况下发送给威胁发起者 ■ 间谍软件可以是低威胁的（比如收集浏览数据），也可以是高威胁的（比如捕获个人信息和财务信息）
蠕虫	■ 蠕虫是一个自我复制程序，通过利用合法软件中的漏洞，在无须用户操作的情况下自动进行传播 ■ 它使用网络来搜寻具有相同漏洞的其他受害者 ■ 蠕虫的目的通常是减缓或中断网络的运行

3.5 常见的网络攻击

网络是攻击目标。拥有企业网络基础设施管理访问权限的威胁发起者可以窃取数据、删除数据，并中断网络的可用性。如本节所述，威胁发起者通常使用 3 种类型的网络攻击来实现其目标。

3.5.1 网络攻击概述

如您所知，黑客可以使用多种类型的恶意软件。但是，这并不是攻击网络甚至组织机构的唯一途径。在交付并安装恶意软件后，有效载荷（payload）可以用来引发与网络相关的各种攻击。

为了缓解攻击，了解攻击的类型很有帮助。通过对网络攻击进行分类，可以解决某些类型的攻击，而不是单个攻击。

网络容易受到以下类型的攻击：

- 侦查攻击；
- 访问攻击；
- DoS 攻击。

3.5.2 侦查攻击

侦查是指信息的收集。这类似于一个小偷通过假装卖东西的方式挨家挨户来调查街坊邻居。实际上，小偷是在寻找容易闯入的人家，比如没人住的住宅、容易打开房门或窗户的住宅，以及那些没安装安全系统或安全摄像头的住宅。

威胁发起者使用侦查攻击对系统、服务或漏洞进行未经授权的发现与映射。侦察攻击会先于访问攻击或 DoS 攻击发起。

表 3-10 中描述了恶意威胁发起者进行侦察攻击所使用的一些技术。

表 3-10　　侦察攻击技术

技术	描述
开展对目标的信息查询	■ 威胁发起者查找与目标相关的初始信息 ■ 可以使用多种工具，包括 Google 搜索、组织机构的网站、whois 工具等
对目标网络进行 ping 扫描	■ 信息查询通常会揭示目标的网络地址 ■ 威胁发起者可以发起 ping 扫描，以检测哪些 IP 地址是活跃的
对活跃的 IP 地址进行端口扫描	■ 用于确定哪些端口或服务是可用的 ■ 端口扫描程序包括 Nmap、SuperScan、Angry IP Scanner 和 NetScanTools 等
运行漏洞扫描程序	■ 威胁发起者通过查询已识别的端口，来确定主机上运行的应用程序和操作系统的类型与版本 ■ 相关工具包括 Nipper、Secunia PSI、Core Impact、Nessus v6、SAINT 和 Open VAS 等
运行漏洞攻击工具	■ 威胁发起者尝试发现可被利用的易受攻击的服务 ■ 各种漏洞利用工具包括 Metasploit、Core Impact、sqlmap、Social Engineer Toolkit 和 Netsparker 等

3.5.3 访问攻击

访问攻击会利用验证服务、FTP 服务和 Web 服务中的已知漏洞。这类攻击的目的是获取对 Web 账户、机密数据库和其他敏感信息的访问。

威胁发起者会对网络设备和计算机发起访问攻击来检索数据、获取访问权限，或将访问权限提升为管理员级别。访问攻击主要有下面两种类型。

- **密码攻击**：在密码攻击中，威胁发起者尝试使用各种方法来发现重要系统的密码。密码攻击很常见，并且可以使用多种密码破解工具来发起密码攻击。
- **欺骗攻击**：在欺骗攻击中，威胁发起者的设备通过伪造数据来尝试冒充其他设备。常见的欺骗攻击包括 IP 地址欺骗、MAC 地址欺骗和 DHCP 欺骗。本章后文会详细讨论这些欺骗攻击。

其他的访问攻击还包括：

- 信任利用；

- 端口重定向；
- 中间人攻击；
- 缓冲区溢出攻击。

信任利用示例

在信任利用攻击中，威胁发起者使用未经授权的特权来访问系统，从而攻陷目标。图 3-4 所示为信任利用攻击的示例。

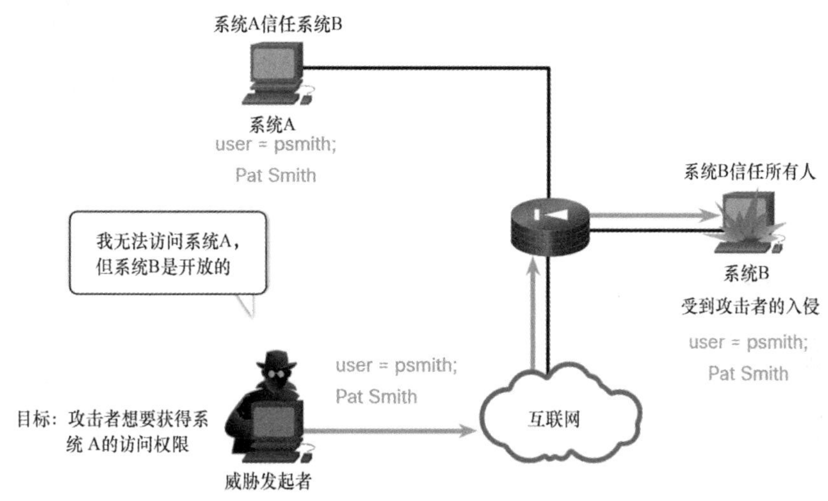

图 3-4 信任利用示例

端口重定向示例

在端口重定向攻击中，威胁发起者会把攻陷的系统作为攻击其他目标的基础。图 3-5 所示为威胁发起者使用 SSH（端口 22）连接到受攻击的主机 A。主机 B 信任主机 A，因此威胁发起者可以使用 Telnet（端口 23）访问主机 B。

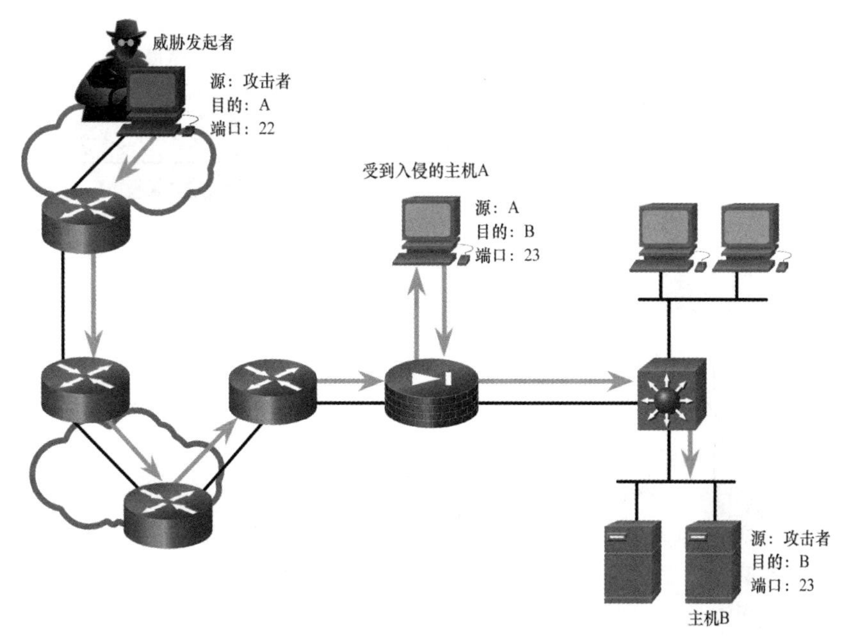

图 3-5 端口重定向示例

中间人攻击示例

在中间人攻击中，威胁发起者位于两个合法实体之间，以便读取或修改双方之间传输的数据。图3-6所示为中间人攻击的示例。

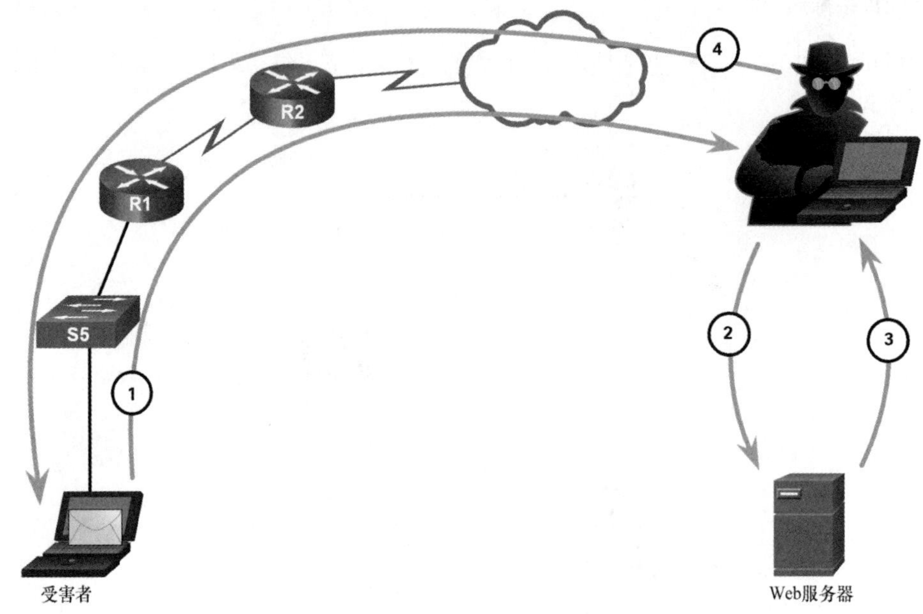

图3-6 中间人攻击示例

缓冲区溢出攻击示例

在缓冲区溢出攻击中，威胁发起者对缓冲区内存进行了利用，通过使用无用的值将缓冲区内存进行填充，最终使其不堪重负。这通常会导致系统无法运行，从而形成DoS攻击。图3-7所示为威胁发起者正在向受害者发送大量数据包，试图使受害者的缓冲区溢出。

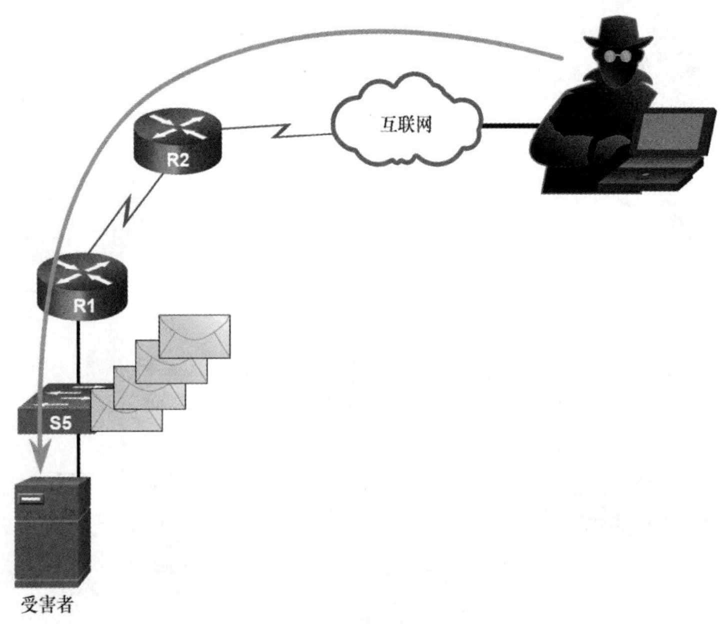

图3-7 缓冲区溢出攻击

3.5.4 社交工程攻击

社交工程攻击是一种试图操纵个人进行某些操作或泄露机密信息的访问攻击。有些社交工程技术是以面对面的形式进行的，有些则是通过电话或互联网进行的。

社交工程师往往利用人们乐于助人的心理。他们也会利用人的弱点。例如，威胁发起者可能会致电某位授权的员工，声称有紧急问题需要立即访问网络。威胁发起者会迎合员工的虚荣心，或者以知名人物的名义狐假虎威，还有可能会利用员工的贪欲。

表 3-11 中显示了有关社交工程攻击的信息。

表 3-11 社交工程攻击

社交工程攻击	描述
假托	威胁发起者假装自己需要个人信息或财务数据来确认对方的身份
网络钓鱼	威胁发起者发送伪装成合法可信来源的欺诈性电子邮件，诱骗收件人在设备上安装恶意软件，或者共享个人或财务信息
鱼叉式网络钓鱼	威胁发起者创建的针对特定个人或组织机构的定向钓鱼攻击
垃圾邮件	也称为 junk mail（垃圾邮件），这是一种未经请求的电子邮件，通常包含有害链接、恶意软件或欺骗性内容
以物易物	有时也称为交换条件（quid pro quo），在这种攻击中，威胁发起者会要求对方提供个人信息来换取东西，比如礼物
引诱	威胁发起者会把感染了恶意软件的闪存留在公共场所。受害者发现闪存后，将其插入到笔记本电脑，从而在无意中安装了恶意软件
假冒	在这种类型的攻击中，威胁发起者伪装成其他人，以获得受害者的信任
尾随	威胁发起者紧跟在拥有授权的人的后面，以进入一个安全区域
肩窥	威胁发起者悄悄地越过受害者的肩膀偷看密码或其他信息
垃圾搜寻	威胁发起者通过翻查垃圾箱以查找机密文件

社交工程工具包（Social Engineering Toolkit，SET）旨在用于帮助白帽黑客和其他网络安全专业人员发起社交工程攻击，以测试自己的网络。

企业必须让它们的用户了解社交工程的风险，并制定策略，通过电话、邮件和面对面的方式验证身份。

以下是所有用户都应该遵循的推荐做法：

- 永远不要把用户名和密码等凭证给任何人；
- 千万不要把用户名和密码等凭证放在容易找到的地方；
- 永远不要打开来源不明的电子邮件；
- 永远不要在社交媒体网站上发布与工作相关的信息；
- 永远不要重复使用用与工作相关的密码；
- 在无人看管的情况下，始终锁定或注销计算机；
- 始终报告可疑的人员；
- 始终按照组织政策销毁机密信息。

3.5.5 DoS 和 DDoS 攻击

拒绝服务（DoS）攻击会对用户、设备或应用程序的网络服务造成某种程度的中断。DoS 攻击主要有两种类型。

- **巨量的流量**：威胁发起者以网络、主机或应用程序无法处理的速率发送大量数据。这将导致传输和响应时间变慢，也会让设备或服务崩溃。
- **恶意格式的数据包**：威胁发起者向主机或应用程序发送带有恶意格式的数据包，而接收方无法对这个数据包进行处理。这会导致接收设备运行非常缓慢或崩溃。

DoS 攻击

DoS 攻击属于重大风险，因为它们可以中断通信，并造成时间和金钱的大量损失。这些攻击执行起来相对简单，即使是未经专门训练的威胁发起者也可以执行。

图 3-8 所示为 DoS 攻击的一个示例。

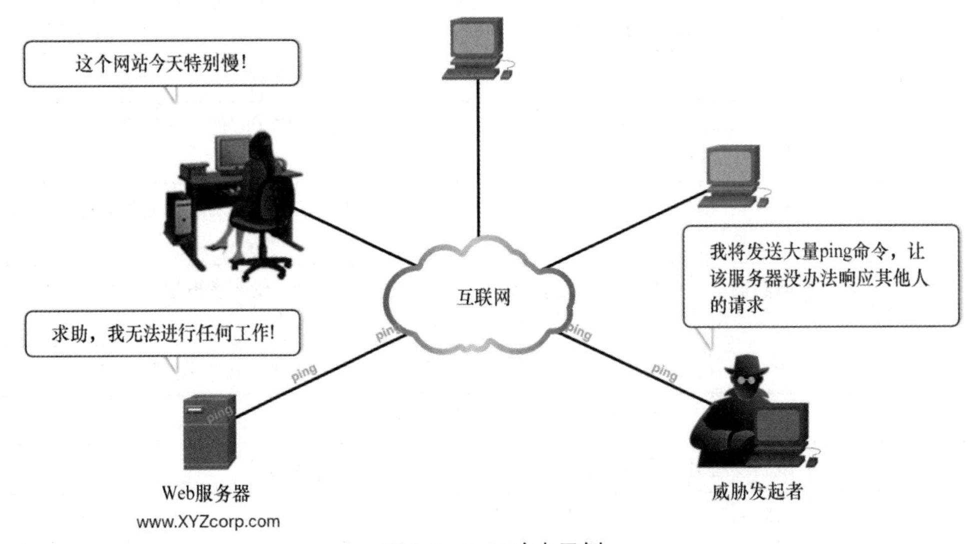

图 3-8 DoS 攻击示例

DDoS 攻击

分布式 DoS 攻击（DDoS）与 DoS 攻击类似，但是它从多个协同的源发起的。举例来说，威胁发起者建立了一个由受感染主机（称为僵尸主机）构成的网络。威胁发起者会使用 CnC（命令和控制）系统向僵尸主机发送控制消息。僵尸主机使用机器人恶意软件（bot malware）不断扫描并感染更多的主机。机器人恶意软件旨在感染主机，使其成为与 CnC 系统进行通信的僵尸主机。僵尸主机的集合称为僵尸网络（botnet）。最终，威胁发起者会指示 CnC 系统，让由僵尸主机组成的僵尸网络执行 DDoS 攻击。

图 3-9 所示为 DDoS 攻击的一个示例。

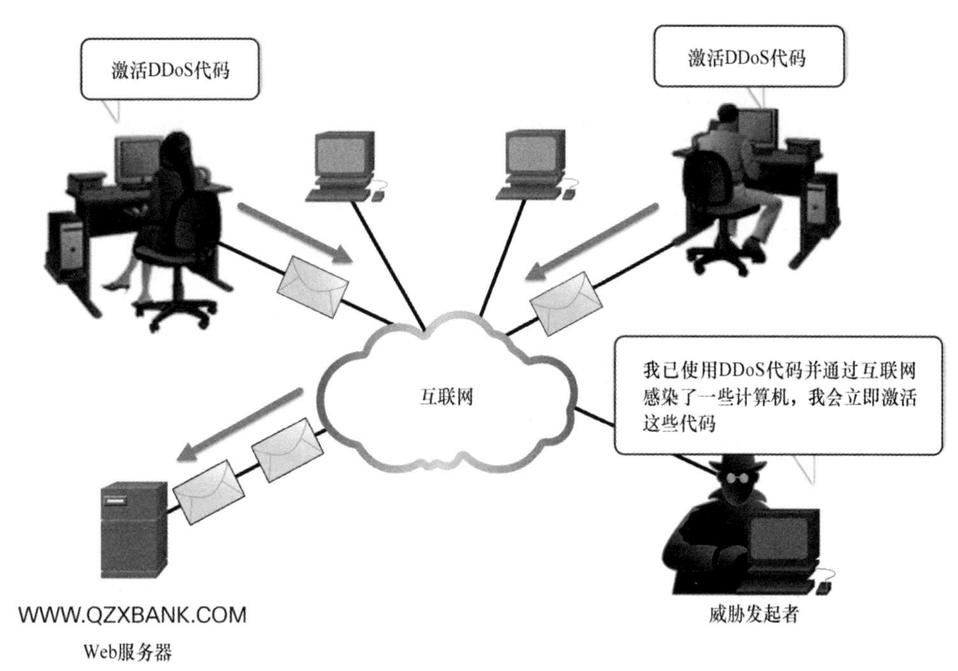

图 3-9　DDoS 攻击示例

3.6　IP 漏洞和威胁

网络通信需要互联网协议（IP）和互联网控制消息协议（ICMP）。计算机和网络使用 IP 为本地与远程网络的可达性提供编址，并且它们使用 ICMP 为 IP 提供消息服务。然而，威胁发起者已经发现了可以用来发起攻击的 IP 和 ICMP 漏洞。

本节介绍了威胁发起者如何利用 IP 漏洞。

3.6.1　IPv4 和 IPv6

IP 协议并不会验证数据包是否来自数据包中包含的源 IP 地址。因此，威胁发起者可以使用伪造的源 IP 地址发送数据包。威胁发起者还可以篡改 IP 报头中的其他字段来发起攻击。安全分析师必须了解 IPv4 和 IPv6 报头中的不同字段。

表 3-12 中列出了几种比较常见的与 IP 相关的攻击。

表 3-12　IP 攻击

IP 攻击技术	描述
ICMP 攻击	威胁发起者使用 ICMP Echo 数据包（ping）来发现受保护网络上的子网和主机，以此生成 DoS 泛洪攻击并修改主机路由表
放大和反射攻击	威胁发起者通过使用 DoS 和 DDoS 攻击，尝试阻止合法用户访问信息或服务
地址欺骗攻击	威胁发起者伪造 IP 数据包中的源 IP 地址以执行盲目欺骗攻击或非盲目欺骗攻击

续表

IP 攻击技术	描述
中间人（MITM）攻击	威胁发起者将自己置于源和目的地之间，以透明地监控、捕获和控制源与目的地之间的通信。他们可以通过检查捕获的数据包来实现窃听，也可以对数据包进行更改，再将其转发到原始目的地
会话劫持	威胁发起者获得对物理网络的访问权限，然后使用 MITM 攻击来劫持会话

3.6.2 ICMP 攻击

威胁发起者使用 ICMP 进行侦查和扫描攻击。他们能够发起信息收集攻击，从而映射出网络拓扑、发现哪些主机处于活动状态（可访问）、识别主机操作系统（OS 指纹），以及确定防火墙的状态。威胁发起者也会使用 ICMP 发起 DoS 攻击。

注 意 IPv4 的 ICMP（ICMPv4）和 IPv6 的 ICMP（ICMPv6）都容易遭受类似类型的攻击。

网络管理员应该在网络边缘进行严格的 ICMP 访问控制列表（ACL）过滤，以避免来自互联网的 ICMP 探测。安全分析师应能够通过查看捕获的流量和日志文件，检测与 ICMP 相关的攻击。在大型网络中，防火墙和入侵检测系统（IDS）等安全设备能够检测这些攻击，并且能够向安全分析师发出警报。

表 3-13 中列出了威胁发起者感兴趣的常见 ICMP 消息。

表 3-13 ICMP 消息作为攻击向量

黑客使用的 ICMP 消息	描述
ICMP Echo 请求和 Echo 应答	用于执行主机验证和 DoS 攻击
ICMP 不可达	用于执行网络侦查攻击和扫描攻击
ICMP 掩码应答	用于映射内部 IP 网络
ICMP 重定向	用于诱使目标主机通过被攻陷的设备发送所有流量，并开展 MITM 攻击
ICMP 路由器发现	用于向目标主机的路由表插入虚假的路由条目

3.6.3 放大和反射攻击

威胁发起者经常使用放大和反射技术发起 DoS 攻击。图 3-10 中的示例说明了如何使用名为 Smurf 攻击的放大和反射技术来淹没目标主机。

- **放大**：威胁发起者把 ICMP Echo 请求消息转发给许多主机。这些消息中包含了受害者的源 IP 地址。
- **反射**：所有主机都会向伪造的受害者 IP 地址进行应答，从而淹没受害者主机。

注 意 现在正在使用新形式的放大和反射攻击，比如基于 DNS 的反射和放大攻击，以及网络时间协议（NTP）放大攻击。

威胁发起者还会使用资源耗竭攻击。这些攻击会消耗目标主机的资源，目的是令其崩溃或者消耗网络资源。

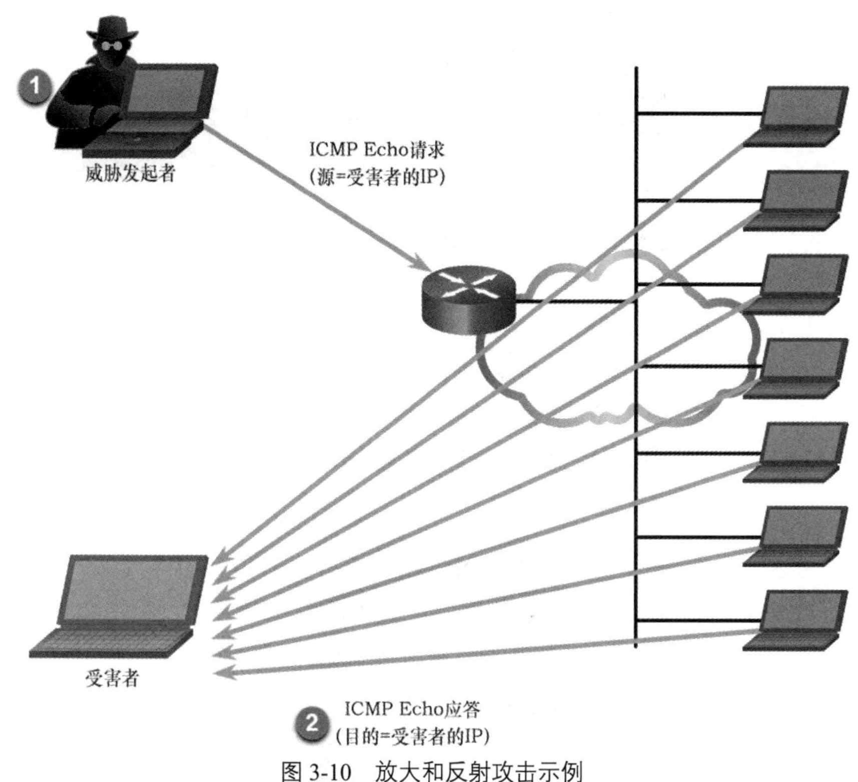

图 3-10　放大和反射攻击示例

3.6.4　地址欺骗攻击

IP 地址欺骗攻击发生在威胁发起者使用虚假的源 IP 地址构建数据包,以隐藏发送方的身份或者冒充另一个合法用户时。之后，威胁发起者可以访问原本无法访问的数据或绕开安全配置。欺骗攻击通常和其他类型的攻击相结合，比如 Smurf 攻击。

欺骗攻击分为非盲目欺骗和盲目欺骗。

- **非盲目欺骗**：威胁发起者可以看到主机和目标之间发送的流量。威胁发起者使用非盲目欺骗来检查目标受害者发送的应答数据包。非盲目欺骗能够确定防火墙的状态，还能够预测序列号。它还可以劫持已授权的会话。
- **盲目欺骗**：威胁发起者看不到主机和目标之间发送的流量。盲目欺骗用在 DoS 攻击中。

当威胁发起者可以访问内部网络时，会使用 MAC 地址欺骗攻击。威胁发起者把本地主机的 MAC 地址修改为另一个目标主机的 MAC 地址，如图 3-11 所示。然后，攻击主机通过网络发送一个带有新配置的 MAC 地址的帧。当交换机收到此帧时，它会检查源 MAC 地址。

交换机覆盖当前的内容可寻址存储器（CAM）表中的条目，并将 MAC 地址分配给新端口，如图 3-12 所示。之后，它将发往目标主机的帧转发给攻击主机。

应用或服务欺骗是另一种欺骗示例。在这种攻击中，威胁发起者连接非法 DHCP 服务器，以创建 MITM 条件。

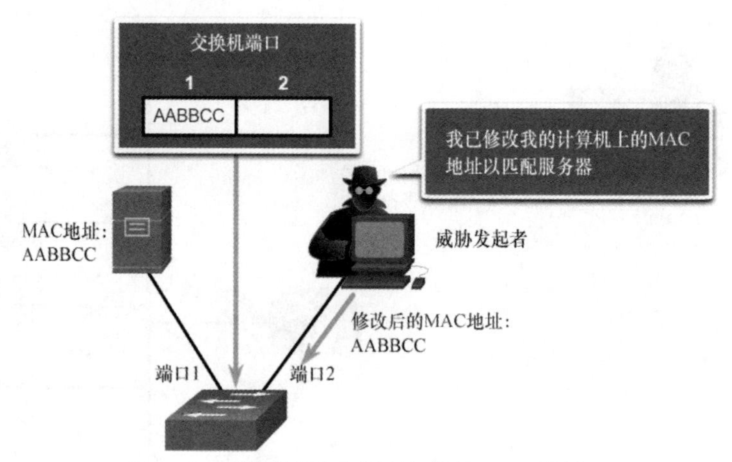

图 3-11 威胁发起者欺骗服务器的 MAC 地址

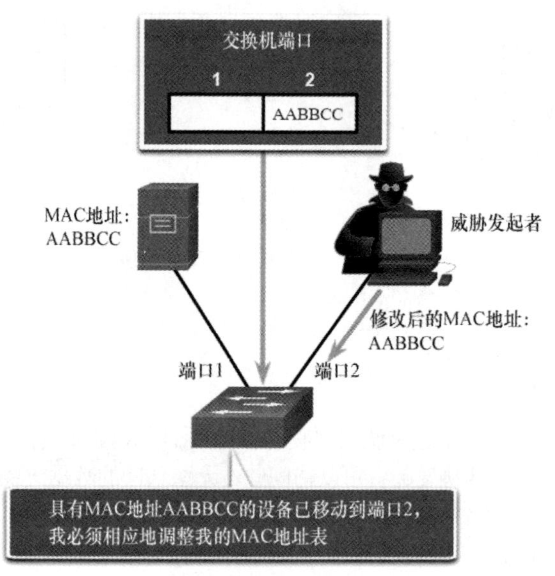

图 3-12 交换机使用欺骗地址更新 CAM 表

3.7 TCP 和 UDP 漏洞

网络通信需要 TCP 和 UDP。应用层协议需要 TCP 或 UDP 服务才能正常工作。然而，威胁发起者发现了可以用来进行攻击的 TCP 和 UDP 漏洞。

本节介绍了威胁发起者是如何利用 TCP 和 UDP 漏洞的。

3.7.1 TCP 分段报头

本节讨论针对 TCP 和 UDP 的攻击。TCP 分段信息紧跟 IP 报头之后显示。TCP 分段的各个字段如图 3-13 所示。

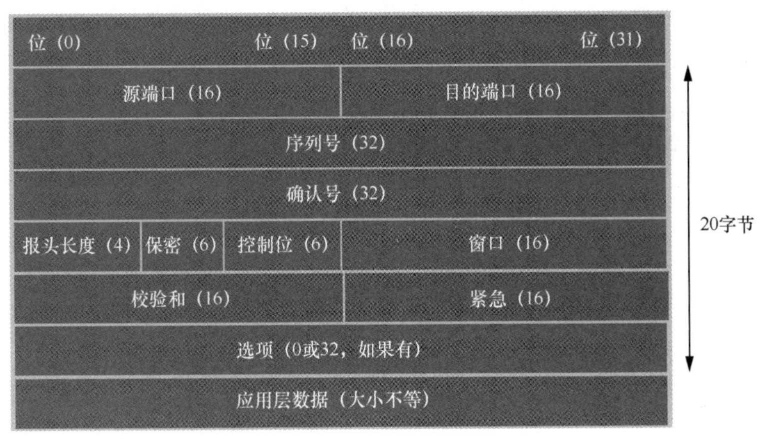

图 3-13 TCP 报头

用于 6 个控制位字段的标志如下所示。

- **URG**：紧急指针字段。
- **ACK**：确认字段。
- **PSH**：推送功能。
- **PST**：重置连接。
- **SYN**：同步序列号。
- **FIN**：发送方已传输完成所有数据。

3.7.2 TCP 服务

TCP 提供了以下服务。

- **可靠交付**：TCP 采用确认机制来确保交付，而不是依靠上层协议来检测和解决错误。如果未及时收到确认，发送方将重新传输数据。要求对接收到的数据进行确认可能会导致严重的延迟。利用 TCP 可靠性的应用层协议的示例包括 HTTP、SSL/TLS、FTP、DNS 域传送等。
- **流量控制**：TCP 通过实施流量控制，以将可靠交付带来的延迟最小化。它不是一次确认一个数据分段，而是使用一个确认分段来确认多个数据分段。
- **状态化通信**：双方之间的 TCP 状态化通信是在 TCP 三次握手期间发生的。在使用 TCP 传输数据之前，需要通过三次握手来打开 TCP 连接，如图 3-14 所示。如果双方同意建立 TCP 连接，则双方可以使用 TCP 发送和接收数据。

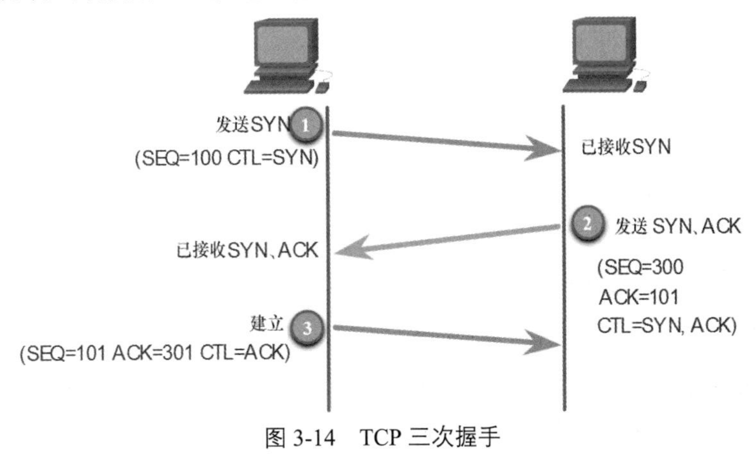

图 3-14 TCP 三次握手

图 3-14 演示了通过 3 个步骤建立的 TCP 连接。

步骤 1. 发起客户端请求与服务器进行客户端到服务器的通信会话。

步骤 2. 服务器确认客户端到服务器的通信会话，并请求服务器到客户端的通信会话。

步骤 3. 发起客户端确认服务器到客户端的通信会话。

3.7.3 TCP 攻击

网络应用程序会用到 TCP 或 UDP 端口。威胁发起者可对目标设备进行端口扫描，以发现它们所提供的服务。

TCP SYN 泛洪攻击

TCP SYN 泛洪攻击利用了 TCP 三次握手。在图 3-15 中，威胁发起者使用随机伪造的源 IP 地址，不断向攻击目标发送 TCP SYN 会话请求数据包。目标设备向伪造的 IP 地址回复 TCP SYN-ACK 数据包，并等待 TCP ACK 数据包。但这些 TCP ACK 响应永远不会到达。最终，目标主机会被半开的 TCP 连接所淹没，并拒绝向合法用户提供 TCP 服务。

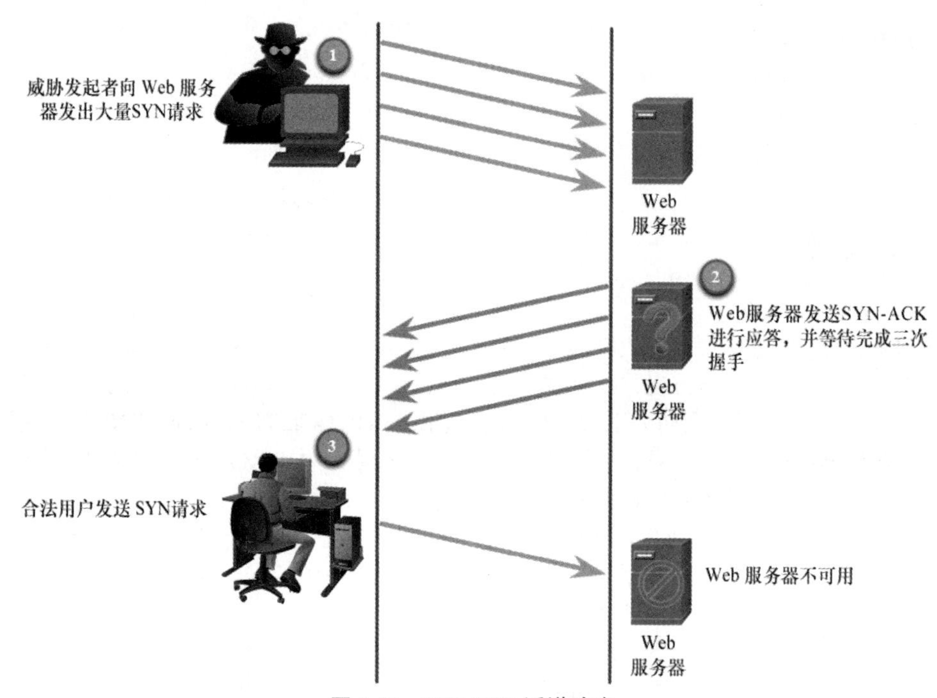

图 3-15 TCP SYN 泛洪攻击

在图 3-15 中，发生了如下步骤。

步骤 1. 威胁发起者向 Web 服务器发出多个 SYN 请求。

步骤 2. Web 服务器使用 SYN-ACK 对每个 SYN 请求进行回复，并等待完成三次握手。威胁发起者不会对 SYN-ACK 做出响应。

步骤 3. 合法用户无法连接 Web 服务器，因为 Web 服务器上已有太多的半开 TCP 连接。

TCP 重置攻击

TCP 重置攻击可以用于终止两台主机之间的 TCP 通信。TCP 可以文明的方式（即正常的方式）或不文明的方式（即粗鲁、突然的方式）终止连接。

图 3-16 所示为终止连接的文明方式，其中 TCP 使用一个四次交换来关闭 TCP 连接，这个四次交换由来自每个 TCP 端点的一对 FIN 和 ACK 分段构成。

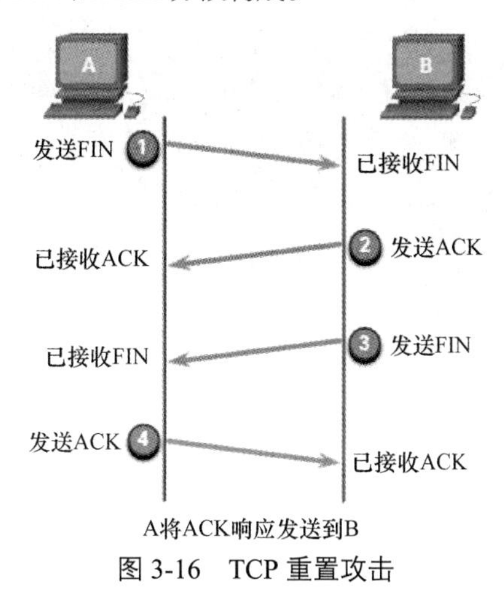

图 3-16 TCP 重置攻击

在图 3-16 中，使用如下的四次交换过程来终止一个 TCP 会话。

步骤 1. 当客户端没有更多的数据要发送时，它将发送一个设置了 FIN 标志的分段。

步骤 2. 服务器发送 ACK 信息以确认接收到 FIN，以终止从客户端到服务器的会话。

步骤 3. 服务器向客户端发送 FIN，以终止从服务器到客户端的会话。

步骤 4. 客户端使用 ACK 进行响应，以确认来自服务器的 FIN。

在不文明的终止方式中，主机接收到设置了 RST 位的 TCP 分段。这是断开 TCP 连接并通知接收主机立即停止使用 TCP 连接的一种突然的方法。

威胁参与者可以进行 TCP 重置攻击，并向一个或两个端点发送包含 TCP RST 的欺骗数据包。

TCP 会话劫持

TCP 会话劫持利用了另一个 TCP 漏洞，尽管它可能很难进行。在 TCP 会话劫持中，威胁发起者接管一台已经通过验证的主机，并通过这台主机与攻击目标进行通信。威胁发起者必须假冒这台验证主机的 IP 地址，并预测下一个序列号，然后向目标主机发送 ACK。如果成功，威胁发起者将能够向目标设备发送数据，但不能接收来自目标设备的数据。

3.7.4 UDP 分段报头和操作

UDP 通常由 DNS、TFTP、NFS 和 SNMP 使用。它还可用于实时应用，例如媒体流或 VoIP 等。UDP 是一种无连接的传输层协议。与 TCP 相比，UDP 的开销极低，因为它不是面向连接的，不提供实现可靠性的重传、排序和流量控制等复杂机制。UDP 分段的结构比 TCP 分段的结构小得多，如图 3-17 所示。

尽管通常我们说 UDP 是不可靠的（相较于 TCP 的可靠性），但这并不意味着使用 UDP 的应用是不可靠的，也不是说 UDP 是一种劣等的协议。这里的意思是，作为传输层协议，UDP 不提供上述几项功能，如果需要这些功能，必须通过其他方式来实现。

正是由于 UDP 的开销低，因此它很适合用于进行简单请求和应答事务的协议。例如，如果将 TCP 用于 DHCP，将会引入不必要的网络流量。如果没有收到响应的话，设备会再次发送请求。

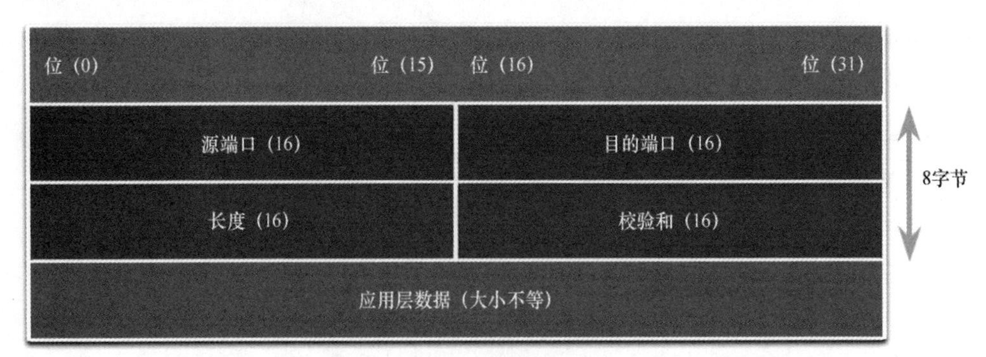

图 3-17 UDP 报头

3.7.5 UDP 攻击

UDP 不受任何加密保护。可以在 UDP 中添加加密功能，但默认情况下 UDP 不提供加密。缺乏加密意味着任何人都可以查看流量、更改流量，并将其发送到目的地。更改流量中的数据会改变 16 位的校验和，但校验和是可选项，因此并不总会被用到。在使用校验和时，威胁发起者可以根据新的数据负载创建出新的校验和，并将其作为新校验和记录在 UDP 报头中。这样一来，目的设备会发现校验和与数据匹配，而不知道数据已被更改。这种类型的攻击没有被广泛应用。

UDP 泛洪攻击

我们更容易看到的是 UDP 泛洪攻击。在 UDP 泛洪攻击中，网络中的所有资源都会被消耗。威胁发起者必须使用类似 UDP Unicorn 或 Low Orbit Ion Cannon 之类的工具来发起 UDP 泛洪攻击。这些工具会向子网中的服务器发送泛洪的 UDP 数据包，并且这些数据包通常来自虚假的主机。这些程序会扫描所有的已知端口，试图找到处于关闭状态的端口。这将导致服务器使用 ICMP 端口不可达消息进行回复。由于服务器上有很多已关闭的端口，因此网段上会出现庞大的数据流量，并占用掉几乎所有的带宽。UDP 泛洪攻击的结果与 DoS 攻击非常相似。

3.8 IP 服务

IP 服务包括 ARP、DNS、DHCP 和 SLAAC。ARP 将 IPv4 地址解析为 MAC 地址，DNS 将名称解析为 IP 地址，DHCP 和 SLAAC 自动在网络上分配 IP 配置。但是，威胁发起者发现了可以用来发起攻击的 IP 服务漏洞。

本节介绍了威胁发起者是如何利用 IP 服务的。

3.8.1 ARP 漏洞

本章前面介绍了有关 IP、TCP 和 UDP 的漏洞。TCP/IP 协议簇不是为安全性而构建的。因此，IP 用于实现编址功能的服务（例如 ARP、DNS 和 DHCP）也不安全。本节将对此进行介绍。

主机向网段上的其他主机广播 ARP 请求，以确定具有特定 IPv4 地址的主机的 MAC 地址，如图 3-18 所示。子网上的所有主机都接收并处理 ARP 请求。匹配 ARP 请求中 IPv4 地址的主机发送 ARP 应答。

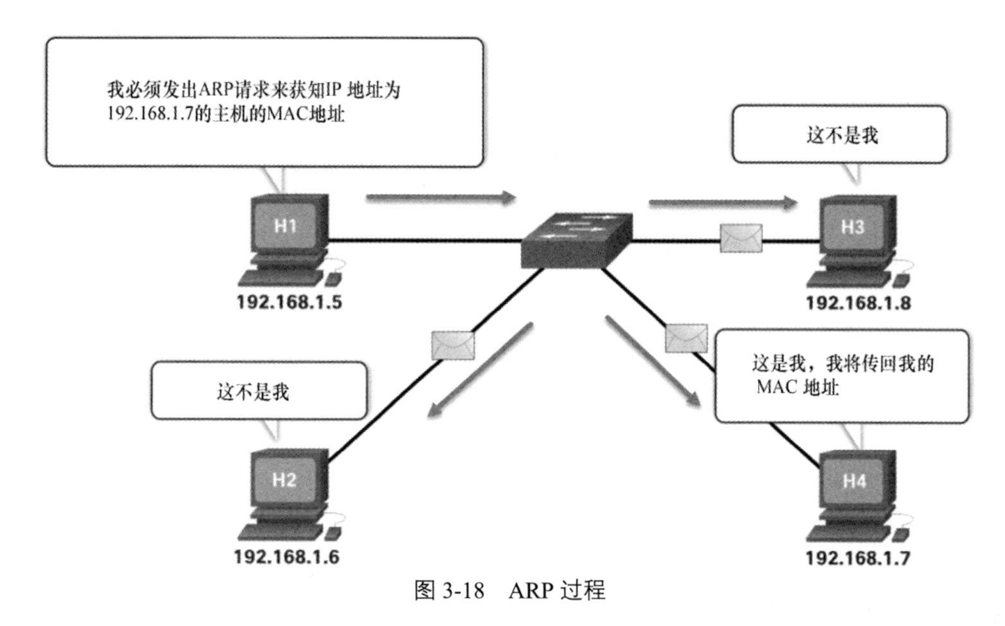

图 3-18 ARP 过程

任何客户端都可以发送一个称为“免费 ARP”的未经请求的 ARP 应答。当某个设备首次启动以向本地网络中的所有其他设备通知其 MAC 地址时，通常会执行这一操作。当主机发送免费 ARP 时，子网上的其他主机会将免费 ARP 中包含的 MAC 地址和 IP 地址存储在其 ARP 表中。

ARP 的这一特性也意味着任何主机都可以声称它们是任何 IP 或 MAC 地址的所有者。威胁发起者可以毒化本地网络中设备的 ARP 缓存，从而创建 MITM 攻击来重定向流量。这样做的目的是攻击受害主机，将其默认网关更改为威胁发起者的设备。这会将威胁发起者置于受害者和本地子网之外的其他所有系统之间。

3.8.2 ARP 缓存毒化

ARP 缓存毒化可以用来发起各种中间人攻击。

ARP 请求

图 3-19 所示为 ARP 缓存毒化的工作流程。在该示例中，PC-A 需要知道其默认网关（R1）的 MAC 地址，因此它会向 IP 地址 192.168.10.1 发送 ARP 请求。

ARP 应答

在图 3-20 中，R1 使用 PC-A 的 IPv4 和 MAC 地址更新其 ARP 缓存。R1 向 PC-A 发送一个 ARP 应答，然后 PC-A 会使用 R1 的 IPv4 和 MAC 地址更新其 ARP 缓存。

欺骗性的免费 ARP 应答

在图 3-21 中，威胁发起者发送了两个欺骗性的免费 ARP 应答，把自己的 MAC 地址关联到指定的目的 IP 地址。PC-A 在 ARP 缓存中更新自己的默认网关，而默认网关现在指向了威胁发起者的主机 MAC 地址。R1 也使用 PC-A 的 IP 地址（指向威胁发起者的 MAC 地址）更新其 ARP 缓存。

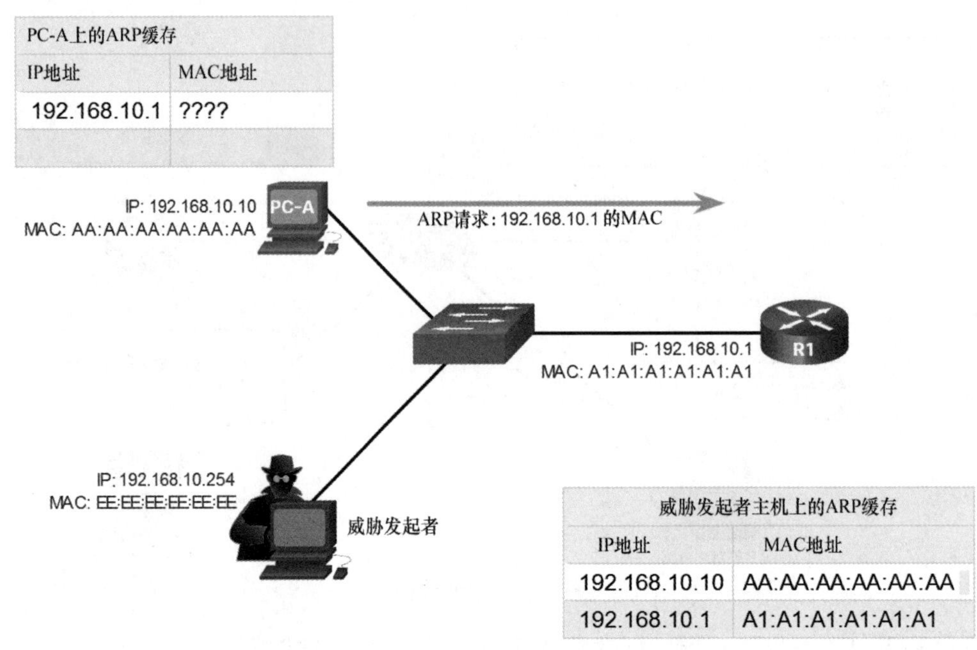

图 3-19　ARP 请求毒化其他设备上的 ARP 缓存

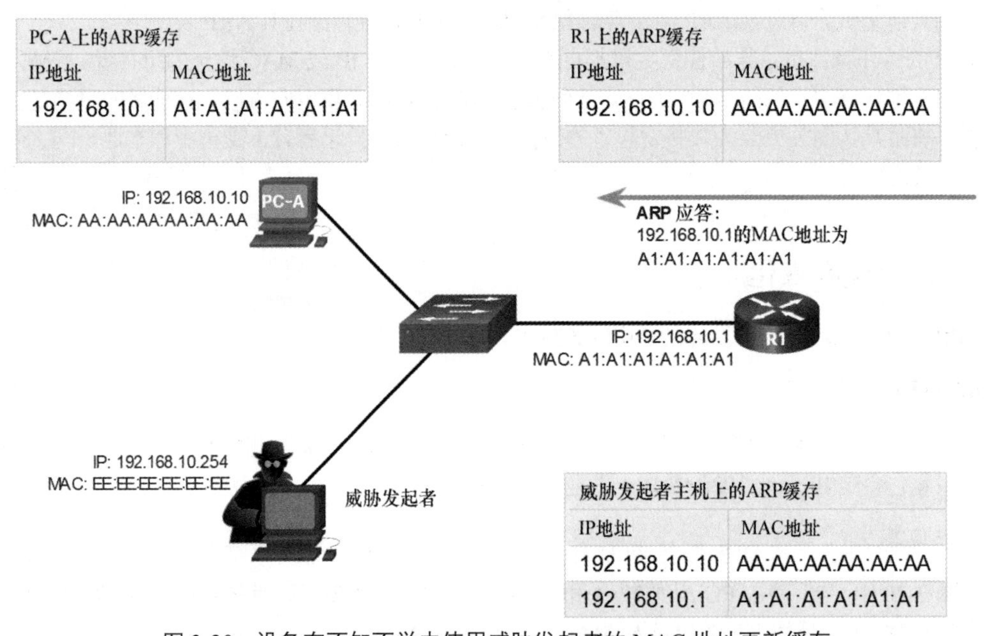

图 3-20　设备在不知不觉中使用威胁发起者的 MAC 地址更新缓存

威胁发起者的主机现在正在执行 ARP 毒化攻击。ARP 毒化攻击分为被动式和主动式。通过被动式 ARP 毒化，威胁发起者将窃取机密信息。而在主动式 ARP 毒化中，威胁发起者会更改传输中的数据或注入恶意的数据。

注　意　互联网上有许多工具可以发起 ARP MITM 攻击，其中包括 Dsniff、Cain & Abel、Ettercap、Yersinia 等。

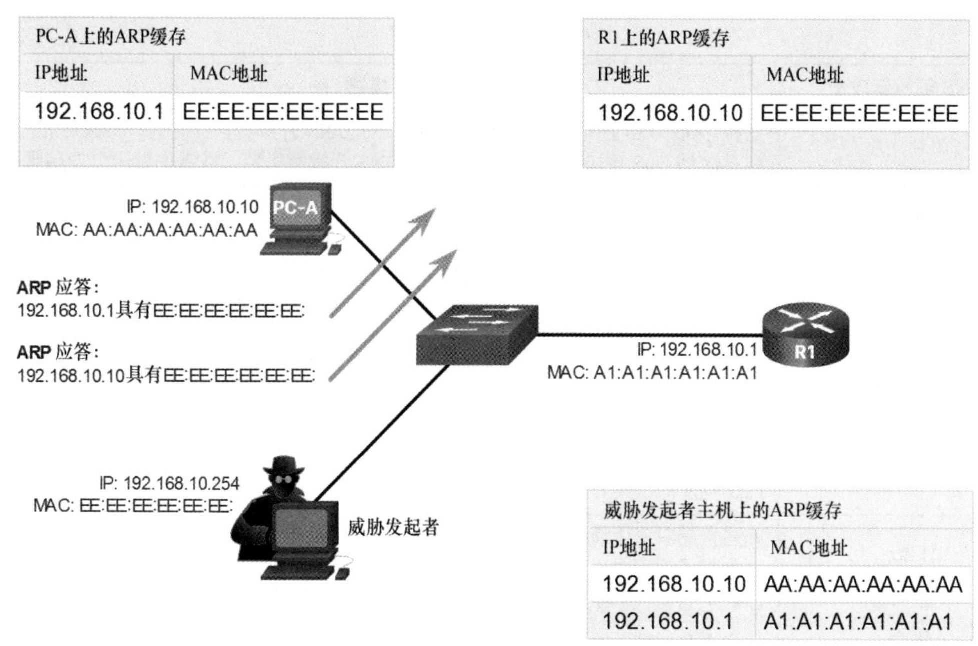

图 3-21 威胁发起者发送欺骗性的免费 ARP 应答

3.8.3 DNS 攻击

DNS（域名系统）协议定义了一个自动化服务，可把资源名称（比如 www.epubit.com）与其数字形式的网络地址（比如 IPv4 地址或 IPv6 地址）匹配在一起。它包括查询格式、响应格式及数据格式，并使用资源记录（RR）来识别 DNS 响应的类型。

DNS 的安全性常常被忽视。但是，它对网络的正常运行至关重要，因此应该得到相应的保护。

DNS 攻击中包含以下类型：

- DNS 开放解析器攻击；
- DNS 隐形攻击；
- DNS 域名阴影攻击；
- DNS 隧道攻击。

DNS 开放解析器攻击

许多组织使用公开的 DNS 服务器（比如 Google DNS 8.8.8.8）的服务来响应查询。这种类型的 DNS 服务器被称为开放解析器。DNS 开放解析器可回答其管理域之外的客户端发来的查询。DNS 开放解析器容易受到多种恶意活动的攻击，详见表 3-14。

表 3-14 DNS 解析器攻击

DNS 解析器攻击	描述
DNS 缓存毒化攻击	威胁发起者向 DNS 解析器发送伪造的 RR（资源记录）信息，以将用户从合法站点重定向到恶意站点。DNS 缓存毒化攻击可用于通知 DNS 解析器使用恶意域名服务器来提供 RR 信息，以实施恶意行为
DNS 放大和反射攻击	威胁发起者会对 DNS 开放解析器发起 DoS 或 DDoS 攻击，以此增加攻击量，并且隐藏真实的攻击源。威胁发起者使用目标主机的 IP 地址向开放解析器发送 DNS 消息。这种攻击之所以能够成功，是因为开放解析器会对所有查询进行响应

续表

DNS 解析器攻击	描述
DNS 资源利用攻击	这种 DoS 攻击会消耗所有的可用资源，对 DNS 开放解析器的运行带来负面影响。面对这种 DoS 攻击时，可能需要重启 DNS 开放解析器，或者先停用再启用服务

DNS 隐形攻击

为了隐藏自己的身份，威胁发起者还会使用表 3-15 中所示的 DNS 隐形技术来发动攻击。

表 3-15　DNS 隐形技术

DNS 隐形技术	描述
Fast Flux	威胁发起者使用该技术来将钓鱼站点和恶意软件交付站点隐藏在迅速变化的失陷 DNS 主机网络的后面。DNS IP 地址每隔几分钟就会发生更改。僵尸网络通常会采用 Fast Flux 技术来有效防止恶意服务被检测到
Double IP Flux	威胁发起者使用该技术快速更改主机名与 IP 地址的映射，并更改权威域名服务器。这增加了识别攻击源的难度
域名生成算法	威胁发起者会在恶意软件中使用该算法随机生成域名，然后这些域名可以用作 CnC（命令和控制）服务器的汇聚点

DNS 域名阴影攻击

在域名阴影攻击中，威胁发起者会收集域账户凭证，以便在攻击期间静默地创建多个子域。这些子域通常会指向恶意服务器，而不通知父域的真实所有者。

DNS 隧道攻击

使用 DNS 隧道的威胁发起者将非 DNS 流量置于 DNS 流量中。当威胁发起者希望与僵尸网络中受保护的主机进行通信，或者希望从组织机构中窃取数据（比如密码数据库）时，通常使用该方法规避安全解决方案。在威胁发起者使用 DNS 隧道时，不同类型的 DNS 记录会被更改。下文描述了如何使用 DNS 隧道向僵尸网络发送 CnC 命令。

步骤 1. 命令数据被拆分为多个编码块。

步骤 2. 每个编码块放置在 DNS 查询的较低级别的域名标签中。

步骤 3. 由于没有来自本地或网络 DNS 的查询响应，因此请求被发送到 ISP 的递归 DNS 服务器。

步骤 4. 递归 DNS 服务将查询转发到威胁发起者的权威域名服务器。

步骤 5. 这个过程不断重复，直到包含这些编码块的所有查询都发送完毕。

步骤 6. 当威胁发起者的权威域名服务器接收到受感染的设备发出的 DNS 查询时，它会为每个 DNS 查询发送响应消息，该响应消息中包含封装的编码 CnC 命令。

步骤 7. 被攻陷主机上的恶意软件会对这些编码块进行重组，并执行隐藏在 DNS 记录中的命令。

为了阻止 DNS 隧道攻击，网络管理员必须使用过滤器来检查 DNS 流量。我们要特别注意长度大于平均值的 DNS 查询，以及携带可疑域名的 DNS 查询。DNS 解决方案（比如思科 OpenDNS）会通过识别可疑域名来阻止大部分的 DNS 隧道流量。

3.8.4 DHCP

DHCP 服务器会动态地向客户端设备提供 IP 配置信息。图 3-22 所示为客户端和服务器之间的 DHCP 消息交换的典型顺序。

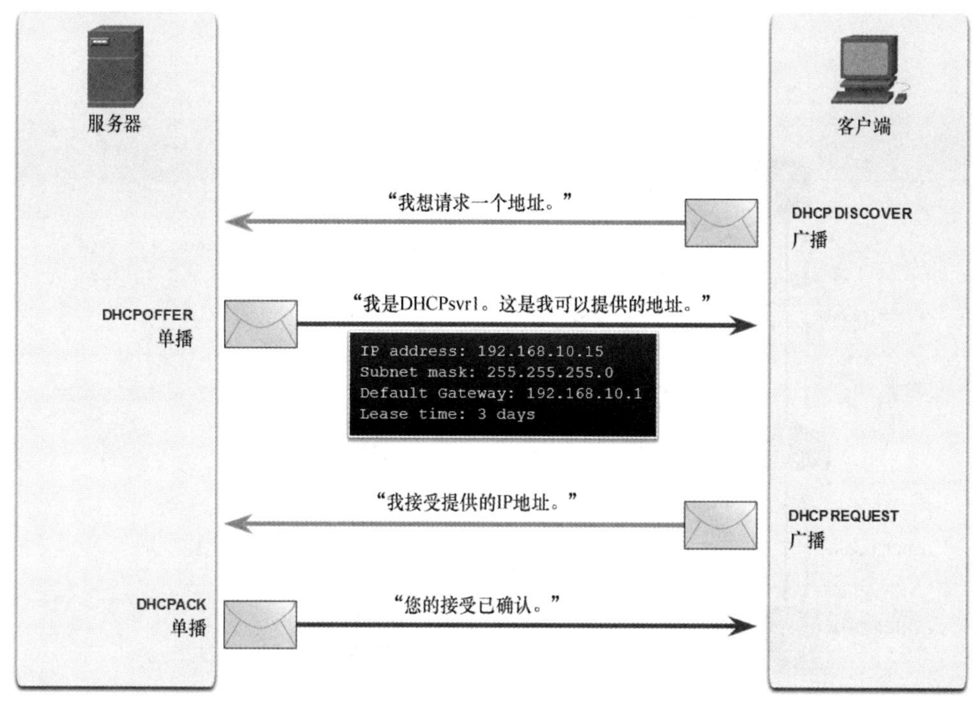

图 3-22　DHCP 操作

在图 3-22 中，客户端以广播方式发送出 DHCPDISCOVER 消息。DHCP 服务器以单播进行响应，并在其中包含客户端可以使用的编址信息。客户端以广播方式发送 DHCPQEQUEST 消息，告诉服务器它接受了这个 IP 地址。服务器再以单播方式进行响应，告知客户端它已接收到确认消息。

3.8.5 DHCP 攻击

当非法 DHCP 服务器连接到网络并向合法客户端提供虚假的 IP 配置参数时，会出现 DHCP 欺骗攻击。非法 DHCP 服务器可以提供多种误导信息，具体如下。

- **错误的默认网关**：威胁发起者提供无效的网关或其主机的 IP 地址，以发起 MITM 攻击。当入侵者拦截网络中流动的数据时，可能完全不被发现。
- **错误的 DNS 服务器**：威胁发起者提供错误的 DNS 服务器地址，指引用户访问恶意网站。
- **错误的 IP 地址**：威胁发起者提供无效的 IP 地址和/或无效的默认网关 IP 地址。这样，威胁发起者就可以在 DHCP 客户端上发起 DoS 攻击。

注　意　IPv6 设备从路由器通告消息（而不是 DHCP 服务器）中接收其默认网关地址。

假定威胁发起者已成功地将一台非法 DHCP 服务器连接到与目标客户端在相同子网上的交换机端口。非法 DHCP 服务器的目标是为客户端提供错误的 IPv4 配置信息。

下文描述了 DHCP 欺骗攻击的步骤。

1. 客户端广播 DHCP 发现消息

在图 3-23 中，一个合法客户端连接到网络，并请求 IP 配置参数。客户端以广播方式发送 DHCP Discover（发现）请求，并期待 DHCP 服务器的响应。两台服务器都收到了这个请求消息。

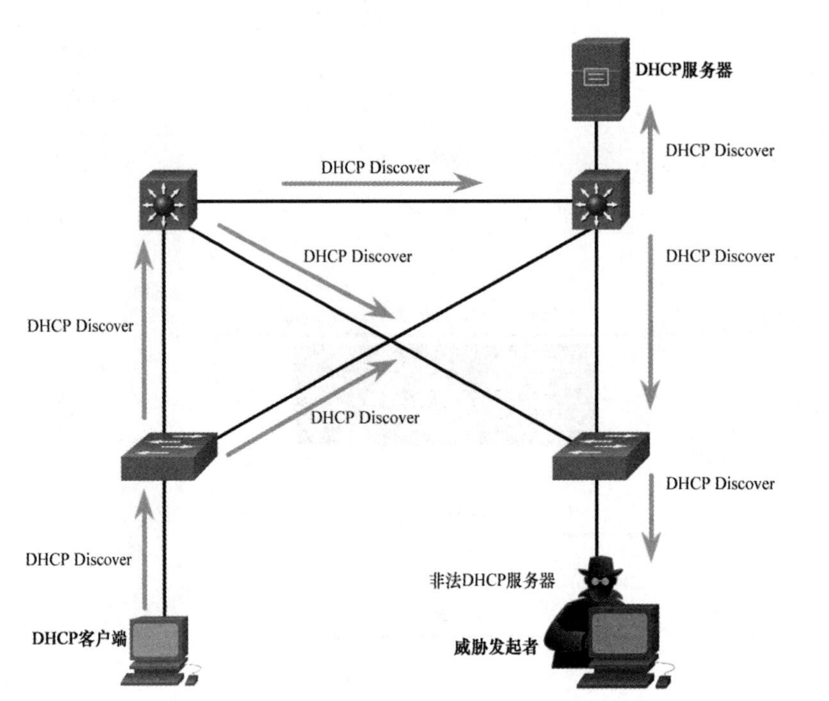

图 3-23 客户端广播 DHCP Discover 消息

2. DHCP 服务器以 Offer 消息进行响应

图 3-24 所示为合法和非法 DHCP 服务器使用有效的 IP 配置参数进行响应的方法。客户端会对它收到的第一个 DHCP Offer 消息进行应答。

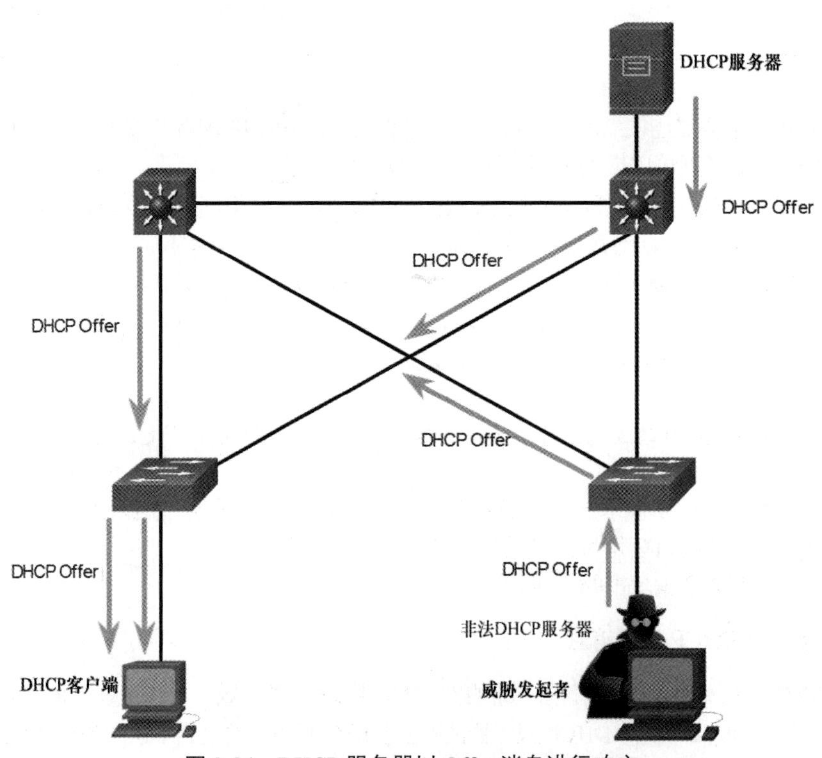

图 3-24 DHCP 服务器以 Offer 消息进行响应

3. 客户端接受非法 DHCP 服务器的请求消息

在本场景中，客户端首先收到了非法 DHCP 服务器提供的 Offer 消息。客户端广播一个 DHCP Request（请求），表示接受来自非法服务器的参数，如图 3-25 所示。合法和非法 DHCP 服务器都会收到这个请求。

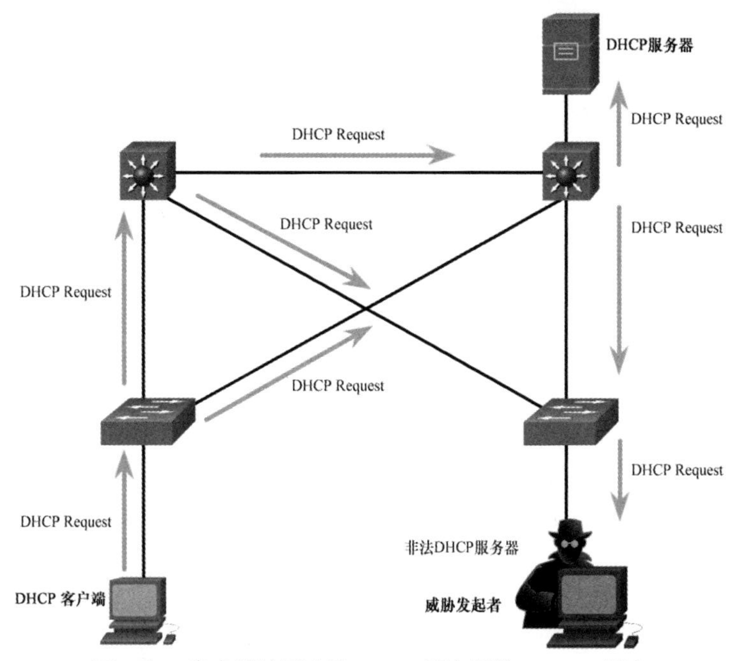

图 3-25 客户端接受非法 DHCP 服务器的 Request 消息

4. 非法 DHCP 服务器确认该请求

只有非法服务器以单播方式向客户端发送应答，以确认其请求，如图 3-26 所示。合法服务器会停止与客户端进行通信，因为客户端的请求已被确认。

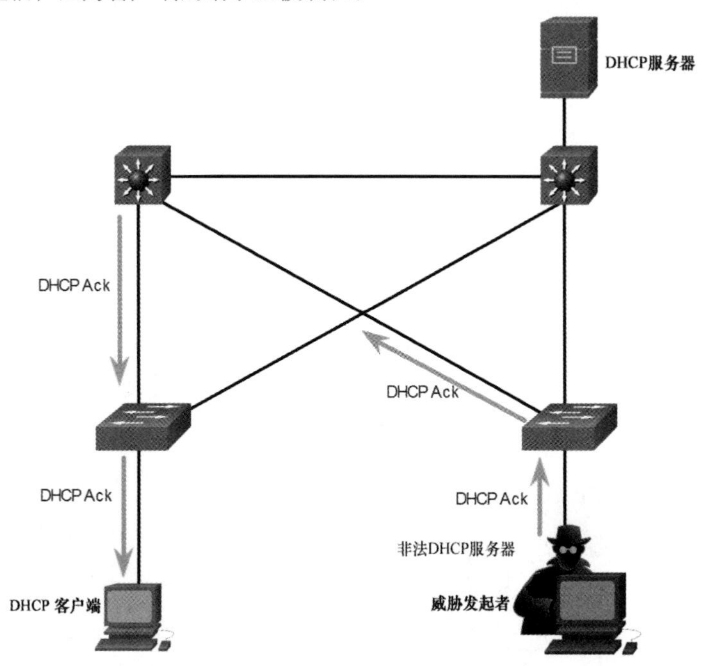

图 3-26 非法 DHCP 服务器确认请求

3.9 网络安全最佳做法

IP 服务包括 ARP、DNS 和 DHCP。ARP 将 IP 地址解析为 MAC 地址；DNS 将域名解析为 IP 地址；而 DHCP 自动分配网络上的 IP 配置。威胁发起者已经发现了可以用来发起攻击的 IP 服务中的漏洞。

本节介绍了保护网络的最佳做法。

3.9.1 机密性、完整性和可用性

网络攻击的类型有很多，但是也有很多最佳做法可以用来防御您的网络。本节会对此进行介绍。

网络安全指的是保护信息和信息系统免受未经授权的访问、使用、泄露、中断、修改或破坏。

大多数组织都会遵循 CIA 信息安全三要素。

- **机密性（Confidentiality）**：只有获得授权的个人、实体或进程可以访问敏感信息。这可能需要用到密码加密算法（如 AES）来对数据进行加密和解密。
- **完整性（Integrity）**：指的是保护数据免遭未经授权的修改。这可能需要用到密码散列算法（比如 SHA）。
- **可用性（Availability）**：获得授权的用户必须能够不间断地访问重要资源和数据。这可能需要部署冗余的服务、网关和链路。

3.9.2 纵深防御方法

为了确保穿越公共网络和私有网络之间的通信安全，必须对路由器、交换机、服务器和主机在内的设备进行保护。大多数组织机构使用纵深防御方法来确保安全性，该方法也称为分层方法。它需要将网络设备和服务组合在一起进行工作。请考虑图 3-27 中的网络。

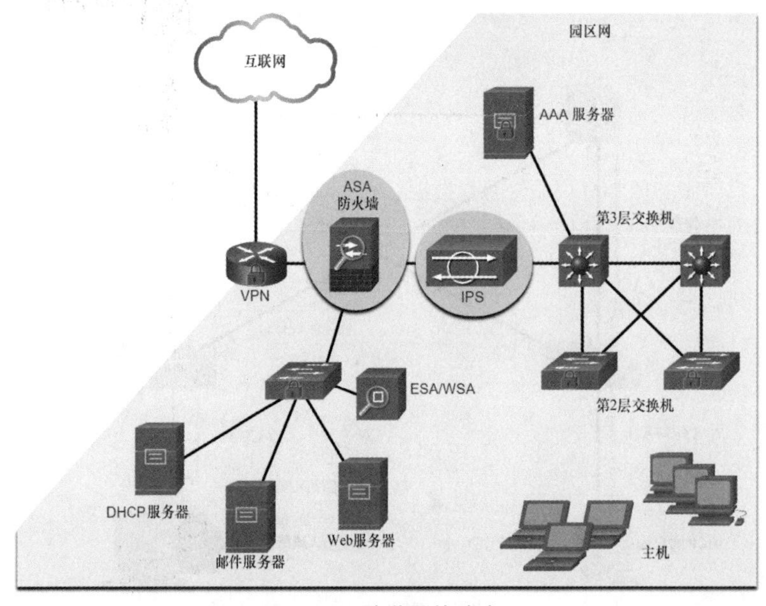

图 3-27 防范网络攻击

在图 3-27 所示的网络中，所有网络设备（包括路由器和交换机）都进行了加固，这意味着它们已经得到了保护，可以防止威胁发起者访问和篡改这些设备。

当数据在不同的链路上传输时，确保其安全非常重要。这可能包括内部流量，但更重要的是要保护在组织机构外部传输的数据，也就是发送到达分支站点、远程办公站点和合作伙伴站点的数据。

3.9.3 防火墙

防火墙是在网络之间强制执行访问控制策略的一个系统或一组系统。例如，在图 3-28 中，来自互联网上任何全球站点的流量都会通过防火墙设备进行过滤。根据已配置的策略，某些流量被放行，而某些流量则被拒绝。

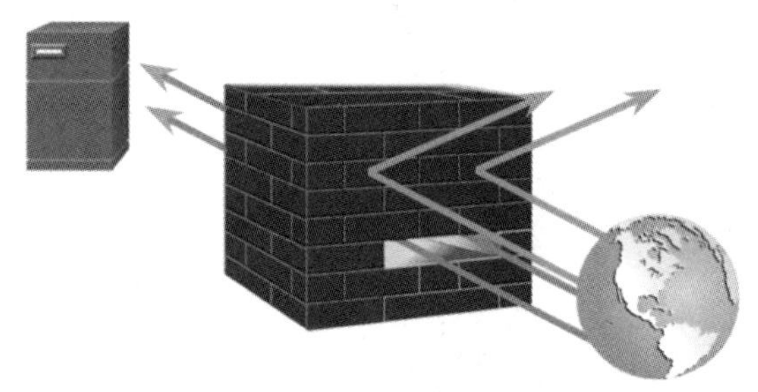

允许从任意外部地址到Web 服务器的流量
允许通往FTP 服务器的流量
允许通往SMTP 服务器的流量
允许通往内部IMAP 服务器的流量
拒绝网络地址与内部注册的IP地址匹配的所有入站流量
拒绝从外部地址到服务器的所有入站流量
拒绝所有入站ICMP Echo请求流量
拒绝所有入站MS Active Directory查询
拒绝所有MS SQL Server 查询的入站流量
拒绝所有 MS 域本地的广播

图 3-28 防火墙操作

所有防火墙共享一些通用的属性：

- 防火墙可抵御网络攻击；
- 防火墙是公司内部网络和外部网络之间唯一的中转站，因为所有流量均流经防火墙；
- 防火墙强制执行访问控制策略。

在网络中使用防火墙有几个好处：

- 可防止将敏感的主机、资源和应用暴露给不受信任的用户；
- 可净化协议流，从而防止协议缺陷被利用；
- 可阻止来自服务器和客户端的恶意数据；
- 通过将大多数网络访问控制功能卸载到网络中少量的防火墙来降低安全管理的复杂性。

防火墙还存在一些限制：

- 配置错误的防火墙可能会对网络造成严重后果，例如单点故障；
- 来自很多应用程序的数据无法安全地穿越防火墙；
- 用户可能会主动搜索绕过防火墙的方法来接收被阻止的信息，从而使网络遭受潜在的攻击；
- 网络性能可能会减慢；
- 未经授权的流量可以通过隧道传输或隐藏，以便在通过越防火墙时显示为合法的流量。

3.9.4 IPS

为了防御快速移动和不断演变的攻击，您可能需要经济高效的检测和预防系统，例如入侵检测系统（IDS）或更具扩展性的入侵防御系统（IPS）。网络体系结构将这些解决方案集成到网络的入口和出口。

IDS和IPS技术有几个共同的特征。IDS和IPS技术均部署为传感器。IDS或IPS传感器可以具有不同的设备形式：

- 使用思科IOS IPS软件配置的路由器；
- 专门用来提供专用IDS或IPS服务的设备；
- 安装在思科ASA、交换机或路由器中的网络模块。

图3-29所示为IPS处理拒绝流量的方法。

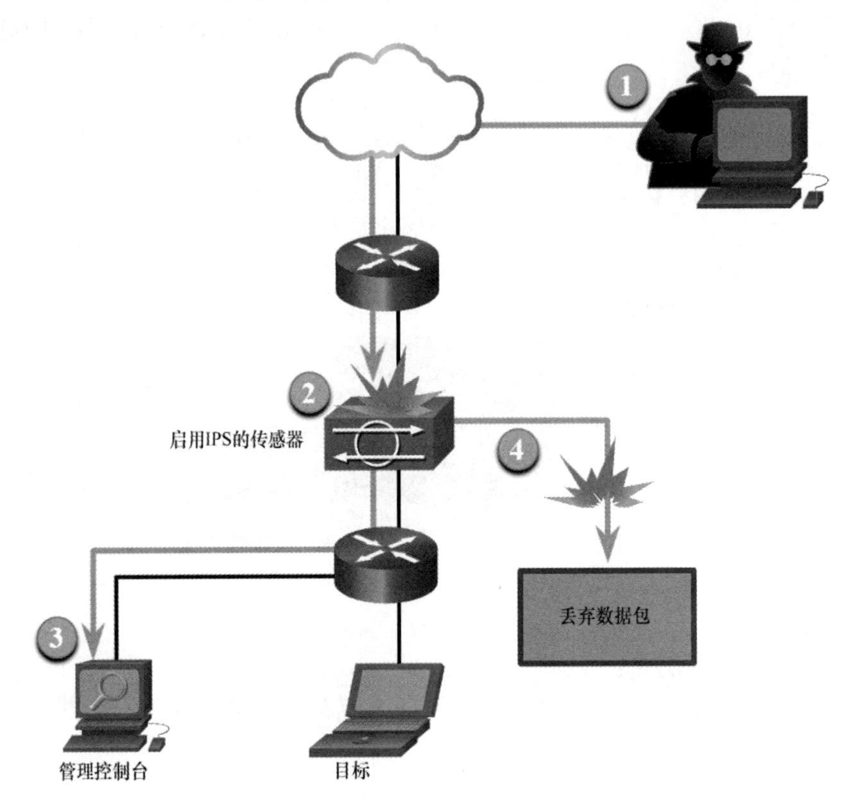

图3-29 IPS操作

步骤1. 威胁发起者向目标笔记本电脑发送数据包。

步骤2. IPS拦截流量，并根据已知威胁和配置的策略对其进行评估。

步骤3. IPS向管理控制台发送日志消息。

步骤4. IPS丢弃数据包。

IDS和IPS技术通过使用特征来检测网络流量中的模式。特征是IDS或IPS用来检测恶意活动的一组规则。特征可用于检测严重的安全漏洞、常见的网络攻击，还可以用来收集信息。IDS和IPS技术可以检测原子特征模式（单数据包）或组合特征模式（多数据包）。

3.9.5 内容安全设备

内容安全设备为组织机构的用户提供了对电子邮件和Web浏览器的细粒度控制。

思科邮件安全设备

思科邮件安全设备（ESA）是用来监控简单邮件传输协议（SMTP）的特殊设备。思科 ESA 通过思科 Talos 的实时数据源不断进行更新，而思科 Talos 使用全球数据库监控系统来检测、关联威胁并提供解决方案。思科 ESA 每隔 3～5min 就会从思科 Talos 中拉取威胁情报数据。

图 3-30 所示为 ESA 的工作方式。

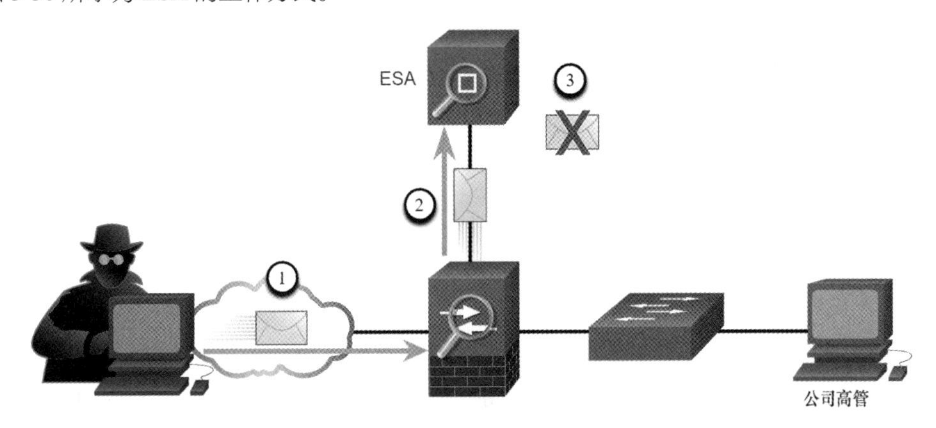

图 3-30　思科 ESA 的工作方式

步骤 1. 威胁发起者向网络中的一台重要主机发起钓鱼攻击。

步骤 2. 防火墙把所有电子邮件转发给 ESA。

步骤 3. ESA 对电子邮件进行分析并进行日志记录，然后将其丢弃。

思科 Web 安全设备

思科 Web 安全设备（WSA）是一种缓解技术，用来缓解基于 Web 的威胁。它可以帮助组织机构应对保护和控制 Web 流量的挑战。思科 WSA 结合了高级恶意软件防护（AMP）、应用可见性与控制、可接受的使用策略控制，以及报告功能。

思科 WSA 能够对用户访问互联网的行为提供全面控制。它可以根据组织机构的要求，限制某些功能和应用（例如聊天工具、即时消息、视频和音频）的使用时间和带宽，或者直接予以阻止。WSA 可以执行 URL 黑名单、URL 过滤、恶意软件扫描、URL 分类、Web 应用过滤，以及 Web 流量加密和解密等功能。

图 3-31 所示为 WSA 的工作方式。

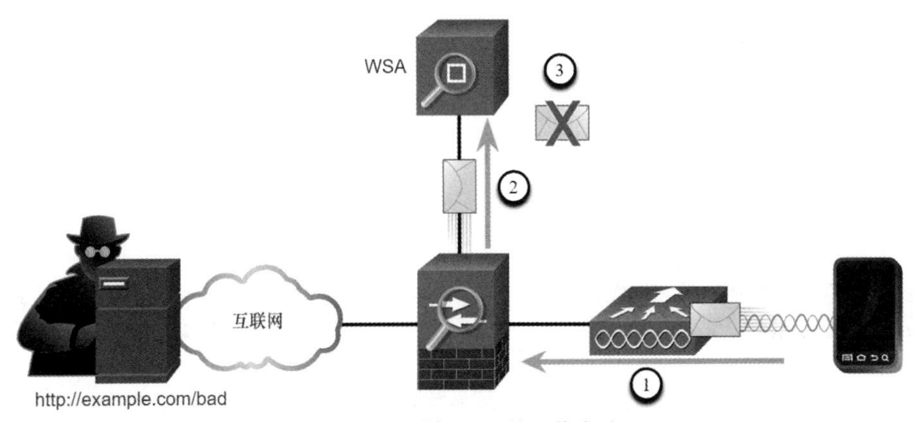

图 3-31　思科 WSA 的工作方式

步骤 1. 一名公司用户尝试连接到一个站点。

步骤 2. 防火墙把站点请求发送给 WSA。

步骤 3. WSA 对这个 URL 进行评估，并确定它是一个已知的黑名单站点。WSA 丢弃数据包，并向用户发送一条访问拒绝消息。

3.10 密码学

即使一个组织机构拥有尽可能好的纵深安全防御，它也需要在数据离开网络时对其进行保护。本节介绍了用于保护传输中的数据的常见加密过程。

3.10.1 保护通信安全

当时数据在链路上传输时，组织机构必须对其提供保护。这其中可能包括内部流量，但更重要的是保护在组织机构外部传输的数据，也就是发送到达分支站点、远程办公站点和合作伙伴站点的数据。

安全通信有以下 4 个要素。

- **数据完整性**：保证信息未被更改。数据在传输过程中的任何更改都将被检测到。通过使用散列生成算法（比如消息摘要版本 5[MD5]算法）或更为安全的安全散列算法（SHA）可确保数据的完整性。
- **来源验证**：确保消息不是伪造的，并且确实来自它所声明的来源。许多现代网络使用散列消息认证码（HMAC）等协议来确保认证。
- **数据机密性**：确保只有获得授权的用户才能阅读这个消息。如果消息被拦截，则它无法在合理的时间内被破译。数据机密性使用对称和非对称加密算法进行实施。
- **数据不可否认性**：确保发送方无法否认或反驳所发送消息的有效性。不可否认性基于这样一个事实，即只有发送方具有处理该消息的独特特征或签名。

密码学几乎可以在任何有数据通信的地方使用。事实上，现在的趋势是对所有通信进行加密。

3.10.2 数据完整性

散列函数用于确保消息的完整性。它可以确保数据不会被意外地或有意地更改。

在图 3-32 中，发送方正在向 Alex 发送 100 美元的汇款。

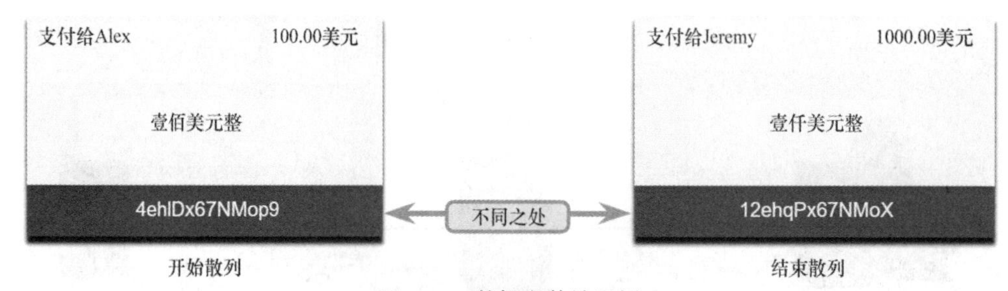

图 3-32 数据完整性示例

发送方希望确保消息在传输给接收方的过程中不会被更改。

步骤 1. 发送方设备将消息输入到散列算法中，并计算出其固定长度的散列值 4ehiDx67NMop9。

步骤 2. 然后，该散列值会附在消息上并发送到接收方。消息和散列值均采用明文形式进行发送。

步骤 3. 接收方设备从消息中移除散列值，并将消息输入到相同的散列算法中。如果计算得出的散列值等于附在消息中的散列值，则说明消息在传输过程中未被更改。如果两个散列值不相等（见图 3-32），则说明消息的完整性不再可信。

注 意　散列算法只能保护数据不受意外更改的影响，而不能保护数据不受威胁发起者故意更改的影响。

3.10.3 散列函数

本节将介绍 3 个周知的散列函数。

带有 128 位摘要的 MD5

MD5 是单向函数，能够产生 128 位的散列消息。MD5 是一种传统算法，应该只在没有更好的替代算法时使用。最好使用 SHA-2 或 SHA-3 来代替 MD5。

在图 3-33 中，一个明文消息在经过 MD5 散列函数计算后，生成了一个 128 位的散列消息。

SHA 散列算法

SHA-1 类似于 MD5 散列函数，它有多个版本。SHA-1 会创建一个 160 位的散列消息，计算速度略慢于 MD5。SHA-1 有已知缺陷，是一种传统的算法。建议在可能的情况下使用 SHA-2 或 SHA-3。

在图 3-34 中，一个明文消息在经过 SHA 散列函数计算后，生成了一个散列消息。

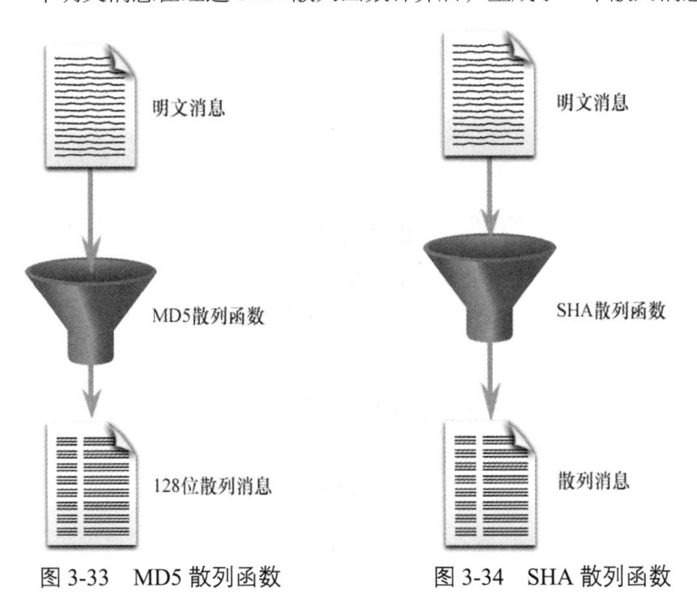

图 3-33　MD5 散列函数　　图 3-34　SHA 散列函数

SHA-2

SHA-2 包括 SHA-224（224 位）、SHA-256（256 位）、SHA-384（384 位）和 SHA-512（512 位）。SHA-256、SHA-384 和 SHA-512 是下一代算法，应该尽可能使用这些算法。

SHA-3

SHA-3 是最新的散列算法，由美国国家标准与技术研究院（NIST）引入，作为 SHA-2 系列散列算法的替代并将最终取而代之。SHA-3 包括 SHA3-224（224 位）、SHA3-256（256 位）、SHA3-384（384 位）和 SHA3-512（512 位）。如果可能的话，应该使用 SHA-3 算法。

虽然散列算法可以用来检测意外更改，但它不能用来防止故意更改。在散列处理过程中，没有来自发送方的唯一标识信息。这意味着任何人都可以计算任何数据的散列值，只要他们有正确的散列函数。例如，当消息通过网络传输时，潜在的威胁发起者可能会拦截消息、更改消息、重新计算散列值并将其附加到消息中。接收方设备只验证附加的散列值。

因此，散列算法容易受到中间人攻击，并且不能为传输的数据提供安全性。为了提供完整性和来源认证，还需要做更多的事情。

3.10.4　来源验证

为了把验证添加到完整性保障中，需使用密钥散列消息认证码（HMAC）。HMAC 使用额外的密钥作为散列函数的输入信息。

> **注　意**　也可以使用其他消息认证码方法。然而，HMAC 在许多系统中得以使用，包括 SSL、IPSec 和 SSH。

HMAC 散列算法

在图 3-35 中，HMAC 是使用任何结合了加密散列函数与密钥的加密算法进行计算的。散列函数是 HMAC 保护机制的基础。

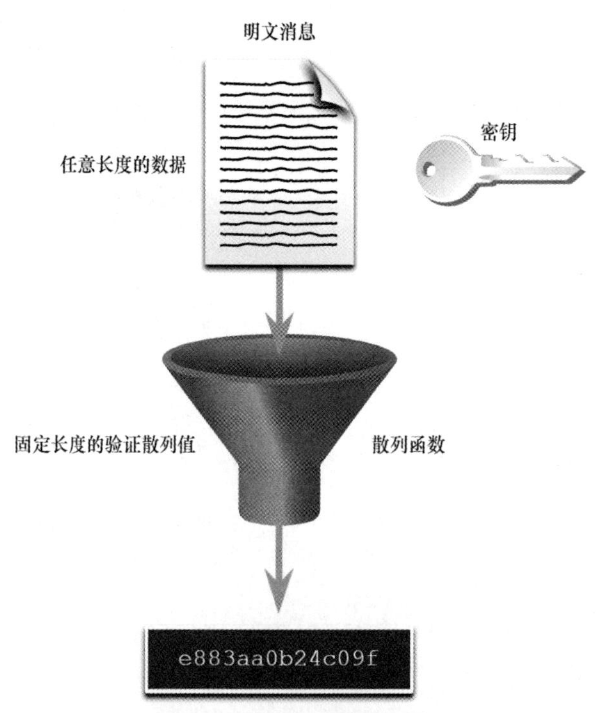

图 3-35　HMAC 散列函数

只有发送方和接收方知道密钥，并且散列函数的输出取决于输入数据和加密密钥。只有有权访问该密钥的相关方可以计算 HMAC 函数的摘要。这样做可以防御中间人攻击，并且能够提供数据来源认证。

如果双方共享一个密钥并使用 HMAC 函数进行认证，则在一方收到的消息中，正确构造的 HMAC 摘要表明另一方是消息的发起方。这是因为另一方拥有密钥。

创建 HMAC 值

在图 3-36 中，发送方设备将数据（在这里是支付给 Terry Smith 100 美元和密钥）输入散列算法，然后计算固定长度的 HMAC 摘要。这个经过认证的摘要接着会附加在消息中并发送到接收方。

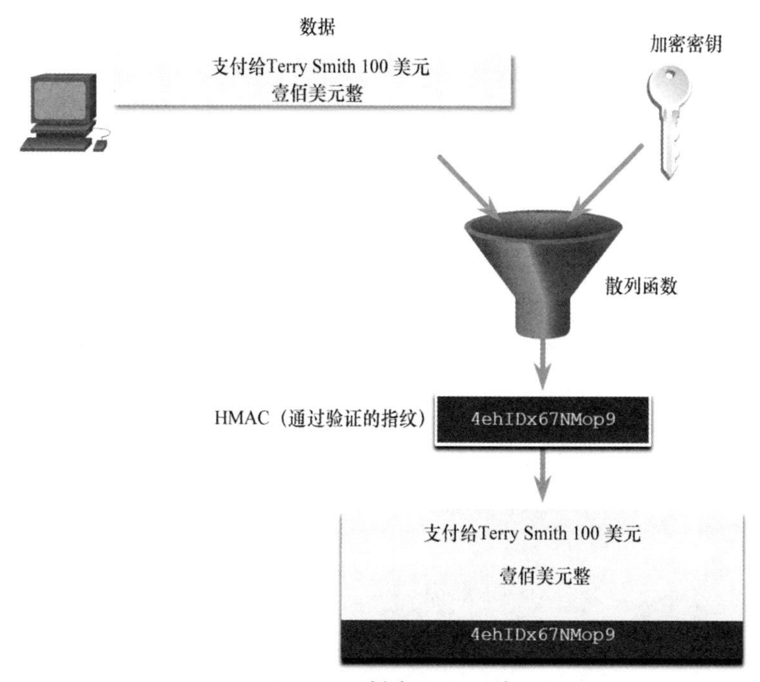

图 3-36 创建 HMAC 值

验证 HMAC 值

在图 3-37 中，接收方设备移除消息中的摘要，并把明文消息及其密钥作为同一个散列函数的输入信息。如果接收方设备计算得出的摘要等于发送的摘要，则说明消息未被更改。此外，消息来源也通过了认证，因为只有发送方拥有共享密钥的副本。HMAC 函数确保了消息的真实性。

思科路由器 HMAC 示例

图 3-38 所示为配置为使用 OSPF 路由认证的思科路由器如何使用 HMAC。

在图 3-38 中，R1 正在向网络 10.2.0.0/16 发送有关某条路由的 LSU（链路状态更新）。

步骤 1. R1 使用 LSU 信息和密钥计算散列值。

步骤 2. 计算后的散列值连同 LSU 一起发送给 R2。

步骤 3. R2 使用 LSU 和它的密钥计算散列值。如果散列值匹配，则 R2 接受更新。如果不匹配，则 R2 丢弃更新。

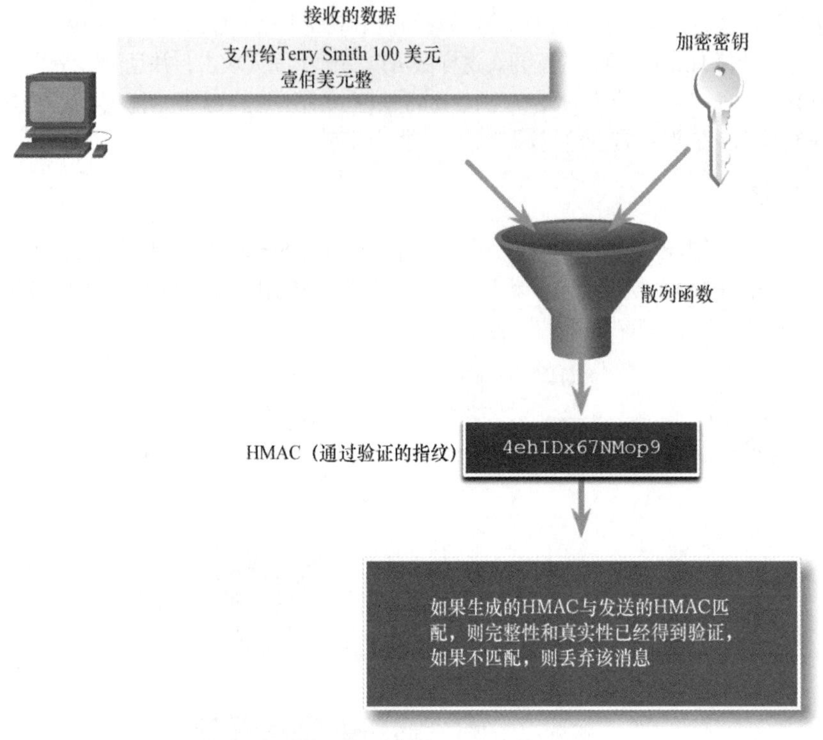

图 3-37　验证 HMAC 值

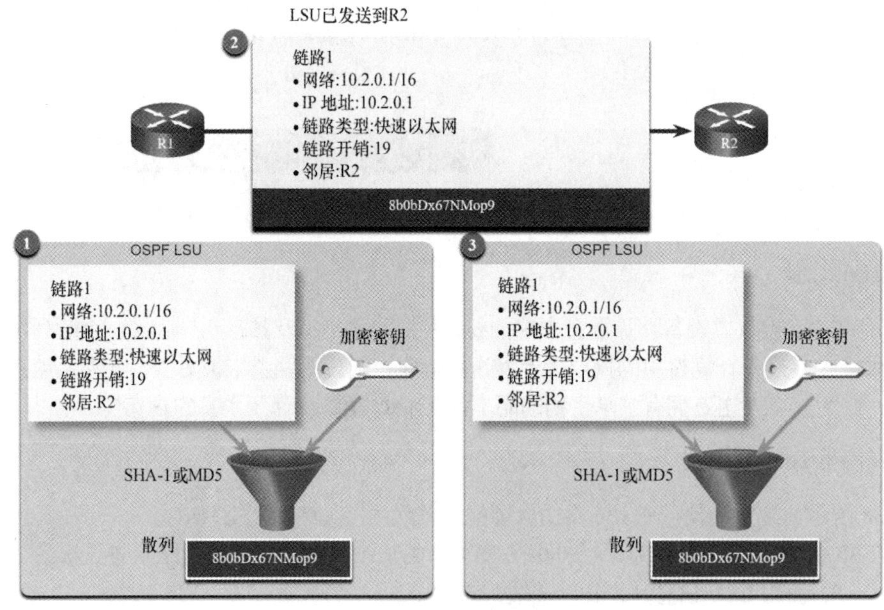

图 3-38　思科路由器 HMAC 示例

3.10.5　数据机密性

可使用两类加密来提供数据机密性。这两类加密的不同在于它们使用密钥的方式。

对称加密算法（比如 DES、3DES 和 AES）基于一个前提，即每个通信方都知道预共享密钥。也可以使用非对称算法来确保数据的机密性，包括 RSA 和公钥基础设施（PKI）。

图 3-39 突出显示了对称和非对称加密算法方法之间的一些差异。

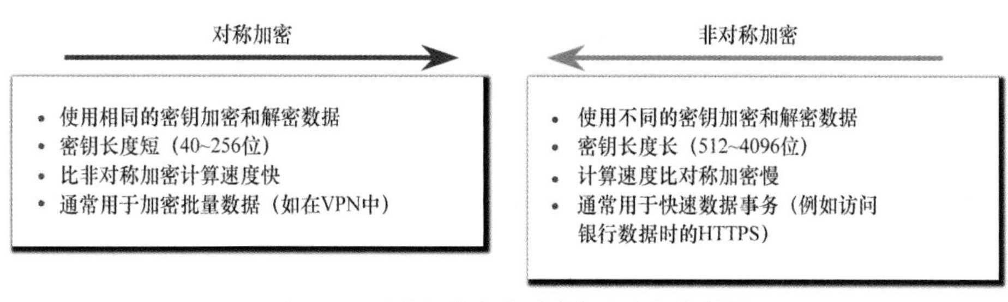

图 3-39　对称加密和非对称加密之间的差异

3.10.6　对称加密

对称算法使用相同的预共享密钥来加密和解密数据。预共享密钥（也称为密钥）在进行任何加密通信之前就已被发送方和接收方所知。

为了帮助说明对称加密的工作方式，考虑这样一个例子，其中 Alice 和 Bob 生活在不同的位置，并希望通过邮件系统互相发送秘密信息。在这个示例中，Alice 想要向 Bob 发送一个秘密信息。

在图 3-40 中，Alice 和 Bob 拥有一个挂锁的相同钥匙。在发送任何秘密信息之前，他们会共享这些钥匙。Alice 编写一个秘密信息，将其放入小盒子中，然后用她的钥匙使用挂锁把盒子锁上。她将这只盒子寄给 Bob。当盒子通过邮寄系统传送时，信息被安全地锁在盒子内。当 Bob 收到盒子时，他会使用他的钥匙解开挂锁并检索盒内的信息。Bob 可以使用同一个盒子和挂锁把秘密的回复发送回 Alice。

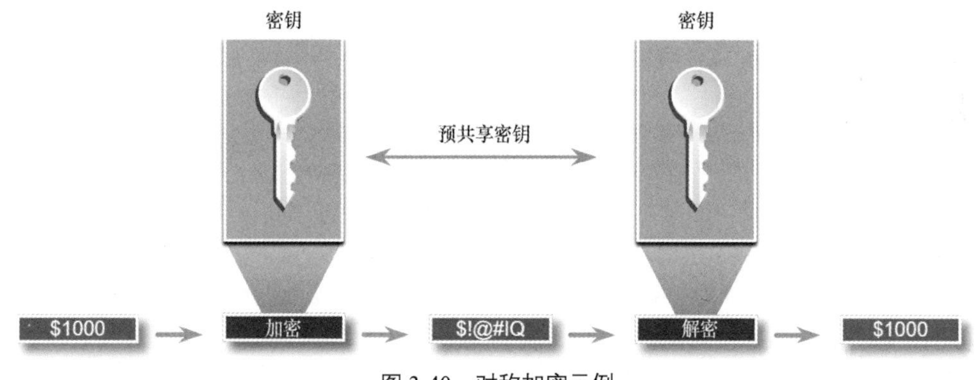

图 3-40　对称加密示例

如今，对称加密算法通常用于 VPN 流量，这是因为对称加密算法比非对称加密算法消耗的 CPU 资源更少。在 VPN 上，数据的加密和解密可以快速地进行。使用对称加密算法时，与任何其他类型的加密一样，密钥越长，他人发现密钥所需要的时间就越长。大多数加密密钥都在 112～256 位。为确保加密的安全性，应该使用最小密钥长度为 128 位的算法。使用的密钥越长，通信越安全。

周知的对称加密算法如表 3-16 所示。

表 3-16　对称加密算法

对称加密算法	描述
数据加密标准（DES）	■ 传统的对称加密算法 ■ 不应该再被使用

续表

对称加密算法	描述
3DES	■ 这是 DES 的替代 ■ 它重复 3 次 DES 算法过程 ■ 如果可能的话，应该避免使用，因为它会在 2023 年退役 ■ 如果实施该算法，需使用非常短的密钥生存期
高级加密标准（AES）	■ AES 是一种流行且推荐的对称加密算法 ■ 它提供 128 位、192 位或 256 位密钥的组合，以加密 128 位、192 位或 256 位的数据块
软件优化加密算法（SEAL）	■ 相较于 AES，SEAL 是速度更快的对称加密算法 ■ 它使用 160 位的加密密钥，并且与其他基于软件的算法相比，它对 CPU 的影响较小
Rivest 密码（RC）系列算法	■ RC 包含由 Ron Rivest 开发的多个版本 ■ RC4 用于保护 Web 流量

3.10.7　非对称加密

非对称加密算法也称为公钥算法，在其设计中使用不同的密钥来进行加密和解密，如图 3-41 所示。在任何合理的时间内，都无法根据加密密钥计算出解密密钥，反之亦然。

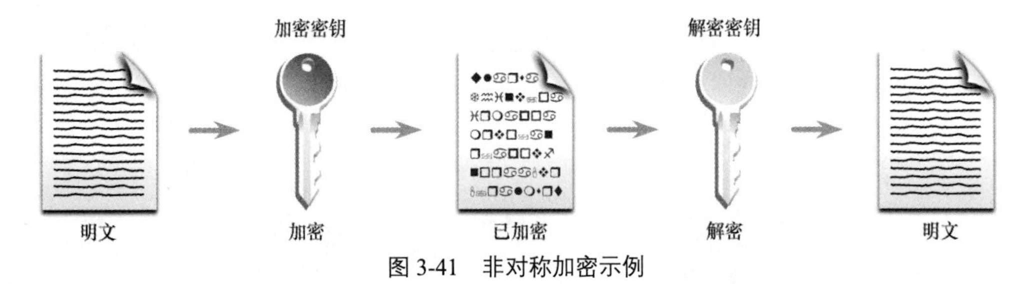

图 3-41　非对称加密示例

非对称算法同时使用公钥和私钥。这两个密钥都能够执行加密过程，但解密过程需要使用互补的配对密钥。这个过程也是可逆的。使用公钥加密的数据只能使用私钥解密。通过使用这个过程，非对称算法能够实现机密性、认证和完整性。

因为双方都没有共享的密钥，所以必须使用很长的密钥长度。非对称加密可以使用 512～4096 位的密钥长度。大于或等于 1024 位的密钥长度可以被信任，而更短的密钥长度被认为是不可靠的。

使用非对称密钥算法的协议示例有下面这些。

- **互联网密钥交换（IKE）**：它是 IPSec VPN 的基本组成部分。
- **安全套接字层（SSL）**：它现在是作为 IETF 标准传输层安全（TLS）实现的。
- **安全 Shell（SSH）**：该协议为网络设备提供了安全的远程访问连接。
- **优良保密协议（PGP）**：这个计算机程序提供了加密隐私和认证。它通常用于增强邮件通信的安全性。

非对称算法明显慢于对称算法。非对称算法的设计基于计算问题，例如对极大数进行分解或计算极大数的离散对数。

由于非对称算法的计算速度较慢，因此通常用在低容量的加密机制中，比如数字签名和密钥交换。但是，非对称算法的密钥管理比对称算法简单，因为在通常情况下，加密或解密密钥中的一个可以公开。

常见的非对称加密算法如表 3-17 所示。

表 3-17 非对称加密算法

非对称加密算法	密钥长度（位）	描述
Diffie-Hellman（DH）	512、1024、2048、3072、4096	■ 该算法允许通信双方就一个密钥达成一致，该密钥可用于加密双方之间发送的信息 ■ 该算法的安全性取决于以下假设：计算数值的多重幂很容易，但是很难根据数值和结果将幂计算出来
数字签名标准（DSS）和数字签名算法（DSA）	512～1024	■ DSS 指定 DSA 作为数字签名的算法 ■ DSA 是基于 ElGamal 签名方案的公钥算法 ■ 签名创建的速度与 RSA 类似，但签名验证的速度则是 1/40～1/10
Rivest、Shamir 和 Adleman（RSA）加密算法	512～2048	■ RSA 用于公钥加密，它基于这样一个事实：当前很难对非常大的数字进行分解 ■ 这是第一个已知的适用于签名和加密的算法 ■ 它被广泛应用于电子商务协议中，并且人们相信它是安全的，因为它使用了足够长的密钥，并且使用了最新的实现方式
EIGamal	512～1024	■ 它是一种基于 Diffie-Hellman 密钥协议的非对称公钥加密算法 ■ ElGamal 系统的一个缺点是，加密后的消息会变得非常大（大约为原始消息的两倍），因此它仅用来加密小消息（比如密钥）
椭圆曲线技术	160	■ 椭圆曲线加密可以适应很多密码算法，比如 Diffie-Hellman 或 ElGamal ■ 椭圆曲线加密的主要优点是密钥可以小很多

3.10.8 Diffie-Hellman

Diffie-Hellman（DH）是一种非对称数学算法，在这种算法中，两台计算机能够在没有通信的情况下生成完全相同的共享密钥。新的共享密钥永远不会在发送方和接收方之间交换。但是，由于双方都知道共享密钥，因此该密钥可以被加密算法用来加密两个系统之间的流量。

例如，在以下情况下通常使用 DH：

- 使用 IPSec VPN 交换数据；
- 交换 SSH 数据。

图 3-42 所示为 DH 的工作原理。为了简化 DH 密钥协商过程，图中使用颜色（而非复数）进行了演示。当 Alice 和 Bob 对不需要保密的任意颜色达成一致时（在本例中为黄色），DH 密钥交换便开始了。

接下来，Alice 和 Bob 将各自选择一种秘密颜色。Alice 选择红色，而 Bob 选择蓝色。这两种秘密颜色将永远不会与任何人共享。秘密颜色代表了每一方所选的秘密私钥。

现在，Alice 和 Bob 将共享的颜色（黄色）与他们各自的秘密颜色混合以产生公有颜色。因此，Alice 将黄色与她的红色混合，以产生公有颜色（橙色）。Bob 将混合黄色和蓝色，以产生公有颜色（绿色）。

Alice 将她的公有颜色（橙色）发送给 Bob，Bob 将他的公有颜色（绿色）发送给 Alice。

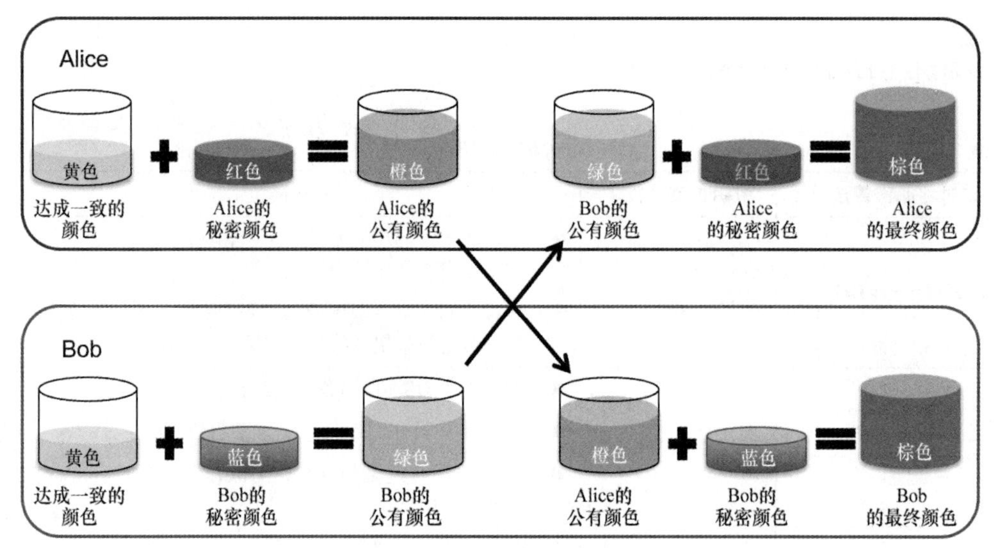

图 3-42 Diffie-Hellman 类比

Alice 和 Bob 各自将他们收到的颜色与自己原来的秘密颜色（Alice 是红色，Bob 是蓝色）混合。最终得到的是棕色，与对方得到的最终颜色一样。棕色代表了 Bob 和 Alice 之间产生的共享密钥。

DH 的安全性源自它在计算中使用了非常大的数字。例如，DH 1024 位数字大约等于 309 位十进制数字。十亿是 10 位十进制数字（1 000 000 000），我们不难想象处理多个（而不是一个）309 位十进制数字会有多么复杂。

但是，非对称密钥系统对于任何类型的批量加密都非常缓慢。因此，通常使用对称算法（比如 3DES 或 AES）来加密大多数流量，并使用 DH 算法创建加密算法所使用的密钥。

3.11 总结

网络安全的现状

网络安全攻击会中断电子商务，导致商业数据丢失，还会威胁人们的隐私，并危害信息的完整性。组织机构必须对资产进行识别和保护。组织机构必须对漏洞进行修复，以防漏洞变成威胁并被利用。在攻击发生之前、发生期间以及发生之后，都需要缓解技术。攻击向量是威胁发起者可以用来访问服务器、主机或网络的途径。攻击向量可以源自公司网络内部或外部。

威胁发起者

术语“威胁发起者”包括黑客，但它还包括有意或无意成为攻击发起源的任何设备、个人和团体。有白帽黑客、灰帽黑客和黑帽黑客。网络犯罪分子从事地下经济活动，他们会购买、出售和交换攻击工具包、零日漏洞攻击代码、僵尸网络服务、银行木马、按键记录器等。进黑客往往依赖于相当基础的免费工具。

威胁发起者工具

攻击工具已经变得更越来越复杂且高度自动化。与一些旧工具相比，这些新工具需要的技术知识更少。道德黑客会使用很多不同类型的工具来测试网络，并确保其数据的安全性。为了验证网络及其系统的安全，许多网络渗透测试工具应运而生。常见的攻击类型有窃听攻击、数据修改攻击、IP 地址欺骗攻击、基于密码的攻击、拒绝服务攻击、中间人攻击、窃取密钥攻击和嗅探攻击。

恶意软件

3 种常见的恶意软件类型是蠕虫、病毒和特洛伊木马。蠕虫执行任意代码，并将其自身副本安装在受感染计算机的内存中。病毒在计算机上执行特定的、不需要的且通常有害的功能。特洛伊木马是一种非自我复制类型的恶意软件。当下载并打开受感染的应用程序或文件时，特洛伊木马可以从中攻击终端设备。其他类型的恶意软件有广告软件、勒索软件、rootkit、间谍软件。

常见的网络攻击

网络容易受到侦查攻击、访问攻击、DoS 攻击。威胁发起者使用侦查攻击对系统、服务或漏洞进行未经授权的发现与映射。访问攻击会利用验证服务、FTP 服务和 Web 服务中的已知漏洞。访问攻击的类型有密码攻击、欺骗攻击、信任利用、端口重定向、中间人攻击、缓冲区溢出攻击。社交工程攻击是一种试图操纵个人进行某些操作或泄露机密信息的访问攻击。DoS 和 DDoS 攻击会对用户、设备或应用程序的网络服务造成某种程度的中断。

IP 漏洞和威胁

威胁发起者可以使用伪造的源 IP 地址发送数据包。威胁发起者还可以篡改 IP 报头中的其他字段来发起攻击。IP 攻击技术包括 ICMP 攻击、放大和反射攻击、地址欺骗攻击、中间人攻击、会话劫持攻击。威胁发起者使用 ICMP 进行侦查和扫描攻击。他们能够发起信息收集攻击，从而映射出网络拓扑、发现哪些主机处于活动状态（可访问）、识别主机操作系统（OS 指纹），以及确定防火墙的状态。威胁发起者经常使用放大和反射技术发起 DoS 攻击。

TCP 和 UDP 漏洞

TCP 分段信息紧跟 IP 报头之后显示。TCP 提供了可靠交付、流量控制和状态化通信。TCP 攻击包含 TCP SYN 泛洪攻击、TCP 重置攻击、TCP 会话劫持。UDP 通常由 DNS、TFTP、NFS 和 SNMP 使用。它还可用于实时应用，例如媒体流或 VoIP 等。UDP 不受任何加密保护。UDP 泛洪攻击会向子网中的服务器发送泛洪的 UDP 数据包，并且这些数据包通常来自虚假的主机。UDP 泛洪攻击的结果与 DoS 攻击非常相似。

IP 服务

任何客户端都可以发送一个称为“免费 ARP”的未经请求的 ARP 应答。这也意味着任何主机都可以声称它们是任何 IP 或 MAC 地址的所有者。威胁发起者可以毒化本地网络中设备的 ARP 缓存，从而创建 MITM 攻击来重定向流量。ARP 缓存毒化可以被用来发起各种中间人攻击。DNS 攻击包含 DNS 开放解析器攻击、DNS 隐形攻击、DNS 域名阴影攻击、DNS 隧道攻击。为了阻止 DNS 隧道攻击，网络管理员必须使用过滤器来检查 DNS 流量。当非法 DHCP 服务器连接到网络并向合法客户端提供虚假的 IP 配置参数时，会出现 DHCP 欺骗攻击。

网络安全最佳做法

大多数组织都会遵循 CIA 信息安全三要素：机密性、完整性、可用性。为了确保穿越公共网络和私有网络之间的通信安全，必须对路由器、交换机、服务器和主机在内的设备进行保护。该方法也称为纵深防御。防火墙是在网络之间强制执行访问控制策略的一个系统或一组系统。为了防御快速移动和不断演变的攻击，您可能需要入侵检测系统（IDS）或更具扩展性的入侵防御系统（IPS）。

密码学

安全通信的4个要素是数据完整性、来源验证、数据机密性、数据不可否认性。散列函数可以确保数据不会被意外地或有意地更改。3个知名的散列函数是带有128位摘要的MD5、SHA散列算法、SHA-2。为了把认证添加到完整性保障中，需使用密钥散列消息认证码（HMAC）。HMAC使用任何结合了加密散列函数与密钥的加密算法进行计算。使用DES、3DES、AES、SEAL和RC的对称加密算法基于一个前提，即每个通信方都知道预共享密钥。也可以使用非对称算法来确保数据的机密性，包括RSA和公钥基础设施（PKI）。Hiffie-Hellman（DH）是一种非对称数学算法，在这种算法中，两台计算机能够在没有通信的情况下生成完全相同的共享密钥。

复习题

完成这里列出的所有复习题，可以测试您对本章内容的理解。附录列出了答案。

1. 下面关于网络安全的描述，哪一项是正确的?
   A. 所有威胁都来自外部网络
   B. 内部威胁总是偶然的
   C. 内部威胁总是故意的
   D. 内部威胁比外部威胁可能会造成更大的损害
2. 与激进黑客相比，网络犯罪分子攻击网络的常见动机是什么?
   A. 寻求名望
   B. 财务收益
   C. 政治原因
   D. 同行之间的地位
3. 哪种黑客的动机是抗议政治和社会问题?
   A. 网络犯罪分子
   B. 激进黑客
   C. 脚本小子
   D. 漏洞经纪人
4. 什么是特洛伊木马恶意软件?
   A. 它是只能通过互联网分发的恶意软件
   B. 它是看似有用但包含恶意代码的软件
   C. 它是引起烦人的计算机问题的软件
   D. 它是最容易检测到的恶意软件形式
5. 一个用户接到IT服务部门的电话，要求他确认用户名和密码，以便进行审计。这代表哪种安全威胁?
   A. 匿名键盘记录
   B. DDoS
   C. 社交工程
   D. 垃圾邮件
6. 什么是ping扫描?
   A. 一种DNS查询和响应协议
   B. 一种涉及识别活动IP地址的网络扫描技术
   C. 一种数据包捕获软件
   D. 用于检测开放服务的TCP和UDP端口扫描程序
7. 僵尸如何用于安全攻击?
   A. 僵尸是进行DDoS攻击的受感染机器
   B. 僵尸是恶意形成的代码段，用于替换合法的应用程序
   C. 僵尸会探测一组机器的开放端口，以了解哪些服务正在运行
   D. 僵尸以特定的个人为目标，以获得公司或个人信息

8. 什么用于解密使用非对称加密算法公钥加密的数据？
   A. 不同的公钥　　B. 数字证书
   C. 私钥　　D. DH
9. SHA 散列生成算法有什么用途？
   A. 验证　　B. 机密性
   C. 完整性　　D. 不可否认性
10. 关于 IPS 的说法，下面下哪一项是正确的？
   A. 它可以阻止恶意数据包　　B. 它对延迟没有影响
   C. 它以离线模式部署　　D. 它主要集中于识别可能发生的事件
11. 下面哪个术语用来形容出于个人利益或恶意原因而危及计算机和网络安全的不道德犯罪分子？
   A. 黑帽黑客　　B. 激进黑客
   C. 脚本小子　　D. 漏洞经纪人
12. 下面哪个术语用于描述公司资产、数据或网络功能的潜在危险？
   A. 非对称加密算法　　B. 漏洞利用（exploit）
   C. 威胁　　D. 漏洞
13. 下面哪个术语用于保证一条消息不是伪造的，而且确实是由发送该消息的人发出的？
   A. 数据不可否认性　　B. 漏洞利用（exploit）
   C. 缓解　　D. 来源验证
14. 下面哪个术语用于描述一种利用脆弱性的机制？
   A. 非对称加密算法　　B. 漏洞利用（exploit）
   C. 威胁　　D. 漏洞
15. 下面哪项确保发件人无法抵赖或反驳所发送邮件的有效性？
   A. 数据不可否认性　　B. 漏洞利用（exploit）
   C. 缓解　　D. 来源验证

第 4 章 ACL 概念

学习目标

通过完成本章的学习，您将能够回答下列问题：

- ACL 如何过滤流量；
- ACL 如何使用通配符掩码；
- 如何创建 ACL；
- 标准 IPv4 ACL 和扩展 IPv4 ACL 之间有什么区别。

假设您已经到达了祖父母家。这是一个美丽的封闭社区，有步行道和花园。为了居民的安全，任何人必须在大门口向门卫出示身份证件才可以进入小区。您提供了 ID 信息，门卫确认了您是访客。他记录您的信息并打开大门。想象一下，如果这是公司环境，门卫不得不面对每天进进出出的众多员工。安全部门简化了这个过程，它们为每位员工分配了一张电子卡，员工可以通过扫描电子卡自动开门。您和门口焦急等待的祖父母打了招呼，并一起回到车上，然后去外面吃晚饭。当您离开停车场时，您必须再次停车并出示身份证明，这样门卫才会再次打开大门。所有进出的交通都有了相应的规则。

与封闭社区中的门卫一样，网络流量在经过配置了访问控制列表（ACL）的接口时，也会被放行或拒绝。路由器将数据包中的信息按照顺序与每条 ACE 进行对比，以此来决定数据包与哪条 ACE 相匹配。该过程称为数据包过滤。接下来，我们将了解更多的内容。

4.1 ACL 的用途

本节描述了 ACL 如何过滤中小型企业网络中的流量。

4.1.1 什么是 ACL

路由器会根据每个数据包报头中的信息做出路由决策。流量在进入路由器接口后，路由器只会根据路由表中的信息来执行路由。路由器将目的 IP 地址与路由表中的路由进行比较，在确定最佳匹配项后，按照最佳匹配的路由来转发数据包。使用访问控制列表（ACL）来过滤流量也遵从类似的流程。

ACL 是一组 IOS 命令，用来根据数据包报头中的信息执行数据包过滤。默认情况下，路由器上没有配置任何 ACL。但是，当 ACL 应用于接口时，路由器会在网络数据包通过接口时执行一项评估所有网络数据包的任务，以确定是否可以转发数据包。

一个 ACL 中包含多条按序排列的 permit（允许）和 deny（拒绝）语句，它们称为访问控制条目（ACE）。

注　意　ACE 通常也称为 ACL 语句。
当网络流量经过配置了 ACL 的接口时，路由器会将数据包中的信息与每个 ACE 按顺序进行比较，以确定数据包是否匹配其中一个 ACE。该过程称为数据包过滤。

路由器在执行多个任务时，都需要使用 ACL 来识别流量。表 4-1 中列举了其中一些任务，并给出了示例。

表 4-1　使用 ACL 的任务

任务	示例
限制网络流量，以提高网络性能	■ 公司策略要求禁止在网络上出现视频流量，以减轻网络负载 ■ 可以使用 ACL 强制执行策略，以阻塞视频流量
提供流量控制	■ 公司策略要求路由协议流量仅限于某些链路 ■ 可以使用 ACL 来执行这个策略，使得只传递来自已知来源的路由更新
为网络访问提供基本的安全级别	■ 公司策略要求只有拥有授权的用户才能访问人力资源网络 ■ 可以使用 ACL 来执行这个策略，以限制对某个网络的访问
根据流量类型过滤流量	■ 公司策略要求电子邮件流量可以进入网络，但不允许 Telnet 接入 ■ 可以使用 ACL 来执行这个策略，使其根据类型来过滤流量
允许或拒绝主机访问网络服务	■ 公司策略要求用户组只能访问某些类型的文件（如 FTP 或 HTTP） ■ 可以使用 ACL 来执行这个策略，以过滤用户对服务的访问
为特定类别的网络流量提供优先级	■ 公司策略要求要尽可能快地转发语音流量，以免语音被中断 ■ 可以使用 ACL 和 QoS 来执行这个策略，以识别语音流量并立即进行处理

4.1.2　数据包过滤

数据包过滤特性可以控制对网络的访问，它可以分析入向和/或出向数据包，然后根据给定的标准进行转发或丢弃。数据包过滤可以发生在第 3 层或第 4 层，如图 4-1 所示。

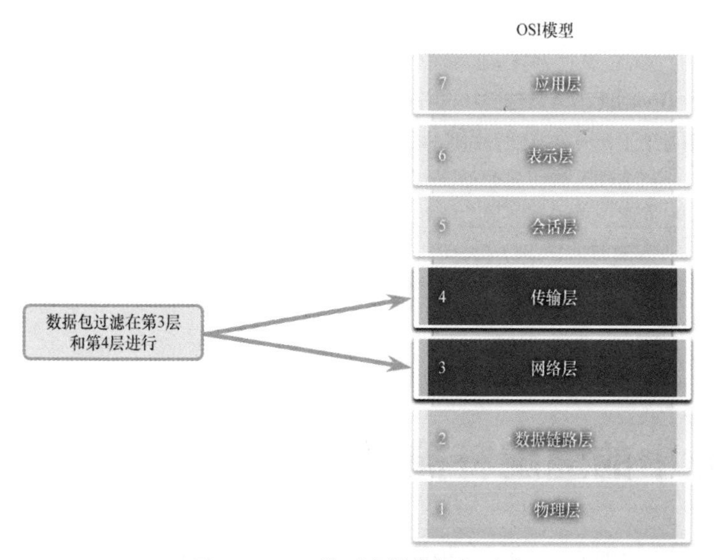

图 4-1　OSI 模型中的数据包过滤

思科路由器支持以下两种类型的ACL。

- **标准ACL**：标准ACL只过滤第3层流量，只根据IPv4地址进行匹配。
- **扩展ACL**：扩展ACL可以过滤第3层流量，可以根据源和/或目的IPv4地址进行匹配。扩展ACL还可以过滤第4层流量，可以根据TCP端口、UDP端口和协议类型信息（可选）进行更精细的控制。

4.1.3 ACL的运行

ACL定义了一组规则，这些规则可用于对进入入向接口的数据包、通过路由器转发的数据包，以及从路由器出向接口传出的数据包施加额外的控制。

可以为入向流量和出向流量应用ACL，如图4-2所示。

图4-2 入向接口和出向接口的ACL

注意 ACL对源自路由器自身的数据包不起作用。

入向ACL会在数据包被路由到出向接口之前，对其进行过滤。入向ACL非常高效，因为如果数据包被丢弃，它可以节省路由查找的开销。如果ACL允许该数据包，则会处理该数据包以进行路由。当连接到入向接口的网络是需要检查的数据包的唯一来源时，最适合使用入向ACL来过滤数据包。

出向ACL会在数据包被路由之后对其进行过滤，而不考虑入向接口。路由器在把接收到的数据包路由到出向接口后，会使用出向ACL对数据包进行过滤。当来自多个入向接口的数据包在通过同一出向接口离开之前，对其应用相同的过滤器时，最适合使用出向ACL。

在接口上应用了ACL后，ACL会按照特定的流程来执行操作。举例来说，当流量从一个配置了标准入向IPv4 ACL的接口进入路由器时，会执行以下步骤。

步骤1. 路由器从数据包报头中提取出源IPv4地址。

步骤2. 路由器按照自上而下的顺序，将这个源IPv4地址与ACL中的每个ACE进行对比。

步骤3. 在找到匹配项后，路由器就会执行这个ACE的指示，即允许或拒绝这个数据包，同时不会再用ACL中的其他ACE进行对比。

步骤4. 如果源IPv4地址与ACL中的所有ACE都不匹配，路由器就会丢弃这个数据包，因为在所有ACL中都自动应用了一个隐式的拒绝ACE。

ACL中的最后一个ACE语句总是一条隐式拒绝语句，用来阻塞所有流量。默认情况下，该语句会自动隐含在ACL的末尾，由于它是隐式的，因此不会在配置中显示出来。

注意 一个ACL中必须至少有一条允许语句，否则所有流量都会被这条隐式的拒绝ACE语句拒绝。

4.2 ACL中的通配符掩码

通配符掩码类似于子网掩码，但与子网掩码相反。在本节中，您将学习如何计算反向的通配符掩码。

4.2.1 通配符掩码概述

上一节介绍了 ACL 的用途。本节会介绍如何在 ACL 中使用通配符掩码。IPv4 ACE 会使用 32 位的通配符掩码，以确定要检查的地址位是否匹配。开放最短路径优先（OSPF）路由协议也使用了通配符掩码。

通配符掩码与子网掩码类似，它们都使用“与运算”来确定 IPv4 地址中要匹配的位。但是，它们在二进制 1 和 0 的匹配方式上有所不同。在子网掩码中，二进制 1 表示匹配，二进制 0 表示不匹配；通配符掩码正好相反。

通配符掩码使用以下规则来匹配二进制 1 和 0。

- **通配符掩码中的 0**：匹配地址中对应位的值。
- **通配符掩码中的 1**：忽略地址中对应位的值。

表 4-2 列出了通配符掩码的一些示例以及它们将匹配和忽略的内容。

表 4-2 通配符掩码示例

通配符掩码	最后一个八位组（二进制）	含义（0：匹配；1：忽略）
0.0.0.0	00000000	■ 匹配所有八位组
0.0.0.63	00111111	■ 匹配前 3 个八位组 ■ 匹配最后一个八位组中最左侧的 2 位 ■ 忽略后 6 位
0.0.0.15	00001111	■ 匹配前 3 个八位组 ■ 匹配最后一个八位组中最左侧的 4 位 ■ 忽略最后一个八位组中最后的 4 位
0.0.0.248	11111100	■ 匹配前 3 个八位组 ■ 忽略最后一个八位组中最左侧的 6 位 ■ 匹配后 2 位
0.0.0.255	11111111	■ 匹配前 3 个八位组 ■ 忽略最后一个八位组

4.2.2 通配符掩码的类型

我们需要多做一些练习才能熟练掌握通配符掩码。下文提供了一些示例，可帮助您了解如何使用通配符掩码来为一个主机、一个子网和一个 IPv4 地址范围执行流量过滤。

匹配主机的通配符掩码

在本例中，通配符掩码用来匹配一个指定的主机 IPv4 地址。假设 ACL 10 中需要一条 ACE 来放行 IPv4 地址为 192.168.1.1 的主机的流量。回想一下，0 表示匹配，1 表示忽略。要想匹配指定的主机 IPv4 地址，需要使用全零（即 0.0.0.0）的通配符掩码。

表 4-3 以二进制形式列出了主机 IPv4 地址、通配符掩码，以及允许的 IPv4 地址。

表 4-3　　匹配主机的通配符掩码示例

	十进制	二进制
IPv4 地址	192.168.1.1	11000000.10101000.00000001.00000001
通配符掩码	0.0.0.0	00000000.00000000.00000000.00000000
允许的 IP 地址	192.168.1.1	11000000.10101000.00000001.00000001

通配符掩码 0.0.0.0 明确要求每个位必须完全匹配。因此在处理 ACE 时，通配符掩码将只允许地址 192.168.1.1。最终，ACL 10 中的这条 ACE 会是 **access-list 10 permit 192.168.1.1 0.0.0.0**。

匹配 IPv4 子网的通配符掩码

在本例中，ACL 10 中需要一条 ACE 来放行 192.168.1.0/24 网络中的所有主机。通配符掩码 0.0.0.255 明确要求前 3 个八位组必须精确匹配，第 4 个八位组无须匹配。

表 4-4 以二进制形式列出了主机 IPv4 地址、通配符掩码，以及允许的 IPv4 地址。

表 4-4　　匹配 IPv4 子网的通配符掩码示例

	十进制	二进制
IPv4 地址	192.168.1.1	11000000.10101000.00000001.00000001
通配符掩码	0.0.0.255	00000000.00000000.00000000.11111111
允许的 IPv4 地址	192.168.1.0/24	11000000.10101000.00000001.00000000

在处理 ACE 时，通配符掩码 0.0.0.255 会放行 192.168.1.0/24 网络中的所有主机。最终，ACL 10 中的这条 ACE 会是 **access-list 10 permit 192.168.1.0 0.0.0.255**。

匹配 IPv4 地址范围的通配符掩码

在本例中，ACL 10 中需要一条 ACE 来放行以下网络中的所有主机：192.168.16.0/24、192.168.17.0/24、……、192.168.31.0/24。通配符掩码 0.0.15.255 能够正确过滤出这个地址范围。

表 4-5 以二进制形式列出了主机 IPv4 地址、通配符掩码，以及允许的 IPv4 地址。

表 4-5　　匹配 IPv4 地址范围的通配符掩码示例

	十进制	二进制
IPv4 地址	192.168.16.0	11000000.10101000.00010000.00000000
通配符掩码	0.0.15.255	00000000.00000000.00001111.11111111
允许的 IPv4 地址	**192.168.16.0/24～192.168.31.0/24**	**11000000.10101000.00010000.0000000～11000000.10101000.00011111.00000000**

通配符掩码标识了 IPv4 地址中的哪些位必须匹配。在处理 ACE 时，通配符掩码 0.0.15.255 会放行 192.168.16.0/24～192.168.31.0/24 网络中的所有主机。最终，ACL 10 中的这条 ACE 会是 **access-list 10 permit 192.168.16.0 0.0.15.255**。

4.2.3　通配符掩码计算方法

计算通配符掩码颇具挑战性。一个简便的方法是从 255.255.255.255 中减去子网掩码。下文提供了一些示例，可帮助您了解如何使用子网掩码计算通配符掩码。

示例 1

假设您希望在 ACL 10 中使用一条 ACE 来放行 192.168.3.0/24 网络中的所有用户。要想计算通配符掩码，可以从 255.255.255.255 中减去子网掩码（即 255.255.255.0），如表 4-6 所示。

得到的通配符掩码为 0.0.0.255。因此，这条 ACE 是 **access-list 10 permit 192.168.3.0 0.0.0.255**。

表 4-6　通配符掩码计算示例 1

起始值	255.255.255.255
减去子网掩码	–255.255.255.0
计算得出的通配符掩码	0.0.0.255

示例 2

在本例中，假设您希望在 ACL 10 中使用一条 ACE 来放行子网 192.168.2.32/28 中的 14 个用户访问网络。从 255.255.255.255 中减去子网掩码（即 255.255.255.240），如表 4-7 所示。

计算得出的通配符掩码为 0.0.0.15。因此，这条 ACE 是 **access-list 10 permit 192.168.3.32 0.0.0.15。**

表 4-7　通配符掩码计算示例 2

起始值	255.255.255.255
减去子网掩码	–255.255.255.240
计算得出的通配符掩码	0.0.0.15

示例 3

在本例中，假设您希望在 ACL 10 中使用一条 ACE 只放行网络 192.168.10.0 和 192.168.11.0。这两个网络可以汇总为 192.168.10.0/23，其子网掩码为 255.255.254.0。再次从 255.255.255.255 中减去子网掩码 255.255.254.0，如表 4-8 所示。

计算得出的通配符掩码为 0.0.1.255。因此，这条 ACE 是 **access-list 10 permit 192.168.10.0 0.0.1.255。**

表 4-8　通配符掩码计算示例 3

起始值	255.255.255.255
减去子网掩码	–255.255.254.0
计算得出的通配符掩码	0.0.1.255

示例 4

在本例中，您希望在 ACL 10 中匹配一个网络范围：192.168.16.0/24～192.168.31.0/24。这些网络可以汇总为 192.168.16.0/20，其子网掩码为 255.255.240.0。因此，从 255.255.255.255 中减去子网掩码 255.255.240.0，如表 4-9 所示。

计算得出的通配符掩码为 0.0.15.255。因此，这条 ACE 是 **access-list 10 permit 192.168.16.0 0.0.15.255。**

表 4-9　通配符掩码计算示例 4

起始值	255.255.255.255
减去子网掩码	–255.255.240.0
计算得出的通配符掩码	0.0.15.255

4.2.4 通配符掩码关键字

在处理二进制通配符掩码位的十进制表示时，可能会很繁琐。为了简化这一工作，思科 IOS 提供了两个关键字来标识两种最常用的通配符掩码。使用关键字既可以减少配置 ACL 时的输入量，也可以让 ACE 变得更易读。

这两个关键字分别如下。

- **host**：这个关键字可以替代的通配符掩码是 0.0.0.0，表示所有 IPv4 地址位均必须匹配，才能过滤出一个主机地址。
- **any**：这个关键字可以替代的通配符掩码是 255.255.255.255，表示忽略整个 IPv4 地址，这意味着接受任何地址。

在例 4-1 所示的命令输出中，配置了两个 ACL。ACL 10 中的 ACE 仅放行 192.168.10.10 主机的流量，而 ACL 11 中的 ACE 放行所有主机的流量。

例 4-1 未配置关键字的 ACL

```
R1(config)# access-list 10 permit 192.168.10.10 0.0.0.0
R1(config)# access-list 11 permit 0.0.0.0 255.255.255.255
R1(config)#
```

也可以使用关键字 **host** 和 **any** 来代替阴影显示的内容。例 4-2 中的命令完成了与例 4-1 中的命令相同的任务。

例 4-2 使用关键字配置的 ACL

```
R1(config)# access-list 10 permit host 192.168.10.10
R1(config)# access-list 11 permit any
R1(config)#
```

4.3 ACL 创建原则

本节介绍了创建 ACL 的准则。

4.3.1 限制每个接口上的 ACL 数量

前文介绍了如何在 ACL 中使用通配符掩码。本节会介绍 ACL 的创建原则。路由器接口上可以应用的 ACL 数量是有限的。例如，双栈（即 IPv4 和 IPv6）路由器接口最多可以应用 4 个 ACL，如图 4-3 所示。

具体而言，一个双栈路由接口可以配置：

- 一个出向 IPv4 ACL；
- 一个入向 IPv4 ACL；
- 一个入向 IPv6 ACL；
- 一个出向 IPv6 ACL。

假设 R1 有两个双栈接口需要应用入向、出向 IPv4 和 IPv6 ACL。如图 4-4 所示，R1 上最多可以配置 8 个 ACL 并应用于接口。

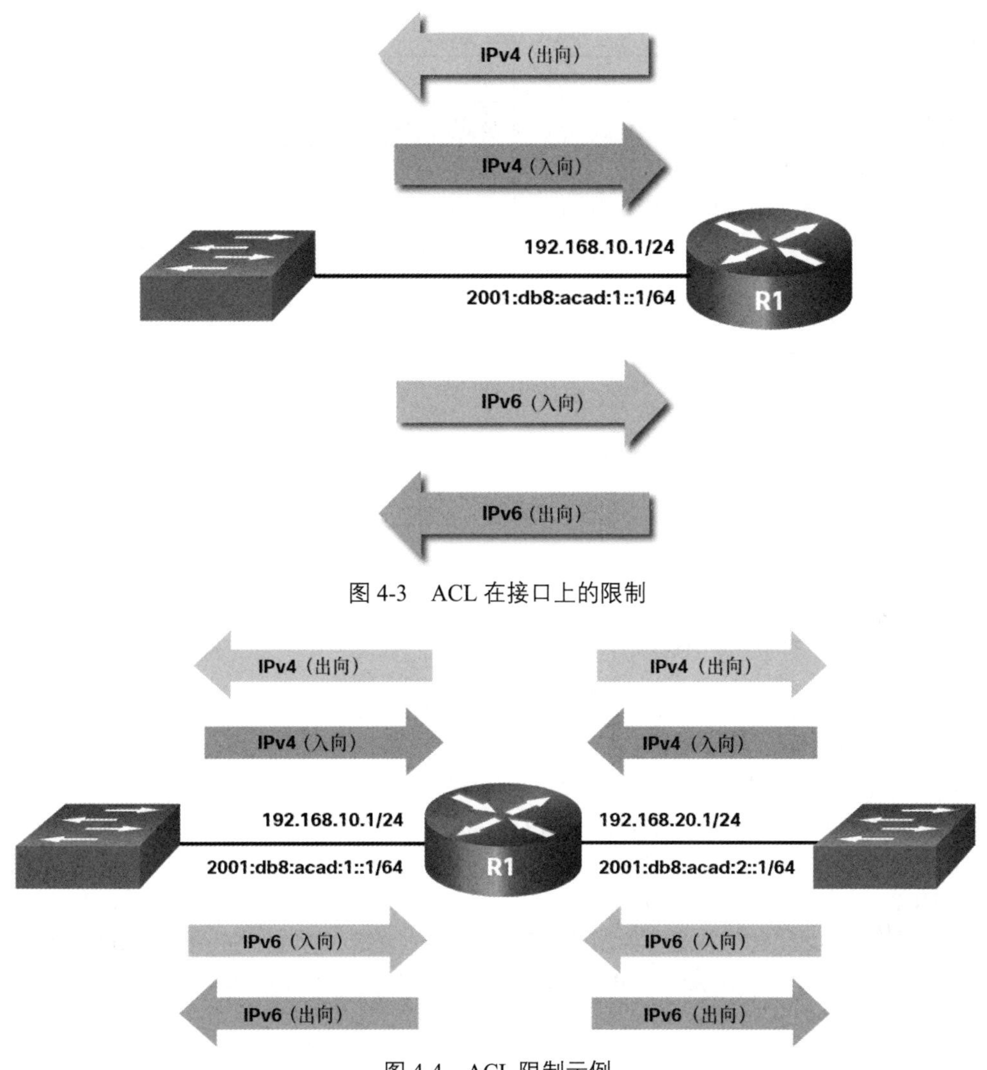

图 4-3 ACL 在接口上的限制

图 4-4 ACL 限制示例

在这里，每个接口有 4 个 ACL：两个是 IPv4 ACL，另外两个是 IPv6 ACL。对于每种协议，一个 ACL 用于入向流量，另一个 ACL 用于出向流量。

注 意 不必在两个方向上都配置 ACL。ACL 的数量以及它们在接口上的应用方向应该取决于组织机构的安全策略。

4.3.2 ACL 最佳做法

在使用 ACL 时请务必小心谨慎并注意细节。一旦犯错可能导致代价极高的后果，例如停机、耗时的故障排查以及糟糕的网络服务。在配置 ACL 之前需要进行基本的规划。

表 4-10 列出了一些 ACL 最佳做法。

表 4-10 ACL 最佳做法

最佳做法	优势
基于组织的安全策略来创建 ACL	这样可以确保遵循组织的安全要求
写出想要让 ACL 执行的操作	这样做有助于避免无意中造成潜在的访问问题
使用文本编辑器来创建、编辑和保存所有的 ACL	这样做可以创建出一个可以重复使用的 ACL 库
使用 **remark** 命令来记录 ACL	这样做可以帮助您（和他人）理解每条 ACE 的用途
先在开发网络中测试 ACL，然后再将其部署到生产网络中	这样做有助于避免代价高昂的错误

4.4 IPv4 ACL 的类型

本节介绍了标准和扩展 IPv4 ACL。

4.4.1 标准 ACL 和扩展 ACL

前文介绍了 ACL 的用途以及 ACL 的创建原则。本节将介绍标准 ACL、扩展 ACL、命名 ACL 和编号 ACL，以及这些 ACL 的配置示例。

IPv4 ACL 有以下两种类型。

- **标准 ACL**：这些 ACL 只会根据源 IPv4 地址来放行或拒绝数据包。
- **扩展 ACL**：这些 ACL 可以根据源 IPv4 地址和目的 IPv4 地址、协议类型、源和目的 TCP 或 UDP 端口号来放行或拒绝数据包。

例如，例 4-3 显示了如何创建标准 ACL。在该示例中，ACL 10 放行源网络 192.168.10.0/24 上主机的流量。由于 ACL 末尾包含隐式的 **deny any** 语句，因此除了来自 192.168.10.0/24 网络的流量，所有流量都会被这个 ACL 阻止。

例 4-3 标准 ACL 示例

```
R1(config)# access-list 10 permit 192.168.10.0 0.0.0.255
R1(config)#
```

在例 4-4 中，扩展 ACL 100 放行来自 192.168.10.0/24 网络中任意主机的流量去往任何 IPv4 网络，前提是目的主机的端口为 80（HTTP）。

例 4-4 扩展 ACL 示例

```
R1(config)# access-list 100 permit tcp 192.168.10.0 0.0.0.255 any eq www
R1(config)#
```

需要注意的是，标准 ACL 10 只能根据源地址进行过滤，而扩展 ACL 100 可以根据源和目的第 3 层地址以及第 4 层协议（即 TCP）信息进行过滤。

注 意 完整的 ACL 配置会在第 5 章讨论。

4.4.2 编号 ACL 和命名 ACL

在 IPv4 中，存在编号 ACL 和命名 ACL。

编号 ACL

ACL 1～99 和 1300～1999 是标准 ACL，ACL 100～199 和 2000～2699 是扩展 ACL，如例 4-5 所示。

例 4-5 可用的 ACL 编号

```
R1(config)# access-list ?
  <1-99>          IP standard access list
  <100-199>       IP extended access list
  <1100-1199>     Extended 48-bit MAC address access list
  <1300-1999>     IP standard access list (expanded range)
  <200-299>       Protocol type-code access list
  <2000-2699>     IP extended access list (expanded range)
  <700-799>       48-bit MAC address access list
  rate-limit      Simple rate-limit specific access list
  template        Enable IP template acls
Router(config)# access-list
```

命名 ACL

在配置 ACL 时，使用命名 ACL 是首选的方法。可以对标准 ACL 和扩展 ACL 进行命名，以提供有关这个 ACL 用途的信息。例如，扩展 ACL 的名称 FTP-FILTER 要比 ACL 编号 100 更容易识别。

可以使用全局配置命令 **ip access-list** 创建命名 ACL，如例 4-6 所示。

注 意　编号 ACL 是使用 **access-list** 全局配置命令创建的。

例 4-6 命名 ACL 的示例

```
R1(config)# ip access-list extended FTP-FILTER
R1(config-ext-nacl)# permit tcp 192.168.10.0 0.0.0.255 any eq ftp
R1(config-ext-nacl)# permit tcp 192.168.10.0 0.0.0.255 any eq ftp-data
R1(config-ext-nacl)#
```

在命名 ACL 时，需要遵循以下规则。

- 通过名称来标识 ACL 的用途；
- 名称可以包含含有字母和数字的字符；
- 名称不能包含空格或标点符号；
- 建议名称采用大写形式；
- 可以在 ACL 中添加或删除条目。

4.4.3 ACL 的放置位置

每个 ACL 都应该放置在能发挥最大效用的位置。

图 4-5 所示为标准和扩展 ACL 应该在企业网络中的位置。

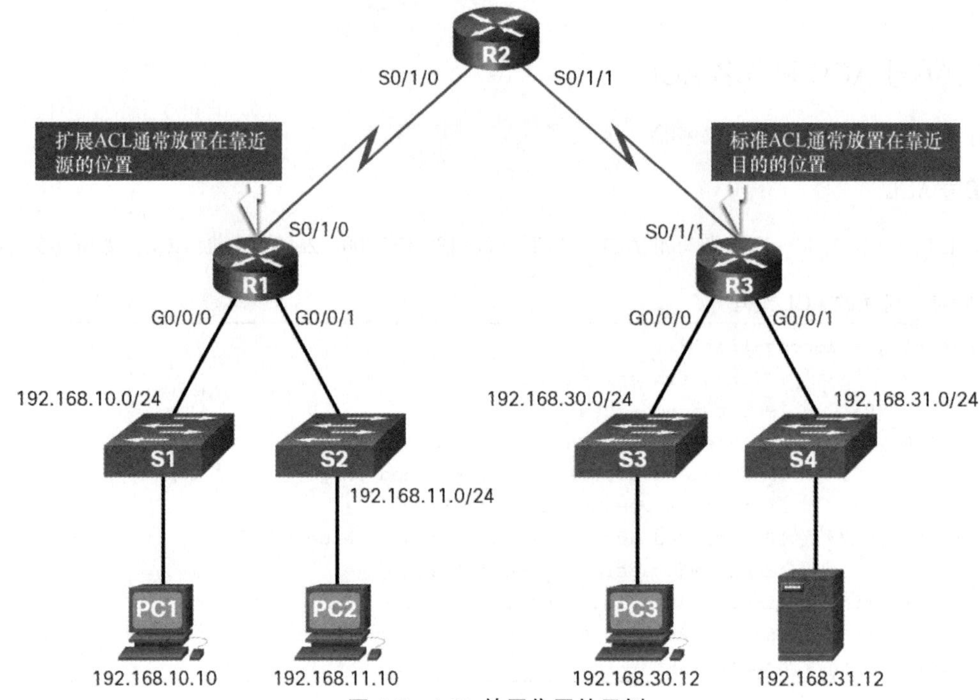

图 4-5 ACL 放置位置的示例

假设我们的目标是防止源自 192.168.10.0/24 网络的流量到达 192.168.30.0/24 网络。扩展 ACL 的位置应尽可能靠近要过滤的流量源。这样，可以在不穿越网络基础设施的情况下，在源网络附近拒绝不希望的流量。

应该在尽可能靠近目的的位置放置标准 ACL。如果将标准 ACL 放置在流量源端，则可以根据给定的源地址来执行 permit 或 deny，而不用关心流量的目的地。

ACL 的位置以及所使用的 ACL 的类型也可能取决于多种因素，如表 4-11 所示。

表 4-11 与 ACL 应用位置相关的因素

影响 ACL 应用位置的因素	解释
组织机构的控制范围	■ ACL 的应用位置取决于组织机构是否能同时控制源网络和目的网络
相关网络的带宽	■ 可能希望在源端过滤掉不需要的流量，以防止这些流量消耗带宽
配置的便捷性	■ 在目的端实施 ACL 要更容易，但是流量会不必要地使用带宽 ■ 可以在产生流量的路由器上使用扩展 ACL。这样做可以在源端过滤流量，从而节省了带宽，但这需要在多台路由器上都创建扩展 ACL

4.4.4 标准 ACL 应用位置示例

按照 ACL 应用位置的指南，应该在尽可能靠近目的的位置应用标准 ACL。

在图 4-6 中，管理员希望阻止源自 192.168.10.0/24 网络的流量到达 192.168.30.0/24 网络。

根据基本的应用位置指南，管理员应该在 R3 上放置标准 ACL。R3 上有两个接口都可以应用标准 ACL。

- **R3 S0/1/1 接口（入向）**：可以在 R3 的 S0/1/1 接口应用入向的标准 ACL，以拒绝来自.10 网络的流量。但是，这个标准 ACL 也会过滤从.10 网络去往 192.168.31.0/24 网络（本例中为.31 网络）的流量。因此不应该在这个接口上应用标准 ACL。

- **R3 G0/0 接口（出向）**：可以在 R3 G0/0 接口上应用出向的标准 ACL。这不会影响 R3 可以到达的其他网络。来自.10 网络的数据包仍然能够到达.31 网络。这是应用标准 ACL 来满足流量需求的最佳接口。

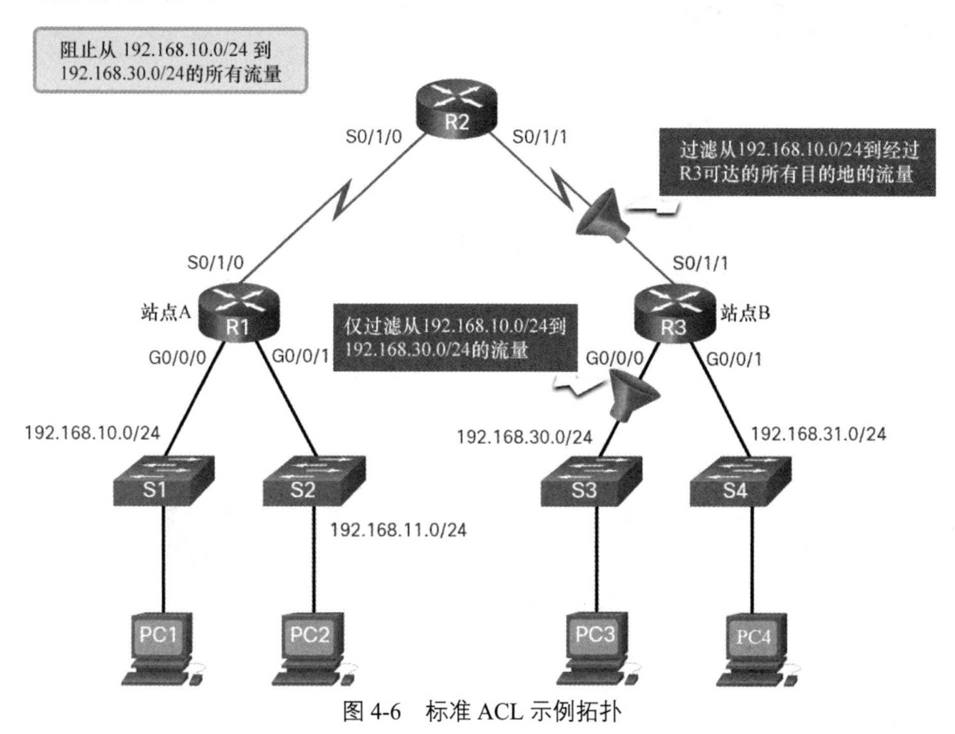

图 4-6 标准 ACL 示例拓扑

4.4.5 扩展 ACL 应用位置示例

扩展 ACL 的位置应尽可能靠近源，以防止不必要的流量在通过多个网络发送到目的地后才被拒绝。

但是，组织机构只能在它可以控制的设备上应用 ACL。因此，扩展 ACL 的应用位置取决于组织机构的控制范围。

比如，在图 4-7 中，公司 A 希望拒绝以下流量：从本地 192.168.11.0/24 网络去往公司 B 192.168.30.0/24 网络的 Telnet 和 FTP 流量，同时放行所有其他流量。

有多种方法可以实现这些目标。在 R3 上应用扩展 ACL 可以完成这个任务，但管理员无权控制 R3。另外，这种方法还会让不需要的流量穿越整个网络，直到目的地才会被拒绝。这影响了总体的网络效率。

我们的解决方案是在 R1 上应用指定了源和目的地址的扩展 ACL。R1 上有两个接口都可以应用扩展 ACL。

- **R1 S0/1/0 接口（出向）**：可以在 S0/1/0 接口上应用出向的扩展 ACL。但是，这个解决方案会对离开 R1 的所有数据包进行处理，包括来自 192.168.10.0/24 的数据包。
- **R1 G0/0/1 接口（入向）**：可以在 G0/0/1 接口上应用入向的扩展 ACL，并且这个 ACL 只会对来自 192.168.11.0/24 网络的数据包进行处理。由于过滤器仅作用于那些离开 192.168.11.0/24 网络的数据包，因此在 G0/1 上应用扩展 ACL 是最佳解决方案。

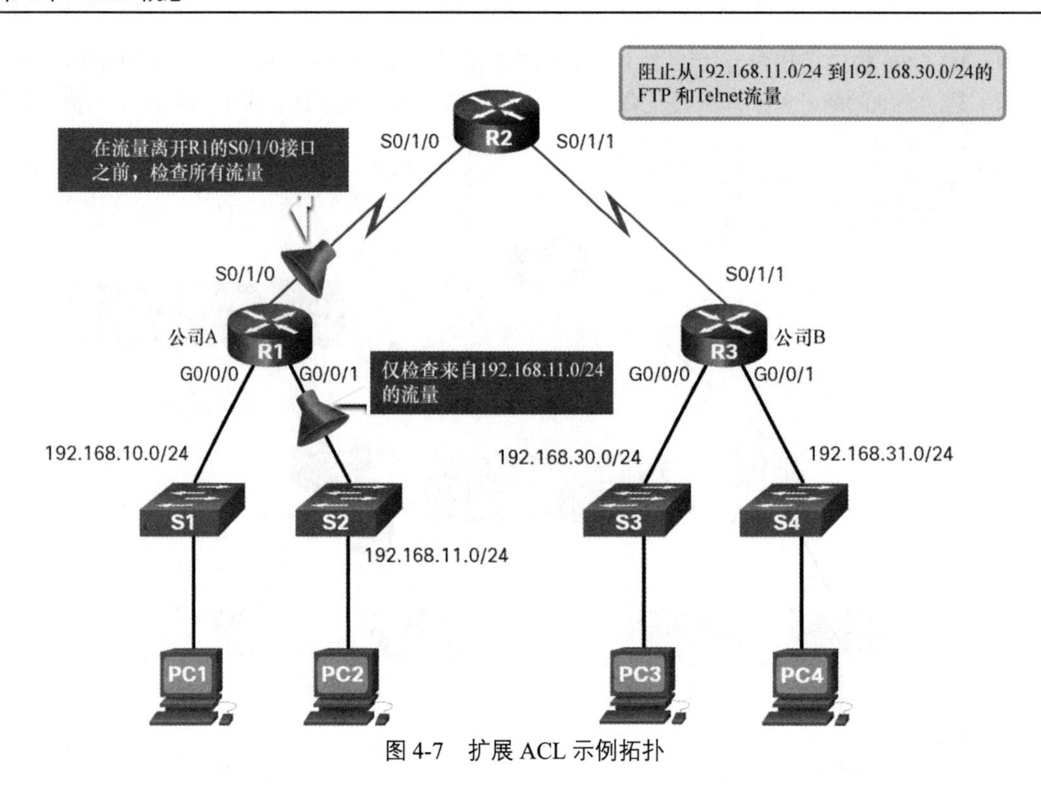

图 4-7　扩展 ACL 示例拓扑

4.5 总结

ACL 的用途

路由器执行的一些任务需要使用 ACL 来识别流量。ACL 是一组 IOS 命令，用来根据数据包报头中的信息执行数据包过滤。默认情况下，路由器上没有配置任何 ACL。但是，当 ACL 应用于接口时，路由器会在网络数据包通过接口时执行一项评估所有网络数据包的任务，以确定是否可以转发数据包。一个 ACL 中包含多条按序排列的 permit（允许）和 deny（拒绝）语句，它们称为 ACE。思科路由器支持两种类型的 ACL：标准 ACL 和扩展 ACL。入向 ACL 会在数据包被路由到出向接口之前，对其进行过滤。如果 ACL 允许该数据包，则会处理该数据包以进行路由。出向 ACL 会在数据包被路由之后对其进行过滤，而不考虑入向接口。在接口上应用了 ACL 后，ACL 会按照特定的流程来执行操作。

步骤 1. 路由器从数据包报头中提取出源 IPv4 地址。

步骤 2. 路由器按照自上而下的顺序，将这个源 IPv4 地址与 ACL 中的每个 ACE 进行对比。

步骤 3. 在找到匹配项后，路由器就会执行这个 ACE 的指示，即允许或拒绝这个数据包，同时不会再用 ACL 中的其他 ACE 进行对比。

步骤 4. 如果源 IPv4 地址与 ACL 中的所有 ACE 都不匹配，路由器就会丢弃这个数据包，因为在所有 ACL 中都自动应用了一个隐式的拒绝 ACE。

ACL 中的通配符掩码

IPv4 ACE 会使用 32 位的通配符掩码，以确定要检查的地址位是否匹配。开放最短路径优先（OSPF）路由协议也使用了通配符掩码。通配符掩码与子网掩码类似，它们都使用“与运算”来确定 IPv4 地址中要匹配的位。但是，它们在二进制 1 和 0 的匹配方式上有所不同。通配符掩码中的 0 匹配地址中对应位的值。通配符掩码中的 1 忽略地址中对应位的值。通配符掩码可用于为一个主机、一个子网和一个 IPv4 地址范围执行流量过滤。计算通配符掩码的一个简便的方法是从 255.255.255.255 中减去子网掩码。在处理二进制通配符掩码位的十进制表示时，可能会很繁琐。为了简化这一工作，思科 IOS 提供了关键字 **host** 和 **any** 来标识两种最常用的通配符掩码。使用关键字既可以减少配置 ACL 时的输入量，也可以让 ACE 变得更易读。

ACL 创建原则

路由器接口上可以应用的 ACL 数量是有限的。例如，双栈（即 IPv4 和 IPv6）路由器接口最多可以应用 4 个 ACL。具体而言，一个双栈路由接口可以配置一个出向 IPv4 ACL、一个入向 IPv4 ACL、一个入向 IPv6 ACL、一个出向 IPv6 ACL。不必在两个方向上都配置 ACL。ACL 的数量以及它们在接口上的应用方向应该取决于组织机构的安全策略。在配置 ACL 之前需要进行基本的规划，下面列出了一些最佳做法：

- 基于组织的安全策略来创建 ACL；
- 写出想要让 ACL 执行的操作；
- 使用文本编辑器来创建、编辑和保存所有的 ACL；
- 使用 **remark** 命令来记录 ACL；
- 先在开发网络中测试 ACL，然后再将其部署到生产网络中。

IPv4 ACL 的类型

IPv4 ACL 有两种类型：标准 ACL 和扩展 ACL。标准 ACL 只会根据源 IPv4 地址来放行或拒绝数据包。扩展 ACL 可以根据源 IPv4 地址和目的 IPv4 地址、协议类型、源和目的 TCP 或 UDP 端口号来放行或拒绝数据包。ACL 1～99 和 1300～1999 是标准 ACL，ACL 100～199 和 2000～2699 是扩展 ACL。在配置 ACL 时，使用命名 ACL 是首选的方法。可以对标准 ACL 和扩展 ACL 进行命名，以提供有关这个 ACL 用途的信息。

在命名 ACL 时，需要遵循以下规则。

- 通过名称来标识 ACL 的用途；
- 名称可以包含含有字母和数字的字符；
- 名称不能包含空格或标点符号；
- 建议名称采用大写形式；
- 可以在 ACL 中添加或删除条目。

每个 ACL 都应该放置在能发挥最大效用的位置。扩展 ACL 的位置应尽可能靠近源，以防止不必要的流量在通过多个网络发送到目的地后才被拒绝。如果将标准 ACL 放置在流量源端，则可以根据给定的源地址来执行 permit 或 deny，而不用关心流量的目的地。ACL 的位置可能取决于组织机构的控制范围、相关网络的带宽以及配置的便捷性。

复习题

完成这里列出的所有复习题，可以测试您对本章内容的理解。附录列出了答案。

1. 以下哪两个功能描述了访问控制列表的用途？（选择两项）

   A. ACL 协助路由器确定到达目的地的最佳路径

B. ACL可以控制主机在网络上访问哪些区域
C. ACL为网络访问提供基本的安全级别
D. 标准ACL可以根据源和目的网络地址过滤流量
E. 标准ACL可以限制对特定应用程序和端口的访问

2. 下面哪3个语句描述了ACL处理数据包的方式？（选择3项）
A. 在做出转发决定之前，将数据包与ACL中的所有ACE进行比较
B. 被一个ACE拒绝的数据包可以被随后的ACE允许
C. 在ACL末尾的隐式拒绝语句将拒绝与ACE不匹配的任何数据包
D. 仅在检测到匹配项或到达ACL末尾之前，才会检查每个ACE
E. 如果ACE匹配，则按照ACE的指示拒绝或转发数据包
F. 如果ACE不匹配，则默认情况下转发数据包

3. 下面哪3条语句是与放置ACL相关的最佳做法？（选择3项）
A. 过滤不需要的流量，然后再将其传输到低带宽链路上
B. 对于接口上放置的每个入向ACL，确保有匹配的出向ACL
C. 将扩展ACL放在尽可能靠近流量的目的IP地址的位置
D. 将扩展ACL放在尽可能靠近流量的源IP地址的位置
E. 将标准ACL放在尽可能靠近流量的目的IP地址的位置
F. 将标准ACL放在尽可能靠近流量的源IP地址的位置

4. 标准ACL和扩展ACL共享哪两个特征？（选择两项）
A. 两者都过滤特定目的主机IP地址的数据包
B. 两者都包含一个隐式的拒绝语句作为最终条目
C. 两者都可以通过端口号来允许或拒绝服务
D. 两者都根据协议类型进行过滤
E. 两者都可以使用描述性的名称或数字来创建

5. 下面哪两个语句描述了入向ACL和出向ACL之间的区别？（选择两项）
A. 入向ACL在路由数据包之前对其处理
B. 入向ACL可以在路由器和交换机中使用
C. 一个接口上可以应用多个入向ACL
D. 一个接口上可以应用多个出向ACL
E. 在路由结束之后才处理出向ACL
F. 出向ACL只能在路由器上使用
G. 与出向ACL不同，入向ACL可使用多个条件来过滤数据包

6. 在哪种配置中，出向ACL放置优于入向ACL放置？
A. 路由器具有多个ACL
B. 接口使用出向ACL进行过滤，并且连接到该接口的网络是被ACL过滤的源网络
C. 出向ACL更接近流量的源
D. 将ACL应用于出向接口，以在多个入向接口的数据包离开接口之前对其进行过滤

7. 哪个通配符掩码将匹配网络10.16.0.0～10.19.0.0？
A. 0.252.255.255　　B. 0.0.255.255
C. 0.0.3.255　　D. 0.3.255.255

8. 哪种类型的ACL提供了更高的灵活性和对网络流量的控制？
A. 扩展ACL　　B. 大量（extensive）ACL
C. 命名标准ACL　　D. 编号标准 ACL

9. 哪条语句描述了标准 IPv4 ACL 的特征？
   A. 可以把它们配置为基于源 IP 地址和源端口来过滤流量
   B. 可以用数字来创建，但不能使用名称创建
   C. 它们仅根据目的 IP 地址过滤流量
   D. 它们仅根据源 IP 地址过滤流量
10. 哪个通配符掩码与网络 10.10.100.64/26 匹配？
   A. 0.0.0.15
   B. 0.0.0.31
   C. 0.0.0.63
   D. 0.0.0.127

第 5 章

IPv4 ACL 的配置

学习目标

通过完成本章的学习，您将能够回答下列问题：

- 如何配置标准 IPv4 ACL 来过滤流量，以满足网络要求；
- 如何使用序列号来编辑现有的标准 IPv4 ACL；
- 如何配置标准 ACL 以保护 VTY 访问；
- 如何配置扩展 IPv4 ACL 来过滤流量，以满足网络要求。

在您祖父母居住的封闭社区，门卫会按照一定的规则放行人们进出社区。除非有人能够确认您在访客名单中，否则门卫不会开门放您进入社区。与封闭社区中的门卫一样，网络流量在经过配置了访问控制列表（ACL）的接口时，也会被放行或拒绝。我们应该如何配置这些 ACL？如果它们的工作不正常，或者需要进行其他更改，我们应该如何修改？ACL 如何提供安全的远程管理访问？本章将介绍更多信息！

5.1 配置标准 IPv4 ACL

在本节中，您将学习如何配置标准 IPv4 ACL。

5.1.1 创建 ACL

在第 4 章中，您了解了 ACL 的功能以及重要性。在本节，您将学习如何创建 ACL。

在配置 ACL 之前，需要先对其进行规划。对于包含多个访问控制条目（ACE）的 ACL 来说，尤为如此。

在配置复杂的 ACL 时，我们应该：

- 使用文本编辑器写出要实施的策略细节；
- 写出 IOS 配置命令来完成这些任务；
- 包含用来记录 ACL 的备注；
- 复制命令并将其粘贴到设备中；
- 彻底测试 ACL，确保它正确应用了所需的策略。

通过遵循以上建议，您可以在不影响网络流量的情况下妥善创建 ACL。

5.1.2 编号的标准 IPv4 ACL 语法

要创建编号的标准 ACL，可以使用下述全局配置命令：

```
Router(config)# access-list access-list-number {deny | permit | remark text} source
[source-wildcard] [log]
```

可以使用 **no access-list** *access-list-number* 全局配置命令来删除编号的标准 ACL。

表 5-1 详细解释了用于创建标准 ACL 的语法。

表 5-1　　创建编号的标准 IPv4 ACL 的语法

参数	描述
access-list-number	■ 这是 ACL 的十进制编号 ■ 标准 ACL 的编号范围是 1～99 或 1300～1999
deny	当条件匹配时，拒绝访问
permit	当条件匹配时，允许访问
remark *text*	■ （可选）添加一个文本条目来说明用途 ■ 每条备注限制在 100 个字符以内
source	■ 标识需要过滤的源网络或主机地址 ■ 使用 **any** 关键字来指定所有网络 ■ 使用 **host** *ip-address* 关键字，或者只输入 *ip-address*（没有 **host** 关键字）来标识特定的 IP 地址
source-wildcard	■ （可选）应用在 *source* 上的 32 位通配符掩码。如果省略该参数，则默认使用 0.0.0.0 通配符掩码
log	■ （可选）该关键字会在 ACE 匹配后，发送一条信息性的消息 ■ 该消息中包含 ACL 编号、匹配条件（即允许或拒绝）、源地址和数据包的数量 ■ 会为第一个匹配的数据包生成该消息 ■ 只有出于故障排除或安全原因时，才应使用该关键字

5.1.3 命名的标准 IPv4 ACL 语法

对 ACL 进行命名可让人更容易理解其作用。要创建命名的标准 ACL，可以使用下述全局配置命令：

```
Router(config)# ip access-list standard access-list-name
```

使用这条命令可以进入命名的标准 ACL 配置模式，然后可以配置 ACE。

ACL 名称可由字母和数字组成，区分大小写，并且必须是唯一的。ACL 名称不一定非要使用大写字母，但在查看运行配置的输出内容时大写字母会比较醒目。而且，这样还可以减少无意之中创建两个名称相同但大小写不同的 ACL 的可能性。

注 意　可以使用 **no ip access-list standard** *access-list-name* 全局配置命令来删除命名的标准 IPv4 ACL。

在例 5-1 中，创建了一个名为 NO-ACCESS 的标准 IPv4 ACL。

例 5-1　用于创建命名的标准 ACL 的选项

```
R1(config)# ip access-list standard NO-ACCESS
R1(config-std-nacl)# ?
Standard Access List configuration commands:
```

```
    <1-2147483647>   Sequence Number
    default          Set a command to its defaults
    deny             Specify packets to reject
    exit             Exit from access-list configuration mode
    no               Negate a command or set its defaults
    permit           Specify packets to forward
    remark           Access list entry comment
R1(config-std-nacl)#
```

请注意，提示符更改为命名的标准 ACL 配置模式。可以在这个命名的标准 ACL 子配置模式中输入 ACE 语句。可以使用帮助功能查看所有命名的标准 ACL 中的 ACE 选项。

在例 5-1 中，阴影显示的 3 个选项的配置类似于编号的标准 ACL。与编号 ACL 配置方法不同的是，无须在每条 ACE 前面重复输入 **ip access-list** 命令。

5.1.4 应用标准 IPv4 ACL

在配置了标准 IPv4 ACL 后，必须将其链接到一个接口或功能中。可以使用下述命令将编号或命名的标准 IPv4 ACL 绑定到接口上：

```
Router(config-if)# ip access-group {access-list-number | access-list-name}
{in | out}
```

要想从接口上删除 ACL，需要先输入 **no ip access-group** 接口配置命令。此时，路由器上的 ACL 配置仍然存在。要想从路由器中删除 ACL，需要使用 **no access-list** 或 **no ip access-list** 全局配置命令。

5.1.5 编号的标准 IPv4 ACL 示例

图 5-1 中所示的拓扑用于演示如何配置并在接口上应用编号和命名的标准 IPv4 ACL。第一个示例中实施了一个编号的标准 IPv4 ACL。

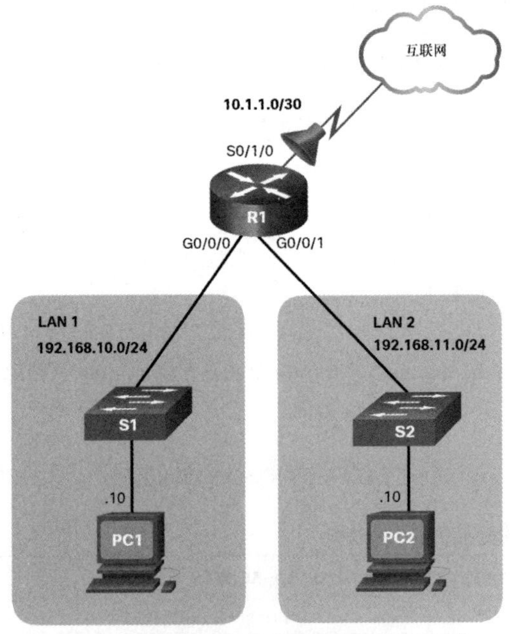

图 5-1 编号和命名的标准 ACL 参考拓扑

假设只允许 PC1 访问互联网。要启用这个策略，可以在 S0/1/0 接口的出向方向上应用一个标准 ACL ACE，如例 5-2 所示。

例 5-2 允许 PC1 的 ACE

```
R1(config)# access-list 10 remark ACE permits ONLY host 192.168.10.10 to the
  internet
R1(config)# access-list 10 permit host 192.168.10.10
R1(config)#
R1(config)# do show access-lists
Standard IP access list 10
    10 permit 192.168.10.10
R1(config)#
```

需要注意的是，**show access-lists** 命令的输出中没有显示 **remark** 语句。ACL 的注释会显示在运行配置文件中。虽然在启用 ACL 时 **remark** 命令不是必需的，但强烈建议将其用于说明目的。

现在有了一个新的策略，它要求 LAN 2 中的主机也应该可以访问互联网。要启用这个策略，需要在 ACL 10 中添加第二条 ACL ACE，如例 5-3 所示。

例 5-3 在 ACL 中添加另一条 ACE

```
R1(config)# access-list 10 remark ACE permits all host in LAN 2
R1(config)# access-list 10 permit 192.168.20.0 0.0.0.255
R1(config)#
R1(config)# do show access-lists
Standard IP access list 10
    10 permit 192.168.10.10
    20 permit 192.168.20.0, wildcard bits 0.0.0.255
R1(config)#
```

在 S0/1/0 接口的出向方向上应用 ACL 10，如例 5-4 所示。

例 5-4 应用 ACL

```
R1(config)# interface Serial 0/1/0
R1(config-if)# ip access-group 10 out
R1(config-if)# end
R1#
```

ACL 10 允许主机 192.168.10.10 以及 LAN 2 中的所有主机的流量离开 S0/1/0 接口。192.168.10.0 网络中的所有其他主机都不能访问互联网。

可以使用 **show running-config** 命令来查看配置中的 ACL，如例 5-5 所示。注意，这次 **remarks** 语句显示出来了。

例 5-5 在运行配置中验证 ACL

```
R1# show run | section access-list
access-list 10 remark ACE permits host 192.168.10.10
access-list 10 permit 192.168.10.10
access-list 10 remark ACE permits all host in LAN 2
access-list 10 permit 192.168.20.0 0.0.0.255
R1#
```

最后，使用 **show ip interface** 命令来验证接口上是否应用了 ACL。在例 5-6 所示的输出中，S0/1/0

接口上包含 **access list** 的配置项以阴影方式显示了出来。

例 5-6　验证 ACL 是否被应用到接口上

```
R1# show ip int Serial 0/1/0 | include access list
  Outgoing Common access list is not set
  Outgoing access list is 10
  Inbound Common access list is not set
  Inbound access list is not set
R1#
```

5.1.6　命名的标准 IPv4 ACL 示例

本节演示了一个命名的标准 IPv4 ACL 实施示例。方便起见，该示例使用的拓扑与图 5-2 中的相同。

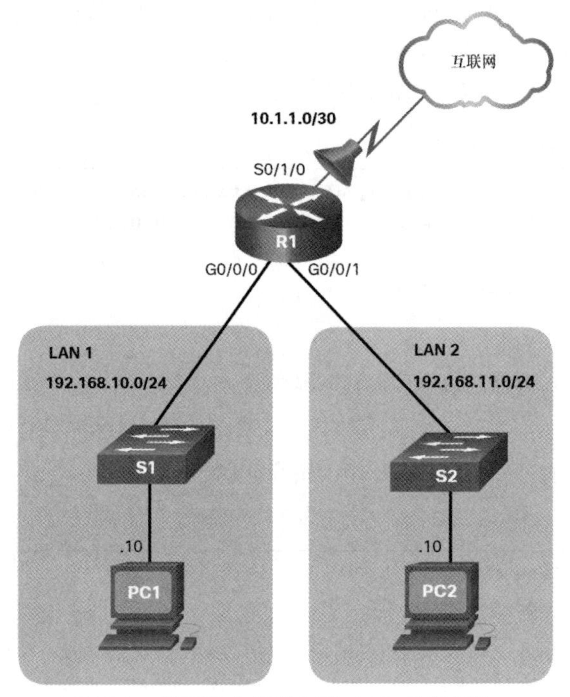

图 5-2　编号和命名的标准 ACL 参考拓扑

假设只允许 PC1 访问互联网。要启用这个策略，需要在 S0/1/0 接口的出向方向上应用一个名为 PERMIT-ACCESS 的命名的标准 ACL。

先删除之前配置的命名的 ACL 10，然后创建一个名为 PERMIT-ACCESS 的命名的标准 ACL，如例 5-7 所示。

例 5-7　删除一个 ACL，然后配置一个命名的 ACL

```
R1(config)# no access-list 10
R1(config)# ip access-list standard PERMIT-ACCESS
R1(config-std-nacl)# remark ACE permits host 192.168.10.10
R1(config-std-nacl)# permit host 192.168.10.10
R1(config-std-nacl)#
```

现在添加一条 ACE，以允许主机 192.168.10.10 访问互联网，然后添加另一条 ACE，以允许 LAN

2 中的所有主机访问互联网，如例 5-8 所示。

例 5-8 向命名的 ACL 中添加 ACE

```
R1(config-std-nacl)# remark ACE permits host 192.168.10.10
R1(config-std-nacl)# permit host 192.168.10.10
R1(config-std-nacl)# remark ACE permits all hosts in LAN 2
R1(config-std-nacl)# permit 192.168.20.0 0.0.0.255
R1(config-std-nacl)# exit
R1(config)#
```

在 S0/1/0 接口的出向方向上应用这个命名的新 ACL，如例 5-9 所示。

例 5-9 应用命名的 ACL

```
R1(config)# interface Serial 0/1/0
R1(config-if)# ip access-group PERMIT-ACCESS out
R1(config-if)# end
R1#
```

使用 **show access-lists** 和 **show running-config** 命令查看配置中的 ACL，如例 5-10 所示。

例 5-10 验证命名的 ACL 的配置

```
R1# show access-lists
Standard IP access list PERMIT-ACCESS
    10 permit 192.168.10.10
    20 permit 192.168.20.0, wildcard bits 0.0.0.255
R1#
R1# show run | section ip access-list
ip access-list standard PERMIT-ACCESS
 remark ACE permits host 192.168.10.10
 permit 192.168.10.10
 remark ACE permits all hosts in LAN 2
 permit 192.168.20.0 0.0.0.255
R1#
```

最后，使用 **show ip interface** 命令验证接口上是否应用了 ACL。在例 5-11 所示的输出中，要特别关注 S0/1/0 接口上包含 **access list** 的配置项。

例 5-11 验证命名的 ACL 是否被应用到接口上

```
R1# show ip int Serial 0/1/0 | include access list
  Outgoing Common access list is not set
  Outgoing access list is PERMIT-ACCESS
  Inbound Common access list is not set
  Inbound access list is not set
R1#
```

5.2 修改 IPv4 ACL

ACL 可能很复杂而且很长。如果您在一个 ACE 中发现了错误，会怎么做？您会删除整个 ACL 并重新创建它吗？您可以只更改一个ACE吗？在本节中，您将学习如何修改现有的IPv4 ACL。

5.2.1 修改ACL的两种方法

在配置好ACL后，可能需要对它进行修改。配置一个拥有多个ACE的ACL可能当复杂。有时，配置的ACE不能产生预期的行为。因此，在最初配置ACL时可能需要一些尝试，并会遇到一些错误，之后才能获得所需的过滤结果。

本节会讨论修改ACL的两种方法：

- 使用文本编辑器；
- 使用序列号。

5.2.2 文本编辑器方法

应该在文本编辑器中创建具有多个ACE的ACL。使用该方法可以规划所需的ACE、创建ACL，然后把它粘贴到路由器接口上。这种方法也简化了编辑和修复ACL的工作。

例如，假设ACL 1的输入不正确，第一个八位组应该是192，而不是19，如例5-12所示。

例5-12 第一个ACE中的错误

```
R1# show run | section access-list
access-list 1 deny   19.168.10.10
access-list 1 permit 192.168.10.0 0.0.0.255
R1#
```

在该例中，第一个ACE应该拒绝主机192.168.10.10。但是，ACE的输入有错误。

为了更正错误，可以执行以下操作。

步骤1. 从运行配置中复制这个ACL，然后将它粘贴到文本编辑器中。

步骤2. 执行必要的更改。

步骤3. 删除之前在路由器上配置的ACL，否则在粘贴编辑后的ACL命令时，只会将其附加（即添加）到路由器中现有ACL的ACE后面。

步骤4. 把编辑后的ACL复制并粘贴到路由器中。

假设ACL 1现在已被更正。因此，必须先删除不正确的ACL，然后在全局配置模式中粘贴正确的ACL 1语句，如例5-13所示。

例5-13 在正确配置ACE之前先删除ACL

```
R1(config)# no access-list 1
R1(config)#
R1(config)# access-list 1 deny 192.168.10.10
R1(config)# access-list 1 permit 192.168.10.0 0.0.0.255
R1(config)#
```

5.2.3 序列号方法

可以使用ACL序列号来删除或添加ACE。在输入ACE时，路由器会自动为它分配一个序列号。要查看这些序列号，可运行**show access-lists**命令。**show running-config**命令的输出中不会显示序列号。

在前一个示例中，ACL 1中错误ACE的序列号是10，如例5-14中**show access-lists**命令的输出所示。

例 5-14 查看每个 ACE 的序列号

```
R1# show access-lists
Standard IP access list 1
    10 deny 19.168.10.10
    20 permit 192.168.10.0, wildcard bits 0.0.0.255
R1#
```

可以使用 **ip access-list standard** 命令来编辑 ACL。使用与现有语句相同的序列号并不能覆盖语句。因此，必须首先使用 **no 10** 命令删除当前的语句。然后，再使用序列号 10 来添加正确的 ACE 配置。可以使用 **show access-lists** 命令来验证修改后的结果，如例 5-15 所示。

例 5-15 配置并验证序列号为 10 的新 ACE

```
R1# conf t
R1(config)# ip access-list standard 1
R1(config-std-nacl)# no 10
R1(config-std-nacl)# 10 deny host 192.168.10.10
R1(config-std-nacl)# end
R1#
R1# show access-lists
Standard IP access list 1
    10 deny 192.168.10.10
    20 permit 192.168.10.0, wildcard bits 0.0.0.255
R1#
```

5.2.4 修改命名 ACL 的示例

对于命名的 ACL，可以使用序列号来删除和添加 ACE。请参阅例 5-16 中的 **NO-ACCESS**。

例 5-16 验证 ACL 的序列号

```
R1# show access-lists
Standard IP access list NO-ACCESS
    10 deny   192.168.10.10
    20 permit 192.168.10.0, wildcard bits 0.0.0.255
R1#
```

假设来自 192.168.10.0/24 网络中的主机 192.168.10.5 的流量也应该被拒绝。如果输入了一个新的 ACE，它会被添加到这个 ACL 的末尾。这样一来，这台主机的流量永远不会被拒绝，因为 ACE 20 已经放行了这个网络中的所有主机。

这时的解决方案是在 ACE 10 和 ACE 20 之间添加一个 ACE 来拒绝主机 192.168.10.5。例 5-17 显示了添加的 ACE 15。另外，还需要注意，在输入新的 ACE 时没有使用 **host** 关键字。在指定目的主机时，该关键字是可选的。

例 5-17 使用序列号插入一个 ACE

```
R1# configure terminal
R1(config)# ip access-list standard NO-ACCESS
R1(config-std-nacl)# 15 deny 192.168.10.5
R1(config-std-nacl)# end
R1#
R1# show access-lists
```

```
Standard IP access list NO-ACCESS
    15 deny 192.168.10.5
    10 deny 192.168.10.10
    20 permit 192.168.10.0, wildcard bits 0.0.0.255
R1#
```

可以使用 **show access-lists** 命令来验证这个 ACL 现在已经有了新的 ACE 15，它位于 **permit** 语句之前。

需要注意的是，序列号 15 显示在了序列号 10 之前。我们可能希望输出中语句的顺序能反映语句的输入顺序。然而，IOS 会使用特殊的散列函数来排列主机语句的顺序。最终生成的顺序优化了 ACL，使其首先按照主机条目进行搜索，然后再按照网络条目进行搜索。

注 意 散列函数只应用于标准 IPv4 ACL 中的主机语句。有关散列函数的详细信息超出了本书的范围。

5.2.5 ACL 统计信息

请注意，在例 5-18 中，**show access-lists** 命令显示了每个已匹配语句的统计信息。在 NO-ACCESS ACL 中，**deny** 语句匹配了 20 次，**permit** 语句匹配了 64 次。

例 5-18 验证和清除 ACL 匹配项

```
R1# show access-lists
Standard IP access list NO-ACCESS
    10 deny 192.168.10.10 (20 matches)
    20 permit 192.168.10.0, wildcard bits 0.0.0.255 (64 matches)
R1#
R1# clear access-list counters NO-ACCESS
R1#
R1# show access-lists
Standard IP access list NO-ACCESS
    10 deny   192.168.10.10
    20 permit 192.168.10.0, wildcard bits 0.0.0.255
R1#
```

需要注意的是，ACL 末尾的隐式 **deny any** 语句不会显示任何统计信息。要想知道有多少数据包匹配了隐式的 **deny** 语句，必须在 ACL 末尾手动配置 **deny any** 命令。

可以使用 **clear access-list counters** 命令清除 ACL 统计信息。该命令可以单独使用，也可以与指定 ACL 的编号或名称一起使用。

5.3 使用标准 IPv4 ACL 保护 VTY 端口

在本节中，您将学习如何使用标准 ACL 来保护 VTY 访问。

5.3.1 access-class 命令

ACL 通常用于过滤接口上的入向和出向流量。ACL 也可用于保护使用 VTY 线路对设备的远程管理访问。

可以使用以下两个步骤来保护 VTY 线路的远程管理访问。

步骤 1. 创建 ACL，在其中指定允许发起远程访问的管理主机。

步骤 2. 在 VTY 线路上针对入向流量应用 ACL。

可以使用以下命令在 VTY 线路上应用 ACL：

```
R1(config-line)# access-class {access-list-number | access-list-name} {in | out}
```

in 关键字是用于过滤入向 VTY 流量的最常用的选项。**out** 参数用于过滤出向 VTY 流量，但非常少用。

在 VTY 线路上配置访问列表时，应该考虑以下事项：

- 命名和编号的 ACL 都可以应用于 VTY 线路；
- 应该在所有 VTY 线路上设置相同的访问限制，因为用户会尝试连接到其中任意一条 VTY 线路。

5.3.2 保护 VTY 访问的示例

图 5-3 中的拓扑用于演示如何配置 ACL 来过滤 VTY 流量。在本例中，只允许 PC1 采用 Telnet 的方式连接到 R1。

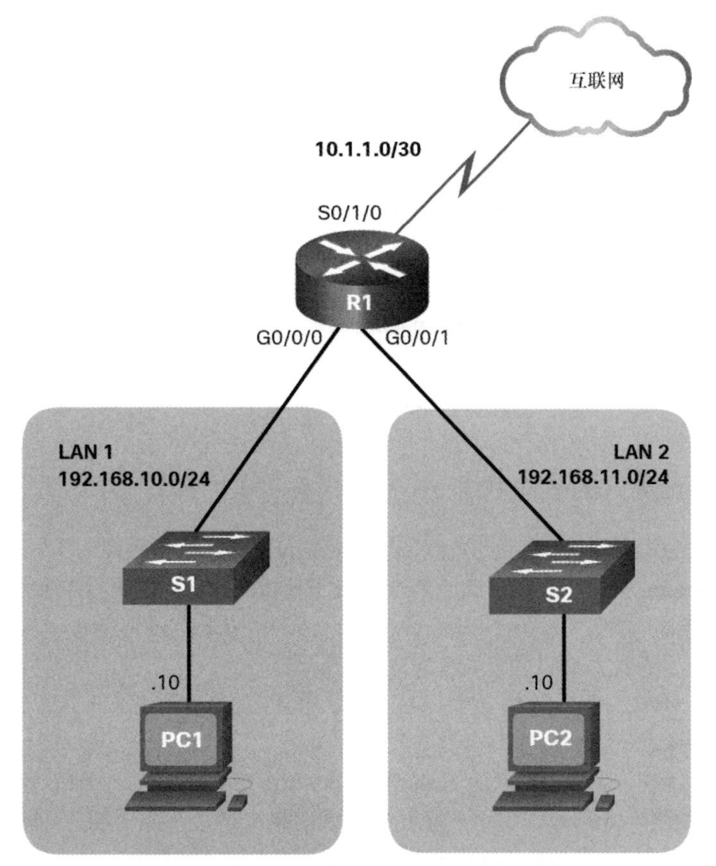

图 5-3 编号和命名的标准 ACL 参考拓扑

> **注 意** Telnet 在这里只用于演示目的。在生产环境中应该使用 SSH。

为了增加访问的安全性，需要创建用户名和密码，并在 VTY 线路上使用 **login local** 认证方法。例 5-19 中的命令创建了一个本地数据库条目，用户为 **ADMIN**，密码为 **class**。

例 5-19　在 VTY 线路上配置和应用 ACL

```
R1(config)# username ADMIN secret class
R1(config)# ip access-list standard ADMIN-HOST
R1(config-std-nacl)# remark This ACL secures incoming vty lines
R1(config-std-nacl)# permit 192.168.10.10
R1(config-std-nacl)# deny any
R1(config-std-nacl)# exit
R1(config)#
R1(config)# line vty 0 4
R1(config-line)# login local
R1(config-line)# transport input telnet
R1(config-line)# access-class ADMIN-HOST in
R1(config-line)# end
R1#
```

这里创建了一个名为 ADMIN-HOST 的命名的标准 ACL 来识别 PC1。请注意，**deny any** 命令已经被配置为追踪拒绝访问的次数。

VTY 线路被配置为使用本地数据库进行认证、放行 Telnet 流量，并使用 ADMIN-HOST ACL 来限制流量。

在生产环境中，应该将 VTY 线路设置为只允许 SSH 访问，如例 5-20 所示。

例 5-20　配置 VTY 线路，使其只允许 SSH 访问

```
R1(config)# line vty 0 4
R1(config-line)# login local
R1(config-line)# transport input ssh
R1(config-line)# access-class ADMIN-HOST in
R1(config-line)# end
R1#
```

5.3.3　验证 VTY 端口的安全性

在配置了 ACL 以限制对 VTY 线路的访问后，要验证它是否按照预期工作，这很重要。如图 5-4 所示，当 PC1 以 Telnet 方式连接到 R1 时，PC1 收到了输入用户名和密码的提示，之后才可以成功访问 R1 的命令提示符。

这个“R1>”提示符证实 PC1 可以出于管理目的而访问 R1。

接下来，试着从 PC2 发起连接。如图 5-5 所示，当 PC2 尝试以 Telnet 方式连接 R1 时，连接被拒绝。

要想验证 ACL 的统计信息，可以使用 **show access-lists** 命令。注意，控制台上会显示有关管理用户的信息性消息，如例 5-21 所示。当用户退出 VTY 线路时，也会生成一条信息性控制台消息。

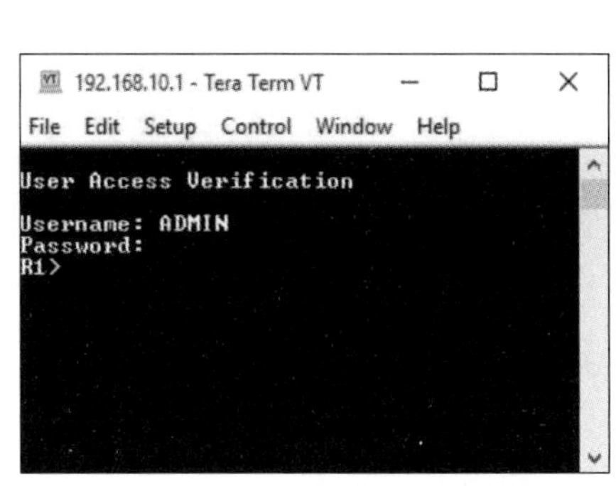

图 5-4 从 PC1 进行远程访问

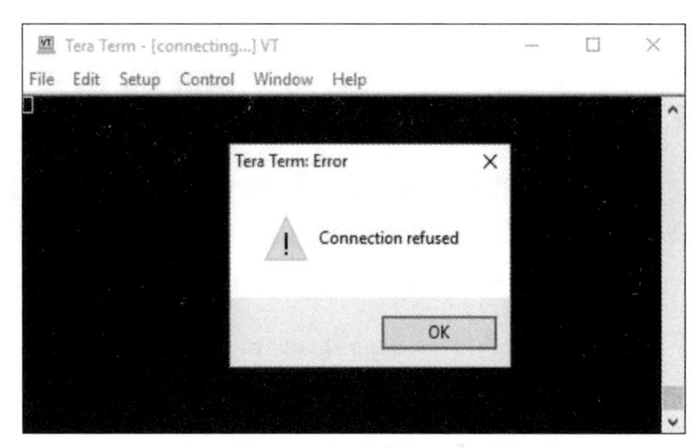

图 5-5 从 PC2 尝试进行远程访问

例 5-21 登录失败的日志消息

```
R1#
Oct 9 15:11:19.544: %SEC_LOGIN-5-LOGIN_SUCCESS: Login Success [user: admin]
  [Source: 192.168.10.10] [localport: 23] at 15:11:19 UTC Wed Oct 9 2019
R1#
R1# show access-lists
Standard IP access list ADMIN-HOST
    10 permit 192.168.10.10 (2 matches)
    20 deny   any  (2 matches)
R1#
```

在输出中，**permit** 这一行的匹配项来自于 PC1 成功通过 Telnet 连接到 R1。**deny** 语句的匹配项来自于 PC2（位于 192.168.11.0/24 网络）尝试创建 Telnet 连接失败。

5.4 配置扩展 IPv4 ACL

扩展 ACL 可以对过滤器进行更多控制。在本节中，您将配置编号和命名的扩展 IPv4 ACL。

5.4.1 扩展 ACL

前文介绍了如何配置和修改标准 ACL，以及如何使用标准 IPv4 ACL 来保护 VTY 端口。标准 ACL 只能根据源地址来过滤流量。当需要更精确地控制流量过滤时，可以创建扩展 IPv4 ACL。

相较于标准 ACL，扩展 ACL 能提供更大程度的控制，因此它的使用频率更为频繁。扩展 ACL 可以基于源地址、目的地址、协议（即 IP、TCP、UDP、ICMP）和端口号进行过滤。这样一来，可以基于更多的条件创建 ACL。例如，一个扩展 ACL 可以允许来自某个网络的邮件流量去往特定的目的地，同时拒绝文件传输和 Web 浏览相关的流量。

与标准 ACL 类似，可以创建编号的和命名的扩展 ACL。

- 编号的扩展 ACL：使用 **access-list** *access-list-number* 全局配置命令创建。
- 命名的扩展 ACL：使用 **ip access-list extended** *access-list-name* 创建。

5.4.2 编号的扩展 IPv4 ACL 语法

配置扩展 ACL 的步骤与配置标准 ACL 相同。首先配置扩展 ACL，然后在接口上激活它。不过，命令语法和参数要更为复杂一些，以支持扩展 ACL 所提供的附加功能。

要创建编号的扩展 ACL，可以使用下述全局配置命令：

```
Router(config)# access-list access-list-number {deny | permit | remark text}
protocol source source-wildcard [operator [port]] destination destination-wildcard
[operator [port]] [established] [log]
```

使用 **no ip access-list extended** *access-list-name* 全局配置命令可删除扩展 ACL。

尽管扩展 ACL 有许多关键字和参数，但在配置扩展 ACL 时并不需要全部使用它们。表 5-2 提供了扩展 ACL 语法的详细解释。

表 5-2　编号的扩展 IPv4 ACL 的语法

参数	描述
access-list-number	■ 这是 ACL 的十进制编号 ■ 扩展 ACL 的编号范围是 100～199 和 2000～2699
deny	■ 当条件匹配时，拒绝访问
permit	■ 当条件匹配时，允许访问
remark *text*	■ （可选）添加一个文本条目来说明用途 ■ 每条备注限制在 100 个字符以内
protocol	■ 互联网协议的名称或编号 ■ 常用的关键字包括 **ip**、**tcp**、**udp** 和 **icmp** ■ 关键字 **ip** 会匹配所有 IP 协议
source	■ 标识需要过滤的源网络或主机地址 ■ 使用 **any** 关键字来指定所有网络 ■ 使用 **host** *ip-address* 关键字，或只输入 *ip-address*（没有 **host** 关键字）以标识指定的 IP 地址
source-wildcard	■ （可选）应用在 *source* 上的 32 位通配符掩码
destination	■ 标识需要过滤的目的网络或主机地址 ■ 使用 **any** 关键字来指定所有网络 ■ 使用 **host** *ip-address* 关键字或者 *ip-address*
destination-wildcard	■ （可选）应用在目的上的 32 位通配符掩码
operator	■ （可选）用于比较源或目的端口 ■ 可选的操作符包括 **lt**（小于）、**gt**（大于）、**eq**（等于）、**neq**（不等于）和 **range**（闭区间）。
port	■ （可选）TCP 或 UDP 端口的十进制数或名称
established	■ （可选）仅适用于 TCP ■ 这是第一代防火墙功能

续表

参数	描述
log	■ （可选）该关键字会在 ACE 匹配后，发送一条信息性消息 ■ 该消息包含 ACL 编号、匹配条件（即允许或拒绝）、源地址和数据包的数量 ■ 会为第一个匹配的数据包生成该消息 ■ 只有出于故障排除或安全原因时，才应使用该关键字

在接口上应用扩展 IPv4 ACL 的命令与应用标准 IPv4 ACL 的命令相同。

```
Router(config-if)# ip access-group access-list-name {in | out}
```

要想从接口上删除 ACL，需要先输入 **no ip access-group** 接口配置命令。要想从路由器配置中删除 ACL，需要使用 **no access-list** 全局配置命令。

注 意　标准 ACL 语句所使用的内部排序逻辑并不适用于扩展 ACL。在扩展 ACL 的配置过程中，输入语句的顺序就是显示和处理这些语句的顺序。

5.4.3 协议和端口

扩展 ACL 可以过滤许多不同类型的互联网协议和端口。下面各节提供了扩展 ACL 可以过滤的协议和端口的更多信息。

协议选项

例 5-22 中以阴影显示的 4 个协议是最常使用的选项。

注 意　在输入复杂的 ACE 时，可以使用?获取帮助。

注 意　如果互联网协议没有列出来，则可以使用 IP 协议号。例如，ICMP 的协议号为 1，TCP 为 6，UDP 为 17。

例 5-22 扩展 ACL 协议的选项

```
R1(config)# access-list 100 permit ?
  <0-255>         An IP protocol number
  ahp             Authentication Header Protocol
  dvmrp           dvmrp
  eigrp           Cisco's EIGRP routing protocol
  esp             Encapsulation Security Payload
  gre             Cisco's GRE tunneling
  icmp            Internet Control Message Protocol
  igmp            Internet Gateway Message Protocol
  ip              Any Internet Protocol
  ipinip          IP in IP tunneling
  nos             KA9Q NOS compatible IP over IP tunneling
  object-group    Service object group
  ospf            OSPF routing protocol
```

```
  pcp              Payload Compression Protocol
  pim              Protocol Independent Multicast
  tcp              Transmission Control Protocol
  udp              User Datagram Protocol
R1(config)# access-list 100 permit
```

端口关键字选项

选择的协议会影响到端口选项。举例来说，我们可以进行以下选择：

- 如果选择了 **tcp**，则会提供与 TCP 相关的端口选项；
- 如果选择了 **udp**，则会提供与 UDP 相关的端口选项；
- 如果选择了 **icmp**，则会提供与 ICMP 相关的端口（即消息）选项。

请注意例 5-23 中有多少个 TCP 端口选项可用。其中以阴影显示的端口是常见的选项。

例 5-23　扩展 ACL 端口关键字

```
R1(config)# access-list 100 permit tcp any any eq ?
  <0-65535>        Port number
  bgp              Border Gateway Protocol (179)
  chargen          Character generator (19)
  cmd              Remote commands (rcmd, 514)
  daytime          Daytime (13)
  discard          Discard (9)
  domain           Domain Name Service (53)
  echo             Echo (7)
  exec             Exec (rsh, 512)
  finger           Finger (79)
  ftp              File Transfer Protocol (21)
  ftp-data         FTP data connections (20)
  gopher           Gopher (70)
  hostname         NIC hostname server (101)
  ident            Ident Protocol (113)
  irc              Internet Relay Chat (194)
  klogin           Kerberos login (543)
  kshell           Kerberos shell (544)
  login            Login (rlogin, 513)
  lpd              Printer service (515)
  msrpc            MS Remote Procedure Call (135)
  nntp             Network News Transport Protocol (119)
  onep-plain       Onep Cleartext (15001)
  onep-tls         Onep TLS (15002)
  pim-auto-rp      PIM Auto-RP (496)
  pop2             Post Office Protocol v2 (109)
  pop3             Post Office Protocol v3 (110)
  smtp             Simple Mail Transport Protocol (25)
  sunrpc           Sun Remote Procedure Call (111)
  syslog           Syslog (514)
  tacacs           TAC Access Control System (49)
  talk             Talk (517)
  telnet           Telnet (23)
  time             Time (37)
```

```
  uucp              Unix-to-Unix Copy Program (540)
  whois             Nicname (43)
  www               World Wide Web (HTTP, 80)
R1(config)#
```

可以指定端口名称或编号。端口名称可使我们更容易理解 ACE 的用途。

注意，某些常用的端口名称（例如 SSH 和 HTTPS）并未列出。对于这些协议，端口号必须指定。

5.4.4 协议和端口号配置示例

扩展 ACL 可以根据不同的端口号和端口名称进行过滤。在例 5-24 中，配置了扩展 ACL 100 来过滤 HTTP 流量。第一个 ACE 使用 **www** 端口名称。第二个 ACE 使用端口号 **80**。这两个 ACE 具有相同的结果。

例 5-24 使用关键字或端口号配置端口

```
R1(config)# access-list 100 permit tcp any any eq www
!or...
R1(config)# access-list 100 permit tcp any any eq 80
```

对于没有列出的协议名称，比如 SSH（端口号 22）、HTTPS（端口号 443），则需要配置端口号，如例 5-25 所示。

例 5-25 必须使用端口号进行配置的某些协议

```
R1(config)# access-list 100 permit tcp any any eq 22
R1(config)# access-list 100 permit tcp any any eq 443
R1(config)#
```

5.4.5 应用编号的扩展 IPv4 ACL

图 5-6 所示的拓扑用于演示如何在接口上配置并应用编号和命名的扩展 IPv4 ACL。第一个示例所示为一个编号的扩展 IPv4 ACL。

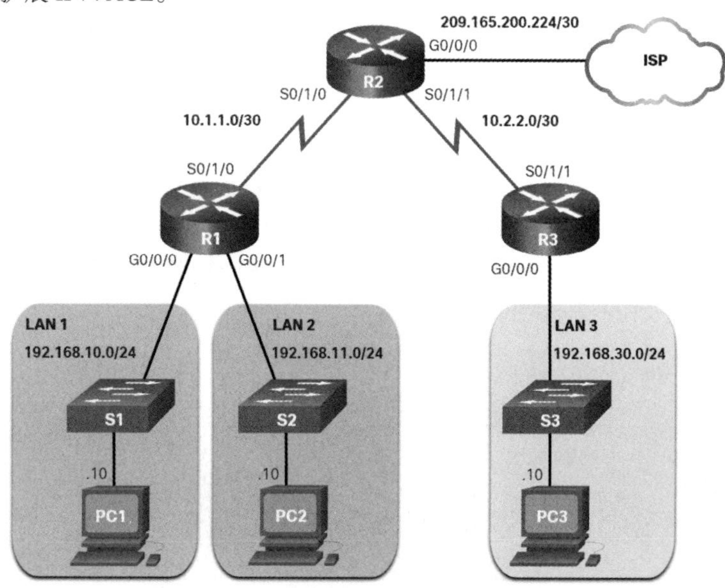

图 5-6 编号和命名的扩展 ACL 参考拓扑

在例5-26中，ACL放行来自192.168.10.0网络，且去往任意目的地的HTTP和HTTPS流量。可以在多个位置上应用扩展ACL，但通常会应用在靠近源的位置。因此在例5-26中，在R1的G0/0/0接口的入向方向上应用了ACL 110。

例5-26 配置并应用编号的扩展ACL

```
R1(config)# access-list 110 permit tcp 192.168.10.0 0.0.0.255 any eq www
R1(config)# access-list 110 permit tcp 192.168.10.0 0.0.0.255 any eq 443
R1(config)#
R1(config)# interface g0/0/0
R1(config-if)# ip access-group 110 in
R1(config-if)# exit
R1(config)#
```

5.4.6 使用TCP established关键字的扩展ACL

可以使用TCP **established**关键字，让TCP执行基本的状态化防火墙服务。该关键字可以让内部流量离开内部的私有网络，同时允许返回的应答流量进入这个内部的私有网络，如图5-7所示。

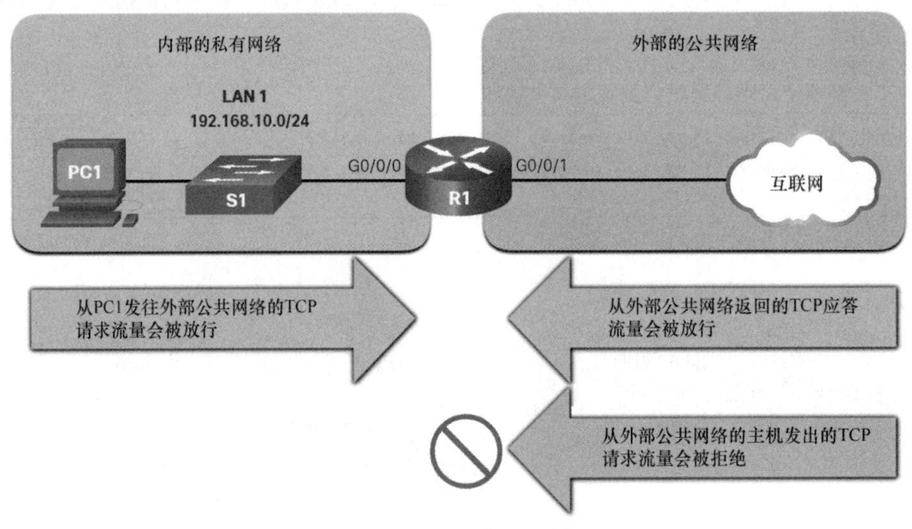

图5-7 TCP流量示例

但是，由外部主机生成并试图与内部主机通信的TCP流量将被拒绝。

established关键字可用于仅放行从请求的网站返回的HTTP流量，同时拒绝所有其他流量。

在图5-8中，之前配置的ACL 110过滤来自内部私有网络的流量。ACL 120使用**established**关键字过滤从外部公共网络发往内部私有网络的流量。

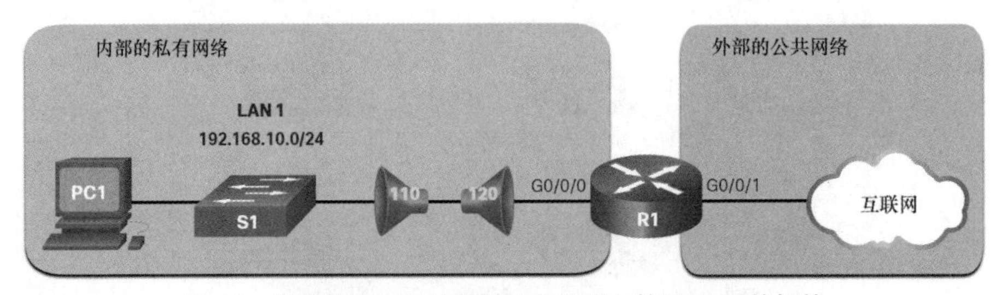

图5-8 用于建立TCP会话的入向和出向扩展ACL的拓扑

在例 5-27 中，ACL 120 被配置为只放行返回到内部主机的 Web 流量。这个新的 ACL 会被应用到 R1 的 G0/0/0 接口上。

例 5-27 配置 ACL 以检查 TCP 建立的会话

```
R1(config)# access-list 120 permit tcp any 192.168.10.0 0.0.0.255 established
R1(config)#
R1(config)# interface g0/0/0
R1(config-if)# ip access-group 120 out
R1(config-if)# end
R1#
R1# show access-lists
Extended IP access list 110
    10 permit tcp 192.168.10.0 0.0.0.255 any eq www
    20 permit tcp 192.168.10.0 0.0.0.255 any eq 443 (657 matches)
Extended IP access list 120
    10 permit tcp any 192.168.10.0 0.0.0.255 established (1166 matches)
R1#
```

show access-lists 命令将这两个 ACL 都显示了出来。从例 5-27 所示的匹配项的统计信息可以看出，内部主机一直在访问互联网上的安全 Web 资源。还要注意的是，ACL 110 中允放行的安全 HTTPS 的计数器（即 eq 443）增加了，ACL 120 中返回的已建立流量的计数器（即 established）也增加了。

established 参数只允许对源自 192.168.10.0/24 网络的流量做出响应的流量返回这个网络。具体而言，如果返回的 TCP 数据段中设置了 ACK 或重置（RST）标记，就会发生一次匹配。这表示该数据包属于一个已有的连接。如果 ACL 语句中没有 **established** 参数，客户端可以将流量发送到 Web 服务器，但无法接收到从该 Web 服务器返回的流量。

5.4.7 命名的扩展 IPv4 ACL 语法

对 ACL 进行命名可让人更易理解其作用。要创建命名的扩展 ACL，可以使用下述全局配置命令：

```
Router(config)# ip access-list extended access-list-name
```

输入该命令后进入命名扩展配置模式。ACL 名称可由字母和数字组成，区分大小写，而且必须是唯一的。

在例 5-28 中，创建了一个名为 NO-FTP-ACCESS 的扩展 ACL，命令提示符更改为命名扩展 ACL 配置模式。可以在这个命名扩展 ACL 子配置模式中输入 ACE 语句。

例 5-28 应用命名的扩展 ACL

```
R1(config)# ip access-list extended NO-FTP-ACCESS
R1(config-ext-nacl)#
```

5.4.8 命名的扩展 IPv4 ACL 示例

实际上，命名的扩展 ACL 的创建方法和命名的标准 ACL 的创建方法相同。

图 5-9 中的拓扑用来演示如何在接口上配置并应用两个命名的扩展 IPv4 ACL。

- **SURFING**：该 ACL 允许内部的 HTTP 和 HTTPS 流量去往互联网。
- **BROWSING**：该 ACL 允许返回的 Web 流量去往内部主机，同时隐式拒绝从 R1 G0/0/0 接口发出的其他所有流量。

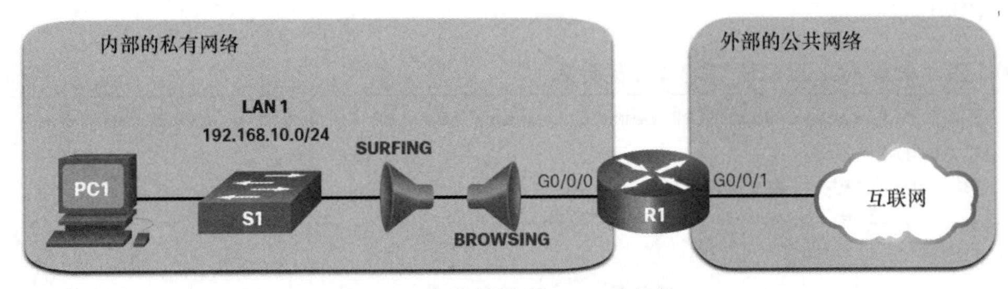

图 5-9 命名的扩展 ACL 的拓扑

例 5-29 所示为入向 SURFING ACL 和出向 BROWSING ACL 的配置。

例 5-29 配置命名的入向和出向扩展 ACL

```
R1(config)# ip access-list extended SURFING
R1(config-ext-nacl)# Remark Permits inside HTTP and HTTPS traffic
R1(config-ext-nacl)# permit tcp 192.168.10.0 0.0.0.255 any eq 80
R1(config-ext-nacl)# permit tcp 192.168.10.0 0.0.0.255 any eq 443
R1(config-ext-nacl)# exit
R1(config)#
R1(config)# ip access-list extended BROWSING
R1(config-ext-nacl)# Remark Only permit returning HTTP and HTTPS traffic
R1(config-ext-nacl)# permit tcp any 192.168.10.0 0.0.0.255 established
R1(config-ext-nacl)# exit
R1(config)#
R1(config)# interface g0/0/0
R1(config-if)# ip access-group SURFING in
R1(config-if)# ip access-group BROWSING out
R1(config-if)# end
R1#
R1# show access-lists
Extended IP access list SURFING
    10 permit tcp 192.168.10.0 0.0.0.255 any eq www
    20 permit tcp 192.168.10.0 0.0.0.255 any eq 443 (124 matches)
Extended IP access list BROWSING
    10 permit tcp any 192.168.10.0 0.0.0.255 established (369 matches)
R1#
```

SURFING ACL 允许内部用户的 HTTP 和 HTTPS 流量通过 G0/0/1 接口发往互联网。BRWOSING ACL 允许从互联网返回的 Web 流量进入内部的私有网络。

SURFING ACL 应用在 R1 0/0/0 接口的入向方向上，BROWSING ACL 应用出向方向上，如例 5-29 中的输出所示。

内部主机一直在访问互联网上的安全 Web 资源。**show access-lists** 命令用于验证 ACL 的统计信息。需要注意的是，SURFING ACL 中放行的安全 HTTPS 的计数器（即 eq 443）增加了，BROWSING ACL 中返回的已建立流量的计数器也增加了。

5.4.9 编辑扩展 ACL

与标准 ACL 一样，当有多处需要修改时，可以使用文本编辑器来编辑扩展 ACL。当只需要编辑一两个 ACE 时，可以使用序列号进行修改。

在例 5-30 中，假设刚输入了 SURFING ACL 和 BROWSING ACL，然后使用 **show access-lists** 命令来验证其配置。

例 5-30 验证扩展 ACL 的配置

```
R1# show access-lists
Extended IP access list BROWSING
    10 permit tcp any 192.168.10.0 0.0.0.255 established
Extended IP access list SURFING
    10 permit tcp 19.168.10.0 0.0.0.255 any eq www
    20 permit tcp 192.168.10.0 0.0.0.255 any eq 443
R1#
```

可以看到，SURFING ACL 中序列号为 10 的 ACE 配置了错误的源 IP 网络地址。

要想使用序列号来更正这个错误，可以使用 **no** *sequence_#*命令删除原语句，然后添加更正后的语句，如例 5-31 所示。

例 5-31 使用序列号来删除 ACE，然后再将 ACE 添加到扩展 ACL 中

```
R1# configure terminal
R1(config)# ip access-list extended SURFING
R1(config-ext-nacl)# no 10
R1(config-ext-nacl)# 10 permit tcp 192.168.10.0 0.0.0.255 any eq www
R1(config-ext-nacl)# end
R1#
```

在例 5-32 中，**show access-lists** 命令的输出已经对已修改的配置进行了验证。

例 5-32 验证已编辑的 ACL

```
R1# show access-lists
Extended IP access list BROWSING
    10 permit tcp any 192.168.10.0 0.0.0.255 established
Extended IP access list SURFING
    10 permit tcp 192.168.10.0 0.0.0.255 any eq www
    20 permit tcp 192.168.10.0 0.0.0.255 any eq 443
R1#
```

5.4.10 另一个命名的扩展 IPv4 ACL 示例

图 5-10 所示为另一个命名的扩展 IPv4 ACL 的实施场景。假设内部私有网络中的 PC1 允许 FTP、SSH、Telnet、DNS、HTTP 和 HTTPS 流量，但是要拒绝内部私有网络中所有其他主机的流量。

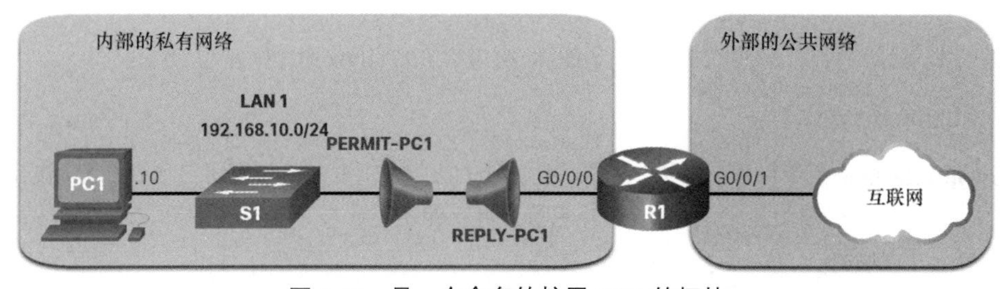

图 5-10 另一个命名的扩展 ACL 的拓扑

在该例中，创建两个命名的扩展ACL。

- **PERMIT-PC1**：该ACL只允许PC1的TCP访问互联网，同时拒绝私有网络中的其他所有主机。
- **REPLY-PC1**：该ACL只允许特定的TCP流量返回PC1，同时隐式拒绝所有其他流量。

例5-33所示为入向PERMIT-PC1 ACL和出向REPLY-PC1 ACL的配置。

PERMIT-PC1 ACL允许PC1（即192.168.10.10）使用TCP协议访问FTP（端口20和21）、SSH（22）、Telnet（23）、DNS（53）、HTTP（80）和HTTPS（443）流量。

REPLY-PC1 ACL允许返回PC1的流量。

在应用ACL时需要考虑许多因素，其中包括：

- 要在哪台设备上应用ACL；
- 要在哪个接口上应用ACL；
- 要在哪个方向上应用ACL。

我们必须慎重考虑，以避免出现意外的过滤结果。在该例中，PERMIT-PC1 ACL应用在R1 G0/0/0接口的入向方向上，REPLY-PC1 ACL应用在出向方向上。

例5-33 根据策略配置并应用ACL以允许PC1

```
R1(config)# ip access-list extended PERMIT-PC1
R1(config-ext-nacl)# Remark Permit PC1 TCP access to internet
R1(config-ext-nacl)# permit tcp host 192.168.10.10 any eq 20
R1(config-ext-nacl)# permit tcp host 192.168.10.10 any eq 21
R1(config-ext-nacl)# permit tcp host 192.168.10.10 any eq 22
R1(config-ext-nacl)# permit tcp host 192.168.10.10 any eq 23
R1(config-ext-nacl)# permit tcp host 192.168.10.10 any eq 53
R1(config-ext-nacl)# permit tcp host 192.168.10.10 any eq 80
R1(config-ext-nacl)# permit tcp host 192.168.10.10 any eq 443
R1(config-ext-nacl)# deny ip 192.168.10.0 0.0.0.255 any
R1(config-ext-nacl)# exit
R1(config)#
R1(config)# ip access-list extended REPLY-PC1
R1(config-ext-nacl)# Remark Only permit returning traffic to PC1
R1(config-ext-nacl)# permit tcp any host 192.168.10.10 established
R1(config-ext-nacl)# exit
R1(config)#
R1(config)# interface g0/0/0
R1(config-if)# ip access-group PERMIT-PC1 in
R1(config-if)# ip access-group REPLY-PC1 out
R1(config-if)# end
R1#
```

5.4.11 验证扩展ACL

在配置好ACL并将其应用在接口后，可以使用思科IOS **show**命令来验证其配置。

show ip interface 命令

show ip interface命令用于验证接口上配置的ACL及其应用的方向，如例5-34所示。该命令会产生大量的输出，请在输出中注意大写的ACL名称。可以使用过滤技术来减少命令的输出内容，如该例中的第二条命令所示。

例 5-34 show ip interface 命令

```
R1# show ip interface g0/0/0
GigabitEthernet0/0/0 is up, line protocol is up (connected)
  Internet address is 192.168.10.1/24
  Broadcast address is 255.255.255.255
  Address determined by setup command
  MTU is 1500 bytes
  Helper address is not set
  Directed broadcast forwarding is disabled
  Outgoing access list is REPLY-PC1
  Inbound access list is PERMIT-PC1
  Proxy ARP is enabled
  Security level is default
  Split horizon is enabled
  ICMP redirects are always sent
  ICMP unreachables are always sent
  ICMP mask replies are never sent
  IP fast switching is disabled
  IP fast switching on the same interface is disabled
  IP Flow switching is disabled
  IP Fast switching turbo vector
  IP multicast fast switching is disabled
  IP multicast distributed fast switching is disabled
  Router Discovery is disabled
R1#
R1# show ip interface g0/0/0 | include access list
Outgoing access list is REPLY-PC1
Inbound access list is PERMIT-PC1
R1#
```

show access-lists 命令

show access-lists 命令可以用来确认 ACL 是否按预期工作。只要有 ACE 匹配，该命令就会显示随之增加的统计信息。

注 意 *必须生成一些流量才能验证 ACL 是否工作正常。*

在例 5-35 中，思科 IOS 命令用于显示所有的 ACL 内容。请注意，即使端口号已配置，IOS 仍会显示关键字。另外，与标准 ACL 不同，扩展 ACL 并没有实施内部逻辑和散列函数。**show access-lists** 命令的输出内容中显示出的序列号反映了命令的输入顺序。主机条目不会自动列在范围条目之前。

例 5-35 show access-lists 命令

```
R1# show access-lists
Extended IP access list PERMIT-PC1
10 permit tcp host 192.168.10.10 any eq 20
20 permit tcp host 192.168.10.10 any eq ftp
30 permit tcp host 192.168.10.10 any eq 22
40 permit tcp host 192.168.10.10 any eq telnet
50 permit tcp host 192.168.10.10 any eq domain
60 permit tcp host 192.168.10.10 any eq www
```

```
70 permit tcp host 192.168.10.10 any eq 443
80 deny ip 192.168.10.0 0.0.0.255 any
Extended IP access list REPLY-PC1
10 permit tcp any host 192.168.10.10 established
R1#
```

show running-config 命令

show running-config 命令可以用来验证配置。该命令还可以显示配置的备注。可以对该命令执行过滤，使其只显示相关信息，如例 5-36 所示。

例 5-36 针对 ACL 配置进行过滤的 show running-config 命令

```
R1# show running-config | begin ip access-list
ip access-list extended PERMIT-PC1
remark Permit PC1 TCP access to internet
permit tcp host 192.168.10.10 any eq 20
permit tcp host 192.168.10.10 any eq ftp
permit tcp host 192.168.10.10 any eq 22
permit tcp host 192.168.10.10 any eq telnet
permit tcp host 192.168.10.10 any eq domain
permit tcp host 192.168.10.10 any eq www
permit tcp host 192.168.10.10 any eq 443
deny ip 192.168.10.0 0.0.0.255 any
ip access-list extended REPLY-PC1
remark Only permit returning traffic to PC1
permit tcp any host 192.168.10.10 established
!
(Output omitted)
R1#
```

5.5 总结

配置标准 IPv4 ACL

在配置 ACL 之前，需要先对其进行规划。对于包含多个访问控制条目（ACE）的 ACL 来说，尤为如此。在配置复杂的 ACL 时，建议使用文本编辑器写出要实施的策略细节；写出 IOS 配置命令来完成这些任务；包含用来记录 ACL 的备注；复制命令并将其粘贴到设备中；彻底测试 ACL，确保它正确应用了所需的策略。要创建编号的标准 ACL，可以使用 **access-list** *access-list-number* {**deny** | **permit** | **remark** *text*} *source* [*source-wildcard*] [**log**]全局配置命令。可以使用 **no access-list** *access-list-number* 全局配置命令来删除编号的标准 ACL。可以使用 **show ip interface** 命令验证接口上是否应用了 ACL。除了编号的标准 ACL，还有命名的标准 ACL。ACL 名称可由字母和数字组成，区分大小写，并且必须是唯一的。ACL 名称不一定非要使用大写字母，但在查看运行配置的输出内容时大写字母会比较醒目。要创建命名的标准 ACL，可以使用 **ip access-list standard** *access-list-name* 全局配置命令。可以使用 **no ip access-list standard** *access-list-name* 全局配置命令来删除命名的标准 IPv4 ACL。在配置了标准 IPv4 ACL 后，必须将其链接到一个接口或功能中。要将编号或命名的标准 IPv4 ACL 绑定到接口上，可以使用 **ip access-group** {*access-list-number* | *access-list-name*} {**in** | **out**}全局配置命令。要想从接口上删除 ACL，需要先输入 **no ip**

access-group 接口配置命令。要想从路由器中删除 ACL，需要使用 **no access-list** 全局配置命令。

修改 IPv4 ACL

要修改 ACL，可以使用文本编辑器或序列号。应该在文本编辑器中创建具有多个 ACE 的 ACL。使用该方法可以规划所需的 ACE、创建 ACL，然后把它粘贴到路由器接口上。在输入 ACE 时，路由器会自动为它分配一个序列号。这些编号列在 **show access-lists** 命令的输出中。**show running-config** 命令的输出中不会显示序列号。对于命名的 ACL，可以使用序列号来删除和添加 ACE。**show access-lists** 命令可以显示每个已匹配语句的统计信息。可以使用 **clear access-list counters** 命令清除 ACL 统计信息。

使用标准 IPv4 ACL 保护 VTY 端口

ACL 通常用于过滤接口上的入向和出向流量。标准 ACL 也可用于保护使用 VTY 线路对设备的远程管理访问。可以使用两个步骤来保护 VTY 线路的远程管理访问：创建 ACL，在其中指定允许发起远程访问的管理主机；在 VTY 线路上针对入站流量应用 ACL。**in** 关键字是用于过滤入向 VTY 流量的最常用的选项。**out** 参数用于过滤出向 VTY 流量，但非常少用。命名和编号的 ACL 都可以应用于 VTY 线路。应该在所有 VTY 线路上设置相同的访问限制，因为用户会尝试连接到其中任意一条 VTY 线路。在配置了 ACL 以限制对 VTY 线路的访问后，要验证它是否按照预期工作，这很重要。可以使用 **show ip interface** 命令验证接口上应用的 ACL。要验证 ACL 统计信息，可以使用 **show access-lists** 命令。

配置扩展 IPv4 ACL

相较于标准 ACL，扩展 ACL 能提供更大程度的控制，因此它的使用频率更为频繁。扩展 ACL 可以基于源地址、目的地址、协议（即 IP、TCP、UDP、ICMP）和端口号进行过滤。这样一来，可以基于更多的条件创建 ACL。与标准 ACL 类似，可以创建编号的和命名的扩展 ACL。用于创建编号的扩展 ACL 的全局配置命令与标准 ACL 使用的命令相同。配置扩展 ACL 的步骤与配置标准 ACL 相同。不过，命令语法和参数要更为复杂一些，以支持扩展 ACL 所提供的附加功能。要创建编号的扩展 ACL，可以使用 Router(config)# **access-list** *access-list-number* {**deny** | **permit** | **remark** text} *protocol source source-wildcard* [*operator* [*port*]] *destination destination-wildcard* [*operator* [*port*]] [**established**] [**log**]全局配置命令。扩展 ACL 可以过滤许多不同类型的互联网协议和端口。选择的协议会影响到端口选项。举例来说，如果选择了 **tcp**，则会提供与 TCP 相关的端口选项。对于没有列出的协议名称，比如 SSH（端口号 22）、HTTPS（端口号 443），则需要配置端口号。可以使用 TCP **established** 关键字，让 TCP 执行基本的状态化防火墙服务。该关键字可以让内部流量离开内部的私有网络，同时允许返回的应答流量进入这个内部的私有网络。在配置好 ACL 并将其应用在接口后，可以使用思科 IOS **show** 命令来验证其配置。**show ip interface** 命令用于验证接口上配置的 ACL 及其应用的方向。

复习题

完成这里列出的所有复习题，可以测试您对本章内容的理解。附录列出了答案。

1. 哪些数据包匹配 **access-list 110 permit tcp 172.16.0.0 0.0.0.255 any eq 22** 语句？
   A. 从任何主机到 172.16.0.0 网络的任何 TCP 流量
   B. 从 172.16.0.0 网络到任何目的网络的任何 TCP 流量
   C. 从任何源网络到 172.16.0.0 网络的 SSH 流量
   D. 从 172.16.0.0 网络到任何目的网络的 SSH 流量

2. ACL可使用哪两个关键字来替代通配符掩码或地址以及通配符掩码对？（选择两项）

A. **all**
B. **any**
C. **gt**
D. **host**
E. **most**
F. **some**

3. 在扩展IPv4 ACL中，网络管理员可以使用哪两个数据包过滤器？（选择两项）

A. 计算机类型
B. 目的MAC地址
C. 目的UDP端口号
D. ICMP消息类型
E. 源TCP Hello地址

4. 在以下示例显示的第二条ACE中，错误地指定了端口400，而不是端口443。更正该错误的最佳方法是什么？

```
R1# show access-lists
Extended IP access list SURFING
    10 permit tcp 192.168.10.0 0.0.0.255 any eq www
    20 permit tcp 192.168.10.0 0.0.0.255 any eq 400
R1#
```

A. 将ACL复制到文本编辑器，更正ACE，然后将ACL重新复制到路由器
B. 创建一个新的命名ACL，并将其应用于路由器接口
C. 输入 **permit tcp 192.168.10.0 0.0.0.255 any eq 443**
D. 输入 **no 20** 关键字，然后输入 **permit tcp 192.168.10.0 0.0.0.255 eq 443**
E. 删除整个ACL，然后使用正确的ACE重新创建

5. 网络管理员需要配置标准ACL，以便只有IP地址为10.1.1.10的管理员工作站可以访问主路由器上的虚拟终端。可以使用哪两个命令完成该任务？（选择两项）

A. R1(config)# **access-list 10 permit host 10.1.1.10**
B. R1(config)# **access-list 10 permit 10.1.1.10 255.255.255.0**
C. R1(config)# **access-list 10 permit 10.1.1.10 255.255.255.255**
D. R1(config)# **access-list 10 permit 10.1.1.10 0.0.0.0**
E. R1(config)# **access-list 10 permit 10.1.1.10 0.0.0.255**

6. 网络管理员正在写标准ACL，以拒绝来自10.10.0.0/16网络的任何流量，但放行其他所有流量。应该使用哪两个命令？（选择两项）

A. R1(config)# **access-list 55 deny any**
B. R1(config)# **access-list 55 permit any**
C. R1(config)# **access-list 55 host 10.10.0.0**
D. R1(config)# **access-list 55 deny 10.10.0.0 0.0.255.255**
E. R1(config)# **access-list 55 deny 10.10.0.0 255.255.0.0**
F. R1(config)# **access-list 55 10.10.0.0 255.255.255.255**

7. 在以下示例中，您忘记输入一条ACE以拒绝IP地址为192.168.10.10的用户。哪个命令可以正确输入ACE以过滤该地址？

```
R1# show access-lists
Extended IP access list PERMIT-NET
     10 permit ip 192.168.10.0 0.0.0.255 any
     20 permit ip 192.168.11.0 0.0.0.255 any
R1#
```

A. **deny ip host 192.168.10.10**
B. **5 deny ip host 192.168.10.10**
C. **15 deny ip host 192.168.10.10**
D. **25 deny ip host 192.168.10.10**

8. 您创建了一个名为 PERMIT-VTY 的标准 ACL，以仅允许管理主机以 VTY 的方式访问路由器。哪个线路配置命令可以将该 ACL 正确地应用于 VTY 线路？

A. **access-class PERMIT-VTY in**
B. **access-class PERMIT-VTY out**
C. **ip access-group PERMIT-VTY in**
D. **ip access-group PERMIT-VTY out**

9. 在接口 G0/0 入向方向实施扩展的命名 ACE **permit tcp 10.10.100 0.0.0.255 any eq www** 会产生什么影响？

A. 放行所有 TCP 流量，而拒绝所有其他流量
B. 任何端口都将放行来自 10.10.100/24 的流量
C. 该命令由于不完整而被路由器拒绝
D. 来自 10.10.100/24 的流量允许传输到所有 TCP 端口 80 的目的地

10. 在全局配置模式下输入命令 **ip access-list extended AAA-FILTER** 后，CLI 提示符更改为什么？

A. R1(config-ext-nacl)#
B. R1(config-if)#
C. R1(config-line)#
D. R1(config-router)#
E. R1(config-std-nacl)#

第 6 章 IPv4 的 NAT

学习目标

通过完成本章的学习，您将能够回答下列问题：

- NAT 的用途和功能是什么；
- 不同类型的 NAT 是如何运行的；
- NAT 有哪些优点和缺点；
- 如何使用 CLI 配置静态 NAT；
- 如何使用 CLI 配置动态 NAT；
- 如何使用 CLI 配置 PAT；
- 什么是 IPv6 的 NAT。

IPv4 地址是 32 位的二进制数值。从数学角度来说，这意味着有超过 40 亿个唯一的 IPv4 地址。在 20 世纪 80 年代，这个地址数量看起来远超出了人们的需求。随着技术的发展，出现了人们可负担的起的台式机和笔记本电脑、智能手机和平板电脑，以及很多其他的数字技术，当然还出现了互联网。很快，人们发现 40 亿个 IPv4 地址远不能满足增长的需求。这也正是开发 IPv6 的原因。然而，当今的大多数网络仍只使用 IPv4，或者结合使用 IPv4 和 IPv6。向纯 IPv6 网络的过渡仍在进行中，这也是为什么人们开发了网络地址转换（NAT）。设计 NAT 的目的是为了管理这 40 亿个 IPv4 地址，让尽可能多的设备访问互联网。可想而知，了解 NAT 的用途以及它的工作方式非常重要。快来学习吧！

6.1 NAT 的特征

几乎所有连接到互联网的网络都使用 NAT 转换 IPv4 地址。通常，组织机构将私有 IP 地址分配给内部主机。当主机的通信流量离开网络时，NAT 将那些私有地址转换为公有 IP 地址。返回公有 IPv4 地址的流量将重新转换为内部私有 IPv4 地址。

本节将介绍 NAT 的用途和功能。

6.1.1 IPv4 私有地址空间

众所周知，公有 IPv4 地址的数量不足以为连接到互联网的每一台设备分配唯一的地址。网络通常使用 RFC 1918 中定义的私有 IPv4 地址来实施。RFC 1918 中的地址类如表 6-1 所示。

表 6-1　RFC 1918 中定义的私有 IPv4 地址

类	RFC 1918 内部地址范围	前缀
A	10.0.0.0～10.255.255.255	10.0.0.0/8
B	172.16.0.0～172.31.255.255	172.16.0.0/12
C	192.168.0.0～192.168.255.255	192.168.0.0/16

这些私有地址可在组织机构或站点内使用，以允许设备在本地通信。但是，无法通过这些地址来识别任何单一的公司或组织机构，因此私有 IPv4 地址不能在互联网上路由。为了使具有私有 IPv4 地址的设备能够访问本地网络之外的设备和资源，必须首先将私有地址转换为公有地址。

NAT 可将私有地址转换为公共地址，如图 6-1 所示。这可使具有私有 IPv4 地址的设备访问私有网络之外的资源，例如互联网上的资源。将 NAT 与私有 IPv4 地址一起使用，已经成为节省公有 IPv4 地址的首选方法。单个公有 IPv4 地址可由数百甚至数千台设备共享，而每台备都配置有唯一的私有 IPv4 地址。

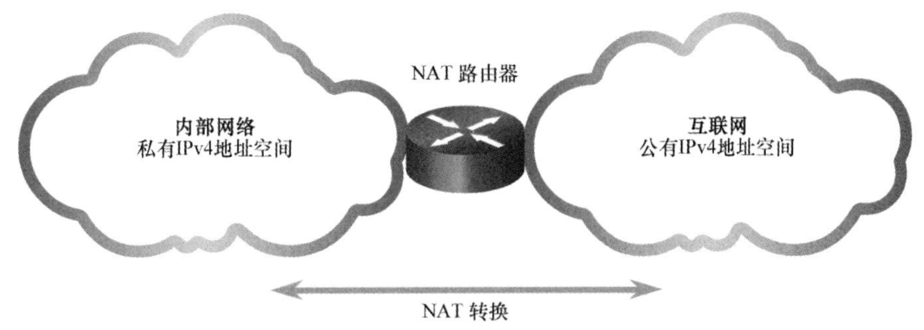

图 6-1 NAT 路由器将私有 IPv4 地址转换为公有 IPv4 地址

如果没有 NAT，IPv4 地址空间耗尽的问题可能早在 2000 年之前就已发生。但 NAT 也有一些限制和缺点，本章后文会进行介绍。IPv4 地址空间耗尽问题以及 NAT 限制的解决方案是向 IPv6 过渡。

6.1.2 什么是 NAT

NAT 有很多作用，但其主要作用是节省公有 IPv4 地址。它通过允许网络在内部使用私有 IPv4 地址，而只在需要时提供到公有地址的转换，从而实现这一作用。NAT 还在一定程度上增加了网络的隐私和安全性，因为它对外部网络隐藏了内部 IPv4 地址。

支持 NAT 的路由器可以配置一个或多个有效的公有 IPv4 地址。这些公有 IPv4 地址成为 NAT 地址池。当内部设备向网络外部发送流量时，支持 NAT 的路由器将设备的内部 IPv4 地址转换为 NAT 池中的一个公有地址。对于外部设备来说，进出网络的所有流量看起来都来自地址池中的一个公有 IPv4 地址。

NAT 路由器通常工作在末端网络边界。末端网络指的是与邻居网络只有单条连接的网络，网络流量通过这单条连接进出网络。在图 6-2 所示的示例中，R2 为边界路由器。对 ISP 来说，R2 构成了末端网络。

当末端网络内的设备想要与网络外部的设备通信时，会将数据包转发到边界路由器。边界路由器会执行 NAT 过程，将设备的内部私有地址转换为外部可路由的公有地址。

注 意 去往 ISP 的连接可以使用一个私有地址，也可以使用一个在客户之间共享的公有地址。

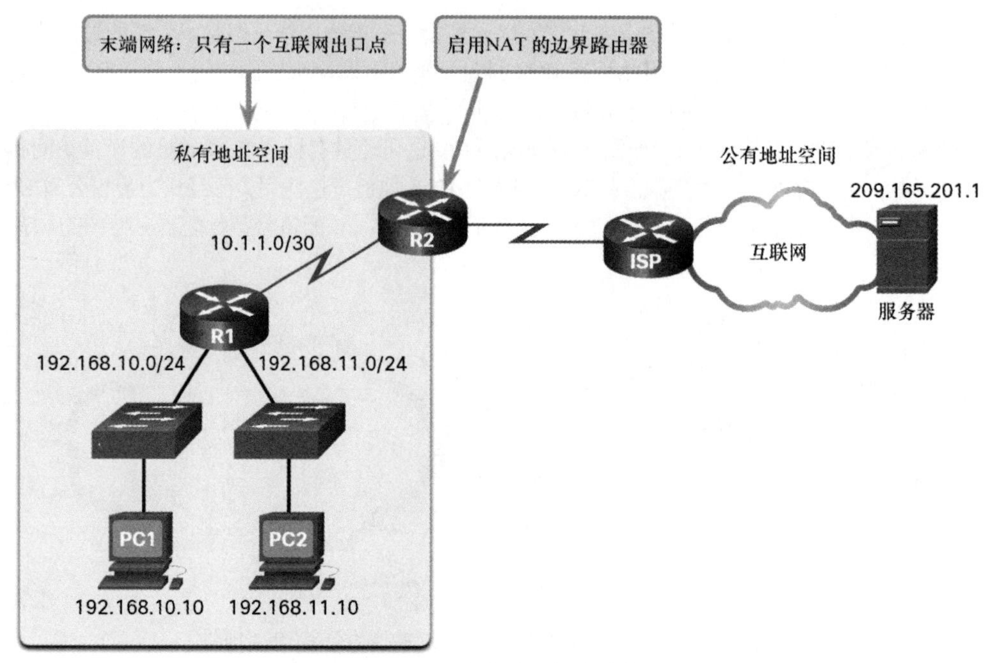

图 6-2 NAT 在末端网络中的角色

6.1.3 NAT 的工作原理

在图 6-3 中，具有私有地址 192.168.10.10 的 PC1 想要与具有公有地址 209.165.201.1 的外部 Web 服务器通信。

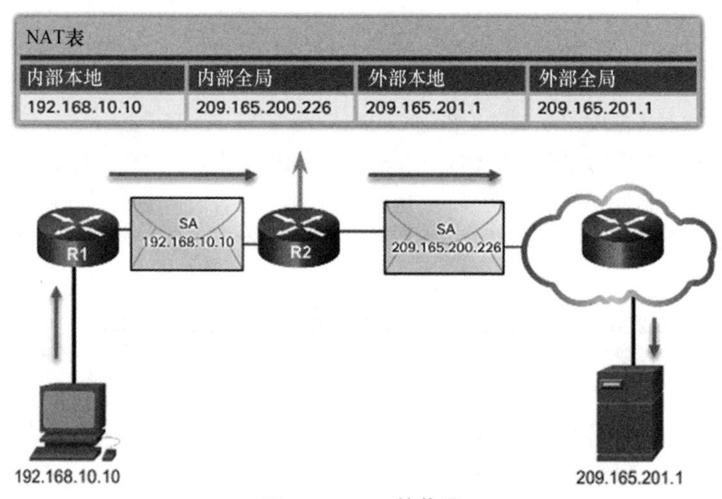

图 6-3 NAT 的作用

6.1.4 NAT 术语

在 NAT 术语中，内部网络是指需要进行地址转换的网络。外部网络指所有其他网络。

在使用 NAT 时，IP 地址具有不同的名称，这取决于地址是在私有网络上还是在公有网络（互联网）上，以及流量是传入的还是传出的。

NAT 包括 4 种类型的地址：

- 内部本地地址；
- 内部全局地址；
- 外部本地地址；
- 外部全局地址。

在决定使用哪种地址时，重要的是要记住 NAT 术语始终是从具有转换后地址的设备的角度来应用的。

- **内部地址**：由 NAT 进行转换的设备地址。
- **外部地址**：目的设备的 IP 地址。

NAT 还会使用本地地址或全局地址的概念。

- **本地地址**：出现在网络内部的任何地址。
- **全局地址**：出现在网络外部的任何地址。

将术语“内部”和“外部”与“本地”和“全局”组合起来，可表示特定的地址。在图 6-4 中，NAT 路由器 R2 是内部网络和外部网络之间的分界点。R2 上配置了一个公有地址池，可以分配给内部主机使用。关于下文每种 NAT 地址类型的讨论，请参考图 6-4 中的网络和 NAT 表。

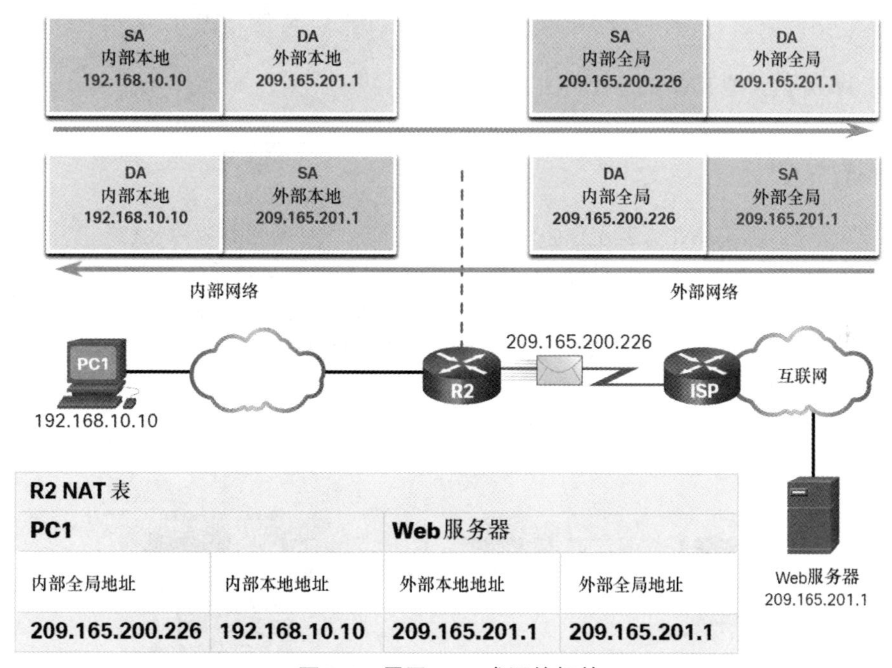

图 6-4　用于 NAT 术语的拓扑

内部本地地址

从网络内部看到的源地址。这通常是私有 IPv4 地址。在图 6-4 中，IPv4 地址 192.168.10.10 被分配给 PC1。这是 PC1 的内部本地地址。

内部全局地址

从网络外部看到的源地址。这通常是一个全局可路由的 IPv4 地址。在图 6-4 中，当流量从 PC1 发送到位于 209.165.201.1 的 Web 服务器时，R2 会将内部本地地址转换为内部全局地址。在本例中，R2 将 IPv4 源地址从 192.168.10.10 转变成 209.165.200.226。用 NAT 术语来说就是内部本地地址 192.168.10.10 被转换为内部全局地址 209.165.200.226。

外部全局地址

从网络外部看到的目的地址。这是分配给互联网主机的全局可路由 IPv4 地址。例如，Web 服务器的可达 IPv4 地址为 209.165.201.1。大多数情况下，外部本地地址和外部全局地址是相同的。

外部本地地址

从网络内部看到的目的地址。在图 6-4 所示的示例中，PC1 将流量发送到 IPv4 地址为 209.165.201.1 的 Web 服务器上。虽然不常见，但该地址也可能与目的设备的全局可路由地址不同。

PC1 的内部本地地址为 192.168.10.10。从 PC1 的角度来看，Web 服务器具有外部地址 209.165.201.1。当数据包从 PC1 发送到 Web 服务器的全局地址时，PC1 的内部本地地址将转换为 209.165.200.226（内部全局地址）。外部设备的地址通常不会被转换，因为这个地址通常是公有 IPv4 地址。

注意，PC1 具有不同的本地和全局地址，而 Web 服务器的本地和全局地址都使用同一个公有 IPv4 地址。从 Web 服务器的角度来说，源自 PC1 的流量好像来自 209.165.200.226（内部全局地址）。

6.2 NAT 的类型

本节将介绍不同类型 NAT 的运行。

6.2.1 静态 NAT

现在，您已经了解了 NAT 及其工作原理，本节会讨论可供您使用的多种 NAT。

静态 NAT 使用本地地址和全局地址的一对一映射。这些映射由网络管理员进行配置，并保持不变。

在图 6-5 中，R2 上配置了 Svr1、PC2 和 PC3 的内部本地地址的静态映射。当这些设备向互联网发送流量时，它们的内部本地地址会转换为配置的内部全局地址。对外部网络的设备而言，这些设备使用的是公有 IPv4 地址。

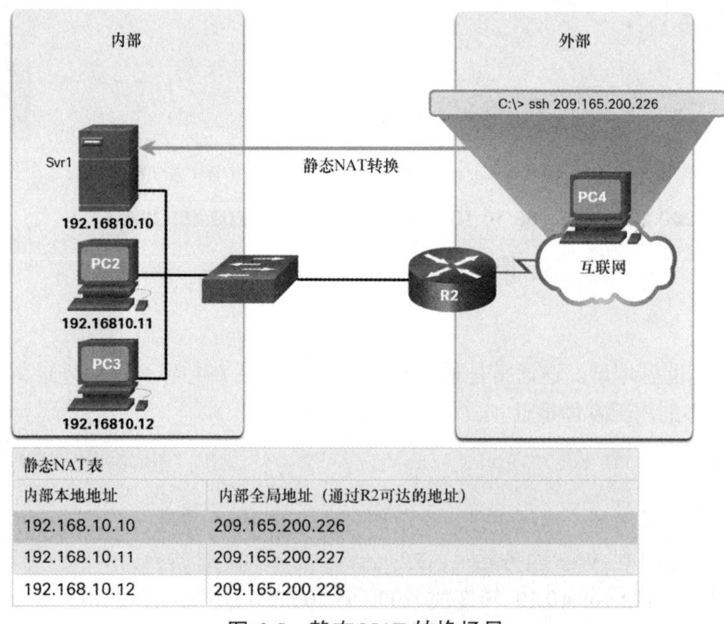

静态NAT表	
内部本地地址	内部全局地址（通过R2可达的地址）
192.168.10.10	209.165.200.226
192.168.10.11	209.165.200.227
192.168.10.12	209.165.200.228

图 6-5　静态 NAT 转换场景

如果 Web 服务器或设备必须拥有可以从互联网进行访问的固定地址（例如公司的 Web 服务器），静态 NAT 就尤为有用。对于只能由授权人员通过互联网访问，而公众不能通过互联网访问的设备，静态 NAT 也别特有用。例如，网络管理员可以在 PC4 上使用 SSH 来访问 Svr1 的内部全局地址（209.165.200.226）。R2 会把这个内部全局地址转换为内部本地地址 192.168.10.10，然后把会话连接到 Svr1。

静态 NAT 要求有足够的公有地址来满足同时进行的用户会话。

6.2.2 动态 NAT

动态 NAT 使用公有地址池，并以先到先得的原则分配这些地址。当内部设备请求访问外部网络时，动态 NAT 从地址池中为其分配一个可用的公有 IPv4 地址。

在图 6-6 中，PC3 使用动态 NAT 池中的第一个可用地址来访问互联网，而其他地址仍可供使用。与静态 NAT 类似，动态 NAT 也要求有足够的公有地址来满足同时进行的用户会话。

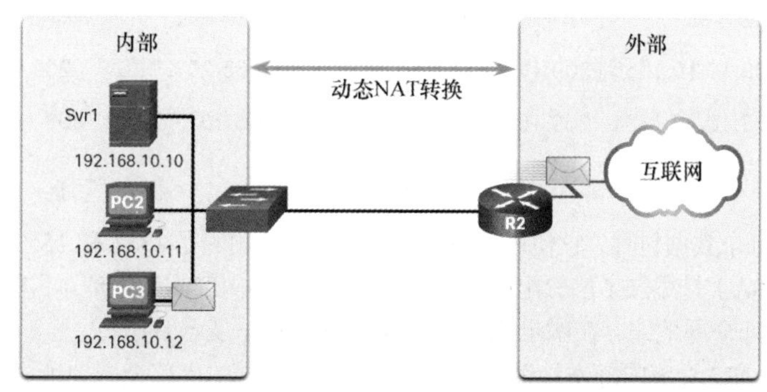

IPv4 NAT 池	
内部本地地址	内部全局地址池（通过R2可达的地址）
192.168.10.12	209.165.200.226
可用	209.165.200.227
可用	209.165.200.228
可用	209.165.200.229
可用	209.165.200.230

图 6-6 动态 NAT 转换场景

6.2.3 端口地址转换

端口地址转换（PAT）也称为 NAT 重载，可将多个私有 IPv4 地址映射到一个或少数几个公有 IPv4 地址。这是大多数家庭路由器所做的工作。ISP 为这台路由器分配一个地址，但家庭中的多台设备可以同时访问互联网。这是家庭和企业最常见的 NAT 形式。

借助于 PAT，可以将多个地址映射到一个或少数几个地址，因为每个私有地址也可用端口号进行跟踪。当设备发起 TCP/IP 会话时，它会生成一个 TCP 或 UDP 源端口号，或生成一个专门为 ICMP 分配的查询 ID，用来唯一地标识该会话。当 NAT 路由器接收到来自客户端的数据包时，将使用其源端口号来唯一地表示指定的 NAT 转换。

PAT 可以确保设备使用不同的 TCP 端口号与互联网中的服务器建立每个会话。当服务器返回响应时，源端口号（在回程中变成目的端口号）决定路由器将数据包转发到哪个设备。PAT 过程还验证传入的数据包是否是被请求的数据包，因此在一定程度上提高了会话的安全性。

图6-7演示了PAT过程。PAT将唯一的源端口号添加到内部全局地址中，以区分不同的转换。

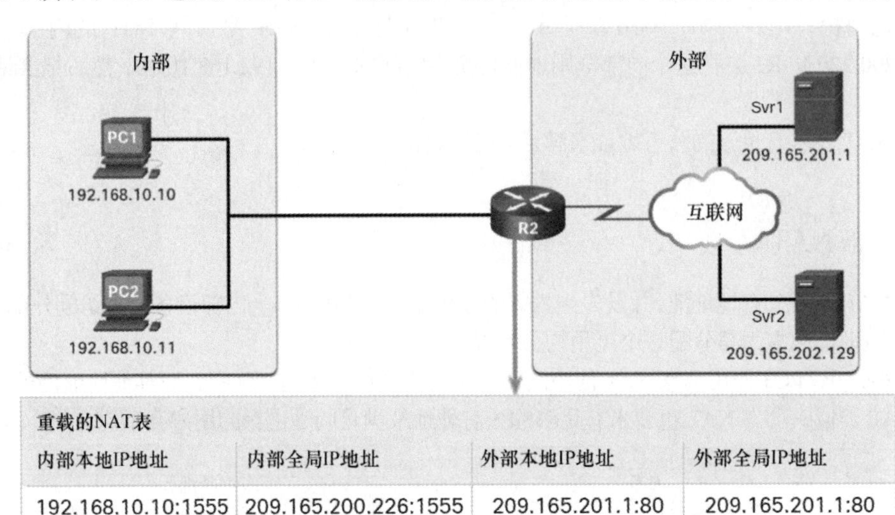

重载的NAT表

内部本地IP地址	内部全局IP地址	外部本地IP地址	外部全局IP地址
192.168.10.10:1555	209.165.200.226:1555	209.165.201.1:80	209.165.201.1:80
192.168.10.11:1331	209.165.200.226:1331	209.165.202.129:80	209.165.202.129:80

图6-7 PAT场景

当R2处理每个数据包时，它使用端口号（在本例中使用的是1331和1555）来识别发起数据包的设备。源地址（SA）是添加了已分配的TCP/UDP端口号的内部本地地址。目的地址（DA）是添加了服务端口号的外部全局地址。在本示例中，服务端口是80（表示HTTP）。

对于源地址，R2会将内部本地地址转换为添加了端口号的内部全局地址。目的地址不会改变，但在这里称为外部全局IPv4地址。当Web服务器进行应答时，路径正好相反。

6.2.4 下一个可用端口

在前面的示例中，客户端端口号（1331和1555）在支持NAT的路由器上没有改变。这种情形不太常见，因为这些端口号很有可能已被其他正在进行的会话所使用。

PAT会尝试保留原始的源端口。但是，如果原始的源端口已被使用，PAT就会从相应的端口组（0～511、512～1023或1024～65 535）中分配第一个可用的端口号。如果没有其他可用的端口，且地址池中有多个外部地址时，则PAT会移动到下一地址，尝试重新分配原始的源端口。这一过程会一直持续，直到不再有可用端口或外部IPv4地址。

在图6-8中，PAT已将下一个可用端口（1445）分配给第二个主机地址。

在图6-8中，主机选择了相同的端口号1444。这对于内部地址来说是可以接受的，因为主机具有唯一的私有IPv4地址。但是在NAT路由器上，必须更改端口号，否则来自两个不同主机的数据包将使用同一个源地址离开R2。在本例中，假设1024～65 535这个范围中的前420个端口已经被使用，那么路由器会使用下一个可用端口，即1445。

当数据包从网络外部返回时，如果NAT路由器之前已经修改过源端口，那么它现在会把目的端口号更改回原始的端口号。

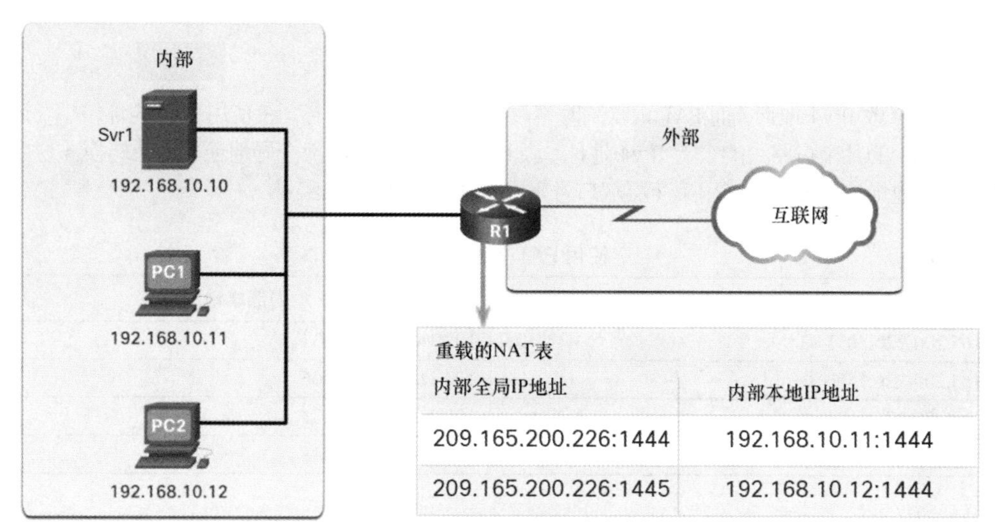

图 6-8　重新分配源端口

6.2.5　NAT 和 PAT 比较

表 6-2 总结了 NAT 和 PAT 之间的区别。

表 6-2　NAT 和 PAT

NAT	PAT
内部本地地址和内部全局地址之间一对一映射	一个内部全局地址可以被映射为多个内部本地地址
在转换过程中只会使用 IPv4 地址	在转换中使用 IPv4 地址和 TCP 或 UDP 源端口号
每个内部主机在访问外部网络时都需要唯一的内部全局地址	多个内部主机在访问外部网络时可以共享单个内部全局地址

NAT

表 6-3 所示为一个简单的 NAT 表示例。在本例中，内部网络中有 4 台主机正在与外部网络进行通信。左侧一栏列出了全局地址池中的地址，NAT 会使用这个地址池来转换每台主机的内部本地地址。注意观察 4 台主机中的每一台在访问外部网络时，内部全局地址与内部本地地址之间的一对一映射关系。通过使用 NAT，每台主机在连接外部网络时都可以使用一个内部全局地址。

注　意　NAT 设备在把返回的数据包转发给原始的内部主机时，会参考这个表，把内部全局地址转换为主机相应的内部本地地址。

表 6-3　NAT 表

内部全局地址	内部本地地址
209.165.200.226	192.168.10.10
209.165.200.227	192.168.10.11
209.165.200.228	192.168.10.12
209.165.200.229	192.168.10.13

PAT

NAT只修改IPv4地址，而PAT可以同时修改IPv4地址和端口号。在使用PAT的环境中，通常只有一个或极少的几个可路由的公有IPv4地址。表6-4所示的这个内部全局地址可用于转换4台内部主机的内部本地地址。PAT会使用第4层端口号来跟踪4台主机的会话。

表6-4 使用PAT的NAT表

内部全局地址	内部本地地址
209.165.200.226:2031	192.168.10.10:2031
209.165.200.226:1506	192.168.10.11:1506
209.165.200.226:1131	192.168.10.12:1131
209.165.200.226:1718	192.168.10.13:1718

6.2.6 没有第4层数据段的数据包

如果IPv4数据包传送的是数据而不是TCP或UDP数据段会怎么样？这些数据包将不包含第4层端口号。PAT可以转换IPv4承载的大多数常用协议，这些协议不会将TCP或UDP用作传输层协议。其中最常见的一种就是ICMPv4。对于每种类型的协议，PAT会以不同的方式进行处理。例如，ICMPv4查询消息、Echo请求和Echo应答会包含一个查询ID字段。ICMPv4使用查询ID字段来识别Echo请求及其相应的Echo应答。每发送一个Echo请求，查询ID字段都会增加。PAT将使用查询ID而不是第4层端口号。

注 意 其他ICMPv4消息不使用查询ID字段。这些消息以及其他不使用TCP或UDP端口号的协议，其处理情况有所不同，这超出了本书的范围。

6.3 NAT的优点和缺点

NAT解决了没有足够IPv4地址的问题，但它也带来了其他问题。本节介绍了NAT的优缺点。

6.3.1 NAT的优点

NAT具有以下众多优点。

- NAT允许对内联网实行私有编址，从而维护合法注册的公有编址方案。NAT通过应用程序端口级别的多路复用节省了地址。在使用PAT时，内部主机可以共享单一的公有IPv4地址来实现外部通信。在这种类型的配置中，只需很少的外部地址即可支持许多内部主机。
- NAT增强了与公网连接的灵活性。为了确保可靠的公网连接，可以实施多池、备用池和负载均衡池。
- NAT为内部网络编址方案提供了一致性。在不使用私有IPv4地址和NAT的网络上，更改公有IPv4地址方案时需要对现有网络上的所有主机重新编址，而主机重新编址的成本会非常高。NAT允许维持现有的私有IPv4地址方案，同时能够很容易地更换为新的公有编址方案。这意味着组织机构可以更换ISP而不需要更改任何内部客户端。

- 通过使用 RFC 1918 中的 IPv4 地址，NAT 可以隐藏用户和其他设备的 IPv4 地址。有些人认为这是一种安全特性，但大多数专家都认为 NAT 并不提供安全性。状态化防火墙才会在网络边缘提供安全性。

6.3.2 NAT 的缺点

NAT 确实有一些缺点。由于互联网上的主机看起来是直接与支持 NAT 的设备进行通信，而不是与私有网络中的真实主机直接通信，这带来了一些问题。

使用 NAT 的一个缺点就是影响网络性能，尤其是对实时协议（如 VoIP）的影响。转换数据包报头内的每个 IPv4 地址需要时间，因此 NAT 会增加转发延迟。第一个数据包始终是经过较慢的路径，并进行进程交换。路由器必须查看每个数据包，以决定是否需要转换。路由器必须更改 IPv4 报头，甚至可能要更改 TCP 或 UDP 报头。每次进行转换时，都必须重新计算 IPv4 报头校验和以及 TCP 或 UDP 校验和。如果缓存条目存在，则其余数据包经过快速交换路径传输；否则也会发生延迟。

随着 ISP 的公有 IPv4 地址池消耗殆尽，由 NAT 进程引起的转发延迟变得越来越严重。很多 ISP 不得不为客户分配私有 IPv4 地址，而不是公有 IPv4 地址。这意味着客户的路由器会把数据包从本地私有 IPv4 地址转换为 ISP 的私有 IPv4 地址。在把数据包转发到其他提供商之前，ISP 会再次执行 NAT 转换，把 ISP 本地私有 IPv4 地址转换为其有限的公有 IPv4 地址之一。这种两层的 NAT 转换过程被称为运营商级 NAT（CGN）。

使用 NAT 的另一缺点是端到端编址的丢失。这称为端到端原则。很多互联网协议和应用都依赖于源到目的的端到端编址。某些应用程序不能与 NAT 配合使用。例如，一些安全应用程序（例如数字签名）会因为源 IPv4 地址在到达目的地之前发生改变而失败。使用物理地址而不是限定域名的应用程序无法到达经过 NAT 路由器转换的目的地。有时，该问题可以通过实施静态 NAT 映射来避免。

使用 NAT 另一缺点是端到端 IPv4 的可追溯性也丢失了。由于数据包地址在多个 NAT 跳数上发生过改变，因此数据包的追溯将更加困难，从而使得故障排除也更具挑战性。

使用 NAT 还会使隧道协议（比如 IPSec）的使用变得复杂，因为 NAT 会修改报头中的值，从而导致完整性校验失败。

需要从外部网络发起 TCP 连接的服务或需要无状态协议的服务（如使用 UDP 的服务）可能会发生中断。除非对 NAT 路由器进行配置来支持这类协议，否则传入的数据包将无法到达目的地。有些协议可以在参与主机之间容纳一个 NAT 实例（比如被动模式的 FTP），但是当两个系统均通过 NAT 转换跨越互联网进行通信时，其通信会失败。

6.4 静态 NAT

在本节中，您会学习如何配置和验证静态 NAT。静态 NAT 是内部地址与外部地址之间的一对一映射。静态 NAT 允许外部设备使用静态分配的公有地址发起与内部设备的连接。例如，可以将内部 Web 服务器映射到一个特定的内部全局地址，以便从外部网络对其进行访问。

6.4.1 静态 NAT 的场景

在图 6-9 中，内部网络中包含了一台使用私有 IPv4 地址的 Web 服务器。路由器 R2 上配置了静态 NAT，以允许外部网络（互联网）上的设备访问这台 Web 服务器。外部网络中的客户端使用公有 IPv4

地址访问 Web 服务器。静态 NAT 可以将公有 IPv4 地址转换为私有 IPv4 地址。

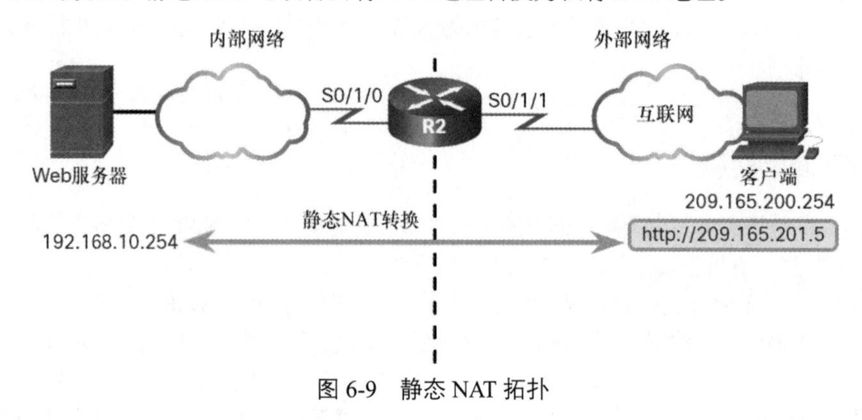

图 6-9 静态 NAT 拓扑

6.4.2 配置静态 NAT

在配置静态 NAT 转换时，需要执行两个基本的步骤。

步骤 1. 第一个任务是在内部本地地址与内部全局地址之间创建映射。在例 6-1 中，内部本地地址 192.168.10.254 和内部全局地址 209.165.201.5 被配置为静态 NAT 转换。

例 6-1 静态 NAT 配置

```
R2(config)# ip nat inside source static 192.168.10.254 209.165.201.5
R2(config)#
```

步骤 2. 在配置映射后，将参与转换的接口配置为内部或外部接口（相对于 NAT 而言）。在例 6-2 中，R2 的 S0/1/0 接口是内部接口，S0/1/1 接口是外部接口。

例 6-2 配置内部和外部 NAT 接口

```
R2(config)# interface serial 0/1/0
R2(config-if)# ip address 192.168.1.2 255.255.255.252
R2(config-if)# ip nat inside
R2(config-if)# exit
R2(config)# interface serial 0/1/1
R2(config-if)# ip address 209.165.200.1 255.255.255.252
R2(config-if)# ip nat outside
R2(config-if)#
```

在配置结束后，当数据包从配置后的内部本地 IPv4 地址（192.168.10.254）到达 R2 的内部接口（S0/1/0）时，R2 会执行转换，然后把它转发到外部网络。当数据包从配置后的内部全局 IPv4 地址（209.165.201.5）到达 R2 的内部接口（S0/1/1）时，R2 会把它转换为内部本地地址（192.168.10.254），然后把它转发到内部网络。

6.4.3 静态 NAT 的分析

图 6-10 使用上述配置演示了客户端和 Web 服务器之间的静态 NAT 转换过程。当外部网络（互联网）上的客户端需要访问内部网络（内网）中的服务器时，通常使用的是静态转换。下述步骤如图 6-10 所示。

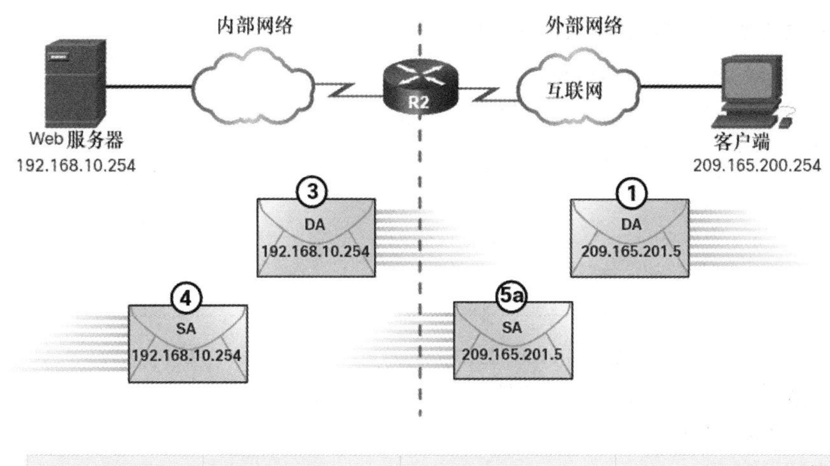

	内部本地地址	内部全局地址	外部本地地址	外部全局地址
②⑤b	192.168.10.254	209.165.201.5	209.165.200.254	209.165.200.254

图 6-10 静态 NAT 过程

步骤 1. 客户端想要打开与 Web 服务器的连接。客户端使用公有 IPv4 目的地址 209.165.201.5 将数据包发送到 Web 服务器。该地址是 Web 服务器的内部全局地址。

步骤 2. R2 在其 NAT 外部接口上收到来自客户端的第一个数据包，这使得 R2 开始检查其 NAT 表。目的 IPv4 地址 209.165.201.5 位于 NAT 路由表中，它会被转换为 192.168.10.254。

步骤 3. R2 使用内部本地地址 192.168.10.254 替换内部全局地址 209.165.201.5。R2 随后将数据包转发到 Web 服务器。

步骤 4. Web 服务器接收到数据包，并使用内部本地地址 192.168.10.254 对客户端做出响应。该地址是响应数据包的源地址。

步骤 5a. R2 从其 NAT 内部接口接收到 Web 服务器的数据包，源地址是 Web 服务器的内部本地地址 192.168.10.254。

步骤 5b. R2 检查 NAT 表，为内部本地地址执行转换。该地址可在 NAT 表中找到。R2 把源地址 192.168.10.254 转换为内部全局地址 209.165.201.5，然后将数据包转发到客户端。

步骤 6.（未显示）客户端接收到数据包并继续进行会话。NAT 路由器对每个数据包执行步骤 2～步骤 5b。

6.4.4 验证静态 NAT

要想验证 NAT 操作，可以使用 **show ip nat translations** 命令，如例 6-3 所示。该命令可显示活动的 NAT 转换。由于该示例是静态 NAT 配置，因此无论正在进行的是哪种通信，转换始终都存在于 NAT 表中。

例 6-3 静态 NAT 转换：始终在 NAT 表中

```
R2# show ip nat translations
Pro  Inside global        Inside local        Outside local        Outside global
---  209.165.201.5        192.168.10.254      ---                  ---
Total number of translations: 1
R2#
```

如果在活跃会话期间中执行了上述命令，命令输出中就会显示外部设备的地址，如例 6-4 所示。

例 6-4　在活跃会话期间的静态 NAT 转换

```
R2# show ip nat translations
Pro  Inside global        Inside local        Outside local        Outside
  global
tcp  209.165.201.5        192.168.10.254      209.165.200.254
  209.165.200.254
---  209.165.201.5        192.168.10.254       ---                   ---
Total number of translations: 2
R2#
```

另一个很有用的命令是 **show ip nat statistics**，它会显示出活动转换的总数、NAT 配置参数、地址池中的地址数量，以及已经分配出去的地址数量，如例 6-5 所示。

要想验证 NAT 转换是否工作正常，最好先使用 **clear ip nat statistics** 命令清除以前的转换统计信息，然后再执行测试。

例 6-5　活跃会话建立之前的 NAT 统计信息

```
R2# show ip nat statistics
Total active translations: 1 (1 static, 0 dynamic; 0 extended)
Outside interfaces:
  Serial0/1/1
Inside interfaces:
  Serial0/1/0
Hits: 0 Misses: 0
(output omitted)
R2#
```

客户端与 Web 服务器之间建立了会话后，**show ip nat statistics** 命令显示内部接口（S0/1/0）上的匹配次数增加到 4 次，如例 6-6 所示。这证实静态 NAT 转换正在 R2 上进行。

例 6-6　活跃会话建立之后的 NAT 统计信息

```
R2# show ip nat statistics
Total active translations: 1 (1 static, 0 dynamic; 0 extended)
Outside interfaces:
  Serial0/1/1
Inside interfaces:
  Serial0/1/0
Hits: 4 Misses: 1
(output omitted)
R2#
```

6.5　动态 NAT

在本节中，您将学习如何配置并验证动态 NAT。静态 NAT 在内部本地地址和内部全局地址之间提供了永久映射，而动态 NAT 会自动执行内部本地地址与内部全局地址之间的映射。这些内部全局地址通常是公有 IPv4 地址。动态 NAT 与静态 NAT 类似，需要使用 **ip nat inside** 和 **ip nat outside** 接口配置命令来配置参与 NAT 的内部和外部接口。但是，静态 NAT 创建的是与单个地址的永久映射，而动态 NAT 使用的则是一个地址池。

6.5.1 动态 NAT 场景

在图 6-11 所示的拓扑中，内部网络使用的是 RFC 1918 私有地址空间中的地址。与路由器 R1 连接的是两个 LAN：192.168.10.0/24 和 192.168.11.0/24。路由器 R2（边界路由器）上配置了动态 NAT，它会使用 209.165.200.226～209.165.200.240 的公有 IPv4 地址池。

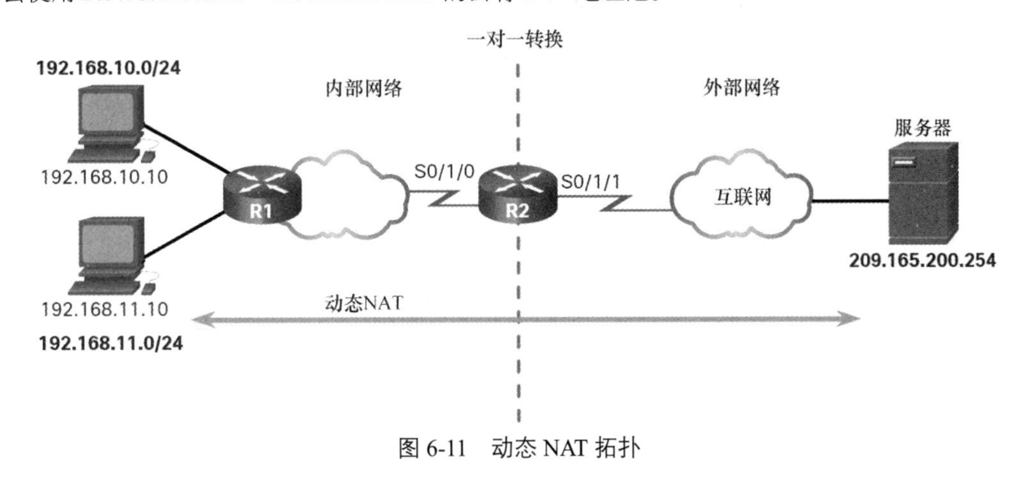

图 6-11　动态 NAT 拓扑

这个公有 IPv4 地址池（即内部全局地址池）根据先到先得的原则，将这些地址分配给内部网络中的任何设备。使用动态 NAT 时，单个内部地址被转换为单个外部地址。在使用这种类型的转换时，地址池中必须有足够的地址，才能满足所有内部设备同时访问外部网络的需求。如果地址池中的所有地址都被使用了，则设备必须在等到有可用地址时，才能访问外部网络。

注　意　在公有和私有 IPv4 地址之间执行转换是当前 NAT 最常见的用途。不过，也可以使用 NAT 在任意一对 IPv4 地址之间执行转换。

6.5.2 配置动态 NAT

在图 6-11 所示的拓扑中，NAT 的配置能够为 192.168.0.0/16 网络中的所有主机提供转换。这包括 192.168.10.0 和 192.168.11.0 LAN 中的主机，当它们的流量进入 S0/1/0 接口并从 S0/1/1 接口离开时，路由器会执行转换。主机的内部本地地址会被转换为范围为 209.165.200.226～209.165.200.240 的地址池中的可用地址。

步骤 1. 使用 **ip nat pool** 全局配置命令来定义用于转换的地址池。该地址池通常是一组公有地址。这些地址是通过指明池中的起始 IPv4 地址和终止 IPv4 地址而定义的。**netmask** 或 **prefix-length** 关键字指示哪些地址位属于网络部分，以及哪些地址位属于这个地址范围中的主机部分。

在该场景中，定义了一个名为 NAT-POOL1 的公有 IPv4 地址池，如例 6-7 所示。

例 6-7　配置 NAT 池

```
R2(config)# ip nat pool NAT-POOL1 209.165.200.226 209.165.200.240 netmask
  255.255.255.224
R2(config)#
```

步骤 2. 配置一个标准 ACL，以识别（允许）那些将要进行转换的地址。过于宽松的 ACL 可能会导致不可预测的后果。要记住，在每个 ACL 的末尾都有一条隐式的 **deny all** 语句。

在该场景中，定义了符合转换条件的地址，如例 6-8 所示。

例 6-8　定义将要被转换的地址

```
R2(config)# access-list 1 permit 192.168.0.0 0.0.255.255
R2(config)#
```

步骤 3. 使用下述命令语法把 ACL 绑定到地址池。

```
Router(config)# ip nat inside source list {access-list-number |
  access-list-name} pool pool-name
```

路由器使用这个配置来确定哪些设备（**list**）使用哪些地址（**pool**）。在该场景中，将 NAT-POOL1 与 ACL 1 进行绑定，如例 6-9 所示。

例 6-9　将 ACL 绑定到地址池

```
R2(config)# ip nat inside source list 1 pool NAT-POOL1
```

步骤 4. 指定哪些接口是内部接口（相对于 NAT 来说）。内部接口就是与内部网络相连的接口。在该场景中，指定 S0/1/0 接口为内部 NAT 接口，如例 6-10 所示。

例 6-10　配置内部 NAT 接口

```
R2(config)# interface serial 0/1/0
R2(config-if)# ip nat inside
```

步骤 5. 指定哪些接口是外部接口（相对于 NAT 来说）。外部接口就是与外部网络相连的接口。在该场景中，指定 S0/1/1 接口为外部 NAT 接口，如例 6-11 中所示。

例 6-11　配置外部 NAT 接口

```
R2(config)# interface serial 0/1/1
R2(config-if)# ip nat outside
```

6.5.3　动态 NAT 的分析：从内部到外部

通过使用前面的配置，图 6-12 和图 6-13 演示了两个客户端和 Web 服务器之间的动态 NAT 转换过程。

图 6-12 演示了从内部网络到外部网络的流量流动。

步骤 1. 源 IPv4 地址为 192.168.10.10（PC1）和 192.168.11.10（PC2）的主机发送数据包，请求连接到公有 IPv4 地址 209.165.200.254 的服务器。

步骤 2. R2 收到来自主机 192.168.10.10 的第一个数据包。由于该数据包是在一个配置为内部 NAT 接口的接口上收到的，因此 R2 将检查 NAT 配置，以确定是否应该对其进行转换。ACL 允许该数据包，因此 R2 对数据包进行转换。R2 检查其 NAT 表。由于目前没有这个 IPv4 地址的转换条目，因此 R2 确定必须转换源地址 192.168.10.10。R2 从动态地址池中选择一个可用的全局地址，并创建一个转换条目 209.165.200.226。原始的源 Pv4 地址 192.168.10.10 是 NAT 表中的内部本地地址，转换后的地址是内部全局地址 209.165.200.226。对于第二台主机 192.168.11.10，R2 将重复以上过程，从动态地址池中选择下一个可用的全局地址，并创建第二个转换条目 209.165.200.227。

步骤 3. R2 使用转换后的内部全局地址 209.165.200.226 替换 PC1 的内部本地源地址 192.168.10.10，然后转发数据包。R2 会使用转换后的地址 209.165.200.227 为来自 PC2 的数据包执行相同的操作。

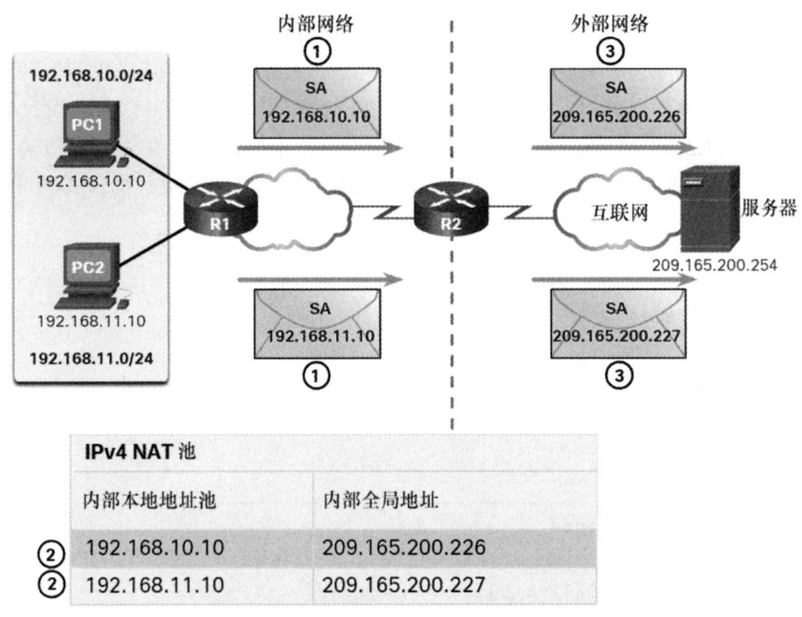

图 6-12 动态 NAT 过程：从内部到外部

6.5.4 动态 NAT 的分析：从外部到内部

图 6-13 演示了客户端和服务器之间的流量流动（按照从外部到内部的方向）。

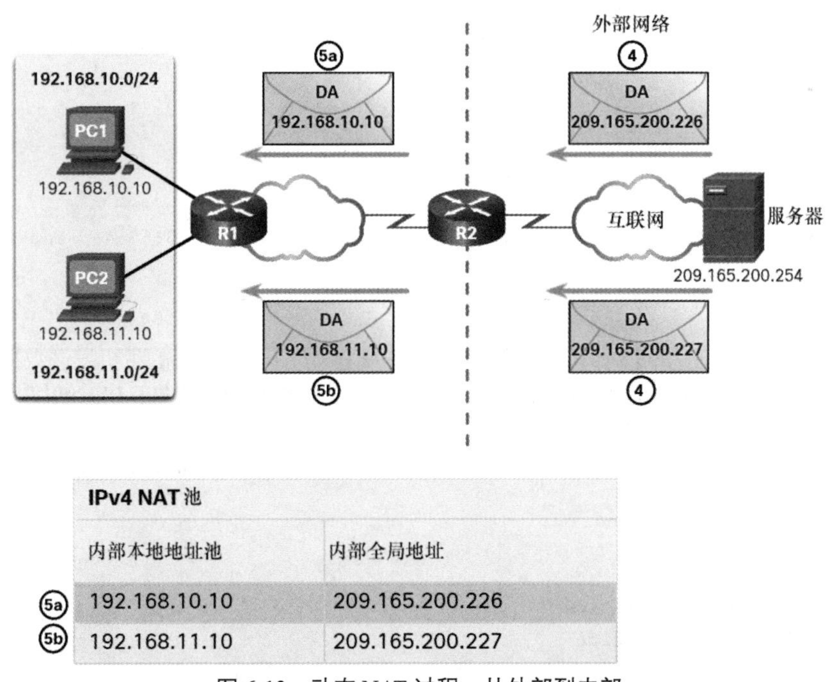

图 6-13 动态 NAT 过程：从外部到内部

步骤 4. 服务器收到来自 PC1 的数据包，然后使用 IPv4 目的地址 209.165.200.226 进行响应。当服务器收到第二个数据包时，它将使用 IPv4 目的地址 209.165.200.227 对 PC2 进行响应。

步骤5a. 当R2接收到目的IPv4地址为209.165.200.226的数据包时，它会查找NAT表。通过使用NAT表中的映射，R2将这个地址转换回内部本地地址192.168.10.10，并将数据包转发到PC1。

步骤5b. 当R2接收到目的IPv4地址为209.165.200.227的数据包时，它会查找NAT表。通过使用NAT表中的映射，R2将这个地址转换回内部本地地址192.168.11.10，并将数据包转发到PC2。

步骤6. 位于192.168.10.10的PC1和位于192.168.11.10的PC2接收数据包并继续会话。路由器对每个数据包执行步骤2～步骤5（步骤6未在图中显示）。

6.5.5 验证动态NAT

在例6-12中，**show ip nat translations** 命令的输出中显示了已配置的所有静态转换，以及由流量创建的动态转换。

例6-12 验证NAT转换

```
R2# show ip nat translations
Pro Inside global      Inside local       Outside local        Outside global
--- 209.165.200.228    192.168.10.10       ---                  ---
--- 209.165.200.229    192.168.11.10       ---                  ---
R2#
```

添加 **verbose** 关键字可以查看与每个转换相关的额外信息，其中包括这个条目是在多久之前创建的，以及使用了多久，如例6-13所示。

例6-13 验证详细的NAT转换

```
R2# show ip nat translation verbose
Pro Inside global      Inside local       Outside local     Outside global
tcp 209.165.200.228    192.168.10.10      ---               ---
     create 00:02:11, use 00:02:11 timeout:86400000, left 23:57:48, Map-Id(In): 1,
     flags:
none, use_count: 0, entry-id: 10, lc_entries: 0
tcp 209.165.200.229    192.168.11.10     ---                ---
     create 00:02:10, use 00:02:10 timeout:86400000, left 23:57:49, Map-Id(In): 1,
     flags:
none, use_count: 0, entry-id: 12, lc_entries: 0
R2#
```

在默认情况下，转换条目会在24小时后超时，除非使用 **ip nat translations timeout** *timeout-seconds* 全局配置命令对计时器进行了更改。

要想在计时器超时之前清除动态条目，可以使用 **clear ip nat translations** 特权EXEC模式命令，如例6-14所示。

例6-14 清除NAT转换

```
R2# clear ip nat translation *
R2# show ip nat translation
R2#
```

在测试NAT配置时，清除动态条目非常有用。在使用 **clear ip nat translation** 命令时，可结合使用关键字和变量，以控制要清除的条目，如表6-5所示。通过清除特定的条目可避免中断活动的会话。可以使用 **clear ip nat translation** *特权EXEC命令来清除表中的所有转换。

表 6-5 clear ip nat translation 命令

命令	描述
clear ip nat translation *	从 NAT 转换表中清除所有动态地址转换条目
clear ip nat translation inside *global-ip local-ip* [**outside** *local-ip global-ip*]	清除包含内部转换或同时包含内部和外部转换的简单动态转换条目
clear ip nat translation *protocol* **inside** *global-ip global-port local-ip local-port* [**outside** *local-ip local-port global-ip global-port*]	清除一条扩展的动态转换条目

注 意 只能从表中清除动态转换条目，不能从表中清除静态转换条目。

另一个很有用的命令是 **show ip nat statistics**，它可以显示活动转换的总数、NAT 配置参数、地址池中的地址数量以及已分配出去的地址数量，如例 6-15 所示。

例 6-15 验证 NAT 统计信息

```
R2# show ip nat statistics
Total active translations: 4 (0 static, 4 dynamic; 0 extended)
Peak translations: 4, occurred 00:31:43 ago
Outside interfaces:
  Serial0/1/1
Inside interfaces:
  Serial0/1/0
Hits: 47 Misses: 0
CEF Translated packets: 47, CEF Punted packets: 0
Expired translations: 5
Dynamic mappings:
-- Inside Source
[Id: 1] access-list 1 pool NAT-POOL1 refcount 4
 pool NAT-POOL1: netmask 255.255.255.224
        start 209.165.200.226 end 209.165.200.240
        type generic, total addresses 15, allocated 2 (13%), misses 0
(output omitted)
R2#
```

还可以使用 **show running-config** 命令结合适当的参数，来查看 NAT、ACL、接口或地址池命令。例 6-16 显示了 NAT 地址池的配置。

例 6-16 验证 NAT 配置

```
R2# show running-config | include NAT
ip nat pool NAT-POOL1 209.165.200.226 209.165.200.240 netmask 255.255.255.224
ip nat inside source list 1 pool NAT-POOL1
R2#
```

6.6 PAT

在本节中，您会学习如何配置并验证 PAT。

6.6.1　PAT 的应用场景

配置 PAT 的方法有两种，具体取决于 ISP 分配公有 IPv4 地址的方式。第一种分配方式是 ISP 为组织机构分配单个公有 IPv4 地址，另一种方式是为其分配多个公有 IPv4 地址。这两种方式将使用图 6-14 中的场景进行演示。

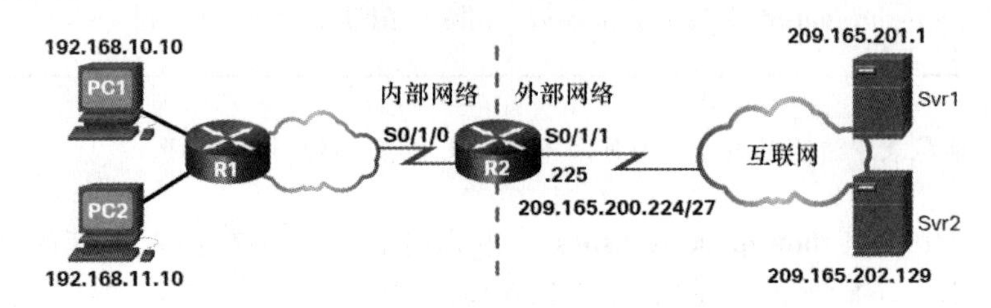

NAT 表			
内部本地地址	内部全局地址	外部全局地址	外部本地地址
192.168.10.10:1444	209.165.200.225:1444	209.165.201.1:80	209.165.201.1:80
192.168.11.10:1444	209.165.200.225:1445	209.165.202.129:80	209.165.202.129:80

图 6-14　PAT 拓扑

6.6.2　使用单个 IPv4 地址配置 PAT

要将 PAT 配置为只使用单个 IPv4 地址，只需要把关键字 **overload** 添加到 **ip nat inside source** 全局配置命令中即可。配置的其他地方与静态或动态 NAT 配置类似，只是在 PAT 配置中，多台主机可以使用相同的公有 IPv4 地址来访问互联网。

在例 6-17 中，网络 192.168.0.0/16 中的所有主机（匹配 ACL 1）在通过路由器 R2 向互联网发送流量时，数据包的源地址会被转换为 IPv4 地址 209.165.200.225（S0/1/1 接口的 IPv4 地址）。由于配置了 **overload** 关键字，因此路由器会使用 NAT 表中的端口号来识别流量。

例 6-17　配置 PAT 以重载接口

```
R2(config)# ip nat inside source list 1 interface serial 0/1/0 overload
R2(config)# access-list 1 permit 192.168.0.0 0.0.255.255
R2(config)#
R2(config)# interface serial0/1/0
R2(config-if)# ip nat inside
R2(config-if)# exit
R2(config)#
R2(config)# interface Serial0/1/1
R2(config-if)# ip nat outside
R2(config-if)# exit
R2(config)#
```

6.6.3　使用地址池配置 PAT

ISP 可以向组织机构分配多个公有 IPv4 地址。在这种场景中，组织机构可以将 PAT 配置为使用一个 IPv4 公有地址池进行转换。

如果某个站点被分配了多个公有 IPv4 地址，则这些地址可以是 PAT 使用的地址池的一部分。如果让较多的设备共享一个较小的地址池，那么就会存在多台设备使用相同的公有 IPv4 地址访问互联网。要将 PAT 配置为使用动态 NAT 地址池，只需要把关键字 **overload** 添加到 **ip nat inside source** 全局配置命令中即可。

该场景中使用的拓扑与前一示例相同，方便起见，图 6-15 再次给出了该拓扑。

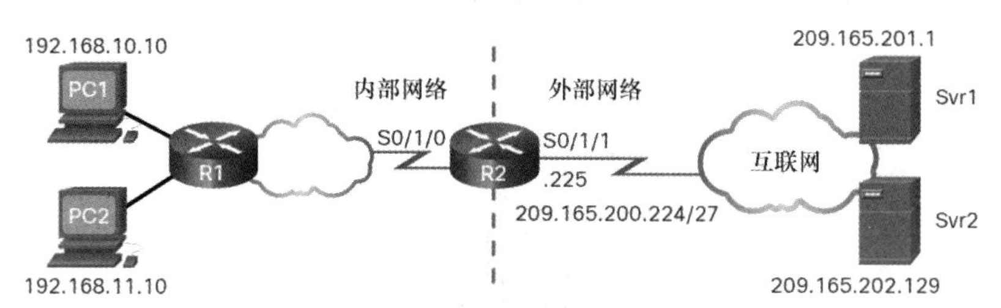

图 6-15　具有单地址拓扑的 PAT

在例 6-18 中，NAT-POOL2 被绑定到 ACL 上，以允许 192.168.0.0/16 进行转换。这些主机可以共享池中的 IPv4 地址，因为使用关键字 **overload** 启用了 PAT。

例 6-18　配置 PAT 以重载 NAT 地址池

```
R2(config)# ip nat pool NAT-POOL2 209.165.200.226 209.165.200.240 netmask
255.255.255.224
R2(config)# access-list 1 permit 192.168.0.0 0.0.255.255
R2(config)# ip nat inside source list 1 pool NAT-POOL2 overload
R2(config)#
R2(config)# interface serial0/1/0
R2(config-if)# ip nat inside
R2(config-if)# exit
R2(config)#
R2(config)# interface serial0/1/0
R2(config-if)# ip nat outside
R2(config-if)# end
R2#
```

6.6.4　PAT 分析：从 PC 到服务器

无论是使用单个地址还是地址池，PAT 重载的过程都是相同的。在图 6-16 中，PAT 被配置为使用单个 IPv4 地址，而没有使用地址池。PC1 想要与 Web 服务器 Svr1 进行通信。同时，客户端 PC2 希望与 Web 服务器 Svr2 建立类似的会话。PC1 和 PC2 都配置了私有 IPv4 地址，并且 R2 启用了 PAT。

图 6-16 演示了下面的步骤。

步骤 1. PC1 和 PC2 分别向 Svr1 和 Svr2 发送数据包。PC1 具有源 IPv4 地址 192.168.10.10，且使用 TCP 源端口 1444。PC2 的源 IPv4 地址是 192.168.10.11，而且恰好也使用了同一个 TCP 源端口 1444。

步骤 2. 来自 PC1 的数据包先到达 R2。通过使用 PAT，R2 将源 IPv4 地址更改为 209.165.200.225（内部全局地址）。NAT 表中没有其他设备使用端口 1444，因此 PAT 保存了相同的端口号。数据包随后被转发到位于 209.165.201.1 的 Svr1。

步骤 3. 接着，来自 PC2 的数据包到达 R2。PAT 已配置为使用一个内部全局 IPv4 地址 209.165.200.225 进行所有的转换。与 PC1 的转换过程类似，PAT 把 PC2 的源 IPv4 地址转换为内部全局地址 209.165.200.225。

但是，PC2具有与当前PAT条目（用于PC1的转换）相同的源端口号。PAT将增大源端口号，直到源端口号在其表中为唯一值。在这里，NAT表中的源端口条目和来自PC2的数据包使用的端口号为1445。

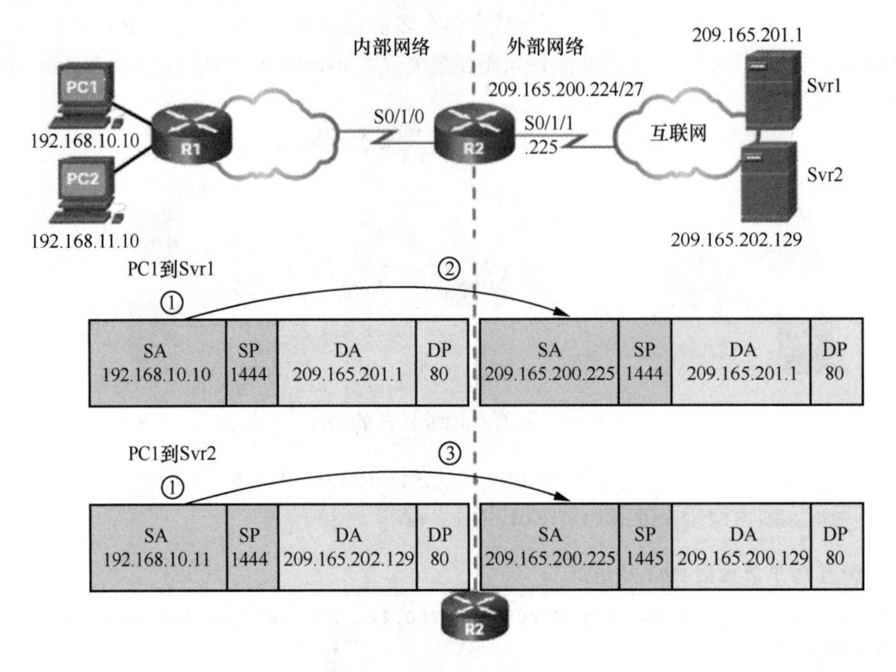

NAT表			
内部本地地址	内部全局地址	外部全局地址	外部本地地址
192.168.10.10:1444	209.165.200.225:1444	209.165.201.1:80	209.165.201.1:80
192.168.10.10:1444	209.165.200.225:1445	209.165.201.129:80	209.165.201.129:80

图6-16　PAT过程：从PC到服务器

6.6.5　PAT分析：从服务器到PC

尽管PC1和PC2使用相同的转换后的地址（内部全局地址209.165.200.225）和相同的源端口号1444，但修改后的PC2的端口号（1445）使NAT表中的每个条目都是唯一的。这样路由器就会知道从服务器返回的数据包是去往哪个客户端的，如图6-17所示。

图6-17演示了从服务器到PC的步骤，具体如下。

步骤4. 服务器使用接收到的数据包的源端口作为目的端口，而将源地址用作返回流量的目的地址。服务器看起来像是与位于209.165.200.225的同一主机通信，但事实并非如此。

步骤5. 当数据包到达时，R2使用每个数据包的目的地址和目的端口在其NAT表中查找唯一的条目。对于来自Svr1的数据包，目的IPv4地址209.165.200.225具有多个条目，但是只有一个条目具有目的端口1444。R2使用其表中的条目，将数据包的目的IPv4地址更改为192.168.10.10，而目的端口无须更改。数据包随后被转发到PC1。

步骤6. 当Svr2的数据包到达时，R2对其执行类似的转换。R2找到目的IPv4地址209.165.200.225，该地址仍具有多个条目。但是，通过使用目的端口1445，R2能够确定唯一的一个转换条目。目的IPv4地址已更改为192.168.10.11。在这种情况下，目的端口也必须修改回原来的值1444（该值存储在NAT

表中）。数据包随后被转发到 PC2。

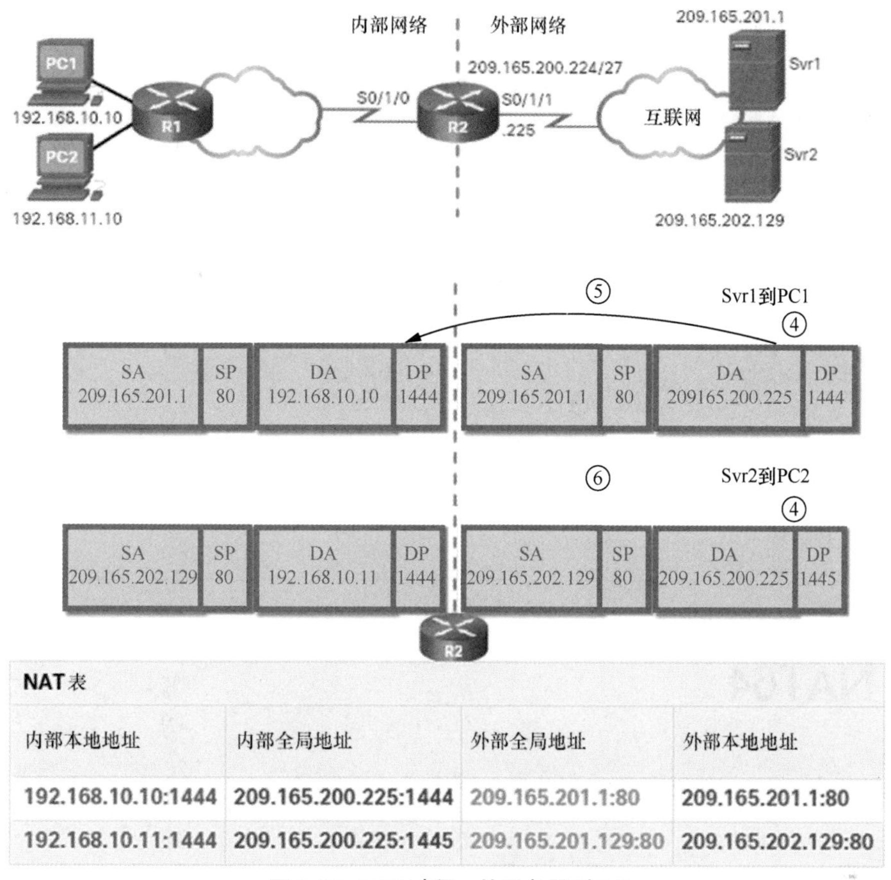

内部本地地址	内部全局地址	外部全局地址	外部本地地址
192.168.10.10:1444	209.165.200.225:1444	209.165.201.1:80	209.165.201.1:80
192.168.10.11:1444	209.165.200.225:1445	209.165.201.129:80	209.165.202.129:80

图 6-17　PAT 过程：从服务器到 PC

6.6.6　验证 PAT

路由器 R2 已经被配置为向 192.168.0.0/16 客户端提供 PAT。当内部主机通过路由器 R2 向互联网发送流量时，其源地址会被转换为 PAT 地址池中的 IPv4 地址，并带有唯一的源端口号。

用于验证静态和动态 NAT 的命令与验证 PAT 的命令相同，如例 6-19 所示。**show ip nat translations** 命令显示了两台不同主机与不同 Web 服务器之间的转换。注意，这两台不同的内部主机分配了同一个 IPv4 地址 209.165.200.226（内部全局地址）。NAT 表中的源端口号将这两个转换区分开来。

例 6-19　验证 NAT 转换

```
R2# show ip nat translations
Pro Inside global        Inside local        Outside local         Outside global
tcp 209.165.200.225:1444 192.168.10.10:1444 209.165.201.1:80      209.165.201.1:80
tcp 209.165.200.225:1445 192.168.11.10:1444 209.165.202.129:80    209.165.202.129:80
R2#
```

在例 6-20 中，**show ip nat statistics** 命令证实 NAT-POOL2 已经为这两个转换分配了相同的地址。输出中包含的信息有活动转换的数量和类型、NAT 配置参数、地址池中的地址数量以及已分配的地址数量。

例 6-20　验证 NAT 统计信息

```
R2# show ip nat statistics
Total active translations: 4 (0 static, 2 dynamic; 2 extended)
Peak translations: 2, occurred 00:31:43 ago
Outside interfaces:
  Serial0/1/1
Inside interfaces:
  Serial0/1/0
Hits: 4 Misses: 0
CEF Translated packets: 47, CEF Punted packets: 0
Expired translations: 0
Dynamic mappings:
-- Inside Source
[Id: 3] access-list 1 pool NAT-POOL2 refcount 2
 pool NAT-POOL2: netmask 255.255.255.224
        start 209.165.200.225 end 209.165.200.240
        type generic, total addresses 15, allocated 1 (6%), misses 0
(output omitted)
R2#
```

6.7　NAT64

在本节中，您将学习如何将 NAT 用于 IPv6 网络。

6.7.1　用于 IPv6 的 NAT

由于很多网络同时使用了 IPv4 和 IPv6，因此需要有一种方法能够在 IPv6 环境中使用 NAT。本节讨论了如何在 IPv6 环境中集成 NAT。

具有 128 位地址的 IPv6 可以提供 340 涧（10 的 36 次方）个地址。因此，IPv4 中的地址空间问题在 IPv6 中不存在。IPv6 的开发初衷就是为了不再在公有和私有 IPv4 地址之间进行 NAT 转换。但是，IPv6 中也确实有自己的 IPv6 私有地址空间，称为唯一本地地址（ULA）。

IPv6 中的唯一本地地址类似于 IPv4 中的 RFC 1918 私有地址，但是用途不同。ULA 地址只用于站点内部的本地通信，它们没有提供额外的 IPv6 地址空间，也没有提供安全性。

IPv6 通过 NAT64 提供 IPv4 和 IPv6 之间的协议转换。

6.7.2　NAT64

就使用背景来说，用于 IPv6 的 NAT 与用于 IPv4 的 NAT 大不相同。NAT64 用于在纯 IPv6 和纯 IPv4 网络之间提供透明的传输（见图 6-18），而不是用于私有 IPv6 到全局 IPv6 的转换。

理想情况下，IPv6 应该尽可能在本地运行。也就是说，IPv6 设备应该通过 IPv6 网络相互通信。但是，为了帮助从 IPv4 过渡到 IPv6，IETF 已经开发了几种过渡技术来适应从 IPv4 到 IPv6 的各种场景，包括双栈、隧道化和转换。

双栈是指设备同时运行与 IPv4 和 IPv6 相关的协议。IPv6 隧道化是指将 IPv6 数据包封装到 IPv4

数据包中的过程。这将允许 IPv6 数据包能够在纯 IPv4 网络中传输。

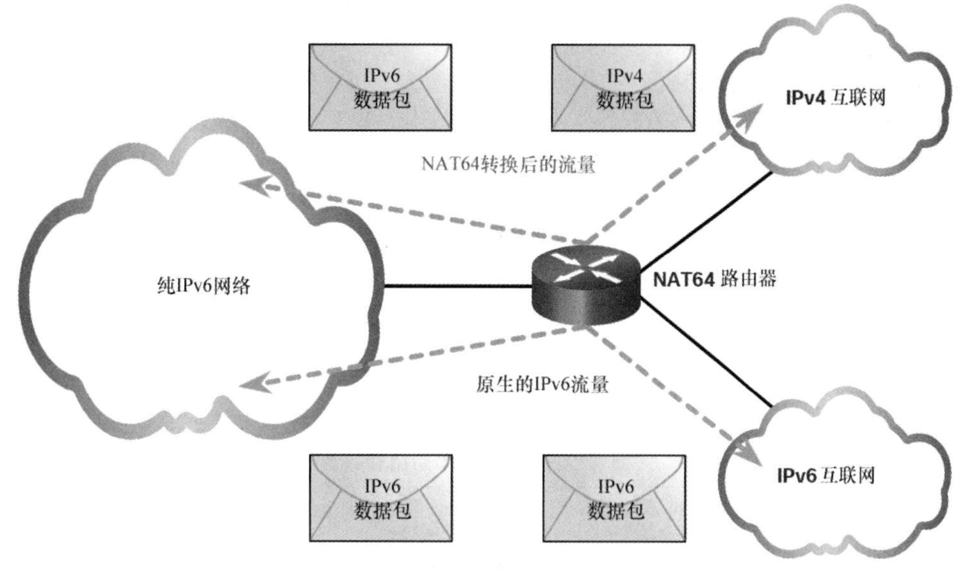

图 6-18 NAT64 路由器转换后的 IPv6 和 IPv4 网络

用于 IPv6 的 NAT 不应作为一种长期策略使用，它只是一种临时的机制，用于协助从 IPv4 到 IPv6 的迁移。多年来，已经开发了多个用于 IPv6 的 NAT 类型，其中包括网络地址转换—协议转换（NAT-PT）。然而，IETF 已经弃用了 NAT-PT，并倾向于其替代者，也即 NAT64。NAT64 不属于本书的范围。

6.8 总结

NAT 的特征

公有 IPv4 地址的数量不足以为连接到互联网的每一台设备分配唯一的地址。私有 IPv4 地址不能在互联网上路由。为了使具有私有 IPv4 地址的设备能够访问本地网络之外的设备和资源，必须首先将私有地址转换为公有地址。NAT 可在私有地址和公有地址之间进行转换。NAT 的主要目标是节省公有 IPv4 地址。它通过允许网络在内部使用私有 IPv4 地址，而只在需要时提供到公有地址的转换，当内部设备将流量发送到网络外部时，启用 NAT 的路由器会将设备的内部 IPv4 地址转换为 NAT 池中的一个公有地址。在 NAT 术语中，内部网络是指需要进行地址转换的网络。外部网络指所有其他网络。在决定使用哪种地址时，重要的是要记住 NAT 术语始终是从具有转换后地址的设备的角度来应用的。

- **内部地址**：由 NAT 进行转换的设备地址。
- **外部地址**：目的设备的 IP 地址。

NAT 还会使用本地地址或全局地址的概念。

- **本地地址**：出现在网络内部的任何地址。
- **全局地址**：出现在网络外部的任何地址。

NAT 的类型

静态 NAT 使用本地地址和全局地址的一对一映射。这些映射由网络管理员进行配置，并保持不变。如果 Web 服务器或设备必须拥有可以从互联网进行访问的固定地址（例如公司的 Web 服务器），静态

NAT就尤为有用。静态NAT要求有足够的公有地址来满足同时进行的用户会话。动态NAT使用公有地址池，并以先到先得的原则分配这些地址。当内部设备请求访问外部网络时，动态NAT从地址池中为其分配一个可用的公有IPv4地址。与静态NAT类似，动态NAT也要求有足够的公有地址来满足同时进行的用户会话。端口地址转换（PAT）也称为NAT重载，可将多个私有IPv4地址映射到一个或少数几个公有IPv4地址。这是大多数家庭路由器所做的工作。PAT可以确保设备使用不同的TCP端口号与互联网中的服务器建立每个会话。PAT会尝试保留原始的源端口。但是，如果原始的源端口已被使用，PAT就会从相应的端口组中分配第一个可用的端口号。PAT可以转换IPv4承载的大多数常用协议，这些协议不会将TCP或UDP 用作传输层协议。其中最常见的一种就是ICMPv4。

表6-6总结了NAT和PAT之间的区别。

表6-6 NAT和PAT

NAT	PAT
内部本地地址和内部全局地址之间一对一映射	一个内部全局地址可以被映射为多个内部本地地址
在转换过程中只会使用IPv4地址	在转换中使用IPv4地址和TCP或UDP源端口号
每个内部主机在访问外部网络时都需要唯一的内部全局地址	多个内部主机在访问外部网络时可以共享单个内部全局地址

NAT的优点和缺点

NAT具有众多优点，具体如下。

- NAT允许对内联网实行私有编址，从而维护合法注册的公有编址方案。
- NAT增强了与公网连接的灵活性。
- NAT为内部网络编址方案提供了一致性。
- NAT隐藏了用户的IPv4地址。

NAT具有众多缺点，具体如下。

- NAT会增加转发延迟，因为转换数据包报头内的每个IPv4地址需要时间。这种两层NAT转换的过程被称为运营商级NAT（CGN）。
- 端到端编址会丢失，因为很多互联网协议和应用都依赖于源到目的的端到端编址。
- 端到端IPv4的可追溯性也丢失了。
- 使用NAT还会使隧道协议（比如IPSec）的使用变得复杂，因为NAT会修改报头中的值，从而导致完整性校验失败。

静态NAT

静态NAT是内部地址与外部地址之间的一对一映射。静态NAT允许外部设备使用静态分配的公有地址发起与内部设备的连接。第一个任务是使用 **ip nat inside source static** 全局配置命令在内部本地地址与内部全局地址之间创建映射。第二个任务是在配置映射后，使用 **ip nat inside** 和 **ip nat outside** 接口配置命令将参与转换的接口配置为内部或外部接口（相对于NAT而言）。要想验证NAT操作，可以使用 **show ip nat translations** 命令。要想验证NAT转换是否工作正常，最好先使用 **clear ip nat statistics** 特权EXEC命令清除以前的转换统计信息，然后再执行测试。

动态NAT

动态NAT会自动执行内部本地地址与内部全局地址之间的映射。动态NAT与静态NAT类似，需要使用配置参与NAT的内部和外部接口。NAT使用地址池将单个内部地址转换为单个外部地址。公有IPv4地址池（即内部全局地址池）根据先到先得的原则，将这些地址分配给内部网络中的任何设备。

使用动态 NAT 时，单个内部地址被转换为单个外部地址。在使用这种类型的转换时，地址池中必须有足够的地址，才能满足所有内部设备同时访问外部网络的需求。如果地址池中的所有地址都被使用了，则设备必须在等到有可用地址时，才能访问外部网络。

要配置动态 NAT，首先使用 **ip nat pool** 全局配置命令定义用于转换的地址池。这些地址是通过指明池中的起始 IPv4 地址和终止 IPv4 地址而定义的。**netmask** 或 **prefix-length** 关键字指示哪些地址位属于网络部分，以及哪些地址位属于这个地址范围中的主机部分。配置一个标准 ACL，以识别（允许）那些将要进行转换的地址。使用 **ip nat inside source list** {*access-list-number* | *access-list-name*} **pool** *pool-name* 命令语法将 ACL 绑定到地址池。指定哪些接口是内部接口（相对于 NAT 来说）。指定哪些接口是外部接口（相对于 NAT 来说）。

要验证动态 NAT 配置，可以使用 **show ip nat translations** 命令查看已配置的所有静态转换，以及由流量创建的动态转换。添加 **verbose** 关键字可以查看与每个转换相关的额外信息，其中包括这个条目是在多久之前创建的，以及使用了多久。在默认情况下，转换条目会在 24 小时后超时，除非使用 **ip nat translations timeout** *timeout-seconds* 全局配置命令对计时器进行了更改。要想在计时器超时之前清除动态条目，可以使用 **clear ip nat translations** 特权 EXEC 模式命令。

PAT

配置 PAT 的方法有两种，具体取决于 ISP 分配公有 IPv4 地址的方式。第一种分配方式是 ISP 为组织机构分配单个公有 IPv4 地址，另一种方式是为其分配多个公有 IPv4 地址。要将 PAT 配置为只使用单个 IPv4 地址，只需要把关键字 **overload** 添加到 **ip nat inside source** 全局配置命令中即可。配置的其他地方与静态或动态 NAT 配置类似，只是在 PAT 配置中，多台主机可以使用相同的公有 IPv4 地址来访问互联网。当使用关键字 **overload** 启用了 PAT 时，多台主机可以共享地址池中的一个 IPv4 地址。

要验证 PAT 配置，可以使用 **show ip nat translation** 命令。NAT 表中的源端口号可以区分不同的转换。**show ip nat statistics** 命令证实 NAT-POOL 已经为多个转换分配了相同的地址。输出中包含的信息有活动转换的数量和类型、NAT 配置参数、地址池中的地址数量以及已分配的地址数量。

NAT64

IPv6 的开发初衷就是为了不再在公有和私有 IPv4 地址之间进行 NAT 转换。但是，IPv6 中也确实有自己的 IPv6 私有地址空间，称为唯一本地地址（ULA）。IPv6 中的唯一本地地址类似于 IPv4 中的 RFC 1918 私有地址，但是用途不同。ULA 地址只用于站点内部的本地通信，它们没有提供额外的 IPv6 地址空间，也没有提供安全性。IPv6 通过 NAT64 提供 IPv4 和 IPv6 之间的协议转换。就使用背景来说，用于 IPv6 的 NAT 与用于 IPv4 的 NAT 大不相同。NAT64 用于在纯 IPv6 和纯 IPv4 网络之间提供透明的传输。为了帮助从 IPv4 过渡到 IPv6，IETF 已经开发了几种过渡技术来适应从 IPv4 到 IPv6 的各种场景，包括双栈、隧道化和转换。双栈是指设备同时运行与 IPv4 和 IPv6 相关的协议。IPv6 隧道化是指将 IPv6 数据包封装到 IPv4 数据包中的过程。这将允许 IPv6 数据包能够在纯 IPv4 网络中传输。用于 IPv6 的 NAT 不应作为一种长期策略使用，它只是一种临时的机制，用于协助从 IPv4 到 IPv6 的迁移。

复习题

完成这里列出的所有复习题，可以测试您对本章内容的理解。附录列出了答案。

1. 通常情况下，哪个网络设备用于执行公司环境中的NAT？

A. DHCP服务器　　B. 主机设备
C. 路由器　　D. 服务器
E. 交换机

2. 在小型办公室中使用NAT时，哪种地址类型通常用于本地LAN上的主机？

A. 私有和公有IPv4地址　　B. 全局公有IPv4地址
C. 互联网可路由的地址　　D. 私有IPv4地址

3. 哪种类型的NAT允许私有网络内的许多主机同时使用一个内部全局地址连接到互联网？

A. 动态NAT　　B. PAT
C. 端口转发　　D. 静态NAT

4. 哪种类型的NAT将单个内部本地地址映射到单个内部全局地址？

A. 动态NAT　　B. NAT重载
C. 端口地址转换　　D. 静态NAT

5. NAT的缺点是什么？

A. 对于可公开编址的网络，对主机进行重新编址的成本可能很高
B. 内部主机不得不使用单个公有IPv4地址进行外部通信
C. 路由器不需要更改IPv4数据包的校验和
D. 没有端到端编址

6. 下面哪个语句准确地描述了动态NAT？

A. 它始终将私有IPv4地址映射为公有IPv4地址
B. 它动态地向内部主机提供IPv4地址
C. 它提供内部主机名到IPv4地址的映射
D. 它提供内部本地到内部全局IPv4地址的自动映射

7. 网络管理员在边界路由器上配置了 **ip nat inside source list 4 pool NAT-POOL** 全局配置命令。要使该命令起作用，需要配置什么？

A. 一个名为NAT-POOL的NAT池，它定义了起始和终止的公有IPv4地址
B. 一个名为NAT-POOL的VLAN，由R1启用、激活并路由
C. 一个名为NAT-POOL的访问列表，它定义了受NAT影响的私有地址
D. 一个编号为4的访问列表，该列表定义了起始和终止的公有IPv4地址
E. 在连接LAN并受NAT影响的接口上启用 **ip nat outside** 命令

8. 当使用不重载的动态NAT时，如果NAT池中只有6个地址可用，但是有7个用户尝试访问互联网上的公共服务器，会发生什么情况？

A. 所有用户都可以访问服务器
B. 没有用户可以访问服务器
C. 当第七个用户发出请求时，第一个用户断开连接
D. 第七个用户的服务器请求失败

9. 一个小型企业要将公有IPv4地址209.165.200.225/30分配给连接到互联网的路由器的外部接口，下面哪个配置是正确的？

A.
```
access-list 1 permit 10.0.0.0 0.255.255.255
ip nat pool NAT-POOL 192.168.2.1 192.168.2.8 netmask 255.255.255.240
ip nat inside source list 1 pool NAT-POOL
```

B.
```
access-list 1 permit 10.0.0.0 0.255.255.255
ip nat pool NAT-POOL 192.168.2.1 192.168.2.8 netmask 255.255.255.240
```

```
ip nat inside source list 1 pool NAT-POOL overload
```

C.
```
access-list 1 permit 10.0.0.0 0.255.255.255
ip nat inside source list 1 interface serial 0/0/0 overload
```

D.
```
access-list 1 permit 10.0.0.0 0.255.255.255
ip nat pool NAT-POOL 192.168.2.1 192.168.2.8 netmask 255.255.255.240
ip nat inside source list 1 pool NAT-POOL overload
ip nat inside source static 10.0.0.5 209.165.200.225
```

10. 配置 PAT 的两个步骤是什么？（选择两项）
    A. 创建一个标准访问列表来定义需要转换的应用
    B. 定义一个全局地址池，以用于重载转换
    C. 定义 Hello 和 Interval 计时器以匹配相邻的邻居路由器
    D. 定义要使用的源端口的范围
    E. 识别内部接口
11. 在支持 NAT 的路由器上使用的公有 IPv4 地址的名称是什么？
    A. 内部全局地址
    B. 内部本地地址
    C. 外部全局地址
    D. 外部本地地址

第 7 章

WAN 概念

学习目标

通过完成本章的学习，您将能够回答下列问题：

- WAN 的用途是什么；
- WAN 是如何运行的；
- 传统的 WAN 连接选项是什么；
- 现代的 WAN 连接选项是什么；
- 基于互联网的连接选项是什么。

如您所知，局域网称为 LAN。这个名字意味着，LAN 对您以及您的小型家庭或办公室企业来说是本地的。但是，如果您的网络是为一个更大的企业乃至全球性的企业服务的，该怎么办？如果没有广域网（WAN），则无法在多个站点上运行大型业务。本章介绍了什么是 WAN，以及它们如何连接到互联网以及 LAN。理解 WAN 的用途和功能是了解现代网络的基础。我们开始吧！

7.1 WAN 的用途

在本节中，您将学习适用于中小型企业网络的 WAN 接入技术。

7.1.1 LAN 和 WAN

无论是在办公室还是在家里，我们都在使用局域网（LAN）。然而，局域网被限制在一个较小的地理范围内。我们需要使用广域网（WAN）来连接局域网边界之外的网络。广域网是一种地理跨度相对较大的电信网络，在局域网的地理范围之外运行。

在图 7-1 中，需要使用 WAN 将企业园区网络与分支机构、远程站点和远程用户上的远程局域网进行互连。

表 7-1 突出显示了 LAN 和 WAN 之间的区别。

表 7-1　　局域网与广域网之间的的区别

局域网（LAN）	广域网（WAN）
LAN 在一个较小的地理范围（例如家庭网络、办公网络、楼宇网络或园区网络）内提供网络服务	WAN 在较大的地理范围（例如城市之间、国家/地区之间和大陆之间）内提供网络服务
LAN 用来连接本地计算机、外围设备和其他设备	WAN 用来连接远程用户、网络和站点
LAN 由组织机构或家庭用户所拥有和管理	WAN 由互联网服务提供商、电话、电缆和卫星通信提供商所拥有和管理

续表

局域网（LAN）	广域网（WAN）
除了网络基础设施的成本之外，LAN 的使用是免费的	WAN 服务是收费的
LAN 通过有线以太网和 WiFi 服务提供高带宽速率	WAN 提供商使用复杂的物理网络提供远距离的低带宽到高带宽速率

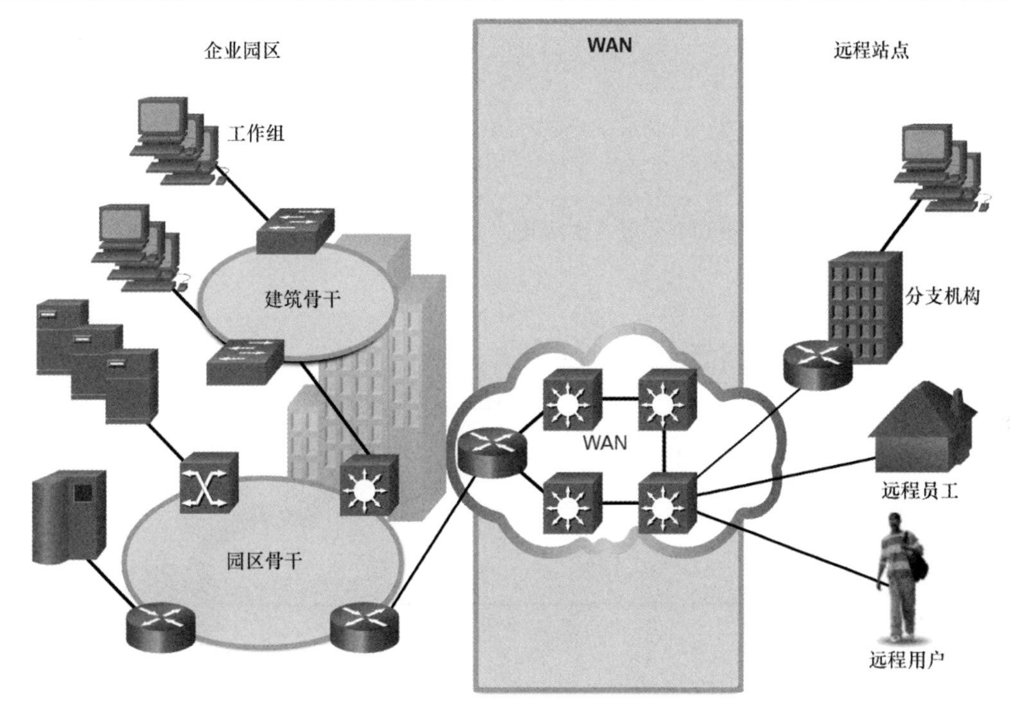

图 7-1 不同类型的 WAN 服务示例

7.1.2 专用 WAN 和公共 WAN

各种不同类型的组织机构都有可能构建 WAN，如下所示：

- 一家组织机构想要连接位于不同位置的用户；
- 一家 ISP 希望能为客户提供互联网连接。
- 一家 ISP 或电信运营商希望提供 ISP 之间的互联服务。

专用 WAN 是专用于单个客户的连接。它提供了以下服务：

- 有保证的服务级别；
- 稳定的带宽；
- 安全性。

公共 WAN 连接通常是由 ISP 或电信服务运营商通过互联网提供的。在使用公共 WAN 时，服务级别和带宽可能会有所不同，并且这个共享连接也无法保证安全性。

7.1.3 WAN 拓扑

物理拓扑描述了数据从源传输到目的地时所使用的物理网络基础设施。WAN 中使用的物理 WAN

拓扑非常复杂，并且在很多程度上对用户来说是未知的。假设纽约的用户与东京的用户建立了视频电话会议。除了该用户在纽约的互联网连接，他不可能确定支持视频通话所需的所有实际物理连接。

WAN 拓扑是使用逻辑拓扑描述的，该逻辑拓扑包括源和目的之间的虚拟连接。例如，纽约用户与东京用户之间的视频电话会议将是一种逻辑上的点对点连接。

可以使用以下逻辑拓扑的设计来实施广域网：

- 点对点拓扑；
- 中心辐射型拓扑；
- 双宿主拓扑；
- 全互连拓扑；
- 部分互连拓扑。

注 意 大型网络通常会组合部署这些拓扑。

点对点拓扑

如图 7-2 所示，点对点拓扑在两个终端之间使用点对点链路。

图 7-2 点对点拓扑

点对点链路通常是指从公司边缘设备到提供商网络的专用的租用线路连接。服务提供商通常会在点对点连接中提供第 2 层传输服务。从一个站点发送的数据包被传递到另一个站点，反之亦然。点对点连接对于客户网络来说是透明的，就好像两个终端直接用物理链路连接起来一样。

如果企业需要部署多条点对点连接的话，点对点拓扑的成本会变得非常高。

中心辐射型拓扑

在中心辐射型拓扑中，位于中心的路由器可以使用单个接口来连接所有分支电路。分支路由器之间可以使用虚拟电路和可路由的子接口，通过中心路由器实现互连。图 7-3 所示为一个中心辐射型拓扑的示例，其中 3 台分支路由器通过 WAN 云连接到一台中心路由器。

中心辐射型拓扑是单宿主拓扑。在这种拓扑中只有一台中心路由器，所有的通信都必须经过它。也就是说，分支路由器之间的通信也只能通过中心路由器来转发。这样一来，中心路由器会成为单点故障。如果中心路由器失效，分支之间的通信也就中断了。

双宿主拓扑

双宿主拓扑可提供冗余。图 7-4 所示为这样的一个拓扑，其中两台中心路由器为双宿主路由器，它们以冗余的方式通过 WAN 云连接到 3 台分支路由器。

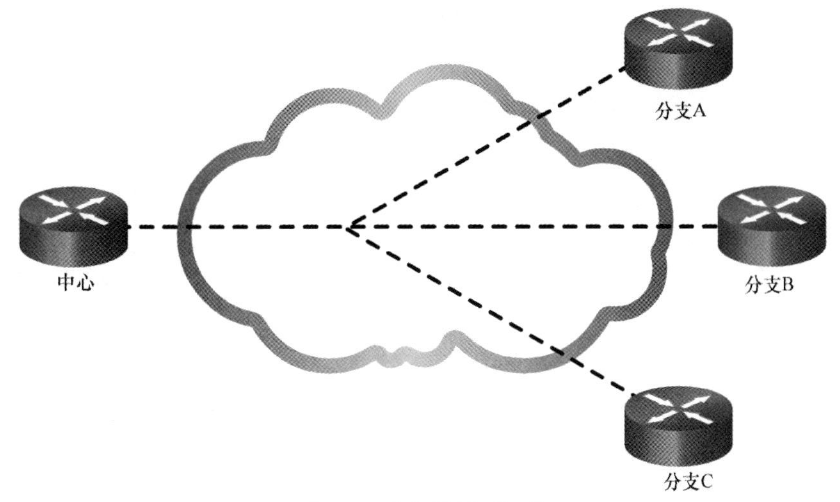

图 7-3 中心辐射型拓扑

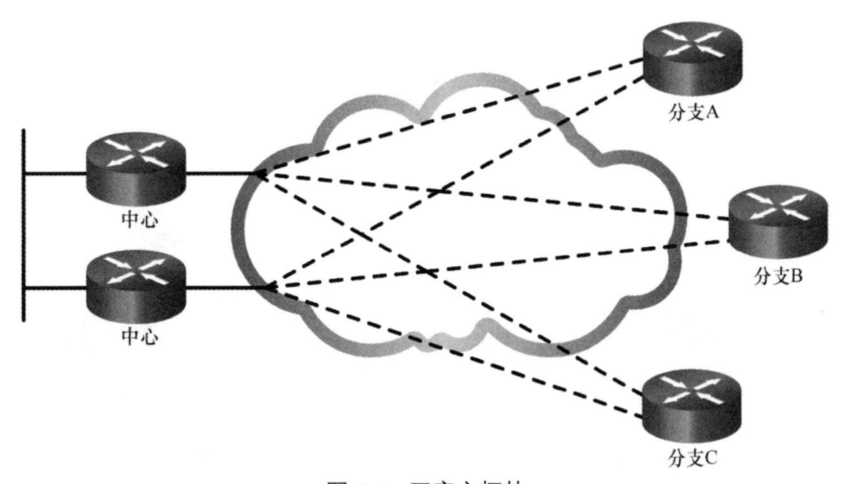

图 7-4 双宿主拓扑

双宿主拓扑的优势在于，它们提供了增强的网络冗余、负载均衡、分布式计算和处理，以及实施备份服务提供商连接的能力。

它们的劣势在于实施成本要比单宿主拓扑高。这是因为双宿主拓扑中需要额外的网络硬件，比如额外的路由器和交换机。双宿主拓扑也更难于实施，因为它们需要额外的、更复杂的配置。

全互连拓扑

全互连拓扑使用多条虚拟电路来连接所有站点，如图 7-5 所示。

全互连拓扑是本章介绍的 5 种拓扑中容错性最强的一种。例如，如果站点 B 失去了与站点 A 的连接，它可以通过站点 C 或站点 D 发送数据。

部分互连拓扑

部分互连拓扑中会连接很多站点，但不会连接所有站点。例如，在图 7-6 中，站点 A、B 和 C 之间仍然是全互连的，但是站点 D 必须连接到站点 A，进而才能访问站点 B 和 C。

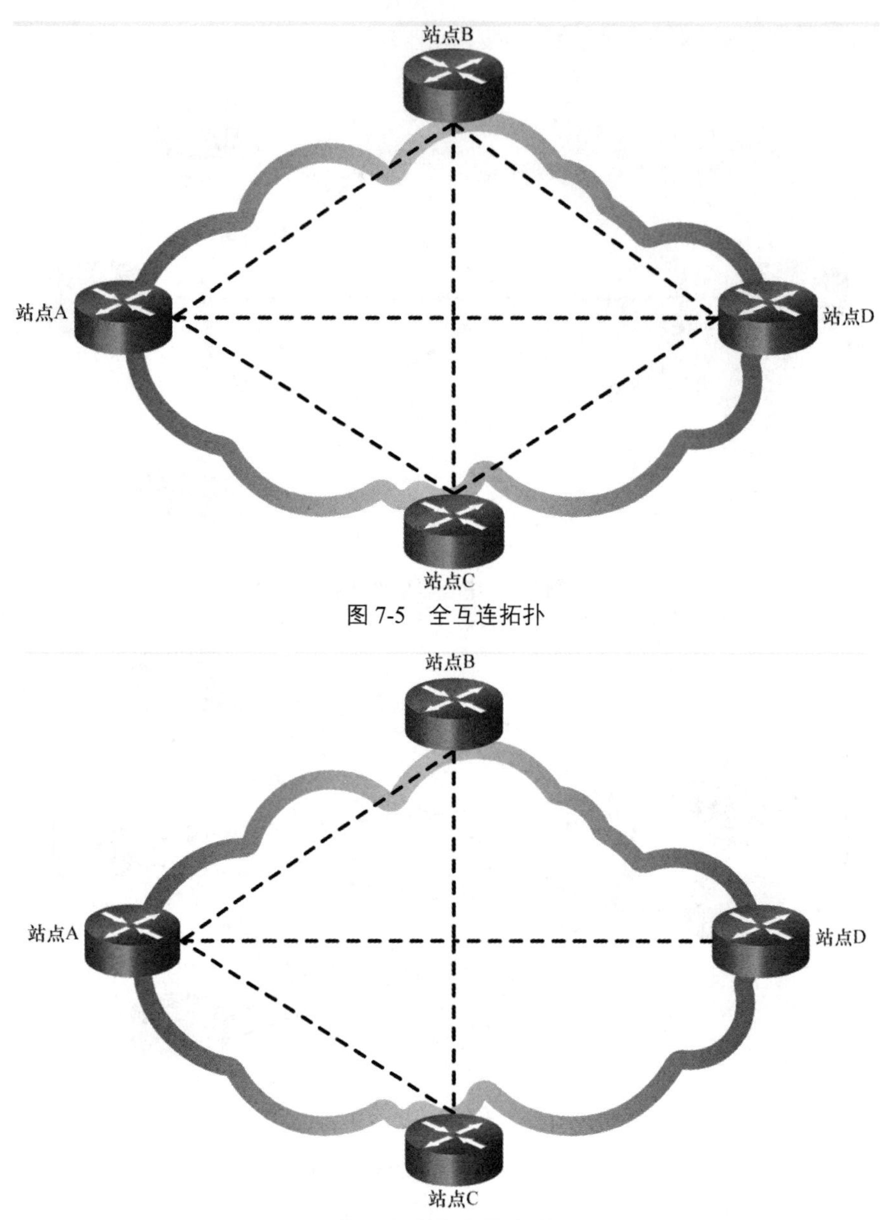

图 7-5 全互连拓扑

图 7-6 部分互连拓扑

7.1.4 电信运营商连接

WAN 设计的一个重要方面是组织机构如何连接到互联网。组织机构通常会与服务提供商签署服务级别协议（SLA）。SLA 概述了与连接的可靠性和可用性相关的预期服务。服务提供商可能是也可能不是实际的电信运营商。电信运营商拥有并维护服务提供商与客户之间的物理连接和设备。组织机构通常会在单运营商连接和双运营商连接之间进行选择。

单运营商 WAN 连接

在单运营商连接中，组织机构只连接了一个服务提供商，如图 7-7 所示。SLA 在组织机构与服务提供商之间进行协商。这种设计的缺点是运营商连接和服务提供商都会成为单点故障。如果运营商的链路失效或者提供商的路由器发生了故障，去往互联网的连接也就丢失了。

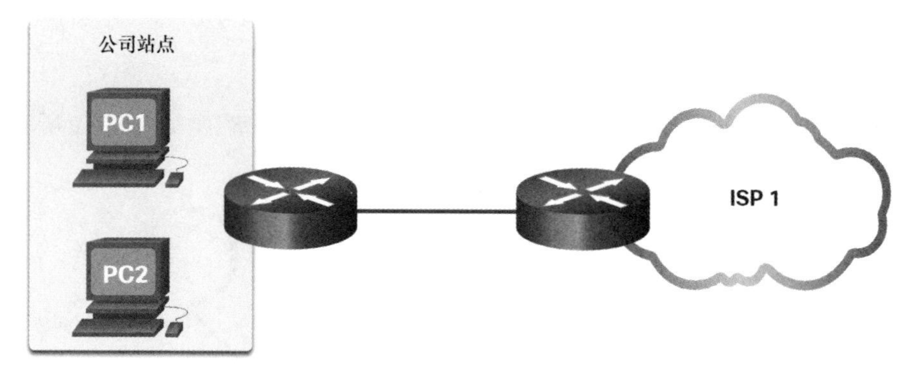

图 7-7 单运营商 WAN 连接示例

双运营商 WAN 连接

双运营商连接提供了冗余并提高了网络的可用性，如图 7-8 所示。组织机构会分别与两个不同的服务提供商协商单独的 SLA。组织机构还要确保这两个服务提供商使用的电信运营商也不相同。尽管双运营商连接的实施成本比单运营商连接高，但第二条连接可用于冗余（即用作备份链路）。双运营商连接也可以用来提升网络性能，并对互联网流量进行负载均衡。

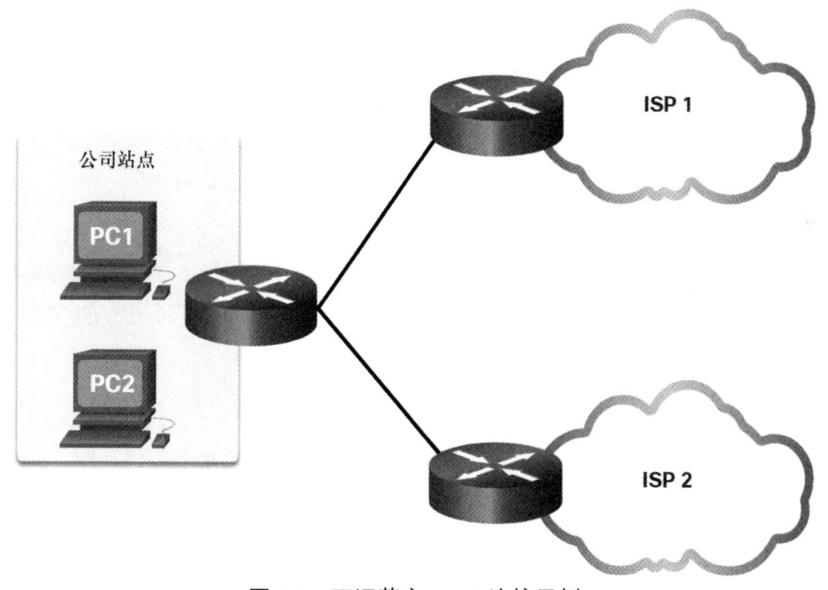

图 7-8 双运营商 WAN 连接示例

7.1.5 不断演进的网络

随着公司的不断发展，公司对于网络的需求可能会发生巨大的变化。员工的分散在许多方面可以节省成本，但也给网络提出了更高的要求。网络必须要满足公司的日常运营需求，还必须能够随着公司的不断变化而调整和发展。网络设计师和管理员通过谨慎选择网络技术、协议和服务提供商来应对这些挑战。他们还必须使用各种网络设计方法和架构对自己的网络进行优化。

为了演示网络规模带来的差异，本章虚构了一家名为 SPAN Engineering 的公司，它将从一家小型本地企业发展为一家跨国企业。SPAN Engineering 是一家环境咨询公司，该公司开发了一种可将生活垃圾转换为电能的特殊工艺，目前正在为当地的市政府开发一个小型试点项目。

小型网络

SPAN Engineering 公司最初只有 15 名员工，他们都在一个小办公室工作，如图 7-9 所示。

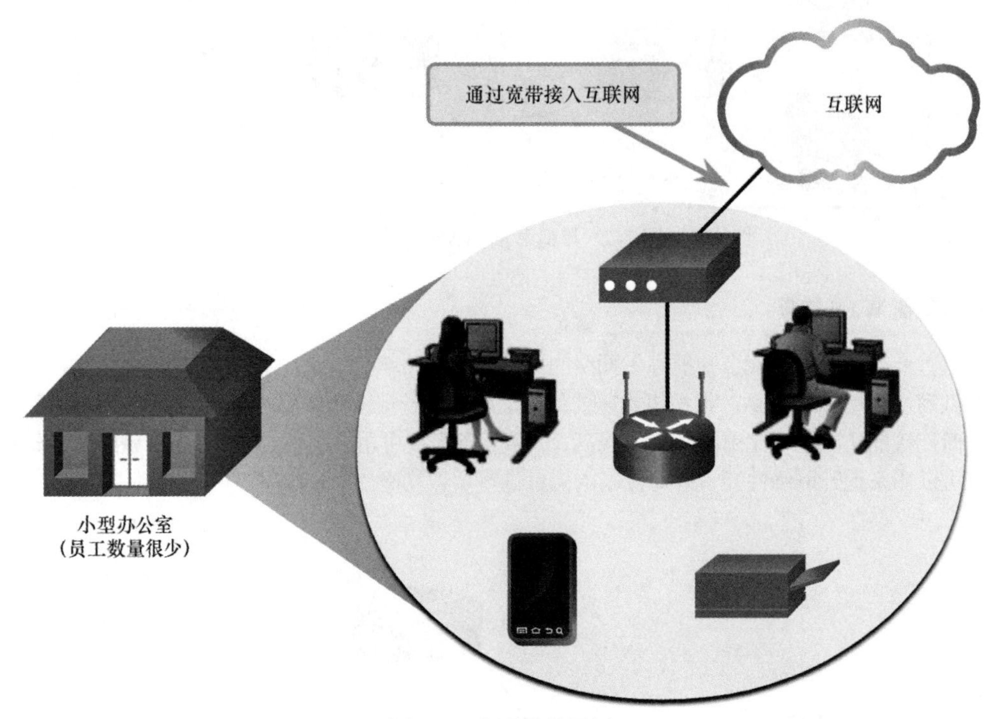

图 7-9 小型网络示例

公司使用一个连接到无线路由器的 LAN 来共享数据和外围设备。与互联网的连接是通过一种称为数字用户线路（DSL）的公共带宽服务实现的，该服务由当地的电话服务提供商提供。为了满足公司的 IT 需求，公司与 DSL 提供商签订了服务合同。

园区网络

几年内，SPAN Engineering 公司不断发展，其办公室占据了一栋楼中的好几层，如图 7-10 所示。

现在公司需要的是园区网络（CAN）。CAN 可以在有限的地理范围内互连多个 LAN。在园区网络环境中，需要使用多个 LAN 将连接到多台交换机的各个部门进行分段。

该网络包括用于邮件、数据传输和文件存储的专用服务器以及基于 Web 的生产力工具和应用程序。公司还使用了防火墙来让企业用户安全地访问互联网。现在公司需要专职的 IT 人员来支持和维护网络。

分支网络

又过了几年，SPAN Engineering 公司在本市进一步扩张并增加了一个分支站点，并在其他城市增加了多个远程站点和区域站点，如图 7-11 所示。

公司现在需要使用城域网（MAN）来连接城市内的各个站点。MAN 比 LAN 规模大，但比 WAN 小。

为了连接中央办公室，城市附近的分支机构通过本地的服务提供商建立了私有的专用链路。位于其他城市和其他国家/地区的办公室则需要使用 WAN 服务，或者使用互联网服务来连接远方的站点。

但互联网会带来安全和隐私问题，IT 团队必须妥善解决这些问题。

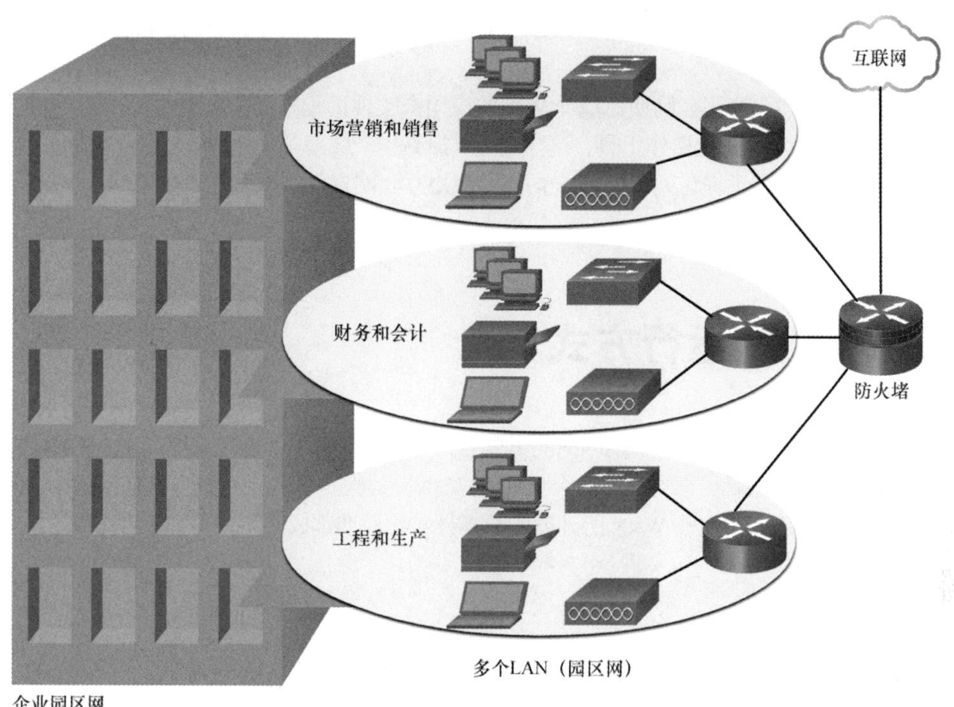

图 7-10　园区网络示例

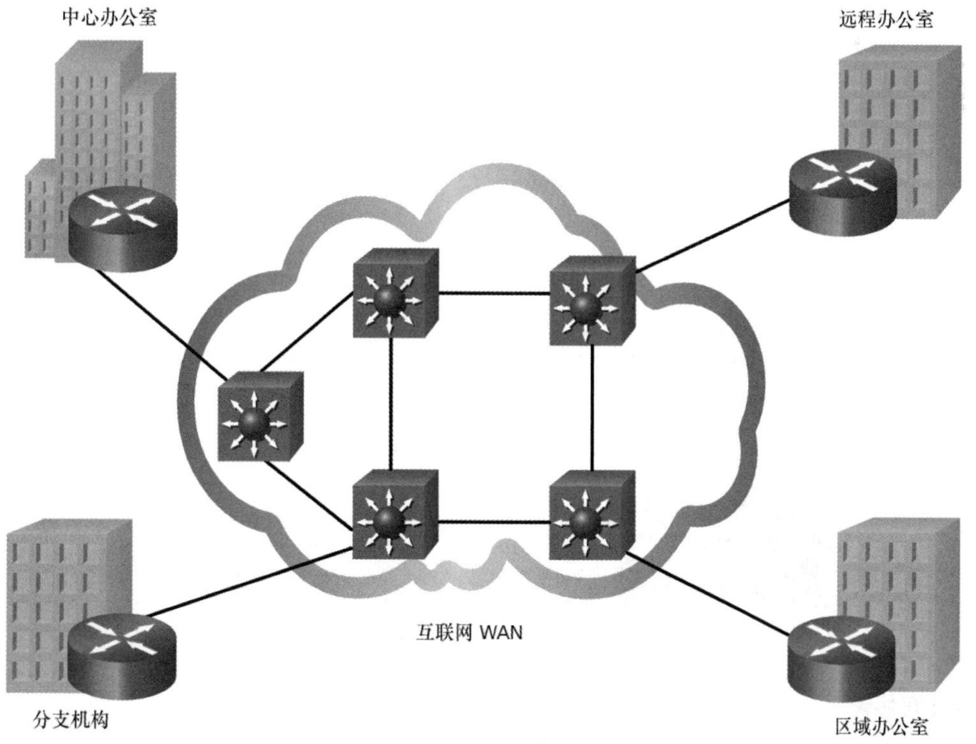

图 7-11　分支网络示例

分布式网络

SPAN Engineering 现在已有 20 年的历史，并且已经拥有数千名员工，他们分布在全球各地的办公室，如图 7-12 所示。

为了降低网络成本，公司鼓励使用基于 Web 的应用来实现远程办公和虚拟团队办公，这些应用包括 Web 会议、在线学习、在线协作工具，这样做可以提高生产效率并降低成本。通过部署站点到站点 VPN（虚拟专用网络）和远程访问 VPN，公司能够使用互联网方便且安全地连接全球各地的员工和分支机构。

7.2　WAN 的运行方式

现在您已经了解了 WAN 对于大型网络的重要性，本节将讨论 WAN 的运行方式。WAN 的概念已经存在多年了。电报系统就可以看作第一个大规模 WAN，其次是无线电系统、电话系统、电视系统，然后是现在的数据网络。为这些 WAN 所开发的很多技术和标准都成为网络 WAN 的基础。

7.2.1　WAN 标准

现代 WAN 的标准是由多个公认的权威机构定义和管理的，其中包括下面一些。

- **TIA/EIA**：这是美国电信工业协会（TIA）和电子工业联盟（EIA）的联合体。
- **ISO**：国际标准化组织。
- **IEEE**：电气与电子工程师协会。

7.2.2　OSI 模型中的 WAN

大多数 WAN 标准都侧重于物理层（OSI 第 1 层）和数据链路层（OSI 第 2 层），如图 7-12 所示。

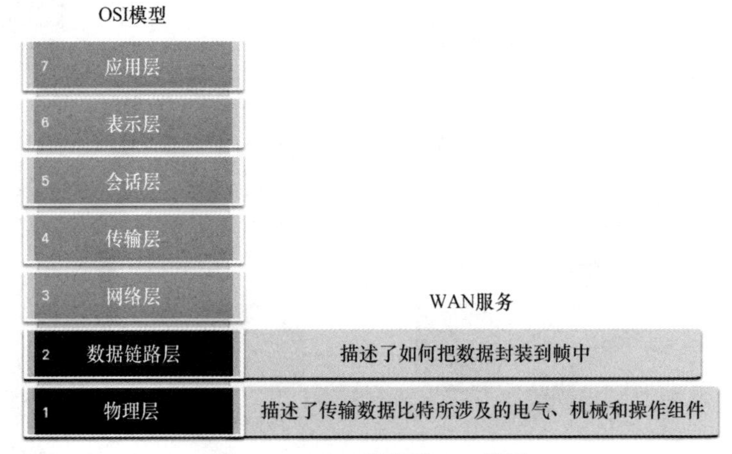

图 7-12　WAN 服务和 OSI 模型

第 1 层协议

第 1 层协议描述了通过 WAN 传输数据位所需的电气、机械和操作组件。例如，服务提供商通常借助于以下第 1 层光纤协议标准，使用高带宽光纤介质跨越长距离传输数据：

- 同步数字系列（SDH）；
- 同步光纤网络（SONET）；
- 密集波分复用（DWDM）。

SDH 和 SONET 基本上提供了相同的服务，并且使用 DWDM 技术可以提高它们的传输容量。

第 2 层协议

第 2 层协议定义了如何将数据封装到帧中。多年以来，发展出了以下多种第 2 层协议：

- 宽带（比如 DSL 和电缆）；
- 无线；
- 以太网 WAN（城域以太网）；
- 多协议标签交换（MPLS）；
- 点对点协议（PPP）（不常用）；
- 高级数据链路控制（HDLC）（不常用）；
- 帧中继（已过时）；
- 异步传输模式（ATM）（已过时）。

7.2.3 常见的 WAN 术语

WAN 的物理层描述了公司网络和服务提供商网络之间的物理连接。

特定的术语可用于描述用户（即公司或客户）与 WAN 服务提供商之间的 WAN 连接，如图 7-13 所示。

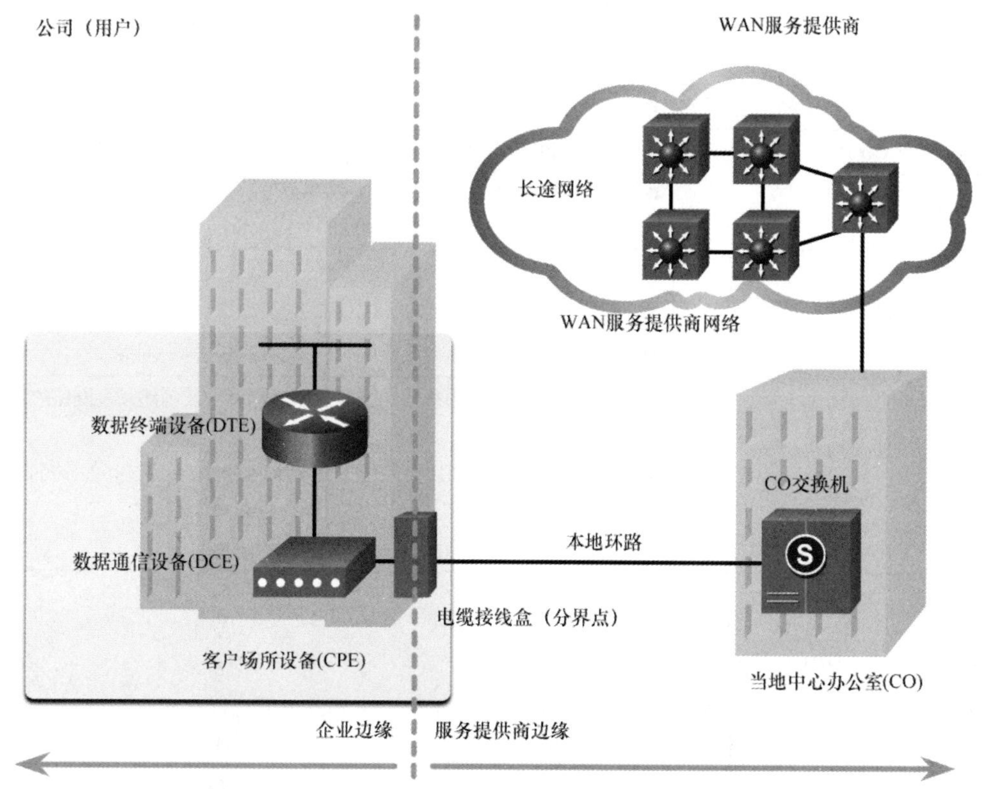

图 7-13 具有通用 WAN 术语的拓扑示例

表 7-2 解释了图 7-13 中所示的术语，以及一些与 WAN 相关的其他术语。

表 7-2 WAN 术语

WAN 术语	描述
数据终端设备（DTE）	■ 将用户的 LAN 连接到 WAN 通信设备（即 DCE）的设备 ■ 内部主机会把自己的流量发送到 DTE 设备 ■ DTE 通过 DCE 连接到本地环路 ■ DTE 设备通常是路由器，但也可以是主机或服务器
数据通信设备（DCE）	■ 也称为数据电路终端设备，这是用来与服务提供商进行通信的设备 ■ DCE 的主要作用是提供了一个接口，将用户连接到 WAN 云上的一条通信链路
客户场所设备（CPE）	■ 这包括位于企业边缘的 DTE 和 DCE 设备（比如路由器、调制解调器、光学转换器） ■ 用户可以购买自己的 CPE，或者从服务提供商租用 CPE
接入点（POP）	■ 这是用户连接到服务提供商网络的点
分界点	■ 这是大楼或建筑综合体中的一个物理位置，正式将 CPE 和服务提供商设备分开 ■ 分界点通常是一个电缆接线盒，位于客户场所，用于将 CPE 电缆连接到本地环路 ■ 它标识了网络运营责任从用户转移到服务提供商的位置 ■ 在出现问题时，需要通过分界点来确定是由用户还是由服务提供商来负责修复故障
本地环路（也称为“最后一公里”）	■ 这是将 CPE 连接到服务提供商 CO 的铜缆或光缆
中心办公室（CO）	■ 这将 CPE 连接到提供商网络的本地服务提供商设施或建筑物
长途网络	■ 包括回程线路、长途线路、全数字线路、光纤通信线路，以及交换机、路由器和 WAN 提供商网络内的其他设备
回程（backhaul）网络	■ （未显示）回程网络连接服务提供商网络中的多个接入节点 ■ 回程网络可以跨越城市、国家和地区 ■ 回程网络还可以连接互联网服务提供商以及骨干网络
骨干网络	■ （未显示）这是用来互连服务提供商网络以及创建冗余网络的大型、高容量网络 ■ 其他服务提供商可以直接连接到骨干网络，或者通过其他服务提供商连接到骨干网络 ■ 骨干网络服务提供商被称为第 1 级提供商

7.2.4 WAN 设备

WAN 环境中有很多专属的设备类型。然而，WAN 上的端到端数据路径通常是从源 DTE 到 DCE，再到 WAN 云，到 DCE，最后到目的 DTE，如图 7-14 所示。

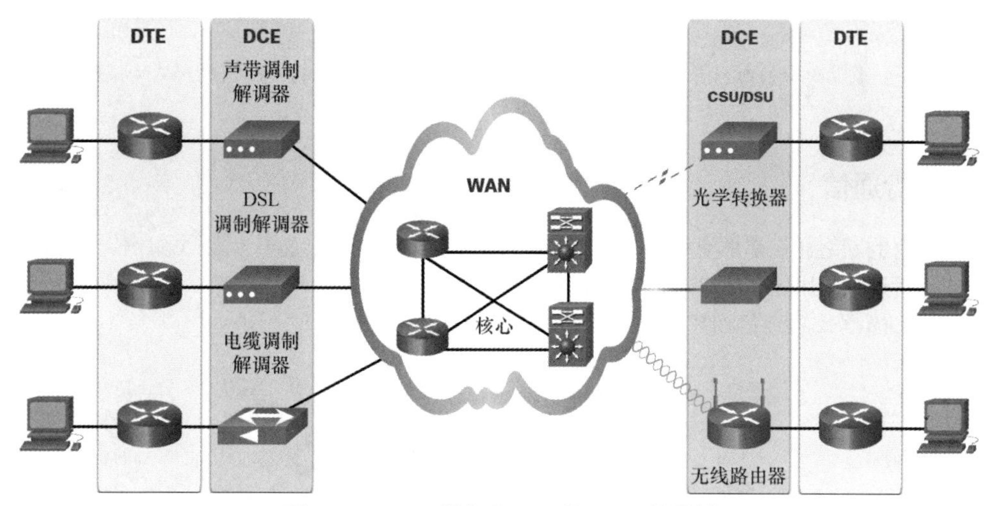

图 7-14 WAN 服务中 DTE 和 DCE 的示例

表 7-3 对图 7-14 中所示的 WAN 设备进行了描述。

表 7-3 WAN 设备描述

WAN 设备	描述
声带调制解调器	■ 也称为拨号调制解调器 ■ 将计算机生成的数字信号转换（即调制）为模拟音频的传统设备 ■ 它使用电话线传输数据
DSL 调制解调器和电缆调制解调器	■ 这些高速数字调制解调器统称为宽带调制解调器，使用以太网连接到 DTE 路由器 ■ DSL 调制解调器使用电话线连接到 WAN ■ 电缆调制解调器使用同轴电缆连接到 WAN ■ 两者的运行方式与声带调制解调器类似，但使用更高的宽带频率和传输速率
CSU/DSU	■ 数字租用线路需要用到通道服务单元（CSU）和数据服务单元（DSU） ■ CSU/DSU 将数字设备连接到数字线路 ■ CSU/DSU 可以是独立的设备（比如调制解调器），也可以是路由器上的接口 ■ CSU 负责终结数字信号，并通过纠错和线路监控确保连接的完整性 ■ DSU 将线路帧转换为 LAN 可以理解的帧，反之亦然
光学转换器	■ 也称为光纤转换器 ■ 这些设备将光纤介质连接到铜介质，并将光信号转换为电子脉冲
无线路由器或接入点	■ 这类设备会以无线的方式连接 WAN 提供商 ■ 路由器还可以使用蜂窝无线连接
WAN 核心设备	■ WAN 骨干网由多个高速路由器和第 3 交换机组成 ■ 路由器或多层交换机必须能够支持在 WAN 广域网核心中使用的多个最高速率的电信接口 ■ 路由器或多层交换机必须能够在所有这些接口上全速转发 IP 数据包 ■ 路由器或多层交换机还必须支持 WAN 核心中使用的路由协议

注 意 表 7-3 中的内容并不详尽，还可能需要其他的设备，这将视所选的 WAN 接入技术而定。

7.2.5 串行通信

几乎所有的网络通信都是使用串行通信传输的。串行通信在单个通道上按照顺序传输数据位。相比之下，并行通信使用多条线路同时传输多个数据位。

图 7-15 演示了串行通信和并行通信之间的区别。

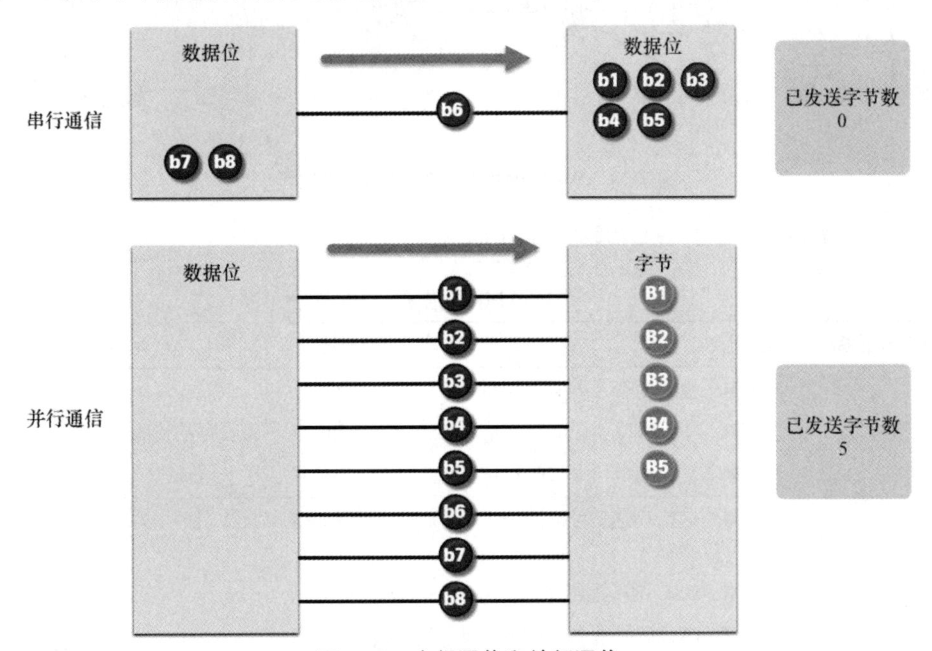

图 7-15 串行通信和并行通信

从理论上来说，尽管并行连接的数据传输速率是串行连接的 8 倍，但它容易出现同步问题。随着电缆长度的增加，多个通道之间的同步时序对距离变得更加敏感。出于这个原因，并行通信仅限于非常短的距离。例如，铜介质的距离被限制在 8m 以内。

由于长度限制，并行通信不是可行的 WAN 通信方法。但是，它在数据中心内是一种可行的方案，因为在数据中心内，服务器和交换机的距离相对较短。例如，数据中心内的思科 Nexus 交换机支持并行光学解决方案，以传输更多的数据信号并实现更高的速率（例如 40Gbit/s 和 100Gbit/s）

7.2.6 电路交换通信

网络通信可以使用电路交换通信来实现。电路交换网络会在用户开始通信之前，先在终端之间建立一条专用的电路（或通道）。具体而言，在开始进行语音或数据通信之前，电路交换通过服务提供商网络动态建立一条专用的虚拟连接，如图 7-16 所示。

举例来说，当用户使用固定电话拨打电话时，提供商设备会使用被呼叫的号码建立起从呼叫方到被叫方的专用电路。

注 意 固定电话是一种位于固定位置的电话，使用铜介质或光纤介质连接到提供商。

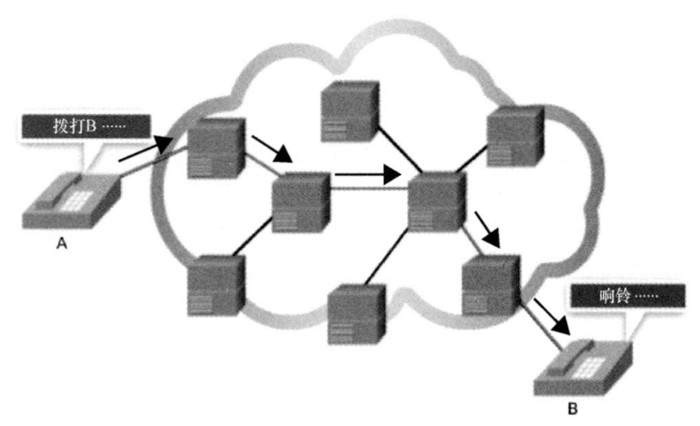

图 7-16 电路交换通信示例

在通过电路交换网络进行传输期间，所有通信都使用相同的路径。无论是否有信息需要传输，分配给电路的整个固定容量在连接期间都是可用的。这可能会导致电路使用效率低下。因此，电路交换通常不适合用于数据通信。

两种最常见的电路交换 WAN 技术是公共交换电话网(PSTN)和已过时的综合业务数字网(ISDN)。

7.2.7 分组交换通信

网络通信通常使用分组交换通信来实现。与电路交换相反，分组交换会把流量数据拆分为多个数据包，并通过共享网络来路由这些数据包。分组交换网络不需要建立电路，多对节点之间的通信可以在同一个通道中进行，如图 7-17 所示。

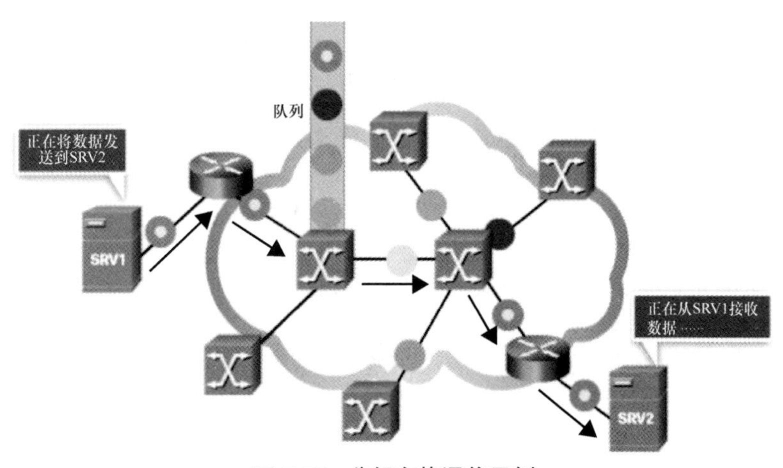

图 7-17 分组交换通信示例

相较于电路交换，分组交换的成本要更低，且更为灵活。尽管容易受到延迟和延迟变化（抖动）的影响，但是现代的分组交换技术仍允许在这些网络上令人满意地传输语音和视频通信。

分组交换 WAN 技术的示例包括以太网 WAN（城域以太网）和多协议标签交换（MPLS），以及传统的帧中继和异步传输模式（ATM）技术。

7.2.8 SDH、SONET 和 DWDM

服务提供商网络使用光纤基础设施在目的地之间传输用户数据。光缆由于具有更低的衰减和干扰，因此在远距离传输中远远优于铜缆。

服务提供商会使用以下两种 OSI 第 1 层光纤标准。

- **SDH**：同步数字系列（SDH）是通过光缆传输数据的全球标准。
- **SONET**：同步光纤网络（SONET）是北美标准，提供了与 SDH 相同的服务。

这两个标准基本相同，因此通常会写为 SONET/SDH。

SDH 和 SONET 定义了使用激光或发光二极管（LED），通过光纤远距离传输多种数据、语音和视频流量的方法。这两种标准都用在环型网络拓扑中，这种拓扑中包含冗余光纤路径，允许流量双向流动。

密集波分复用（DWDM）是一种较新的技术，它使用不同波长的光同时发送多个数据流（多路复用），提高了 SDH 和 SONET 的数据承载能力，如图 7-18 所示。

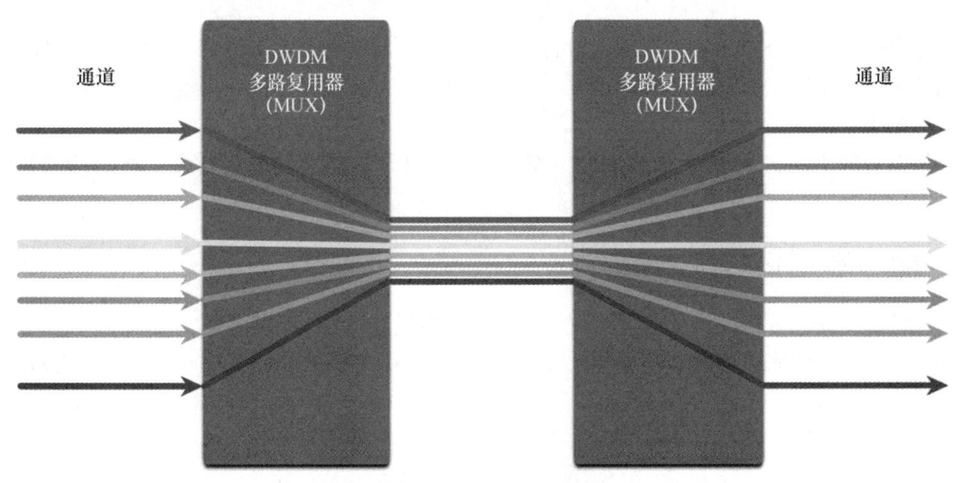

图 7-18 DWDM 复用

DWDM 具有以下特性：

- 它支持 SONET 和 SDH 标准；
- 它可以在单根光纤上多路复用 80 多个不同的数据通道（即波长）；
- 每个通道能够承载 10Gbit/s 的多路复用信号；
- 它将传入的光信号分配给特定波长的光（即频率）。

注 意 DWDM 电路用于长距离系统和现代海底通信电缆系统。

7.3 传统的 WAN 连接

要了解当今的 WAN，就要了解它的起源。本节将讨论传统的 WAN 连接选项。

7.3.1 传统的 WAN 连接选项

当 LAN 在 20 世纪 80 年代出现时，组织机构开始意识到需要与其他位置互连。为此，它们需要将网络连接到服务提供商的本地环路。这是通过使用专用线路或使用服务提供商提供的交换服务来实现的。

图 7-19 对传统的 WAN 连接选项进行了汇总。

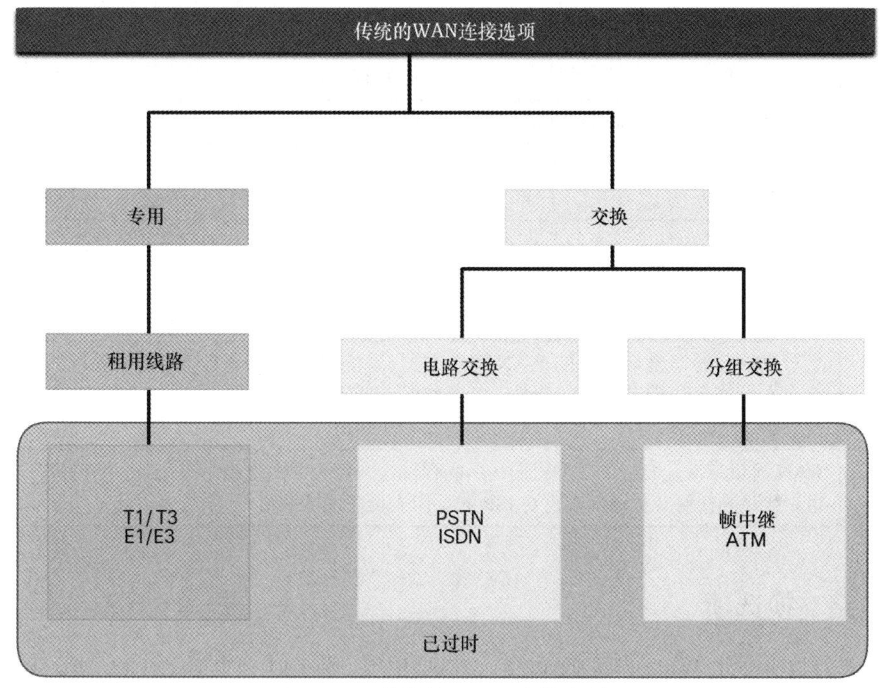

图 7-19 传统的 WAN 连接选项

注 意 企业边界上的设备可以使用多种 WAN 连接选项，通过本地环路连接到提供商。这些 WAN 连接选项在技术、带宽和成本方面各不相同。每种方案都有独特的优缺点。熟悉这些技术是网络设计的一个重要组成部分。

7.3.2 常见的 WAN 术语

当需要永久专用的连接时，可使用铜介质的点对点线路来提供从客户驻地到提供商网络的预先建立的 WAN 通信路径。点对点线路可以向服务提供商租用。这些线路之所以称为“租用线路”，是因为组织机构每月向服务提供商支付费用才能使用这些线路。

租用线路在 20 世纪 50 年代早期便已存在，因此使用不同的名字来表示，比如租用电路、串行链路、串行线路、点对点链路、T1/E1 线路或 T3/E3 线路。

租用线路具有不同的固定容量，其定价通常取决于所需的带宽，以及两个连接点之间的距离。

有两种系统用于定义铜介质串行链路的数字容量。

- **T 载波**：这是北美使用的标准，T 载波提供的 T1 链路能够支持高达 1.544Mbit/s 的带宽，T3 链路能够支持高达 43.7 Mbit/s 的带宽。
- **E 载波**：这是欧洲使用的标准，E 载波提供的 E1 链路能够支持高达 2.048Mbit/s 的带宽，E3 链路能够支持高达 34.368Mbit/s 的带宽。

注 意 铜缆物理基础设施在很大程度上已被光纤网络取代。光纤网络中的传输速率称为光载波（OC）传输速率，它定义了光纤网络的数字传输容量。

表 7-4 对租用线路的优缺点进行了汇总。

表 7-4 租用线路的优缺点

优点	描述
简单	点对点通信链路的安装和维护需要的专业知识最少
质量好	如果有足够的带宽，点对点通信链路通常可以提供高质量的服务。专用的容量消了除了端点之间的延迟或抖动
可用性强	对某些应用（例如电子商务）来说，稳定的可用性非常重要。点对点通信链路提供了永久、专用的容量，这都是 IP 语音（VoIP）或 IP 视频所需的
缺点	**描述**
成本高	点对点链路通常是最昂贵的 WAN 接入类型。当使用租用线路来连接距离遥远的多个站点时，其成本可能会变得非常高。此外，每个终端都需要使用路由器上的一个接口，这也增加了设备成本
不够灵活	WAN 流量常常是变化的，而租用线路的容量是固定的，因此线路带宽很少能精确匹配需求。对租用线路的任何变更通常都需要 ISP 的工作人员在现场调整

7.3.3 电路交换选项

电路交换连接由公共交换电话网（PSTN）运营商提供。将 CPE 连接到 CO 的本地环路是铜介质。有两种传统的电路交换选项：PSTN 和 ISDN。

公共交换电话网（PSTN）

WAN 拨号接入选项是使用 PSTN 作为其 WAN 连接。传统的本地环路可以使用音带调制解调器，通过语音电话网络传输二进制计算机数据。调制解调器在源端将二进制数据调制成模拟信号，在目的端把模拟信号解调为二进制数据。受限于本地环路的物理特性，及其与 PSTN 之间连接的物理特性，信号的传输速率低于 56kbit/s。

现在人们已经把拨号接入看作已过时的 WAN 技术。但是，在没有其他 WAN 技术可用时，它仍然是一个可行的解决方案。

综合业务数字网（ISDN）

ISDN 是一种电路交换技术，可以使 PSTN 本地环路承载数字信号。它提供了比拨号接入容量更高的交换连接。ISDN 提供的数据速率为 45kbit/s～2.048Mbit/s。

在高速 DSL 和其他宽带服务出现后，ISDN 的普及率大幅下降。ISDN 是一种过时的技术，大多数主流提供商已经不再提供这种服务。

7.3.4 分组交换选项

分组交换会把流量数据拆分为多个数据包，并通过共享网络来路由这些数据包。电路交换网络需要建立专用的电路。相比之下，分组交换网络允许多对节点在同一通道上通信。

有两种传统（过时）的分组交换连接选项：帧中继和 ATM。

帧中继

帧中继是一种简单的第 2 层非广播多路访问（NBMA）WAN 技术，用于互连企业的 LAN。通过使用不同的永久虚电路（PVC），单个路由器接口可以用来连接多个站点。PVC 用于同时承载源和目的地之间的语音与数据流量，能够支持高达 4Mbit/s 的数据速率，有些提供商甚至会提供更高的速率。

帧中继将创建由数据链路连接标识符（DLCI）唯一标识的 PVC。PVC 和 DLCI 可以确保从一台 DTE 设备到另一台 DTE 设备的双向通信。

帧中继网络已被速率更快的城域以太网和基于互联网的解决方案所取代。

异步传输模式（ATM）

异步传输模式（ATM）技术可通过专用和公共网络传输语音、视频、数据。它建立在基于信元的架构（而非基于帧的架构）之上。ATM 信元的长度总是固定为 53 字节。ATM 信元包含 5 字节的 ATM 报头，后面是 48 字节的 ATM 负载。长度固定的小信元非常适合承载语音和视频流量，因为这种流量不允许出现延迟。视频和语音流量不必等待先传输较大的数据包。

53 字节的 ATM 信元的效率不及帧中继的较大帧和数据包。此外，对于每 48 字节的负载，ATM 信元至少需要 5 字节的开销。当信元在承载网络层的分段数据包时，开销会更高，因为 ATM 交换机必须能够在目的地重组数据包。一条典型的 ATM 线路需要比帧中继高出近 20%的带宽，才能承载相同数量的网络层数据。

ATM 网络已被速率更快的城域以太网和基于互联网的解决方案所取代。

7.4 现代的 WAN 连接

本节讨论各种可用的现代 WAN 服务。

7.4.1 现代 WAN

现代 WAN 具有比传统 WAN 更多的连接选项。企业现在需要更快、更灵活的 WAN 连接选项。传统的 WAN 连接选项在实际应用中迅速减少，因为它们要么不再可用，要么太贵，要么就是带宽有限。

图 7-20 所示为当今最可能见到的本地环路连接。

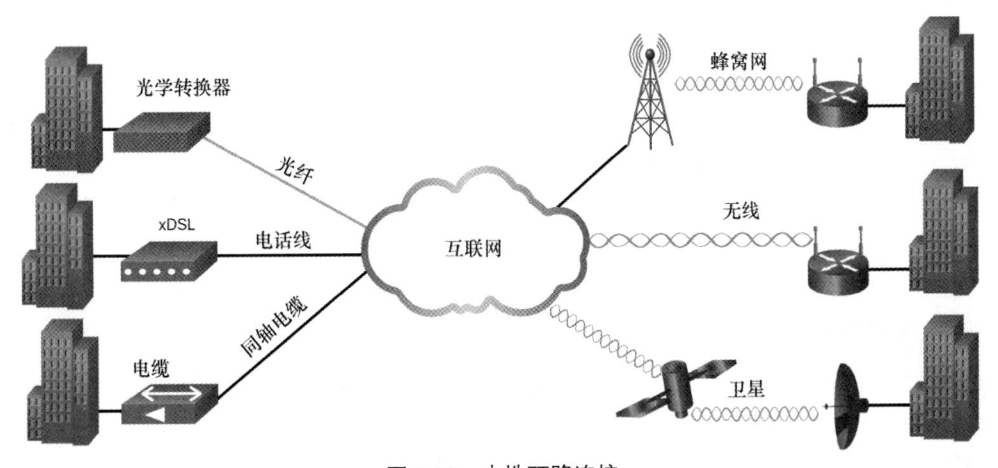

图 7-20 本地环路连接

7.4.2 现代的 WAN 连接选项

新技术不断涌现。图 7-21 中汇总了现代的 WAN 连接选项。

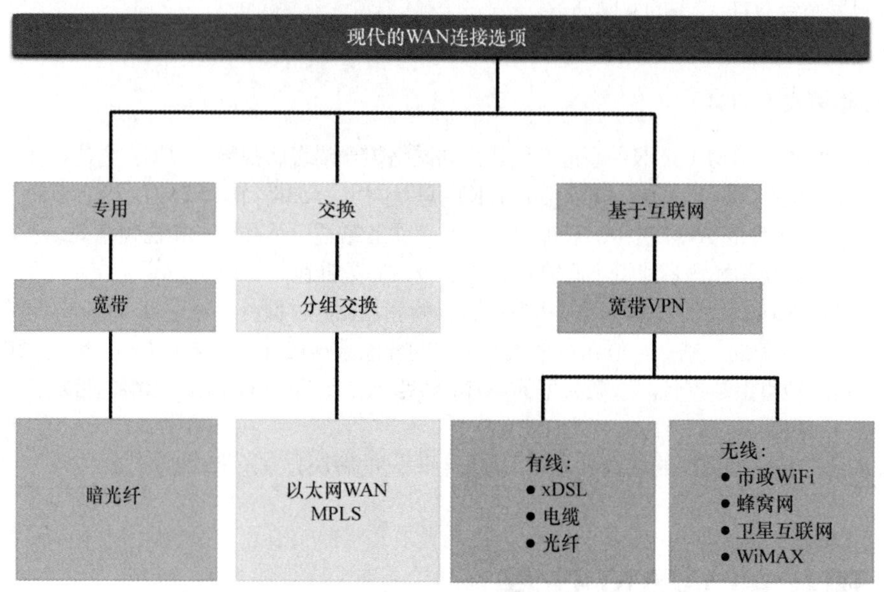

图 7-21 现代的 WAN 连接选项

专用宽带

在 20 世纪 90 年代后期，很多电信公司都建立了光纤网络，并铺设了足够的光纤来满足下一代的预期需求。然而，随着波分复用（WDM）等光学技术的出现，单条光纤的传输能力大大提高。因此，有大量光缆处于闲置状态。这些闲置的光缆没有被点亮，因此称为暗光纤。

光纤可由组织机构独立安装，以将远程站点连接起来。也可以从供应商那里租用或购买暗光纤。相对于如今可用的其他 WAN 选项，租用暗光纤的成本还是要高很多。但是，它提供了最大的灵活性、可控性、速率和安全性。

分组交换

有两种可用的分组交换 WAN 网络选项。

以太网 LAN 技术的进步使得以太网能够扩展到 MAN 和 WAN 区域。城域以太网提供了快速的带宽链路，并已经代替了很多传统的 WAN 连接选项。

多协议标签交换（MPLS）可使 WAN 提供商网络能够承载任何协议作为负载数据，比如 IPv4 数据包、IPv6 数据包、以太网、DSL。这样一来，各个站点无论使用什么接入技术，都可以连接到提供商网络。

基于互联网的宽带

组织机构现在通常使用全球互联网基础设施来实现 WAN 连接。为了解决安全性问题，它们会在 WAN 连接选项中结合使用 VPN 技术。

有效的 WAN 网络选项包括数字用户线路（DSL）、电缆、无线和光纤。

注 意 企业边界上的设备可以使用多种 WAN 接入连接选项，通过本地环路连接到提供商。这些 WAN 连接选项在技术、带宽和成本方面各不相同。每种方案都有独特的优缺点。熟悉这些技术是网络设计的一个重要组成部分。

7.4.3 以太网 WAN

以太网最初是作为一种 LAN 接入技术而开发的，由于铜介质支持的传输距离有限，因此不适合用作 WAN 接入技术。

但是，使用光缆的较新的以太网标准使以太网成为一种合理的 WAN 接入选项。例如，IEEE 1000BASE-LX 标准支持的光缆长度为 5km，IEEE 1000BASE-ZX 标准支持的光缆长度达到 70km。

服务提供商现在使用光缆来提供以太网 WAN 服务。以太网 WAN 服务有以下多个名称：

- 城域以太网（MetroE）；
- MPLS 以太网（EoMPLS）；
- 虚拟专用 LAN 服务（VPLS）。

图 7-22 所示为一个简单的城域以太网拓扑示例。

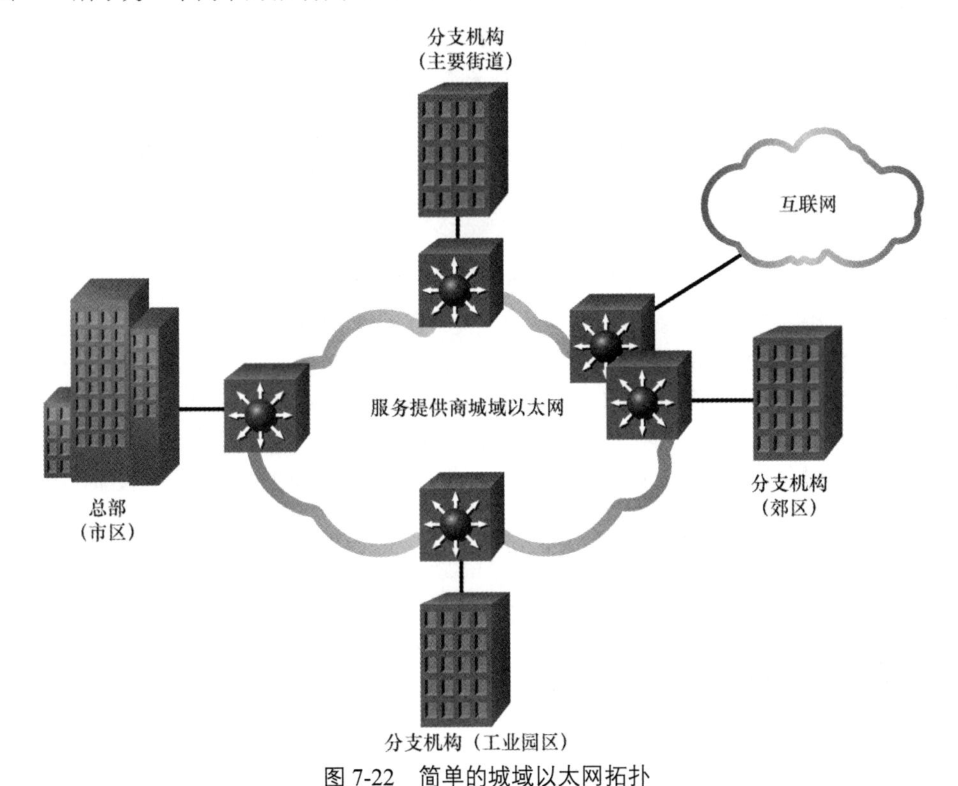

图 7-22 简单的城域以太网拓扑

以太网 WAN 具有下列多个优点。

- **减少了开支和管理**：以太网 WAN 提供了一个高带宽的第 2 层交换网络，能够在同一基础设施上同时处理数据、语音和视频。这既增加了带宽，也消除了向其他 WAN 技术进行转换的高昂成本。这种技术可以让企业以较低的成本把市区中的大量站点相互连接在一起，并连接到互联网。
- **能够轻松集成现有网络**：以太网 WAN 可以轻松连接现有的以太网 LAN，减少了部署成本和时间。

- **提高了企业生产力**：以太网 WAN 使企业能够充分利用难以在 TDM 或帧中继网络中实施的生产力增强工具，比如托管 IP 通信、VoIP、流媒体和广播视频等。

注　意　以太网 WAN 已变得越来越流行，现在通常用于代替传统的串行点对点、帧中继和 ATM WAN 链路。

7.4.4　MPLS

多协议标签交换（MPLS）是一种高性能的服务提供商 WAN 路由技术，用于在不考虑接入方法或负载的情况下互连客户端。MPLS 支持多种客户端接入方法（例如以太网、DSL、电缆、帧中继等）。MPLS 可以封装所有类型的协议，包括 IPv4 和 IPv6 流量。

图 7-23 中的示例拓扑是一个支持 MPLS 的简单网络。

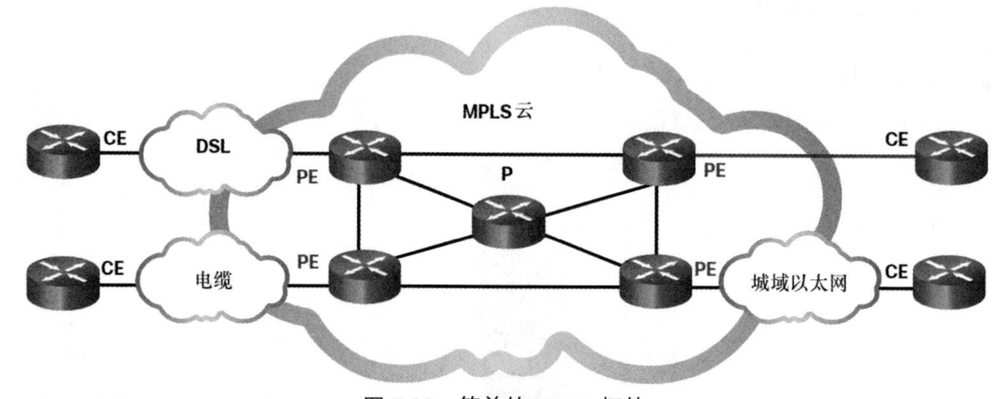

图 7-23　简单的 MPLS 拓扑

MPLS 路由器可以是客户边缘（CE）路由器、提供商边缘（PE）路由器，或内部的提供商（P）路由器。需要注意的是，MPLS 可以支持各种客户端接入连接。

MPLS 路由器是标签交换路由器（LSR），也就是说它们会在数据包上添加标签，然后其他 MPLS 路由器会根据标签来转发流量。当流量离开 CE 时，MPLS PE 路由器会在帧报头和数据包报头之间添加一个固定长度的短标签。MPLS P 路由器会根据这个标签来确定数据包的下一跳。当数据包离开 MPLS 网络时，出口的 PE 路由器会移除标签。

MPLS 还提供 QoS 支持、流量工程、冗余和 VPN 服务。

7.5　基于互联网的连接

本节讨论各种可用的基于互联网的连接服务。

7.5.1　基于互联网的连接选项

现代的 WAN 连接选项并不是只有太网 WAN 和 MPLS。如今，我们有很多基于互联网的有线和无线选项可以选择。基于互联网的宽带连接是代替专用 WAN 选项的一种方案。

图 7-24 列出了基于互联网的连接选项。

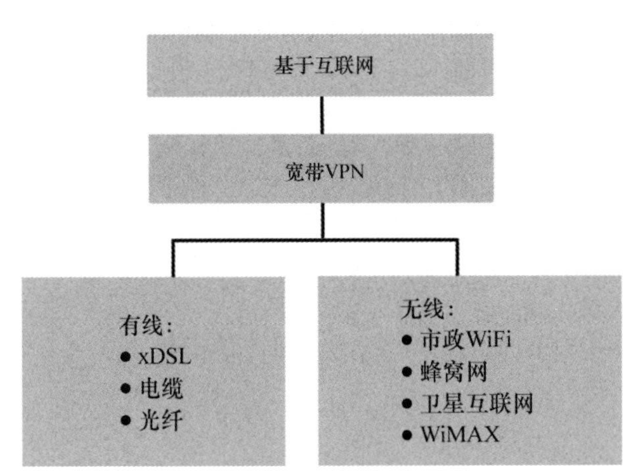

图 7-24　基于互联网的连接选项

基于互联网的连接可分为有线连接和无线连接。

有线连接

有线连接使用永久布线（例如铜缆或光纤）来提供稳定的带宽，并降低错误率和延迟。有线宽带连接的示例有数字用户线路（DSL）、电缆连接和光纤网络。

无线连接

与其他 WAN 连接选项相比，无线连接的实施成本较低，因为它们使用无线电波（而不是有线介质）来传输数据。但是，无线信号可能会受到一些因素的负面影响，比如与无线电塔之间的距离、其他源的干扰、天气，以及接入同一个共享空间的用户数量等。无线宽带连接的示例有 3G/4G/5G 蜂窝网络或卫星互联网服务。无线运营商选项因地点而异。

7.5.2　DSL 技术

数字用户线路（DSL）是永久在线的高速连接技术，它使用已有的双绞电话线来为用户提供 IP 服务。DSL 是家庭用户和 IT 部门支持远程办公人员的热门选择。

图 7-25 所示为非对称 DSL（ADSL）铜缆上带宽空间分配的图示。

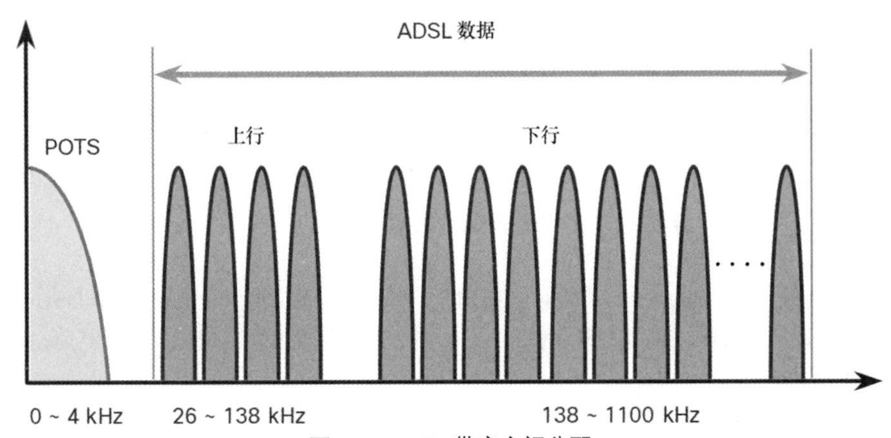

图 7-25　DSL 带宽空间分配

标记为POTS（普通老式电话系统）的区域标识了语音级电话服务使用的频率范围。标记为 ADSL的区域表示上行和下行DSL信号使用的频率空间。包含POTS区域和ADSL区域的区域表示铜缆支持的整个频率范围。

xDSL有多种变体，分别提供了不同的上传和下载速率。但是，所有形式的DSL都被归类为非对称 DSL（ADSL）或对称 DSL（SDSL）。ADSL 和 ADSL2+为用户提供的下行带宽比上行带宽要高。而SDSL提供的上行带宽和下行带宽相同。

传输速率也取决于本地环路的实际长度，以及布线的类型和条件。例如，为了保障信号质量，ADSL的环路必须小于5.46km。

DSL技术会带来安全风险，但可以通过使用VPN等安全措施进行调节。

7.5.3　DSL连接

服务提供商在本地环路中部署DSL连接。在图7-26中可以看到，DSL调制解调器和DSL接入复用器（DSLAM）之间已建立了连接。

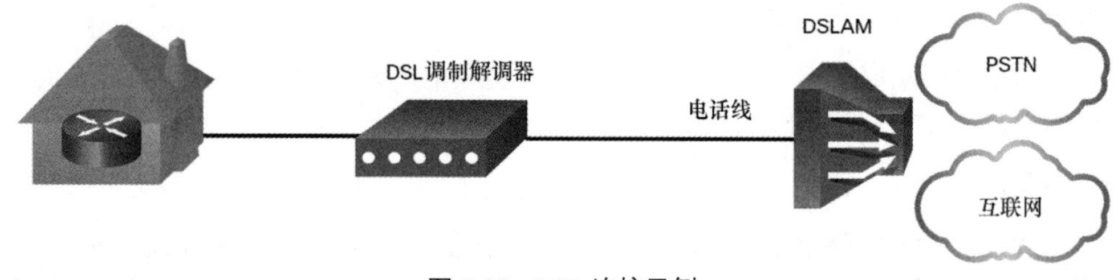

图7-26　DSL连接示例

DSL调制解调器将来自远程工作人员设备的以太网信号转换为DSL信号，然后把信号传输到提供商位置的DSLAM。

DSLAM设备位于提供商的中央办公室（CO），用于集中来自多位DSL用户的连接。DSLAM 通常内置在聚合路由器中。

相较于电缆技术，DSL的优势在于DSL不是共享介质。每个用户都单独直接连接到DSLAM。增加用户也不会影响性能，除非DSLAM去往ISP的连接或去往互联网的连接变得饱和。

7.5.4　DSL和PPP

点对点协议（PPP）是电话服务提供商常用的第2层服务，用于通过拨号和ISDN接入网络建立路由器到路由器和主机到网络的连接。

出于下面几个原因，ISP仍然使用PPP作为宽带DSL连接的第2层协议：

- 可以使用PPP对用户进行验证；
- PPP可以把公有IPv4地址和或IPv6前缀分配给用户；
- PPP提供了链路质量管理特性。

在PPPoE（PPP over Ethernet，以太网上的PPP）中，DSL调制解调器具有一个DSL接口和一个以太网接口。DSL接口可以连接到DSL网络，以太网接口可以连接到客户端设备。但是，以太网链路本身并不支持PPP。

具有PPPoE客户端的主机

在图7-27所示的示例中，主机运行PPPoE客户端，以从位于提供商站点的PPPoE服务器获取公有 IP 地址和/或 IPv6 前缀。PPPoE 客户端软件使用 PPPoE 与 DSL 调制解调器进行通信，调制解调器会使用 PPP 与 ISP 进行通信。在这个拓扑中，只有一个客户端可以使用这条连接。另外需要注意的是，这里没有部署路由器来保护内部网络。

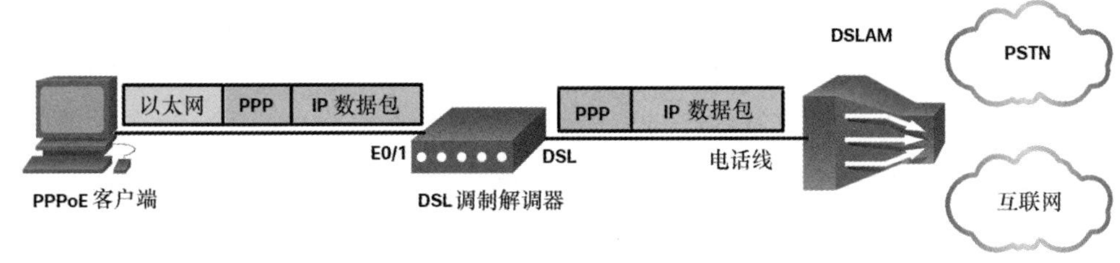

图 7-27　具有 PPPoE 客户端的主机示例

路由器 PPPoE 客户端

另一种解决方案是把路由器配置为 PPPoE 客户端，如图 7-28 所示。路由器是 PPPoE 客户端，从提供商获取配置信息。客户端只使用以太网与路由器通信，它们并不知道 DSL 连接的存在。在该拓扑中，多个终端设备可以共享 DSL 连接。

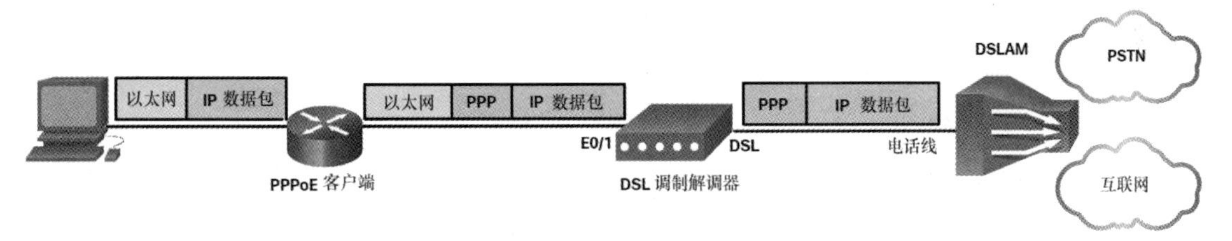

图 7-28　路由器 PPPoE 客户端示例

7.5.5　电缆技术

电缆技术是一种始终在线的高速连接技术，它使用同轴电缆为用户提供 IP 服务。与 DSL 类似，电缆技术是家庭用户和企业 IT 部门支持远程办公人员的热门选择。

现代的电缆系统为客户提供了先进的电信服务，其中包括高速互联网接入、数字有线电视，以及住宅电话服务。

电缆数据传输业务接口规范（DOCSIS）是向现有的电缆系统添加高带宽数据的国际标准。

电缆运营商部署混合光纤同轴电缆（HFC）网络，以实现数据到电缆调制解调器的高速传输。电缆系统使用同轴电缆向终端用户传输射频（RF）信号。

HFC 在网络的不同位置使用光纤和同轴电缆。例如，电缆调制解调器和光节点之间的连接是同轴电缆，如图 7-29 所示。

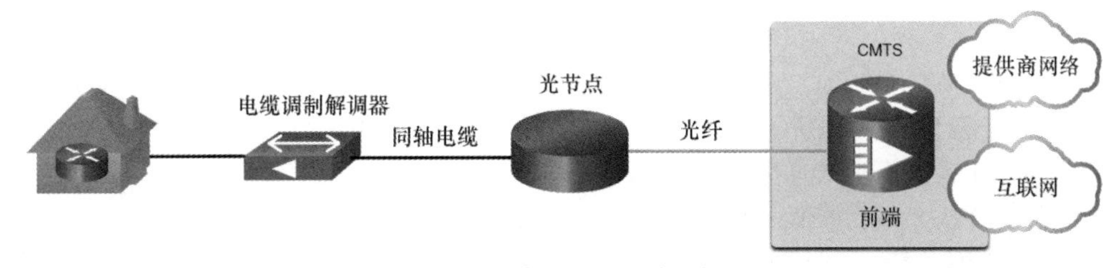

图 7-29　电缆技术连接示例

光节点执行光信号到射频信号的转换。具体而言，它会把射频信号转换为可在光缆上传输的光脉冲。光纤介质可以远距离传输信号，最终把信号传输到位于提供商前端的电缆调制解调器终结系统（CMTS）上。前端包含提供互联网接入所需的数据库，CMTS负责与电缆调制解调器进行通信。

所有本地用户共享同一根电缆带宽。随着越来越多的用户加入服务，可用带宽可能会低于预期速率。

7.5.6 光纤

很多市政当局、城市和供应商都在用户位置铺设了光缆。这通常称为光纤到x（FTTx），包括以下内容。

- **光纤到户（FTTH）**：光纤到达住宅的边界。无源光网络（PON）和点对点以太网的架构支持直接从服务提供商中央办公室通过FTTH网络提供有线电视、互联网和电话服务。
- **光纤到楼（FTTB）**：光纤到达楼宇的边界，比如到达多住宅单元的地下室，然后通过路缘或电杆技术等替代方式连接到用户住宅。
- **光纤到节点/社区（FTTN）**：光纤到达光节点，该光节点把光信号转换为双绞线或同轴电缆可以接受的格式，再传输到用户住宅。

在所有的宽带选项中，FTTx能够提供最高的带宽。

7.5.7 基于无线互联网的宽带

无线技术使用免授权的无线频谱收发数据。任何拥有无线路由器且所用设备支持无线技术的用户都可接入这个免授权的频谱。

直到最近，无线接入一直都有局限性，那就是终端必须处于无线路由器或无线调制解调器的本地传输范围之内（通常小于30m），而且无线路由器或无线调制解调器需要以有线的方式连接到互联网。

市政WiFi

很多城市已经开始建设市政无线网络。其中有些网络免费提供高速互联网接入，或以远低于其他宽带服务的价格提供高速互联网接入。还有一些网络只供城市使用，允许公安、消防部门和其他城市公务员远程处理某些工作。要连接市政WiFi，用户通常需要一个无线调制解调器，它能提供比传统无线适配器更强的无线电信号和定向天线。大多数服务提供商免费或有偿提供必要的设备（就像提供DSL或电缆调制解调器一样）。

蜂窝网络

蜂窝网络服务逐渐成为另一种无线WAN技术，用于连接用户和没有其他WAN接入技术的远程位置。许多使用智能手机和平板电脑的用户可以使用蜂窝网络数据来发送邮件、上网冲浪、下载应用和观看视频。

电话、平板电脑、笔记本，甚至有些路由器都可以使用蜂窝技术连接到互联网。这些设备使用无线电波通过附近的手机信号塔进行通信。设备中有一个很小的无线电天线，而提供商有一个更大的天线，架设在距离电话几千米以内的信号塔顶端。

下面是两个常见的蜂窝通信行业术语。

- **3G/4G/5G无线**：它们是第三代、第四代和新兴的第五代移动无线技术的缩写。这些技术都支持无线互联网接入。4G标准支持的下载和上传带宽分别高达450Mbit/s和100Mbit/s。新兴的5G标准应该支持100Mbit/s～10Gbit/s甚至更高的带宽。

- **长期演进（LTE）**：这是一种更新且更快的技术，是4G技术的一部分。

卫星互联网

卫星互联网通常由农村用户使用，以及在没有电缆和DSL的偏远地区使用。为了访问卫星互联网服务，用户需要一个卫星天线、两个调制解调器（上行链路和下行链路）以及天线与调制解调器之间的同轴电缆。

具体来说，路由器连接卫星天线，后者指向服务提供商的卫星。该卫星在太空中与地球轨道同步。信号必须往返于卫星大约35 786km的距离。

安装天线时，主要的安装要求是天线需要朝向赤道（那里是大多数轨道卫星的所在地），且在该方向上不能有障碍物。树木和暴雨都会影响信号的接收。

卫星互联网提供了双向（上传和下载）的数据通信。上传速率大约是下载速率的1/10。下载速率的范围为5Mbit/s～25Mbit/s。

WiMAX

IEEE标准802.16中描述的全球微波接入互操作性（WiMAX）通过无线接入提供了高速宽带服务，并且像手机网络（而不是小型的WiFi热点）那样提供了广泛覆盖。

WiMAX的工作方式与WiFi相似，但速率更高，距离更远，支持的用户更多。它使用了一个类似于手机信号塔的WiMAX信号塔网络。要接入WiMAX网络，用户必须向ISP订阅服务，并且WiMAX信号塔要在其所在位置的48km之内。他们还需要使用某种类型的WiMAX接收器和一个特殊的加密密码才能访问基站。

WiMAX在很大程度上已经被LTE移动接入和电缆或DSL固定接入所取代。

7.5.8 VPN技术

当远程工作人员或远程办公室的员工使用宽带服务，通过互联网接入公司WAN时，会产生安全风险。

为了解决安全问题，宽带服务向接受VPN连接的网络设备提供虚拟专用网络（VPN）连接。网络设备通常位于公司站点。

VPN是跨越公共网络（如互联网）在多个专用网络之间建立起来的加密连接。VPN使用的是称为VPN隧道的虚拟连接，而不是专用的第2层连接（如租用线路）。VPN隧道会跨越互联网，在企业的专用网络与远程站点或员工主机之间提供路由。

下面是使用VPN的几个好处。

- **节省成本**：VPN使组织机构可以利用全球互联网连接远程办公室，并将远程用户连接到公司主站点。这样一来，就不再需要昂贵且专用的WAN链路和调制解调器。
- **安全性**：VPN通过使用高级加密和验证协议来保护数据免受未经授权的访问，从而提供最高级别的安全性。
- **可扩展性**：由于VPN使用的是ISP内部的互联网基础设施和设备，因此很容易添加新用户。公司可以在不增加重要基础设施的情况下大幅增加容量。
- **兼容各种宽带技术**：DSL和电缆等宽带服务提供商支持VPN技术。VPN允许移动办公人员和远程工作人员使用家中的高速互联网服务来接入公司网络。企业级的高速宽带连接还可为连接远程办公室提供经济有效的解决方案。

VPN通常有以下几种实施方式。

- **站点到站点VPN**：VPN设置是在路由器上配置的。客户端并不知道其数据已经被加密。

- **远程访问 VPN**：用户发起远程访问连接（比如在浏览器中使用 HTTPS 连接银行）。或者，用户可以在其主机上运行 VPN 客户端软件，以连接到目的设备并对其进行身份验证。

注　意　*在第 8 章中将更详细地讨论 VPN。*

7.5.9　ISP 连接选项

本节将介绍组织机构连接 ISP 的不同方式。具体选择哪种方式取决于组织机构的需求和预算。

单宿主

当互联网接入对于业务的运营没那么重要时，组织机构会使用单宿主 ISP 连接。在图 7-30 中可以看到，客户端使用一条链路连接到 ISP。该拓扑没有提供冗余。这是本节描述的 4 个解决方案中最经济的一个。

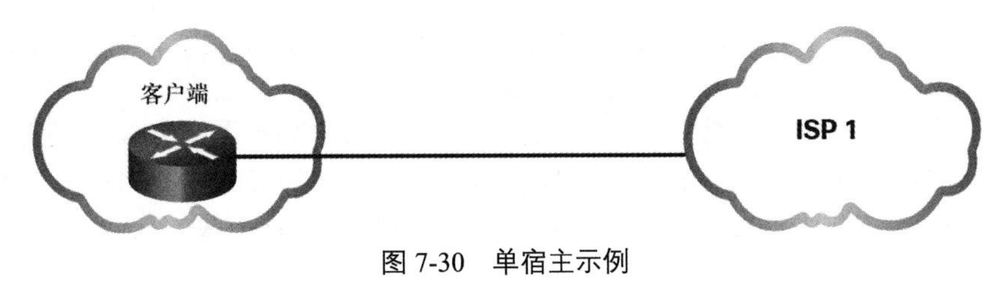

图 7-30　单宿主示例

双宿主

当互联网接入对于业务的运营有点重要时，组织机构会使用双宿主 ISP 连接。在图 7-31 中可以看到，客户端使用两条链路连接到同一个 ISP。该拓扑同时提供了冗余和负载均衡。如果其中一条链路失效，另一条链路可以承载所有流量。如果两条链路都工作正常，则流量可以在它们上面进行负载均衡。但是，如果 ISP 的服务中断，则组织机构就会失去互联网连接。

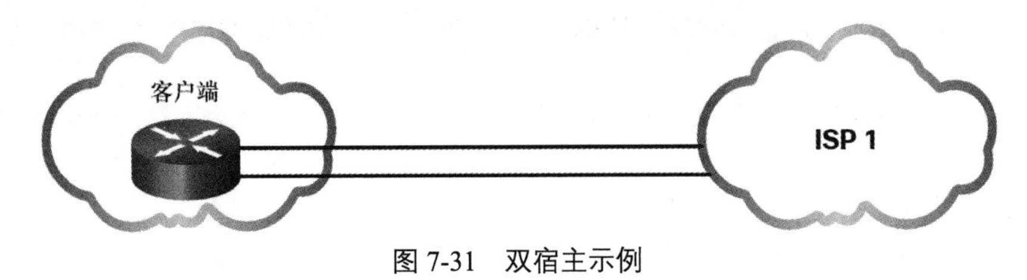

图 7-31　双宿主示例

多宿主

当互联网接入对于业务的运营至关重要时，组织机构会使用多宿主 ISP 连接。客户端连接到两个不同的 ISP，如图 7-32 所示。这种设计提供了更多的冗余并实现了负载均衡，但它的成本可能会很高。

双多宿主

双多宿主是本节介绍的 4 种解决方案中最具弹性的拓扑。客户端通过冗余的链路连接到多个 ISP，如图 7-33 所示。该拓扑提供了尽可能多的冗余，是这 4 种解决方案中最昂贵的一种。

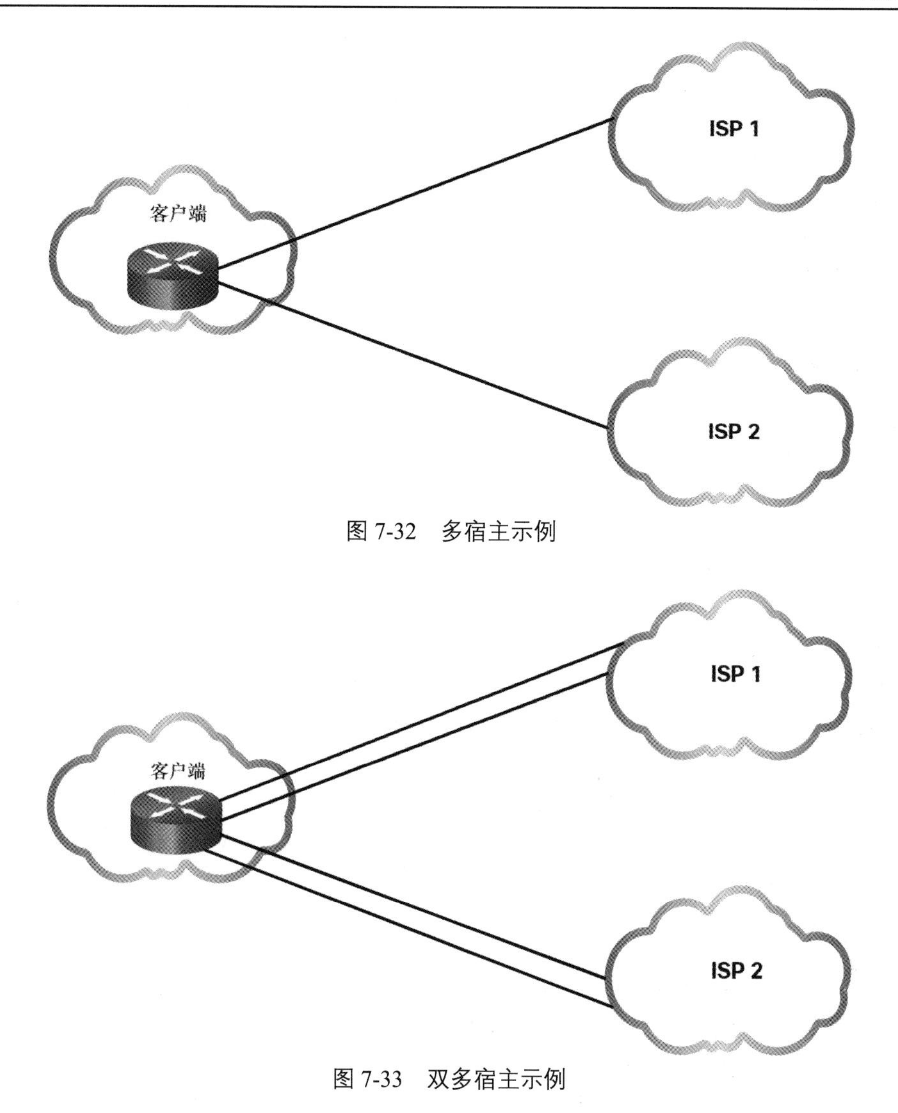

图 7-32 多宿主示例

图 7-33 双多宿主示例

7.5.10 宽带解决方案的对比

每种宽带解决方案都有优势和缺点。最理想的方式是使用光缆直接连接客户网络。有些地方只有一种方案，例如电缆或 DSL。有些地方只能通过宽带无线选项来连接互联网。

如果有多种宽带解决方案，则应执行成本效益分析，以确定最佳解决方案。

需要考虑的因素包括下面这些。

- **电缆**：带宽由多个用户共享。因此，在订阅量过多的区域，高峰时段的上行数据速率通常会比较慢。
- **DSL**：DSL 的带宽有限，且对距离敏感（与 ISP 中央办公室有关）。与下载速率相比，上传速率较低。
- **光纤到户**：该选项需要将光纤直接安装到家庭。
- **蜂窝/移动网络**：在使用该选项时，覆盖范围往往是个问题，即使是在带宽相对有限的 SOHO 环境内。
- **市政 WiFi**：大多数城市都没有部署互连 WiFi 网络。如果市政 WiFi 可用且在范围内，则不失为一个选项。

- **卫星**：该选项的费用昂贵，为每个用户提供的容量有限。通常在没有其他选项可用时才使用它。

7.6 总结

WAN 的用途

需要使用广域网（WAN）来连接局域网边界之外的网络。广域网是一种地理跨度相对较大的电信网络，在局域网的地理范围之外运行。专用 WAN 是专用于单个客户的连接。公共 WAN 连接通常是由 ISP 或电信服务运营商通过互联网提供的。WAN 拓扑是使用逻辑拓扑描述的。可以使用以下逻辑拓扑来实施广域网：点对点拓扑、中心辐射型拓扑、双宿主拓扑、全互连拓扑、部分互连拓扑。在单运营商连接中，组织机构只连接了一个服务提供商。双运营商连接提供了冗余并提高了网络的可用性。组织机构会分别与两个不同的服务提供商协商单独的 SLA。随着公司的不断发展，公司对于网络的需求可能会发生巨大的变化。员工的分散在许多方面可以节省成本，但也给网络提出了更高的要求。小型公司使用一个连接到无线路由器的 LAN 来共享数据和外围设备。与互联网的连接是通过带宽服务提供商实现的。稍微大一些的公司需要使用园区网络（CAN）。CAN 可以在有限的地理范围内互连多个 LAN。更大一些的公司需要使用城域网（MAN）来连接城市内的各个站点。MAN 比 LAN 规模大，但比 WAN 小。全球性的公司需要使用基于 Web 的应用来实现远程办公和虚拟团队办公，这些应用包括 Web 会议、在线学习、在线协作工具。站点到站点 VPN 和远程访问 VPN 使公司能够使用互联网方便且安全地连接全球各地的员工和分支机构。

WAN 的运行方式

现代 WAN 的标准是由多个公认的权威机构定义和管理的，其中包括 TIA/EIA、ISO 和 IEEE。大多数 WAN 标准都侧重于物理层（OSI 第 1 层）和数据链路层（OSI 第 2 层）。第 1 层协议描述了通过 WAN 传输数据位所需的电气、机械和操作组件。第 1 层光纤协议标准包括 SDH、SONET 和 DWDM。第 2 层协议定义了如何将数据封装到帧中。第 2 层协议包括宽带、无线、以太网 WAN、MPLS、PPP 和 HDLC。WAN 的物理层描述了公司网络和服务提供商网络之间的物理连接。特定的术语可用于描述用户（即公司或客户）与 WAN 服务提供商之间的 WAN 连接，包括 DTE、DCE、CPE、POP、分界点、本地环路、CO、长途网络、回程网络、骨干网络。WAN 上的端到端数据路径通常是从源 DTE 到 DCE，再到 WAN 云，到 DCE，最后到目的 DTE。该路径上使用的设备包括声带调制解调器、DSL 调制解调器和电缆调制解调器、CSU/DSU、光学转换器、无线路由器或接入点以及其他 WAN 核心设备。串行通信在单个通道上按照顺序传输数据位。相比之下，并行通信使用多条线路同时传输多个数据位。电路交换网络会在用户开始通信之前，先在终端之间建立一条专用的电路（或通道）。在通过电路交换网络进行传输期间，所有通信都使用相同的路径。两种最常见的电路交换 WAN 技术是 PSTN 和 ISDN。分组交换会把流量数据拆分为多个数据包，并通过共享网络来路由这些数据包。常见的分组交换 WAN 技术有以太网 WAN 和 MPLS。OSI 第 1 层光纤标准有两种。SDH/SONET 定义了使用激光或发光二极管（LED），通过光纤远距离传输多种数据、语音和视频流量的方法。这两种标准都用在环型网络拓扑中，这种拓扑中包含冗余光纤路径，允许流量双向流动。DWDM 是一种较新的技术，它使用不同波长的光同时发送多个数据流（多路复用），提高了 SDH 和 SONET 的数据承载能力。

传统的 WAN 连接

在 20 世纪 80 年代，组织机构开始意识到需要将它们的 LAN 与其他位置互连起来。它们需要将网络连接到服务提供商的本地环路。这是通过使用专用线路或使用服务提供商提供的交换服务来实现的。当需要永久专用的连接时，可使用铜介质的点对点线路来提供从客户驻地到提供商网络的预先建立的 WAN 通信路径。租用线路是 T1/E1 或 T3/E3 线路。电路交换连接由 PSTN 运营商提供。将 CPE 连接到 CO 的本地环路是铜介质。ISDN 是一种电路交换技术，可以使 PSTN 本地环路承载数字信号。它提供了比拨号接入容量更高的交换连接。分组交换会把流量数据拆分为多个数据包，并通过共享网络来路由这些数据包。分组交换网络允许多对节点在同一通道上通信。帧中继是一种简单的第 2 层 NBMA WAN 技术，用于互连企业的 LAN。ATM 技术可通过专用和公共网络传输语音、视频、数据。它建立在基于信元的架构（而非基于帧的架构）之上。

现代的 WAN 连接

现代的 WAN 连接选项包括专用宽带、以太网 WAN、MPLS（分组交换），以及基于互联网的宽带的各种有线和无线标准。服务提供商现在使用光缆来提供以太网 WAN 服务。以太网 WAN 减少了开支和管理，能够轻松集成现有网络，还提高了企业生产力。MPLS 是一种高性能的服务提供商 WAN 路由技术，用于互连客户端。MPLS 支持多种客户端接入方法（例如以太网、DSL、电缆、帧中继等）。MPLS 可以封装所有类型的协议，包括 IPv4 和 IPv6 流量。

基于互联网的连接

基于互联网的宽带连接是代替专用 WAN 选项的一种方案。宽带连接有有线版本和无线版本。有线连接使用永久布线（例如铜缆或光纤）来提供稳定的带宽，并降低错误率和延迟。有线宽带连接的示例有数字用户线路（DSL）、电缆连接和光纤网络。无线宽带连接的示例有 3G/4G/5G 蜂窝网络或卫星互联网服务。DSL 是永久在线的高速连接技术，它使用已有的双绞电话线来为用户提供 IP 服务。所有形式的 DSL 都被归类为非对称 DSL（ADSL）或对称 DSL（SDSL）。DSL 调制解调器将来自远程工作人员设备的以太网信号转换为 DSL 信号，然后把信号传输到提供商位置的 DSLAM。相较于电缆技术，DSL 的优势在于 DSL 不是共享介质。ISP 仍然使用 PPP 作为宽带 DSL 连接的第 2 层协议。DSL 调制解调器具有一个 DSL 接口和一个以太网接口。DSL 接口可以连接到 DSL 网络，以太网接口可以连接到客户端设备。以太网链接本身并不支持 PPP。电缆技术是一种始终在线的高速连接技术，它使用同轴电缆为用户提供 IP 服务。电缆运营商部署混合光纤同轴电缆（HFC）网络，以实现数据到电缆调制解调器的高速传输。电缆系统使用同轴电缆向终端用户传输射频（RF）信号。很多市政当局、城市和供应商都在用户位置铺设了光缆。这通常称为光纤到 x（FTTx），例如 FTTH、FTTB 和 FTTN。

无线技术使用免授权的无线频谱收发数据。任何拥有无线路由器且所用设备支持无线技术的用户都可接入这个免授权的频谱。直到最近，无线接入一直都有局限性，那就是终端必须处于无线路由器或无线调制解调器的本地传输范围之内（通常小于 30m），而且无线路由器或无线调制解调器需要以有线的方式连接到互联网。无线技术领域的新发展包括市政 WiFi、蜂窝网络、卫星互联网、WiMAX。为了解决安全问题，宽带服务向接受 VPN 连接的网络设备提供虚拟专用网络（VPN）连接。网络设备通常位于公司站点。VPN 是跨越公共网络（如互联网）在多个专用网络之间建立起来的加密连接。VPN 使用的是称为 VPN 隧道的虚拟连接，而不是专用的第 2 层连接（如租用线路）。VPN 隧道会跨越互联网，在企业的专用网络与远程站点或员工主机之间提供路由。常见的 VPN 实施方式包括站点到站点 VPN 和远程访问 VPN。ISP 连接选项包括单宿主、双宿主、多宿主、双多宿主。电缆、DSL、光纤到户、蜂窝/移动网络、市政 WiFi、卫星互联网都有各自的优缺点。在选择基于互联网的连接方案之前，应执行成本效益分析。

复习题

完成这里列出的所有复习题，可以测试您对本章内容的理解。附录列出了答案。

1. 哪种类型的互联网连接适合拥有一个本地 LAN 且只有 10 名员工的小型公司？
   A. 与服务提供商的宽带 DSL 或电缆连接　B. 与本地电话服务提供商的拨号连接
   C. 到本地服务提供商的租用线路　D. 与服务提供商的 VSAT 连接
2. 哪种网络场景需要使用 WAN？
   A. 员工工作站需要获取动态分配的 IP 地址
   B. 分支办公室的员工需要与总部办公室共享文件，总部办公室位于同一园区网内的另外一栋大楼内
   C. 员工需要访问公司 Web 服务器上托管的页面，Web 服务器位于员工所在大楼内的 DMZ 中
   D. 出差在外的员工必须使用 VPN 连接到公司电子邮件服务器
3. 关于 WAN 的描述，下面哪一项是正确的？
   A. WAN 在与 LAN 相同的地理范围内运行，但具有串行链路
   B. WAN 为最终用户提供了到园区骨干网的网络连接
   C. 所有串行链路均被视为 WAN 连接
   D. WAN 网络归服务提供商所有
4. 当使用数字专线在客户和服务提供商之间建立连接时，需要哪种设备？
   A. 访问服务器　B. CSU/DSU
   C. 拨号调制解调器　D. 第 2 层交换机
5. 无连接的分组交换网络有什么要求？
   A. 在数据包传递期间会创建一个虚拟电路
   B. 每个数据包仅需携带一个标识符
   C. 每个数据包必须携带完整的编址信息
   D. 网络预先确定数据包的路由
6. 与电路交换技术相比，分组交换技术有什么优势？
   A. 相较于电路交换网络，分组交换网络更不容易受到抖动的影响
   B. 分组交换网络可以有效地使用服务提供商网络内部的多个路由
   C. 分组交换网络需要一条昂贵的永久连接通向每个端点
   D. 相较于电路交换网络，分组交换网络的延迟通常要低
7. 同时支持 SONET 和 SDH，并将传入的光信号分配给特定波长的光的长距离光纤技术是什么？
   A. ATM　D. WDM
   C. ISDN　D. MPLS
8. 当分支机构连接到公司站点时，建议在公共 WAN 基础设施上使用什么技术？
   A. ATM　B. ISDN
   C. 市政 WiFi　D. VPN
9. 两种常见的高带宽光纤介质标准是什么？（选择两项）
   A. ANSI　B. ATM
   C. ITU　D. SDH
   E. SONET

10. 哪种 WAN 技术在两个站点之间建立稳定的专用点对点连接?

A. ATM　　B. 帧中继

C. ISDN　　D. 租用线路

11. 一家医院正在寻找一种解决方案,以连接多个新建立的远程分支医疗办公室。在选择专用 WAN 连接而不是公共 WAN 连接时，下面哪一项最重要?

A. 传输期间的数据安全性和机密性　　B. 更高的数据传输速率

C. 更低的成本　　D. 对网站和文件交换服务的支持

12. 一家新公司需要一个必须满足某些要求的数据网络。网络必须为分散在一个大型地理区域内的销售人员提供低成本的连接。下面哪两种 WAN 基础设施可以满足要求?（选择两项）

A. 专用　　B. 互联网

C. 专用基础设施　　D. 公共基础设施

E. 卫星

13. 哪种无线技术可以通过蜂窝网络提供互联网访问?

A. 蓝牙　　B. LTE

C. 市政 WiFi　　D. 卫星

14. ISP 在通过电缆服务提供互联网连接时，需要用到哪个设备?

A. 接入服务器　　B. CMTS

C. CSU/DSU　　D. DSLAM

15. 客户需要一个 WAN 虚拟连接在两个站点之间提供高速专用带宽。哪种类型的 WAN 连接最能满足这一需求?

A. 电路交换网络　　B. 以太网 WAN

C. MPLS　　D. 分组交换网络

第 8 章

VPN 和 IPSec 概念

学习目标

通过完成本章的学习，您将能够回答下列问题：

- VPN 技术有什么好处；
- 不同类型的 VPN 有哪些；
- 如何使用 IPSec 框架保护网络流量。

您或者您认识的人在使用公共 WiFi 时是否被黑客攻击过？这非常容易做到。但是，使用 VPN（虚拟专用网络）和额外的 IPSec（IP Security）保护可以解决这个问题。全球的远程员工普遍会使用 VPN。在使用公共 WiFi 时，也可以使用一些个人 VPN 来提供保护。事实上，有许多不同类型的 VPN 使用 IPSec 来保护和验证源与目的之间的 IP 数据包。想了解更多内容么？请继续阅读本章！

8.1 VPN 技术

本节讨论 VPN 技术的优点。

8.1.1 虚拟专用网络

为了保护站点与用户之间的网络流量，组织机构使用 VPN 来创建端到端的专用网络连接。VPN 是虚拟的，因为它在专用网络中传送信息，但是这些信息实际上是通过公共网络传送的。VPN 是私密的，因为其中的流量进行了加密，以保持数据在通过公共网络传输时是机密的。

图 8-1 所示为由企业主站点管理的不同类型的 VPN 的集合。隧道确保远端站点和用户能够安全地访问主站点的网络资源。

图 8-1 中使用了以下术语。

- 思科 ASA 防火墙：帮助组织机构提供安全、高性能的连接，其中包括 VPN，以及远程分支机构和移动用户的始终在线访问。
- SOHO 环境中支持 VPN 的路由器：提供返回企业主站点的 VPN 连接。
- 思科 AnyConnect Secure Mobility Client：是一款软件，远程员工可以用来与企业主站点建立基于客户端的 VPN 连接。

严格来说，第一类 VPN 只是 IP 隧道，不包含验证和数据加密。例如，通用路由封装（GRE）是由思科开发的隧道协议，它不包含加密服务。GRE 用于在 IP 隧道内封装 IPv4 和 IPv6 流量，以创建虚拟的点对点链路。

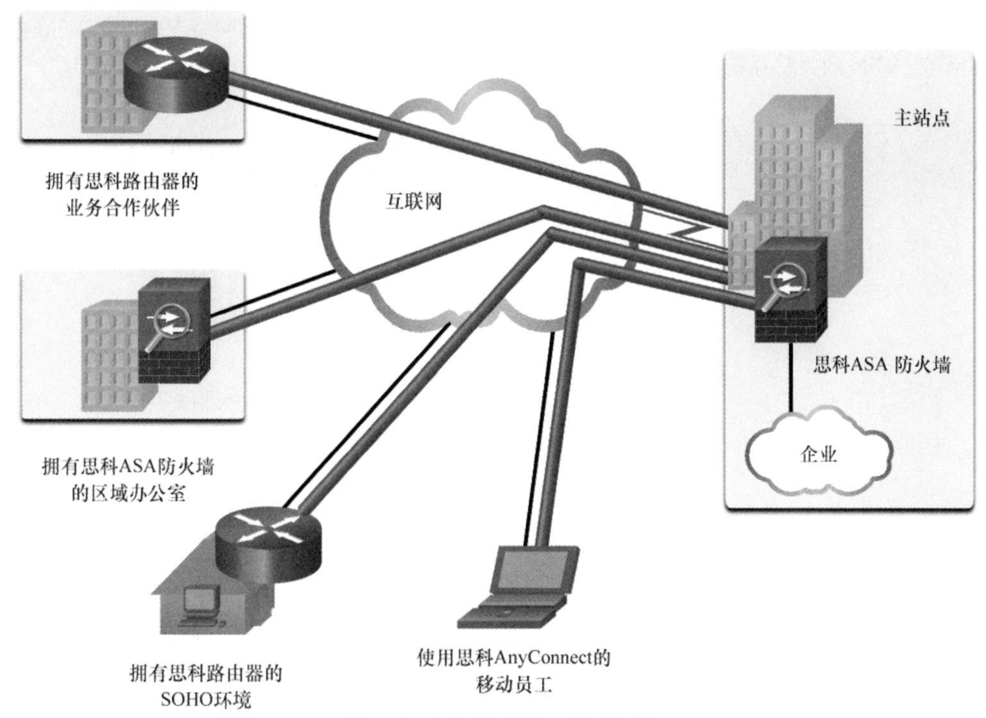

图 8-1　不同类型的 VPN 示例

8.1.2　VPN 的优势

现代的 VPN 支持加密功能，如 IPSec（互联网协议安全）和 SSL（安全套接字层），以保护站点之间的网络流量。

表 8-1 列出了 VPN 的主要优势。

表 8-1　VPN 的优势

优势	描述
节省成本	随着经济高效的高带宽技术的出现，组织机构可以使用 VPN 来降低连接成本，同时还能增加远程连接的带宽
安全性高	VPN 通过使用高级加密和身份验证协议来保护数据免受未经授权的访问，提供了最高级别的安全性
可扩展性好	VPN 允许组织机构使用互联网，从而可以在不增加重要基础设施的情况下，轻松添加新用户
兼容性好	VPN 可以在多种 WAN 链路上实施，其中包括所有常见的宽带技术。远程员工可以利用这些高速连接安全地访问他们的企业网络

8.1.3　站点到站点 VPN 和远程访问 VPN

VPN 通常以两种方式进行部署：站点到站点 VPN 或者远程访问 VPN。

站点到站点 VPN

当为 VPN 终端设备（称为 VPN 网关）预先配置信息以建立安全隧道时，就会创建站点到站点 VPN。VPN 流量仅在这些设备之间进行加密。内部主机不知道正在使用 VPN。

图 8-2 所示为站点到站点 VPN 连接。客户端（即笔记本电脑）连接到网络 VPN 网关（在本例中为路由器）。VPN 网关跨互联网（如云所示）连接到另一个 VPN 网关（例如 ASA 防火墙）。

图 8-2　站点到站点 VPN 拓扑

远程访问 VPN

远程访问 VPN 是动态创建的，以在客户端和 VPN 终端设备之间建立安全的连接。例如，当您在线查询银行信息时，将使用远程访问 SSL VPN。

图 8-3 所示为远程访问 VPN 连接。客户端（即笔记本电脑）通过互联网（如云所示）连接到 VPN 网关（例如 ASA 防火墙）。

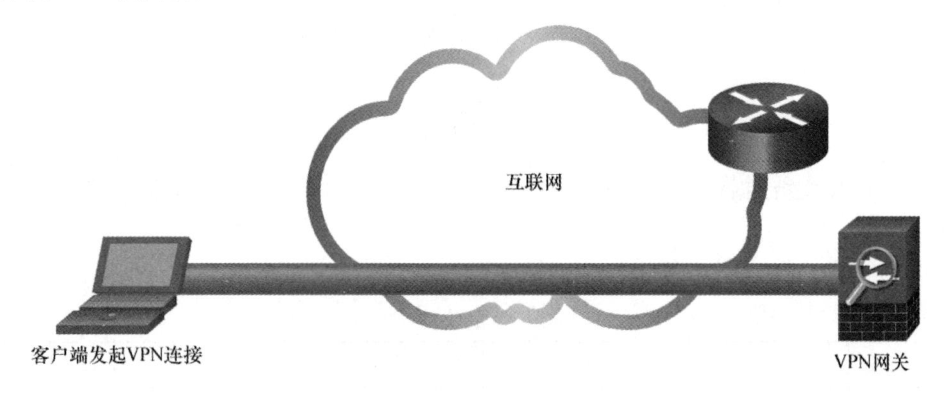

图 8-3　远程访问 VPN 拓扑

8.1.4　企业 VPN 和服务提供商 VPN

有多种方法可以为企业流量提供保护。这些解决方案因管理 VPN 的机构而异。可以按照下述方式部署和管理 VPN。

- **企业 VPN**：由企业管理的 VPN 是一种常见的解决方案，用于保护互联网上的企业流量。站点到站点 VPN 和远程访问 VPN 是由企业使用 IPSec VPN 和 SSL VPN 创建与管理的。
- **服务提供商 VPN**：由运营商管理的 VPN 是在提供商网络中创建和管理的。提供商在第 2 层或第 3 层使用 MPLS（多协议标签交换）在企业站点之间创建安全的通道。MPLS 是运营商用来在多个站点之间创建虚拟路径的路由技术，这样做可以有效地把客户流量与其他客户的流量隔离开来。其他传统的解决方案还包括帧中继 VPN 和 ATM（异步传输模式）VPN。

图 8-4 列出了企业管理和服务提供商管理的 VPN 部署的不同类型，本章将对此进行详细讨论。

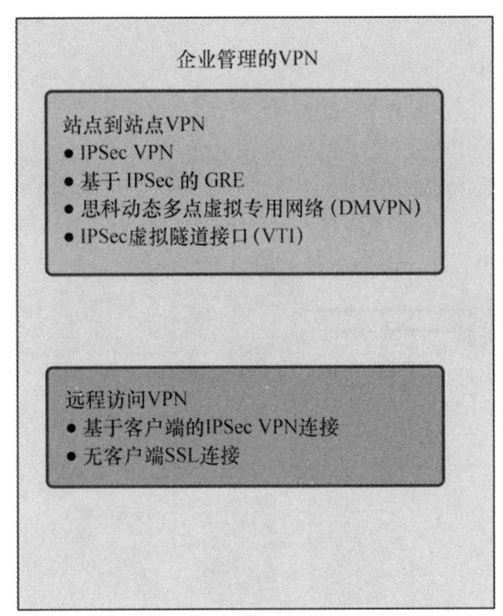

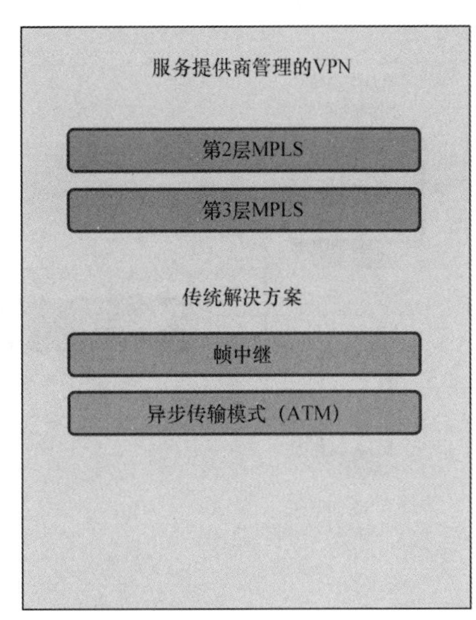

图 8-4 企业管理的 VPN 和服务提供商管理的 VPN

8.2 VPN 的类型

上一节介绍了 VPN 的基础知识。本节将介绍 VPN 的类型。

8.2.1 远程访问 VPN

出于多种原因，VPN 已成为远程访问连接的逻辑解决方案。远程访问 VPN 通过创建加密隧道，可让远程用户和移动用户安全地连接到企业网络。远程用户可以安全地访问其企业应用，包括电子邮件和网络应用。远程访问 VPN 还允许承包商和合作伙伴对所需的特定服务器、Web 页面或文件进行有限的访问。因此，这些用户可以在不影响网络安全性能的情况下提高业务效率。

远程访问 VPN 通常由用户在需要时动态启用。可以使用 IPSec 或 SSL 创建远程访问 VPN。如图 8-5 所示，远程用户必须发起远程访问 VPN 连接。

8-5 显示了远程用户可以发起远程访问 VPN 连接的两种方式。

- **无客户端的 VPN 连接**：该连接是使用 Web 浏览器的 SSL 连接进行保护的。SSL 主要用于保护 HTTP 流量（HTTPS）和电子邮件协议（例如 IMAP 和 POP3）。例如，HTTPS 实际上是使用 SSL 隧道的 HTTP。首先建立 SSL 连接，然后通过连接交换 HTTP 数据。
- **基于客户端的 VPN 连接**：VPN 客户端软件（比如思科 AnyConnect 安全移动客户端）必须安装在远程用户的终端设备上。用户必须使用 VPN 客户端来发起 VPN 连接，然后向目的地 VPN 网关进行身份验证。当远程用户通过身份验证后，就能够访问企业网络中的文件和应用。VPN 客户端软件使用 IPSec 或 SSL 来加密流量，并将其通过互联网转发到目的地 VPN 网关。

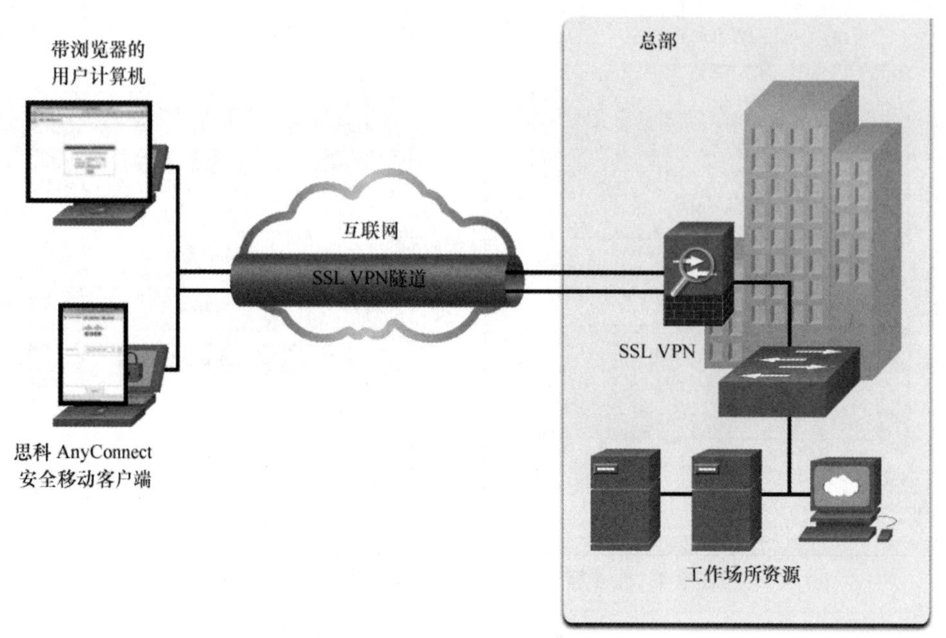

图 8-5 无客户端和基于客户端的连接示例

8.2.2 SSL VPN

当客户端与 VPN 网关协商 SSL VPN 连接时，它实际上使用传输层安全（TLS）进行连接。TLS 是 SSL 的较新版本，有时表示为 SSL/TLS。但是，这两个术语通常会交替使用。

SSL 使用公钥基础设施（PKI）和数字证书来验证对端。IPSec 和 SSL VPN 技术几乎可用于访问任何网络应用或资源。但是，当需要考虑安全性时，IPSec 是更好的选择。如果支持性和易于部署是主要考虑问题，则使用 SSL。实施的 VPN 方法的类型取决于用户的访问需求和组织的 IT 流程。表 8-2 对比了 IPSec 和 SSL 远程访问部署。

表 8-2 IPSec 和 SSL 的对比

功能	IPSec	SSL
支持的应用	**广泛**：支持基于所有 IP 的应用	**有限**：仅支持基于 Web 的应用和文件共享
验证强度	**强**：使用共享密钥或数字证书的双向身份验证	**中**：使用单向或双向身份验证
加密强度	**强**：密钥长度为 56～256 位	**中等到强**：密钥长度为 40～256 位
连接复杂性	**中等**：需要在主机上预先安装 VPN 客户端	**低**：主机上只需要有 Web 浏览器即可
连接选项	**有限**：只有具有特定配置的特定设备可以连接	**广泛**：拥有 Web 浏览器的任何设备均可以连接

重要的是要理解 IPSec 和 SSL VPN 不互斥。相反，它们是互补的。这两种技术解决了不同的问题，组织机构可以根据其远程办公人员的需要来实现 IPSec、SSL 或同时实现这两者。

8.2.3 站点到站点 IPSec VPN

站点到站点 VPN 用于在不受信任的网络（比如互联网）上连接网络。在站点到站点 VPN 中，终端主机会通过 VPN 终端设备发送和接收未加密的 TCP/IP 流量。VPN 终端设备通常称为 VPN 网关。VPN 网关设备可以是路由器或防火墙，如图 8-6 所示。

举例来说，图 8-6 中右侧显示的思科 ASA 是一台独立的防火墙设备，它将防火墙、VPN 集中器和入侵防御功能整合到一个软件镜像中。

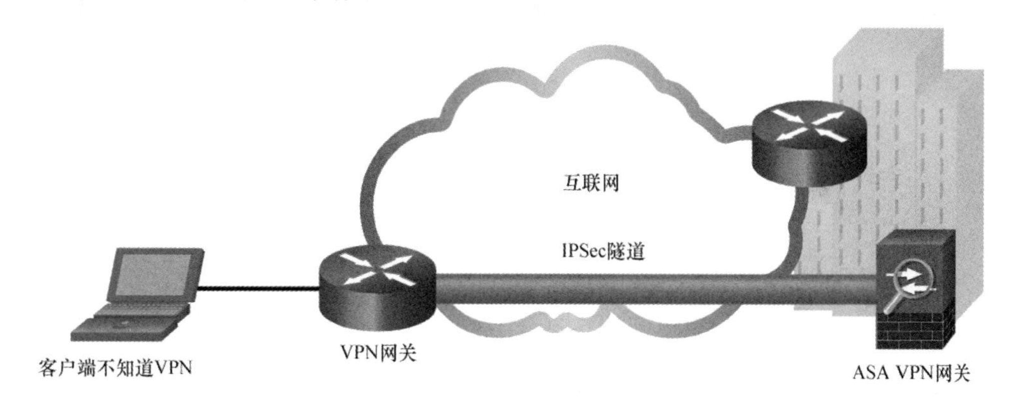

图 8-6 站点到站点 IPSec VPN 拓扑

VPN 网关封装和加密来自特定站点的所有出向流量。然后，通过在互联网上建立的 VPN 隧道，将流量发送给目标站点上的 VPN 网关。在接收到流量后，接收方 VPN 网关会剥离报头、解密内容，然后将数据包转发给其专有网络内的目标主机。

站点到站点 VPN 通常是使用 IPSec 创建和保护的。

8.2.4 基于 IPSec 的 GRE

通用路由封装（GRE）是不安全的站点到站点 VPN 隧道协议。它可以封装多种不同的网络层协议。它还支持组播和广播流量，当组织机构需要在 VPN 上运行路由协议时，就会产生这类流量。但是，GRE 默认不支持加密，因此它无法提供安全的 VPN 隧道。

标准的 IPSec VPN（非 GRE）只可以为单播流量创建安全隧道。因此路由协议无法通过 IPSec VPN 来交换路由信息。为了解决这个问题，可以使用 GRE 数据包来封装路由协议流量，然后将这个 GRE 数据包封装到 IPSec 数据包中，并将其安全地转发到目的地 VPN 网关。用于描述通过 IPSec 隧道封装 GRE 的术语如图 8-7 所示。

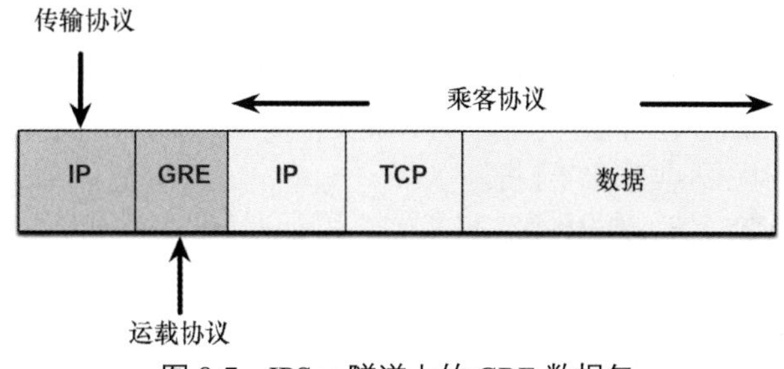

图 8-7 IPSec 隧道上的 GRE 数据包

- **乘客协议**：这是将由 GRE 进行封装的原始数据包。它可以是 IPv4 或 IPv6 数据包，也可以路由更新。
- **运载协议**：GRE 是负责封装原始乘客数据包的运载协议。
- **传输协议**：这是实际上负责转发数据包的协议。传输协议可以是 IPv4 或 IPv6。

例如，在图8-8中所示的拓扑中，分支机构和总部之间希望在IPSec VPN上交换OSPF路由信息。

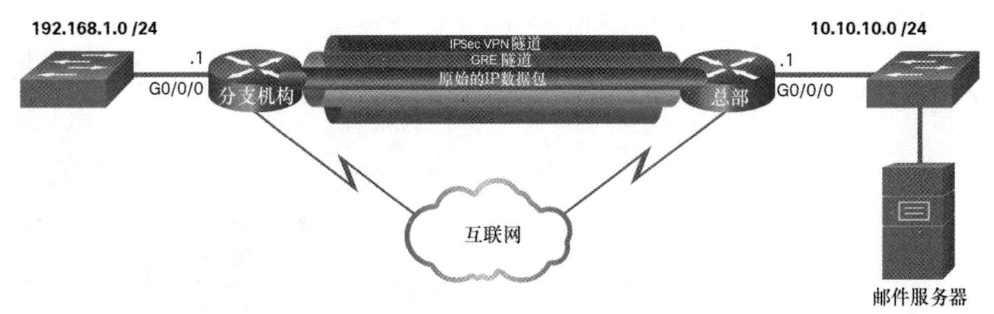

图8-8　乘客协议、运载协议和传输协议的封装示例

然而，IPSec不支持组播流量。因此，使用GRE over IPSec在IPSec VPN上提供对路由协议流量的支持。具体来说，OSPF（乘客协议）数据包会被GRE（运载协议）封装，然后再被封装到IPSec VPN隧道中。

图8-9所示的Wireshark截图显示了一个OSPF Hello包，这个数据包是使用GRE over IPSec发送的。在该例中，原始的OSPF Hello组播包（乘客协议）中封装了一个GRE报头（运载协议），接着又为其封装了另一个IP报头（传输协议），然后这个IP报头会通过IPSec隧道转发。

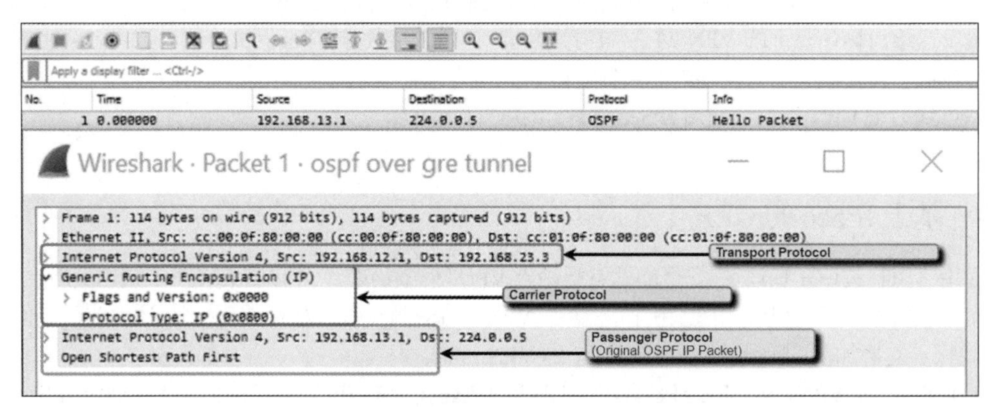

图8-9　封装协议在Wireshark中的显示

8.2.5　动态多点VPN

当只有少数几个站点需要安全地互连时，站点到站点IPSec VPN和GRE over IPSec VPN就够用了。但当企业增加了更多的站点时，这两种类型的VPN就无法满足需要了。这是因为每个站点都需要静态地配置与其他站点或与中心站点之间的连接。

动态多点VPN（DMVPN）是一种思科软件解决方案，用于以轻松、动态和可扩展的方式构建多个VPN。与其他类型的VPN一样，DMVPN也依赖于IPSec在公共网络（比如互联网）上提供安全的传输。

DMVPN简化了VPN隧道的配置，并提供了一种灵活的方式来连接中心站点和分支机构站点。它使用中心辐射型配置来建立全互连拓扑。分支站点与中心站点建立安全的VPN隧道，如图8-10所示。

每个站点都使用mGRE（多点GRE）进行配置。mGRE隧道接口可允许单个GRE接口动态地支持多个IPSec隧道。因此，当一个新的站点需要安全的连接时，中心站点上的已有配置可以直接对这个隧道进行支持，而无须额外的配置。

分支站点也可以从中心站点获取其他分支站点的信息，并创建虚拟的分支到分支隧道，如图8-11所示。

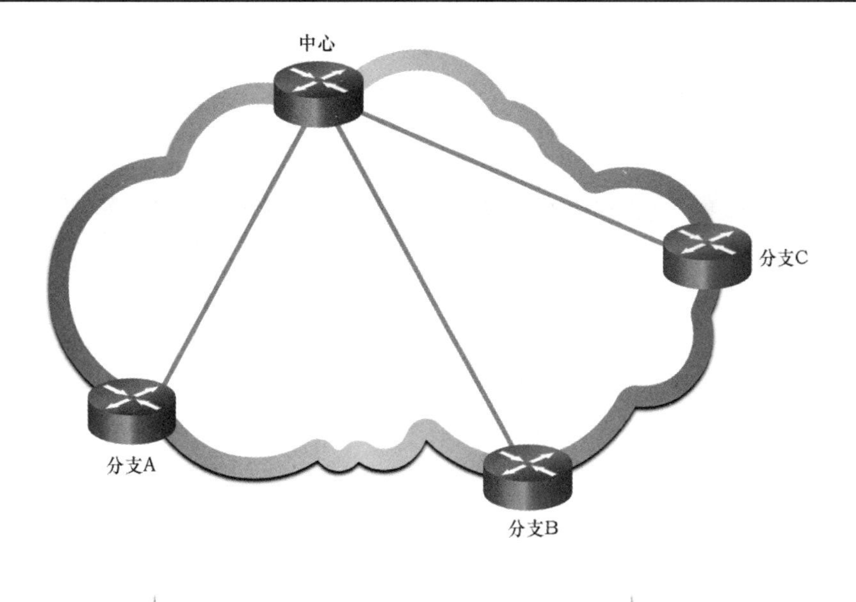

图 8-10 DMVPN 中心辐射型隧道

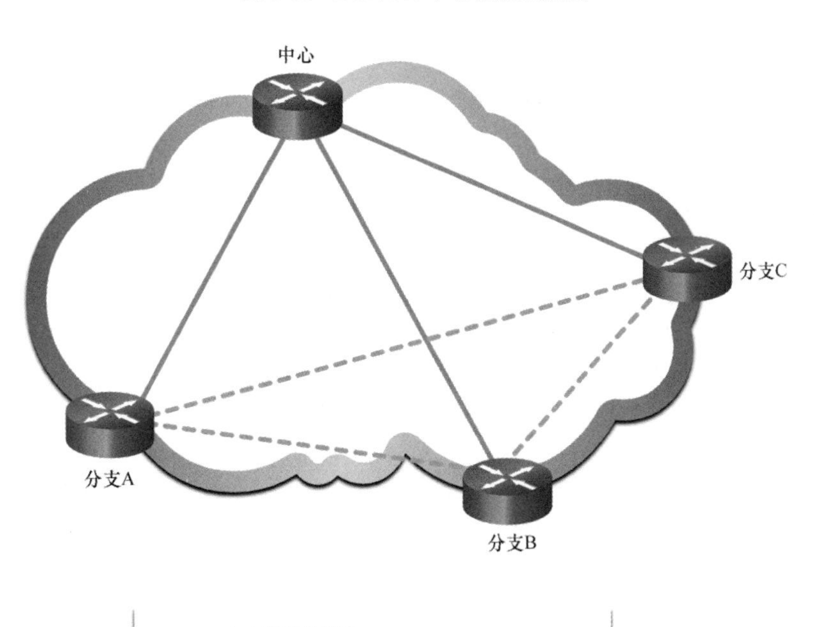

图 8-11 DMVPN 中心辐射型隧道和分支到分支隧道

8.2.6 IPSec 虚拟隧道接口

与 DMVPN 类似，IPSec VTI（虚拟隧道接口）也简化了支持多个站点和远程访问所需的配置过程。

IPSec VTI 配置应用在虚拟接口上，而不是把 IPSec 会话静态地映射到物理接口。

IPSec VTI 能够发送和接收加密的 IP 单播与组播流量，因此可以在不配置 GRE 隧道的情况下自动支持路由协议，如图 8-12 所示。

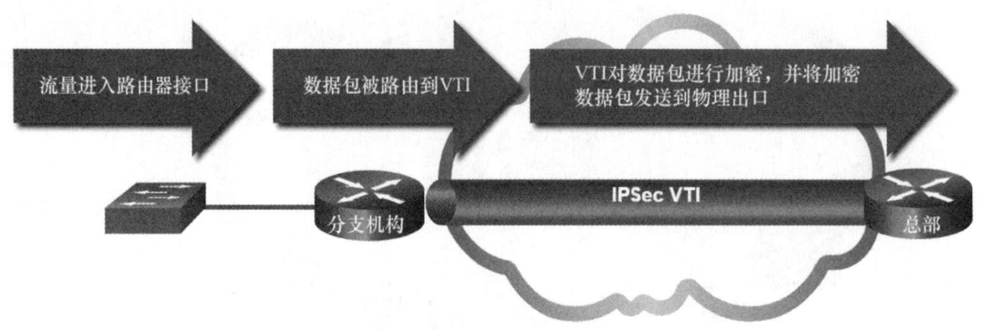

图 8-12　IPSec VTI 示例

可以在站点之间或在中心辐射型拓扑中配置 IPSec VTI。

8.2.7　服务提供商 MPLS VPN

传统的服务提供商 WAN 解决方案（比如租用线路、帧中继、ATM 连接等）在其设计中具有固有的安全性。如今，服务提供商在其核心网络中使用 MPLS。流量使用先前在核心路由器之间分布的标签，在 MPLS 骨干上进行转发。与传统的 WAN 连接一样，由于服务提供商客户无法看到彼此的流量，因此流量的安全性得到了保障。

MPLS 可以为客户提供托管的 VPN 解决方案，因此客户站点之间流量的安全性由服务提供商负责。服务提供商支持两种类型的 MPLS VPN。

- **第 3 层 MPLS VPN**：服务提供商通过在客户路由器和提供商路由器之间建立对等关系，来参与客户的路由。提供商路由器接收到的客户路由通过 MPLS 网络重分发到客户的远程位置。
- **第 2 层 MPLS VPN**：服务提供商不参与客户的路由。相反，提供商会在 MPLS 网络上部署 VPLS（虚拟专用 LAN 服务），来模拟一个以太网多路访问 LAN 网段，其中不会涉及任何路由。客户的路由器实际上属于同一个多路访问网络。

图 8-13 所示为同时提供第 2 层和第 3 层 MPLS VPN 的服务提供商。

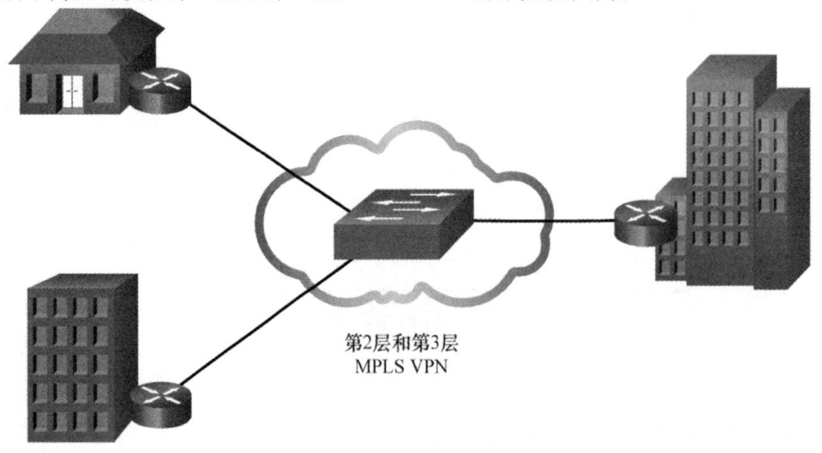

图 8-13　第 2 层和第 3 层 MPLS

8.3 IPSec

在本节中，您将学习如何使用 IPSec 框架来保护网络流量。

8.3.1 IPSec 技术

IPSec 是一种 IETF 标准（RFC 2401-2412），定义了如何在 IP 网络上保护 VPN。IPSec 为源与目的地之间的 IP 数据包提供保护和验证。IPSec 可以保护第 4 层～第 7 层的流量。

通过使用 IPSec 框架，IPSec 可提供下面这些基本的安全功能。

- **机密性**：IPSec 使用加密算法来防止网络犯罪分子读取数据包的内容。
- **完整性**：IPSec 使用散列算法来确保数据包在源和目的地之间没有被篡改。
- **来源验证**：IPSec 使用互联网密钥交换（IKE）协议对源和目的地进行验证。验证方式包括预共享密钥（PSK）、数字证书或 RSA 证书。
- **DH 算法**：使用 DH 算法进行安全密钥交换。

IPSec 不受任何特定安全通信规则的约束。框架的这种灵活性可使 IPSec 轻松集成新的安全技术，而无须更新现有的 IPSec 标准。当前可用的技术与其特定的安全功能相一致。在图 8-14 中，IPSec 框架中显示的开放插槽可以填写各种可用的选项（见表 8-3），以创建唯一的安全关联（SA）。

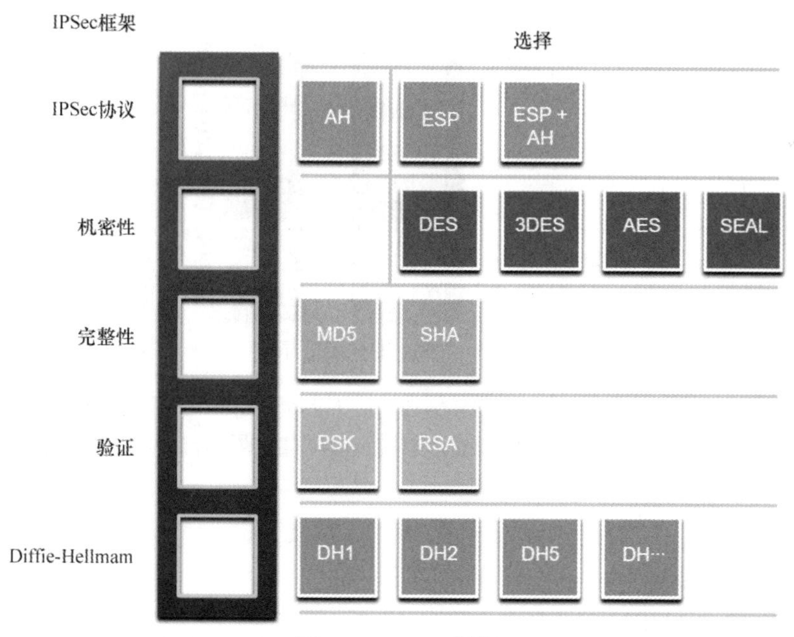

图 8-14 IPSec 框架

表 8-3 IPSec 框架的安全功能

IPSec 功能	描述
IPSec 协议	IPSec 协议可以使用 AH（验证报头）或 ESP（加密安全协议）。AH 验证第 3 层数据包。ESP 加密第 3 层数据包（ESP+AH 很少一起使用，因为这一组合无法成功穿越 NAT 设备）

续表

IPSec 功能	描述
机密性	加密可确保第3层数据包的机密性。可选择的加密协议有DES（数据加密标准）、3DES、AES（高级加密标准）或SEAL（软件优化的加密算法）。也可以不使用加密选项
完整性	使用MD5（消息摘要5）或SHA（安全散列算法）等散列算法可以确保数据未经更改地到达目的地
验证	IPSec使用IKE（互联网密钥交换）对独立通信的用户和设备进行身份验证。IKE能够使用多种类型的验证方法，其中包括用户名和密码、一次性密码、生物识别、PSK（预共享密钥），以及使用RSA算法的数字证书
Diffie-Hellman（DH）	IPSec使用DH算法来提供公钥交换方法，以便对等体双方建立预共享密钥。有多种的DH组可供选择，包括DH 14、DH 15、DH 16、DH 19、DH 20、DH 21和DH 24。DH 1、DH 2和DH 5不再推荐使用

图8-15所示为两种不同实施方式的SA示例。

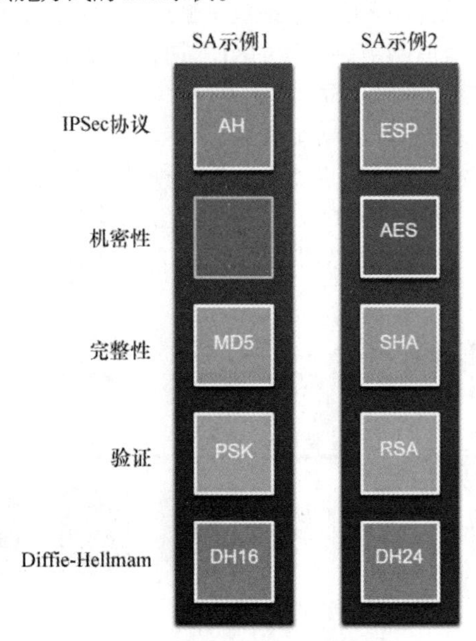

图8-15 IPSec安全关联示例

SA是IPSec的基本构建块。在建立VPN链路时，对等体必须共享相同的SA以协商密钥交换参数、建立共享密钥、相互进行验证，并协商加密参数。请注意，图8-15中的SA示例1没有使用加密功能。

8.3.2 IPSec协议封装

IPSec协议封装是IPSec框架的第一个构建块。IPSec使用AH或ESP封装数据包。在图8-16中，AH或ESP的选择确定了其他可用的构建块。

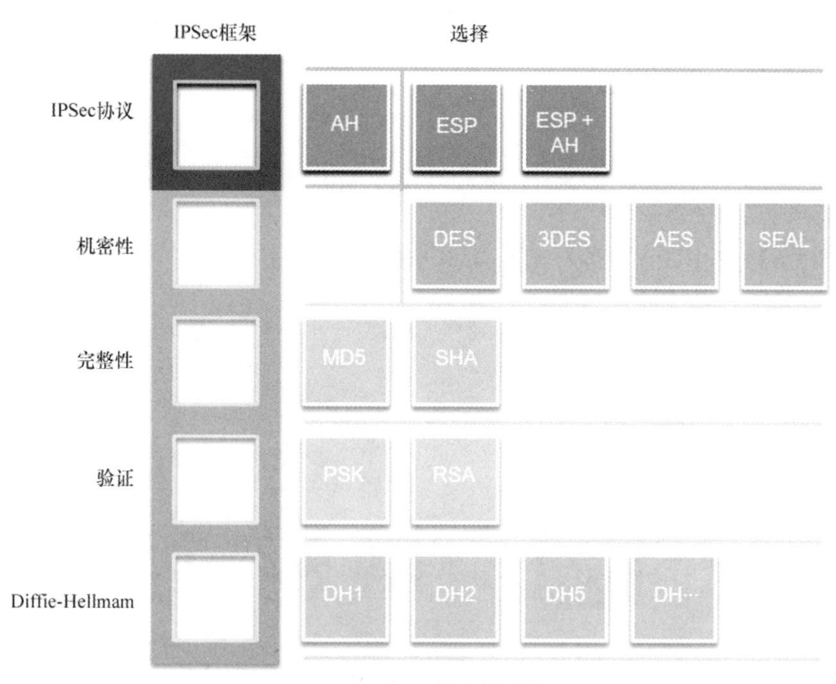

图 8-16 IPSec 协议的选择

8.3.3 机密性

机密性是通过对数据进行加密实现的，如图 8-17 所示。

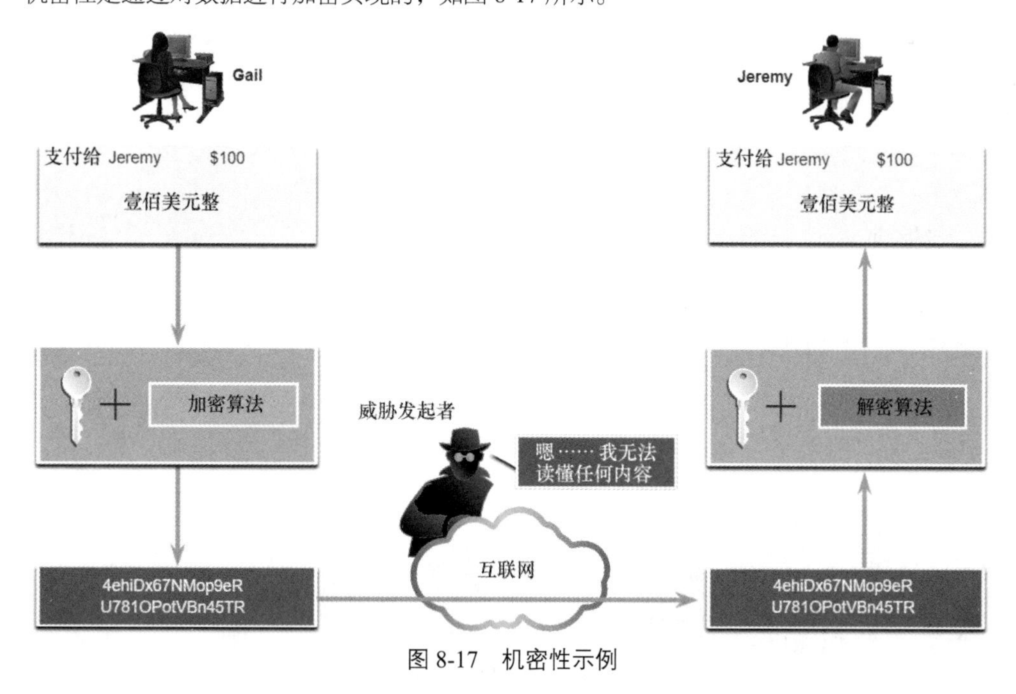

图 8-17 机密性示例

机密性的程度取决于所使用的加密算法，以及加密算法所使用的密钥长度。如果有人尝试通过暴力攻击破解密钥，可能的尝试次数取决于密钥的长度。处理所有可能性所需的时间是攻击设备计算能力的函数。密钥越短，就越容易破解。一台相对复杂的计算机可能需要大约一年的时间才能破解 64 位密钥。如果使用相同的计算机，则需要约 10^{19} 年才能破解 128 位密钥。

图 8-18 中的加密算法都是对称密钥密码系统。

- DES 使用 56 位密钥。
- 3DES 是 56 位 DES 的一种变体，每个 64 位块使用 3 个独立的 56 位加密密钥。与 DES 相比，它提供了更强的加密强度。
- AES 提供了比 DES 更高的安全性，且计算效率比 3DES 更高。AES 提供了 3 种不同的密钥长度：128 位、192 位和 256 位。
- SEAL 是一种流密码，这意味着可以持续加密数据，而不是加密数据块。SEAL 使用 160 位密钥。

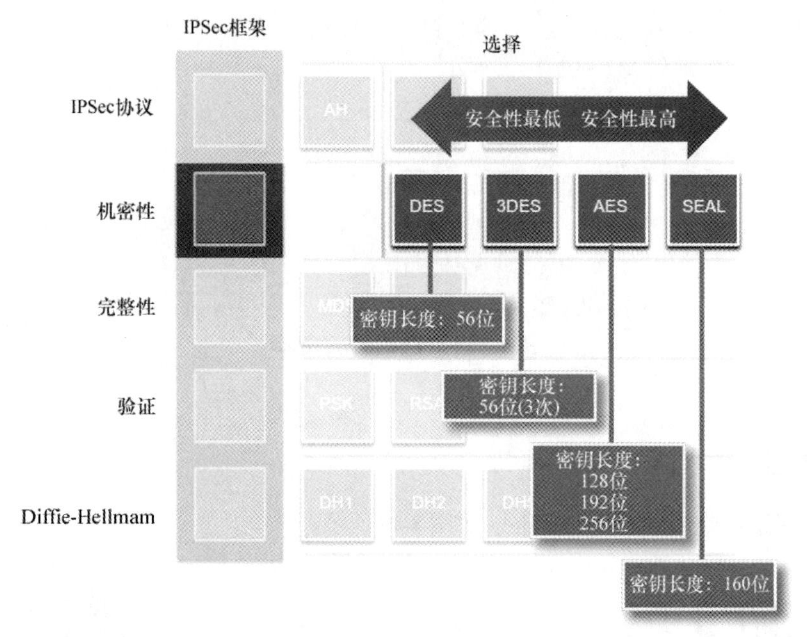

图 8-18 机密性加密算法

8.3.4 完整性

数据完整性意味着接收到的数据与发送的数据完全相同。数据可能会被拦截和修改。例如，在图 8-19 中，给 Alex 写了一张 100 美元的支票。

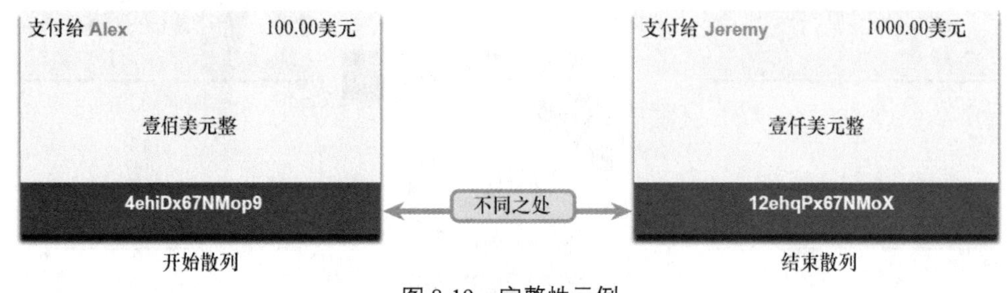

图 8-19 完整性示例

然后将支票邮寄给 Alex，但是被威胁发起者拦截了。威胁发起者将支票上的名字更改为 Jeremy，并将支票金额更改为1000美元，并尝试兑现。根据更改后的支票中伪造内容的质量，攻击者可能会成功。

由于VPN数据是通过公共互联网传输的，因此需要一种证明数据完整性的方法来保证内容没有被更改。散列消息验证码（HMAC）是一种数据完整性算法，可通过使用散列值来保证消息的完整性。图8-20显示了两种最常用的HMAC算法。

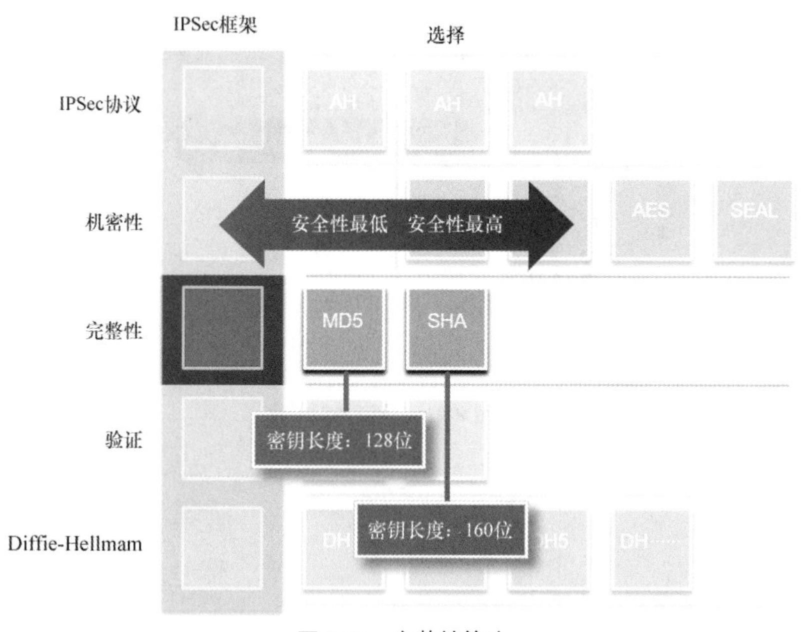

图8-20 完整性算法

注 意 思科现在将SHA-1定义为过时的算法，并且建议至少使用SHA-256来提供完整性。

- 消息摘要5（MD5）使用128位的共享密钥。长度可变的消息与128位共享密钥组合在一起，并通过HMAC-MD5散列算法运行，然后输出一个128位的散列值。
- 安全散列算法（SHA）使用160位的密钥。长度可变的消息与160位共享密钥组合在一起，并通过HMAC-SHA-1散列算法运行，然后输出一个160位的散列值。

8.3.5 验证

在开展远距离业务时，我们必须知道电话、电子邮件或传真的另一端究竟是谁。VPN网络也是如此。在VPN网络中，必须对VPN隧道另一端的设备进行身份验证，之后才能认为通信路径是安全的。图8-21显示了两种对等体身份验证的方法。

- 可以将预共享密钥（PSK）的值手动输入到每个对等体。PSK与其他信息结合形成验证密钥。PSK很容易手动配置，但是可扩展性不好，因为每个IPSec对等体都必须使用与之通信的每个其他对等体的PSK进行配置。
- RSA验证算法使用数字证书来验证对等体的身份。本地设备派生出一个散列值，并用其私钥进行加密。加密的散列值附加在消息上，然后转发到远端并充当签名的作用。在远端，使用本地端的公钥将加密的散列值解密，如果解密后的散列值与重新计算的散列值匹配，则表明签名是真实的。两端的对等体都必须相互验证身份之后才能认为隧道是安全的。

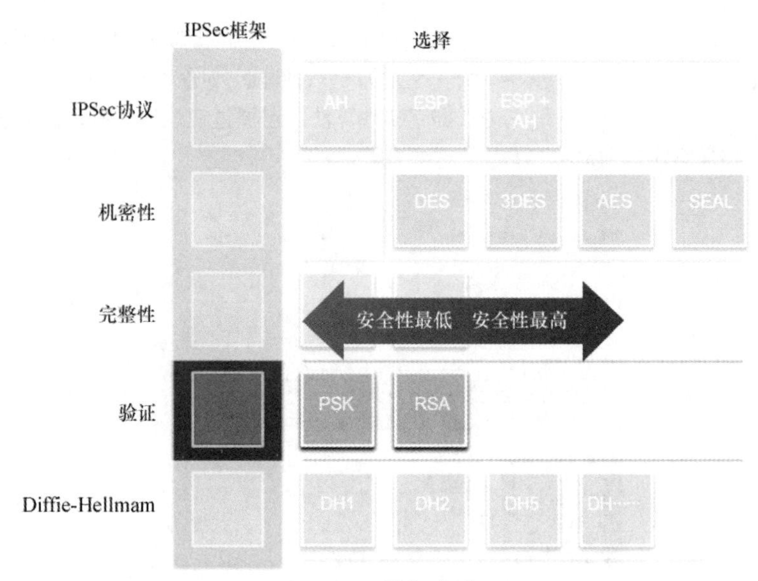

图 8-21 验证方法

图 8-22 所示为一个 PSK 验证示例。

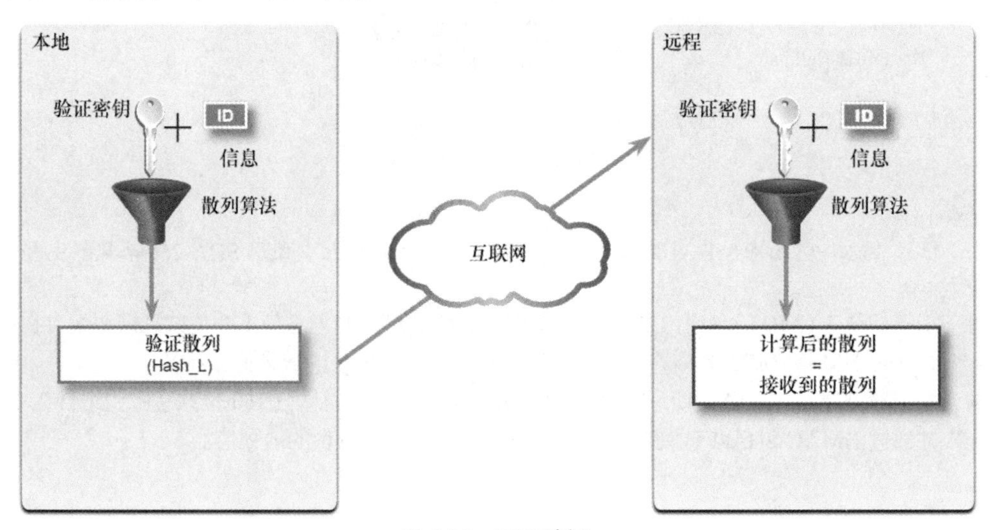

图 8-22 PSK 验证

在本地设备上，身份验证密钥和身份信息通过散列算法发送，以形成本地对等体的散列（Hash_L）。单向身份验证是通过向远程设备发送 Hash_L 来建立的。如果远程设备可以独立创建相同的散列，则可以对本地设备进行身份验证。在远程设备对本地设备进行身份验证之后，验证过程将以相反的方向开始，并且从远程设备到本地设备重复所有步骤。

图 8-23 所示为一个 RSA 验证示例。

在本地设备上，身份验证密钥和身份信息通过散列算法发送，以形成本地对等体的散列（Hash_L）。Hash_L 使用本地设备的私钥进行加密。这将创建一个数字签名。数字签名和数字证书被转发到远程设备。数字证书中包含用于解密签名的公钥。远程设备使用公钥解密数字签名，从而验证该数字签名。计算结果就是 Hash_L。接下来，远程设备使用存储的信息独立计算 Hash_L。如果计算出的 Hash_L 等于解密后的 Hash_L，则本地设备验证成功。在远程设备验证了本地设备后，验证过程将从相反方向开始，并且从远程设备到本地设备重复所有步骤。

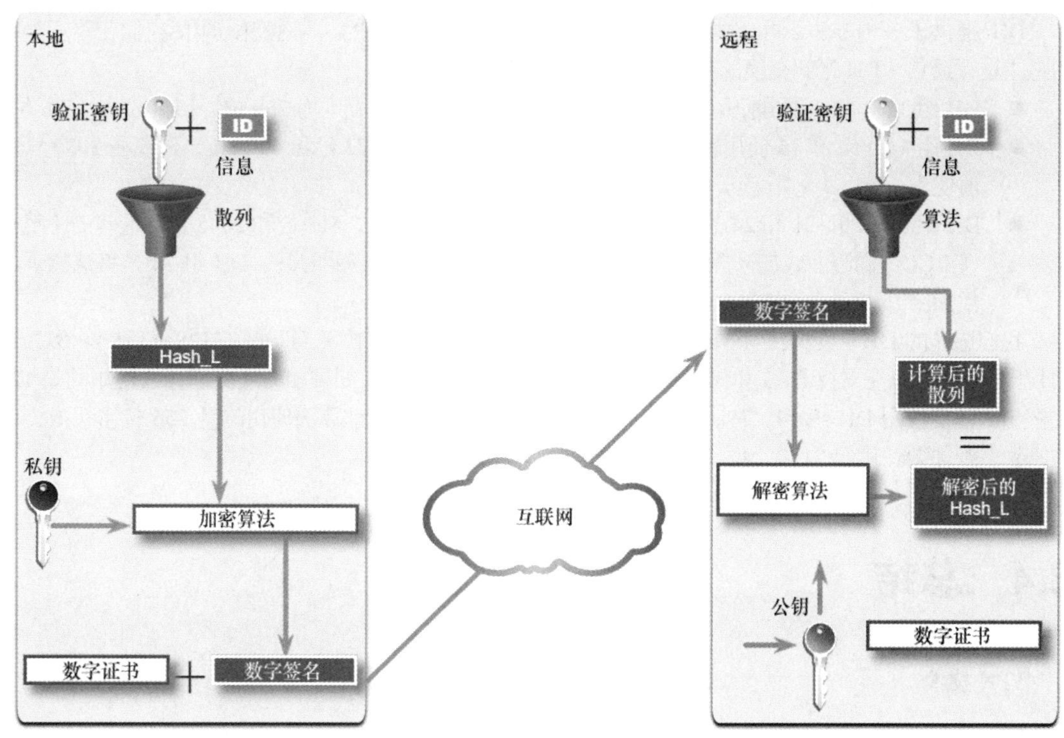

图 8-23　RSA 验证

8.3.6　使用 DH 算法进行安全密钥交换

加密算法需要一个对称的共享密钥来执行加密和解密。加密和解密设备如何获得共享密钥？最简单的密钥交换方法是使用公钥交换方法，比如 DH（Diffie-Hellman）算法，如图 8-24 所示。

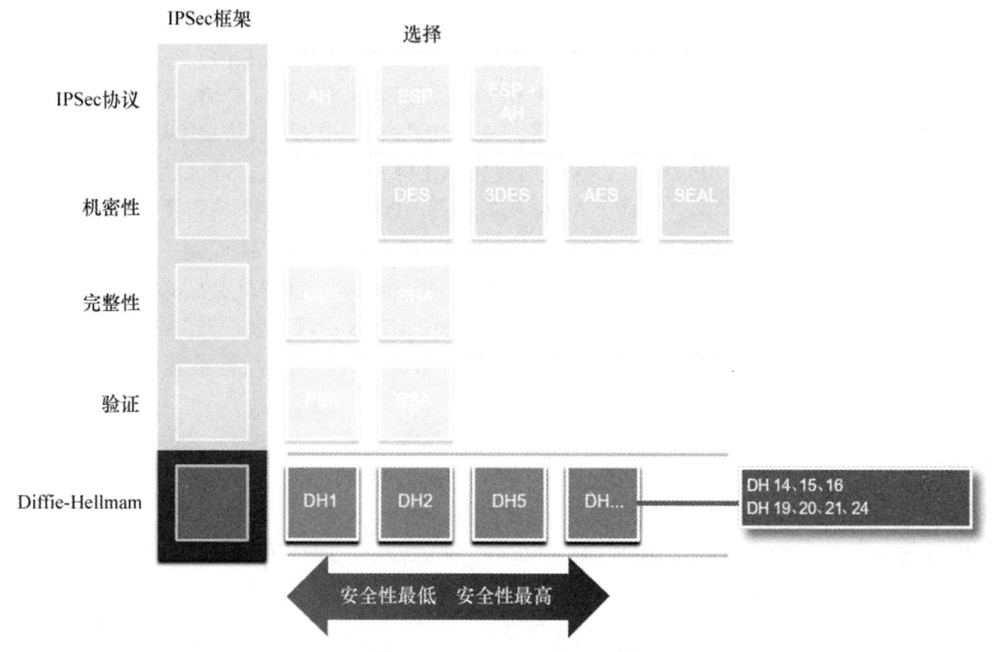

图 8-24　Diffie-Hellman 组

DH 提供了一种方法，可让两个对等体建立一个只有它们知道的共享密钥，即使它们在不安全的通道上进行通信。DH 密钥交换的变体被指定为 DH 组。

- DH 组 1、2 和 5 不再使用。这 3 个 DH 组支持的密钥长度分别为 768 位、1024 位和 1536 位。
- DH 组 14、15 和 16 使用较大的密钥，分别为 2048 位、3072 位和 4096 位，建议在 2030 年之前使用。
- DH 组 19、20、21 和 24 的密钥长度分别为 256 位、384 位、512 位和 2048 位，这些 DH 组支持 ECC（椭圆曲线加密算法），ECC 能够缩短生成密钥所需的时间。DH 组 24 是首选的下一代加密方法。

我们选择的 DH 组必须足够强大，或具有足够多的位数，以在协商期间保护 IPSec 密钥。例如，DH 组 1 的强度只能支持 DES 和 3DES 加密算法，而无法支持 AES。如果加密或验证算法使用的是 128 位密钥，就要使用 DH 组 14、19、20 或 24。然而，如果加密或验证算法使用的是 256 位密钥或更长的密钥，则需要使用组 21 或 24。

8.4 总结

VPN 技术

VPN 是虚拟的，因为它在专用网络中传送信息，但是这些信息实际上是通过公共网络传送的。VPN 是私密的，因为其中的流量进行了加密，以保持数据在通过公共网络传输时是机密的。VPN 的优势有节省成本、安全性高、可扩展性好和兼容性好。

VPN 的类型

VPN 通常以两种方式进行部署：站点到站点 VPN 或者远程访问 VPN。VPN 可以部署为企业 VPN 和服务提供商 VPN，并分别由企业和服务提供商进行管理。

远程访问 VPN 通过创建加密隧道，可让远程用户和移动用户安全地连接到企业网络。可以使用 IPSec 或 SSL 创建远程访问 VPN。当客户端与 VPN 网关协商 SSL VPN 连接时，它实际上使用传输层安全（TLS）进行连接。SSL 使用公钥基础设施（PKI）和数字证书来验证对端。站点到站点 VPN 用于在不受信任的网络（比如互联网）上连接网络。在站点到站点 VPN 中，终端主机会通过 VPN 终端设备发送和接收未加密的 TCP/IP 流量。VPN 终端设备通常称为 VPN 网关。VPN 网关设备可以是路由器或防火墙。GRE 是不安全的站点到站点 VPN 隧道协议。DMVPN 是一种思科软件解决方案，用于以轻松、动态和可扩展的方式构建多个 VPN。与 DMVPN 类似，IPSec VTI 简化了支持多个站点和远程访问所需的配置过程。IPSec VTI 配置应用在虚拟接口上，而不是把 IPSec 会话静态地映射到物理接口。IPSec VTI 能够发送和接收加密的 IP 单播与组播流量。MPLS 可以为客户提供托管的 VPN 解决方案，因此客户站点之间流量的安全性由服务提供商负责。服务提供商支持两种类型的 MPLS VPN 是第 3 层 MPLS VPN 和第 2 层 MPLS VPN。

IPSec

IPSec 为源与目的地之间的 IP 数据包提供保护和验证。IPSec 可以保护第 4 层～第 7 层的流量。通过使用 IPSec 框架，IPSec 提供了机密性、完整性、来源验证、DH 算法。IPSec 协议封装是 IPSec 框架的第一个构建块。IPSec 使用 AH 或 ESP 封装数据包。机密性的程度取决于所使用的加密算法，以及加密算法所使用的密钥长度。HMAC 是一种数据完整性算法，可通过使用散列值来保证消息的完整性。在 VPN 网络中，必须对 VPN 隧道另一端的设备进行身份验证，之后才能认为通信路径是安全的。可以将 PSK 的值手动输入到每个对等体。PSK 与其他信息结合形成验证密钥。RSA 验证算法使用数字证书来验证对等体的身份。本地设备派生出一个散列值，并用其私钥进行加密。加密的散列值附加在消息上，然后转发到远端并充当签名的作用。DH 提供了一种方法，可让两个对等体建立一个只有它们知道的共享密钥，即使它们在不安全的通道上进行通信。

复习题

完成这里列出的所有复习题，可以测试您对本章内容的理解。附录列出了答案。

1. 一位网络设计工程师正在计划实施一种经济高效的方法，以通过互联网安全地互连多个网络。为此需要哪种技术？

A. 专用 ISP　　B. GRE IP 隧道
C. 租用线路　　D. VPN 网关

2. 关于站点到站点 VPN 的描述，下面哪一项是正确的？

A. 单台主机可以启用和禁用 VPN 连接　　B. 内部主机发送正常的、未封装的数据包
C. VPN 连接不是静态定义的　　D. VPN 客户端软件安装在每台主机上

3. 如何在 IPSec VPN 中使用散列消息验证码（HMAC）算法？

A. 对 IPSec 对等体进行身份验证　　B. 为密钥协商创建安全通道
C. 保证消息的完整性　　D. 在会话协商期间保护 IPSec 密钥

4. 哪种 IPSec 算法用来提供数据机密性？

A. AES　　B. Diffie-Hellman
C. MD5　　D. RSA
E. SHA

5. IPSec 使用哪两种算法来确保真实性？（选择两项）

A. AES　　B. DH
C. MD5　　D. RSA
E. SHA

6. 哪两种 IPSec 算法提供加密和散列来保护感兴趣的流量？（选择两项）

A. AES　　B. DH
C. IKE　　D. PSK
E. SHA

7. 哪个协议在思科路由器之间创建虚拟的未加密点对点 VPN 隧道？

A. GRE　　B. IKE
C. IPSec　　D. OSPF

8. 哪种 VPN 解决方案允许使用 Web 浏览器建立通往 VPN 网关的安全的远程访问 VPN 隧道？

A. 基于客户端的 SSL VPN　　B. 无客户端的 SSL VPN
C. 使用预共享密钥的站点到站点 VPN　　D. 使用 ACL 的站点到站点 VPN

9. 哪个 IPSec 安全功能使用加密来保护带有密钥的数据传输？

A. 验证　　B. 机密性
C. 完整性　　D. 安全密钥交换

10. 以下哪些是由服务提供商进行管理的 VPN 解决方案？（选择两项）

A. 基于客户端的 IPSec VPN　　B. 无客户端的 SSL VPN

C. 帧中继
D. 第3层MPLS VPN
E. 远程访问VPN
F. 站点到站点VPN

11. 以下哪两项是由企业进行管理的远程访问VPN？（选择两项）
A. 基于客户端的IPSec VPN
B. 无客户端的SSL VPN
C. 帧中继
D. 第3层MPLS VPN
E. 远程访问VPN
F. 站点到站点VPN

12. 站点到站点VPN的要求是什么？
A. 使用Web浏览器和SSL进行连接的主机
B. 使用基于客户端的VPN软件进行连接的主机
C. 客户端/服务器架构
D. 隧道两端的VPN网关
E. 公司网络边缘的VPN服务器

13. 如何在IPSec框架中使用Diffie-Hellman算法？
A. 允许对等体交换共享密钥
B. 保证消息的完整性
C. 提供身份验证
D. 提供强大的数据加密

14. 哪种类型的VPN涉及乘客协议、运载协议和运输协议？
A. DMVPN
B. GRE over IPSec
C. IPSec虚拟隧道接口
D. MPLS VPN

15. 哪种类型的VPN通过将配置应用于虚拟接口（而非物理接口）来支持多个站点？
A. IPSec虚拟隧道接口
B. MVPN
C. MPLS VPN
D. GRE over IPSec

16. 哪种类型的VPN使用传输层安全（TLS）特性进行连接？
A. SSL VPN
B. GRE over IPSec
C. DMVPN
D. IPSec虚拟隧道接口
E. MPLS VPN

17. 下面哪一项正确地描述了MPLS VPN？
A. 允许通过安全的站点到站点VPN传输组播和广播流量
B. 具有第2层和第3层实现
C. 涉及由IPSec封装的非安全隧道协议
D. 通过虚拟隧道接口路由数据包以进行加密和转发
E. 使用公钥基础设施和数字证书

18. 下面哪一项正确地描述了SSL VPN？
A. 允许通过安全的站点到站点VPN传输组播和广播流量
B. 具有第2层和第3层实现
C. 涉及由IPSec封装的非安全隧道协议
D. 通过虚拟隧道接口路由数据包以进行加密和转发
E. 使用公钥基础设施和数字证书

19. 下面哪两项正确地描述了IPSec VTI VPN？（选择两项）
A. 允许通过安全的站点到站点VPN传输组播和广播流量
B. 具有第2层和第3层实现
C. 涉及由IPSec封装的非安全隧道协议
D. 通过虚拟隧道接口路由数据包以进行加密和转发
E. 使用公钥基础设施和数字证书

20. 下面哪两项正确地描述了 GRE over IPSec VPN？（选择两项）
   A. 允许通过安全的站点到站点 VPN 传输组播和广播流量
   B. 具有第 2 层和第 3 层实现
   C. 涉及由 IPSec 封装的非安全隧道协议
   D. 通过虚拟隧道接口路由数据包以进行加密和转发
   E. 使用公钥基础设施和数字证书

第9章 QoS 概念

学习目标

通过完成本章的学习，您将能够回答下列问题：

- 网络传输特征是如何影响质量的；
- 语音、视频和数据流量的最低网络要求是什么；
- 网络设备使用什么排队算法；
- 有哪些不同的 QoS 模型；
- 什么 QoS 机制确保了传输质量。

想象一下，您驾驶在一条拥塞的路上，急着去见一位朋友共进晚餐。这时您听到了警笛声，看到身后救护车的警示灯。您需要靠边停车，让救护车通过。救护车尽快到达医院比您准时到达餐厅更重要。

就像救护车在高速公路上有优先通过权一样，有些形式的网络流量的优先级需要高于其他流量。为什么？在这本章中找出答案吧！

9.1 网络传输质量

在本节中，您将学习网络传输特征是如何影响质量的。

9.1.1 确定流量优先级

当今网络对服务质量（QoS）的需求不断增长。新的应用程序（如语音和实时视频传输）对交付给用户的服务质量提出了更高的期望。

当多条通信链路聚合到单台设备（比如路由器）上时，大部分数据将被放到少数几个出向接口上或者放到较慢的接口上，这将发生拥塞。当较大的数据包阻止较小的数据包及时传输时，也会发生拥塞。

当流量规模超出了网络可以传输的数据量时，设备会在内存中对数据包进行排队（存放），直到有资源可以传输它们。对数据包进行排队会导致延迟，因为在前面的数据包处理完之前不能传输新的数据包。如果排队数据包的数量不断增多，设备中的内存会被填满，设备将丢弃数据包。一种有助于解决这个问题的 QoS 技术是将数据分类到多个队列，如图 9-1 所示。

注 意　设备只有在遇到某种类型的拥塞时才会实施 QoS。

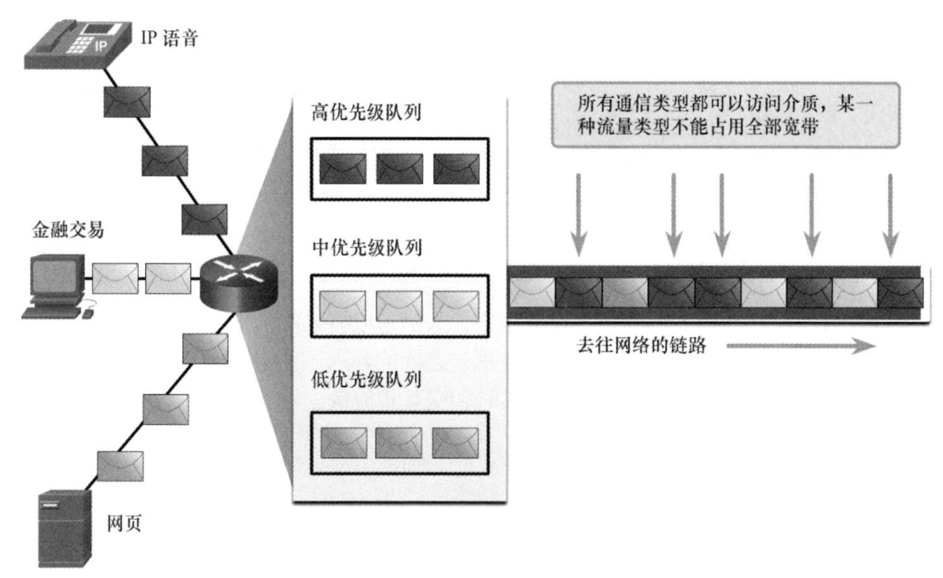

图 9-1 使用队列确定通信的优先级

9.1.2 带宽、拥塞、延迟和抖动

网络带宽以每秒内可以传输的位数进行衡量，表示为位/秒（bit/s）。例如，可将网络设备描述为具有 10 吉比特每秒（Gbit/s）传输速率的能力。

网络拥塞会导致延迟。当接口上出现的流量超出其处理能力时就会出现拥塞。网络拥塞的位置是部署 QoS 机制的理想位置。图 9-2 所示为典型拥塞点的 3 个示例。

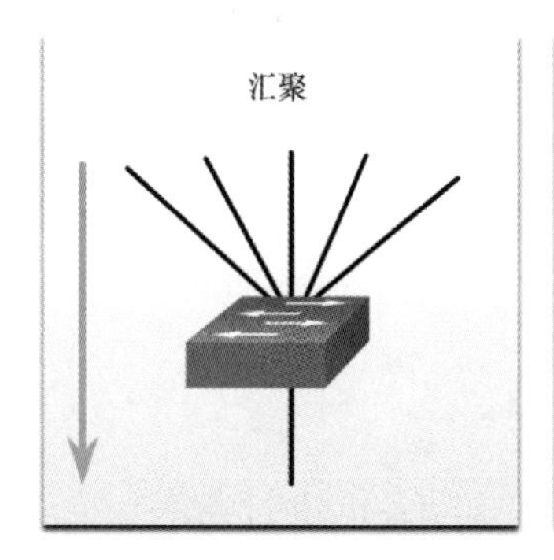

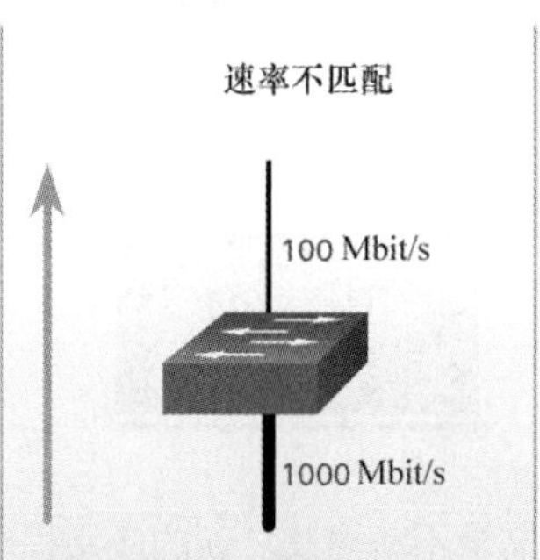

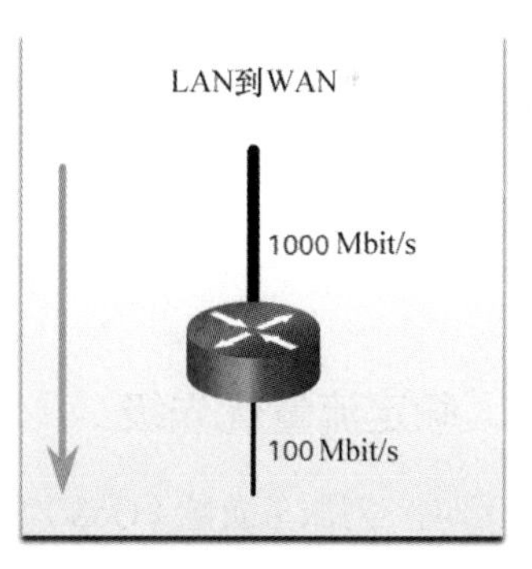

图 9-2 拥塞点示例

延迟是指数据包从源传输到目的地所需的时间。延迟的两种类型分别是固定延迟和可变延迟。固定延迟是一个特定过程所需的特定时间量。例如，将一个数据位放到传输介质上所需的时间。可变延迟所需的时间量不确定，并受到多种因素的影响，比如被处理的流量有多少。

表 9-1 汇总了延迟的各种类型。

表 9-1　　延迟类型

延迟	描述
代码延迟	在数据传输到第一台联网设备（通常是交换机）之前，在数据的源位置对数据进行压缩所需要的固定时间
打包延迟	使用所有必要的报头信息对数据包进行封装所需的固定时间

续表

延迟	描述
排队延迟	帧或数据包在链路上等待传输的可变时间
串行延迟	将帧传输到线路上所需的固定时间
传播延迟	在源到目的之间传输帧所需的可变时间
去抖动延迟	对数据包流进行缓存，然后以均匀间隔将其发送出去所需的固定时间

抖动是指接收数据包的延迟的变化。在发送方，数据包以持续的流发出，数据包之间的间隔是均匀的。由于网络拥塞、排队不当或配置错误，数据包之间的延迟可能会有所不同，而不是保持不变。延迟和抖动都需要进行控制和最小化，以支持实时和交互式流量。

9.1.3　丢包

如果没有实施任何QoS机制，数据包将按照其收到的顺序进行处理。发生拥塞时，路由器和交换机等网络设备可能会丢弃数据包。这意味着时间敏感型数据包（例如实时视频和语音）会与非时间敏感型数据包（例如电子邮件和Web浏览）以相同的频率丢弃。

当路由器接收到IP语音（VoIP）的实时协议（RTP）数字音频流时，它必须补偿遇到的抖动。处理该功能的机制为播放延迟缓冲区。播放延迟缓冲区必须缓冲这些数据包，然后将它们以稳定的流播放出来，如图9-3所示。这些数字形式的数据包随后被转换回模拟音频流。

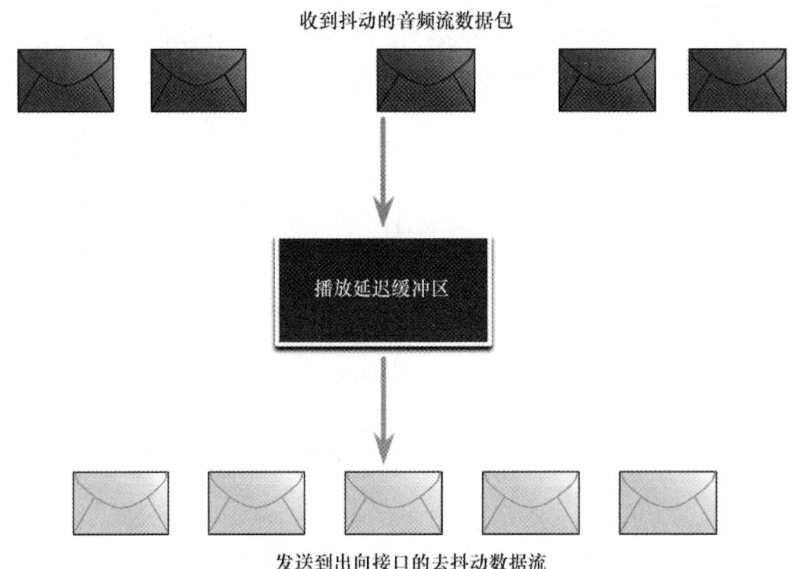

图9-3　播放延迟缓冲区对抖动进行补偿

如果抖动非常严重，导致接收到的数据包超出了缓冲区的范围，则会丢弃超出范围的数据包，并且在音频中将感受到这些丢失的数据包，如图9-4所示。

对于小到一个数据包的丢失，数字信号处理器（DSP）可插入它认为合适的音频内容并且用户不会听出任何问题。但是，当抖动超出DSP能够弥补的丢包时，用户就会听出音频问题。

丢包是IP网络上出现语音质量问题的一个非常常见的原因。在设计合理的网络中，丢包应接近于零。DSP使用的语音编解码器能够容忍一定程度的丢包，而不会对语音质量产生显著影响。网络工程师使用 QoS 机制对语音数据包进行分类，以实现零丢包。通过为语音流量提供更高的优先级，使其优先于对延迟不敏感的流量，可以保障用于语音通话的带宽。

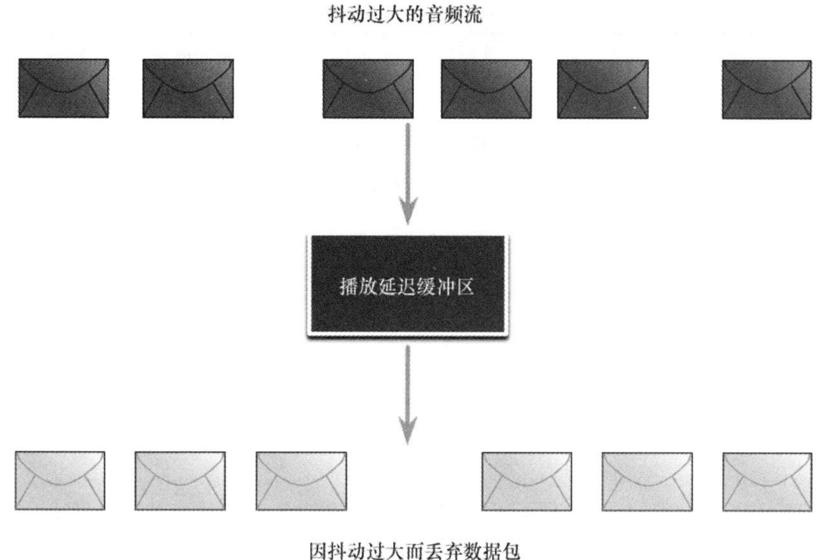

图 9-4　抖动过大导致丢包

9.2　流量特征

在本节中，您将了解支持语音、视频和数据流量的最低网络要求。

9.2.1　网络流量趋势

在前文中，您已经了解了有关网络传输质量的信息。在本节中，您会了解流量的特征（语音、视频和数据）。在 21 世纪初，IP 流量的主要类型是语音和数据。语音流量具有可预测的带宽需求和已知的数据包到达时间。数据流量不是实时流量而且具有不可预测的带宽需求。当下载大型文件时，数据流量可以临时突发。这种突发可能会消耗链路的全部带宽。

最近，视频流量对业务通信和运营变得日益重要。组织机构现在通常使用视频会议来满足用户的需求，并使用高清晰度的视频监控设备来远程监控设施和设备的运行，还使用视频流来满足各种用途，其中包括培训。根据思科视觉网络指数（VNI），到 2022 年，视频将占所有互联网流量的 82%。此外，到 2022 年，移动视频流量会达到每月 60.9 艾字节。

语音、视频和数据流量在网络上的需求类型各自不同。

9.2.2　语音

语音流量是可预测且流畅的。但是，语音对延迟和丢包非常敏感。如果发生丢包，重新传输语音是没有意义的，因此与其他类型的流量相比，语音数据包必须具有较高的优先级。例如，思科产品使用 RTP 端口范围 16384 ～32767 优先处理语音流量。语音可以容忍一定程度的延迟、抖动和丢失，而不会造成明显的影响。延迟应不超过150ms，抖动应不超过30ms，而且语音丢包应不超过1%。语音流量需要至少30kbit/s的带宽。表9-2总结了语音流量的特征和要求。

表9-2 语音流量的特征和要求

特征	单向要求
■ 流畅的 ■ 温和的（benign） ■ 对丢包敏感 ■ 对延迟敏感 ■ UDP优先级	■ 延迟≤150ms ■ 抖动≤30ms ■ 丢包≤1%的带宽（30～128kbit/s）

9.2.3 视频

如果没有QoS和大量额外的带宽容量，视频质量通常会降低。图片看起来显得模糊、参差不齐或太慢。视频源的音频可能与视频不同步。

与语音流量相比，视频流量往往是不可预测的、不一致的和突发的。与语音相比，视频对丢包的恢复能力较低，并且每个数据包具有较大的数据量。请注意，在图9-5中，语音数据包每20ms到达一次，而且每个数据包是预期的200字节。

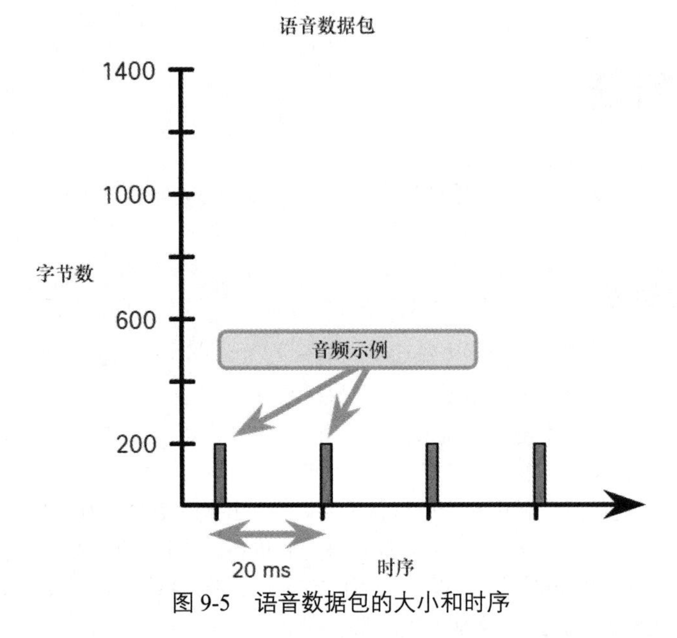

图9-5 语音数据包的大小和时序

相比之下，视频数据包的数量和大小会因视频内容的不同而每33ms变化一次，如图9-6所示。

例如，如果视频流包含的内容在帧与帧之间变化不大，则视频数据包就会比较小，且只需少量的视频数据包就可以维持可接受的用户体验。但是，如果视频流中包含快速变化的内容（例如电影中的动作戏），则视频数据包就会比较大，并且每33ms内需要更多的视频数据包才能维持可接受的用户体验。

UDP端口（例如554）用于实时流协议（RTSP），其优先级应该高于其他延迟敏感度较低的网络流量。与语音类似，视频也可以容忍一定量的延迟、抖动和丢包，而不会产生任何明显的影响。延迟应不超过 400ms，抖动应不超过 50ms，而且视频丢包应不超过 1%。视频流量需要至少 384kbit/s 的带宽。表 9-3 总结了视频流量的特征和要求。

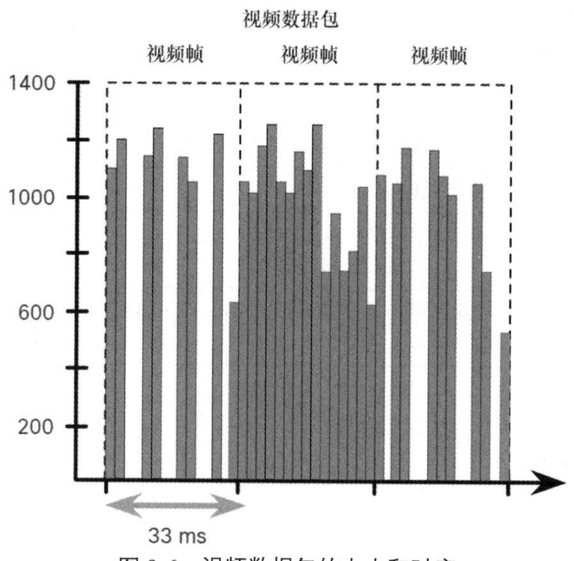

图 9-6 视频数据包的大小和时序

表 9-3 视频流量的特征和要求

特征	单向要求
■ 突发的 ■ 贪婪的 ■ 对丢包敏感 ■ 对延迟敏感 ■ UDP 优先级	■ 延迟≤200～400ms ■ 延迟≤30～50ms ■ 丢包≤0.1%～1%的带宽（384kbit/s～20Mbit/s）

9.2.4 数据

大多数应用使用 TCP 或 UDP。与 UDP 不同，TCP 执行错误恢复。不能容忍数据丢失的数据应用（例如电子邮件和网页）使用 TCP 来确保数据包在传输过程中丢失时可重新发送。数据流量可能是流畅的也可能是突发的。网络控制流量通常是流畅的且可预测的。当拓扑发生变化时，网络控制流量可能会在几秒钟的时间内是突发的。不过，当今网络的容量可以轻松应对伴随着网络收敛而增加的网络控制流量。

但是，某些 TCP 应用可能会消耗很大一部分网络容量。例如，FTP 消耗的带宽与下载文件（比如电影或游戏等）时所需的带宽相同。表 9-4 总结了数据流量特征。

表 9-4 数据流量的特征

■ 流畅的/突发的
■ 温和的/贪婪的
■ 对丢弃敏感
■ 对延迟敏感
■ TCP 重传

虽然与语音和视频流量相比，数据流量的丢包和延迟敏感性相对较弱，但是网络管理员仍需要考虑用户体验的质量，有时称为体验质量（QoE）。在处理数据流时，管理员需要考虑以下两个主要因素：

- 数据是否来自交互式应用；
- 数据是否是任务关键型数据。

表 9-5 对比了这两个因素。

表 9-5 数据延迟需要考虑的因素

因素	任务关键型	非任务关键型
交互式	优先考虑所有数据流量中的最小延迟，并争取1～2s的响应时间	应用可以从较低的延迟中受益
非交互式	在提供了必要的最低带宽时，延迟的差别可能会非常大	在满足所有语音、视频和其他数据应用的需求后，获取剩余的带宽

9.3 排队算法

上一节介绍了流量特征。本节将介绍用于实现 QoS 的排队算法。

9.3.1 排队概述

当链路上发生拥塞时，网络管理员实施的 QoS 策略将变为活动状态。排队是一种拥塞管理工具，可以在数据包传输到目的地之前，对数据包进行缓存、优先级排序，而且如果需要的话，还可以重新排序数据包。

当前有许多排队算法可供使用。在本章中，将着重介绍以下算法：

- 先进先出（FIFO）；
- 加权公平排队（WFQ）；
- 基于类别的加权公平排队（CBWFQ）；
- 低延迟排队（LLQ）。

9.3.2 先进先出

先进先出（FIFO）是最简单的形式，也称为先到先服务排队，设备按照数据包的到达顺序来执行缓存和转发。

FIFO 没有优先级或流量类别的概念。因此，它不对数据包的优先级做出决定。它只有一个队列，所有数据包均被平等对待。数据包按到达的顺序从接口发送出去，如图 9-7 所示。

从优先级的分类上来说，尽管某些流量可能比其他流量更重要或对时间更敏感，但是请注意，流量是按接收顺序发送的。

使用 FIFO 时，如果路由器或交换机接口上出现拥塞，则会丢弃重要的或对时间敏感的流量。当没有配置其他排队策略时，除 E1（2.048 Mbit/s）及以下的串行接口外，所有接口默认使用 FIFO（E1及以下的串行接口默认使用 WFQ）。

FIFO 是最快的排队方法，对于几乎没有延迟且拥塞极小的大型链路来说相当有效。如果链路几乎没有拥塞，则 FIFO 可能是唯一需要的排队算法。

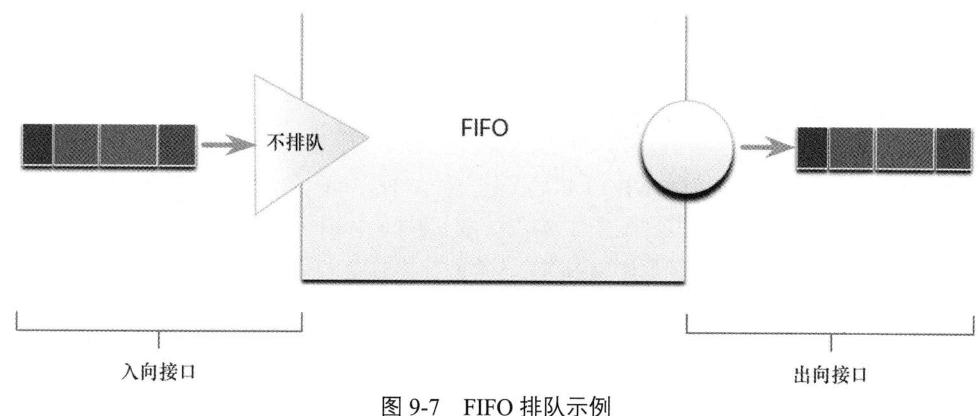

图 9-7 FIFO 排队示例

9.3.3 加权公平排队

加权公平排队（WFQ）是一种自动调度方法，可为所有网络流量提供公平的带宽分配。WFQ 不允许配置分类选项。WFQ 将优先级或权重应用于已标识的流量，并将其分类为对话或流，如图 9-8 所示。

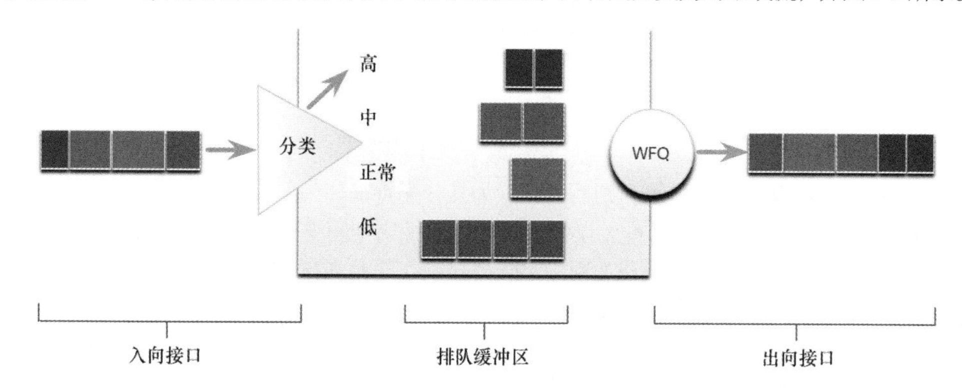

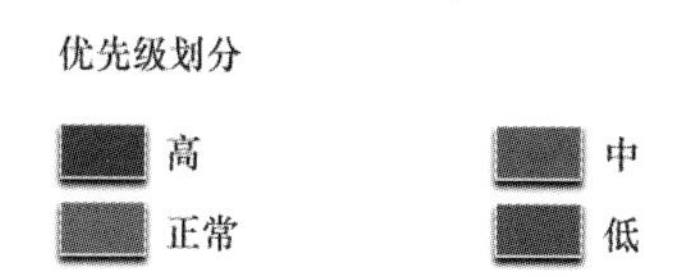

图 9-8 加权公平排队示例

WFQ 然后确定每个流相对于其他流所需的带宽。WFQ 使用的基于流的算法同时将交互式流量调度到队列的前面，以缩短响应时间，然后公平地在多个高带宽流中共享剩余的带宽。WFQ 可为低容量的交互式流量（例如 Telnet 会话和语音）提供大于高容量流量（例如 FTP 会话）的优先级。当多个文件传输流同时出现时，这些传输流会获得相当的带宽。

WFQ 根据数据包报头编址，包括源和目的 IP 地址、MAC 地址、端口号、协议和服务类型（ToS）值等特征，将流量分为不同的流。IP 报头中的 ToS 值可用于对流量进行分类。

构成流量主体的低带宽流量会优先获得服务，从而及时发送这些流量提供的全部负载。高带宽流量按比例共享剩余带宽。

WFQ 的局限性

隧道和加密不支持 WFQ，因为这些功能会修改 WFQ 分类所需的数据包内容信息。

虽然WFQ能自动适应不断变化的网络条件，但它不能像CBWFQ那样精确控制带宽的分配。

9.3.4 基于类别的加权公平排队

基于类别的加权公平排队（CBWFQ）扩展了标准的WFQ功能，能够支持用户定义的流量类别。在使用CBWFQ时，可以根据一些匹配条件来定义流量类别，其中包括协议、访问控制列表（ACL）和输入接口。满足类别匹配条件的数据包构成该类别的流量。每一个类别均保留一个FIFO队列，属于一个类别的流量将指引到该类别的队列中，如图9-9所示。

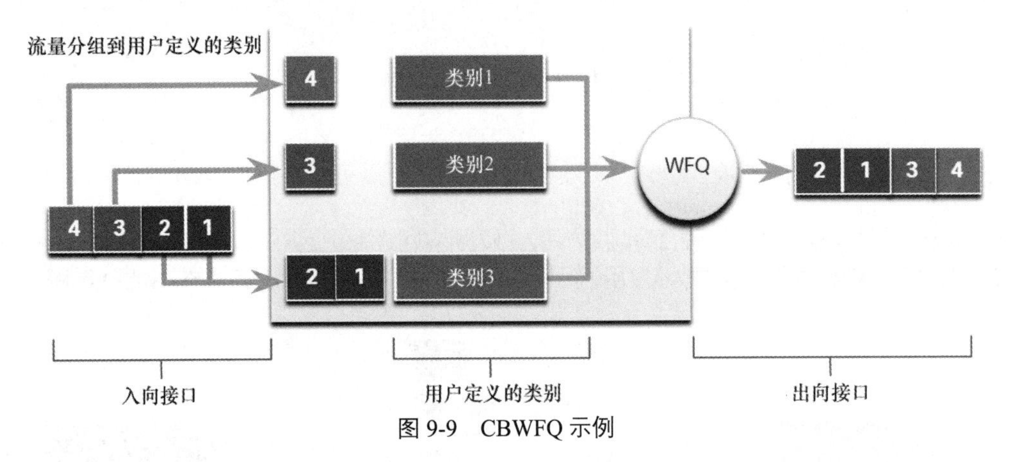

图9-9 CBWFQ示例

当根据类别的匹配条件定义了类别后，可以为其分配特征。为了描述类别的特征，需要为其分配带宽、权重和最大数据包限制。分配给类别的带宽是在拥塞期间交付该类别的保证带宽。

为了描述类别的特征，还要为该类别指定队列限制，即允许在该类别的队列中累积的最大数据包数。属于某个类别的数据包将受到该类别的带宽和队列限制的约束。

在队列达到其配置的队列限制之后，向该类别添加更多数据包将导致在队列尾部丢包或直接丢失到来的数据包，具体取决于类别策略的配置方式。队列尾部丢包意味着该队列已经完全耗尽用于存储数据包的资源，路由器会丢弃到达队列尾部的任何数据包。这是针对拥塞的默认排队响应。队列尾部丢包会平等对待所有流量，不区分数据包的服务类别。

9.3.5 低延迟排队

低延迟排队（LLQ）功能在CBWFQ中添加了严格的优先级排队（PQ）。严格的PQ允许在其他队列中的数据包之前发送延迟敏感的数据包，如语音数据包。LLQ为CBWFQ提供严格的优先级队列，以减少语音对话中的抖动，如图9-10所示。

如果没有LLQ，CBWFQ将基于已定义的类别来提供WFQ，这样一来，实时流量将没有严格的优先级队列。属于特定类别的数据包的权重源自在配置类别时为该类别分配的带宽。因此，为某个类别的数据包分配的带宽决定了数据包的发送顺序。所有数据包根据权重公平地享受服务，任何类别的数据包都不会被授予严格的优先级。该方案为语音流量带来了很大程度上不能容忍的延迟问题，尤其是延迟的变化。对于语音流量而言，延迟的变化将导致传输的不规则性，具体表现为听到的对话中存在抖动。

LLQ允许在其他队列的数据包之前，首先发送延迟敏感的数据包，例如语音数据包，从而使延迟敏感的数据包先于其他流量得到处理。尽管可以将各种类型的实时流量分类为严格优先级队列，但思科建议只把语音流量引导到优先级队列中。

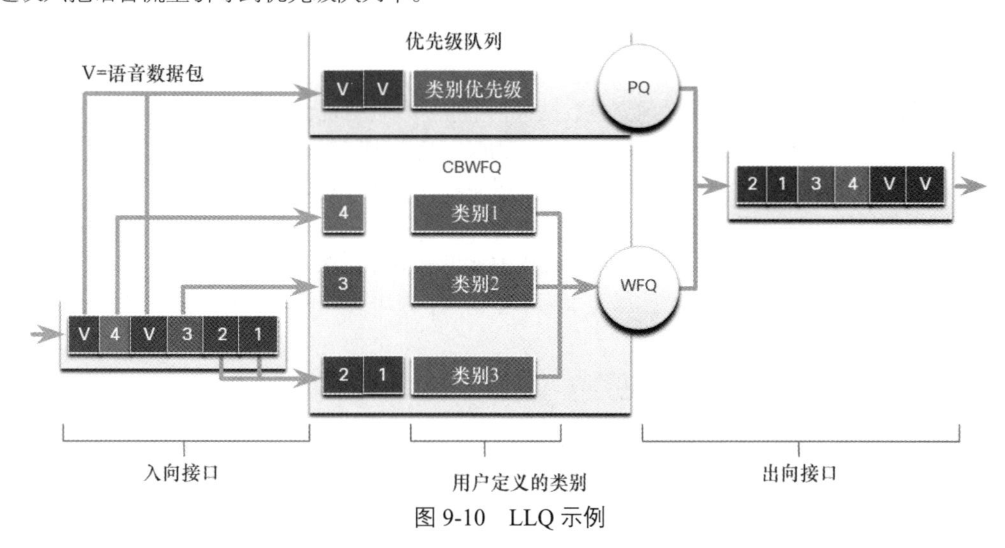

图 9-10 LLQ 示例

9.4 QoS 模型

在本节中，您将学习网络设备如何实施 QoS。

9.4.1 选择一个合适的 QoS 策略模型

如何在网络中实施 QoS 呢？有 3 种模型可以用来实施 QoS：

- 尽力而为模型；
- 集成服务（IntServ）；
- 差分服务（DiffServ）。

表 9-6 汇总了这 3 种模型。网络中的 QoS 是使用 IntServ 模型或 DiffServ 模型部署的。尽管 IntServ 模型提供了最高的 QoS 保障，但它对资源的消耗非常大，因而不容易扩展。相比之下，DiffServ 不太占用资源，可扩展性更强。在网络中实施 QoS 时，这两种技术有时是联合部署的。

表 9-6 实施 QoS 的模型

模型	描述
尽力而为模型	■ 这并不是一种真正的 QoS 实施模型，因为没有显式配置 QoS ■ 在不需要 QoS 时使用它
集成服务（IntServ）	■ IntServ 使用有保证的传输为 IP 数据包提供了非常高的 QoS ■ 它为应用定义了一个信令过程，以向网络发送信号，表明它们在一段时间内需要特殊的 QoS，应该为它们预留带宽 ■ IntServ 模型会严重限制网络的可扩展性
差分服务（DiffServ）	■ DiffServ 在 QoS 的实施中提供了高度的可扩展性和灵活性 ■ 网络设备识别流量类别，并为不同的流量类别提供不同级别的 QoS

9.4.2 尽力而为模型

互联网的基本设计就是尽力而为地交付数据包，不提供任何保证。这种方法在当今的互联网中仍然占主导地位，在大多数情况下仍然适用。尽力而为模型会以相同的方式处理所有的网络数据包，因此紧急语音消息的处理方式与电子邮件中附带的数码照片的处理方式是一样的。没有 QoS，网络就无法区分数据包之间的差别，因此无法优先处理数据包。

尽力而为模型在概念上类似于使用标准的邮寄方式发送信件。您的信件与所有其他信件的处理方式完全相同。利用尽力而为模型，信件可能永远不会送达，除非您与收信人另有通知安排，否则您可能永远不会知道信件有没有送达。

表 9-7 列出了尽力而为模型的优点和缺点。

表 9-7　　尽力而为模型的优点和缺点

优点	缺点
■ 它是最具可扩展性的模型 ■ 可扩展性仅受限于可用的带宽，在这种情况下，所有流量都会受到相同的影响 ■ 不需要特殊的 QoS 机制 ■ 这是部署最简单、最迅速的模型	■ 不保证交付 ■ 数据包会以任何可能的顺序到达（如果可以到达的话） ■ 没有任何数据包会被优先处理 ■ 关键数据的处理方式与临时数据（如电子邮件）的处理方式相同

9.4.3 集成服务

集成服务（IntServ）架构模型（RFC 1633、2211 和 2212）于 1994 年开发，旨在满足实时应用的需求，例如远程视频、多媒体会议、数据可视化应用和虚拟现实。IntServ 是一种可以满足多种 QoS 要求的多服务模型。

IntServ 提供了实时应用所需的端到端 QoS。IntServ 会显式管理网络资源，为单个流（flow）或微流（microflow）提供 QoS。它使用资源预留和准入控制机制作为构建块来建立并维护 QoS。这类似于一个称为“硬 QoS”的概念。硬 QoS 可保证端到端的流量特征，比如带宽、延迟和丢包率等。硬 QoS 可确保任务关键型应用的可预测和有保证的服务级别。

图 9-11 所示为 IntServ 模型的简单示例。

IntServ 使用从电话网络设计中继承的面向连接的方法。每个单独的通信必须显式指定其流量描述符和向网络请求的资源。边缘路由器执行准入控制，以确保网络中有充足的可用资源。IntServ 标准假设路径上的路由器都设置并维护了每个单独通信的状态。

在 IntServ 模型中，应用在发送数据之前向网络请求特定类型的服务。应用将其流量配置文件通知给网络并请求一种特定类型的服务，该服务可以包含其带宽和延迟要求。IntServ 使用资源预留协议（RSVP）向网络中端到端路径上的设备发出应用程序的流量对 QoS 的需求。如果路径上的网络设备可以预留必要的带宽，则发起请求的应用可以开始传输。如果路径上的预留请求失败，则发起请求的应用不发送任何数据。

边缘路由器根据来自应用的信息和可用的网络资源执行准入控制。只要流量保持在配置文件规定的范围内，网络就承诺满足应用的 QoS 要求。网络通过维护每个流的状态，然后根据该状态执行数据包分类、管制和智能排队来实现其承诺。

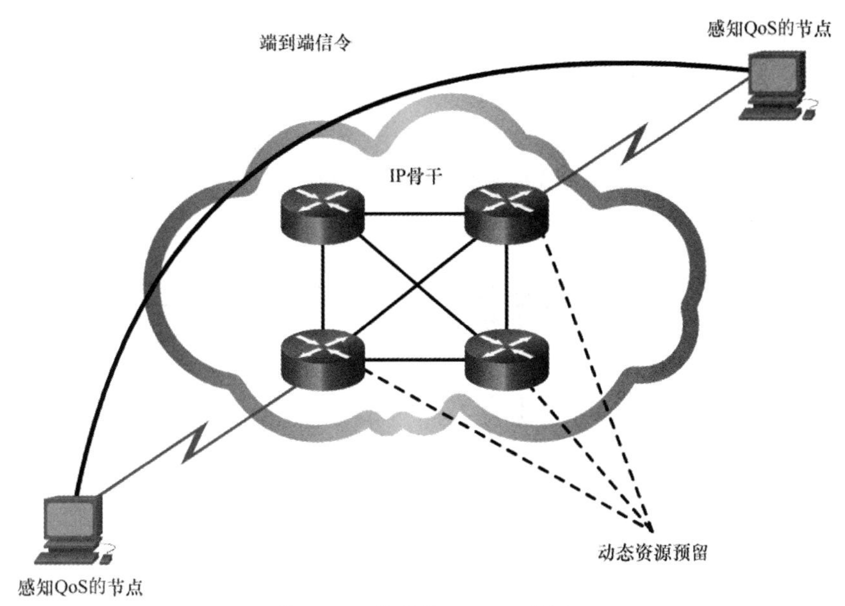

图 9-11 简单的 IntServ 示例

表 9-8 列出了 IntServ 模型的优点和缺点。

表 9-8 IntServ 模型的优点和缺点

优点	缺点
■ 显式的端到端资源准入控制 ■ 按每个请求策略进行准入控制 ■ 以信令的方式识别动态端口号	■ 需要使用有状态的架构来实现信令的连续发送，因此需要消耗大量资源 ■ 基于流的方法不能扩展到大型实施（比如互联网）中

9.4.4 差分服务

差分服务（DiffServ）QoS 模型指定了一种简单且可扩展的机制，用于分类和管理网络流量。举例来说，DiffServ 可以为关键的网络流量（如语音或视频）提供低延迟的保证服务，同时为不关键的流量（例如 Web 流量或文件传输）提供简单的尽力而为保证服务。

DiffServ 设计克服了尽力而为模型和 IntServ 模型的限制。RFC 2474、2597、2598、3246、4594 中介绍了 DiffServ 模型。DiffServ 可以提供“几乎有保证”的 QoS，同时仍然具有成本效益和可扩展性。

DiffServ 模型在概念上类似于使用投递服务发送包裹。当您发送包裹时，您会请求一定的服务级别并为其付费。在整个包裹投递网络中，您支付的网络级别将得到认可，并根据您的请求为包裹提供优先服务或普通服务。

DiffServ 不是一个端到端的 QoS 策略，因为它无法实施端到端的保证。但是，DiffServ QoS 是实施 QoS 的一个更具扩展性的方法。在 IntServ 和硬 QoS 环境中，终端主机以信令的方式向网络发送自己的 QoS 需求，但 DiffServ 不使用信令。相反，DiffServ 使用一种“软 QoS”方法。它工作在已配置 QoS 的模型中，该模型中的网络元素已被设置为服务于多个类别的流量，且每个类别都有不同的 QoS 需求。

图 9-12 所示为 DiffServ 模型的简单示例。

当主机将流量转发到路由器时，路由器会将流量分类为聚合（类别），并为各个类别提供适当的 QoS 策略。DiffServ 在逐跳的基础上实施和应用 QoS 机制，将全局意义统一应用到每个流量类别，以提供灵活性和可扩展性。例如，可以将 DiffServ 配置为将所有的 TCP 流都分组为单个类别，并为该类别分配带宽，而不是像 IntServ 那样为单个流分配带宽。除了对流量进行分类，DiffServ 还将在每个网络节点上的信令和状态维护需求降至最低。

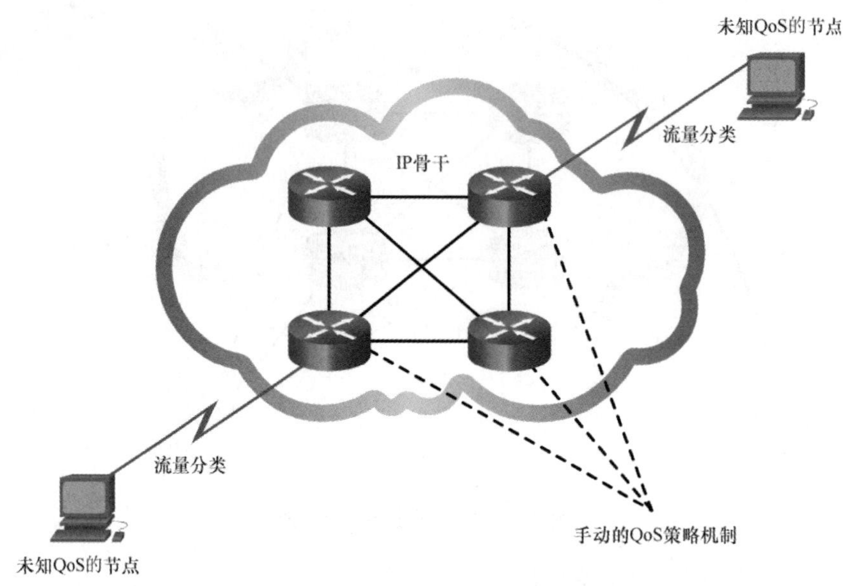

图 9-12 简单的 DiffServ 示例

具体而言，DiffServ 根据业务需求对网络流量进行分类。每一类别会分配一个不同的服务级别。当数据包在网络中传输时，每台网络设备都会识别该数据包的类别并根据其类别为数据包提供服务。使用 DiffServ 可以选择多种服务级别。例如，IP 电话的语音流量通常会优先于所有其他应用流量进行处理，邮件通常会获得尽力而为的传输服务，非业务流量通常会获得很差的服务或被完全阻止。

表 9-9 列出了 DiffServ 模型的优点和缺点。

表 9-9 DiffServ 模型的优点和缺点

优点	缺点
■ 高度可扩展	■ 无法绝对保证服务质量
■ 提供了多种不同级别的质量	■ 需要一套复杂的机制才能在网络中协同工作

注 意 现代网络主要使用 DiffServ 模型。但是，由于延迟敏感型和抖动敏感型流量的日益增加，有时会联合部署 IntServ 和 RSVP。

9.5 QoS 实施技术

在本节中，您将了解用于确保传输质量的 QoS 机制。

9.5.1 避免丢包

在学习了流量特征、排队算法和 QoS 模型后，现在来了解 QoS 的实施技术。

让我们从丢包开始。丢包通常是接口拥塞的结果。大多数使用 TCP 的应用都会经历速度缓慢的情况，因为 TCP 会自动适应网络拥塞。丢弃的 TCP 数据段导致 TCP 会话减小其窗口大小。某些应用不使用 TCP，因此不能处理丢包（脆弱的流量）。

下述方法可防止敏感应用中的丢包。

- 提高链路容量以缓解或防止拥塞。
- 确保有足够的带宽并提高缓冲空间，以适应脆弱流量的突发。WFQ、CBWQ 和 LQ 可以提供带宽保证，并对丢弃敏感的应用提供优先转发。
- 在拥塞出现之前丢弃优先级较低的数据包。思科 IOS QoS 提供了排队机制，比如加权随机早期检测（WRED），它会在拥塞出现之前丢弃优先级较低的数据包。

9.5.2 QoS 工具

QoS 工具有 3 种类别，如表 9-10 所示。

表 9-10 实施 QoS 的工具

QoS 工具	描述
分类和标记工具	■ 对会话或流进行分析，以确定它们所属的流量类别 ■ 在确定了流量类别后，对数据包进行标记
拥塞避免工具	■ 按照 QoS 策略的定义，根据流量类别来分配网络资源 ■ QoS 策略还确定了如何有选择性地丢弃、延迟或重新标记某些流量，以避免拥塞 ■ 主要的拥塞避免工具是 WRED，它会以一种高效利用带宽的方式来调节 TCP 数据流量，避免因为队列溢出而导致的队尾丢包
拥塞管理工具	■ 当流量超出了可用的网络资源时，就会对流量进行排队，以等待资源可用 ■ 常见的思科 IOS 拥塞管理工具包括 CBWFQ 和 LLQ 算法

请参阅图 9-13，以更好地了解在将 QoS 应用于数据包流时，这些工具的使用顺序。

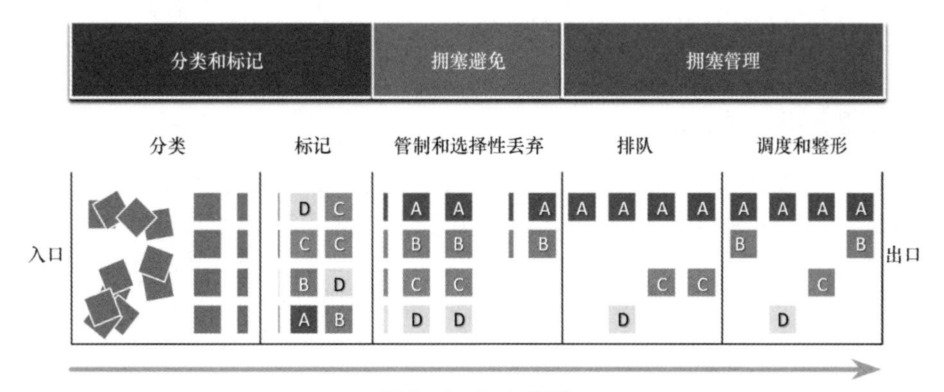

图 9-13 QoS 序列

在图 9-13 中可以看到，对入向数据包（灰色方块）进行了分类并对相应的 IP 报头进行了标记（带有字母的方块）。为了避免拥塞，需要根据定义的策略为数据包分配资源。然后，根据定义的 QoS 整形和管制策略，将数据包排队并从出向接口转发出去。

注 意 分类和标记可以在入向或出向上完成，而其他 QoS 操作（例如排队和整形）通常是在入向上完成的。

9.5.3 分类和标记

在对数据包应用 QoS 策略之前，必须先对其进行分类。分类和标记可允许我们识别或“标记”数据包的类型。分类可确定数据包或帧所属的流量类别。只有在对流量进行了标记之后，才能对其应用策略。

数据包的分类方式取决于 QoS 的实施。对第 2 层和第 3 层流量进行分类的方法包括使用接口、ACL 和类别映射。第 4 层到第 7 层的流量也可使用基于网络的应用识别（NBAR）进行分类。

> 注 意　NBAR 是思科 IOS 软件的一个分类和协议发现特性，可用于 QoS 特性。NBAR 超出了本章的范围。

标记指的是为数据包报头添加一个值。接收数据包的设备通过查看这个标记字段，可以确定它是否与已定义的策略相匹配。应在尽量靠近源设备的位置进行标记，以建立信任边界。

流量的标记方式取决于所用的技术。表 9-11 列出了在各种技术中使用的一些标记字段。

表 9-11　　QoS 流量标记

QoS 工具	层	标记字段	宽度（单位：位）
以太网（802.1Q、802.1p）	2	服务等级（CoS）	3
802.11（WiFi）	2	WiFi 流量标识符（TID）	3
MPLS	2	实验性质（EXP）	3
IPv4 和 IPv6	3	IP 优先级（IPP）	3
IPv4 和 IPv6	3	差分服务代码点（DSCP）	6

是在第 2 层还是在第 3 层对流量进行标记并不是一个容易的决定，应该在考虑以下几点后再做出决定。

- 对于非 IP 流量，可以对第 2 层的帧进行标记。
- 对于无法感知 IP 的交换机，对第 2 层的帧进行标记是唯一可用的 QoS 选项。
- 第 3 层标记可以在端到端之间传输 QoS 信息。

9.5.4 在第 2 层进行标记

802.1Q 是支持在以太网的第 2 层进行 VLAN 标记的 IEEE 标准。在实施 802.1Q 时，会向以太网帧中添加两个字段。如图 9-14 所示，这两个字段插在了以太网帧中源 MAC 地址字段的后面。

802.1Q 标准还包括称为 IEEE 802.1p 的 QoS 优先级方案。802.1p 标准使用标记控制信息（TCI）字段的前 3 位。这 3 位称为优先级（PRI）字段，用于识别服务类别（CoS）标记。这 3 位表示第 2 层以太网帧可以标记为 8 个优先级（0～7）中的一个，如表 9-12 所示。

表 9-12　　以太网服务类别（CoS）值

CoS 值	CoS 二进制值	描述
0	000	尽力而为数据
1	001	中优先级数据
2	010	高优先级数据
3	011	呼叫信令
4	100	视频会议

续表

CoS 值	CoS 二进制值	描述
5	101	语音承载（语音流量）
6	110	保留
7	111	保留

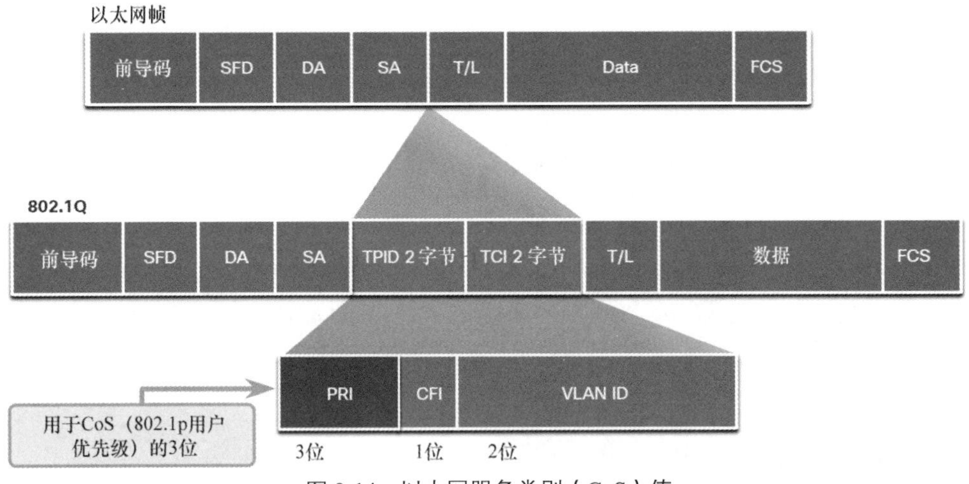

图 9-14　以太网服务类别（CoS）值

9.5.5　在第 3 层进行标记

IPv4 和 IPv6 在其数据包报头中指定了一个 8 位的字段，以标记数据包。如图 9-15 所示，IPv4 和 IPv6 分别为标记功能使用了一个 8 位的字段：IPv4 使用“服务类型”（ToS）字段，IPv6 使用“流量类别”字段。

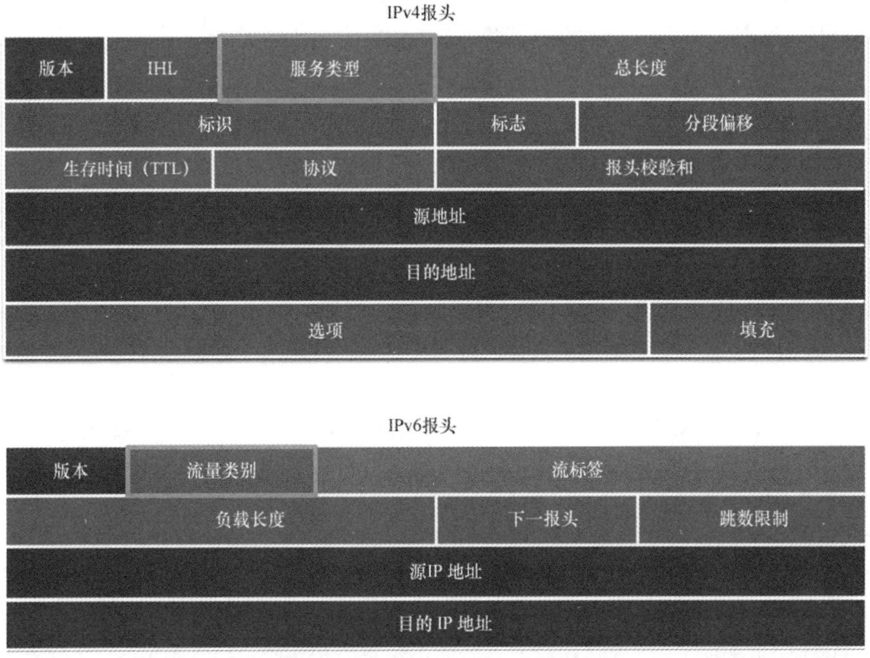

图 9-15　IPv4 和 IPv6 数据包报头

9.5.6　服务类型和流量类别字段

服务类型（IPv4）和流量类别（IPv6）字段携带了数据包标记，这个标记是由 QoS 分类工具分配的。接收设备会引用该字段，并根据适当分配的 QoS 策略转发数据包。

图 9-16 所示为这个 8 位字段的内容。在 RFC 791 中，原始的 IP 标准指定了用于 QoS 标记的“IP 优先级”（IPP）字段。但在实践中，这 3 个位没有提供足够的粒度来实施 QoS。

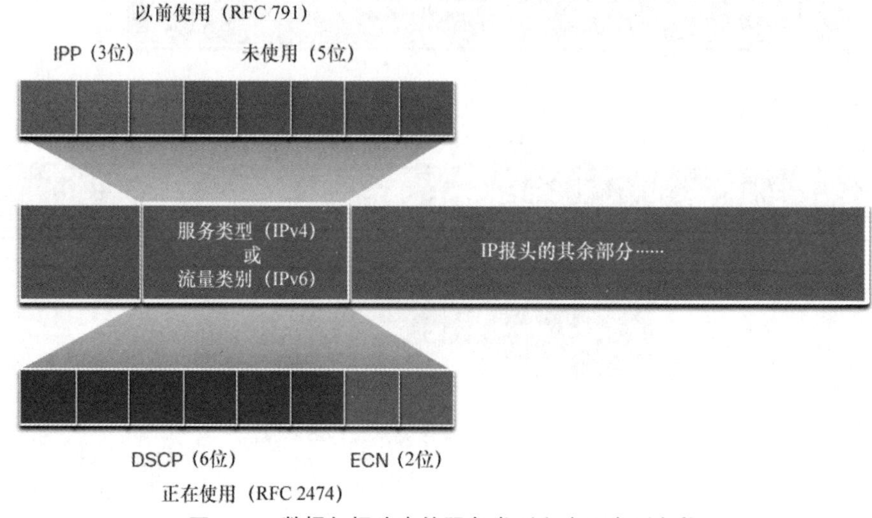

图 9-16　数据包报头中的服务类型和流量类别字段

RFC 2474 取代了 RFC 791，并通过重命名和扩展 IPP 字段重新定义了 ToS 字段。如图 9-16 所示，这个新字段分配了 6 位给 QoS 使用，这 6 位称为差分服务代码点（DSCP）字段，这 6 位提供最多 64 个可能的服务类别。剩余的两个 IP 扩展拥塞通知（ECN）位由可感知 ECN 的路由器用于标记数据包而不是将其丢弃。ECN 标记会通知下游路由器在数据包流中存在拥塞。

9.5.7　DSCP 值

64 个 DSCP 值被组织为 3 类。

- **尽力而为（BE）**：所有 IP 数据包的默认值。DSCP 值为 0。每跳行为都是正常的路由。当路由器遇到拥塞时，将丢弃这些数据包。没有实施任何 QoS 计划。
- **加速转发（EF）**：RFC 3246 将 EF 定义为 DSCP 十进制值 46（二进制值 101110）。在第 2 层，前 3 位（101）直接映射到用于语音流量的 CoS 值 5。在第 3 层，思科建议只使用 EF 标记语音数据包。
- **保证转发（AF）**：RFC 2597 将 AF 定义为使用 DSCP 中的 5 个最高有效位来指示队列和丢弃优先级。图 9-17 给出了 AF 的定义。

AFxy 的计算公式如下所示。

- 前 3 个最高有效位用来指定类别。类别 4 是最佳队列，类别 1 是最差队列。
- 第 4 和第 5 个最高有效位用于指定丢弃优先级。
- 第 6 个最高有效位设置为零。

例如，AF32 属于类别 3（二进制 011），并具有中等丢弃优先级（二进制 10）。完整的 DSCP 值为

28，因为您添加了第 6 个 0 位（二进制 011100）。

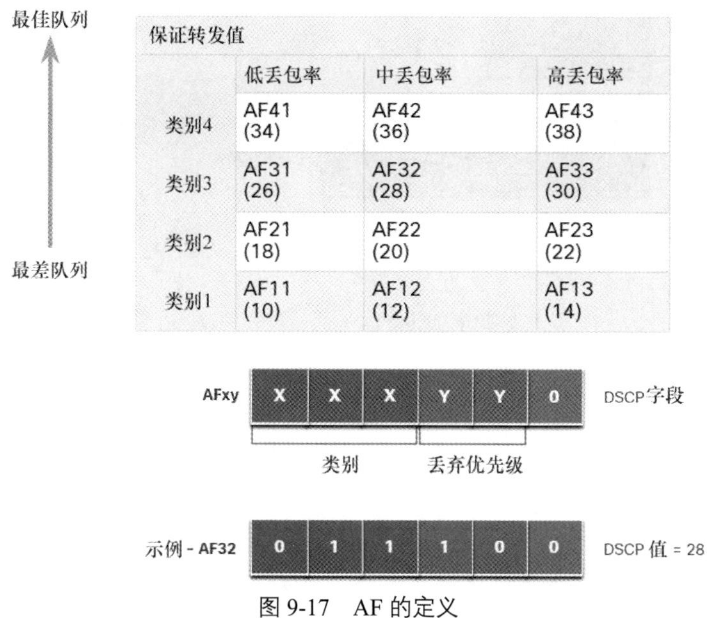

图 9-17　AF 的定义

9.5.8　类别选择器位

由于 DSCP 字段的前 3 个最高有效位表示类别，因此这些位也称为类别选择器（CS）位。这 3 个位直接映射到 CoS 字段和 IPP 字段的 3 位，以保持与 802.1p 和 RFC 791 的兼容性，如图 9-18 所示。

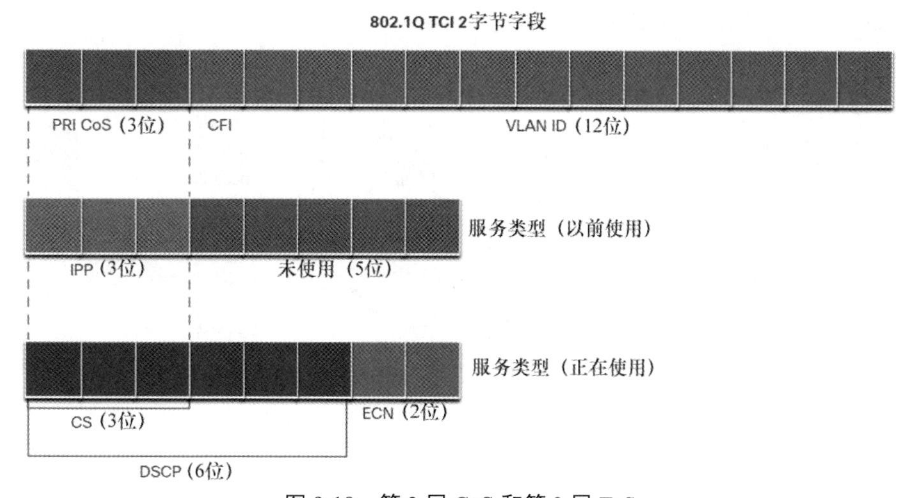

图 9-18　第 2 层 CoS 和第 3 层 ToS

图 9-19 中的表显示了 CoS 值如何映射到类别选择器位和相应的 DSCP 的 6 位值。该表可用于将 IPP 值映射到类别选择器位。

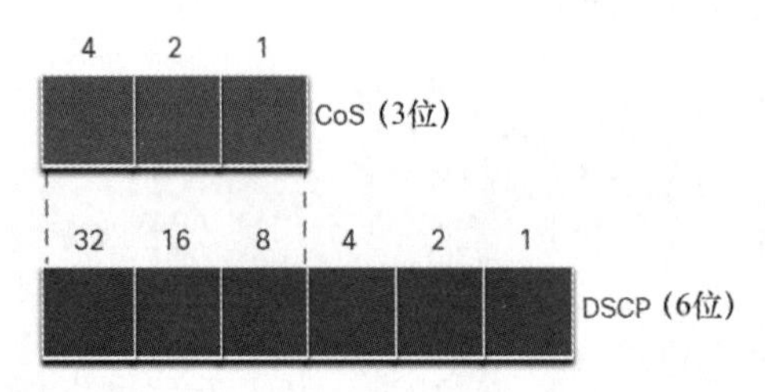

CoS值、类别选择器和相应的DSCP的6位值

CoS值	CoS二进制值	类别选择器（CS）	CS二进制	DSCP十进制值
0	000	CS0*/DF	000 000	0
1	001	CS1	001 000	8
2	010	CS2	010 000	16
3	011	CS3	011 000	24
4	100	CS4	100 000	32
5	101	CS5	101 000	40
6	110	CS6	110 000	48
7	111	CS7	111 000	56

图 9-19　将 CoS 映射到 DSCP 中的类别选择器

9.5.9　信任边界

标记应该在哪里出现呢？在技术和管理上可行的情况下，应该在尽可能靠近流量来源的地方对流量进行分类和标记，以定义信任边界，如图 9-20 所示。

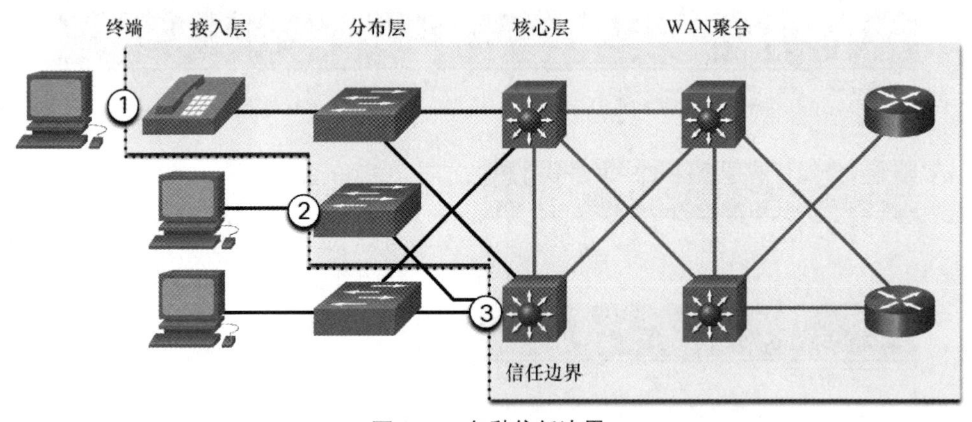

图 9-20　各种信任边界

图 9-20 中的数字对应于以下内容。

1. 可信终端拥有将应用流量标记为适当的第 2 层 CoS 和/或第 3 层 DSCP 值的功能和智能。可信终端的示例包括 IP 电话、无线接入点、视频会议网关和系统、IP 会议站等。
2. 安全终端可在第 2 层交换机上标记流量。
3. 还可以在第 3 层交换机/路由器上标记流量。

通常需要重新标记流量，比如把 CoS 值重新标记为 IP 优先级或 DSCP 值。

9.5.10 拥塞避免

拥塞管理包括排队和调度方法，当有过多的流量在等待从出向接口发送出去时，这些流量会进行缓存或排队（有时也会被丢弃）。拥塞避免工具更加简单，它们会监控网络负载，以便在拥塞成为问题之前，预测并避免公共网络和互联网络瓶颈处的拥塞。这些工具可以监控队列的平均深度，如图 9-21 所示。当队列长度低于最小阈值时，不会丢弃数据包；当队列填充至最大阈值时，会丢弃一小部分数据包；当超过最大阈值时，会丢弃所有的数据包。

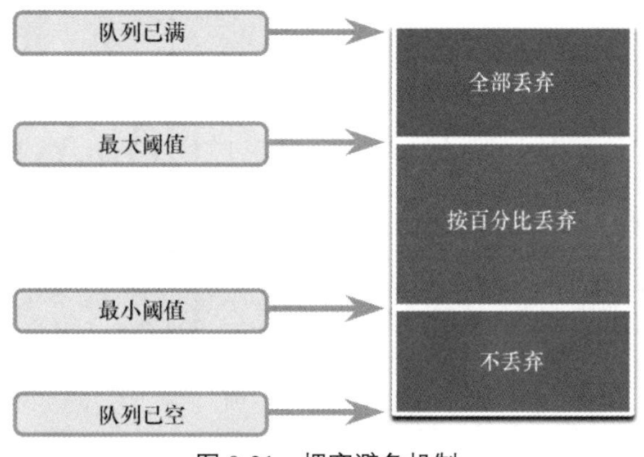

图 9-21 拥塞避免机制

有些拥塞避免技术可以优先处理将被丢弃的数据包。例如，思科 IOS QoS 包含加权随机早期探测（WRED）这种拥塞避免方案。WRED 算法通过提供缓冲区管理，并允许在缓冲区耗尽之前减小或限制 TCP 流量，从而在网络接口上避免拥塞。使用 WRED 有助于避免队尾丢包，并最大限度地提高网络利用率和基于 TCP 的应用程序的性能。基于用户数据报协议（UDP）的流量（例如语音流量）没有拥塞避免。对于基于 UDP 的流量，诸如排队和压缩技术等方法有助于减少甚至防止 UDP 丢包。

9.5.11 整形和管制

流量整形和流量管制是思科 IOS QoS 软件提供的防止拥塞的两种机制。

流量整形可在队列中保留多余的数据包，并将多余的数据包按照时间进行调度，以供以后传输。流量整形的结果是产生一个平滑的数据包输出速率，如图 9-22 所示。

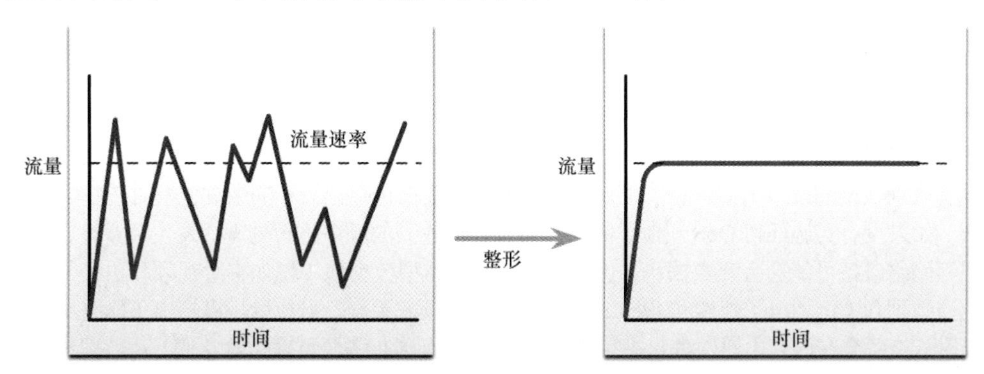

图 9-22 流量整形示例

整形意味着存在队列，并拥有足够的内存来缓冲延迟的数据包，而流量管制则无法做到。

在启用整形时，要确保有足够的内存。此外，整形需要一个调度功能，以便后续传输任何延迟的数据包。该调度功能允许将整形队列组织到不同的队列中。调度功能的示例有CBWFQ和LLQ。

流量整形是一个出向（outbound）概念，可以对离开接口的数据包进行排队和整形。相比之下，流量管制可应用于接口上的入向（inbound）流量。当流量速率达到配置的最大速率时，额外的流量将会丢弃（或重新标记）。

流量管制通常由服务提供商实施，以强制执行合同中约定的承诺信息速率（CIR），如图9-23所示。但是，如果服务提供商的网络当前未出现拥塞，则服务提供商也可能允许超过CIR的突发流量。

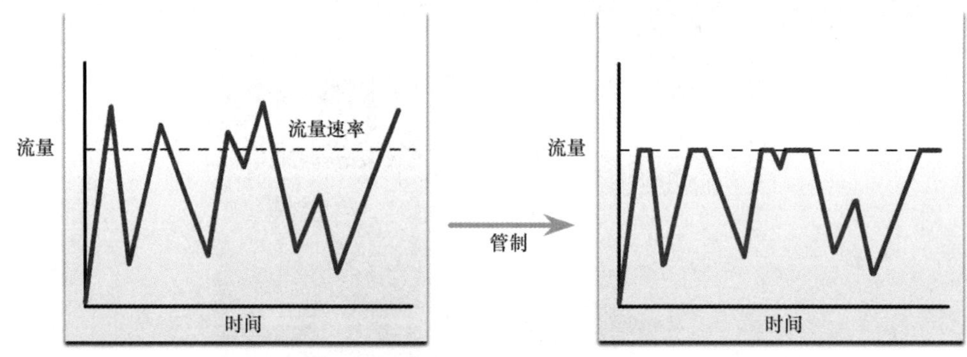

图9-23 流量管制示例

9.5.12 QoS策略指南

QoS策略必须要考虑从源到目的的完整路径。如果路径中有一台设备使用的策略与预期不同，则整个QoS策略都会受到影响。例如，视频播放中的卡顿现象可能就是路径中的一台交换机上没有正确设置CoS值的结果。

有助于确保终端用户获得最佳体验的一些指南如下所示：

- 在源和目的之间的路径上的每台设备上启用排队；
- 在尽可能靠近源的地方对流量进行分类和标记；
- 在尽可能靠近源的地方对流量进行整形和管制。

9.6 总结

网络传输质量

语音和实时视频传输对交付给用户的服务质量提出了更高的期望，并创造了对服务质量（QoS）的需求。当多条通信链路聚合到单台设备（比如路由器）上时，大部分数据将被放到少数几个出向接口上或者放到较慢的接口上，这将发生拥塞。当较大的数据包阻止较小的数据包及时传输时，也会发生拥塞。如果没有实施任何QoS机制，数据包将按照其收到的顺序进行处理。发生拥塞时，路由器和交换机等网络设备可能会丢弃数据包。这意味着时间敏感型数据包（例如实时视频和语音）会与非时间敏感型数据包（例如电子邮件和Web浏览）以相同的频率丢弃。当流量规模超出了网络可以传输的数据量时，设备会在内存中对数据包进行排队（存放），直到有资源可以传输它们。对数据包进行排队会导致延迟，因为在前面的数据包处理完之前不能传输新的数据包。一种有助于解决这个问题的QoS

技术是将数据分类到多个队列。网络拥塞的位置是部署 QoS 机制以缓解延迟的理想位置。延迟的两种类型分别是固定延迟和可变延迟。各种延迟的来源有代码延迟、打包延迟、排队延迟、串行延迟、传播延迟、去抖动延迟。抖动是指接收数据包的延迟的变化。由于网络拥塞、排队不当或配置错误，数据包之间的延迟可能会有所不同，而不是保持不变。延迟和抖动都需要进行控制和最小化，以支持实时和交互式流量。

流量特征

视频和语音是需要 QoS 的两个主要原因。语音流量是可预测且流畅的。但是，语音对延迟和丢包非常敏感。语音可以容忍一定程度的延迟、抖动和丢失，而不会造成明显的影响。延迟应不超过 150ms，抖动应不超过 30ms，而且语音丢包应不超过 1%。语音流量需要至少 30kbit/s 的带宽。视频流量对 QoS 的要求比语音流量高，因为它通过网络发送的数据包要更大。视频流量是突发的、贪婪的，对丢包和延迟很敏感。如果没有 QoS 和大量额外的带宽容量，视频质量通常会降低。UDP 端口（例如 554）用于实时流协议（RTSP），其优先级应该高于其他延迟敏感度较低的网络流量。与语音类似，视频也可以容忍一定量的延迟、抖动和丢包，而不会产生任何明显的影响。延迟应不超过 400ms，抖动应不超过 50ms，而且视频丢包应不超过 1%。视频流量需要至少 384kbit/s 的带宽。数据流量对 QoS 的需求不如语音和视频流量高。数据了流量通常使用 TCP 传输，而 TCP 可以重传数据，因此数据流量对丢包和延迟不敏感。虽然与语音和视频流量相比，数据流量的丢包和延迟敏感性相对较弱，但是网络管理员仍需要考虑用户体验的质量，有时称为体验质量（QoE）。在处理数据流时，管理员需要考虑以下两个主要因素：数据是否来自交互式应用；数据是否是任务关键型数据。

排队算法

当链路上发生拥塞时，网络管理员实施的 QoS 策略将变为活动状态。排队是一种拥塞管理工具，可以在数据包传输到目的地之前，对数据包进行缓存、优先级排序，而且如果需要的话，还可以重新排序数据包。本章着重介绍了以下算法：先进先出（FIFO）、加权公平排队（WFQ）、基于类别的加权公平排队（CBWFQ）、低延迟排队（LLQ）。FIFO 按照数据包的到达顺序来执行缓存和转发。FIFO 没有优先级或流量类别的概念。因此，它不对数据包的优先级做出决定。使用 FIFO 时，如果路由器或交换机接口上出现拥塞，则会丢弃重要的或对时间敏感的流量。WFQ 是一种自动调度方法，可为所有网络流量提供公平的带宽分配。WFQ 将优先级或权重应用于已标识的流量，并将其分类为对话或流。WFQ 根据数据包报头编址，包括源和目的 IP 地址、MAC 地址、端口号、协议和服务类型（ToS）值等特征，将流量分为不同的流。IP 报头中的 ToS 值可用于对流量进行分类。CBWFQ 扩展了标准的 WFQ 功能，能够支持用户定义的流量类别。在使用 CBWFQ 时，可以根据一些匹配条件来定义流量类别，其中包括协议、访问控制列表（ACL）和输入接口。LLQ 功能在 CBWFQ 中添加了严格的优先级排队（PQ）。严格的 PQ 允许在其他队列中的数据包之前发送延迟敏感的数据包，如语音数据包，以减少语音对话中的抖动。

QoS 模型

有 3 种模型可以用来实施 QoS：尽力而为模型、集成服务（IntServ）、差分服务（DiffServ）。尽力而为模型是最具可扩展性的模型，但是不保证交付，没有任何数据包会被优先处理。集成服务（IntServ）模型旨在满足实时应用的需求，例如远程视频、多媒体会议、数据可视化应用和虚拟现实。IntServ 是一种可以满足多种 QoS 要求的多服务模型。IntServ 会显式管理网络资源，为单个流（flow）或流（stream，有时称为微流[microflow]）提供 QoS。它使用资源预留和准入控制机制作为构建块来建立并维护 QoS。差分服务（DiffServ）QoS 模型指定了一种简单且可扩展的机制，用于分类和管理网络流量。DiffServ 设计克服了尽力而为模型和 IntServ 模型的限制。DiffServ 可以提供“几乎有保证”的 QoS，同时仍然具有成本效益和可扩展性。DiffServ 根据业务需求对网络流量进行分类。每一类别会分配一个不同的服务级别。当数据包在网络中传输时，每台网络设备都会识别该数据包的类别并根据其类别为数据包提供服务。使用 DiffServ 可以选择多种服务级别。

QoS 实施技术

QoS 工具有 3 种类别：分类和标记工具、拥塞避免工具、拥塞管理工具。在对数据包应用 QoS 策略之前，必须先对其进行分类。分类和标记可允许我们识别或“标记”数据包的类型。分类可确定数据包或帧所属的流量类别。对第 2 层和第 3 层流量进行分类的方法包括使用接口、ACL 和类别映射。第 4 层到第 7 层的流量也可使用基于网络的应用识别（NBAR）进行分类。服务类型（IPv4）和流量类别（IPv6）字段携带了数据包标记，这个标记是由 QoS 分类工具分配的。接收设备会引用该字段，并根据适当分配的 QoS 策略转发数据包。该字段分配了 6 位给 QoS 使用，这 6 位称为差分服务代码点（DSCP）字段，这 6 位提供最多 64 个可能的服务类别。64 个 DSCP 值被组织为 3 类：尽力而为（BE）、加速转发（EF）、保证转发（AF）。由于 DSCP 字段的前 3 个最高有效位表示类别，因此这些位也称为类别选择器（CS）位。在技术和管理上可行的情况下，应该在尽可能靠近流量来源的地方对流量进行分类和标记，以定义信任边界。拥塞管理包括排队和调度方法，当有过多的流量在等待从出向接口发送出去时，这些流量会进行缓存或排队（有时也会被丢弃）。拥塞避免工具会监控网络负载，以便在拥塞成为问题之前，预测并避免公共网络和互联网络瓶颈处的拥塞。思科 IOS QoS 包含加权随机早期探测（WRED）这种拥塞避免方案。WRED 算法通过提供缓冲区管理，并允许在缓冲区耗尽之前减小或限制 TCP 流量，从而在网络接口上避免拥塞。流量整形和流量管制是思科 IOS QoS 软件提供的防止拥塞的两种机制。

复习题

完成这里列出的所有复习题，可以测试您对本章内容的理解。附录列出了答案。

1. 在哪种情况下，具有语音、视频和数据流量的融合网络会发生拥塞？
   A. 用户下载的文件超出了服务器上设置的文件限制
   B. 对带宽的请求超出了可用的带宽量
   C. 视频流量请求的带宽比语音流量请求的带宽大
   D. 语音流量的延迟在网络上开始降低
2. 路由器需要什么功能才能为远程工作人员提供 VoIP 和视频会议功能？
   A. IPSec　　B. PPPoE
   C. QoS　　D. VPN
3. 当路由器接口的入向队列已满并且接收到新的网络流量时，会发生什么？
   A. 路由器立即发送接收到的流量
   B. 路由器丢弃到达的数据包
   C. 路由器丢弃队列中的所有流量
   D. 路由器将接收到的流量进行排队，并发送先前接收到的流量
4. 下面哪种排队方法提供用户定义的流量类别，其中每个流量类别都有一个 FIFO 队列？
   A. CBWFQ　　B. RSVP
   C. WFQ　　D. WRED
5. 当使用低延迟排队（LLQ）时，思科建议在严格优先级队列中应用哪种流量类型？
   A. 数据　　B. 管理
   C. 视频　　D. 声音

6. 思科设备的 LAN 接口上使用的默认排队方法是什么？
   A. CBWFQ　　B. FIFO
   C. LLQ　　D. WFQ
7. 思科设备的慢速 WAN 接口上使用的默认排队方法是什么？
   A. CBWFQ　　B. FIFO
   C. LLQ　　D. WFQ
8. 哪种模型是唯一没有数据包分类机制的 QoS 模型？
   A. 尽力而为　　B. DiffServ
   C. 硬 QoS　　D. IntServ
9. 当使用 IntServ QoS 的边缘路由器确定数据路径不能支持请求的 QoS 级别时，会发生什么？
   A. 使用尽力而为方法沿路径转发数据
   B. 使用 DiffServ 沿路径转发数据
   C. 数据不会沿着路径转发
   D. 使用 IntServ 沿路径转发数据，但未提供优先处理
10. 下面哪个语句描述了 QoS 分类和标记工具？
   A. 在标记流量之后执行分类
   B. 应在尽可能靠近目的的位置进行分类
   C. 标记指的是将一个值添加到数据包报头中
   D. 标记指的是识别应该应用于特定数据包的 QoS 策略
11. 下面哪个设备将被归类为可信端点？
   A. 防火墙　　B. IP 会议站
   C. 路由器　　D. 交换机
12. 有多少个位用于标识帧中的服务级别（CoS）标记？
   A. 3　　B. 8
   C. 24　　D. 64
13. 在帧上使用 CoS 标记时，可以有多少个优先级？
   A. 3　　B. 8
   C. 24　　D. 64

第 10 章 网络管理

学习目标

通过完成本章的学习，您将能够回答下列问题：

- 如何使用 CDP 映射网络拓扑；
- 如何使用 LLDP 映射网络拓扑；
- 如何在 NTP 客户端和 NTP 服务器之间实施 NTP；
- SNMP 是如何运行的；
- syslog 是如何运行的；
- 哪些命令用于备份和还原 IOS 配置文件；
- 如何实施协议来管理网络。

想象一下您正在驾驶一艘宇宙飞船。飞船上有很多很多组件，它们需要一起工作才能开动飞船，而且用来管理这些组件的系统也有多个。要想顺利开到目的地，您需要对这些组件及其管理系统有充分的了解。您一定会感激可以让您简单管理以及驾驶飞船的那些工具。

与复杂的宇宙飞船一样，网络也需要加以管理。好在有很多工具可以让网络管理工作变得简单。本章介绍了多种工具和协议，可帮助您在用户使用网络时对网络进行管理。让我们开始学习吧！

10.1 使用 CDP 发现设备

在本节中，您将学习如何使用 CDP 映射网络拓扑。

10.1.1 CDP 概述

就您的网络来说，您想知道的第一件事是网络里面有什么、网络中的各种组件在哪里，以及它们是如何连接的。基本上来讲，您需要一张地图。本节会介绍如何使用思科发现协议（CDP）来创建网络的地图。

CDP 是思科专有的第 2 层协议，用来收集共享相同数据链路的思科设备的相关信息。CDP 独立于介质和协议，在所有思科设备上运行，比如路由器、交换机和接入服务器等。

设备会定期向连接的设备发送 CDP 通告，如图 10-1 所示。这些通告共享有关被发现的设备类型、设备名称，以及接口数量和类型的信息。

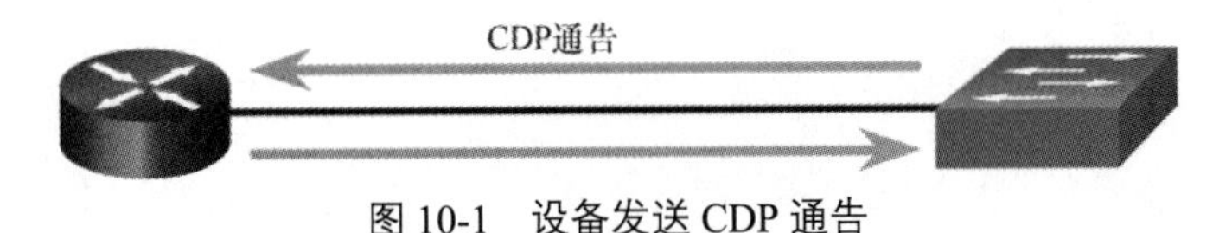

图 10-1　设备发送 CDP 通告

大多数网络设备都连接到其他设备，CDP 可以协助完成网络设计决策、故障排除和设备更改。CDP 还可用作网络发现工具，以确定有关相邻设备的信息。当文档丢失或缺少详细信息时，从 CDP 收集的这种信息可以帮助构建网络的逻辑拓扑。

10.1.2　配置和验证 CDP

对于思科设备，CDP 是默认启用的。出于安全原因，可能需要在网络设备全局或每个接口上禁用 CDP。利用 CDP，攻击者可以收集有关网络布局的重要信息，例如 IP 地址、IOS 版本和设备类型。

要想验证 CDP 的状态并查看有关 CDP 的信息，可以使用 **show cdp** 命令，如例 10-1 所示。

例 10-1　show cdp 命令

```
Router# show cdp
Global CDP information:
        Sending CDP packets every 60 seconds
        Sending a holdtime value of 180 seconds
        Sending CDPv2 advertisements is enabled
Router#
```

要想为设备上所有支持的接口全局启用 CDP，可以在全局配置模式下输入 **cdp run** 命令。要想禁用设备上所有接口的 CDP，可以在全局配置模式下输入 **no cdp run** 命令，如例 10-2 所示。

例 10-2　全局禁用和启用 CDP

```
Router(config)# no cdp run
Router(config)# exit
Router#
Router# show cdp
CDP is not enabled
Router#
Router# configure terminal
Router(config)# cdp run
Router(config)#
```

要在某个指定的接口上禁用 CDP，比如连接 ISP 的接口，可以在接口配置模式下输入 **no cdp enable** 命令。这样一来，尽管 CDP 在设备上仍然是启用的，但是不再有任何 CDP 通告从这个接口发送出去。要想在这个接口上再次启用 CDP，可以输入 **cdp enable** 命令，如例 10-3 所示。

例 10-3　在接口上启用 CDP

```
Switch(config)# interface gigabitethernet 0/0/1
Switch(config-if)# cdp enable
Switch(config-if)#
```

要想验证 CDP 的状态并查看邻居列表，可以在特权 EXEC 模式下使用 **show cdp neighbors** 命令。**show cdp neighbors** 命令显示与 CDP 邻居相关的重要信息。当前，例 10-4 中的设备没有任何邻居，因为它在物理上没有连接任何设备，如 **show cdp neighbors** 命令的输出所示。

例 10-4　显示 CDP 邻居列表

```
Router# show cdp neighbors
Capability Codes: R - Router, T - Trans Bridge, B - Source Route Bridge
                  S - Switch, H - Host, I - IGMP, r - Repeater, P - Phone,
```

```
                     D - Remote, C - CVTA, M - Two-port Mac Relay

Device ID           Local Intrfce      Holdtme     Capability  Platform  Port ID

Total cdp entries displayed : 0
Router#
```

可以使用 **show cdp interface** 命令查看设备上启用了 CDP 的接口，这也将显示每个接口的状态。在例 10-5 中，一台路由器上有 5 个接口启用了 CDP，且只有一个接口连接到另一台设备，并处于活动状态。

例 10-5　显示 CPD 接口信息

```
Router# show cdp interface
GigabitEthernet0/0/0 is administratively down, line protocol is down
  Encapsulation ARPA
  Sending CDP packets every 60 seconds
  Holdtime is 180 seconds
GigabitEthernet0/0/1 is up, line protocol is up
  Encapsulation ARPA
  Sending CDP packets every 60 seconds
  Holdtime is 180 seconds
GigabitEthernet0/0/2 is down, line protocol is down
  Encapsulation ARPA
  Sending CDP packets every 60 seconds
  Holdtime is 180 seconds
Serial0/1/0 is administratively down, line protocol is down
  Encapsulation HDLC
  Sending CDP packets every 60 seconds
  Holdtime is 180 seconds
Serial0/1/1 is administratively down, line protocol is down
  Encapsulation HDLC
  Sending CDP packets every 60 seconds
  Holdtime is 180 seconds
GigabitEthernet0 is down, line protocol is down
  Encapsulation ARPA
  Sending CDP packets every 60 seconds
  Holdtime is 180 seconds
 cdp enabled interfaces : 6
 interfaces up          : 1
 interfaces down        : 5
Router#
```

10.1.3　使用 CDP 发现设备

假设图 10-2 所示的拓扑缺少相应的文档。网络管理员只知道 R1 已连接到另一台设备。

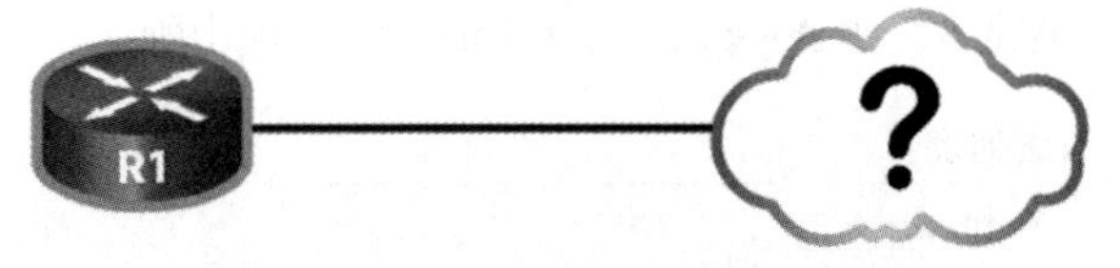

图 10-2　在进行发现之前的 R1 拓扑

在网络上启用 CDP 后，可以使用 **show cdp neighbors** 命令来确认网络布局，如例 10-6 所示。

例 10-6　发现 R1 已经连接的 CDP 邻居

```
R1# show cdp neighbors
Capability Codes: R - Router, T - Trans Bridge, B - Source Route Bridge
                  S - Switch, H - Host, I - IGMP, r - Repeater, P - Phone,
                  D - Remote, C - CVTA, M - Two-port Mac Relay

Device ID         Local Intrfce     Holdtme     Capability  Platform  Port ID
S1                Gig 0/0/1            179            S I      WS-C3560- Fas 0/5
R1#
```

没有任何有关网络其余部分的可用信息。**show cdp neighbors** 命令提供了与每台 CDP 邻居设备相关的有用信息，其中包括以下内容。

- **设备标识符**：邻居设备的主机名（S1）。
- **端口标识符**：本地端口和远端端口的名称（分别为 G0/0/1 和 F0/5）。
- **功能列表**：用来表示设备是路由器还是交换机（S 表示交换机；I 表示 IGMP）。
- **平台**：设备的硬件平台（WS-C3560 表示思科 3560 交换机）。

命令的输出显示，有另一台思科设备 S1 连接到了 R1 的 G0/0/1 接口。此外，S1 是通过 F0/5 接口连接的，如图 10-3 所示。

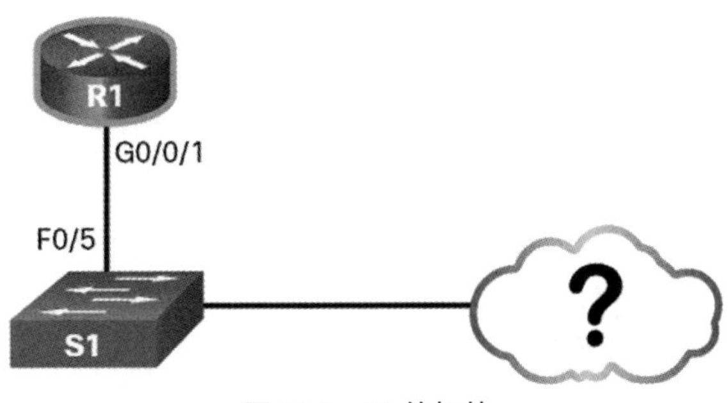

图 10-3　S1 的拓扑

网络管理员使用 **show cdp neighbors detail** 命令发现了 S1 的 IP 地址。在例 10-7 中可以看到，S1 的地址为 192.168.1.2。

例 10-7　发现与 S1 有关的详细信息

```
R1# show cdp neighbors detail
-------------------------
Device ID: S1
Entry address(es):
  IP address: 192.168.1.2
Platform: cisco WS-C3560-24TS, Capabilities: Switch IGMP
Interface: GigabitEthernet0/0/1, Port ID (outgoing port): FastEthernet0/5
Holdtime : 136 sec

Version :
Cisco IOS Software, C3560 Software (C3560-LANBASEK9-M), Version 15.0(2)SE7, R
RELEASE SOFTWARE (fc1)
Technical Support: http://www.cisco.com/techsupport
Copyright (c) 1986-2014 by Cisco Systems, Inc.
```

```
Compiled Thu 23-Oct-14 14:49 by prod_rel_team

advertisement version: 2
Protocol Hello: OUI=0x00000C, Protocol ID=0x0112; payload len=27,
value=00000000FFFFFFFF010221FF000000000000002291210380FF0000
VTP Management Domain: ''
Native VLAN: 1
Duplex: full
Management address(es):
  IP address: 192.168.1.2

Total cdp entries displayed : 1
R1#
```

通过SSH远程连接S1，或通过控制台端口物理连接S1，网络管理员可以确定连接到S1上的设备是什么，如例10-8中**show cdp neighbors**命令的输出所示。

例10-8 发现连接到S1上的CDP邻居

```
S1# show cdp neighbors
Capability Codes: R - Router, T - Trans Bridge, B - Source Route Bridge
                  S - Switch, H - Host, I - IGMP, r - Repeater, P - Phone,
                  D - Remote, C - CVTA, M - Two-port Mac Relay
Device ID         Local Intrfce     Holdtme     Capability  Platform  Port ID
S2                Fas 0/1           150                S I  WS-C2960- Fas 0/1
R1                Fas 0/5           179              R S I  ISR4331/K Gig 0/0/1
S1#
```

输出显示，另一台交换机S2连接到S1。S2使用F0/1接口连接到S1的F0/1接口，如图10-4所示。

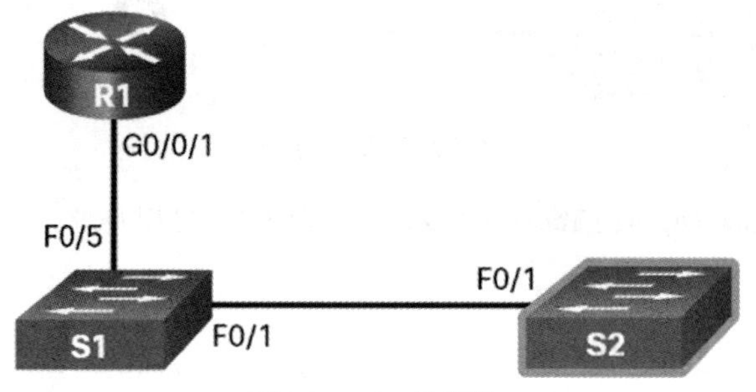

图10-4 S2的拓扑

同样，网络管理员可以使用**show cdp neighbors detail**命令发现S2的IP地址，然后远程访问S2。成功登录后，网络管理员使用**show cdp neighbors**命令来查看S2是否连接了更多的设备，如例10-9所示。

例10-9 发现连接到S2上的CDP邻居

```
S2# show cdp neighbors
Capability Codes: R - Router, T - Trans Bridge, B - Source Route Bridge
                  S - Switch, H - Host, I - IGMP, r - Repeater, P - Phone,
                  D - Remote, C - CVTA, M - Two-port Mac Relay
Device ID         Local Intrfce     Holdtme     Capability  Platform  Port ID
S1                Fas 0/1           141                S I  WS-C3560- Fas 0/1
S2#
```

唯一连接到 S2 的设备是 S1。因此，拓扑中不会找到更多的设备。网络管理员可以立即更新文档，以反映已发现的设备。

10.2 LLDP

在本节中，您将学习如何使用 LLDP 映射网络拓扑。

10.2.1 LLDP 概述

链路层发现协议（LLDP）的功能与 CDP 相同，但它并不特定于思科设备。图 10-5 所示为启用 LLDP 的设备在相互发送 LLDP 通告。

图 10-5 设备发送 LLDP 通告

LLDP 一种中立于供应商的邻居发现协议，类似于 CDP。LLDP 与路由器、交换机和无线 LAN 接入点等网络设备配合使用。该协议将其身份和功能通告给其他设备，并从物理连接的第 2 层设备接收信息。

10.2.2 配置并验证 LLDP

根据设备的不同，默认情况下可能会启用 LLDP。要想在思科网络设备上全局启用 LLDP，可以在全局配置模式下输入 **lldp run** 命令。要想禁用 LLDP，可以在全局配置模式下输入 **no lldp run** 命令。

与 CDP 类似，LLDP 可以配置在特定接口上。但是，必须单独配置 LLDP，才能发送和接收 LLDP 数据包。

要想验证设备上是否已启用 LLDP，可以在特权 EXEC 模式下输入 **show lldp** 命令，如例 10-10 所示。

例 10-10 配置并验证 LLDP

```
S1(config)# lldp run
S1(config)#
S1(config)# interface gigabitethernet 0/1
S1(config-if)# lldp transmit
S1(config-if)# lldp receive
S1(config-if)# end
S1#
S1# show lldp
Global LLDP Information:
    Status: ACTIVE
    LLDP advertisements are sent every 30 seconds
    LLDP hold time advertised is 120 seconds
    LLDP interface reinitialisation delay is 2 seconds
S1#
```

10.2.3 使用LLDP发现设备

假设图10-6所示的拓扑缺少相应的文档。网络管理员仅知道S1已连接到两台设备。

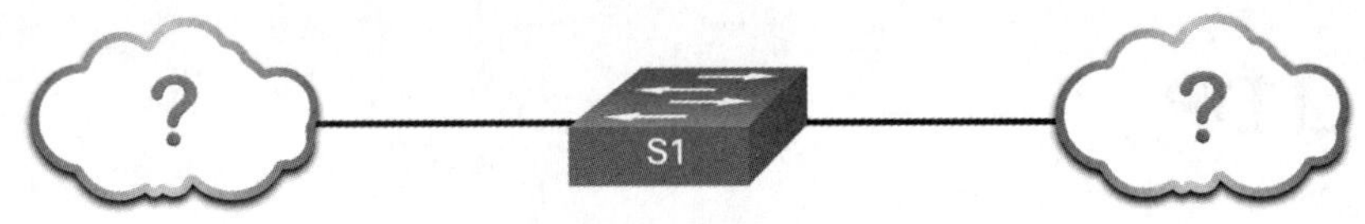

图10-6 在进行发现之前的S1拓扑

启用LLDP之后，可以使用**show lldp neighbors**命令发现邻居设备，如例10-11所示。

例10-11 发现S1的LLDP邻居

```
S1# show lldp neighbors
Capability codes:
     (R) Router, (B) Bridge, (T) Telephone, (C) DOCSIS Cable Device
     (W) WLAN Access Point, (P) Repeater, (S) Station, (O) Other
Device ID           Local Intf     Hold-time  Capability      Port ID
R1                  Fa0/5          117        R               Gi0/0/1
S2                  Fa0/1          112        B               Fa0/1
Total entries displayed: 2
S1#
```

网络管理员发现S1上有两个邻居：一台路由器和一台交换机。在该输出中，字母B是Bridge的缩写，也表示交换机。

根据**show lldp neighbors**命令的结果，可以从S1构建出一个拓扑，如图10-7所示。

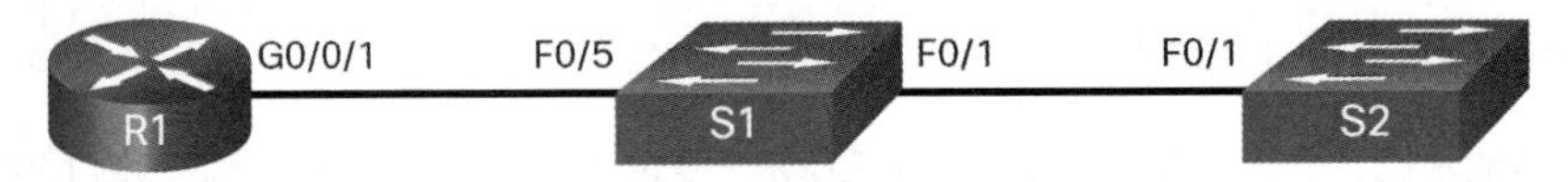

图10-7 在进行发现之后的S1拓扑

在需要与邻居有关的更多信息时，**show lldp neighbors detail**命令可以提供诸如邻居IOS版本、IP地址和设备功能等信息，如例10-12所示。

例10-12 发现有关R1和S2的详细信息

```
S1# show lldp neighbors detail
------------------------------------------------
Chassis id: 848a.8d44.49b0
Port id: Gi0/0/1
Port Description: GigabitEthernet0/0/1
System Name: R1

System Description:
Cisco IOS Software [Fuji], ISR Software (X86_64_LINUX_IOSD-UNIVERSALK9-M), Version
  16.9.4, RELEASE SOFTWARE (fc2)
Technical Support: http://www.cisco.com/techsupport
Copyright (c) 1986-2019 by Cisco Systems, Inc.
Compiled Thu 22-Aug-19 18:09 by mcpre
Time remaining: 111 seconds
System Capabilities: B,R
Enabled Capabilities: R
```

```
Management Addresses - not advertised
Auto Negotiation - not supported
Physical media capabilities - not advertised
Media Attachment Unit type - not advertised
Vlan ID: - not advertised

------------------------------------------------
Chassis id: 0025.83e6.4b00
Port id: Fa0/1
Port Description: FastEthernet0/1
System Name: S2

System Description:
Cisco IOS Software, C2960 Software (C2960-LANBASEK9-M), Version 15.0(2)SE4,
  RELEASE SOFTWARE (fc1)
Technical Support: http://www.cisco.com/techsupport
Copyright (c) 1986-2013 by Cisco Systems, Inc.
Compiled Wed 26-Jun-13 02:49 by prod_rel_team

Time remaining: 107 seconds
System Capabilities: B
Enabled Capabilities: B
Management Addresses - not advertised
Auto Negotiation - supported, enabled
Physical media capabilities:
    100base-TX(FD)
    100base-TX(HD)
    10base-T(FD)
    10base-T(HD)
Media Attachment Unit type: 16
Vlan ID: 1

Total entries displayed: 2
S1#
```

10.3 NTP

在本节，您将学习如何在 NTP 客户端和 NTP 服务器之间实施网络时间协议（NTP）。

10.3.1 时间和日历服务

在真正进行网络管理之前，需要确保所有的组件都设置有相同的时间和日期，这可以让您的网络管理工作正常运行。

路由器或交换机上的软件时钟会在系统启动时开始运行。它是系统时间的主要来源。对网络上所有设备的时间进行同步至关重要，因为网络的管理、保护、故障排除和规划的各个方面都需要精确的时间戳。如果设备之间的时间不同步，将无法确定事件的顺序和事件的原因。

通常情况下，可以使用两种方式来设置路由器或交换机上的日期和时间。一种方式是手动配置日期和时间（见例 10-13），另一种方式是配置网络时间协议（NTP）。

例 10-13　手动设置时钟

```
R1# clock set 20:36:00 nov 15 2019
R1#
*Nov 15 20:36:00.000: %SYS-6-CLOCKUPDATE: System clock has been
updated from 21:32:31 UTC Fri Nov 15 2019 to 20:36:00 UTC Fri Nov 15
2019, configured from console by console.
R1#
```

随着网络的增长，很难确保所有基础设施设备都以同步的时间运行。即使在较小的网络环境中，手动方法也不理想。如果路由器重新启动，它将如何获得准确的日期和时间戳呢？

一个更好的解决方案是在网络中配置 NTP。该协议允许网络中的路由器将其时间设置与 NTP 服务器进行同步。从单一来源获取时间和日期信息的一组 NTP 客户端将具有更一致的时间设置。在网络中实施 NTP 时，可以将其设置为与私有的主时钟进行同步，也可以与互联网上的公共 NTP 服务器进行同步。

NTP 使用 UDP 端口 123，并记录在 RFC 1305 中。

10.3.2　NTP 的运行

NTP 网络使用时间源的分层系统。该分层系统中的每一级称为一个层（stratum）。层级被定义为从权威时间源到当前位置的跳数。NTP 会把同步的时间分布到网络中。图 10-8 所示为一个简单的 NTP 网络示例。

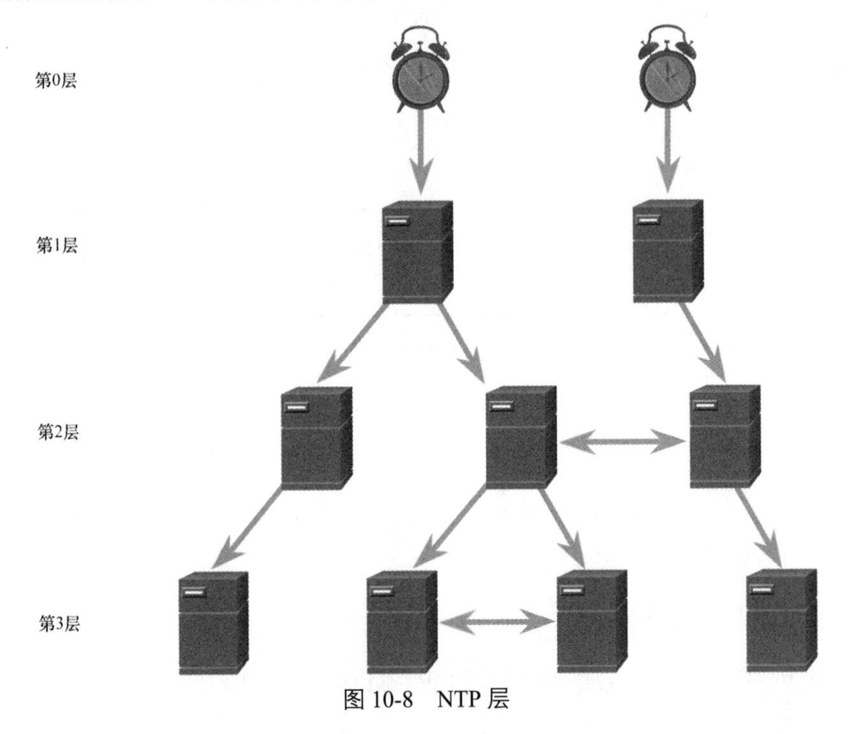

图 10-8　NTP 层

在图 10-8 中，NTP 服务器分为 3 个级别（即显示为 3 层）。第 1 层连接到第 0 层的时钟。

第 0 层

NTP 网络从权威时间源获取时间。第 0 层设备（比如原子钟和 GPS 时钟）是最精确的权威时间源。

具体而言，第 0 层设备是非网络的高精度计时设备，被认为非常精确且几乎没有延迟。在图 10-8 中，它们由时钟图标来表示。

第 1 层

第 1 层设备是直接连接到权威时间源的网络设备。它们是使用 NTP 的第 2 层设备的主要网络时间标准。

第 2 层及较低层

第 2 层服务器通过网络连接到第 1 层设备。第 2 层设备（比如 NTP 客户端）使用来自第 1 层服务器的 NTP 数据包来同步自己的时间。它们也可以充当第 3 层设备的服务器。

层级数越小，表明服务器距离权威时间源越近。层级数越大，则层级越低。最大的跳数（即层级数）为 15。第 16 层（最低层级）表示设备不同步。同一层级上的时间服务器可以配置为同一层级上其他时间服务器的对等设备，以用于备份或验证时间。

10.3.3 配置并验证 NTP

图 10-9 所示为用来演示 NTP 配置和验证的拓扑结构。

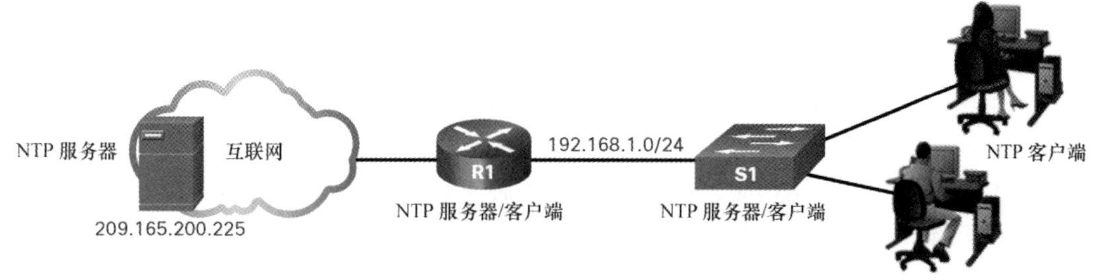

图 10-9 NTP 服务器和客户端拓扑

在网络中配置 NTP 之前，可以使用 **show clock** 命令来查看软件时钟上的当前时间，如例 10-14 所示。通过使用 **detail** 选项，可以发现时钟源是“user configuration”。这意味着，这个时间是使用 **clock** 特权 EXEC 命令手动配置的。

例 10-14 显示时钟源

```
R1# show clock detail
20:55:10.207 UTC Fri Nov 15 2019
Time source is user configuration
R1#
```

ntp server *ip-address* 全局配置命令用于将 209.165.200.225 配置为 R1 的 NTP 服务器。要验证时钟源是否被设置为 NTP，可以使用 **show clock detail** 命令。注意到现在的时钟源是 NTP，如例 10-15 所示。

例 10-15 为 R1 配置 NTP 服务器

```
R1(config)# ntp server 209.165.200.225
R1(config)# end
R1#
R1# show clock detail
21:01:34.563 UTC Fri Nov 15 2019
Time source is NTP
R1#
```

在例 10-16 中，**show ntp associations** 和 **show ntp status** 命令用来验证 R1 是否与 IP 地址为 209.165.200.225 的 NTP 服务器完成同步。

注 意 例 10-16 中阴影显示的 st 代表层级。

例 10-16 在 R1 上验证 NTP

```
R1# show ntp associations

  address          ref clock         st    when   poll reach   delay   offset   disp
*~209.165.200.225 .GPS.               1      61     64   377    0.481    7.480   4.261
 * sys.peer, # selected, + candidate, - outlyer, x falseticker, ~ configured


R1#
R1# show ntp status
Clock is synchronized, stratum 2, reference is 209.165.200.225
nominal freq is 250.0000 Hz, actual freq is 249.9995 Hz, precision is 2**19
ntp uptime is 589900 (1/100 of seconds), resolution is 4016
reference time is DA088DD3.C4E659D3 (13:21:23.769 PST Fri Nov 15 2019)
clock offset is 7.0883 msec, root delay is 99.77 msec
root dispersion is 13.43 msec, peer dispersion is 2.48 msec
loopfilter state is 'CTRL' (Normal Controlled Loop), drift is 0.000001803 s/s
system poll interval is 64, last update was 169 sec ago.
R1#
```

注意，R1 与位于 209.165.200.225 的第 1 层 NTP 服务器同步，该服务器与 GPS 时钟同步。**show ntp status** 命令的输出表明 R1 现在是第 2 层设备，已与位于 209.165.220.225 的 NTP 服务器进行了同步。

接下来，使用 **ntp server** 全局配置命令将 S1 上的时钟配置为与 R1 同步，然后使用 **show ntp associations** 命令验证配置，如例 10-17 所示。

例 10-17 为 S1 配置 NTP 服务器

```
S1(config)# ntp server 192.168.1.1
S1(config)# end
S1#
S1# show ntp associations

  address          ref clock         st    when   poll reach   delay   offset   disp
*~192.168.1.1      209.165.200.225    2      12     64   377    1.066   13.616   3.840
 * sys.peer, # selected, + candidate, - outlyer, x falseticker, ~ configured
S1#
```

在例 10-18 中，**show ntp status** 命令的输出证实，S1 上的时钟现在已通过 NTP 与 IP 地址为 192.168.1.1 的 R1 进行了同步。

例 10-18 在 S1 上验证 NTP

```
S1# show ntp status
Clock is synchronized, stratum 3, reference is 192.168.1.1
nominal freq is 119.2092 Hz, actual freq is 119.2088 Hz, precision is 2**17
reference time is DA08904B.3269C655 (13:31:55.196 PST Tue Nov 15 2019)
clock offset is 18.7764 msec, root delay is 102.42 msec
root dispersion is 38.03 msec, peer dispersion is 3.74 msec
```

```
    loopfilter state is 'CTRL' (Normal Controlled Loop), drift is 0.000003925 s/s
    system poll interval is 128, last update was 178 sec ago.
    S1#
```

R1 是第 2 层设备和 S1 的 NTP 服务器。现在 S1 是第 3 层设备，可以为网络中的其他设备（例如终端设备）提供 NTP 服务。

10.4 SNMP

现在，您的网络已经映射完毕，并且所有组件都使用相同的时钟，现在该看一下如何使用简单网络管理协议（SNMP）来管理网络了。本节将讨论 SNMP 的工作方式。

10.4.1 SNMP 简介

SNMP 是为了让管理员能够管理 IP 网络上的节点而开发的，比如服务器、工作站、路由器、交换机和安全设备。SNMP 可使网络管理员监控和管理网络性能、查找并解决网络故障，以及规划网络增长。

SNMP 是一个应用层协议，为管理器和代理之间的通信提供消息格式。SNMP 系统包括 3 个要素：

- SNMP 管理器；
- SNMP 代理（托管节点）；
- 管理信息库（MIB）。

为了在联网设备上配置 SNMP，首先需要定义管理器和代理之间的关系。

SNMP 管理器是网络管理系统（NMS）的一部分。SNMP 管理器运行 SNMP 管理软件。如图 10-10 所示，SNMP 管理器使用 get 行为从 SNMP 代理收集信息，使用 set 行为更改代理上的配置。

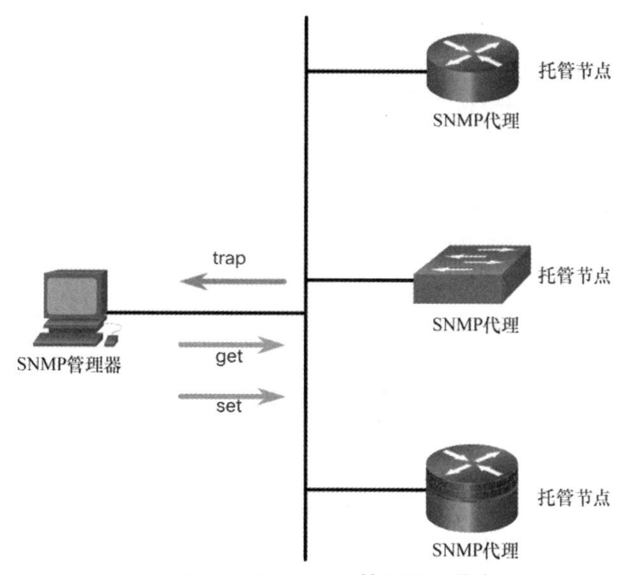

图 10-10　SNMP 管理器和节点

此外，SNMP 代理使用 SNMP trap 将信息直接转发到网络管理器。

SNMP 代理和 MIB 驻留在 SNMP 客户端设备上。必须管理的网络设备（例如交换机、路由器、服务器、防火墙和工作站）都配备了 SMNP 代理软件模块。MIB 存储有关设备和运行统计信息的数据，并且可供经过身份验证的远程用户使用。SNMP 代理负责提供对本地 MIB 的访问。

SNMP 定义了网络管理应用和管理代理之间如何交换管理信息。SNMP 管理器轮询代理并在 UDP 端口 161 上向 MIB 查询 SNMP 代理。SNMP 代理将所有 SNMP trap 发送到 UDP 端口 162 上的 SNMP 管理器。

10.4.2　SNMP 的运行方式

驻留在托管设备上的 SNMP 代理收集并存储与设备及其运行有关的信息。代理将该信息存储在 MIB 本地。然后，SNMP 管理器使用 SNMP 代理访问 MIB 内的信息。

SNMP 管理器主要有两种请求：get 和 set。NMS 使用 get 请求查询设备的数据。NMS 使用 set 请求更改代理设备中的配置变量。set 请求还可以启动设备内的操作。例如，set 请求可以使路由器重启、发送配置文件或接收配置文件。SNMP 管理器使用 get 和 set 行为来执行表 10-1 中描述的操作。

表 10-1　SNMP 的 get 和 set 操作

操作	描述
get-request	检索特定变量的值
get-next-request	检索表内某个变量的值；SNMP 管理器不需要知道确切的变量名称。为了从表中找到需要的变量，需要依次进行搜索
get-bulk-request	检索大块数据，例如表中的多行数据，否则需要传输许多小块的数据（仅适用于 SNMPv2 或更高版本）
get-response	对 NMS 发出的 **get-request**、**get-next-request** 和 **set-request** 进行应答
set-request	将值存储在特定变量中

SNMP 代理响应 SNMP 管理器请求的方式如下所示。

- **获取 MIB 变量**：SNMP 代理执行这个操作，以响应网络管理器发来的 GetRequest-PDU。SNMP 代理检索请求的 MIB 变量的值并使用该值响应网络管理器。
- **设置 MIB 变量**：SNMP 代理执行这个操作，以响应网络管理器发来的 SetRequest-PDU。SNMP 代理将 MIB 变量的值更改为网络管理器指定的值。SNMP 代理使用设备中的新设置来应答 set 请求。

图 10-11 所示为使用 SNMP GetRequest 消息来确定 G0/0/0 接口的状态是否为 up/up。

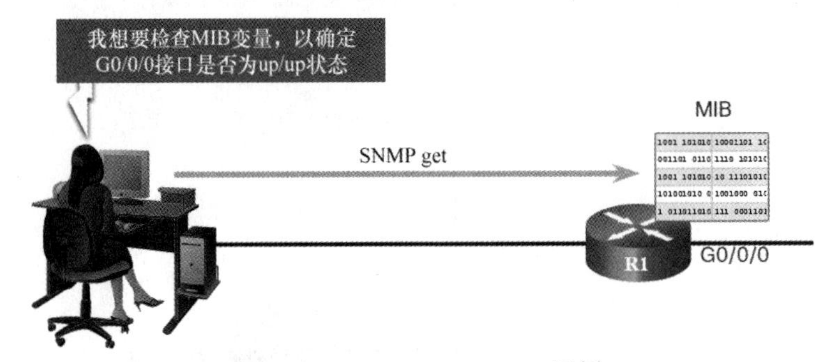

图 10-11　SNMP GetRequest 示例

10.4.3　SNMP 代理 trap

NMS 使用 get 请求定期向驻留在托管设备上的 SNMP 代理进行轮询。NMS 会查询设备的数据。通过这个过程，网络管理应用可以收集信息，以监控流量负载，并验证托管设备的设备配置。相关信息可以通过 NMS 上的 GUI 进行显示，可以计算出平均值、最小值或最大值。计算出的数据可以绘制为图表，或者可以设置阈值，以便在超出阈值时触发通知流程。例如，NMS 可以监控思科路由器的 CPU 使用率。SNMP 管理器对该值进行定期采样，并在图形中显示这些信息，以便网络管理员用来创建网络基线、创建报告或查看实时信息。

SNMP 的定期轮询也有不足之处。首先，事件发生的时间和 NMS 通过轮询发现事件的时间之间存在延迟。其次，在轮询频率和带宽使用之间需要进行折衷。为了缓解这些不足，SNMP 代理可以生成并发送 trap，以立即将某些事件告知 NMS。trap 是未经请求的消息，用于向 SNMP 管理器发出网络状况或事件告警。trap 状况的示例包括但不限于不正确的用户身份验证、重启、链路状态(up 或 down)、MAC 地址跟踪、TCP 连接关闭、与邻居的连接中断或其他重要事件。trap 定向通知消除了对某些 SNMP 轮询请求的需求，从而减少了网络和代理资源。

图 10-12 所示为如何使用 SNMP trap 消息来提醒网络管理员 G0/0/0 接口出现故障。该图中发生了以下步骤。

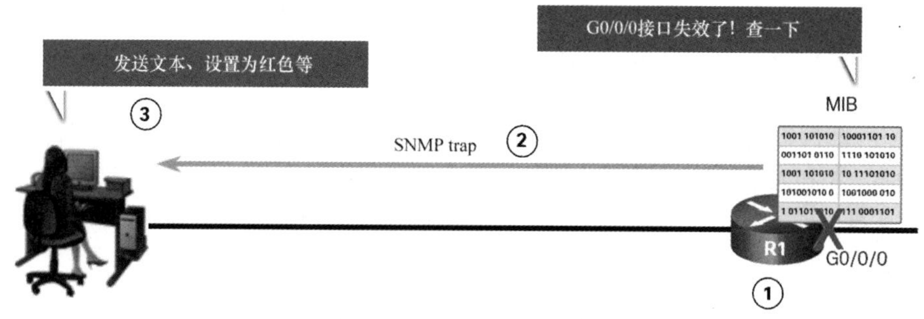

图 10-12 SNMP trap 示例

步骤 1. R1 上的接口 G0/0/0 出现故障。

步骤 2. R1 向 NMS 发送 SNMP trap 消息。

步骤 3. NMS 采取必要的措施。

NMS 软件可以向网络管理员发送一段文本消息、在 NMS 软件上弹出一个窗口，或在 NMS GUI 中将路由器图标设置为红色。

图 10-13 所示为所有 SNMP 消息的交换。

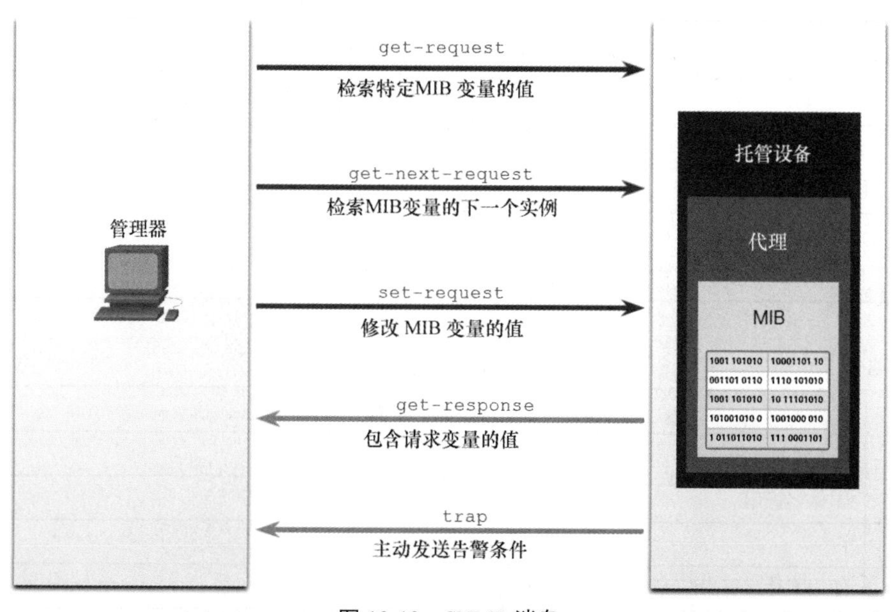

图 10-13 SNMP 消息

10.4.4 SNMP版本

SNMP有多个版本，具体如下。

- **SNMPv1**：这是RFC 1157中定义的简单网络管理协议，是一个完整的互联网标准。
- **SNMPv2c**：定义在RFC 1901～1908中。它使用了基于团体字符串的管理框架。
- **SNMPv3**：这是一个最初定义在RFC 2273～2275中的基于标准的可互操作的协议。它通过对网络上的数据包进行身份验证和加密来提供对设备的安全访问。它包括许多安全功能：消息完整性，用于确保数据包在传输过程中未被篡改；身份验证，用于确定消息来自有效的源；加密，用于防止未授权的来源读取消息内容。

SNMP的所有版本均使用SNMP管理器、代理和MIB。思科IOS软件支持上述这3个版本。版本1是过时的解决方案，在当今的网络中并不常见，因此本书的重点是版本2c和版本3。

SNMPv1和SNMPv2c都使用基于团体的安全形式。能够访问代理MIB的管理器团体是由团体字符串定义的。

与SNMPv1不同，SNMPv2c包含批量检索机制，并可向管理站报告更详细的错误消息。批量检索机制可检索表格和大量信息，从而最大程度地减少了所需的往返次数。改进的SNMPv2c的错误处理功能包含扩展的错误代码，可以区分不同类型的错误情况。这些情况通过SNMPv1中的单个错误代码进行报告。SNMPv2c中的错误返回代码包含错误类型。

注 意　SNMPv1和SNMPv2c提供了最低的安全特性。具体而言，SNMPv1和SNMPv2c既不验证管理消息的来源，也不提供加密功能。RFC 3410～3415提供了SNMPv3的最新描述。它增添了一些方法，可确保托管设备之间关键数据的安全传输。

SNMPv3同时提供了安全模型和安全等级。安全模型是为用户和用户所在组设置的身份验证策略。安全等级是安全模型中允许的安全级别。安全等级和安全模型的组合共同决定了处理SNMP数据包时使用的安全机制。可用的安全模型有SNMPv1、SNMPv2c和SNMPv3。

表10-2～表10-6提供了安全模型和安全等级的不同组合的特征信息。

表10-2　SNMPv1

特征	设置
等级	noAuthNoPriv
验证	团体字符串
加密	否
结果	使用团体字符串匹配进行身份验证

表10-3　SNMPv2c

特征	设置
等级	noAuthNoPriv
验证	团体字符串
加密	否
结果	使用团体字符串匹配进行身份验证

表 10-4 SNMPv3 noAuthNoPriv

特征	设置
等级	noAuthNoPriv
验证	用户名
加密	否
结果	使用用户名匹配进行身份验证（对 SNMPv2c 的改进）

表 10-5 SNMPv3 authNoPriv

特征	级别
等级	authNoPriv
验证	消息摘要 5（MD5）或安全散列算法（SHA）
加密	否
结果	提供基于 HMAC-MD5 或 HMAC-SHA 算法的身份验证

表 10-6 SNMPv3 authPriv

特征	设置
等级	authPriv（需要加密软件镜像）
验证	MD5 或 SHA
加密	数据加密标准（DES）或高级加密标准（AES）
结果	提供基于 HMAC-MD5 或 HMAC-SHA 算法的身份验证。允许使用下面这些加密算法指定基于用户的安全模型（USM） ■ 除了基于 CBC-DES（DES-56）标准的验证之外，还提供 DES 56 位加密 ■ 3DES 168 位加密 ■ AES 128 位、192 位或 256 位加密

网络管理员必须配置 SNMP 代理，才能使用管理站支持的 SNMP 版本。由于一个代理可以与多个 SNMP 管理器进行通信，因此可以通过使用 SNMPv1、SNMPv2c 或 SNMPv3 来配置软件以支持通信。

10.4.5 团体字符串

要想运行 SNMP，NMS 必须能够访问 MIB。为了确保访问请求的有效性，必须采用某些形式的身份验证。

SNMPv1 和 SNMPv2c 使用团体字符串控制对 MIB 的访问。团体字符串是明文密码。SNMP 团体字符串用于验证对 MIB 对象的访问。

团体字符串分为两种类型。

- **只读（ro）**：提供了对 MIB 变量的访问，但不允许更改这些变量，只能读取这些变量。由于 SNMP2c 的安全性很低，因此很多组织机构在只读模式下使用 SNMPv2c。
- **读写（rw）**：提供了对 MIB 中所有对象的读写访问权限。

要查看或设置 MIB 变量，用户必须为读或写访问指定适当的团体字符串。

图 10-14～图 10-17 所示为 SNMP 如何使用团体字符串进行操作。

步骤 1. 如图 10-14 所示，一位客户来电，报告其 Web 服务器的访问速度很慢。

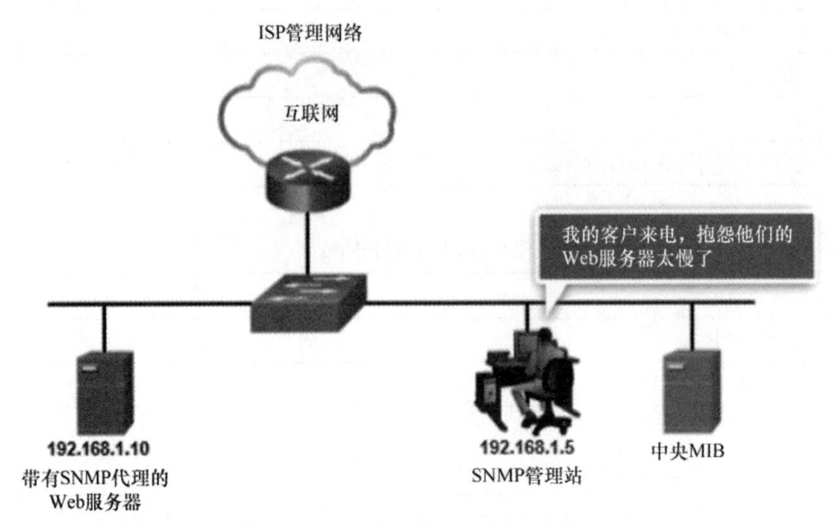

图 10-14　团体字符串示例：步骤 1

步骤 2. 如图 10-15 所示，管理员使用 NMS 向 Web 服务器 SNMP 代理发送一个 get 请求（get 192.168.1.10）以获取其连接统计信息。get 请求还包括团体字符串（2#B7!9）。

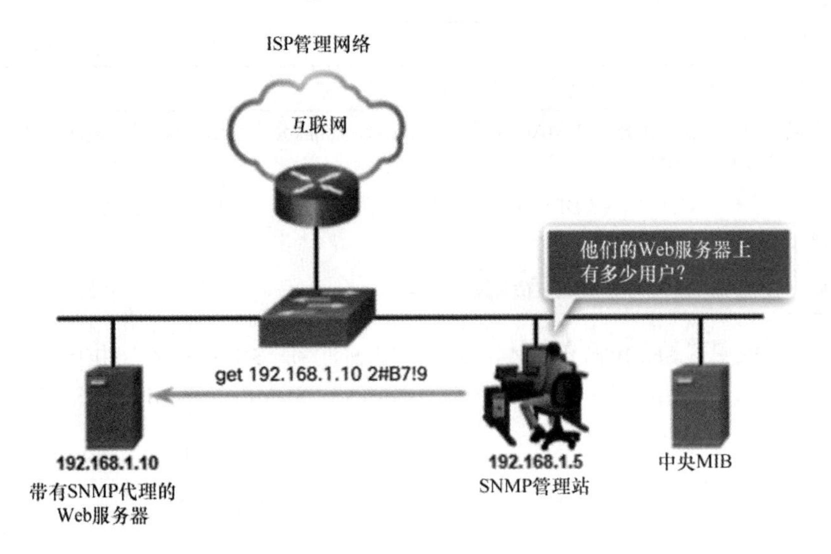

图 10-15　团体字符串示例：步骤 2

步骤 3. 如图 10-16 所示，SNMP 代理在应答 get 请求之前，先验证收到的团体字符串和 IP 地址。

步骤 4. 如图 10-17 所示，SNMP 代理使用连接变量将请求的统计信息发送到 NMS，报告当前有 10 000 个用户连接到 Web 服务器。

注　意　明文密码不是一种安全机制。这是因为明文密码非常容易受到中间人攻击。在中间人攻击中，攻击者会通过捕获数据包而获悉密码。

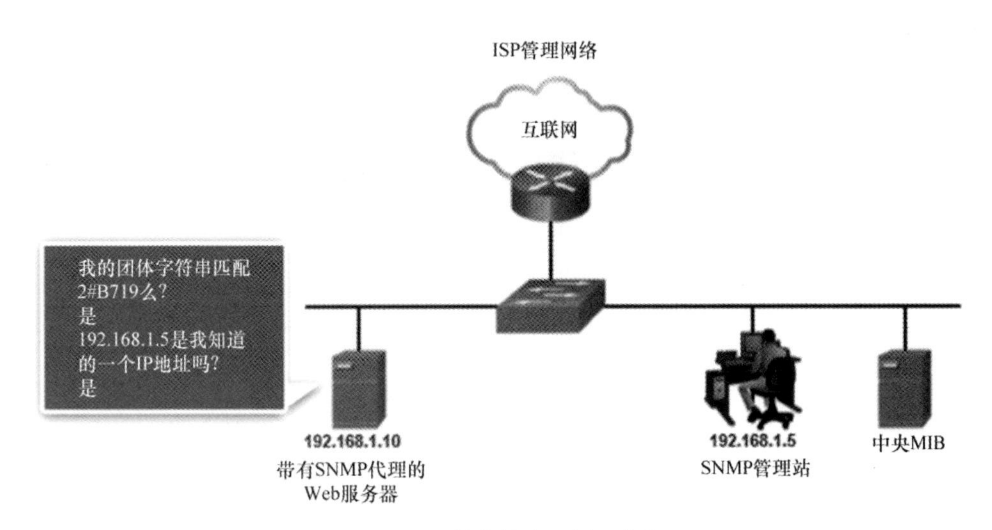

图 10-16 团体字符串示例：步骤 3

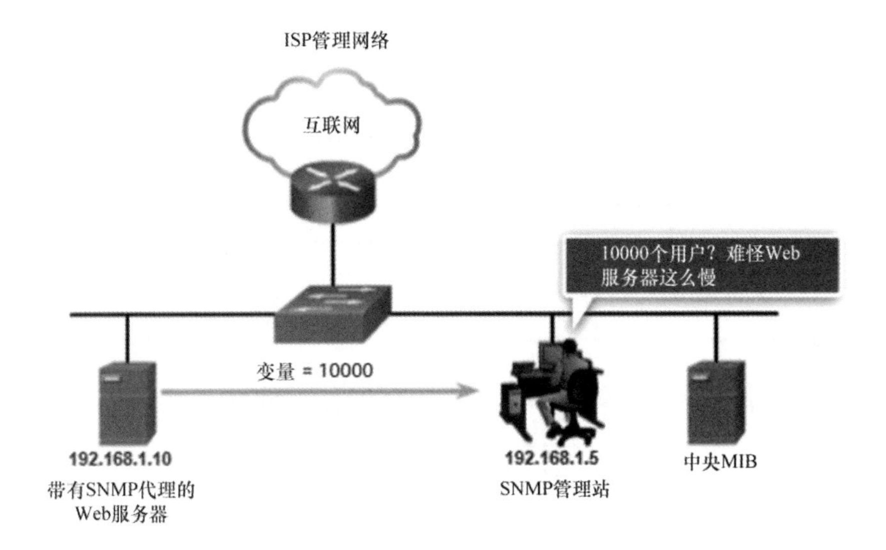

图 10-17 团体字符串示例：步骤 4

10.4.6 MIB 对象 ID

MIB 以分层的方式组织变量。管理软件可以使用 MIB 变量来监视和控制网络设备。MIB 在形式上将每个变量定义为一个对象 ID（OID）。OID 唯一地标识 MIB 层次结构中的托管对象。MIB 基于 RFC 标准将 OID 组织为一个 OID 层次结构，通常以树的形式显示。

在任何给定设备的 MIB 树中，有的分支包含通用于许多网络设备的变量，有的分支包含特定于该设备或供应商的变量。

RFC 中定义了一些常见的公共变量。大多数设备都实施这些 MIB 变量。此外，包括思科在内的网络设备供应商可以自行定义 MIB 树的私有分支，以适应特定于其设备的新变量。

图 10-18 所示为思科定义的 MIB 架构的一部分。

注意，可以使用单词或数字来描述 OID，以便在 MIB 树中定位特定的变量。属于思科的 OID 编号如下：.iso (1)、.org (3)、.dod (6)、.internet (1)、.private (4)、.enterprises (1)、.cisco (9)。因此，这里的 OID 为 1.3.6.1.4.1.9.

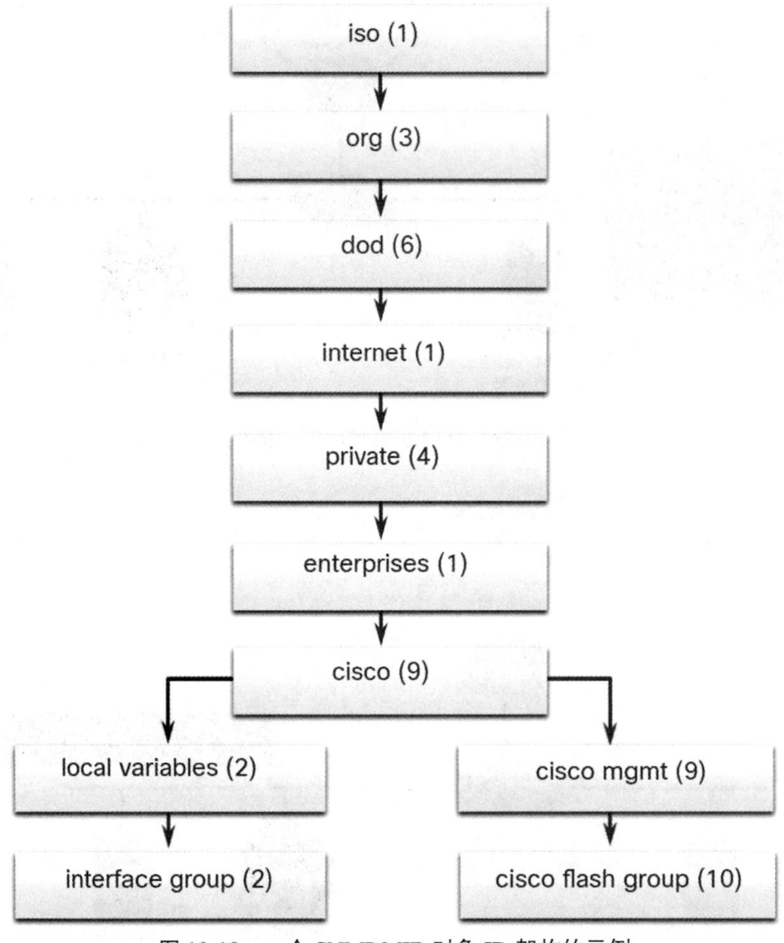

图 10-18　一个 SNMP MIB 对象 ID 架构的示例

10.4.7　SNMP 轮询场景

SNMP 可以通过轮询设备来观察一段时间内的 CPU 利用率。然后，可以在 NMS 上编译 CPU 统计信息并以图的形式展示出来。这可以为网络管理员建立一个基线。然后可以根据该基线设定阈值。当 CPU 利用率超过该阈值时，将发送通知。图 10-19 所示为在几周的时间内路由器的 CPU 利用率，采样周期是 5 分钟。

这些数据是通过在 NMS 上执行 snmpget 实用程序获得的。通过使用 snmpget 实用程序，可以手动检索实时数据，或让 NMS 生成一个报告。这个报告会提供一段时间内的数据，可以使用这些数据获取平均值。snmpget 实用程序要求设置 SNMP 版本、正确的团体、要查询的网络设备的 IP 地址以及 OID 编号。图 10-20 演示了 snmpget 实用程序的使用，它可以快速检索 MIB 中的信息。

snmpget 命令中有下面多个参数。

- **-v2c**：这是 SNMP 的版本。
- **-c community**：这是 SNMP 的密码，也称为团体字符串。

- **10.250.250.14**：这是被监控设备的 IP 地址。
- **1.3.6.1.4.1.9.2.1.58.0**：这是 MIB 变量的 OID。

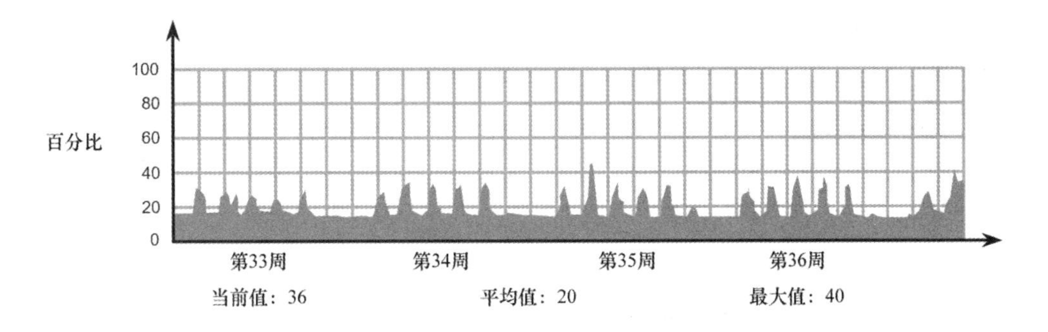

图 10-19　采样周期为 5 分钟的 CPU 利用率

输出的最后一行是响应内容。图 10-20 中的输出中显示了一个缩略版的 MIB 变量，然后列出了 MIB 位置中的实际值。在本例中，CPU 利用率的移动平均值为 11%。

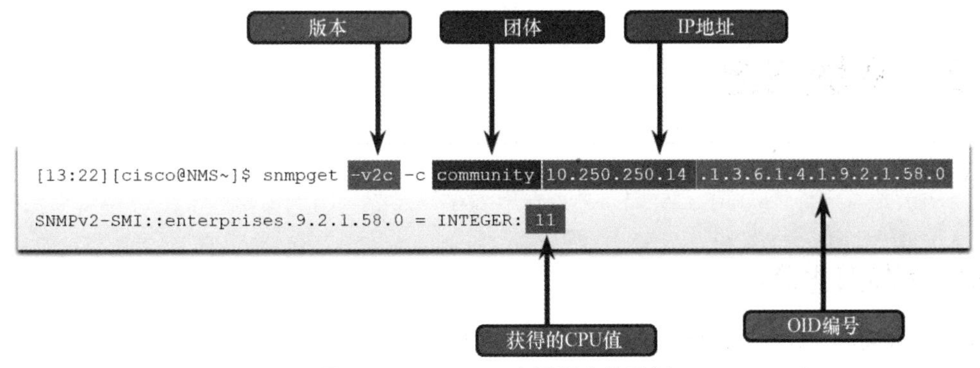

图 10-20　snmpget 实用程序的示例

10.4.8　SNMP 对象导航器

借助于 snmpget 实用程序，我们可以了解 SNMP 的基本运行机制。然而，使用较长的 MIB 变量名称（如 1.3.6.1.4.1.9.2.1.58.0）对于普通用户来说可能比较困难。更常见的情况是，网络操作人员会使用带有 GUI 的网络管理产品，通过这个简单易用的 GUI，可使得 MIB 数据变量的命名对用户来说是透明的。

在思科官网上搜索 Cisco SNMP Object Navigator tool，可以找到一个用于研究特定 OID 细节的工具。图 10-21 所示为使用思科 SNMP 对象导航器研究 **whyReload** 对象的 OID 信息。

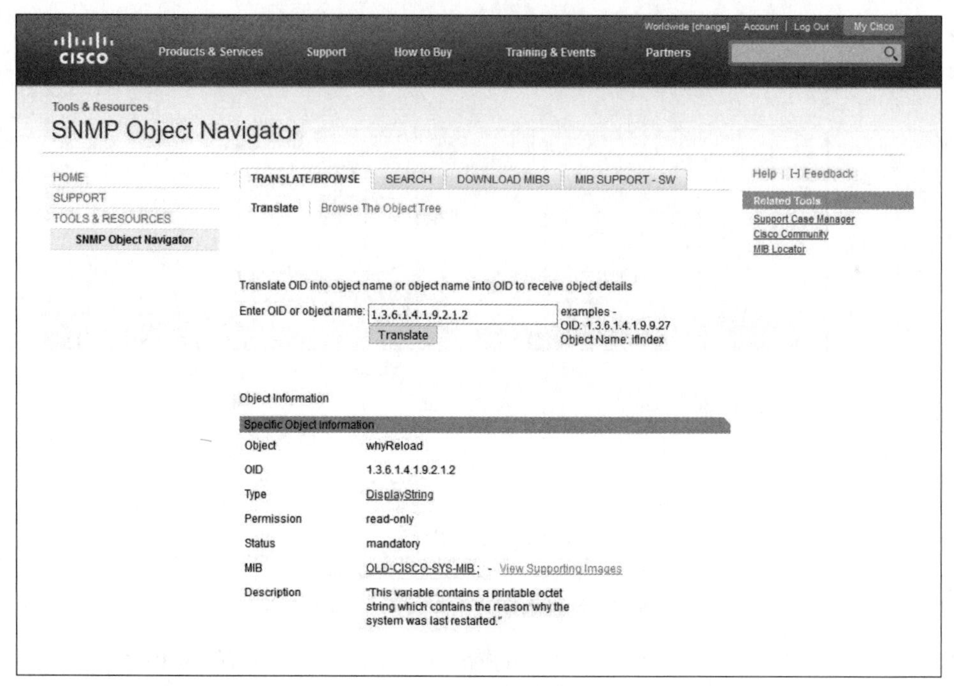

图 10-21　SNMP 对象浏览器网站

10.5　系统日志

在本节中，您将了解系统日志（syslog）的运行机制。

10.5.1　系统日志简介

与汽车仪表板上的发动机指示灯一样，网络中的组件也会告诉您网络中是否有问题。系统日志（syslog）协议旨在确保您可以接收并理解这些消息。当网络上发生某些事件时，网络设备具有向管理员通知详细系统消息的可靠机制。这些消息可能并不重要，也可能事关重大。网络管理员可以采用多种方式来储存、解释和查看这些消息。这些消息还会提醒他们注意那些可能会对网络基础设施造成最大影响的消息。

访问系统消息的最常用的方法是使用 syslog 协议。

syslog 是一个用于描述标准的术语，它还用于描述针对该标准开发的协议。syslog 协议是在 20 世纪 80 年代为 UNIX 系统开发的协议，于 2001 年由 IETF 最早记录在 RFC 3164 中。syslog 使用 UDP 端口 514 通过 IP 网络把事件通知消息发送给事件消息收集器，如图 10-22 所示。

许多网络设备都支持 syslog，包括路由器、交换机、应用服务器、防火墙和其他网络设备。syslog 协议允许网络设备将系统消息通过网络发送到 syslog 服务器。

Windows 和 UNIX 上有许多不同的 syslog 服务器软件包，其中许多都是免费软件。

syslog 的日志服务提供了以下 3 个主要功能：

- 能够收集日志信息，以进行监控和故障排除；
- 能够选择被捕获的日志信息的类型；

■ 能够指定被捕获的 syslog 消息的目的地。

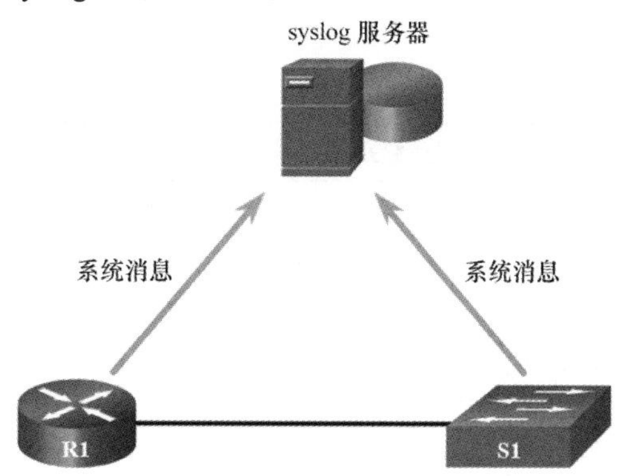

图 10-22 发送到 syslog 服务器的 syslog 消息

10.5.2 syslog 的运行方式

在思科网络设备上，syslog 协议首先向设备内部的本地日志进程发送系统消息和 **debug** 命令的输出。日志记录进程管理这些消息和输出的方式取决于设备的配置。例如，syslog 消息可以通过网络发送到外部 syslog 服务器。可以在无须访问真实设备的情况下检索这些消息。外部服务器上存储的日志消息和输出信息可用于各种报表，以方便阅读。

此外，syslog 消息还可以发送到内部缓冲区。发送到内部缓冲区的消息只能通过设备的 CLI 进行查看。

最后，网络管理员可以指定只将特定类型的系统消息发送到不同的目的地。例如，可以将设备配置为将所有系统消息转发到外部 syslog 服务器。但是，调试级别的消息将被转发到内部的缓冲区，并且管理员只能通过 CLI 进行访问。

图 10-23 所示为 syslog 消息的常见目的地。

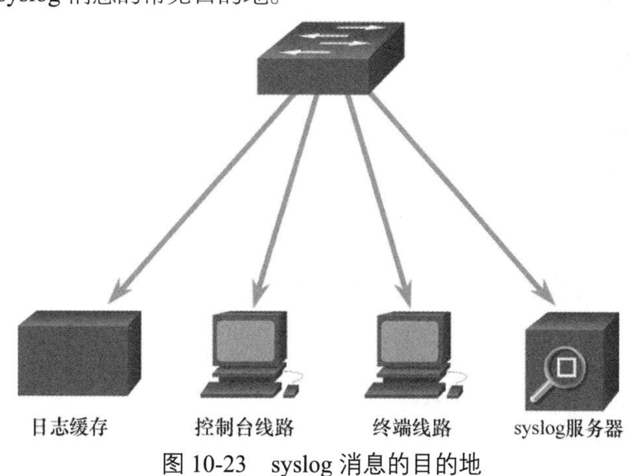

图 10-23 syslog 消息的目的地

可以通过查看 syslog 服务器上的日志，或者通过 Telnet、SSH 或控制台端口访问设备，来远程监控系统消息。

10.5.3 syslog 消息格式

思科设备在发生网络事件时会生成 syslog 消息。每个 syslog 消息包含严重级别和相关组件（facility）。

数字级别越小，syslog 的告警就越严重。可以设置消息的严重级别来控制每种消息的显示位置（例如显示在控制台上或其他目的地）。表 10-7 列出了完整的 syslog 级别。

表 10-7 syslog 严重级别

严重名称	严重级别	解释
紧急	第 0 级	系统不可用
警报	第 1 级	需要立即采取行动
严重	第 2 级	关键事件
错误	第 3 级	错误事件
警告	第 4 级	警告事件
通知	第 5 级	正常但比较重要的事件
信息	第 6 级	信息性消息
调试	第 7 级	调试性消息

每个 syslog 的级别都有自己的含义。

- **第 0 级～第 4 级**：这些消息是关于软件或硬件故障的错误消息。这些类型的消息意味着设备的功能受到影响。问题的严重性决定了应该使用哪个级别的 syslog。
- **第 5 级**：这个通知级别表示正常但重要的事件。例如，接口在 up 和 down 之间的转换、系统重新启动等消息在通知级别显示。
- **第 6 级**：这是正常的信息性消息，不会影响设备的功能。例如，当思科设备启动时，可会看到下述信息性消息“%LICENSE-6-EULA_ACCEPT_ALL: The Right to Use End User License Agreement is accepted”。
- **第 7 级**：这个级别表示消息是通过执行各种 **debug** 命令生成的。

10.5.4 syslog 组件

除了指定严重级别，syslog 消息还包含有关组件的信息。syslog 组件是一些服务标识符，用于标识和分类系统状态数据，以进行错误和事件消息报告。可用的日志组件选项特定于网络设备。例如，运行思科 IOS 版本 15.0(2)的思科 2960 系列交换机和运行思科 IOS 版本 15.2(4)的思科 1941 路由器支持 24 种组件选项，这些选项可分为 12 种组件类型。

思科 IOS 路由器上报告的一些常见的 syslog 消息组件如下所示。

- **IF**：标识 syslog 消息是由接口生成的。
- **IP**：标识 syslog 消息是由 IP 生成的。
- **OSPF**：标识 syslog 消息是由 OSPF 路由协议生成的。
- **SYS**：标识 syslog 是消息是由设备操作系统生成的。
- **IPSEC**：标识 syslog 消息是由 IPSec 协议生成的。

默认情况下，思科 IOS 软件上的 syslog 消息的格式如下所示：

```
%facility-severity-MNEMONIC: description
```

例如，当以太通道的链路状态更改为 up 时，思科交换机的输出示例如下：

```
%LINK-3-UPDOWN: Interface Port-channel1, changed state to up
```

这里的组件是 LINK，严重级别是 3，MNEMONIC 为 UPDOWN。

最常见的消息是链路 up 和链路 down 消息，以及设备退出配置模式时生成的消息。如果配置了 ACL 日志记录功能，设备在数据包匹配参数条件时会生成 syslog 消息。

10.5.5 配置 syslog 时间戳

默认情况下，日志消息没有时间戳。在例 10-19 中，R1 的 G0/0/0 接口处于关闭状态。

例 10-19 syslog 配置

```
R1(config)# interface g0/0/0
R1(config-if)# shutdown
%LINK-5-CHANGED: Interface GigabitEthernet0/0/0, changed state to administratively
  down
%LINEPROTO-5-UPDOWN: Line protocol on Interface GigabitEthernet0/0/0, changed
  state to down
R1(config-if)# exit
R1(config)#
R1(config)# service timestamps log datetime
R1(config)#
R1(config)# interface g0/0/0
R1(config-if)# no shutdown
*Mar 1 11:52:42: %LINK-3-UPDOWN: Interface GigabitEthernet0/0/0, changed state to
  down
*Mar 1 11:52:45: %LINK-3-UPDOWN: Interface GigabitEthernet0/0/0, changed state to
  up
*Mar 1 11:52:46: %LINEPROTO-5-UPDOWN: Line protocol on Interface
  GigabitEthernet0/0/0,
changed state to up
R1(config-if)#
```

记录到控制台的消息无法识别接口状态何时更改。日志消息应带有时间戳，以便在将日志消息发送到另一个目的地（例如 syslog 服务器）时，会有一条消息生成时间的记录。

使用 **service timestamps log datetime** 全局配置命令可强制记录的事件显示日期和时间。如例 10-19 中的命令输出所示，当重新激活 R1 的 G0/0/0 接口时，日志消息中将包含日期和时间。

注 意　如前所述，在使用 **datetime** 关键字时，网络设备上必须设置了时钟（可以手动配置，也可以通过 NTP 配置）。

10.6 路由器和交换机文件维护

在本节中，您将使用命令来备份和恢复 IOS 配置文件。

10.6.1 路由器文件系统

如果您觉得自己不可能记得如何配置网络中的每台设备，那么您并不孤单。在大型网络中，不可能手动配置每台设备。幸运的是，有很多方法可以用于复制或更新配置，然后轻松把它们粘贴到设备中。为此，您需要知道如何查看和管理文件系统。

思科 IOS 文件系统（IFS）可以让管理员导航到不同的目录，并列出目录中的文件。管理员还可以在闪存或磁盘上创建子目录。可用的目录与设备相关。

例 10-20 所示为 **show file systems** 命令的输出，该命令列出了思科 4221 路由器上所有可用的文件系统。

例 10-20　显示路由器上的文件系统

```
Router# show file systems
File Systems:
       Size(b)       Free(b)      Type    Flags    Prefixes
             -             -    opaque       rw     system:
             -             -    opaque       rw     tmpsys:
*   7194652672    6294822912      disk       rw     bootflash: flash:
     256589824     256573440      disk       rw     usb0:
    1804468224    1723789312      disk       ro     webui:
             -             -    opaque       rw     null:
             -             -    opaque       ro     tar:
             -             -   network       rw     tftp:
             -             -    opaque       wo     syslog:
      33554432      33539983     nvram       rw     nvram:
             -             -   network       rw     rcp:
             -             -   network       rw     ftp:
             -             -   network       rw     http:
             -             -   network       rw     scp:
             -             -   network       rw     sftp:
             -             -   network       rw     https:
             -             -    opaque       ro     cns:
Router#
```

该命令提供了一些有用的信息，比如总内存和空闲内存、文件系统的类型及其权限。权限包括只读（ro）、只写（wo）和读写（rw）。命令输出的 Flags 列中显示的就是权限。

虽然列出了多个文件系统，但这里关心的是 tftp、闪存和 nvram 等文件系统。

注意，闪存文件系统前面还标有一个星号。这表示闪存是当前默认的文件系统。可启动的 IOS 位于闪存中，因此闪存列表后面附加的井号（#）表示它是一个可启动的磁盘（例 10-20 中未显示）。

闪存文件系统

例 10-21 所示为 **dir** 命令的输出。

例 10-21　在路由上显示闪存文件系统

```
Router# dir
Directory of bootflash:/
   11   drwx       16384   Aug 2 2019 04:15:13 +00:00   lost+found
370945   drwx        4096   Oct 3 2019 15:12:10 +00:00   .installer
338689   drwx        4096   Aug 2 2019 04:15:55 +00:00   .ssh
217729   drwx        4096   Aug 2 2019 04:17:59 +00:00   core
379009   drwx        4096   Sep 26 2019 15:54:10 +00:00  .prst_sync
80641   drwx        4096   Aug 2 2019 04:16:09 +00:00   .rollback_timer
161281   drwx        4096   Aug 2 2019 04:16:11 +00:00   gs_script
112897   drwx      102400   Oct 3 2019 15:23:07 +00:00   tracelogs
362881   drwx        4096   Aug 23 2019 17:19:54 +00:00  .dbpersist
298369   drwx        4096   Aug 2 2019 04:16:41 +00:00   virtual-instance
```

```
    12   -rw-          30     Oct  3 2019 15:14:11 +00:00   throughput_monitor_params
  8065   drwx        4096     Aug  2 2019 04:17:55 +00:00   onep
    13   -rw-          34     Oct  3 2019 15:19:30 +00:00   pnp-tech-time
249985   drwx        4096     Aug 20 2019 17:40:11 +00:00   Archives
    14   -rw-       65037     Oct  3 2019 15:19:42 +00:00  pnp-tech-discovery-summary
    17   -rw-     5032908    Sep 19 2019 14:16:23 +00:00   isr4200_4300_
  rommon_1612_1r_SPA.pkg
    18   -rw-    517153193 Sep 21 2019 04:24:04 +00:00 isr4200-universalk9_ias.
  16.09.04.SPA.bin
7194652672 bytes total (6294822912 bytes free)
Router#
```

由于闪存是默认的文件系统，因此 **dir** 命令列出了闪存中的内容。闪存中有多个文件，但值得特别注意的是最后一列——这是运行在 RAM 中的当前思科 IOS 文件镜像的名称。

NVRAM 文件系统

要想查看 NVRAM 中的内容，必须使用 **cd** 命令更改当前的默认文件系统，如例 10-22 所示。

例 10-22 显示路由器上的 NVRAM 文件系统

```
Router#
Router# cd nvram:
Router# pwd
nvram:/
Router#
Router# dir
Directory of nvram:/
32769  -rw-          1024                startup-config
32770  ----            61                private-config
32771  -rw-          1024                underlying-config
    1  ----             4                private-KS1
    2  -rw-          2945                cwmp_inventory
    5  ----           447                persistent-data
    6  -rw-          1237                ISR4221-2x1GE_0_0_0
    8  -rw-            17                ecfm_ieee_mib
    9  -rw-             0                ifIndex-table
   10  -rw-          1431                NIM-2T_0_1_0
   12  -rw-           820                IOS-Self-Sig#1.cer
   13  -rw-           820                IOS-Self-Sig#2.cer
33554432 bytes total (33539983 bytes free)
Router#
```

显示当前工作目录的命令是 **pwd**。该命令可验证我们查看的是否为 NVRAM 目录。最后，**dir** 命令列出了 NVRAM 中的内容。尽管列出了多个配置文件，但最值得关注的是启动配置文件。

10.6.2 交换机文件系统

借助于思科 2960 交换机闪存文件系统，可以复制配置文件并将软件镜像进行存档（上传和下载）。

在 Catalyst 交换机上查看文件系统的命令与在思科路由器上使用的命令相同，都是 **show file systems**，如例 10-23 所示。

例 10-23 显示交换机上的文件系统

```
Switch# show file systems
File Systems:
       Size(b)     Free(b)         Type  Flags   Prefixes
*    32514048    20887552         flash     rw     flash:
            -           -        opaque     rw        vb:
            -           -        opaque     ro        bs:
            -           -        opaque     rw    system:
            -           -        opaque     rw    tmpsys:
        65536       48897         nvram     rw     nvram:
            -           -        opaque     ro    xmodem:
            -           -        opaque     ro    ymodem:
            -           -        opaque     rw      null:
            -           -        opaque     ro       tar:
            -           -       network     rw      tftp:
            -           -       network     rw       rcp:
            -           -       network     rw      http:
            -           -       network     rw       ftp:
            -           -       network     rw       scp:
            -           -       network     rw    https:
            -           -        opaque     ro       cns:
Switch#
```

10.6.3 使用文本文件备份配置

可以使用 Tera Term 将配置文件保存为文本文件，如图 10-24 所示。要使用 Tera Term 备份配置，请按照下列步骤操作。

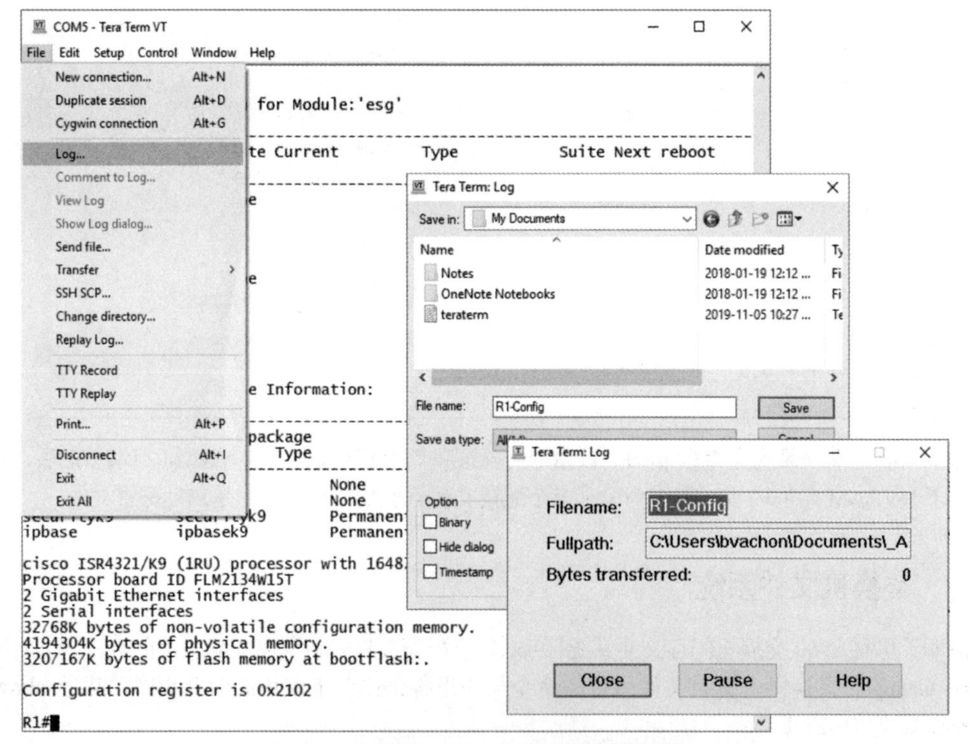

图 10-24 使用 Tera Term 备份配置的示例

步骤 1. 在 File 菜单中单击 **Log**。

步骤 2. 选择文件夹的位置和文件名，然后单击 **Save**。Tera Term 将打开 Tera Term: Log 窗口，并开始捕获终端窗口中的所有命令和生成的输出。

步骤 3. 为了捕获当前的配置，可在特权 EXEC 模式下使用 **show running-config** 或 **show startup-config** 命令。终端窗口中显示的文本也将指向选定的文件。

步骤 4. 在捕获结束后，单击 Tera Term: Log 窗口的 **Close**。

步骤 5. 打开文件，确认捕获的配置文件是否正确，并确保其未损坏。

10.6.4 使用文本文件恢复配置

可以从文件中复制配置，然后把配置直接粘贴到设备中。IOS 会把配置文本中的每一行当作命令来执行。也就是说，需要对文件进行编辑，确保加密的密码是明文的，并且要删除那些不是命令的文本，比如“**--More--**”和 IOS 消息。此外，您可能需要在文件开头添加 **enable** 和 **configure terminal** 命令，或者进入全局配置模式后再粘贴配置。

除了复制和粘贴外，还可以使用 Tera Term 从文本文件中恢复配置，如图 10-25 所示。

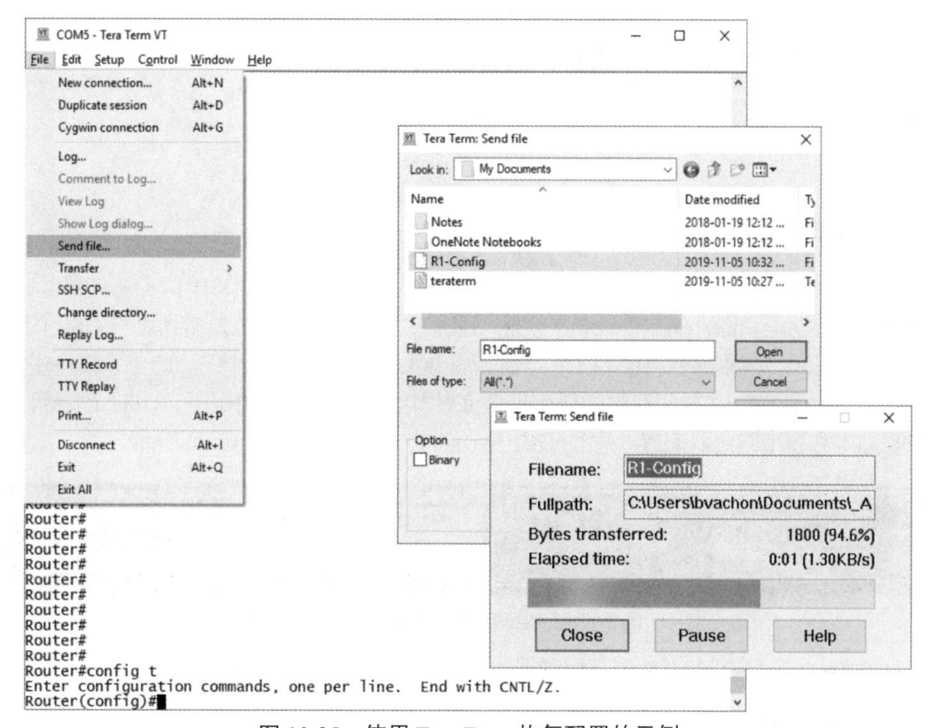

图 10-25 使用 Tera Term 恢复配置的示例

在使用 Tera Term 恢复配置时，操作步骤如下所示。

步骤 1. 在 File 菜单中单击 **Send file**。

步骤 2. 找到要复制到设备的文件并单击 **Open**。Tera Term 会将该文件粘贴到设备中。文件中的文本作为命令应用在 CLI 中，并成为设备上的运行配置。

10.6.5 使用 TFTP 备份和恢复配置

应将配置文件的副本存储为备份文件，以防出现问题。可以把配置文件存储在简单文件传输协议

（TFTP）服务器或USB驱动器中。还应将配置文件囊括到网络文档中。

要想将运行配置或启动配置保存到TFTP服务器中，可以使用**copy running-config tftp**命令或**copy startup-config tftp**命令，如例10-24所示。

例10-24 将运行配置转移到TFTP服务器

```
R1# copy running-config tftp
Remote host []? 192.168.10.254
Name of the configuration file to write[R1-config]? R1-Jan-2019
Write file R1-Jan-2019 to 192.168.10.254? [confirm]
Writing R1-Jan-2019 !!!!!! [OK]
R1#
```

按照下述步骤可以把运行配置备份到TFTP服务器中。

步骤1. 输入**copy running-config tftp**命令后，按下Enter键。

步骤2. 输入要存储配置文件的主机的IP地址，然后按下Enter键。

步骤3. 输入为配置文件指定的名称，然后按下Enter键。

要想从TFTP服务器中恢复运行配置或启动配置，可以使用**copy tftp running-config**命令或**copy tftp startup-config**命令。使用下述步骤可从TFTP服务器恢复运行配置。

步骤1. 输入**copy tftp running-config**命令后，按下Enter键。

步骤2. 输入存储配置文件的主机的IP地址，然后按下Enter键。

步骤3. 输入为配置文件指定的名称，然后按下Enter键。

10.6.6 思科路由器上的USB端口

通用串行总线（USB）存储功能可以使某些型号的思科路由器支持USB闪存驱动器。USB提供了可选的辅助存储功能和额外的启动设备。镜像、配置和其他文件可以被复制到思科USB闪存中，或者从闪存中复制出来，其可靠性与使用CF卡保存和恢复文件的可靠性相同。此外，模块化的集成服务路由器可以启动保存在USB闪存中的任何思科IOS软件镜像。理想情况下，USB闪存可以存放多个思科IOS副本和多个路由器配置。思科4321路由器的USB端口如图10-26所示。

图10-26 思科4231路由器的背板

可以使用**dir**命令来查看USB闪存驱动器中的内容，如例10-25所示。

例10-25 显示USB驱动器的内容

```
R1# dir usbflash0:
Directory of usbflash0:/
1 -rw- 30125020 Dec 22 2032 05:31:32 +00:00 c3825-entservicesk9-mz.123-14.T
63158272 bytes total (33033216 bytes free)
R1#
```

10.6.7 使用USB备份和恢复配置

在使用USB端口进行备份时，最好使用**show file systems**命令来验证USB驱动器是否已经就位，并且确认它的名称，如例 10-26 所示。

例 10-26 显示文件系统以验证 USB 驱动器是否已连接

```
R1# show file systems
File Systems:
         Size(b)        Free(b)        Type   Flags   Prefixes
              -              -       opaque   rw      archive:
              -              -       opaque   rw      system:
              -              -       opaque   rw      tmpsys:
              -              -       opaque   rw      null:
              -              -      network   rw      tftp:
*   256487424      184819712         disk   rw      flash0: flash:#
              -              -         disk   rw      flash1:
       262136         249270        nvram   rw      nvram:
              -              -       opaque   wo      syslog:
              -              -       opaque   rw      xmodem:
              -              -       opaque   rw      ymodem:
              -              -      network   rw      rcp:
              -              -      network   rw      http:
              -              -      network   rw      ftp:
              -              -      network   rw      scp:
              -              -       opaque   ro      tar:
              -              -      network   rw      https:
              -              -       opaque   ro      cns:
   4050042880     3774152704     usbflash   rw      usbflash0:
R1#
```

注意在例 10-26 中，输出的最后一行显示了 USB 端口及其名称“usbflash0:”。

接下来，如例 10-27 所示，使用 **copy run usbflash0:/**命令将配置文件复制到 USB 闪存驱动器。请务必使用文件系统中指示的闪存驱动器的名称。这里的斜杠是可选的，它表示 USB 闪存驱动器的根目录。

例 10-27 将运行配置复制到 USB 驱动器

```
R1# copy running-config usbflash0:/
Destination filename [running-config]? R1-Config
5024 bytes copied in 0.736 secs (6826 bytes/sec)
```

IOS 将提示输入文件名。如果文件已经存在于 USB 闪存驱动器中，路由器将提示是否进行覆盖，如例 10-28 所示。

在将文件复制到 USB 闪存驱动器时，若文件不存在，则路由器的输出类似于例 10-27。

在把文件复制到 USB 闪存驱动器时，若已有相同的配置文件，则路由器的输出类似于例 10-28。

例 10-28 当 USB 驱动器上已经存在相同的文件名时，会发出警告

```
R1# copy running-config usbflash0:
Destination filename [running-config]? R1-Config
%Warning:There is a file already existing with this name
Do you want to over write? [confirm]
5024 bytes copied in 1.796 secs (2797 bytes/sec)
R1#
```

可以使用 **dir** 命令查看 USB 驱动器上的文件，并使用 **more** 命令查看文件的内容，如例 10-29 所示。

例 10-29 验证文件现在是否位于 USB 驱动器上

```
R1# dir usbflash0:/
Directory of usbflash0:/
    1   drw-      0  Oct 15 2010 16:28:30 +00:00  Cisco
   16   -rw-  5024   Jan 7 2013 20:26:50 +00:00  R1-Config
4050042880 bytes total (3774144512 bytes free)
R1#
R1# more usbflash0:/R1-Config
!
! Last configuration change at 20:19:54 UTC Mon Jan 7 2013 by
admin version 15.2
service timestamps debug datetime msec
service timestamps log datetime msec
no service password-encryption
!
hostname R1
!
boot-start-marker
boot-end-marker
!
logging buffered 51200 warnings
!
no aaa new-model
!
no ipv6 cef
R1#
```

要想将文件从闪存中复制回来，需要使用文本编辑器来编辑 USB R1-Config 文件。例如，假设这个文件的名称是 R1-Config，需要使用 **copy usbflash0:/R1-Config** *running-config* 命令来恢复运行配置。

10.6.8 密码恢复流程

在设备上使用密码可防止未经授权地访问这些设备。对于加密的密码（例如 enable secret passwords），必须在恢复后进行替换。

> 注 意　在执行密码恢复时，需要通过控制台来访问物理设备。

密码恢复的详细流程会因为设备的不同而有所区别，但所有密码恢复流程都遵从相同的基本流程。

步骤 1. 进入 ROMMON 模式。

步骤 2. 更改配置寄存器的值。

步骤 3. 把启动配置复制到运行配置。

步骤 4. 更改密码。

步骤 5. 把运行配置保存为新的启动配置。

步骤 6. 重启设备。

在进行密码恢复时，需要通过终端或 PC 上的终端模拟软件对设备进行控制台访问。访问设备的终端设置如下：

- 9600 波特率；
- 无奇偶校验；

- 8 个数据位；
- 1 个停止位；
- 无流量控制。

10.6.9 密码恢复示例

下文介绍了密码恢复的步骤。

步骤 1. 进入 ROMMON 模式

借助于控制台访问，用户可以通过在启动过程中使用中断序列或在设备关机时移除外部闪存来访问 ROMMON 模式。成功后，设备上会显示 **rommon 1 >**提示符，如例 10-30 所示。

注 意 PuTTY 的中断序列是 Ctrl+Break 组合键。通过搜索互联网，可以找到其他终端模拟程序和操作系统的标准中断序列。

例 10-30 进入 ROMMON 模式

```
Readonly ROMMON initialized

monitor: command "boot" aborted due to user interrupt
rommon 1 >
```

步骤 2. 更改配置寄存器的值

ROMMON 软件支持一些基本的命令，比如 **confreg**。例如，**confreg 0x2142** 命令会将配置寄存器设置为 0x2142。在配置寄存器为 0x2142 的情况下，设备在启动期间会忽略启动配置文件（启动配置文件中存储着忘记的密码）。在将配置寄存器设置为 0x2142 后，在提示符下输入 **reset** 命令以重新启动设备。当设备在重新启动并解压缩 IOS 时，请按下中断序列。例 10-31 所示为在思科 1941 路由器的启动过程中按下中断序列，进入 ROMMON 模式后的终端输出信息。

例 10-31 更改配置寄存器

```
rommon 1 > confreg 0x2142
rommon 2 > reset

System Bootstrap, Version 15.0(1r)M9, RELEASE SOFTWARE (fc1)
Technical Support: http://www.×××××.com/techsupport
Copyright (c) 2010 by cisco Systems, Inc.
(output omitted)
```

步骤 3. 把启动配置复制到运行配置

在设备重新加载完成后，使用 **copy startup-config running-config** 命令把启动配置复制到运行配置，如例 10-32 所示。

例 10-32 将启动配置复制到运行配置

```
Router# copy startup-config running-config
Destination filename [running-config]?
```

```
1450 bytes copied in 0.156 secs (9295 bytes/sec)
R1#
```

注意到路由器的提示符变为 R1#，这是因为在启动配置中主机名被设置为 R1。

注　意　不要输入 **copy running-config startup-config** 命令，该命令会擦除原始启动配置。

步骤 4. 更改密码

在特权 EXEC 模式下，可以配置所有必需的密码。例 10-33 所示为如何更改密码。

注　意　密码 **cisco** 不是强密码，这里仅用作示例。

例 10-33　更改密码

```
R1(config)# enable secret cisco
R1(config)#
```

步骤 5. 把运行配置保存为新的启动配置

在配置了新密码后，在全局配置模式下使用命令 **config-register 0x2102** 把配置寄存器值改回 0x2102。将运行配置保存为启动配置，如例 10-34 所示。

例 10-34　将运行配置保存为新的启动配置

```
R1(config)# config-register 0x2102
R1(config)# end
R1#
R1# copy running-config startup-config
Destination filename [startup-config]?
Building configuration...
[OK]
R1#
```

步骤 6. 重启设备

重启设备，如例 10-35 所示。

例 10-35　重启设备

```
R1# reload
Proceed with reload? [confirm]

*Mar 1 13:04:53.009: %SYS-5-RELOAD: Reload requested by console. Reload Reason:
  Reload Command.
```

注意，系统将提示您确认是否重启。要继续，请按 Enter 键（要取消，可按 Ctrl + C 组合键）。设备重新启动，现在使用新配置的密码进行身份验证。确保使用 **show** 命令来验证所有配置是否仍然存在。例如，验证接口在密码恢复后是否被关闭。

注　意　要查找特定设备的密码恢复过程的详细说明，请搜索互联网。

10.7 IOS 镜像管理

在本节中，您将学习如何升级 IOS 系统镜像。

10.7.1 TFTP 服务器作为备份位置

在本章前文，您学习了复制配置和粘贴配置的方法。本节将通过 IOS 软件镜像进一步阐释该方法。随着网络的增长，可以把思科 IOS 软件镜像和配置文件保存到中央 TFTP 服务器上，如图 10-27 所示。

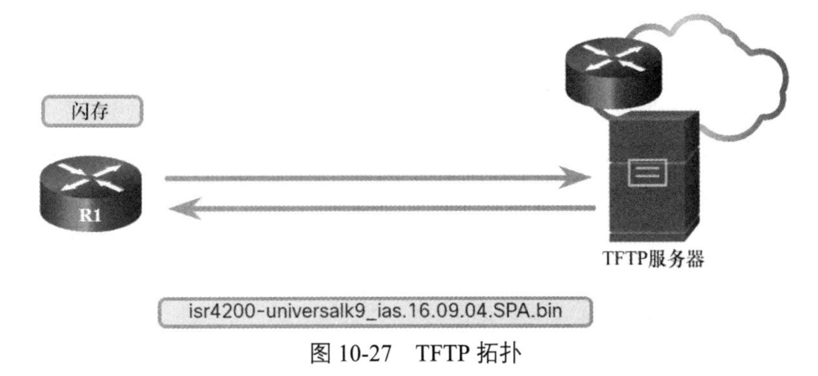

图 10-27 TFTP 拓扑

将镜像和文件存储在中央位置有助于控制 IOS 镜像的数量和这些 IOS 镜像的修订，以及必须维护的配置文件。

生产环境中的网络通常跨越广泛的区域，并包含多台路由器。在任何网络中，最佳实践是保存思科 IOS 软件镜像的备份副本，以防路由器上的系统镜像被损坏或被意外擦除。

广泛分布的路由器需要知道思科 IOS 软件镜像的源位置或备份位置。通过使用网络 TFTP 服务器，可以在网络上上传和下载镜像与配置。网络 TFTP 服务器可以是另一台路由器、工作站，也可以是主机系统。

10.7.2 把 IOS 镜像备份到 TFTP 服务器的示例

要将网络运行的停机时间降到最低，有必要制定备份思科 IOS 镜像的流程。这使得网络管理员能够在镜像损坏或被擦除时将镜像快速复制回路由器。

在图 10-28 中，网络管理员想要把路由器上当前的镜像文件（isr4200-universalk9_ias.16.09.04.SPA.bin）备份到 TFTP 服务器上（IP 地址为 172.16.1.100）。

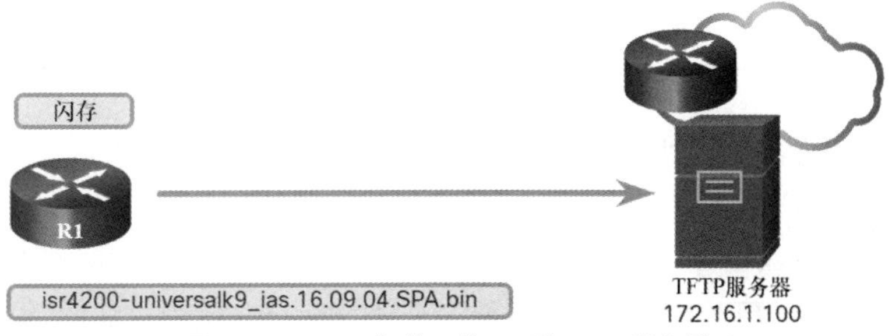

图 10-28 TFTP 拓扑：从 R1 到 TFTP 服务器

下文描述了将思科 IOS 镜像备份创建到 TFTP 服务器上的步骤。

步骤 1. 对 TFTP 服务器执行 ping 操作

为了确保网络 TFTP 服务器是可访问的，可 ping 该服务器，如例 10-36 所示。

例 10-36 ping TFTP 服务器

```
R1# ping 172.16.1.100
Type escape sequence to abort.
Sending 5, 100-byte ICMP Echos to 172.16.1.100, timeout is 2 seconds:
!!!!!
Success rate is 100 percent (5/5),
round-trip min/avg/max = 56/56/56 ms
R1#
```

步骤 2. 验证闪存中的镜像大小

验证 TFTP 服务器是否具有足够的磁盘空间来容纳思科 IOS 软件镜像。在例 10-37 中可以看到，在路由器上使用 **show flash0:**命令可确定思科 IOS 镜像文件的大小。在该示例中，文件为 517153193 字节。

例 10-37 验证闪存中的镜像大小

```
R1# show flash0:
-# - --length-- -----date/time------ path
8   517153193   Apr 2 2019 21:29:58   +00:00
                          isr4200-universalk9_ias.16.09.04.SPA.bin
(output omitted)
R1#
```

步骤 3. 把镜像复制到 TFTP 服务器

可以使用 **copy** *source-url destination-url* 命令把镜像复制到 TFTP 服务器。在使用指定的源和目的 URL 执行该命令后，设备会提示用户输入源文件名、远程主机的 IP 地址和目的文件名。通常情况下，按下 Enter 键可接受源文件名作为目的文件名。然后开始传输，如例 10-38 所示。

例 10-38 将镜像复制到 TFTP 服务器

```
R1# copy flash: tftp:
Source filename []? isr4200-universalk9_ias.16.09.04.SPA.bin
Address or name of remote host []? 172.16.1.100
Destination filename [isr4200-universalk9_ias.16.09.04.SPA.bin]?
Writing isr4200-universalk9_ias.16.09.04.SPA.bin...
!!!!!!!!!!!!!!!!!!!!!!!!!!!!!!!!!!!!!!!!
(output omitted)
517153193 bytes copied in 863.468 secs (269058 bytes/sec)
R1#
```

10.7.3 把 IOS 镜像复制到设备的示例

思科不断发布新的思科 IOS 软件版本，以解决问题并提供新功能。本节使用 IPv6 作为传输示例，以表明 TFTP 也可在 IPv6 网络中使用。

图 10-29 所示为从 TFTP 服务器复制思科 IOS 软件镜像的过程。需要将一个新的镜像文件（isr4200-universalk9_ias.16.09.04.SPA.bin）从 TFTP 服务器（IP 地址为 2001:DB8:CAFE:100::99）复制到路由器上。

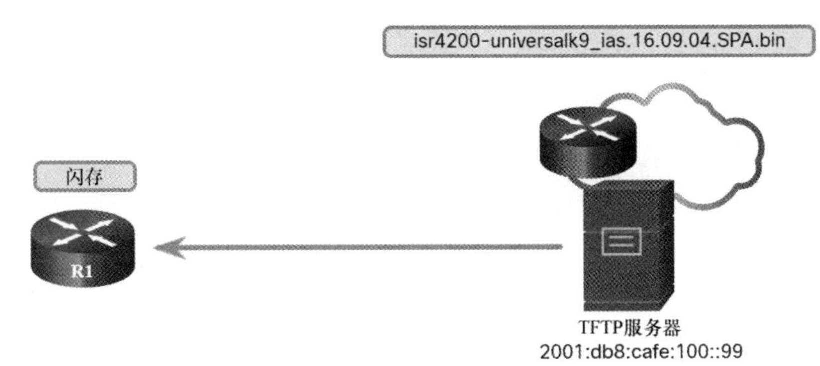

图 10-29 TFTP 拓扑：从 TFTP 服务器到 R1

在选择思科 IOS 镜像文件时，需要在平台、功能和软件方面满足要求。从思科官网下载文件并将其传输到 TFTP 服务器。下文介绍了在思科路由器上升级 IOS 镜像的过程。

步骤 1. 对 TFTP 服务器执行 ping 操作

为了确保网络 TFTP 服务器是可访问的，可以 ping 该服务器，如例 10-39 所示。

例 10-39 ping TFTP 服务器

```
R1# ping 2001:db8:cafe:100::99
Type escape sequence to abort.
Sending 5, 100-byte ICMP Echos to 2001:DB8:CAFE:100::99,
timeout is 2 seconds:
!!!!!
Success rate is 100 percent (5/5),
round-trip min/avg/max = 56/56/56 ms
R1#
```

步骤 2. 验证闪存的容量

要确保准备升级的路由器上有足够的闪存空间。可以使用 **show flash:**命令验证闪存的可用容量。将可用的闪存容量与新的镜像文件大小进行比较。例 10-40 中的 **show flash:**命令用于验证可用闪存的大小。在该示例中，可用的闪存空间为 6294806528 字节。

例 10-40 验证闪存的可用容量

```
R1# show flash:
-# - --length-- -----date/time------ path
(output omitted)
6294806528 bytes available (537251840 bytes used)
R1#
```

步骤 3. 把新的 IOS 镜像复制到闪存

使用 **copy** 命令可以将 IOS 镜像文件从 TFTP 服务器复制到路由器，如例 10-41 所示。在使用指定的源和目的 URL 执行该命令后，设备会提示用户输入远程主机的 IP 地址、源文件名、目的文件名。通常情况下，按下 Enter 键可接受源文件名作为目的文件名。然后开始传输文件。

例 10-41 将新的 IOS 镜像复制到闪存

```
R1# copy tftp: flash:
Address or name of remote host []? 2001:DB8:CAFE:100::99
Source filename []? isr4200-universalk9_ias.16.09.04.SPA.bin
```

```
Destination filename [isr4200-universalk9_ias.16.09.04.SPA.bin]?
Accessing tftp://2001:DB8:CAFE:100::99/ isr4200-
universalk9_ias.16.09.04.SPA.bin...
Loading isr4200-universalk9_ias.16.09.04.SPA.bin
from 2001:DB8:CAFE:100::99 (via
GigabitEthernet0/0/0): !!!!!!!!!!!!!!!!!!!!

[OK - 517153193 bytes]
517153193 bytes copied in 868.128 secs (265652 bytes/sec)
R1#
```

10.7.4 boot system 命令

在把 IOS 镜像保存到路由器的闪存中后，如果想要升级到该镜像，可以使用 **boot system** 全局配置命令配置路由器，让它在启动过程中加载这个新的镜像，如例 10-42 所示。保存配置，然后重启路由器，以便使用新镜像文件启动路由器。

例 10-42 配置要启动的镜像文件

```
R1(config)# boot system flash0:isr4200-universalk9_ias.16.09.04.SPA.bin
R1(config)# exit
R1#
R1# copy running-config startup-config
R1#
R1# reload
Proceed with reload? [confirm]

*Mar 1 12:46:23.808: %SYS-5-RELOAD: Reload requested by console. Reload Reason:
  Reload Command.
```

要继续，请按 Enter 键（要取消，可按 Ctrl + C 组合键）。

在启动过程中，启动代码会解析 NVRAM 的启动配置文件，以确定 **boot system** 命令中指定的要加载的思科 IOS 软件镜像的名称和位置。可以按顺序输入多条 **boot system** 命令，以此提供一个容错的启动计划。

如果配置中没有 **boot system** 命令，路由器会默认加载并运行闪存中第一个有效的思科 IOS 镜像。

在路由器重启后，可使用 **show version** 命令来验证是否加载了新的镜像，如例 10-43 所示。

例 10-43 验证路由器是否加载了指定的镜像

```
R1# show version
Cisco IOS XE Software, Version 16.09.04
Cisco IOS Software [Fuji], ISR Software (X86_64_LINUX_IOSD-UNIVERSALK9_IAS-M),
  Version 16.9.4, RELEASE SOFTWARE (fc2)
Technical Support: http://www.cisco.com/techsupport
Copyright (c) 1986-2019 by Cisco Systems, Inc.
Compiled Thu 22-Aug-19 18:09 by mcpre
Cisco IOS-XE software, Copyright (c) 2005-2019 by cisco Systems, Inc.
All rights reserved. Certain components of Cisco IOS-XE software are
licensed under the GNU General Public License ("GPL") Version 2.0. The
software code licensed under GPL Version 2.0 is free software that comes
with ABSOLUTELY NO WARRANTY. You can redistribute and/or modify such
```

```
GPL code under the terms of GPL Version 2.0. For more details, see the
documentation or "License Notice" file accompanying the IOS-XE software,
or the applicable URL provided on the flyer accompanying the IOS-XE
software.

ROM: IOS-XE ROMMON
Router uptime is 2 hours, 19 minutes
Uptime for this control processor is 2 hours, 22 minutes
System returned to ROM by PowerOn
System image file is "flash:isr4200-universalk9_ias.16.09.04.SPA.bin"
(output omitted)
R1#
```

10.8 总结

CDP

CDP 是思科专有的第 2 层协议，用来收集共享相同数据链路的思科设备的相关信息。设备会定期向连接的设备发送 CDP 通告。CDP 可用作网络发现工具，以确定有关相邻设备的信息。当文档丢失或缺少详细信息时，从 CDP 收集的这种信息可以帮助构建网络的逻辑拓扑。CDP 可以协助完成网络设计决策、故障排除和设备更改。对于思科设备，CDP 是默认启用的。要想验证 CDP 的状态并查看有关 CDP 的信息，可以使用 **show cdp** 命令。要想为设备上所有支持的接口全局启用 CDP，可以在全局配置模式下输入 **cdp run** 命令。要在某个指定的接口上启用 CDP，可以输入 **cdp enable** 全局配置命令。要想验证 CDP 的状态并查看邻居列表，可以在特权 EXEC 模式下使用 **show cdp neighbors** 命令。**show cdp neighbors** 命令提供了与每台 CDP 邻居设备相关的有用信息，其中包括设备标识符、端口标识符、功能列表、平台。可以使用 **show cdp interface** 命令查看设备上启用了 CDP 的接口。

LLDP

LLDP 一种中立于供应商的邻居发现协议，类似于 CDP。该协议将其身份和功能通告给其他设备，并从物理连接的第 2 层设备接收信息。要想在思科网络设备上全局启用 LLDP，可以在全局配置模式下输入 **lldp run** 命令。要想验证设备上是否已启用 LLDP，可以在特权 EXEC 模式下输入 **show lldp** 命令。启用 LLDP 之后，可以使用 **show lldp neighbors** 命令发现邻居设备。在需要与邻居有关的更多信息时，**show lldp neighbors detail** 命令可以提供诸如邻居 IOS 版本、IP 地址和设备功能等信息。

NTP

路由器或交换机上的软件时钟会在系统启动时开始运行。如果设备之间的时间不同步，将无法确定事件的顺序和事件的原因。可以手动配置日期和时间，也可以配置 NTP，该协议允许网络中的路由器将其时间设置与 NTP 服务器进行同步。在网络中实施 NTP 时，可以将其设置为与私有的主时钟进行同步，也可以与互联网上的公共 NTP 服务器进行同步。NTP 网络使用时间源的分层系统。该分层系统中的每一级称为一个层（stratum）。NTP 会把同步的时间分布到网络中。权威事件源也称为第 0 层设备，是高精度的计时设备。第 1 层设备是直接连接到权威时间源的网络设备。第 2 层设备（比如 NTP 客户端）使用来自第 1 层服务器的 NTP 数据包来同步自己的时间。可以在全局配置模式下执行 **ntp server** *ip-address* 命令将设备配置为 NTP 服务器。要验证时钟源是否被设置为 NTP，可以使用 **show clock detail** 命令。**show ntp associations** 和 **show ntp status** 命令用来验证设备是否与 NTP 服务器完成同步。

SNMP

SNMP是为了让管理员能够管理IP网络上的节点而开发的，比如服务器、工作站、路由器、交换机和安全设备。SNMP是一个应用层协议，为管理器和代理之间的通信提供消息格式。SNMP系统包括3个要素：SNMP管理器、SNMP代理、MIB。为了在联网设备上配置SNMP，首先需要定义管理器和代理之间的关系。SNMP管理器是网络管理系统（NMS）的一部分。SNMP管理器使用get行为从SNMP代理收集信息，使用set行为更改代理上的配置。SNMP代理使用SNMP trap将信息直接转发到网络管理器。SNMP代理响应SNMP管理器的GetRequest-PDU（以获取一个MIB变量）和SetRequest-PDU（以设置一个MIB变量）。NMS通过查询设备的数据，定期使用get请求来轮询SNMP代理。网络管理应用可以收集信息，以监控流量负载，并验证托管设备的设备配置。

SNMPv1、SNMPv2c和SNMPv3是SNMP的所有版本。SNMPv1是过时的解决方案。SNMPv1和SNMPv2c都使用基于团体的安全形式。能够访问代理MIB的管理器团体是由团体字符串定义的。SNMPv2c包含批量检索机制，并可向管理站报告更详细的错误消息。SNMPv3同时提供了安全模型和安全等级。SNMP团体字符串分为只读（ro）的和读写（rw）的两种，用于验证对MIB对象的访问。MIB以分层的方式组织变量。管理软件可以使用MIB变量来监视和控制网络设备。OID唯一地标识MIB层次结构中的托管对象。借助于snmpget实用程序，我们可以了解SNMP的基本运行机制。思科官网上的思科SNMP Object Navigator可允许管理员研究特定OID的详细信息。

系统日志

访问系统消息的最常用的方法是使用syslog协议。syslog使用UDP端口514允许网络设备将系统消息通过网络发送到系统日志服务器。syslog的日志服务提供了以下3个主要功能：能够收集日志信息，以进行监控和故障排除；能够选择被捕获的日志信息的类型；能够指定被捕获的syslog消息的目的地。syslog消息的目的地包括日志缓存（路由器或交换机内的RAM）、控制台线路、终端线路、syslog服务器。表10-8列出了syslog的级别。

表10-8 syslog严重级别

严重名称	严重级别	解释
紧急	第0级	系统不可用
警报	第1级	需要立即采取行动
严重	第2级	关键事件
错误	第3级	错误事件
警告	第4级	警告事件
通知	第5级	正常但比较重要的事件
信息	第6级	信息性消息
调试	第7级	调试性消息

syslog组件用于标识和分类系统状态数据，以进行错误和事件消息报告。思科IOS路由器上报告的一些常见的syslog消息组件包括IF、IP、OSPF、SYS、IPSEC。思科IOS软件上的syslog消息的默认格式为“`%facility-severity-MNEMONIC: description`”。使用**service timestamps log datetime**全局配置命令可强制记录的事件显示日期和时间。

路由器和交换机文件维护

思科IFS可以让管理员导航到不同的目录，并列出目录中的文件。管理员还可以在闪存或磁盘上创建子目录。使用 **show file systems** 命令可显示思科路由器上所有可用的文件系统。使用目录命令 **dir** 可显示启动删除中的目录。使用更改目录命令 **cd** 可查看 NVRAM 中的内容。使用当前工作目录命令 **pwd** 可查看当前的目录。使用 **show file systems** 命令可查看 Catalyst 交换机或思科路由器上的文件系统。可以使用 Tera Term 将配置文件保存为文本文件。可以从文件中复制配置，然后把配置直接粘贴到设备中。配置文件储可以存储在 TFTP 服务器或 USB 驱动器中。要想将运行配置或启动配置保存到 TFTP 服务器中，可以使用 **copy running-config tftp** 命令或 **copy startup-config tftp** 命令。可以使用 **dir** 命令来查看 USB 闪存驱动器中的内容。可以使用 **copy run usbflash0:/**命令将配置文件复制到 USB 闪存驱动器。可以使用 **dir** 命令查看 USB 驱动器上的文件，并使用 **more** 命令查看文件的内容。对于加密的密码，必须在恢复后进行替换。

IOS 镜像管理

将镜像和文件存储在中央位置有助于控制 IOS 镜像的数量和这些 IOS 镜像的修订，以及必须维护的配置文件。在选择思科 IOS 镜像文件时，需要在平台、功能和软件方面满足要求。从思科官网下载文件并将其传输到 TFTP 服务器。对 TFTP 服务器执行 ping 操作。使用 **show flash:**命令验证闪存的可用容量。如果有足够的可用闪存容量来存放新的 IOS 镜像文件，则新的 IOS 镜像文件复制到闪存中。在把 IOS 镜像保存到路由器的闪存中后，如果想要升级到该镜像，可以使用 **boot system** 全局配置命令配置路由器，让它在启动过程中加载这个新的镜像。保存配置。重启路由器，以便使用新镜像文件启动路由器。在路由器重启后，可使用 **show version** 命令来验证是否加载了新的镜像。

复习题

完成这里列出的所有复习题，可以测试您对本章内容的理解。附录列出了答案。

1. 下面哪一项是 CDP 和 LLDP 之间的区别？

   A. CDP 可以从路由器、交换机和无线 AP 收集信息，而 LLDP 只能从路由器和交换机收集信息

   B. CDP 可以同时获取 2 层和第 3 层信息，而 LLDP 只能获取第 2 层信息

   C. CDP 是专有协议，而 LLDP 是与中立于供应商的协议

   D. 在接口上启用 CDP 需要两个命令，而 LLDP 只需要一个命令

2. 网络管理员希望对路由器进行配置，使得只有特定的接口才能发送和接收 CDP 信息。下面哪两个配置步骤可以完成该任务？（选择两项）

   A. R1(config)#**no cdp enable**　　B. R1(config)#**no cdp run**

   C. R1(config-if)#**cdp enable**　　D. R1(config-if)#**cdp receive**

   E. R1(config-if)#**cdp transmit**

3. 与邻居设备有关的哪些信息可以通过 **show cdp neighbors detail** 命令收集，而无法在 **show cdp neighbors** 命令中找到？

   A. 邻居的功能　　B. 邻居的主机名

   C. 邻居的 IP 地址　　D. 邻居使用的平台

4. 在思科 Catalyst 交换机上全局启用 LLDP 的配置命令是什么？

   A. **enable lldp**　　B. **feature lldp**

   C. **lldp enable**　　D. **lldp run**

5. 下面哪个选项正确地在接口上启用 LLDP？
   A. R1(config-if)# **lldp enable**
   B. R1(config-if)# **lldp enable**
      R1(config-if)# **lldp receive**
   C. R1(config-if)# **lldp receive**
      R1(config-if)# **lldp transmit**
   D. R1(config-if)# **lldp enable**
      R1(config-if)# **lldp receive**
      R1(config-if)# **lldp transmit**
6. 最常见的 syslog 消息是什么？
   A. 有关硬件或软件故障的错误消息
   B. 链路 up 和链路 down 的消息
   C. 从 **debug** 命令的输出生成的消息
   D. 数据包与 ACL 中的参数条件匹配时出现的消息
7. 下面哪个 syslog 的严重级别表示设备不可用？
   A. 第 0 级：紧急
   B. 第 1 级：警报
   C. 第 2 级：严重
   D. 第 3 级：错误
8. 网络管理员可以使用哪种协议或服务来接收网络设备提供的系统消息？
   A. NTP
   B. NetFlow
   C. SNMP
   D. syslog
9. 管理员只能通过思科 CLI 访问哪种类型的 syslog 消息？
   A. 警报
   B. 调试
   C. 紧急
   D. 错误
10. 思科路由器和交换机将 syslog 消息发送到哪个默认的目的地？
    A. 控制台
    B. 最近的 syslog 服务器
    C. NVRAM
    D. RAM
11. 配置 **logging trap 4** 全局配置命令的结果是什么？
    A. syslog 客户端将严重级别为 4 或更低的任何事件消息发送到 syslog 服务器
    B. syslog 客户端将 trap 级别仅为 4 的事件消息发送到 syslog 服务器
    C. syslog 客户端将严重级别为 4 或更高的任何事件消息发送到 syslog 服务器
    D. 在发生 4 个事件之后，syslog 客户端将事件消息发送到 syslog 服务器
12. 在路由器 R1 执行 **ntp server 10.1.1.1** 全局配置命令后，有什么影响？
    A. 标识 R1 将向其发送 syslog 消息的 NTP 服务器
    B. 标识 R1 将用来存储备份配置的 NTP 服务器
    C. 使用 IP 地址 10.1.1.1 将 R1 标识为 NTP 服务器
    D. 将 R1 的时钟与 IP 地址为 10.1.1.1 的时间服务器进行同步
13. 关于企业网络中的 NTP 服务器，下面哪两个说法是正确的？（选择两项）
    A. 所有 NTP 服务器直接同步到第 1 层时间源
    B. 第 1 层的 NTP 服务器直接连接到权威时间源
    C. NTP 服务器控制关键网络设备的平均故障间隔时间（MTBF）
    D. NTP 服务器确保在记录和调试信息上有准确的时间戳
    E. 一个企业网络中只能有一台 NTP 服务器
14. 如果密码丢失，网络管理员可以做什么来访问路由器？
    A. 通过 Telnet 远程访问路由器，并执行 **show running-config** 命令
    B. 将路由器引导至 ROMMON 模式，然后从 TFTP 服务器重新安装 IOS

C. 在 ROMMON 模式下，将路由器配置为在路由器初始化时忽略启动配置

D. 重启路由器，并在 IOS 启动期间使用中断序列绕过密码

15. 在 rommon 1>提示符下配置 **confreg 0x2142** 命令会有什么结果？

A. 擦除 NVRAM 中的内容 B. 忽略 NVRAM 中的内容

C. 擦除 RAM 中的内容 D. 忽略 RAM 中的内容

16. 网络技术人员正在尝试在路由器上恢复密码。在 ROMMON 模式下，输入哪个命令可以绕过启动配置文件？

A. rommon> **config-register 0x2102** B. rommon> **confreg 0x2102**

C. rommon> **config-register 0x2142** D. rommon> **confreg 0x2142**

17. 管理员必须具备什么才能重置路由器上丢失的密码？

A. 一根交叉电缆 B. 一台 TFTP 服务器

C. 访问另一台路由器 D. 以物理的方式访问路由器

18. 网络工程师正在 2900 系列 ISR 上升级思科 IOS 镜像。工程师可以使用哪个命令来验证闪存的总容量以及当前可用的闪存容量？

A. **show boot memory** B. **show flash0:**

C. **show interfaces** D. **show startup-config**

E. **show version**

19. 在尝试使用 TFTP 服务器升级 IOS 镜像之前，网络管理员应验证以下哪两个条件？（选择两项）

A. 使用 **ping** 命令验证路由器和 TFTP 服务器之间的连接

B. 使用 **show version** 命令验证镜像文件的校验和是否有效

C. 使用 **tftpdnld** 命令验证 TFTP 服务器是否在运行

D. 使用 **show hosts** 命令验证 TFTP 服务器的名称

E. 使用 **show flash** 命令验证是否有足够的闪存用于新的思科 IOS 镜像

20. 下面哪一项描述了 SNMP 操作？

A. SNMP 代理使用 get 请求查询设备中的数据

B. NMS 使用 set 请求更改代理设备中的配置变量

C. NMS 使用 trap 向设备查询数据，以定期轮询驻留在托管设备上的 SNMP 代理

D. 驻留在托管设备上的 SNMP 代理收集有关设备的信息，并将该信息远程存储在 NMS 上的 MIB 中

21. 哪个 SNMP 功能可以解决 SNMP 轮询的主要缺点？

A. SNMP 团体字符串 B. SNMP get 消息

C. SNMP set 消息 D. SNMP trap 消息

22. 在使用 SNMPv1 或 SNMPv2 时，哪个功能可提供对 MIB 对象的安全访问？

A. 团体字符串 B. 消息完整性

C. 数据包加密 D. 来源验证

23. 哪个 SNMP 版本使用基于弱团体字符串的访问控制并支持批量检索？

A. SNMPv1 B. SNMPv2c

C. SNMPv3 D. SNMPv2Classic

第 11 章

网络设计

学习目标

通过完成本章的学习，您将能够回答下列问题：

- 如何将数据、语音和视频融合在交换网络中；
- 在设计可扩展网络时需要考虑哪些因素；
- 交换机的硬件功能如何支持网络需求；
- 哪些类型的路由器可用于中小企业网络。

您是一位备受尊重的太空飞船设计师！有人要求您来设计一架新的太空飞船。您首先会问的问题是："这艘飞船的用途是什么？它会有多少机组人员？它是战舰、货舰，还是一艘科学勘探船？"如果答案是："机组人员只有 50 人，但飞船必须能够容纳 500 人，而且将以各种方式使用。"您要怎么设计这样一艘飞船？您必须合理地设计飞船的尺寸和配置，以及它所需要的动力。

要想设计一个网络来满足当前的需求，并且还能适应未来的需求，这是一项复杂的任务。但这是可以做到的，这要归功于使用了正确组件的分层和可扩展的网络设计。你一定想了解这些内容。即使您还没有开始设计您的网络，了解网络设计也会增加您对于组织机构的价值，使您成为出色的网络管理员！谁不想这样呢？

11.1　分层网络

网络必须具有可扩展性，这意味着它们必须能够适应网络规模的增大和缩小。本节将介绍如何使用分层设计模型来实现网络的扩展。

11.1.1　扩展网络的需求

我们的数字世界正在发生变革。接入互联网和公司网络的能力不再局限于物理办公室、地理位置或时区。在当今全球化的工作环境中，员工可以从世界上的任何地方对资源发起访问，他们所要访问的信息必须能在任何时间、任何设备上可用。这推动了构建安全、可靠和高度可用的下一代网络的需求。这些下一代网络不仅必须支持当前的期望和设备，还必须能与过时的平台相集成。

组织机构越来越依赖于网络基础设施来提供任务关键型服务。随着业务的增长和发展，组织机构会雇佣更多的员工，开设分支机构并进军全球市场。这些变化会直接影响到网络的需求，网络必须能够扩展，以满足业务的需求。例如，图 11-1 中的公司只有一个位置连接到互联网。

图 11-2 所示为公司在同一城市中拥有多个办公地点之后的情况。

图 11-3 所示为该公司不断发展并扩展到更多的城市。它还雇佣了远程工作人员并为其提供了连接。

图 11-1 只有一个位置的小型公司

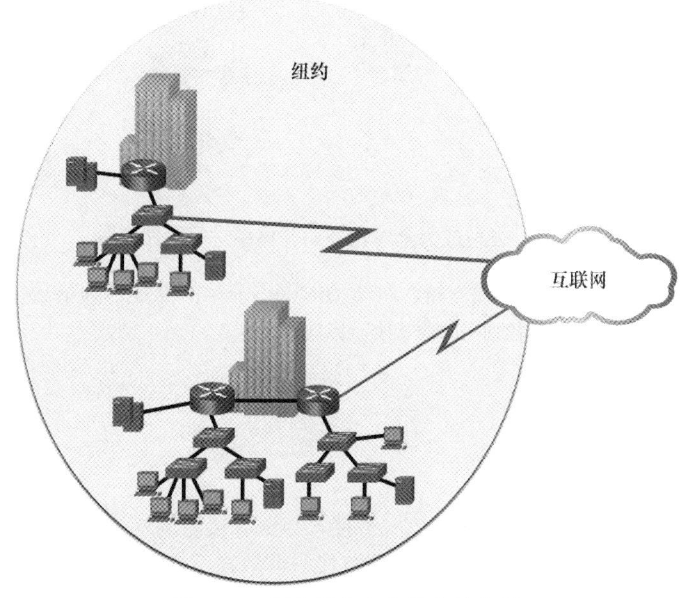

图 11-2 拥有多个办公地点的公司

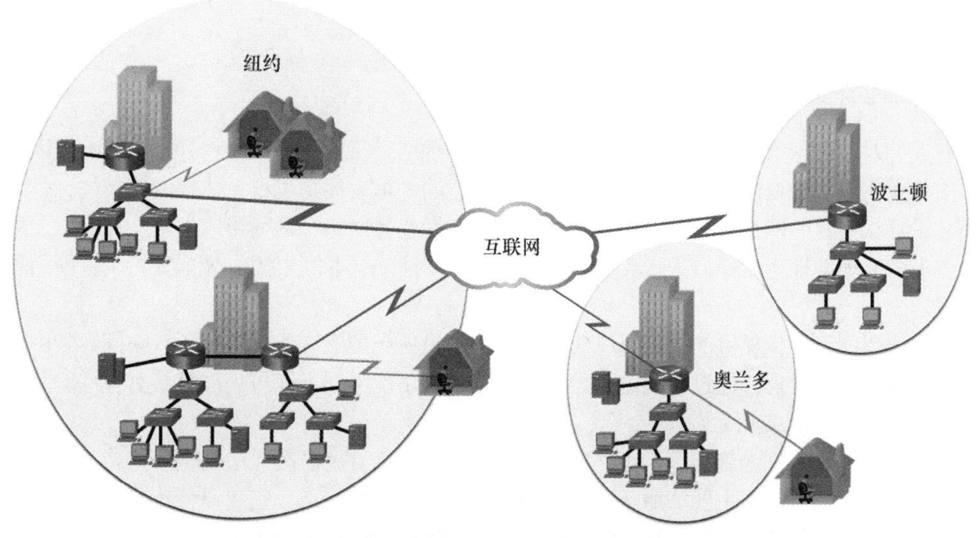

图 11-3 公司发展到多个城市并雇佣了远程工作人员

图 11-4 所示为公司扩展到其他国家并由网络运营中心（NOC）集中管理。

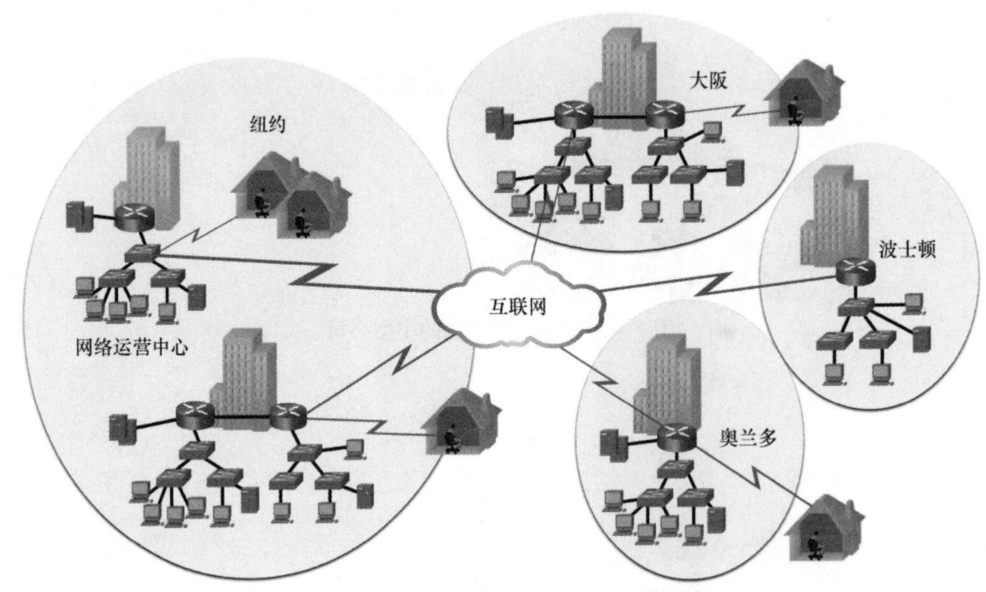

图 11-4 公司成为全球性公司并集中进行网络运营

为了支持多元化的业务，网络必须支持各种类型的网络流量的交换，包括数据文件、电子邮件、IP 电话和视频应用等。所有企业网络必须能够执行以下操作：

- 支持关键的应用；
- 支持融合网络流量；
- 支持多样化的业务需求；
- 提供集中管理控制。

LAN 是为终端用户和设备提供网络通信服务接入与资源接入的网络基础设施。终端用户和设备可能会分布在一个楼层或一个大楼中。通过相互连接一群散布在小型地理区域的 LAN，可以创建一个园区网络。园区网络的设计包括使用单台 LAN 交换机的小型网络，以及具有数千个连接的超大型网络。

11.1.2 无边界交换网络

随着人们对融合网络的需求不断增长，必须使用一种结合智能、简化操作并且可以扩展以满足未来需求的体系化方法开发网络。在网络设计领域，最近的一项发展是思科无边界网络架构，这是一种将创新和设计相结合的网络架构。它允许组织机构支持无边界网络，从而可以安全、可靠、无缝地在任何设备上随时随地地连接任何人。该架构旨在应对 IT 和业务方面的挑战，例如支持融合网络和更改工作模式。

思科无边界网络架构提供的框架可以统一多种不同设备类型的有线访问和无线访问，其中包括策略、访问控制和性能管理。通过使用这个架构，无边界网络能够建立在可扩展且具有弹性的分层硬件基础设施之上，如图 11-5 所示。

通过把这个硬件基础设施与基于策略的软件解决方案相结合，思科无边界网络架构在集成管理解决方案的框架下提供了两组主要的服务：网络服务和用户及终端服务。它可以使不同的网络元素协同工作，并允许用户随时从任何位置访问资源，同时提供优化、可扩展性和安全性。

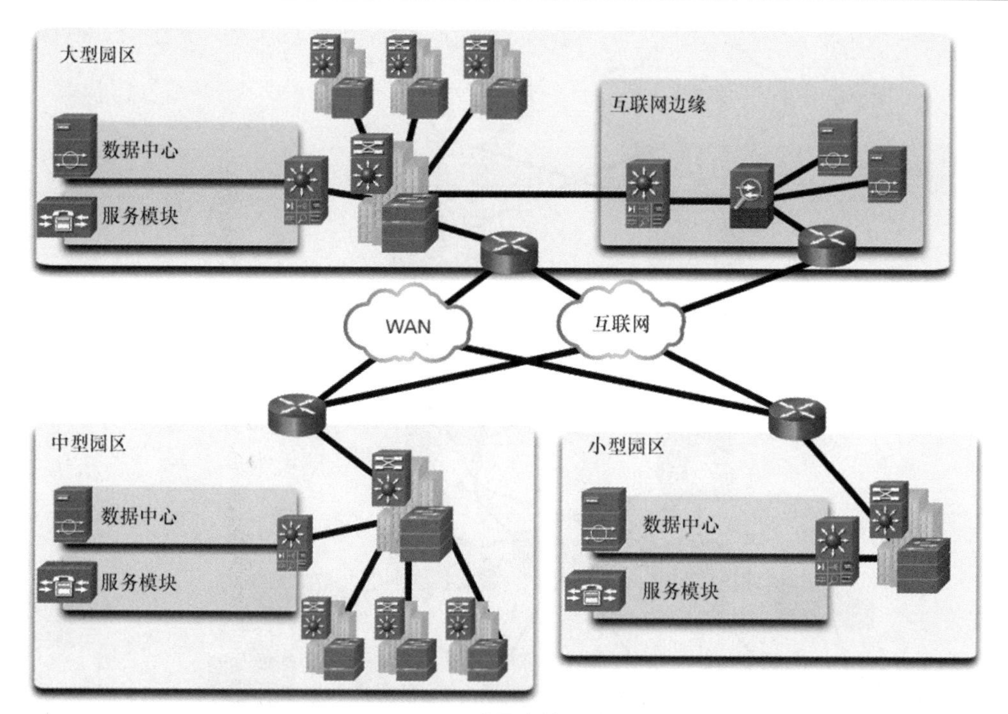

图 11-5 无边界交换网络示例

11.1.3 无边界交换网络的层次结构

在创建无边界交换网络时，需要使用合理的网络设计原理来确保可用性、灵活性、安全性和可管理性的最大化。无边界交换网络必须能够满足当前的需求以及未来所需的服务和技术。无边界交换网络设计的指导原则是根据以下原则建立的。

- **分层式**：这种设计有助于我们理解每一层设备的作用，它简化了部署、运营和管理，并减少了每一层的容错域。
- **模块化**：这种设计允许无缝地扩展网络和按需集成服务支持（enablement）。
- **恢复能力**：这种设计可以满足用户对“网络始终运行”的期望。
- **灵活性**：这种设计允许使用所有的网络资源来智能地实现流量负载共享。

这些都不是孤立的原则。了解每项原则如何与其他原则相适应才是至关重要的。以分层方式设计无边界交换网络，可以为网络设计师叠加安全性、移动性与统一通信功能奠定基础。业界有两个久经考验并被证明了其合理性的园区网络分层设计框架：三层模型和两层模型。

这些分层设计中的三个关键层是接入层、分布层和核心层。每一层都可视为一个定义良好的结构化模块，在园区网中有特定的作用和功能。通过将模块化引入园区分层设计中，可以进一步确保园区网络保持足够的恢复力和灵活性，以提供关键的网络服务。模块化还有助于支持未来可能出现的扩展和变化。

三层模型

图 11-6 所示为三层模型的示例。

顶部的两个云代表互联网。有冗余链路连接到两台防火墙路由器。路由器通过冗余链路连接到两台核心层的多层交换机。两台交换机之间通过 4 条链路建立了以太通道。交换机还通过冗余链路连接到两台分布层的多层交换机。分布层交换机通过冗余链路连接到 3 台接入层交换机。其中两台交换机连接到接入点。两个接入点都连接了平板电脑。接入层交换机也连接了 IP 电话和 PC。

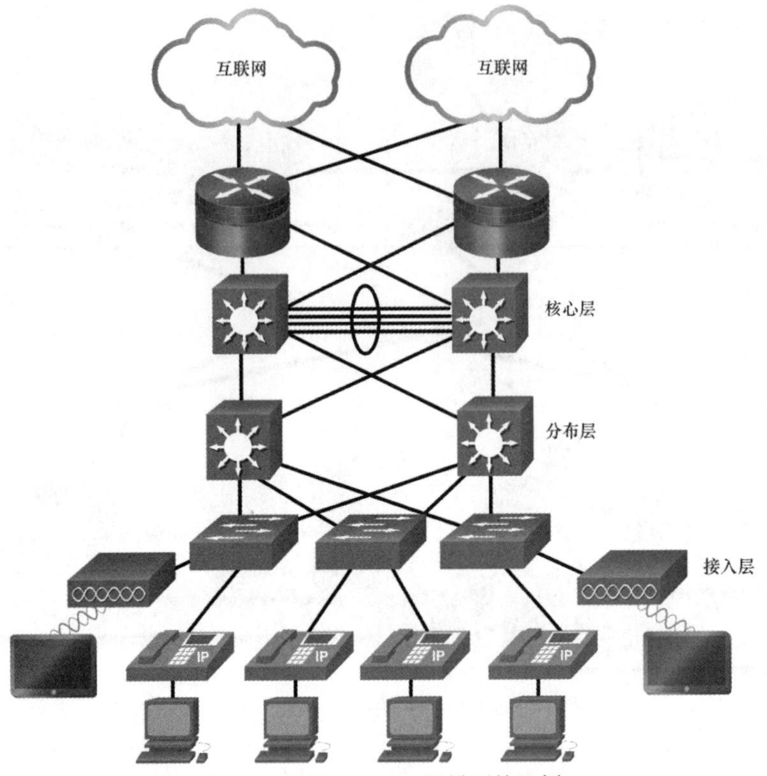

图 11-6　三层模型的示例

两层模型

图 11-7 所示为一个两层模型的示例。

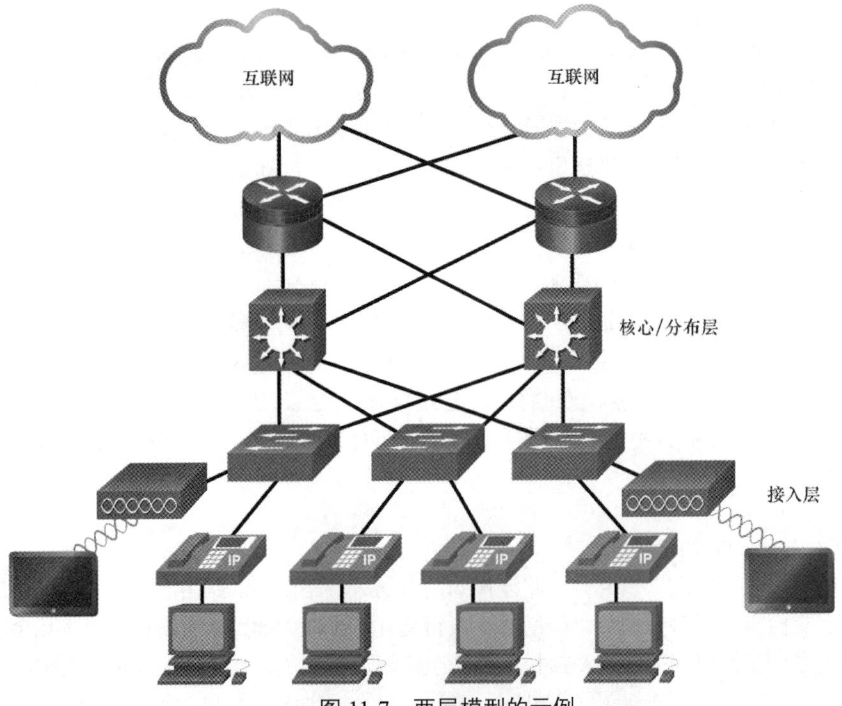

图 11-7　两层模型的示例

顶部的两个云代表互联网。有冗余链路连接到两台防火墙路由器。路由器通过冗余链路连接到两台核心层/分布层的多层交换机。核心层/分布层交换机通过冗余链路连接到 3 台接入层交换机。其中两台交换机连接到接入点。两个接入点都连接了平板电脑。接入层交换机也连接了 IP 电话和 PC。

11.1.4 接入层、分布层和核心层的功能

在分层的网络设计中，接入层、分布层和核心层分别执行特定的功能。

接入层

接入层代表网络边缘，流量将从这里进出园区网。传统上，接入层交换机的主要功能是为用户提供网络访问。接入层交换机与分布层交换机连接，分布层交换机将实施网络基础技术（如路由、服务质量和安全）。

为了满足网络应用和终端用户的需求，下一代交换平台现在在网络边缘向各种类型的端点提供更加融合、集成和智能的服务。通过将智能构建到接入层交换机中，可以让应用在网络上更高效、安全地运行。

分布层

分布层是接入层和核心层之间的接口，它提供了很多重要的功能，其中包括：

- 聚合大规模的布线间网络；
- 聚合第 2 层广播域和第 3 层路由边界；
- 提供智能交换、路由和网络接入策略功能，以访问网络的其余部分；
- 通过冗余的分布层交换机为终端用户提供高可用性，并提供去往核心层的等开销路径；
- 为网络边缘的各类服务应用提供差异化的服务。

核心层

核心层是网络骨干，它连接园区网的多个层。核心层充当所有分布层设备的聚合器，并将园区与网络的其他部分连接起来。核心层的主要用途是提供故障隔离和高速骨干连接。

11.1.5 三层示例和两层示例

下文分别给出了三层设计和两层设计的示例以及相应的解释。

三层示例

图 11-8 所示为组织机构的三层园区网络设计，其中接入层、分布层和核心层分别是单独的层。

为了构建一个简化、可扩展、经济高效的物理电缆布局设计，建议构建一个扩展的物理星型网络拓扑，从中央的建筑位置连接到所有同一园区的其他建筑。

在图 18-8 中，共有 6 栋建筑物，分别为 A～F。建筑物 A 是管理部，建筑物 B 是营销部，建筑物 C 是工程部，建筑物 D 是研发部，建筑物 E 是 IT 部，建筑物 F 是数据中心。在物理星型拓扑中，建筑物 B～F 连接到建筑物 A。建筑物 A 位于核心层。建筑物 B～F 位于分布层和接入层。

两层示例

在某些情况下，如果不存在广泛的物理或网络可扩展性，则不需要维护单独的分布层和核心层。在只有少量用户访问网络的小型园区位置，或者在由单栋建筑构成的园区站点中，可能并不需要单独的核心层和分布层。在这样的场景中，建议使用两层园区网络设计，也称为紧缩核心网络设计。

图 11-9 所示为两层园区网络设计的示例。该图的拓扑中只有一栋建筑。网络边缘的路由器通过两条链路分别连接 WAN 和互联网。路由器上有一条链路连接到多层交换机。路由器和多层交换机构成了整个紧缩的核心/分布层。多层交换机上有多条链路分别连接到接入层的 5 台交换机。接入层交换机上分别标有 6 层研发部、5 层工程部、4 层服务器区域、3 层 IT 部和 2 层管理部。

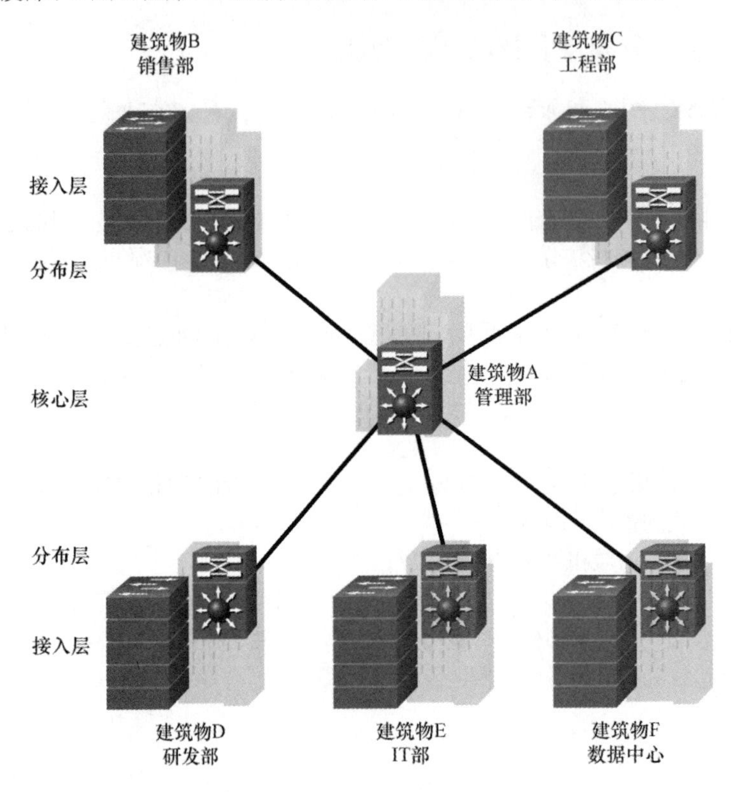

图 11-8　三层示例

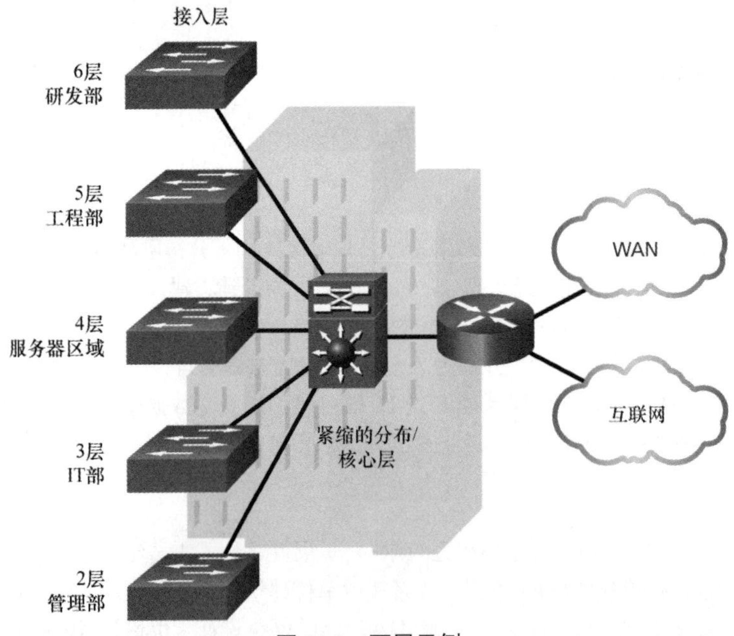

图 11-9　两层示例

11.1.6 交换网络的角色

在过去的 20 年中，交换网络的角色发生了巨大的变化。不久之前，扁平的第 2 层交换网络是常态。这些网络依靠以太网和广泛使用的 Hub 中继器在整个组织内传播 LAN 流量。

网络已经发生了根本变化，现在倾向于分层设计的交换 LAN，如图 11-10 所示。

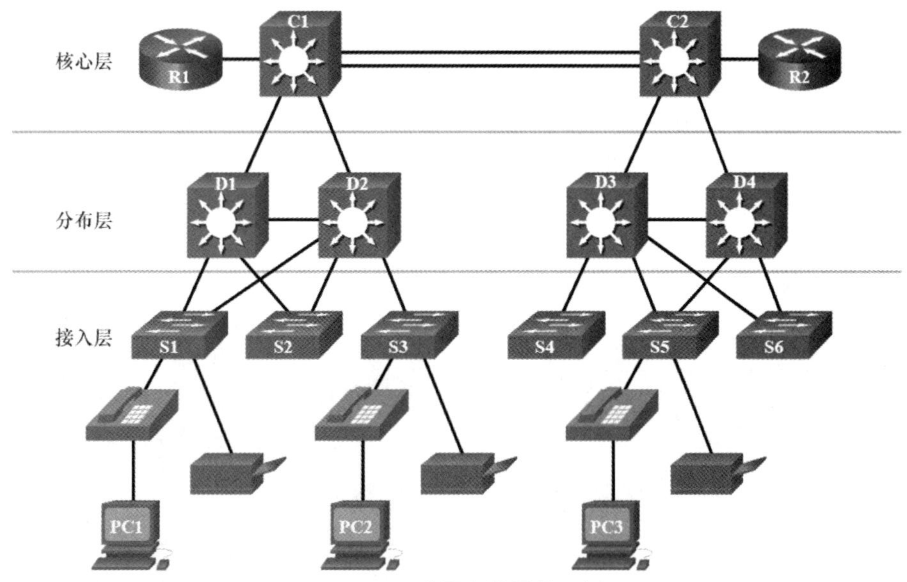

图 11-10 分层交换网络示例

交换 LAN 可以提供额外的灵活性、流量管理、服务质量和安全性。它还能够支持无线网络和连接，并且支持其他技术，比如 IP 电话和移动服务。

11.2 可扩展的网络

在本节中，您将了解设计可扩展网络的注意事项。

11.2.1 可扩展性设计

您知道您的网络会发生变化。用户的数量很可能会增加，他们可能会位于任何地方，会使用各种各样的设备。您的网络必须能够随着用户一起进行改变。可扩展性指的是网络在不损失可用性和可靠性的情况下进行扩展的能力。

为了支持大型、中型或小型网络，网络设计人员必须制定一种策略，使网络可用且能够高效轻松地扩展。基本的网络设计策略包括以下建议。

- 使用可扩展的、模块化的设备或集群设备，这些设备可以通过轻松升级来提升性能。可以将设备模块添加到现有设备中，以支持新的功能和设备，而无须进行重大的设备升级。可以将某些设备集成到集群中作为一个设备使用，以简化管理和配置。
- 设计一个分层的网络，使其包含可根据需要添加、升级和修改的模块，而不影响网络其他功能区域的设计。例如，创建一个单独的接入层，可以在不影响园区网的分布层和核心层的情况下进行扩展。

- 创建一个分层的 IPv4 或 IPv6 编址策略。通过仔细地规划地址，无须对网络地址进行重新分配就可以支持更多的用户和服务。
- 选择路由器或多层交换机来限制广播，并过滤来自网络的其他不需要的流量。使用第 3 层设备来过滤和减少去往网络核心的流量。

下文介绍了有关高级网络设计要求的更多信息。

冗余链路

在网络的关键设备之间以及在接入层和核心层设备之间实施冗余链路。

图 11-11 所示为接入层和核心层设备之间的冗余链路。在配线间中有 2 台交换机，在骨干网中有 4 台交换机。6 台交换机具有冗余链路。骨干交换机上有冗余链路连接到服务器区域。服务器区域由 2 台交换机和 7 台服务器构成。

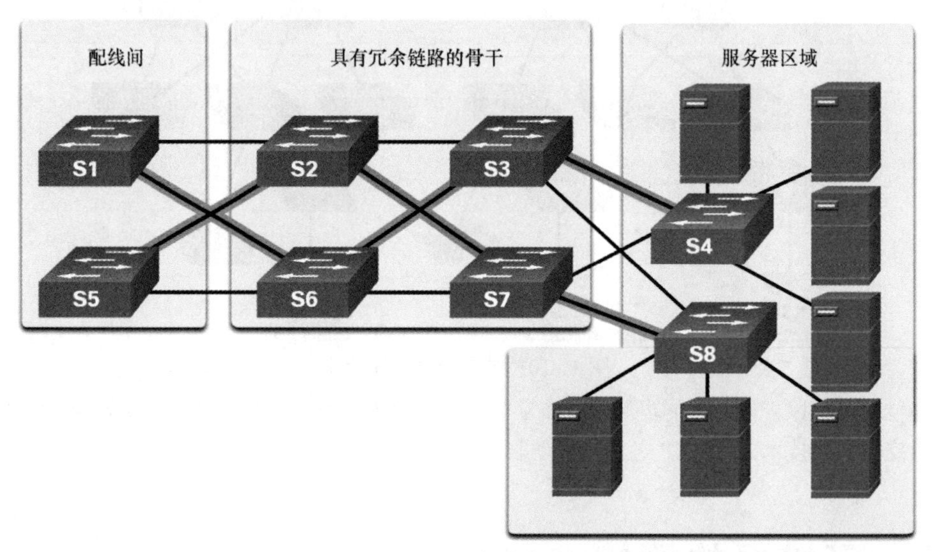

图 11-11 冗余链路示例

多条链路

通过链路聚合（以太通道）或等开销负载均衡在设备之间实施多条链路，以增加带宽。将多条以太网链路组合为单个负载均衡的以太道配置，可增加可用带宽。当预算不足以购买高速接口和光纤时，可实施以太通道。

图 11-12 所示为交换机之间使用以太通道实施的多条链路。图中的两台多层交换机分别使用两条链路连接到一台交换机。这些链路使用以太通道聚合在一起。

可扩展的路由协议

通过使用可扩展的路由协议（如 OSPF），并实施路由协议的功能，可以隔离路由更新并将路由表的大小将至最低。

图 11-13 所示为一个三区域 OSPF 网络，其中包括区域 1、区域 0 和区域 51。区域 1 中有 4 台路由器，其中名为 R1 的路由器位于边缘。R1 同时位于区域 1 和区域 0。区域 0 中有两台路由器：R1 和 R2。R2 同时位于区域 0 和区域 51。区域 51 包含 4 台路由器，它们之间以串行链路相连。

如果区域 1 和区域 51 中的路由器数量分别增加到 40 台，该怎么办？OSPF 提供了可扩展性功能来支持路由器数量的增加。

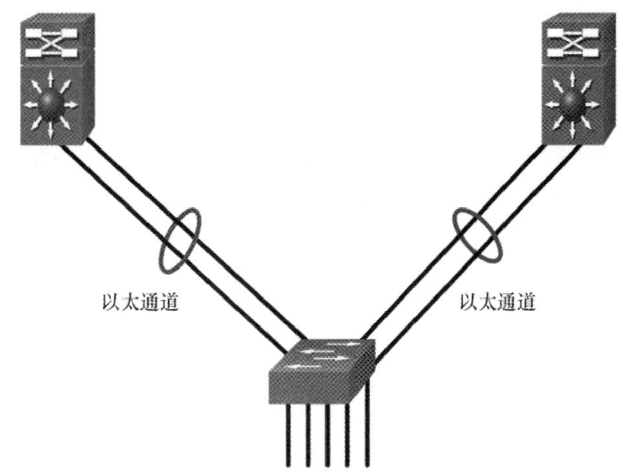

图 11-12　多条链路示例

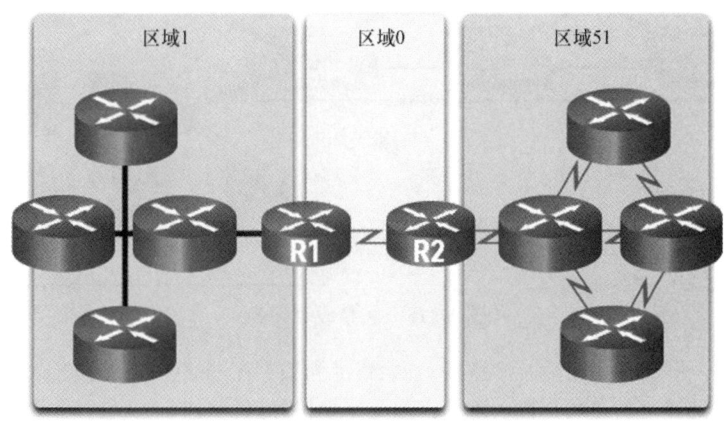

图 11-13　可扩展的路由协议示例

无线连接

通过实施无线连接可满足移动性和扩展性的需求。

图 11-14 所示为使用无线连接来满足移动性和扩展性的需求。路由器 R1 上有一条链路连接到交换机 S1。S1 有一条冗余链路连接到另一台交换机 S2。S2 上有多条链路分别连接两台 PC 和一个思科无线接入点。思科无线接入点以无线的方式连接了手机、笔记本电脑和平板电脑。

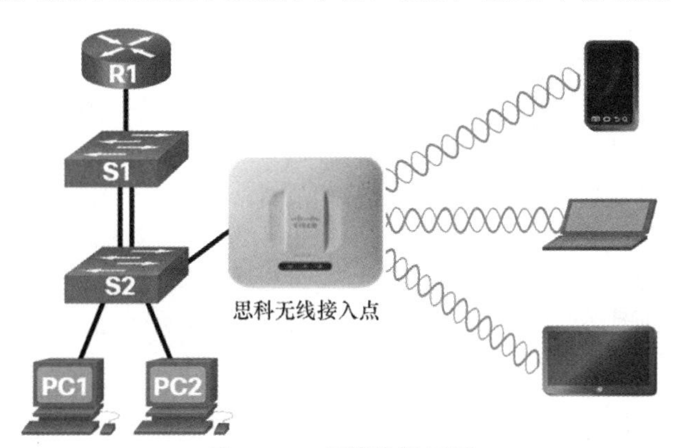

图 11-14　无线连接示例

11.2.2 冗余规划

对许多组织机构来说，网络的可用性对支持业务的需求至关重要。冗余是网络设计的重要组成部分。它通过将单点故障的可能性降至最低来防止网络服务的中断。实施冗余的一种方法是安装重复的设备并向关键设备提供故障切换服务，如图 11-15 所示。

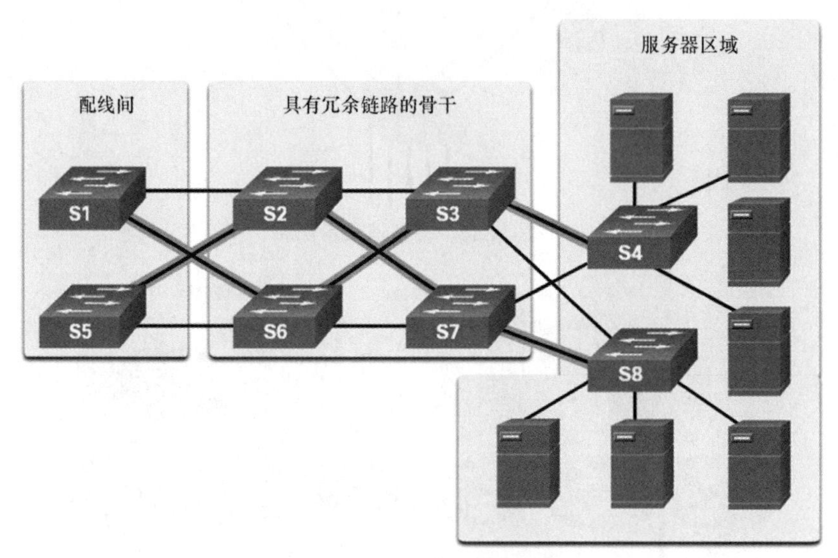

图 11-15 冗余设计示例

实施冗余的另一种方法是使用冗余路径。冗余路径为数据在网络中的传输提供了备用的物理路径。交换网络中的冗余路径支持高可用性。然而，由于交换机的运行机制，交换以太网络中的冗余路径可能会导致逻辑的第 2 层环路。因此，需要使用生成树协议（STP）。

在交换机之间使用冗余链路时，STP 可消除第 2 层环路。它通过使用一种机制来禁用交换网络中的冗余路径，直到必要时才启用，比如发生故障时。STP 是一种开放的标准协议，在交换环境中用于创建无环的逻辑拓扑。

在骨干网中使用第 3 层协议是另一种实施冗余的方法，这样就无须在第 2 层使用 STP。在故障切换期间，第 3 层协议也提供了最优路径选择和更快的收敛速度。

11.2.3 降低故障域的大小

设计优良的网络不仅可以控制流量，还可以限制故障域的大小。故障域是指在关键设备或网络服务出现问题时受影响的网络区域。

最初发生故障的设备的功能决定了故障域的影响范围。例如，一个网段上出现故障的交换机通常只会影响该网段上的主机。但如果将该网段连接到其他网段的路由器出现故障，则影响会严重得多。

使用冗余链路和可靠的企业级设备可以将网络中断的几率降至最低。较小的故障域可以降低故障对公司生产力的影响，而且还简化了故障排除过程，从而缩短了所有用户的停机时间。

下文提供了每个相关设备的故障域示例。

边缘路由器

图 11-16 所示为一台边缘路由器的故障域。

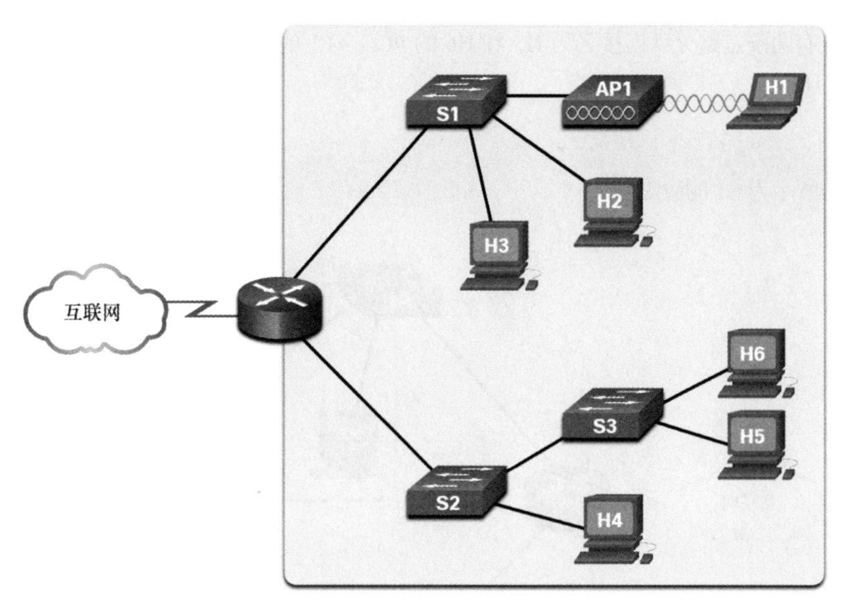

图 11-16 边缘路由器的故障域

在图 11-16 中，表示互联网的云与边缘路由器相连。边缘路由器上有两条分支链路，分别连接到名为 S1 和 S2 的交换机。S1 上有多条链路分别连接名为 H2 和 H3 的 PC，以及名为 AP1 的无线接入点。AP1 通过无线的方式连接了名为 H1 的笔记本电脑。交换机 S2 连接了名为 S3 的交换机，以及名为 H4 的 PC。S3 上有两条链路分别连接名为 H5 和 H6 的 PC。边缘路由器的故障域在方框中进行了突出显示，该方框中包含了与边缘路由器相连的所有设备，但不包括去往互联网的链路。

AP1

图 11-17 所示为无线接入点 AP1 的故障域。

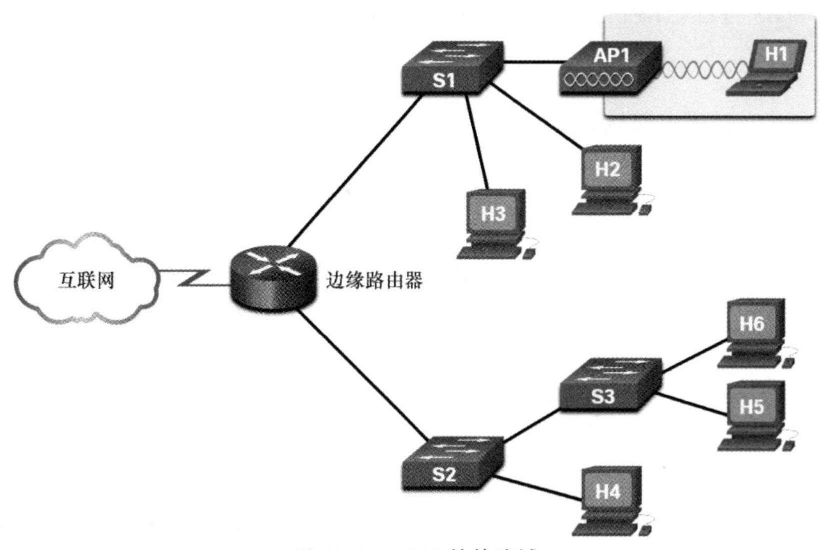

图 11-17 AP1 的故障域

在图 11-7 中，表示互联网的云与边缘路由器相连。边缘路由器上有两条分支链路，分别连接到名为 S1 和 S2 的交换机。S1 上有多条链路分别连接名为 H2 和 H3 的 PC，以及名为 AP1 的无线接入点。AP1 通过无线的方式连接了名为 H1 的笔记本电脑。交换机 S2 连接了名为 S3 的交换机，以及名为 H4

的 PC。S3 上有两条链路分别连接名为 H5 和 H6 的 PC。AP1 的故障域只包含以无线方式连接到 AP1 的 PC，也即 H1。

S1

图 11-18 所示为 S1 的故障域。

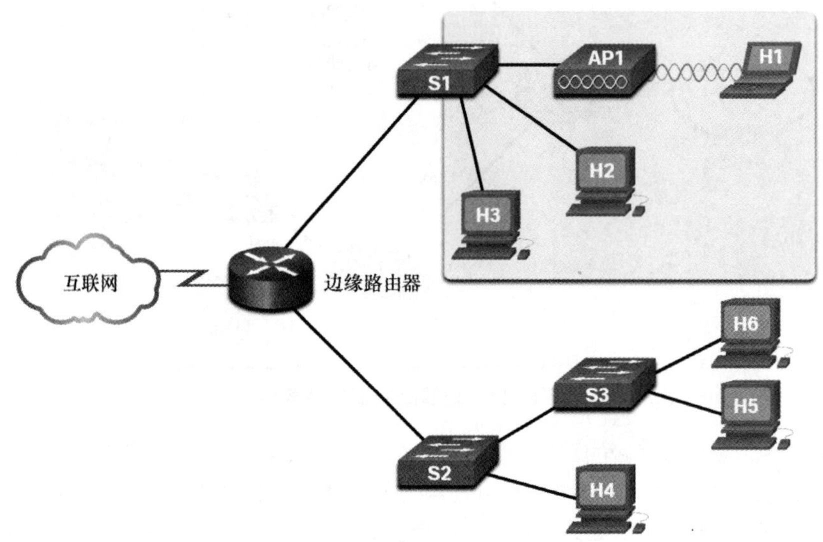

图 11-18 S1 的故障域

在图 11-18 中，表示互联网的云与边缘路由器相连。边缘路由器上有两条分支链路，分别连接到名为 S1 和 S2 的交换机。S1 上有多条链路分别连接名为 H2 和 H3 的 PC，以及名为 AP1 的无线接入点。AP1 通过无线的方式连接了名为 H1 的笔记本电脑。交换机 S2 连接了名为 S3 的交换机，以及名为 H4 的 PC。S3 上有两条链路分别连接名为 H5 和 H6 的 PC。S1 的故障域由连接到 S1 的所有设备构成：名为 H2 和 H3 的 PC、AP1 及其无线连接的设备 H1。

S2

图 11-19 所示为 S2 的故障域。

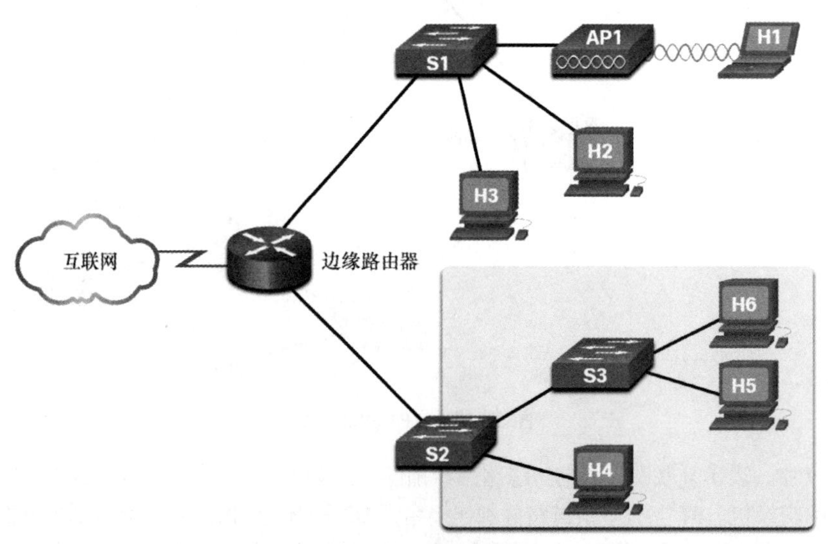

图 11-19 S2 的故障域

在图 11-19 中，表示互联网的云与边缘路由器相连。边缘路由器上有两条分支链路，分别连接到名为 S1 和 S2 的交换机。S1 上有多条链路分别连接名为 H2 和 H3 的 PC，以及名为 AP1 的无线接入点。AP1 通过无线的方式连接了名为 H1 的笔记本电脑。交换机 S2 连接了名为 S3 的交换机，以及名为 H4 的 PC。S3 上有两条链路分别连接名为 H5 和 H6 的 PC。S2 的故障域由所有连接到 S2 的设备构成：名为 H4 的 PC、S3 及其连接的名为 H5 和 H6 的 PC。

S3

图 11-20 所示为 S3 的故障域。

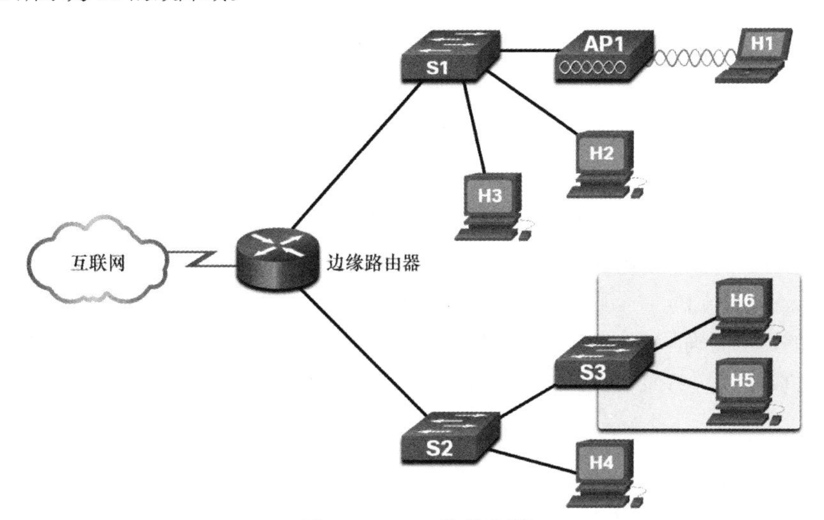

图 11-20　S3 的故障域

在图 11-20 中，表示互联网的云与边缘路由器相连。边缘路由器上有两条分支链路，分别连接到名为 S1 和 S2 的交换机。S1 上有多条链路分别连接名为 H2 和 H3 的 PC，以及名为 AP1 的无线接入点。AP1 通过无线的方式连接了名为 H1 的笔记本电脑。交换机 S2 连接了名为 S3 的交换机，以及名为 H4 的 PC。S3 上有两条链路分别连接名为 H5 和 H6 的 PC。S3 的故障域由所有连接到 S3 的设备构成：名为 H5 和 H6 的 PC。

限制故障域的大小

由于网络核心层的故障对网络的影响很大，因此网络设计人员通常把精力集中在防止核心层的故障上。但这会极大地增加实施网络的成本。在分层设计模型中，控制分布层故障域的大小最容易，通常成本也最低。在分布层中，网络错误可以限制在较小的区域内，从而影响的用户更少。如果在分布层使用第 3 层设备，那么每台路由器都可充当有限数量的接入层用户的网关。

交换块部署

路由器或多层交换机通常是成对部署的，然后接入层交换机均匀分布在这些设备中间。这种配置称为楼宇交换块（switch block）或部门交换块。每一个交换块独立运行。这样，单台设备的故障不会导致整个网络瘫痪。即使整个交换块出现故障，也不会影响到大量的终端用户。

11.2.4　增加带宽

在分层的网络设计中，与其他链路相比，位于接入层交换机和分布层交换机之间的某些链路可能需要处理更多的流量。当来自多条链路的流量汇聚到单条流出的链路上时，该链路可能会成为瓶颈。

链路聚合（比如以太通道，见图 11-21）可允许管理员通过创建一个由多条物理链路组成的逻辑链路来增加设备之间的带宽。

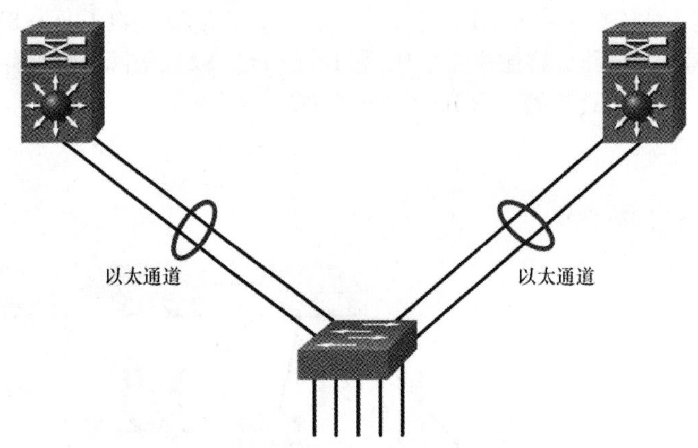

图 11-21 使用以太通道增加带宽

以太通道会使用现有的交换机端口，因此没有必要把链路升级为更快且更昂贵的连接。以太通道被视为使用以太通道接口的一个逻辑链路。大多数的配置任务是在以太通道接口（而不是各个单独的端口）上完成的，从而确保整个链路具有一致的配置。最后，以太通道配置利用了属于同一以太通道的链路之间的负载均衡，并且可根据硬件平台实施一种或多种负载均衡方法。

11.2.5 扩展接入层

网络的设计必须能够根据需要扩展对个人和设备的网络访问。扩展接入层连接的一个越来越重要的选项是无线连接。无线连接具有许多优点，例如提升灵活性、降低成本，以及能够发展且适应不断变化的网络和业务需求。

要进行无线通信，终端设备需要配备无线网卡，该网卡将无线电发射器/接收器以及所需的软件驱动程序集成在一起，从而可正常运行。此外，用户需要使用无线路由器或无线接入点（AP）进行连接，如图 11-22 所示。

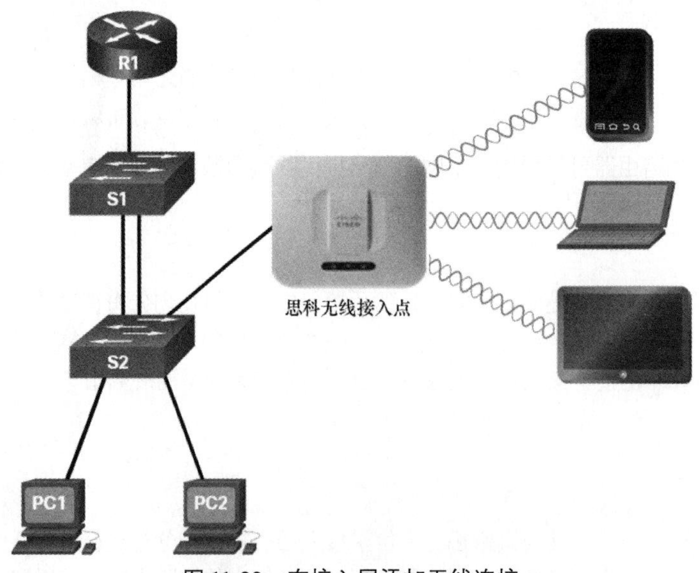

图 11-22 在接入层添加无线连接

在实施无线网络时有许多注意事项，例如要使用的无线设备的类型、无线的覆盖需求、干扰注意事项和安全注意事项。

11.2.6　调整路由协议

大型网络中使用了高级路由协议，比如开放最短路径优先（OSPF）。

OSPF 是一种链路状态路由协议。在图 11-23 中可以看到，OSPF 非常适用于大型的分层网络，在这种网络中快速收敛非常重要。

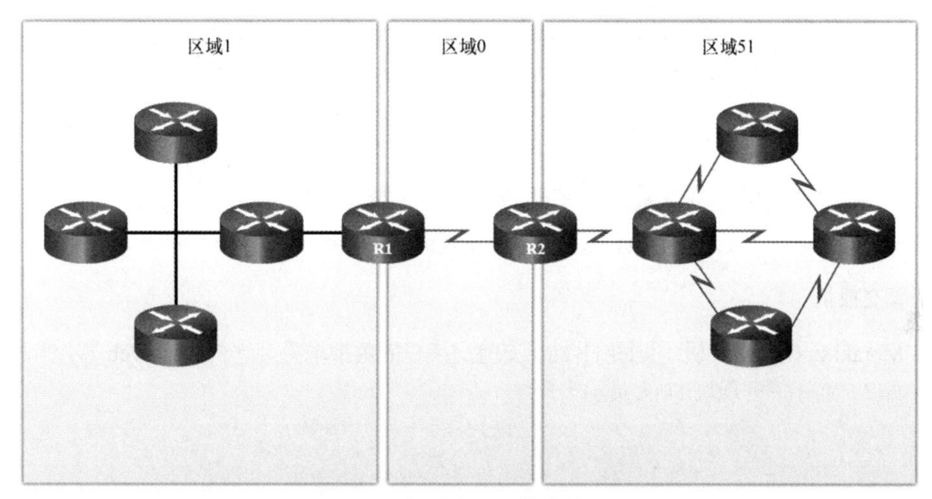

图 11-23　大型分层网络中的 OSPF

OSPF 路由器会与其他相连的 OSPF 路由器建立并维护邻居的邻接关系。OSPF 路由器相互之间会同步它们的链路状态数据库。在网络发生变化时，OSPF 路由器会发送链路状态更新，告诉其他 OSPF 路由器相应的变化，并在路径可用时建立新的最优路径。

11.3　交换机硬件

交换机和路由器是核心网络基础设施设备，选择它们似乎是一项相当简单的任务。但是，有许多不同型号的交换机和路由器可供使用。不同的型号提供的端口数量、转发速率各不相同，且有独特的功能支持。

在本节中，您将学习如何根据功能兼容性和网络需求来选择网络设备。

11.3.1　交换机平台

一种创建分层且可扩展网络的简单方式是使用合适的设备来完成相应的工作。在选择交换机之前，应该考虑各种交换机平台、外形因素以及其他功能。

在设计网络时，重要的是选择适当的硬件来满足当前的网络需求，同时还要考虑到网络的增长。在企业网络中，交换机和路由器在网络通信中都起着至关重要的作用。

下文介绍了有关企业网络交换机类别的更多信息。

园区 LAN 交换机

要想在一个企业 LAN 中扩展网络性能，可以使用核心层、分布层、接入层和紧凑型交换机。这些交换机平台各不相同，有 8 个固定端口的无风扇式交换机，也有支持数百个端口的 13 刀片（13-blade）交换机。园区 LAN 交换机平台包括思科 2960、3560、3650、3850、4500、6500 和 6800 系列。图 11-24 所示为思科 3650 系列的交换机。

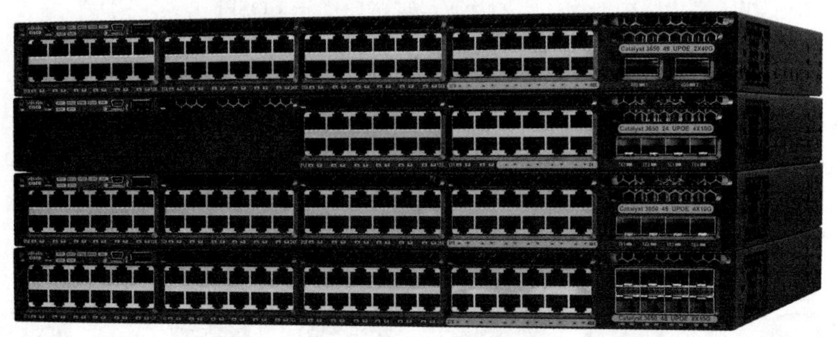

图 11-24 园区 LAN 交换机：思科 3650 系列

云托管交换机

思科 Meraki 云托管交换机（见图 11-25）支持交换机的虚拟堆叠。它们通过 Web 监控和配置数千个交换机端口，而不需要现场 IT 人员的干预。

图 11-25 云托管交换机：思科 Meraki

数据中心交换机

数据中心应该使用能提高基础设施可扩展性、运行连续性和传输灵活性的交换机来构建。数据中心交换机平台包括思科 Nexus 系列交换机，例如图 11-26 所示的 7000 系列交换机。

图 11-26 数据中心交换机：思科 Nexus 7000 系列

服务提供商交换机

服务提供商交换机分为两类：聚合交换机和以太网接入交换机。聚合交换机是运营商级别的以太网交换机，它能够在网络边缘聚合流量。服务提供商以太网接入交换机具有应用层智能、统一服务、虚拟化、集成的安全性和简化的管理等功能。图 11-27 所示为思科 ASR 9000 系列交换机。

图 11-27 服务提供商交换机：思科 ASR 9000 系列

虚拟网络交换机

网络正变得越来越虚拟化。思科 Nexus 虚拟网络交换机平台（例如图 11-28 中的 Nexus 1000v）通过将虚拟化智能技术添加到数据中心网络来提供安全的多租户服务。

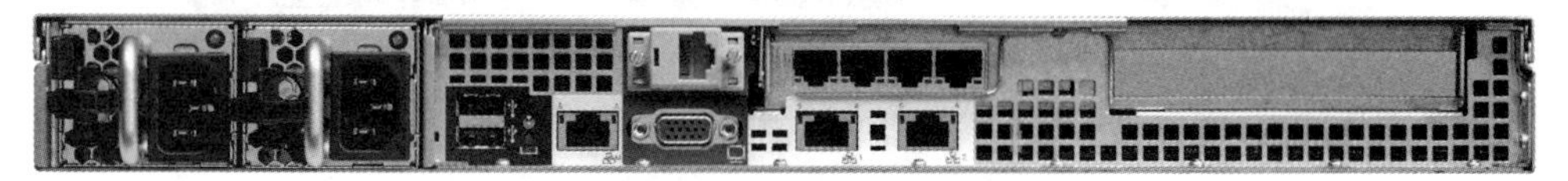

图 11-28 虚拟网络交换机：思科 Nexus 1000v

11.3.2 交换机的外形因素

在选择交换机时，网络管理员必须确定交换机的外形因素，这包括固定配置、模块化配置、可堆叠或不可堆叠。下文对交换机的外形因素进行了详细介绍。

固定配置交换机

固定配置交换机上的功能和选项仅限于交换机出厂时附带的功能和选项。例如，图 11-29 中的思科 3850 系列交换机是固定配置交换机。

图 11-29 固定配置交换机：思科 3850 系列

模块化配置交换机

可以在模块化交换机上的机箱上安装可现场更换的线卡。图 11-30 中的思科 MDS 9000 系列交换机是模块化配置交换机。

图 11-30 模块化配置交换机：思科 MDS 9000 系列

可堆叠配置交换机

可堆叠交换机使用特殊的电缆（见图 11-31）进行连接，从而能够作为一台大型交换机有效地运行。

图 11-31 可堆叠配置交换机

厚度

交换机的厚度（以机架单元[RU]的个数表示）对于安装在机架中的交换机也很重要。比如，图 11-32 所示的每一台固定配置交换机的高度都是 1 机架单元（1U）或 1.75 英寸（44.45mm）。

图 11-32　4 台交换机，每台的厚度是 1U

11.3.3　端口密度

交换机的端口密度是指交换机上可用端口的数量。图 11-33 所示为具有不同端口密度的 3 种不同的交换机。

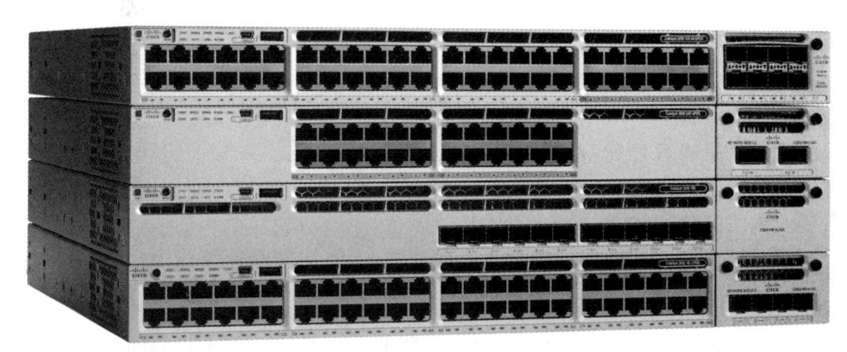

图 11-33　具有不同端口密度的思科 Catalyst 3850 交换机

固定配置交换机支持各种端口密度的配置。思科 Catalyst 3850 交换机有 12、24 和 48 端口配置，如图 11-33 所示。48 端口交换机还为小型可插拔（SFP）设备提供了额外的端口选项。

模块化交换机可以通过添加多个交换机端口线卡，来支持更高的端口密度。例如，图 11-34 中所示的模块化 Catalyst 9400 交换机可以支持 384 个交换机端口。

支持数以千计的网络设备的大型网络需要高密度、模块化的交换机来充分利用空间和电源。如果没有高密度的模块化交换机，网络可能需要大量的固定配置交换机来支持大量设备的网络访问需求，这会占用许多电源插座，并需要大量的布线间。

网络设计师还必须考虑上行链路的瓶颈问题。要想达到目标性能，多台固定配置交换机之间可能需要消耗许多额外的端口，以便在交换机之间进行带宽聚合。在使用单台模块化交换机时，带宽聚合通常不是问题，因为机箱背板可以提供必要的带宽，以容纳连接到交换机端口线卡上的设备。

图 11-34 可以扩展 Catalyst 9400 交换机，以提供更多端口

11.3.4 转发速率

转发速率通过对交换机每秒能够处理的数据量进行分级，来定义交换机的处理能力。交换机产品线按转发速率进行分类。与企业级的交换机相比，入门级交换机的转发速率要低一些。在选择交换机时，转发速率是要考虑的重要因素。如果交换机的转发速率太低，则它无法在其所有端口上进行全线速通信。线速是指交换机上每个以太网端口能够达到的数据速率。数据速率可以是 10Mbit/s、1Gbit/s、10Gbit/s 或 100Gbit/s。

例如，一台典型的 48 端口吉比特交换机如果全线速运行的话，会产生 48Gbit/s 的流量。如果交换机只支持 32Gbit/s 的转发速率，它就不能同时在所有端口上都支持全线速。幸运的是，接入层交换机通常不需要全线速运行，因为它们实际上会受到通往分布层的上行链路的限制。这意味着在接入层可以使用价格便宜、性能较低的交换机，而在分布层和核心层可以使用价格昂贵、性能很高的交换机，因为转发速率在接入层和核心层对网络性能产生的影响更大。

11.3.5 以太网供电

以太网供电（PoE）允许交换机通过现有的以太网电缆对设备供电。该功能可以用于 IP 电话和一些无线接入点，可让它们能够安装在任何存在以太网电缆的地方。网络管理员应该确保只在需要时提供 PoE 特性，因为支持 PoE 特性的交换机非常昂贵。

以下各节介绍了不同设备上 PoE 端口的示例。

交换机

PoE 端口看起来与其他交换机端口一样。可查看交换机的型号以确定其端口是否支持 PoE。

图 11-35 所示为一台具有 24 个支持 PoE 端口的 Catalyst 3650 第 3 层交换机。

图 11-35 Catalyst 3650 第 3 层交换机上的 PoE 端口

IP 电话

图 11-36 所示为 IP 电话背面的外部电源插口和 PoE 端口。

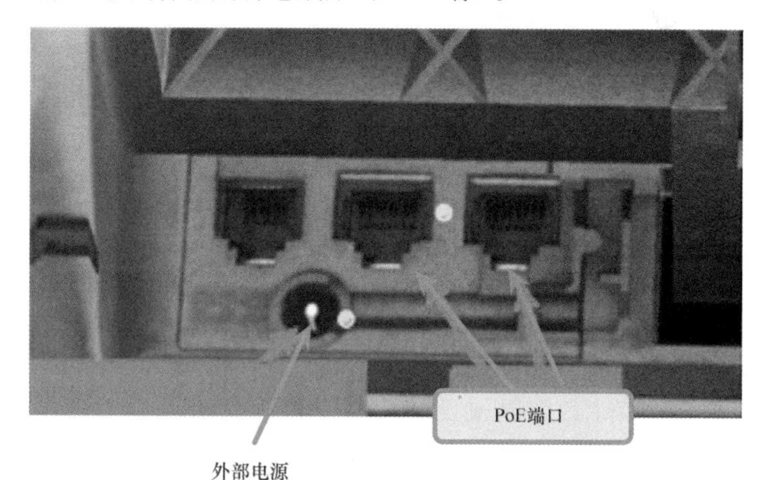

图 11-36 IP 电话上的 PoE 端口

无线接入点

无线接入点（WAP）上的 PoE 端口看起来与其他交换机端口一样。可查看无线接入点的型号以确定其端口是否支持 PoE。

图 11-37 所示为无线接入点背面的 PoE 端口。

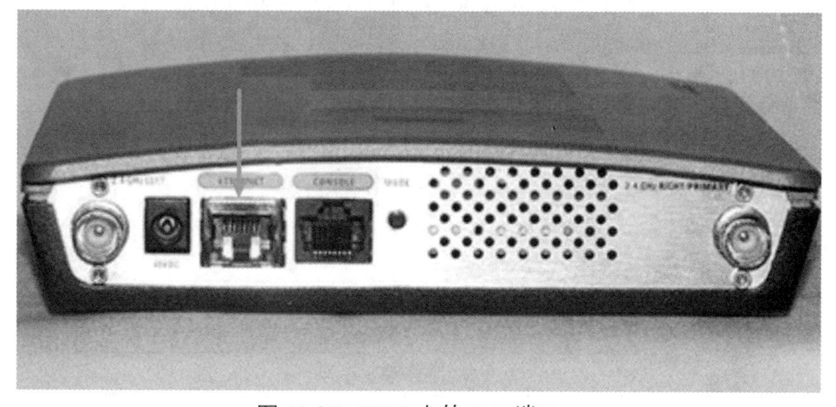

图 11-37 WAP 上的 PoE 端口

思科 Catalyst 2960-C

思科 Catalyst 2960-C 和 3560-C 系列紧凑型交换机支持 PoE 透传。PoE 透传特性可以让网络管理员通过从某些上游交换机获取电源，为连接到交换机的 PoE 设备以及交换机本身供电。

图 11-38 所示为思科 Catalyst 2960-C 交换机上支持 PoE 的端口。

图 11-38 交换机上的 PoE 端口

11.3.6 多层交换

多层交换机通常部署在交换网络的核心层和分布层。多层交换机的特点是它们能够构建路由表，支持几种路由协议，并以接近于第 2 层转发的速率来转发 IP 数据包。多层交换机通常支持专用的硬件，例如专用集成电路（ASIC）。ASIC 和专用的软件数据结构可以独立于 CPU，简化 IP 数据包的转发。

当前，网络存在向纯粹的第 3 层交换环境发展的趋势。当交换机首次应用于网络时，它们都不支持路由功能。而现在，几乎所有的交换机都支持路由功能。不久之后，很可能每一台交换机都会集成一个路由处理器，因为相对于其他限制而言，这样做的成本正在降低。

图 11-39 所示为一台 Catalyst 2960 交换机。Catalyst 2960 交换机描述了向纯粹的第 3 层环境的迁移。若使用 15.x 之前的 IOS 版本，这些交换机仅能支持一个活动的交换虚拟接口（SVI）。而使用 IOS 15.x，这些交换机现在可支持多个活动的 SVI。这意味着可以通过不同网络的多个 IP 地址远程访问交换机。

图 11-39 思科 Catalyst 2960 系列支持多层交换

11.3.7 交换机选择上的业务考量

表 11-1 列出了在选择交换机设备时一些常见的业务考虑事项。

表 11-1 常见的业务考虑事项

考虑事项	描述
成本	交换机的成本取决于接口的数量和速率、支持的功能和扩展能力
端口密度	网络交换机必须对网络中相应数量的设备提供支持
电源	现在，使用以太网供电（PoE）功能为接入点、IP 电话和紧凑型交换机供电已经很常见。除了考虑使用 PoE 之外，一些机框式交换机也支持冗余的电源

续表

考虑事项	描述
可靠性	交换机应能提供对网络的连续访问
端口速率	网络连接的速率是最终用户最关心的问题
帧缓冲	交换机存储帧的能力在网络中很重要，因为网络中可能存在去往服务器或网络其他区域的拥塞端口
可扩展性	网络中的用户数量通常会随着时间的推移而增长，因此交换机也应该随之一起增长

11.4 路由器硬件

有各种类型的路由器平台可供使用。与交换机一样，路由器在物理配置和外形因素上有所不同，其支持的接口数量和类型以及支持的功能也各不相同。

本节重点介绍可用于支持中小型企业网络需求的路由器类型。

11.4.1 路由器需求

交换机并不是网络中唯一具有多种功能的组件。路由器的选择是一个非常重要的决定。路由器在网络互连中扮演着重要的角色，它负责把家庭和企业连接到互联网，为企业网络内的多个站点提供互连服务，提供冗余路径，并连接互联网上的 ISP。路由器还可以充当不同介质类型和协议之间的转换器。例如，路由器可以从以太网接收数据包，并重新封装，然后通过串行网络进行传输。

路由器会使用目的 IP 地址的网络部分（前缀）把数据包路由到正确的目的地。如果某条链路失效，它会选择另一条路径。本地网络中的所有主机都会在自己的 IP 配置中指定本地路由器接口的 IP 地址。该路由器接口即为默认网关。高效路由的能力以及从网络链路故障中恢复的能力对于将数据包传输到目的地至关重要。

路由器还提供了以下有用的功能：

- 通过把广播限制在本地网络来提供广播遏制；
- 可以把位于不同地理位置的网络互连在一起；
- 可以根据共同需求或需要访问相同资源的情况，在公司内部按照应用或者部门对用户进行逻辑分组；
- 通过访问控制列表过滤不需要的流量，提供了增强的安全性。

11.4.2 思科路由器

随着网络的增长，选择合适的路由器来满足网络的要求非常重要。思科路由器有不同的类别。下文提供了有关路由器类别的更多信息。

分支路由器

分支路由器在单个平台上优化了分支机构的服务，同时跨越分支机构和 WAN 基础设施提供最佳的应用体验。为了最大限度地提高分支机构的服务可用性，网络需要能够全天候正常运行。高度可用的分支网络必须确保能够从典型的故障中快速恢复，同时尽量减少或消除对服务的影响，并且必须提供简单的网络配置和管理。图 11-40 所示为思科 ISR 4000 系列路由器。

图 11-40 思科 ISR 4000 系列

网络边缘路由器

网络边缘路由器可以在网络边缘提供高性能、高安全性和可靠的服务，把园区网络、数据中心网络和分支网络连接在一起。相较于之前，客户期望获得更高质量的媒体体验和更多类型的内容。客户希望所有内容都具有互动性、个性化、移动性和控制性。他们还希望能够随时随地通过任意设备访问所需的内容，无论是在家中、工作中还是旅途中。网络边缘路由器必须提供更好的服务质量，以及不间断的视频和移动功能。图 11-41 所示为思科 ASR 9000 系列路由器。

图 11-41 思科 ASR 9000 系列

服务提供商路由器

服务提供商路由器提供端到端的可扩展解决方案以及用户感知服务。服务提供商必须优化运营、减少开支、提升可扩展性和灵活性，以便在所有设备和位置上提供下一代互联网体验。这些系统旨在简化和加强服务交付网络的运营及部署。图 11-42 所示为思科 NCS 6000 系列路由器。

工业路由器

工业路由器旨在用来在恶劣环境下提供企业级功能，其紧凑、模块化和坚固耐用的设计非常适合任务关键型的应用。图 11-43 所示为思科 1100 系列工业集成服务路由器。

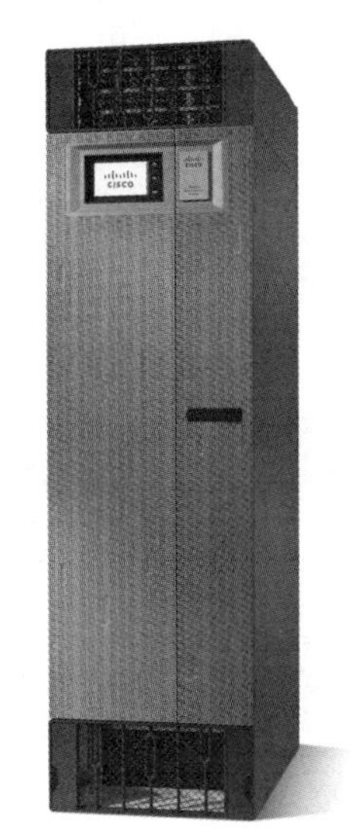

关门

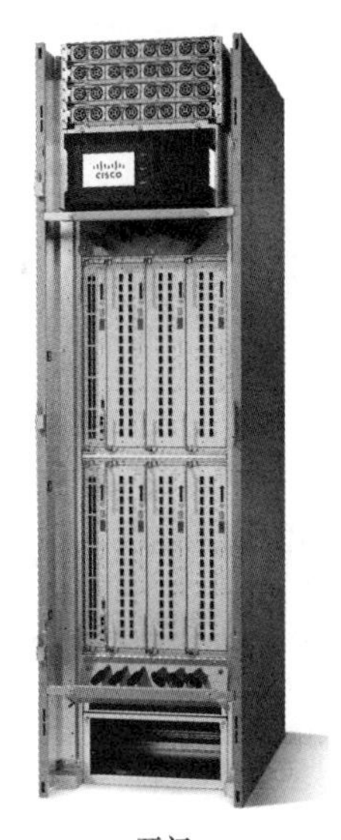

开门

图 11-42 思科 NCS 6000 系列

图 11-43 思科 1100 系列

11.4.3 路由器的外形因素

与交换机一样，路由器也有很多形状。企业环境中的网络管理员应该能够支持各种路由器，从小型的台式路由器到机架式路由器或刀片式路由器。下文介绍了有关各种思科路由器平台的更多信息。

思科 900 系列

图 11-44 所示为思科 921-4P，这是一个小型的分支机构路由器。它将 WAN、交换、安全性和高级连接选项组合在一个紧凑、无风扇的平台中，适用于中小型企业。

图 11-44 思科 921-4P

ASR 9000 和 1000 系列

图 11-45 中的 ASR 路由器可以用编程的方式来控制端口密度和恢复能力，适用于可扩展的网络边缘。

图 11-45　思科 ASR 9000 和 1000 系列聚合服务路由器

5500 系列

图 11-46 中的 5500 系列路由器可以在大型数据中心和大型企业网络中、Web 和服务提供商 WAN 中，以及聚合网络中进行高效的扩展。

思科 800

图 11-47 中的思科工业路由器 829 是紧凑型路由器，专为恶劣的环境而设计。它支持蜂窝网络、2.4GHz 和 5GHz 的无线接入。

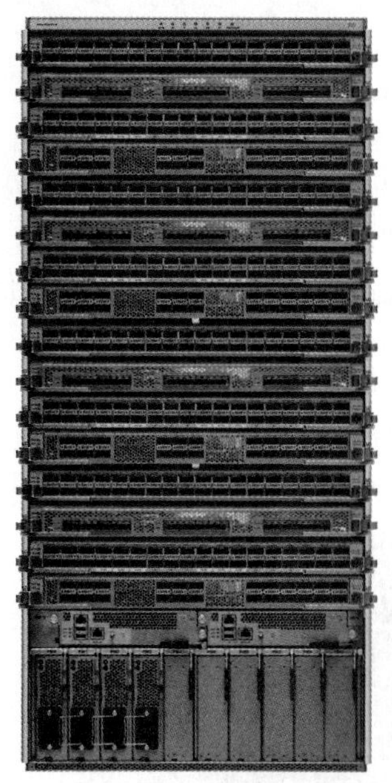

图 11-46　思科网络聚合系统 5500 系列路由器

图 11-47　思科 800 工业集成服务路由器

固定配置或模块化路由器

路由器也可分为固定配置路由器或模块化路由器。在固定配置路由器中，所需的接口内置在路由器设备中。模块化路由器则带有多个插槽，管理员可以根据需要更改路由器的接口。路由器带有各种不同的接口，例如快速以太网接口、吉比特以太网接口、串行接口以及光纤接口。

有关思科路由器的完整列表，可搜索思科官网。

11.5 总结

分层网络

所有企业网络必须支持关键的应用，支持融合网络流量，支持多样化的业务需求，并提供集中管理控制。思科无边界网络架构提供的框架可以统一多种不同设备类型的有线访问和无线访问，其中包括策略、访问控制和性能管理。无边界网络能够建立在可扩展且具有弹性的分层硬件基础设施之上。业界有两个久经考验并被证明了其合理性的园区网络分层设计框架：三层模型和两层模型。这些分层设计中的三个关键层是接入层、分布层和核心层。接入层代表网络边缘，流量将从这里进出园区网。接入层交换机与分布层交换机连接，分布层交换机将实施网络基础技术，如路由、服务质量和安全。分布层是接入层和核心层之间的接口。核心层的主要用途是提供故障隔离和高速骨干连接。网络已经从根本上转变为分层网络中的交换式 LAN，能提供 QoS、安全性，并支持无线连接、IP 电话和移动服务。

可扩展的网络

基本的网络设计策略包括以下建议：使用可扩展的、模块化的设备或集群设备；设计一个分层的网络，使其包含可根据需要添加、升级和修改的模块；创建一个分层的 IPv4 或 IPv6 编址策略；选择路由器或多层交换机来限制广播，并过滤来自网络的其他不需要的流量。在网络的关键设备之间以及在接入层和核心层设备之间实施冗余链路。通过链路聚合（以太通道）或等开销负载均在设备之间实施多条链路，以增加带宽。通过使用可扩展的路由协议，并实施路由协议的功能，可以隔离路由更新并将路由表的大小将至最低。通过实施无线连接可满足移动性和扩展性的需求。实施冗余的一种方法是安装重复的设备并向关键设备提供故障切换服务。实施冗余的另一种方法是使用冗余路径。设计优良的网络不仅可以控制流量，还可以限制故障域的大小。每一个交换块独立运行。这样，单台设备的故障便不会导致整个网络瘫痪。链路聚合（比如以太通道）可允许管理员通过创建一个由多条物理链路组成的逻辑链路来增加设备之间的带宽。无线连接对接入层进行了扩展。在实施无线网络时有许多注意事项，必须考虑要使用的无线设备的类型、无线的覆盖需求、干扰注意事项和安全注意事项。链路状态路由协议（比如 OSPF）非常适用于大型的分层网络，在这种网络中快速收敛非常重要。OSPF 路由器会与其他相连的 OSPF 路由器建立并维护邻居的邻接关系。OSPF 路由器相互之间会同步它们的链路状态数据库。在网络发生变化时，OSPF 路由器会发送链路状态更新，告诉其他 OSPF 路由器相应的变化，并在路径可用时建立新的最优路径。

交换机硬件

企业网络中可使用多种类别的交换机，包括园区 LAN 交换机、云托管交换机、数据中心交换机、服务提供商交换机、虚拟网络交换机。从外形因素来讲，交换机包括固定配置交换机、模块化配置交换机、可堆叠配置交换机。交换机的厚度以机架单元（RU）的个数表示。交换机的端口密度是指交换机上可用端口的数量。转发速率通过对交换机每秒能够处理的数据量进行分级，来定义交换机的处理能力。以太网供电（PoE）允许交换机通过现有的以太网电缆对设备供电。多层交换机通常部署在交换网络的核心层和分布层。多层交换机的特点是它们能够构建路由表，支持几种路由协议，并以接近于第 2 层转发的速率来转发 IP 数据包。在选择交换机设备时，需要考虑的业务事项包括成本、端口密度、电源、可靠性、端口速率、帧缓冲和可扩展性。

路由器硬件

路由器会使用目的IP地址的网络部分(前缀)把数据包路由到正确的目的地。如果某条链路失效,它会选择另一条路径。本地网络中的所有主机都会在自己的IP配置中指定本地路由器接口的IP地址。该路由器接口即为默认网关。路由器还提供了以下有用的功能:

- 通过把广播限制在本地网络来提供广播遏制;
- 可以把位于不同地理位置的网络互连在一起;
- 可以根据共同需求或需要访问相同资源的情况,在公司内部按照应用或者部门对用户进行逻辑分组;
- 通过访问控制列表过滤不需要的流量,提供了增强的安全性。

思科路由器有不同的类别,包括分支路由器、网络边缘路由器、服务提供商路由器、工业路由器。分支路由器在单个平台上优化了分支机构的服务,同时跨越分支机构和WAN基础设施提供最佳的应用体验。网络边缘路由器可以提供高性能、高安全性和可靠的服务,把园区网络、数据中心网络和分支网络连接在一起。服务提供商路由器通过提供端到端的可扩展解决方案以及用户感知服务来区分服务组合并增加收入。工业路由器旨在用来在恶劣环境下提供企业级功能。从外形因素来讲,思科路由器包括900系列、ASR 9000和1000系列、5500系列和思科800。路由器也可分为固定配置路由器或模块化路由器。在固定配置路由器中,所需的接口内置在路由器设备中。模块化路由器则带有多个插槽,管理员可以根据需要更改路由器的接口。路由器带有各种不同的接口,例如快速以太网接口、吉比特以太网接口、串行接口以及光纤接口。

复习题

完成这里列出的所有复习题,可以测试您对本章内容的理解。附录列出了答案。

1. 思科无边界网络架构分布层的基本功能是什么?
   A. 充当骨干
   B. 聚合所有园区
   C. 聚合第2层和第3层路由边界
   D. 提供对终端用户设备的接入
2. 网络设计中的折叠核心是什么?
   A. 接入层和核心层功能的组合
   B. 接入层和分布层功能的组合
   C. 接入层、分布层和核心层功能的组合
   D. 分布层和核心层功能的组合
3. 在选择升级到融合网络基础设施后,网络管理员应该尝试将哪两种之前独立的内容结合起来?(选择两项)
   A. 电气系统
   B. 手机流量
   C. 扫描仪和打印机
   D. 用户数据流量
   E. IP语音电话流量
4. 如何实施两层LAN网络设计?
   A. 接入层、分布层和核心层合为一层,以分隔骨干层
   B. 接入层和核心层合为一层,而分布层是单独的一层
   C. 接入层和分布层合为一层,而核心层是单独的一层
   D. 分布层和核心层合为一层,而接入层是单独的一层
5. 一家本地律师事务所正在重新设计公司网络,以便所有20名员工都可以连接到LAN和互联网。律师事务所希望为该项目选择低成本且简单的解决方案。应该选择哪种类型的交换机?

A. 固定配置
B. 模块化配置
C. 可堆叠配置
D. 数据中心交换机
E. 服务提供商交换机

6. 第 2 层交换机的功能是什么？
A. 基于目的 MAC 地址确定使用哪个端口转发帧
B. 将每个帧的电信号复制到每个端口
C. 基于逻辑编址转发数据
D. 通过检查目的 MAC 地址来学习分配给主机的端口

7. 哪个网络设备可以用于消除以太网上的冲突？
A. Hub
B. 网卡
C. 交换机
D. 无线接入点

8. 交换机使用哪种类型的地址构建 MAC 地址表？
A. 目的 IP 地址
B. 目的 MAC 地址
C. 源 IP 地址
D. 源 MAC 地址

9. 网络管理员采用第 2 层交换机对网络进行分段的两个原因是什么？（选择两项）
A. 创建更少的冲突域
B. 创建更多的广播域
C. 消除虚电路
D. 增加用户带宽
E. 将 ARP 请求消息与网络的其他部分隔离开来
F. 隔离网段之间的流量

10. 下面哪项描述了 LAN 交换机的微分段功能？
A. 交换机内部的所有端口形成一个冲突域
B. 每个端口形成一个冲突域
C. 帧冲突被转发
D. 交换机不转发广播帧

11. 什么网络使用相同的基础设施来承载语音、数据和视频信号？

12. 在思科企业架构中，网络的哪两个功能组合在一起构成一个折叠的核心设计？（选择两项）
A. 接入层
B. 核心层
C. 分布层
D. 企业边缘
E. 提供商边缘

13. 哪个设计功能限制了企业网络中分布层交换机故障的影响？
A. 安装冗余电源
B. 购买专为大流量设计的企业设备
C. 使用折叠式核心设计
D. 使用构建交换块方法

14. 通过无线介质向用户扩展接入层连接的两个好处是什么？（选择两项）
A. 减少关键故障点的数量
B. 增加的带宽可用性
C. 增加灵活性
D. 增加网络管理选项
E. 降低成本

15. 作为网络管理员，您需要在公司网络上实施以太通道。该配置会涉及什么？
A. 将多个物理端口分组，以增加两个交换机之间的带宽
B. 将两台设备分组，以共享一个虚拟 IP 地址
C. 提供冗余设备，以在设备发生故障时允许流量通过
D. 提供冗余链路，以动态阻止或转发流量

16. 下面哪一项描述了思科 Meraki 交换机？
A. 它们是园区 LAN 交换机，执行的功能与思科 2960 交换机相同

B. 它们云托管的接入交换机，可实现交换机的虚拟堆叠

C. 它们是服务提供商交换机，可在网络边界聚合流量

D. 它们提升了网络基础架设施的可扩展性、运营的连续性和传输的灵活性

17. 下面哪个术语用于描述交换机的厚度或高度？

A. 域大小

B. 模块尺寸

C. 端口密度

D. 机架单元

18. 路由器的两个功能是什么？（选择两项）

A. 连接多个 IP 网络

B. 通过使用第 2 层地址来控制数据的流动

C. 确定发送数据包的最佳路径

D. 增加广播域的大小

E. 管理 VLAN 数据库

第 12 章

排除网络故障

学习目标

通过完成本章的学习，您将能够回答下列问题：

- 如何开发网络文档并用于解决网络问题；
- 哪些故障排除方法使用系统化的分层方法；
- 都有哪些不同的网络故障排除工具；
- 如何使用分层模型确定网络问题的症状和原因；
- 如何使用分层模型对网络进行故障排除。

您见过的最好的网络管理员是谁？您为什么觉得这个人是最好的？很可能是因为这个人非常擅长排查网络问题。优秀的网络管理员通常是经验丰富的管理员，但还远不仅如此。优秀的网络故障排除人员通常会用有条理的方式进行排错，并且会使用所有可用的工具。

事实上，要想成为一个优秀的网络故障排除人员，唯一的方法就是不停地排除故障。熟能生巧。幸运的是，您可以利用非常多的技巧和工具。本章介绍了排除网络故障的不同方法，以及您需要使用的所有技巧和工具。也许您的目标应该是成为别人见过的最好的网络管理员。

12.1 网络文档

在本节中，您将学习如何开发网络文档并将其用于解决网络问题。

12.1.1 文档概述

在进行网络故障排除或任何其他复杂的活动时，我们应该先从良好的文档开始。要想高效地对网络进行监控和故障排除，需要有准确完整的网络文档。

常见的网络文档中会包含以下内容：

- 物理和逻辑网络拓扑图；
- 记录所有相关设备信息的网络设备文档；
- 网络性能基线文档。

所有网络文档都应该保存在一个位置，可以保存为硬拷贝形式，也可以保存在网络中受保护的服务器上。备份文档应该在单独的位置进行维护和保存。

12.1.2 网络拓扑图

网络拓扑图可跟踪网络中设备的位置、功能和状态。网络拓扑图有两种类型：物理拓扑和逻辑拓扑。

物理拓扑

物理网络拓扑显示了连接到网络的设备的物理布局。我们需要了解设备的物理连接方式，才能排除物理层故障。记录在物理拓扑图中的信息通常包含下面这些：

- 设备名称；
- 设备位置（地址、房间号、机架位置）；
- 使用的接口和端口；
- 电缆类型。

图 12-1 所示为一个物理拓扑的示例。

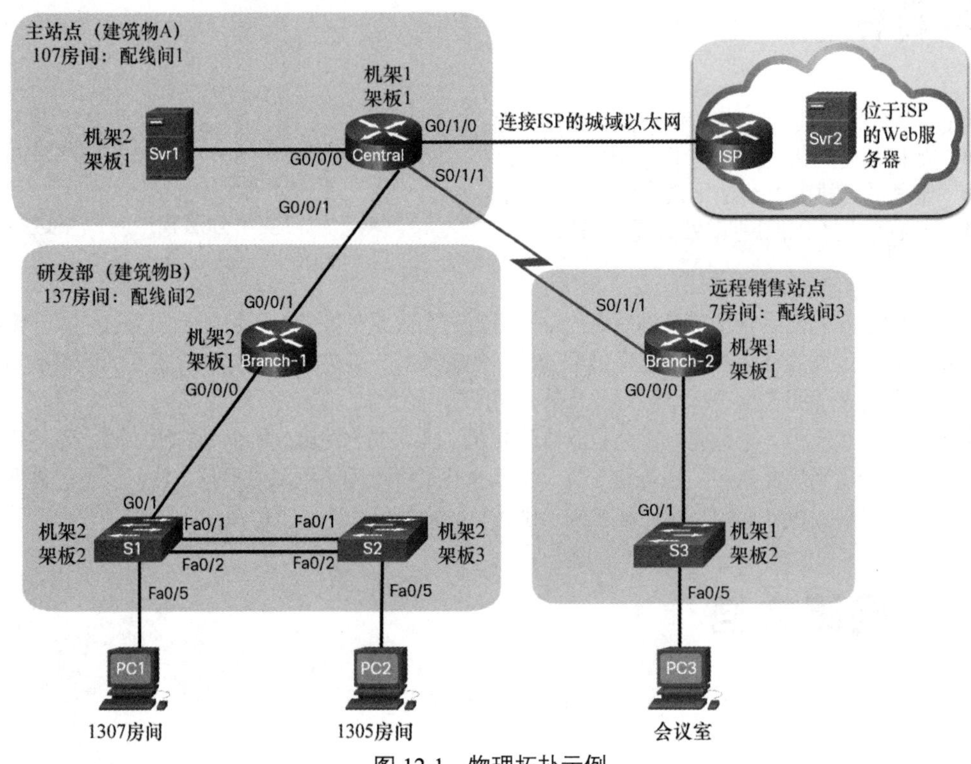

图 12-1 物理拓扑示例

逻辑 IPv4 拓扑

逻辑网络拓扑描绘了设备与网络的逻辑连接方式。它指的是设备在与其他设备进行通信时，如何在网络中传输数据。我们会使用一些符号来表示网络组件，比如路由器、交换机、服务器和主机。此外，可以显示多个站点之间的连接，但不代表实际的物理位置。

记录在逻辑网络拓扑图中的信息可能包含下面这些：

- 设备标识符；
- IP 地址和前缀长度；
- 接口标识符；
- 路由协议/静态路由；
- 第 2 层信息（比如 VLAN、中继、以太通道）。

图 12-2 所示为逻辑 IPv4 网络拓扑的示例。

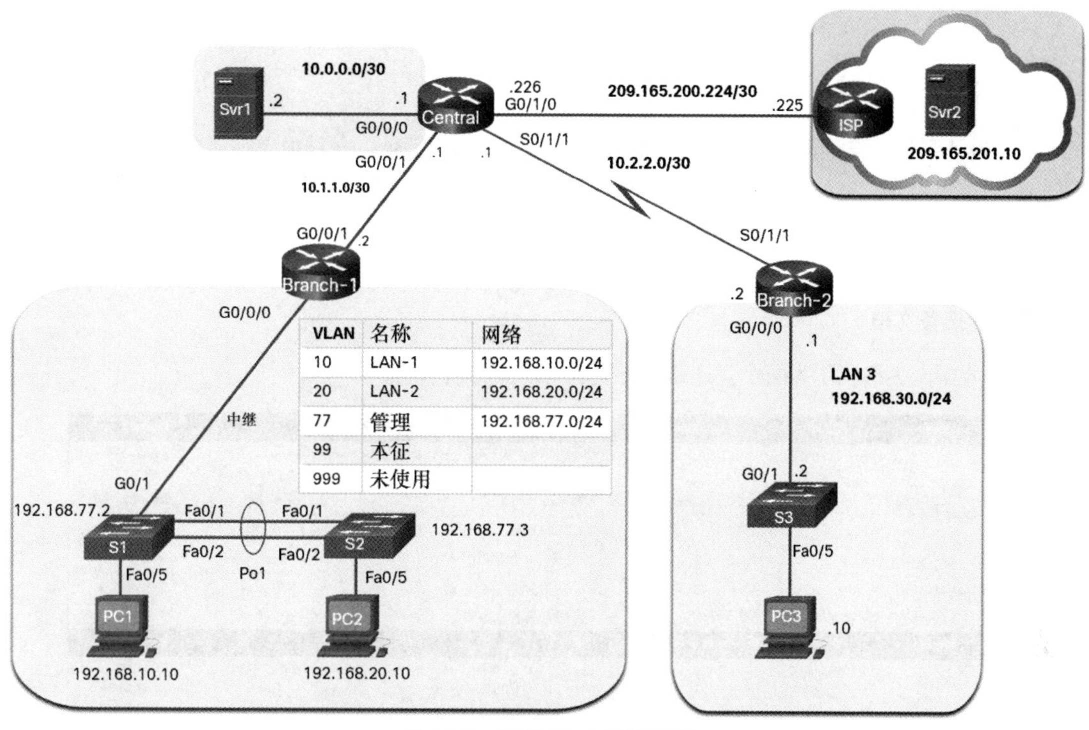

图 12-2　逻辑 IPv4 拓扑示例

逻辑 IPv6 拓扑

尽管也可以在图 12-2 使用的同一个 IPv4 逻辑拓扑中显示 IPv6 地址，但为了清晰起见，我们创建了一个单独的逻辑 IPv6 网络拓扑，如图 12-3 所示。

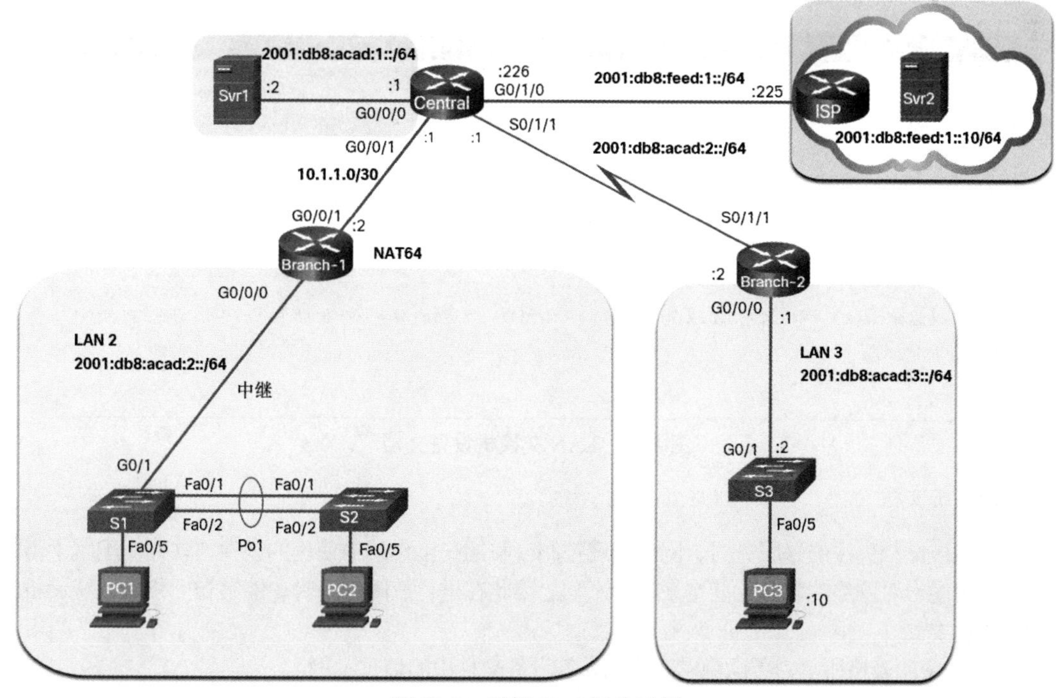

图 12-3　逻辑 IPv6 拓扑示例

12.1.3 网络设备文档

网络设备文档中应该包含网络硬件和软件的最新且准确的记录。文档中应该包含与网络设备相关的所有信息。

很多组织机构使用表格创建文档，以记录相关的设备信息。

以下各节介绍路由器、交换机和终端设备的文档。

路由器设备文档

图 12-4 中的表格所示为两个互连路由器的网络设备文档示例。

Device	Model	Description	Location	IOS	License
Central	ISR 4321	Central Edge Router	Building A Rm: 137	Cisco IOS XE Software, Version 16.09.04 flash:isr4300-universalk9_ias.16.09.04.SPA.bin	ipbasek9 securityk9
Interface	**Description**	**IPv4 Address**	**IPv6 Address**	**MAC Address**	**Routing**
G0/0/0	Connects to SVR-1	10.0.0.1/30	2001:db8:acad:1::1/64	a03d.6fe1.e180	OSPF
G0/0/1	Connects to Branch-1	10.1.1.1/30	2001:db8:acad:a001::1/64	a03d.6fe1.e181	OSPFv3
G0/1/0	Connects to ISP	209.165.200.226/30	2001:db8:feed:1::2/64	a03d.6fc3.a132	Default
S0/1/1	Connects to Branch-2	10.1.1.2/24	2001:db8:acad:2::1/64	n/a	OSPFv3
Device	**Model**	**Description**	**Site**	**IOS**	**License**
Branch-1	ISR 4221	Branch-2 Edge Router	Building B Rm: 107	Cisco IOS XE Software, Version 16.09.04 flash:isr4200-universalk9.16.09.04.SPA.bin	ipbasek9 securityk9
Interface	**Description**	**IPv4 Address**	**IPv6 Address**	**MAC Address**	**Routing**
G0/0/0	Connects to S1	Router-on-a-stick	Router-on-a-stick	a03d.6fe1.9d90	OSPF
G0/0/1	Connects to Central	10.1.1.2/30	2001:db8:acad:a001::2/64	a03d.6fe1.9d91	OSPF

图 12-4 路由器设备文档

LAN 交换机设备文档

图 12-5 中的表格所示为 LAN 交换机的设备文档示例。

Device	Model	Description	Mgt. IP Address		IOS		VTP
S1	Cisco Catalyst WS-C2960-24TC-L	Branch-1 LAN1 switch	192.168.77.2/24		IOS: 15.0(2)SE7 Image: C2960-LANBASEK9-M		Domain: CCNA Mode: Server
Port	**Description**	**Access**	**VLAN**	**Trunk**	**EtherChannel**	**Native**	**Enabled**
Fa0/1	Port Channel 1 trunk to S2 Fa0/1	-	-	Yes	Port-Channel 1	99	Yes
Fa0/2	Port Channel 1 trunk to S2 Fa0/2	-	-	Yes	Port-Channel 1	99	Yes
Fa0/3	*** Not in use ***	Yes	999	-	-		Shut
Fa0/4	*** Not in use ***	Yes	999	-	-		Shut
Fa0/5	Access port to user	Yes	10	-	-		Yes
...				-	-		-
Fa0/24	Access port to user	Yes	20	-	-		Yes
Fa0/24	*** Not in use ***	Yes	999	-	-		Shut
G0/1	Trunk link to Branch-1	-	-	Yes	-	99	Yes
G0/2	*** Not in use ***	Yes	999		-		

图 12-5 LAN 交换机设备文档

终端系统文档

终端系统文档关注的是服务器、网络管理控制台和用户工作站中使用的硬件与软件。配置不当的终端系统可能会对网络的整体性能带来负面影响。因此在进行故障排除时，能够访问终端系统设备的文档非常重要。

图 12-6 中的表格所示为可以记录在终端系统设备文档中的信息示例。

Device	OS	Services	MAC Address	IPv4 / IPv6 Addresses	Default Gateway	DNS
SRV1	MS Server 2016	SMTP, POP3, File services, DHCP	5475.d08e.9ad8	10.0.0.2/30	10.0.0.1	10.0.0.1
				2001:db8:acad:1::2/64	2001:db8:acad:1::1	2001:db8:acad:1::1
SRV2	MS Server 2016	HTTP, HTTPS	5475.d07a.5312	209.165.201.10	209.165.201.1	209.165.201.1
				2001:db8:feed:1::10/64	2001:db8:feed:1::1	2001:db8:feed:1::1
PC1	MS Windows 10	HTTP, HTTPS	5475.d017.3133	192.168.10.10/24	192.168.10.1	192.168.10.1
				2001:db8:acad:1::251/64	2001:db8:acad:1::1	2001:db8:acad:1::1
...						

图 12-6 终端系统文档

12.1.4 建立网络基线

监控网络的目的是观察网络性能，将其与预先确定的基线进行比较。基线用来建立正常的网络或系统性能，以确定网络在正常情况下的“个性”。

要建立网络性能基线，需要从对网络运行至关重要的端口和设备上收集性能数据。

网络基线应该回答下列问题：

- 网络的日常或日均运行情况如何；
- 哪些地方出现的错误最多；
- 网络的哪一部分使用最频繁；
- 网络的哪一部分最不常用；
- 应监控哪些设备，以及应设置哪些告警阈值；
- 网络能否满足确定的策略。

通过度量关键网络设备和链路的初始性能及可用性，网络管理员可以在网络增长或流量模式发生变化时，确定异常行为和正常网络性能之间的差异。基线还提供了当前网络设计能否满足业务需求的洞察力。如果没有基线，就不存在衡量网络流量和拥塞水平的最佳标准。

在初始基线建立后进行的分析往往也会揭示一些隐藏的问题。收集的数据会显示网络中拥塞或潜在拥塞的真实情况，还可能会显示出网络中未充分利用的区域。通常情况下，这些信息会导致网络设计人员根据质量和容量的观察结果重新设计网络。

初始的网络性能基线为衡量网络更改的效果和后续的故障排除工作奠定了基础，因此必须谨慎地制定相关计划。

12.1.5 第 1 步：确定要收集的数据类型

在建立初始基线时，首先选择几个表示已定义策略的变量。如果选择的数据点过多，则数据量可能会非常大，这将难以对收集的数据进行分析。可以从少量的数据点开始，然后逐步增加。比较好的做法是从接口利用率和 CPU 利用率等变量开始。

12.1.6 第 2 步：确定感兴趣的设备和端口

使用网络拓扑来确定应该测量性能数据的设备和端口。感兴趣的设备和端口包括：

- 连接到其他网络设备的网络设备端口；
- 服务器；
- 关键用户；
- 对网络运营运行至关重要的任何其他内容。

逻辑网络拓扑有助于识别需要监控的关建设备和端口。在图 12-7 中，网络管理员突出显示了在基线测试期间需要监控的关建设备和端口。

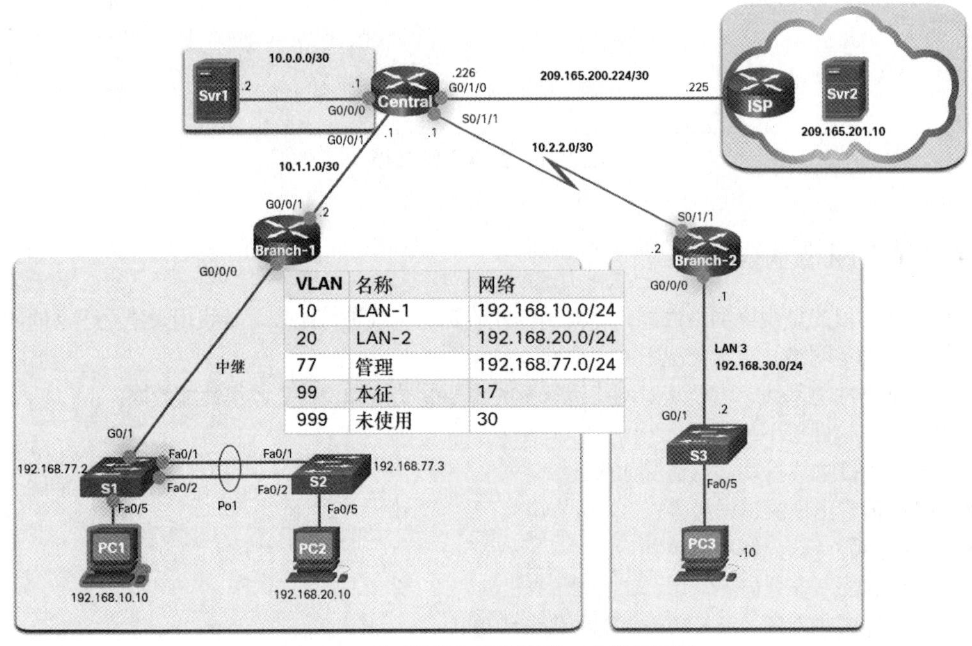

图 12-7　突出显示感兴趣端口的逻辑拓扑

感兴趣的设备包括 PC1（管理终端）和两台服务器（Svr1 和 Svr2）。感兴趣的端口通常包括路由器接口和重要的交换机端口。

通过精简轮询的端口可使结果保持简洁，并将网络管理员的负担降至最低。请记住，路由器或交换机上的接口可以是虚拟接口，例如交换机虚拟接口（SVI）。

12.1.7　第 3 步：确定基线的持续时间

用于收集基线信息的时间必须足够长，才能确定网络的“正常”情况。监控网络流量的日常趋势非常重要。监控较长时间内（比如每周或每月）出现的趋势也很重要。因此，在捕获用于分析的数据时，指定的时间段应该至少为 7 天。

图 12-8 展示了几个 CPU 利用率趋势的截图，分别以每天、每周、每月和每年为周期。

在该例中，请注意，CPU 利用率的周线图太短，以至于无法显示每周末重复出现的利用率激增的情况，原因是在每周六晚上会执行数据库备份操作，这会消耗网络带宽。CPU 利用率的月度图中揭示了这种反复出现的模式。而年度图可能会因为包含太多的信息，而无法提供有意义的基线性能细节。但是，它有助于确定应该进一步分析的长期模式。

通常情况下，基线的持续时间无须超过 6 周，除非需要测量特定的长期趋势。一般而言，2～4 周的基线持续时间就足够了。

不应该在独特的流量模式期间执行基线测量，因为数据无法准确反映正常的网络运行情况。应该对整个网络进行年度分析，或者轮流对网络的不同部分进行基线分析。必须定期进行分析，才能了解网络受企业发展及其他变化的影响情况。

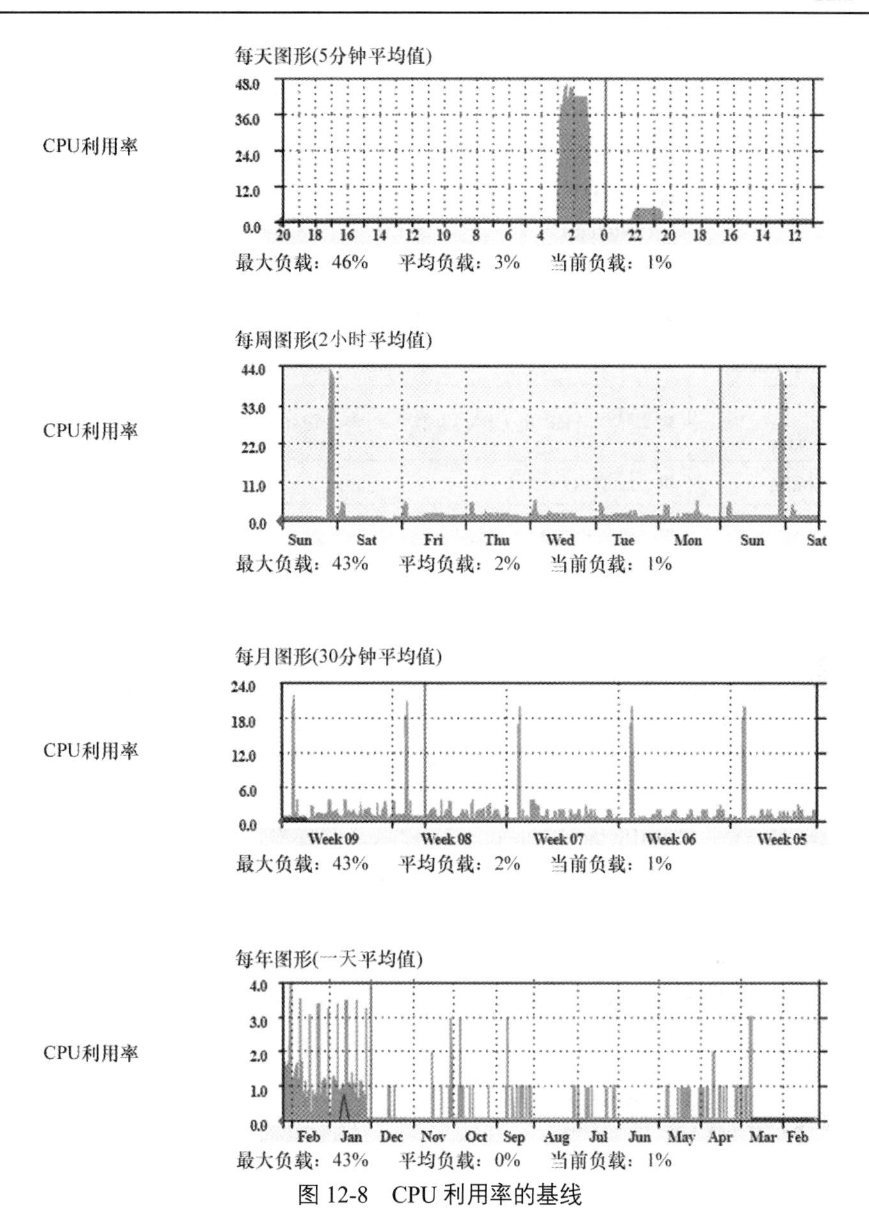

图 12-8 CPU 利用率的基线

12.1.8 数据测量

在记录网络时，通常需要直接从路由器和交换机收集信息。下列这些网络文档命令非常有用：**ping**、**traceroute**、**telnet** 以及 **show** 命令。

表 12-1 列出了最常用于数据收集的思科 IOS 命令。

表 12-1 IOS 数据收集命令

命令	描述
show version	■ 显示设备软硬件的正常运行时间和版本信息
show ip interface [brief] **show ipv6 interface [brief]**	■ 显示在接口上设置的所有配置选项 ■ 使用 **brief** 关键字只显示 IP 接口的 up/down 状态和各接口的 IP 地址

续表

命令	描述
show interfaces	■ 显示每个接口的详细输出 ■ 要想只显示单个接口的详细输出，可在命令中包含接口类型和编号（例如，G0/0/0）
show ip route **show ipv6 route**	■ 显示路由表的内容，包括直连网络和学习到的远程网络 ■ 可附加 **static**、**eigrp** 或 **ospf** 来只显示相关的路由
show cdp neighbors detail	■ 显示思科直连邻居设备的详细信息
show arp **show ipv6 neighbors**	■ 显示 ARP 表（IPv4）和邻居表（IPv6）的内容
show running-config	■ 显示当前配置
show vlan	■ 显示交换机上 VLAN 的状态
show port	■ 显示交换机端口的状态
show tech-support	■ 该命令用于收集有关设备的大量信息，以便进行故障排除 ■ 它将执行多个 **show** 命令，在报告问题时，可将相应的输出提供给技术支持代表

在每台网络设备上使用 **show** 命令手动收集数据是非常耗时的工作，而且不是具有可扩展性的解决方案。手动收集数据应当用于小型网络，或仅在任务关键型网络设备上使用。对于比较简单的网络设计，基线任务通常会结合使用手动数据收集和简单网络协议检查器。

复杂的网络管理软件通常用于确定大型复杂网络的基线。这些软件包可让管理员自动创建和查看报告，对比当前的性能级别和历史观察结果，自动识别性能问题，以及为没有提供预期服务级别的应用创建告警。

在建立初始基线或执行性能监控分析时，可能需要花费许多小时或许多天，才能准确地反映网络性能。网络管理软件或协议检查器和嗅探器通常在数据收集过程中不间断地运行。

12.2 故障排除流程

在本节中，您将了解通用的故障排除流程。

12.2.1 通用的故障排除步骤

故障排除可能是一件耗时的工作，因为网络不同、问题不同，并且每个人的故障排除经验也不同。然而，经验丰富的管理员知道如何使用结构化的故障排除方法来缩短整体故障排除时间。

因此，故障排除流程应该以结构化方法为指导。明确定义和记录良好的故障排除步骤可以最大程度地降低错误的排查方向（比如故障不是每次都出现）所来带的时间浪费。但是，这些方法并不是一成不变的。用于解决问题的故障排除步骤并不总是相同的，每个步骤的顺序也不是固定不变的。

可以使用以下几个故障排除流程来解决问题。图 12-9 所示为一个简单的三阶段故障排除流程的逻辑流程图。这是一个很好的故障排除起点，但有时候更详细的流程可能更有助于解决网络问题。

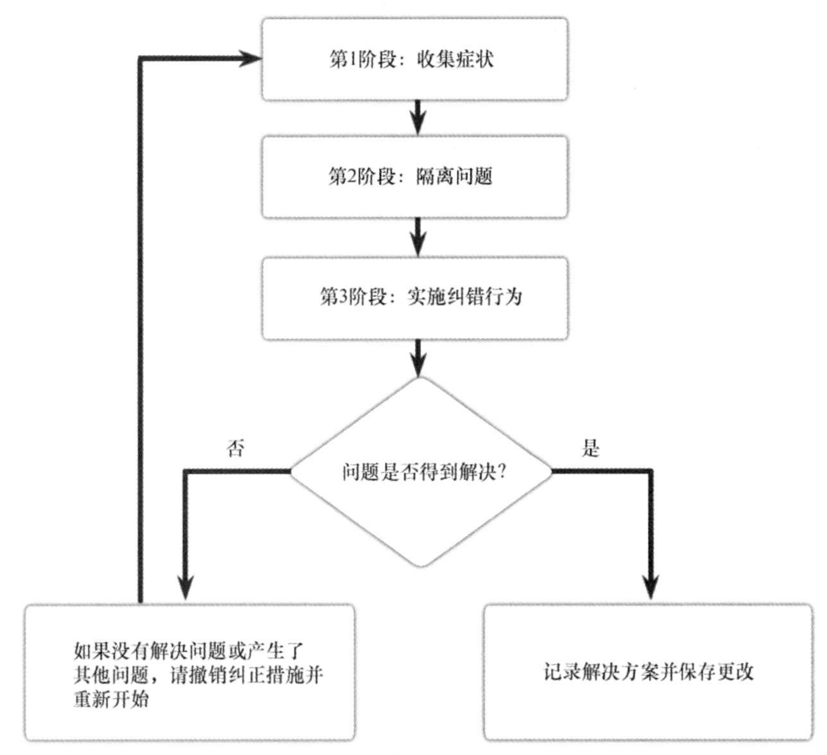

图 12-9 故障排除流程图

12.2.2 七步骤故障排除流程

图 12-10 所示为一个更为详细的七步骤故障排除流程。请注意这些步骤之间的相互关系，因为有些技术人员可能会根据自己的经验水平在不同的步骤之间进行切换。

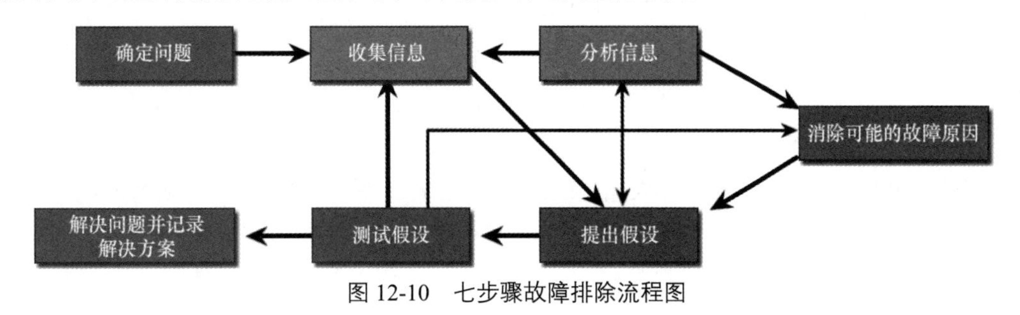

图 12-10 七步骤故障排除流程图

确定问题

该阶段的目标是验证是否存在问题，然后正确地定义问题是什么。问题通常通过各种症状来识别，比如网络运行缓慢或者网络停止工作。网络症状可能会以各种不同的形式出现，其中包括网络管理系统的告警、控制台消息，以及用户的投诉。

在收集症状时，重要的是提出问题并调查问题，以便把问题圈定在较小的范围内。例如，问题是仅限于单个设备、一组设备，还是会出现在设备的整个子网或网络中？

在组织机构中，这些问题通常会以故障工单的形式分配到网络技术人员手中。这些工单是使用跟踪每个工单进度的故障工单软件创建的。故障工单软件还可能包含用于提交故障工单的自助式用户门户、可搜索的故障工单知识库，以及用于解决终端用户问题的远程访问控制功能等。

收集信息

在信息收集阶段，必须确定要调查的目标（例如主机和设备），必须获得对目标设备的访问权限，并必须收集信息。在该阶段，技术人员可以根据已确定的特征来收集并记录更多的故障症状。

如果问题不在组织机构的控制范围内（例如，自治系统之外的互联网连接中断），则需先联系外部系统的管理员，然后再收集其他网络症状。

分析信息

必须查明可能的原因。可以使用网络文档和网络基线、搜索组织结构的知识库和互联网，以及与其他技术人员进行交流，来解释和分析收集的信息。

消除可能的故障原因

如果确定了多个原因，则必须通过逐步消除可能的原因来缩小范围，以最终确定最可能的原因。丰富的故障排除经验对于快速消除原因和确定最可能的原因非常有价值。

提出假设

在确定最可能的原因之后，必须制定解决方案。丰富的故障排除经验对于制定计划非常重要。

测试假设

在测试解决方案之前，评估问题的影响和紧急程度很重要。例如，该解决方案是否会对其他系统或流程产生不利影响？应该将问题的严重性与解决方案的影响进行权衡。例如，如果关键服务器或路由器必须在相当长的时间内处于离线状态，则等到工作日结束后再实施修复可能更好。有时，在问题得以解决之前，可以先创建一个变通方案。

创建一个回滚计划，以确定如何快速撤销解决方案。如果解决方案失败，回滚计划就会派上用场。

实施该解决方案并验证它是否解决了问题。有时，解决方案会引入一些意料之外的问题。因此，在进行下一步之前，必须对解决方案进行彻底的验证。

如果解决方案失败，则需要记录所尝试的解决方案并删除已做出的更改。这时，技术人员必须返回收集信息步骤并隔离问题。

解决问题并记录解决方案

在问题解决后，通知用户和所有参与故障排除过程的人员“问题已经解决”。应将解决方案告知IT团队的其他成员。相关原因及修复的相应记录有助于其他支持人员在将来预防和解决类似问题。

12.2.3 询问终端用户

许多网络问题最初是由终端用户报告的。然而，用户提供的信息往往含糊不清或有误导性。例如，用户经常这样报告问题“网络掉线了”“我不能访问电子邮件了”或“我的电脑速度很慢”。在大多数情况下，我们需要额外的信息来彻底理解问题。这通常涉及与受影响的用户进行交互，从而发现问题的“谁”“什么”和“何时”。

在与用户进行沟通时，应该遵从以下建议。

- 用他们能够理解的表达方式进行询问，避免使用复杂的术语。
- 始终聆听并仔细理解用户的说法。在了解复杂的问题时做笔记可能会有所帮助。

■ 在让用户知道您会帮助他们解决问题的同时，要始终体谅他们并与之产生共鸣。报告问题的用户可能面临着压力，并急于尽快解决问题。

在与用户交互时，要引导对话并使用有效的询问技巧来快速确定问题。例如，使用开放式问题（需要详细回答）和封闭式问题（即选择题以及使用少量文字来回答的问题）来发现有关网络问题的重要事实。

表 12-2 提供了一些提问指南和开放式问题的示例。

表 12-2 提问指南和开放式问题的示例

提问指南	开放式问题的示例
询问相关的问题	■ 是什么无法工作 ■ 究竟是什么问题 ■ 您希望实现哪些目标
确定问题的范围	■ 这个问题会影响到谁？是只会影响您，还是也会影响别人 ■ 问题发生在什么设备上
确定问题发生的时间	■ 问题发生的确切时间是什么 ■ 最初注意到问题是在什么时候 ■ 是否显示了任何错误消息
确定问题是连续性的还是间歇性的	■ 您能重现问题么 ■ 您能给我发送问题发生时的截图或视频吗
确定是否有任何变化	■ 在上次正常运行之后进行了哪些更改
通过询问来排除或发现潜在问题	■ 哪一部分可以正常运行 ■ 哪一部分无法正常运行

在与用户进行交互时，可以向用户重复您对问题的理解，以确保用户和您对报告的问题达成一致。

12.2.4 收集信息

要从网络设备上收集症状，可以使用思科 IOS 命令和其他工具，比如数据包捕获工具和设备日志。表 12-3 介绍了通常用来收集网络问题症状的思科 IOS 命令。

表 12-3 用于收集信息的 IOS 命令

命令	描述
ping {*host* | *ip-address*}	■ 向一个地址发送 Echo 请求数据包，然后等待响应 ■ *host* 或 *ip-address* 变量是目标系统的 IP 别名或 IP 地址
traceroute *destination*	■ 确定数据包在网络中的传输路径 ■ *destination* 变量是目标系统的主机名或 IP 地址
telnet {*host* | *ip-address*}	■ 使用 Telnet 应用连接一个 IP 地址 ■ 尽可能使用 SSH 来替代 Telnet
ssh -l *user-id ip-address*	■ 使用 SSH 连接一个 IP 地址（SSH 比 Telnet 更安全）
show ip interface brief **show ipv6 interface brief**	■ 显示设备上所有接口的汇总状态 ■ 用于快速识别所有接口的 IP 地址

续表

命令	描述
show ip route **show ipv6 route**	■ 显示当前的 IPv4 和 IPv6 路由表，其中包含去往所有已知网络目的地的路由
show protocols	■ 显示已配置的协议，并显示任何已配置的第 3 层协议的全局状态和指定接口的状态
debug	■ 显示用于启用或禁用调试事件的选项列表

注 意 虽然 **debug** 命令是一个收集症状的重要工具，但它会生成大量的控制台消息，网络设备的性能会受到显著影响。如果必须在正常工作时间执行 **debug**，需要警告网络用户当前正在进行故障排除工作，网络性能可能会受到影响。请记得在完成工作后禁用调试。

12.2.5 使用分层模型进行故障排除

在进行故障排除时，可以使用 OSI 模型和 TCP/IP 模型来隔离网络问题。例如，如果症状表明存在物理连接问题，网络技术人员则可以专注于检查运行在物理层上的电路是否有故障。

图 12-11 所示为在每个设备的故障排除过程中，必须检查的一些常见设备和 OSI 层。

图 12-11 OSI 模型每一层上的常见设备

注意，路由器和多层交换机显示在第 4 层（即传输层）。尽管路由器和多层交换机通常在第 3 层上做出转发决策，但这些设备上的 ACL 可用于通过第 4 层信息做出过滤决策。

12.2.6 结构化的故障排除方法

有多种结构化的故障排除方法可供使用，每种方法各有利弊，具体使用哪一种取决于实际情况。本节将介绍这些不同的方法，并提供了针对特定情况选择最佳方法的指南。

自下而上

在自下而上的故障排除法中，首先要检查网络的物理组件，然后沿着 OSI 模型的各个层级向上进行排查，直到确定故障的原因，如图 12-12 所示。

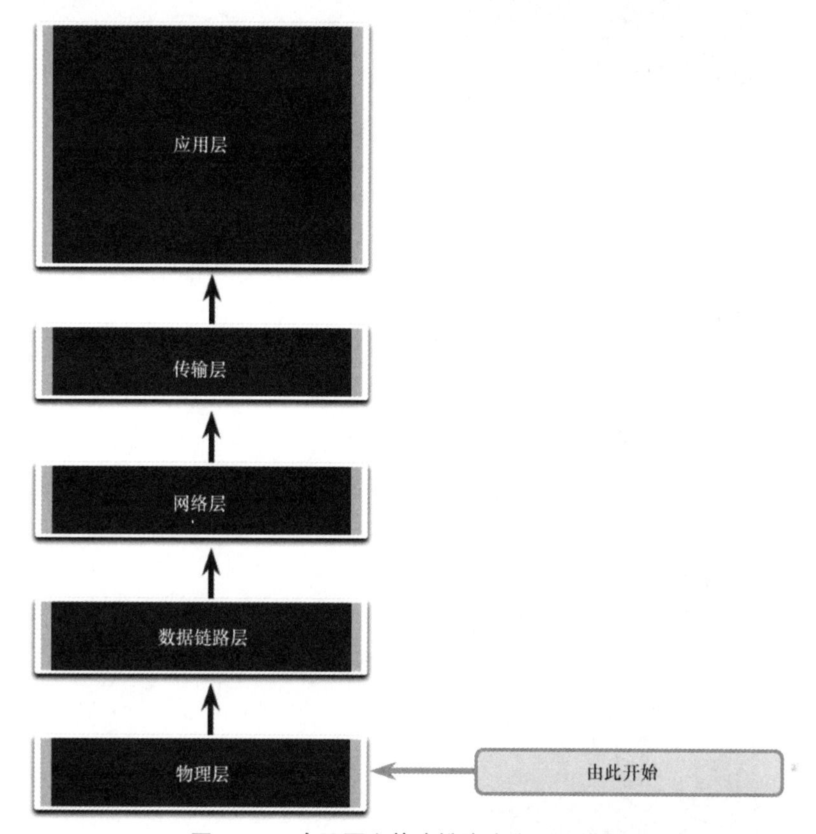

图 12-12 自下而上故障排除法及 OSI 模型

当怀疑存在物理问题时，采用自下而上的故障排除法较为合适。大多数网络故障出在较低层，因此实施自下而上的方法通常比较有效。

自下而上故障排除法的缺点是，必须逐一检查网络中的各台设备和各个接口，直至查明故障的可能原因。要知道，每个结论和可能性都必须做记录，因此采用该方法时连带地要做大量书面工作。另一个挑战是需要确定先检查哪些设备。

自上而下

如图 12-13 所示，采用自上而下故障排除法时，首先要检查终端用户的应用，然后沿着 OSI 模型的各个层级向下进行排查，直到确定故障原因。

在解决更具体的网络问题之前，需要先测试终端系统的终端用户的应用。当故障较为简单或您认为故障出在软件上时，可使用这种方法。

自上而下故障排除法的缺点是，必须逐一检查每一个网络应用，直至查明故障的可能原因。必须记录每个结论和可能性。这里的挑战在于确定首先检查哪个应用程序。

分治法

图 12-14 所示为使用分治法来排除网络故障的示例。

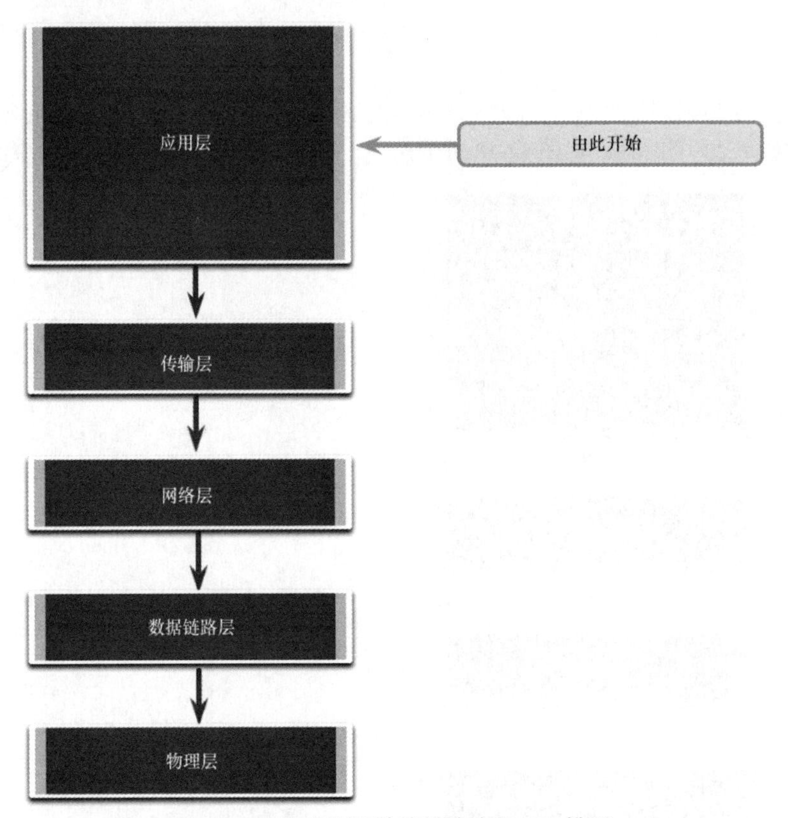

图 12-13 自上而下故障排除法和 OSI 模型

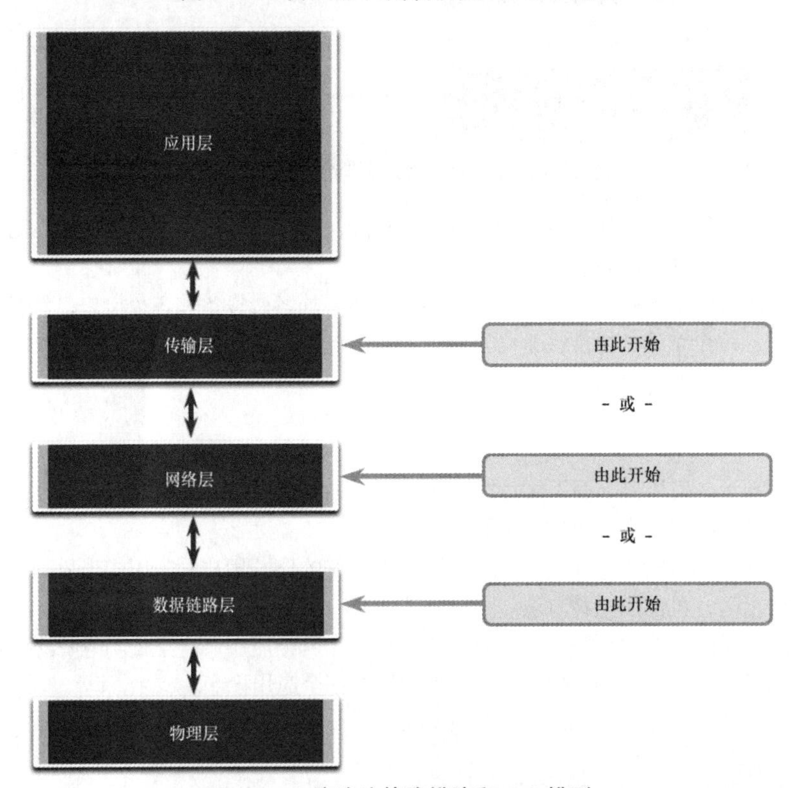

图 12-14 分治法故障排除和 OSI 模型

在分治法的故障排除中，网络管理员将选择一个层并从该层的两个方向进行测试。首先需要收集用户的故障经历，记录症状，然后利用这些信息对应该从哪个 OSI 层开始检查做出合理的推测。当确定某一层运行正常时，可假定其下面的各层都能够正常运行。管理员然后可以沿着 OSI 层向上排查。如果某个 OSI 层不能正常运行，则管理员可以沿着 OSI 模型向下排查。例如，如果用户无法访问 Web 服务器，但可以 ping 通该服务器，那么问题出在第 3 层之上。如果无法 ping 通服务器，则问题可能位于较低的 OSI 层。

跟随路径法

跟随路径是最基本的故障排除技术之一。在使用这种方法时，需要先确定从源到目的地的所有流量路径。故障排除的范围仅限于转发路径中的链路和设备。现在的目标是把与当前的排错任务无关的链路和设备排除出去。这种办法通常是对其他办法的补充。

替换法

这种方法也称为零部件替换，也就是把有问题的物理设备替换为工作正常的设备。如果使用替换设备解决了问题，也就知道问题出在已移除的设备上。如果问题依然存在，那么原因可能出在其他地方。

在特定情况下（例如关键的单点故障），这可能是快速解决问题的理想方法。例如，如果边缘路由器出现故障，简单地替换设备并恢复服务可能比解决问题更有好处。

如果问题出现在多个设备中，这种办法可能无法正确地隔离问题。

比较法

这种方法也称为区分差异法，因为它通过更改无法运行的元素，使其与运行正常的元素保持一致，从而尝试解决问题。通过比较工作环境和非工作环境之间的配置、软件版本、硬件或其他设备属性、链路或进程，可以发现它们之间的显著差异。

这种方法的缺点是，我们可能会得到一个有效的解决方案，但无法确定问题的根本原因。

有根据的猜测

这种方法也称为“不假思索”故障排除方法。这是一种结构化程度较低的故障排除方法，只是基于问题的症状进行有根据的猜测。这种方法的成功与否取决于管理员的故障排除经验和能力。经验丰富的技术人员更加容易成功，因为他们可以依靠自己丰富的知识和经验来果断地隔离和解决网络问题。对于经验不足的网络管理员，这种故障排除方法可能更像是随机故障排除。

12.2.7 故障排除法的选择准则

为了快速解决网络问题，需要花些时间来选择最有效的网络故障排除法。图 12-15 所示为在发现某类问题时可以使用哪种方法。

举例来说，软件问题通常会使用自上而下的方法来解决，而基于硬件的问题则会使用自下而上的方法来解决。新的问题可以由经验丰富的技术人员使用分治法来解决。否则，可以使用自下而上的办法来解决。

故障排除就是通过执行这些工作而发展起来的一项技能。您发现并解决的每一个网络问题都会提升您的技能。

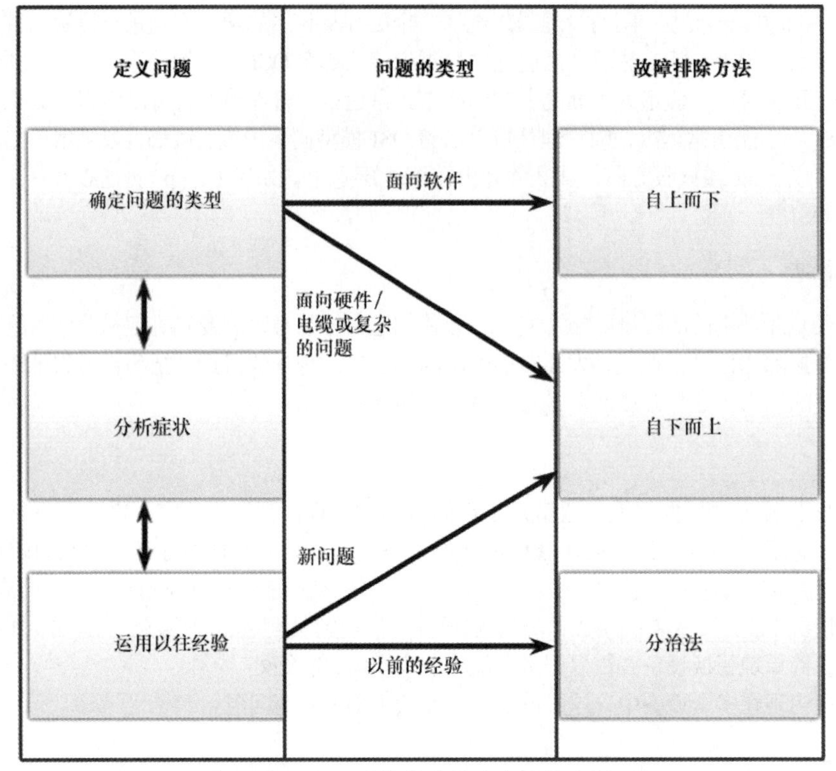

图 12-15　用于选择故障排除方法的流程图

12.3　故障排除工具

如您所知，网络由软件和硬件组成。因此，软件和硬件都可以使用故障排除工具。在本节中，您将了解不同的网络故障排除工具。

12.3.1　软件故障排除工具

可以使用各种各样的软件工具来简化故障排除工作。这些工具可用于收集和分析网络的症状。它们通常提供了可用于建立网络基线的监控和报告功能。

网络管理系统工具

网络管理系统（NMS）工具包括设备级的监控、配置及故障管理工具。这些工具可以用于调查和纠正网络故障。网络监控软件以图形方式显示网络设备的物理视图，允许网络管理员连续且自动地监控远程设备。设备管理软件为关键的网络设备提供了动态设备状态、统计信息及配置信息。如需了解更多信息，您可以在网上搜索 NMS 工具。

知识库

网络设备厂商的在线知识库已成为不可或缺的信息来源。结合使用厂商知识库和互联网搜索引擎，网络管理员可以获得大量从经验中积累的信息。

例如，可以在思科官网页面的 Support 菜单中看到 Tools and Resources 页面。该页面提供了适用于思科硬件和软件的工具。

基线建立工具

可以使用许多工具来自动建立网络文档和基线。基线建立工具有助于完成常见的记录任务。例如，这些工具可用来绘制网络图，有助于保持保持最新的网络软件和硬件文档，以及有助于经济高效地衡量基线网络带宽的使用情况。在网上搜索“网络性能监控工具”可了解更多信息。

12.3.2 协议分析器

协议分析器可用于在数据包流经网络时调查数据包的内容。协议分析器对记录的帧中的各个协议层进行解码，并以一种相对易用的格式呈现这些信息。图 12-16 中所示为 Wireshark 协议分析器的屏幕截图。

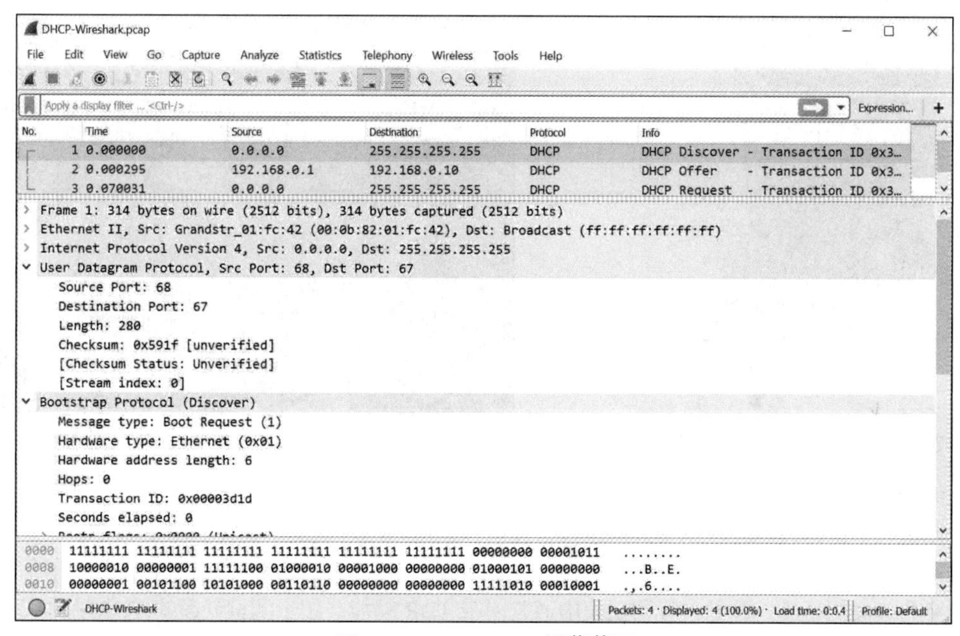

图 12-16 Wireshark 屏幕截图

协议分析器能够显示的信息包括物理层的位（bit）数据、数据链路信息、协议信息，以及帧的描述。大多数协议分析器可以过滤满足特定条件的流量，以便捕获进出设备的所有流量。协议分析器（例如 Wireshark）有助于对网络性能问题进行故障排除。重要的是，要对 TCP/IP 以及如何使用协议分析器检查每个 TCP/IP 层的信息有很好的理解。

12.3.3 硬件故障排除工具

硬件故障排除工具有多种类型。下文提供了常见硬件故障排除工具的详细说明。

数字万用表

数字万用表（DMM）是用于直接测量电压值、电流值和电阻值的测试仪器，如例 12-17 中的 Fluke 179 所示。

在排除网络故障时，大多数需要使用万用表的测试都涉及检查电源的电压水平，以及验证网络设备是否通电。

电缆测试仪

电缆测试仪是专门为测试各种类型的数据通信电缆而设计的手持设备。图 12-18 所示为 Fluke LinkRunner AT 网络自动测试仪。

图 12-17 Fluke 179 数字万用表

图 12-18 Fluke LinkRunner 电缆测试仪

电缆测试仪可用于检测断线、交叉接线、短路连接以及配对不当的连接。这些设备可以是廉价的连通性测试仪、价格适中的数据布线测试仪，还可以是昂贵的时域反射仪（TDR）。TDR 用于精确定位电缆断裂的距离。这些设备沿电缆发送信号，并等待信号反射回来。发送信号和接收反射信号的时间会转换为距离测量值。数据布线测试仪中通常附带 TDR 功能。用于测试光缆的 TDR 称作光学时域反射仪（OTDR）。

电缆分析仪

电缆分析仪是一种多功能手持设备，用于测试、认证不同服务和标准的铜缆与光缆。图 12-19 所示为 Fluke DTX 电缆分析仪。

更为复杂的工具包含高级故障排除诊断功能，可以利用这些功能测量与性能缺陷（例如近端串扰[NEXT]、回波损耗[RL]）位置的距离，确定纠正措施，以及以图形方式显示串扰和阻抗行为。电缆分析仪通常还包括基于 PC 的软件。在收集好现场数据后，可以上传手持设备中的数据，以便网络管理员创建最新的报告。

便携式网络分析仪

便携式网络分析仪可用于排除交换网络和 VLAN 的故障。图 12-20 所示为 Fluke OptiView 便携式网络分析仪。

图 12-19 Fluke DTX 电缆分析仪

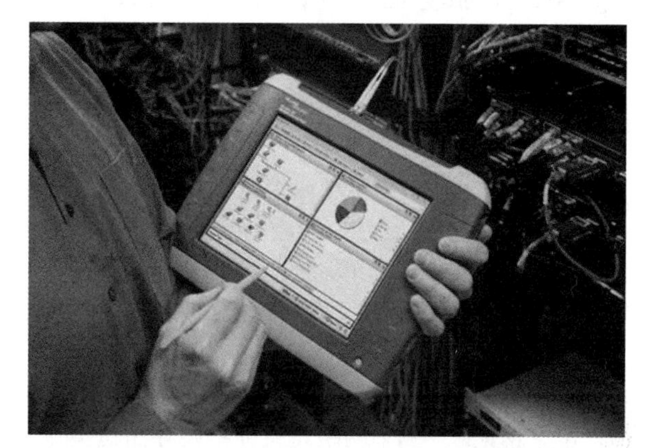

图 12-20 Fluke OptiView 便携式网络分析仪

只要将网络分析仪插入网络的任何位置，网络工程师就能看到设备连接的交换机端口以及网络利用率的平均值和峰值。网络分析仪还可以用来发现 VLAN 配置，查明网络中最大流量的来源（产生流量最多的主机），分析网络流量以及查看接口细节。这样的设备通常向安装有网络监控软件的 PC 输出数据，以供后续分析和故障排除。

思科 Prime NAM

图 12-21 所示的思科 Prime 网络分析模块（NAM）产品组合中包含硬件和软件，可以在交换和路由环境中对网络性能进行分析。该图显示了一个思科 Nexus 7000 系列 NAM、一个思科 Catalyst 65xx 系列 NAM、一个思科 Prime NAM 2300 系列设备、一个思科 Prime 虚拟 NAM（vNAM）、一个适用于思科 Nexus 1100 的思科 Prime NAM，以及一个适用于 ISR G2 SRE 的思科 Prime NAM。

思科Nexus 7000系列
NAM（NAM-NX1）

思科 Catalyst 65xx系列
NAM（NAM-3）

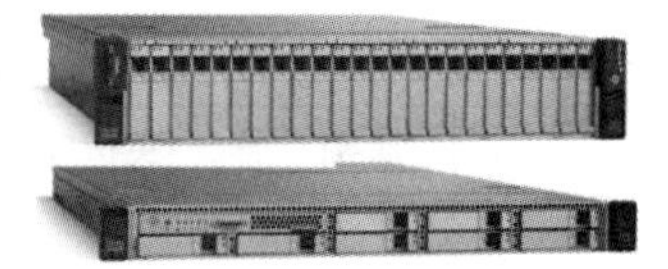

思科 Prime NAM 2300
系列设备

思科 Prime 虚拟
NAM（vNAM）

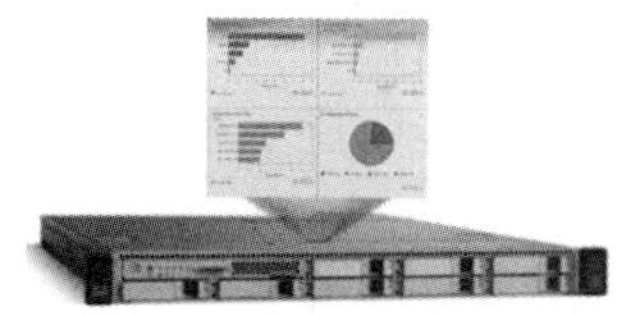

适用于思科 Nexus 1110的
思科 Prime NAM

适用于ISR G2 SRE的
思科Prime NAM

图 12-21 思科 Prime NAM 产品组合

NAM 包含一个基于浏览器的嵌入式界面，该界面可生成有关关键网络资源流量的报告。此外，NAM 还可以捕获并解码数据包，以及跟踪响应时间，以精确定位网络或服务器上的应用程序问题。

12.3.4 syslog 服务器作为故障排除工具

系统日志（syslog）是一个简单的协议，称为 syslog 客户端的 IP 设备使用该协议将基于文本的日志消息发送到另一台 IP 设备（即 syslog 服务器）。Syslog 目前定义在 RFC 5424 中。

实施日志记录功能是网络安全和网络故障排除的重要组成部分。思科设备可以记录有关配置更改、ACL 违规、接口状态和许多其他类型事件的信息。思科设备可将日志消息发送给多个不同的组件（facility）。事件消息可发送给以下一个或多个组件。

- **控制台**：默认情况下，控制台日志记录处于开启状态。消息会记录到控制台，当连接到网络设备的控制台端口，并使用终端仿真软件修改或测试路由器或交换机时，可以查看这些消息。
- **终端线路**：已启用的 EXEC 会话可以配置为在任意的终端线路上接收日志消息。与控制台日志记录一样，网络设备并不会存储这类日志记录，因此它仅对登录在该线路上的用户有价值。
- **缓冲的日志消息**：缓冲的日志消息可以用作故障排除工具，因为日志消息会在内存中存储一段时间。但是，当重新启动设备时，日志消息会被清除。
- **SNMP trap**：可以在路由器和其他设备上预先配置特定的阈值。路由器事件（例如超出阈值）可由路由器处理并作为 SNMP trap 转发到外部的 SNMP 网络管理站。SNMP trap 是一种可行的安全日志记录工具，但需要配置和维护 SNMP 系统。
- **syslog**：思科路由器和交换机可以配置为将日志消息转发到外部的 syslog 服务。该服务可驻留在任意数量的服务器或工作站上，包括 Windows 和基于 Linux 的系统。Syslog 是最常用的消息日志记录组件，因为它提供了长期的日志存储功能，并为所有的路由器消息提供了一个中央存储位置。

思科 IOS 日志消息可分为 8 个级别，如表 12-4 所示。

表 12-4 思科 IOS 日志消息的严重级别

	级别	关键字	描述	定义
最高级别	0	紧急	系统不可用	LOG_EMERG
	1	警报	需要立即采取行动	LOG_ALERT
	2	严重	存在关键事件	LOG_CRIT
	3	错误	存在错误事件	LOG_ERR
	4	警告	存在警告情况	LOG_WARNING
最低级别	5	通知	正常但比较重要的事件	LOG_NOTICE
	6	信息	信息性消息	LOG_NFO
	7	调试	调试性消息	LOG_DEBUG

级别编号越低，严重级别越高。在默认情况下，级别 0～7 的所有消息都会记录到控制台。虽然查看中心 syslog 服务器上的日志有助于排除故障，但是对大量数据进行筛选是一项艰巨的任务。**Logging trap** *level* 命令（其中 *level* 是严重级别的名字或编号）会根据严重级别来限制记录到 syslog 服务器的

消息。设备只会记录等于或小于这个指定级别的消息。

在例 12-1 所示的命令输出中，从级别 0（紧急）～5（通知）的系统消息发送到位于 209.165.200.225 的 syslog 服务器。

例 12-1 配置 syslog trap

```
R1(config)# logging host 209.165.200.225
R1(config)# logging trap notifications
R1(config)# logging on
R1(config)#
```

12.4 网络问题的症状和原因

现在您已经有了文档，掌握了一些故障排除方法，还有一些可以用来诊断问题的软件和硬件工具，接下来可以进行故障排除了！本节介绍了在对网络进行故障排除时最常见的一些问题。您将学习如何使用分层模型来确定网络问题的症状和原因。

12.4.1 物理层故障排除

网络中的问题通常表现为性能问题。性能问题是指预期行为和观察到的行为之间存在差异，而且系统未按合理预期运行。物理层出现故障或处于欠佳状态时，不仅会给用户带来不便，也会影响整个公司的生产效率。当网络出现这类状况时，通常需要关闭。由于 OSI 模型的上层依赖于物理层，因此网络管理员必须能够有效地隔离并纠正该层的问题。

图 12-22 总结了有关物理层网络问题的症状和原因。

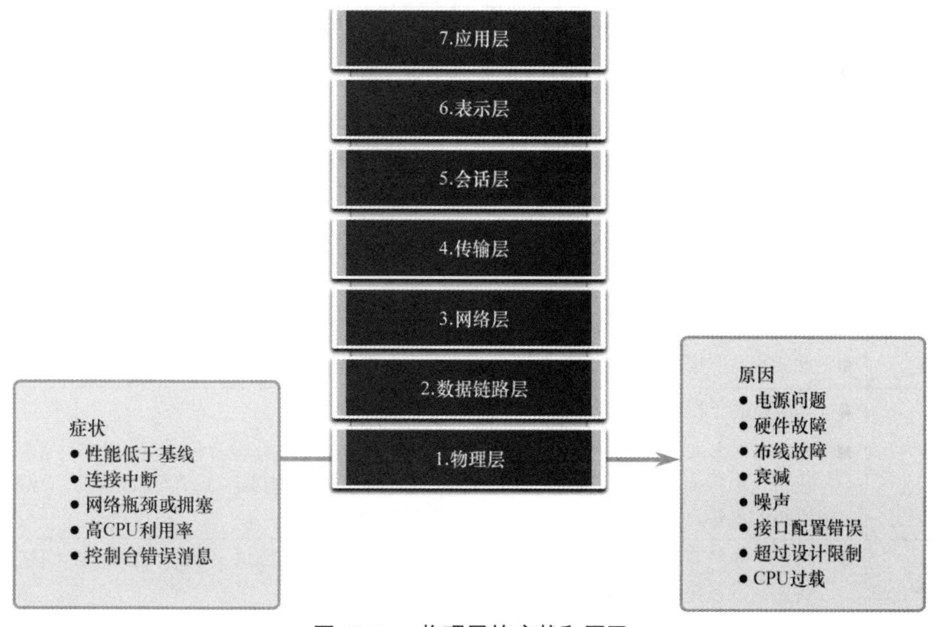

图 12-22 物理层的症状和原因

表 12-5 列出了物理层网络问题的常见症状。

表 12-5 物理层症状

症状	描述
性能低于基线	■ 需要使用之前建立的基线进行比较 ■ 性能缓慢或较差的最常见原因包括服务器过载或功率不足、交换机或路由器配置不当、低容量链路上的流量拥塞，以及长期的帧丢失
连接中断	■ 连接中断可能是由电缆故障或电缆断开导致的 ■ 可以使用简单的 **ping** 测试进行验证 ■ 间歇性的连接中断可能表示电缆的连接已松动或电缆已氧化
网络瓶颈或拥塞	■ 如果路由器、接口或电缆出现故障，路由协议可能会把流量重定向到未设计为承载额外流量的其他路由 ■ 这可能会导致部分网络段出现拥塞或瓶颈
高 CPU 利用率	■ 高 CPU 利用率是指设备（如路由器、交换机或服务器）的运行速度达到或超过其设计极限 ■ 如果不尽快解决这个问题，CPU 过载会导致设备关闭或出现故障
控制台错误消息	■ 设备控制台上报告的错误消息可能表明存在物理层问题 ■ 控制台消息应该记录到中央 syslog 服务器上

表 12-6 列出了导致物理层故障的常见问题。

表 12-6 物理层原因

问题原因	描述
电源问题	■ 这是网络故障最根本的原因 ■ 检查风扇的运行状况，确保机箱的进气口和排气口通畅 ■ 如果附近的其他设备也断电了，则应怀疑主电源出现故障
硬件故障	■ 网卡故障可能是导致网络传输错误的原因，具体体现为延迟冲突、发送短帧和 jabber 帧 ■ jabber 帧通常是指网络设备持续地向网络中传输的随机、无意义的数据 ■ 其他有可能导致 jabber 帧的原因包括网卡驱动文件发生错误或损坏、布线不良和接地问题
布线故障	■ 许多问题可以通过简单拔插线缆来解决，这些线缆可能处于虚接状态 ■ 在执行物理检查时，要寻找损坏的电缆、不当的电缆类型以及压接不良的 RJ-45 水晶头 ■ 应该对可疑电缆进行测试，或者将其更换为能够正常工作的电缆
衰减	■ 如果电缆的长度超过了介质的设计限制，或者由于电缆松动、接触点脏污或氧化而导致连接不良，就可能会导致衰减 ■ 如果衰减严重，则接收设备就无法成功地区分数据流中的位数据
噪声	■ 本地电磁干扰（EMI）通常被称为噪声 ■ 噪声有很多来源，例如 FM 电台、警用对讲机、建筑物安全设备和实现自动着陆的航空电子设备、串扰（由同一路径或相邻电缆中的其他电缆引起的噪声）、附近的电缆、配备有大型电机的设备，或者其发射器功率比手机大的设备
接口配置错误	■ 接口上的很多参数如果配置不当，就会导致接口失效，比如不正确的时钟速率、不正确的时钟源，以及接口未被启用 ■ 这会导致与相连网段的连接中断

续表

问题原因	描述
超过设计限制	■ 如果使用的组件超出了规范或配置的容量，就无法在物理层上良好地运行 ■ 在排查这种类型的问题时，可以很明显地发现设备的资源正在以（或接近）最大的容量运行，并且接口错误的数量增加
CPU 过载	■ 症状包括有的进程具有很高的 CPU 利用率、输入队列丢包、性能缓慢、SNMP 超时、无法远程接入，或者 DHCP、Telnet 和 **ping** 等服务响应缓慢或无响应 ■ 在交换机上可能会发生以下情况：生成树重新收敛、以太通道链路翻动、UDLD 翻动、IP SLA 不达标 ■ 对于路由器来说，可能没有路由更新、发生路由翻动或 HSRP 翻动 ■ 导致路由器或交换机 CPU 过载的一个原因是流量过高 ■ 如果一个或多个接口上经常出现过载的流量，则需要考虑重新设计网络中的流量或升级硬件

12.4.2 数据链路层故障排除

第 2 层的故障排除可能是一个具有挑战性的过程。相关协议的配置和操作对于创建功能完善的网络至关重要。第 2 层故障会产生特定的故障症状，一旦识别出这些症状，就可以快速确定问题。

图 12-23 总结了数据链路层网络问题的症状和原因。

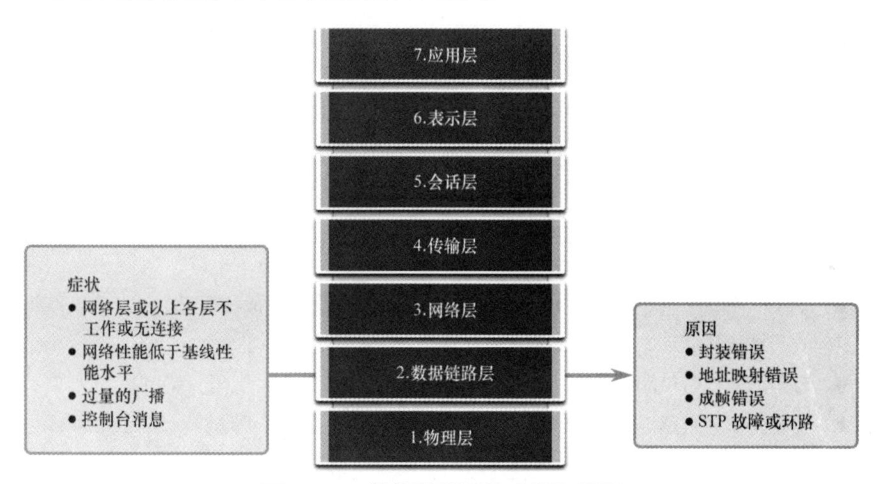

图 12-23 数据链路层的症状和原因

表 12-7 列出了数据链路层网络问题的常见症状。

表 12-7 数据链路层症状

症状	描述
网络层或以上各层不工作或无连接	■ 某些第 2 层问题会阻止链路上的帧交换行为，而另一些问题则只会导致网络性能下降
网络性能低于基线性能水平	■ 网络中可能会出现两种不同类型的第 2 层次优操作场景 ■ 第一种情景是，帧可能会使用次优路径去往目的地，尽管确实可以到达，但这会导致链路上出现意料之外的高带宽利用率 ■ 第二种情景是，有些帧可能会被丢弃，这是通过错误计数器的统计数据和出现在交换机或路由器上的控制台错误消息看出来的 ■ 使用扩展或连续的 **ping** 有助于确认是否有丢帧现象

续表

症状	描述
过量的广播	■ 操作系统会大量使用广播和组播来发现网络服务及其他主机 ■ 通常，过量的广播是由应用程序编程不当或配置不正确、存在较大的第2层广播域或潜在的网络问题（例如STP环路或路由抖动）引起的
控制台消息	■ 路由器在识别出第2层问题后，会发送告警消息到控制台 ■ 通常，路由器在解释传入帧时如果检测到问题（比如封装或成帧问题），或者预期的keepalive数据包没有到达时，会执行该操作 ■ 指示第2层问题的最常见的控制台消息是线路协议失效的消息

表12-8列出了导致数据链路层故障的常见原因。

表12-8　　数据链路层原因

问题原因	描述
封装错误	■ 之所以发生封装错误，是因为发送方放置在字段中的比特位不是接收方期望看到的 ■ 当WAN链路一端的封装配置与另一端的封装配置不同时，就会出现这种情况
地址映射错误	■ 在点对多点或广播以太网这样的拓扑中，必须为帧提供适当的第2层目的地址，这样可以确保帧到达正确的目的地 ■ 为了做到这一点，网络设备必须使用静态或动态映射把第3层目的地址与正确的第2层地址对应起来 ■ 在动态环境中，第2层和第3层信息的映射可能会失败，因为设备可能已被专门配置为不响应ARP请求、缓存的第2层或第3层信息可能发生了更改，或者由于错误配置或安全攻击导致设备接收到了无效的ARP应答
成帧错误	■ 帧通常是以8位字节为一组 ■ 如果一个帧没有在一个8位字节的边界上结束，就会发生成帧错误。当发生这种情况时，接收方可能无法确定一个帧的结束位置以及另外一个帧的开始位置 ■ 过多的无效帧可能会阻止交换有效的keepalive数据包 ■ 嘈杂的串行链路、设计不当的电缆（太长或屏蔽不当）、网卡故障、双工不匹配，或通道服务单元（CSU）的链路时钟配置不正确，都会导致成帧错误
STP故障或环路	■ 生成树协议（STP）的用途是通过阻塞冗余端口，把冗余的物理拓扑转变为树状拓扑 ■ 大多数STP问题都与转发环路有关，当冗余拓扑中的端口没有被阻塞，导致流量无限循环转发时，就会出现转发环路。由于STP拓扑的变化频率很高，因此导致过度泛洪 ■ 在配置良好的网络中，拓扑变化应该是很罕见的事件 ■ 当两台交换机之间的链路为up或down时，如果端口的STP状态变为转发或从转发状态变为其他状态时，将发生拓扑变化。但是，当端口翻动时（在up和down状态之间震荡），会导致重复的拓扑变化和泛洪，或者导致STP收敛或重新收敛的速度变慢 ■ 实际拓扑与记录的拓扑不匹配、配置错误（比如STP计时器的配置不一致）、收敛期间交换机CPU过载或软件缺陷，都会导致STP故障或环路

12.4.3 网络层故障排除

网络层问题包括与第3层协议相关的问题，如IPv4、IPv6、EIGRP、OSPF等。图12-24总结了网络层问题的症状和原因。

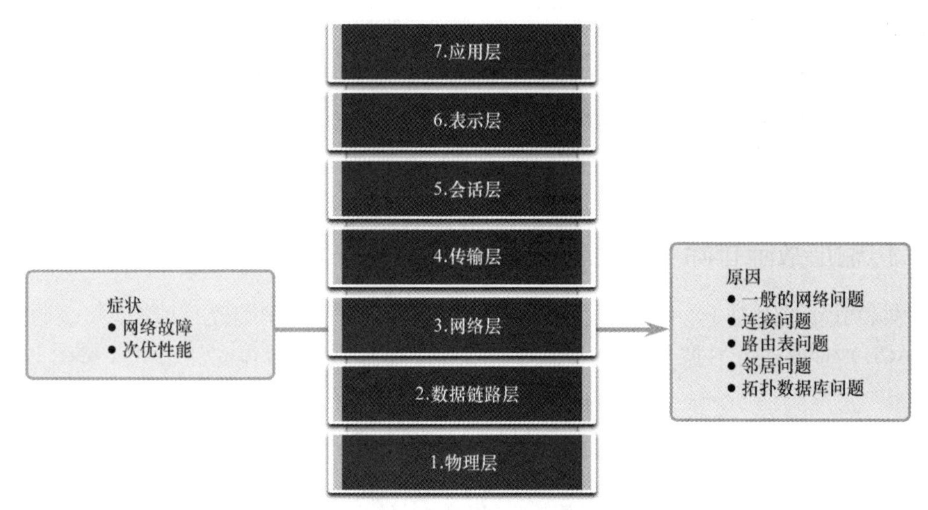

图 12-24　网络层的症状和原因

表 12-9 列出了网络层网络问题的常见症状。

表 12-9　网络层症状

症状	描述
网络故障	■ 当网络几乎或完全不工作时，就会发生网络故障，从而影响网络上的所有用户和应用 ■ 这些故障通常很快就会被用户和网络管理员注意到，因此对公司的生产力至关重要
次优性能	■ 网络优化问题通常会涉及一部分用户、应用、目的地，或某种类型的流量 ■ 优化问题很难检测，而且更难以隔离和诊断。这是因为它们通常会涉及多个层，或者甚至只涉及单台主机 ■ 要想确定故障是否属于网络层问题，需要花费一定的时间

在大多数网络中，会结合使用静态路由与动态路由协议。静态路由配置不当可能会导致路由不理想。在某些情况下，配置不当的静态路由可能产生路由环路，从而导致部分网络无法访问。

要排除动态路由协议故障，需要透彻理解特定路由协议的工作方式。有一些故障是所有路由协议都会遇到的，而另一些故障则是个别路由协议所特有的。

解决第 3 层故障没有一定之规，要遵循系统化的流程，利用一系列命令来隔离和诊断故障。

在诊断第 3 层路由协议的故障时，可以从表 12-10 所列的方面进行调查。

表 12-10　第 3 层路由协议的原因

问题原因	描述
一般的网络问题	■ 通常，拓扑中的变化（比如链路 down）可能会对网络的其他区域产生不明显的影响。这种变化可能包括添加新的路由（静态或动态），或删除其他路由 ■ 确定网络在近期是否发生了变化，以及是否有人正在对网络基础设施进行操作
连接问题	■ 检查设备和连接问题，包括断电和环境（比如过热）等电源问题 ■ 还要检查第 1 层问题，比如布线问题、端口故障和 ISP 问题
路由表问题	■ 检查路由表是否有任何意外情况，比如路由缺失或意料之外的路由 ■ 可以使用 **debug** 命令来查看路由更新和路由表维护信息

续表

问题原因	描述
邻居问题	■ 如果路由协议与邻居建立了邻接关系，可检查形成邻接关系的路由器是否有问题
拓扑数据库问题	■ 如果路由协议使用了拓扑表或数据库，可检查这些表或数据库是否存在意外情况，比如条目缺失或意料之外的条目

12.4.4 传输层故障排除：ACL

网络故障可能因路由器上的传输层故障引起，尤其在进行流量检查和修改的网络边缘。例如，访问控制列表（ACL）和网络地址转换（NAT）都在网络层运行，并且可能涉及传输层的操作，如图12-25所示。

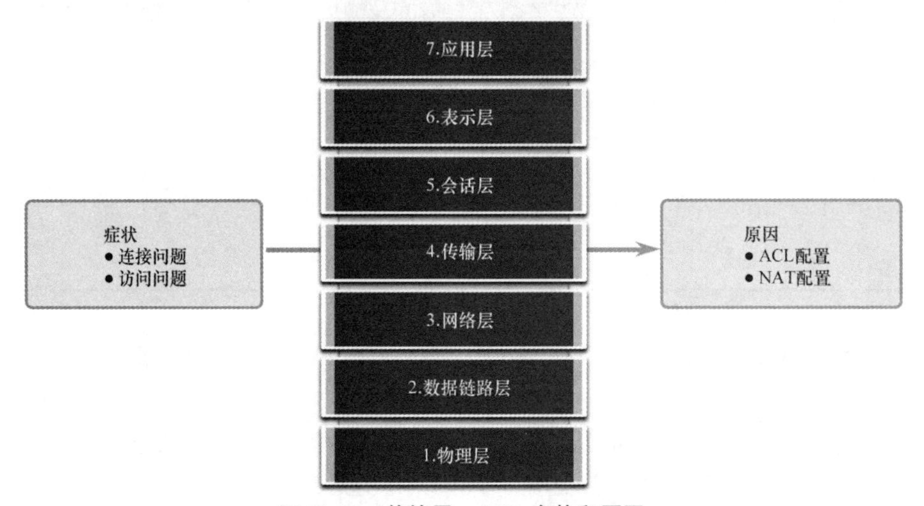

图12-25 传输层：ACL症状和原因

ACL中最常见的问题是由配置不当引起的，如图12-26所示。

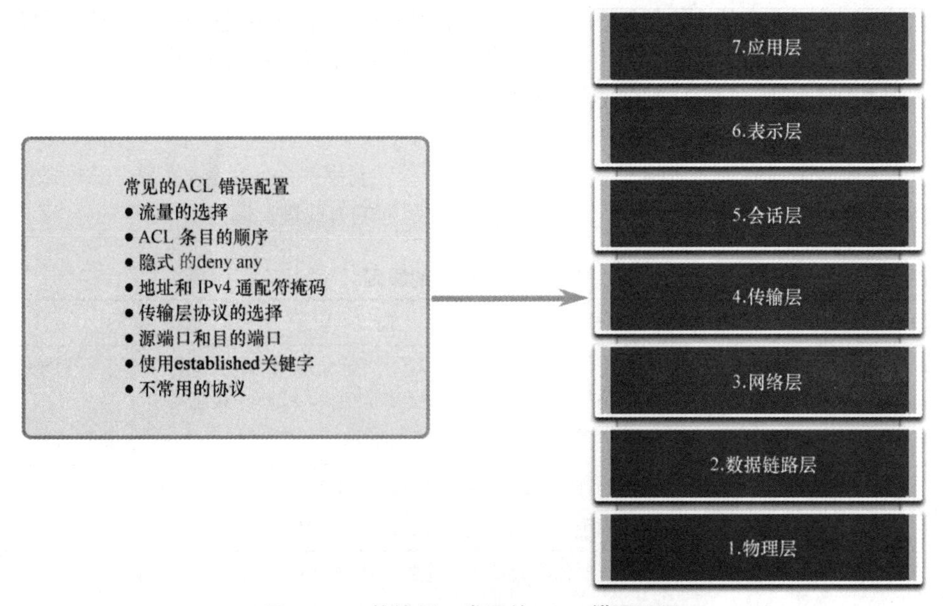

图12-26 传输层：常见的ACL错误配置

ACL 中出现的问题可能会导致本应运行正常的系统发生故障。表 12-11 列出了经常发生配置错误的区域。

表 12-11 传输层：ACL 错误配置

错误配置	描述
流量的选择	■ 流量是由两方面定义的：流量经过的路由器接口和流量流经的方向 ■ ACL 必须应用在正确的端口，并且必须选择正确的方向才能正常工作
访问控制条目的顺序	■ ACL 中的条目应该是按照从具体到通用的顺序排列的 ■ 虽然 ACL 可能有一个条目专门用来放行某种类型的流量，但如果数据包已经被列表前面的另一个条目拒绝，则这个数据包就永远不会匹配到放行的条目 ■ 如果路由器上同时使用了 ACL 和 NAT，则在流量上应用这两种技术的顺序非常重要 ■ 入向流量会先经过入向 ACL 的处理，然后再由外部到内部 NAT 进行处理 ■ 出向流量会先经过内部到外部 NAT 的处理，然后再由出向 ACL 进行处理
隐式的 deny any	■ 当 ACL 不需要高安全性时，则这个隐式的访问控制条目可能会导致 ACL 配置错误
地址和 IPv4 通配符掩码	■ 复杂的 IPv4 通配符掩码可以显著提高效率，但更容易出现配置错误 ■ 来看一个复杂的通配符掩码示例：使用 IPv4 地址 10.0.32.0 和通配符掩码 0.0.32.15 来选择 10.0.0.0 网络或 10.0.32.0 网络中的前 15 台主机
传输层协议的选择	■ 在配置 ACL 时，重要的是只指定正确的传输层协议 ■ 很多网络管理员在不确定某类流量是使用 TCP 端口还是 UCP 端口时，会把两种协议都配置上 ■ 同时配置这两种协议会在防火墙上打开一个漏洞，可能会给入侵者提供进入网络的通道 ■ 它还在 ACL 中添加了额外的条目，导致 ACL 需要更长的时间进行处理，给网络通信带来了更多延迟
源端口和目的端口	■ 要想正确地控制两台主机之间的流量，要在入向和出向 ACL 中配置对称的访问控制条目 ■ 主机生成应答流量所使用的地址和端口信息，是发起主机生成的流量的地址和端口信息的镜像
使用 **established** 关键字	■ **established** 关键字增加了 ACL 提供的安全性 ■ 如果这个关键字应用不正确，则可能会出现意外的结果
不常用的协议	■ 配置错误的 ACL 通常会为 TCP 和 UDP 之外的协议带来问题 ■ 越来越流行的不常用协议是 VPN 和加密协议

log 关键字是查看 ACL 条目上的 ACL 操作的有用命令。该关键字指示路由器在匹配一个条目时，在系统日志中加入一条日志信息，所记录的事件包括与 ACL 项目匹配的数据包的详情。**log** 关键字对故障排除很有帮助，它可以提供被 ACL 阻塞的入侵尝试的信息。

12.4.5 传输层故障排除：IPv4 NAT

有一些与 NAT 相关的问题，比如无法与一些服务（如 DHCP 和隧道）进行交互。这些问题包括错误地配置了 NAT 内部、NAT 外部或 ACL。其他问题包括与其他网络技术的互操作性，尤其是那些从数据包中的主机网络地址获取信息的网络技术。

图 12-27 汇总了与 NAT 有互操作的常见区域。

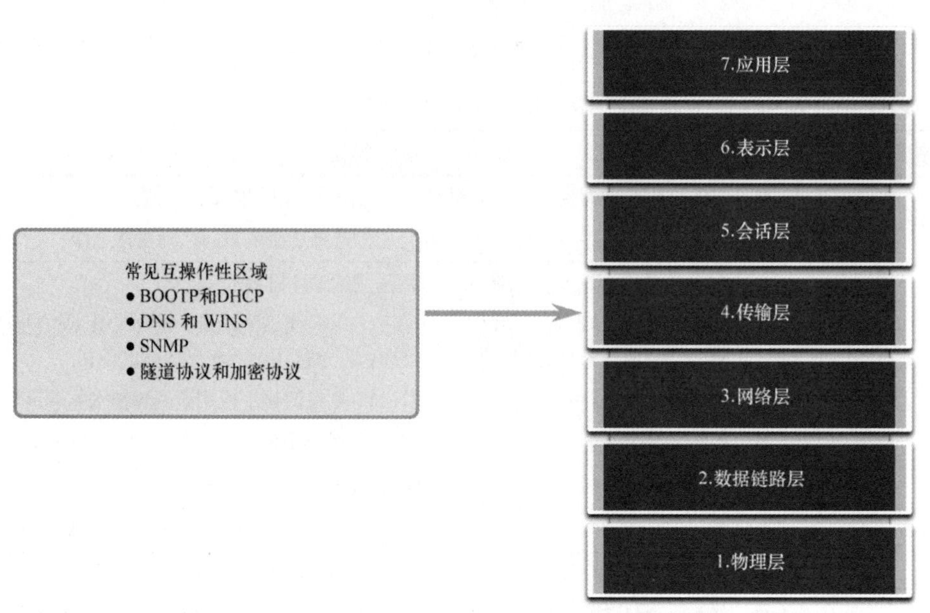

图 12-27 传输层：与 NAT 有互操作的常见区域

表 12-12 列出了与 NAT 有互操作的常见区域。

表 12-12 传输层的常见互操作区域

协议	描述
BOOTP 和 DHCP	■ 两种协议都管理客户端 IPv4 地址的自动分配 ■ 新客户端发送的第一个数据包是 DHCP-Request 广播 IPv4 数据包 ■ DHCP-Request 包的源 IPv4 地址是 0.0.0.0 ■ 因为 NAT 同时需要有效的目的 IPv4 地址和源 IPv4 地址，所以 BOOTP 和 DHCP 在运行静态或动态 NAT 的路由器上运行时会有困难 ■ 配置 IPv4 helper 特性有助于解决这一问题
DNS 和 WINS	■ 由于运行动态 NAT 的路由器会随着表项的过期和重新创建，而定期改变内部地址和外部地址的关系，因此 NAT 路由器外部的 DNS 服务器无法准确地表示路由器内部的网络 ■ 配置 IPv4 helper 特性有助于解决这一问题
SNMP	■ 与 DNS 数据包一样，NAT 无法改变存储在数据包有效负载中的编址信息 ■ 因此，位于 NAT 路由器一侧的 SNMP 管理站可能无法联系 NAT 路由器另一侧的 SNMP 代理 ■ 配置 IPv4 helper 特性有助于解决这一问题
隧道协议和加密协议	■ 加密协议和隧道协议通常要求流量来自特定的 UDP 或 TCP 端口，或者使用不能被 NAT 处理的传输层协议 ■ 例如，实施 VPN 时所使用的 IPSec 隧道协议和通用路由封装协议不能由 NAT 进行处理

12.4.6 应用层故障排除

大多数应用层协议提供用户服务。应用层协议通常用于网络管理、文件传输、分布式文件服务、终端仿真和电子邮件。经常需要添加新的用户服务，例如 VPN 和 VoIP。

图 12-28 所示为最广为人知且实施最广泛的 TCP/IP 应用层协议。

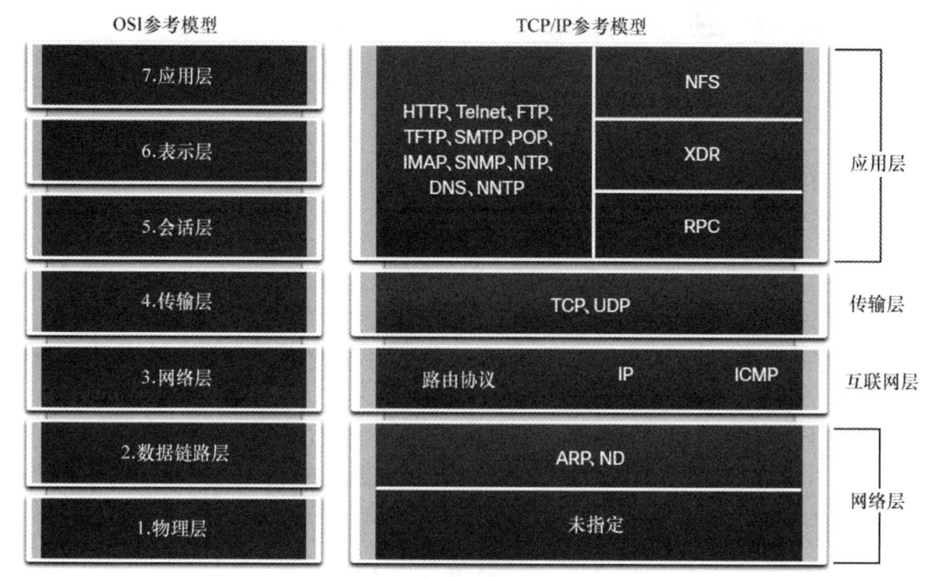

图 12-28　常见的 TCP/IP 应用层协议

表 12-13 提供了这些应用程序层协议的简短描述。

表 12-13　应用层协议

应用	描述
SSH/Telnet	允许用户与远程主机建立终端会话连接
HTTP	支持在网络上交换文本、图形图像、音频、视频，以及其他多媒体文件
FTP	在主机之间执行交互式文件传输
TFTP	通常在主机和网络设备之间执行基本的交互式文件传输
SMTP	支持基本的消息传送服务
POP	用来连接邮件服务器并下载邮件
SNMP	从网络设备收集管理信息
DNS	将 IP 地址映射到分配给网络设备的名称
网络文件系统（NFS）	使计算机能够在远程主机上挂载驱动器，并像操作本地驱动器一样使用它们。DNS 最初由 Sun 公司开发，它结合使用了另外两个应用层协议：外部数据表示法（XDR）和远程过程调用（RPC），允许对远程网络资源进行透明访问

症状的类型和原因取决于应用本身。

应用层故障会导致服务无法提供给应用程序。即使物理层、数据链路层、网络层和传输层都正常工作，应用层故障也会导致无法访问或无法使用资源。应用层故障很可能出现所有网络连接都正常，但应用就是无法提供数据的情况。

还有这样一种应用层故障，即虽然物理层、数据链路层、网络层和传输层都正常工作，但来自某个网络服务或应用的数据传输和网络服务请求没有达到用户的正常预期。

应用层的故障可能会导致用户抱怨，在传输数据或请求网络服务时，他们正在使用的网络或应用程序运行缓慢，或比平时慢。

12.5 排除 IP 连接故障

在本节中，您将使用分层模型对网络进行故障排除。

12.5.1 端到端连接故障排除的步骤

本节介绍了一种拓扑结构以及用于诊断（在某些情况下解决）端到端连接问题的工具。诊断并解决问题是网络管理员的必备技能。故障排除并没有唯一的方法，同样的问题可以通过不同的方法进行诊断。但是，通过在故障排除过程中使用结构化的方法，网络管理员可以减少诊断问题和解决问题所需的时间。

本节将使用以下场景：客户端主机 PC1 无法访问服务器 SRV1 或服务器 SRV2 上的应用。图 12-29 所示为该网络的拓扑。PC1 使用具有 EUI-64 的 SLAAC 以创建其 IPv6 全局单播地址。EUI-64 使用以太网 MAC 地址创建接口 ID，在中间插入 FFFE 并反转第 7 位。

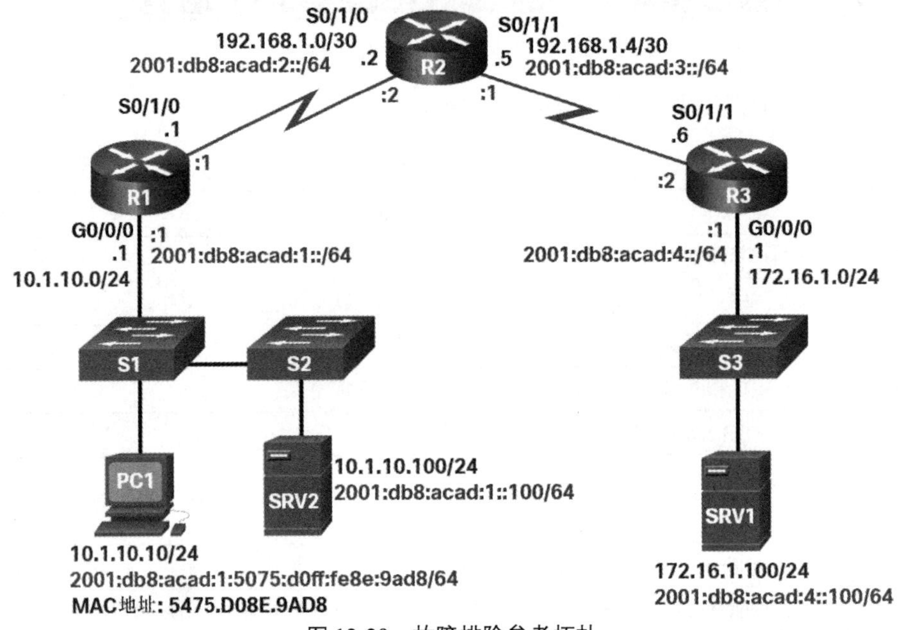

图 12-29 故障排除参考拓扑

在排查端到端的连接问题时，管理员可以选择自下而上的方法进行故障排除，并可以执行下述通用步骤。

步骤 1. 在停止网络通信的位置检查物理连接，这包括检查电缆和硬件。问题可能是电缆或接口出现故障，也可能与配置错误或硬件故障相关。

步骤 2. 检查双工不匹配的情况。

步骤 3. 检查本地网络上的数据链路层和网络层地址。这包括 IPv4 ARP 表、IPv6 邻居表、MAC 地址表和 VLAN 的分配。

步骤 4. 验证默认网关是否正确。

步骤 5. 确保设备正在确定从源到目的地的正确路径。必要时调整路由信息。

步骤 6. 确认传输层是否正常运行。可以在命令行中使用 Telnet 测试传输层连接。

步骤 7. 确认是否有被 ACL 阻止的流量。

步骤 8. 确保 DNS 设置是正确的。应该存在可以访问的 DNS 服务器。

在执行完上述步骤后，可生成一个可运行的端到端连接。如果在执行所有步骤后未得出任何解决方案，网络管理员可能要重复这些步骤，或者把问题上报给高级管理员。

12.5.2 端到端的连接问题引发故障排除

通常，当发现端到端的连接存在问题时，会引发故障排除。

引发故障排除工作的原因是发现存在端到端连接问题。用来验证端到端连接问题的两个最常见的实用程序是 **ping** 和 **traceroute**，如图 12-30 所示。

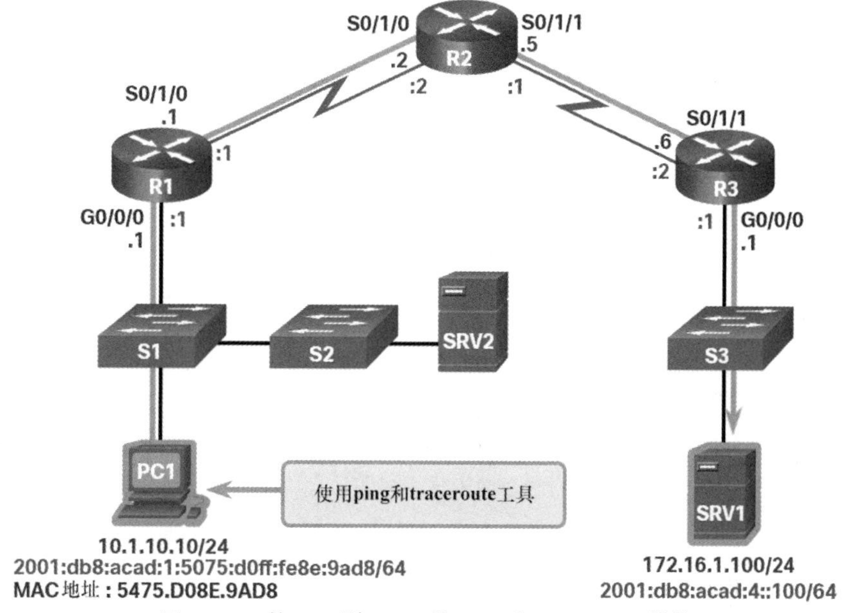

图 12-30 从 PC1 到 SRV1 的 **ping** 和 **traceroute** 操作

IPv4 ping

ping 可能是网络中最广为人知的连接测试实用程序，而且一直属于思科 IOS 软件的一部分。它发出请求，要求指定主机地址做出响应。**ping** 命令使用称为 ICMP（属于 TCP/IP 协议簇的一部分）的第 3 层协议。**ping** 使用 ICMP Echo 请求和 ICMP Echo 应答数据包。若指定地址的主机收到 ICMP Echo 请求，便会以 ICMP Echo 应答数据包进行响应。**ping** 可用于验证 IPv4 和 IPv6 的端到端连接。例 12-2 所示为从 PC1 对 SRV1（地址为 172.16.1.100）发起的 ping 操作成功。

例 12-2 成功的 IPv4 ping 操作

```
C:\> ping 172.16.1.100
Pinging 172.16.1.100 with 32 bytes of data:
Reply from 172.16.1.100: bytes=32 time=199ms TTL=128
Reply from 172.16.1.100: bytes=32 time=193ms TTL=128
Reply from 172.16.1.100: bytes=32 time=194ms TTL=128
Reply from 172.16.1.100: bytes=32 time=196ms TTL=128
```

```
Ping statistics for 172.16.1.100:
    Packets: Sent = 4, Received = 4, Lost = 0 (0% loss),
Approximate round trip times in milli-seconds:
    Minimum = 193ms, Maximum = 199ms, Average = 195ms
C:\>
```

IPv4 traceroute

与 **ping** 命令一样，思科 IOS **traceroute** 命令可以用于 IPv4 和 IPv6。**tracert** 命令可以用在 Windows 操作系统中。该命令会生成一个包含跳数、路由器 IP 地址和沿着路径成功到达的目的 IP 地址的列表。该列表提供了重要的验证和故障排除信息。如果数据到达目的地，则会列出路径中每台路由器上的接口。如果数据在沿途的某一跳上失败，那么也就知道了响应该命令的最后一台路由器的地址。这个地址指出了存在问题或安全限制的位置。

例 12-3 中 **tracert** 命令的输出显示了 IPv4 数据包到达目的地的路径。

例 12-3　成功的 IPv4 tracert 操作

```
C:\> tracert 172.16.1.100
Tracing route to 172.16.1.100 over a maximum of 30 hops:
  1     1 ms    <1 ms    <1 ms  10.1.10.1
  2     2 ms     2 ms     1 ms  192.168.1.2
  3     2 ms     2 ms     1 ms  192.168.1.6
  4     2 ms     2 ms     1 ms  172.16.1.100
Trace complete.
C:\>
```

IPv6 ping 和 traceroute

当使用 **ping** 和 **traceroute** 实用程序时，思科 IOS 可以识别出地址是 IPv4 还是 IPv6 地址，并使用合适的协议来测试连接。例 12-4 中的命令输出显示了路由器 R1 上用于测试 IPv6 连接的 **ping** 和 **traceroute** 命令。

例 12-4　成功的 IPv6 ping 和 traceroute 操作

```
R1# ping 2001:db8:acad:4::100
Type escape sequence to abort.
Sending 5, 100-byte ICMP Echos to 2001:DB8:ACAD:4::100, timeout is 2 seconds:
!!!!!
Success rate is 100 percent (5/5), round-trip min/avg/max = 56/56/56 ms
R1#
R1# traceroute 2001:db8:acad:4::100
Type escape sequence to abort.
Tracing the route to 2001:DB8:ACAD:4::100
1.   2001:DB8:ACAD:2::2 20 msec 20 msec 20 msec
2.   2001:DB8:ACAD:3::2 44 msec 40 msec 40 msec
R1#
```

注　意　当 **ping** 命令失败时通常会执行 **traceroute** 命令。如果 **ping** 成功，通常就不需要执行 **traceroute** 命令，因为技术人员已经知道连接没有问题。

12.5.3 步骤 1：验证物理层

所有网络设备都是专用的计算机系统。这些设备至少由 CPU、RAM 和存储空间组成，允许设备引导并运行操作系统和接口。这将支持网络流量的接收和传输。当网络管理员确定给定设备上存在问题，且问题可能与硬件相关时，就有必要验证这些通用组件的运行情况。最常用来实现上述目的的思科 IOS 命令是 **show processes cpu**、**show memory** 和 **show interfaces**。本节会讨论 **show interfaces** 命令。

在排除与性能相关的问题时，如果怀疑硬件是故障所在，可以使用 **show interfaces** 命令来验证流量通过的接口。

例 12-5 所示为 **show interfaces** 命令的输出。

例 12-5　show interfaces 命令

```
R1# show interfaces GigabitEthernet 0/0/0
GigabitEthernet0/0/0 is up, line protocol is up
Hardware is CN Gigabit Ethernet, address is d48c.b5ce.a0c0(bia d48c.b5ce.a0c0)
Internet address is 10.1.10.1/24
(Output omitted)
Input queue: 0/75/0/0 (size/max/drops/flushes); Total output drops: 0
Queueing strategy: fifo
 Output queue: 0/40 (size/max)
5 minute input rate 0 bits/sec, 0 packets/sec
5 minute output rate 0 bits/sec, 0 packets/sec
85 packets input, 7711 bytes, 0 no buffer
Received 25 broadcasts (0 IP multicasts)
0 runts, 0 giants, 0 throttles
0 input errors, 0 CRC, 0 frame, 0 overrun, 0 ignored
0 watchdog, 5 multicast, 0 pause input
10112 packets output, 922864 bytes, 0 underruns
0 output errors, 0 collisions, 1 interface resets
11 unknown protocol drops
0 babbles, 0 late collision, 0 deferred
0 lost carrier, 0 no carrier, 0 pause output
0 output buffer failures, 0 output buffers swapped out
R1#
```

输入队列丢包

输入队列丢包（以及相关的忽略计数器和节流计数器）表示在某个时刻，传输到路由器的流量超出了路由器的处理能力。这并不一定表明存在问题，可能就是普通流量遇到了高峰期。但是，这也可能表明 CPU 无法及时处理数据包。所以，如果输入队列丢包的量一直很高，那么应当尝试确定这些计数器会在什么时候增大，以及它们与 CPU 利用率有何关系。

输出队列丢包

输出队列丢包表示数据包因接口出现拥塞而被丢弃。在总输入流量高于输出流量的任何点上，看到输出丢包是正常的。在流量高峰期，如果流量传输到接口的速率比接口能够发送的速率快，就会出现丢包。不过，虽然这被当做正常行为，但由于它会导致数据包丢弃和队列延迟，因此对这些问题敏感的应用（如 VoIP）可能会出现性能问题。若持续出现输出队列丢包，则表示可能需要实施高级排队机制或修改当前的 QoS 设置。

输入错误

输入错误表示在接收帧的过程中出现了错误，比如 CRC 错误。大量的 CRC 错误表明可能存在布线问题、接口硬件问题或者在基于以太网的网络中存在双工不匹配。

输出错误

输出错误表示在帧传输过程中出现的错误，比如冲突。如今，在大多数基于以太网的网络中，全双工传输成为常态，而半双工传输则是例外。在全双工传输中，不会发生运行冲突，因此冲突（尤其是延迟冲突）通常表示双工不匹配。

12.5.4 步骤 2：检查双工不匹配

接口错误的另一个常见原因就是以太网链路两端之间的双工模式不匹配。在许多基于以太网的网络中，点对点连接现在已成为常态，而集线器以及相关半双工操作的使用越来越少见。这意味着现今大多数以太网链路都是在全双工模式下运行的，冲突曾经被视为以太网链路中的正常现象，而现在冲突通常表明双工协商失败，或链路未能够在正确的双工模式下运行。

IEEE 802.3ab 吉比特以太网标准要求在速率和双工方面使用自动协商。此外，虽然不是严格要求，但实际上所有快速以太网网卡在默认情况下也会使用自动协商。目前推荐的做法是使用自动协商来实现速率和双工。

然而，如果由于某些原因导致双工协商失败，则可能需要在两端手动设置速率和双工。通常，这意味着在连接的两端将双工模式设置为全双工。如果这不起作用，可在两端均运行半双工，这总比双工不匹配要好。

双工配置指导原则包括：

- 建议自动协商速率和双工；
- 如果自动协商失败，则在互连的两端手动设置速率和双工；
- 点对点以太网链路应当始终运行在全双工模式下；
- 半双工并不常见，通常只有在使用传统的集线器时才会遇到。

故障排除示例

在前面的场景中，网络管理员需要将其他用户添加到网络中。为了加入这些新用户，网络管理员安装了另一台交换机并将其与第一台交换机连接。在 S2 添加到网络中不久，两台交换机上的用户在连另一台交换机上的设备时，开始遇到严重的性能问题，如图 12-31 所示。

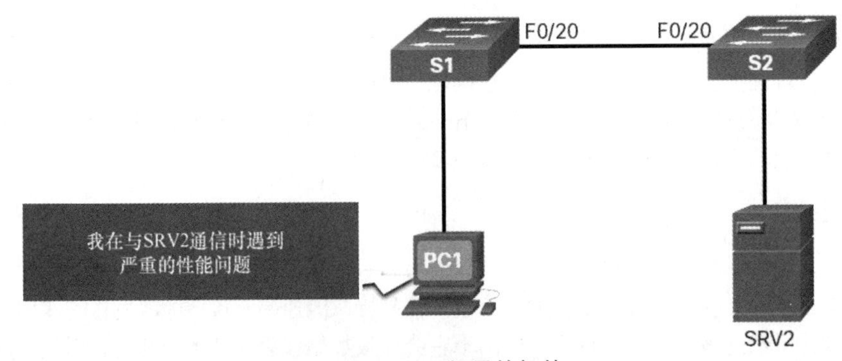

图 12-31 双工场景的拓扑

网络管理员注意到交换机 S2 上的一条控制台消息：

```
*Mar 1 00:45:08.756: %CDP-4-DUPLEX_MISMATCH: duplex mismatch discovered on FastEthernet0/
  20 (not half duplex), with Switch FastEthernet0/20 (half duplex).
```

通过使用 **show interfaces fa 0/20** 命令，网络管理员检查了 S1 上连接 S2 的端口，并注意到这个端口已设置为全双工，如例 12-6 所示。

例 12-6 检查 S1 F0/20 端口的双工模式

```
S1# show interface fa 0/20
FastEthernet0/20 is up, line protocol is up (connected)
Hardware is Fast Ethernet, address is 0cd9.96e8.8a01 (bia 0cd9.96e8.8a01)
MTU 1500 bytes, BW 10000 Kbit/sec, DLY 1000 usec, reliability 255/255, txload
  1/255, rxload 1/255
Encapsulation ARPA, loopback not set Keepalive set (10 sec)
Full-duplex, Auto-speed, media type is 10/100BaseTX

(Output omitted)

S1#
```

网络管理员现在检查连接的另一端（S2 上的端口）。例 12-7 所示为连接的这一端口已配置为半双工模式。

例 12-7 检查 S2 F0/20 端口上的双工模式

```
S2# show interface fa 0/20
FastEthernet0/20 is up, line protocol is up (connected)
Hardware is Fast Ethernet, address is 0cd9.96d2.4001 (bia 0cd9.96d2.4001)
MTU 1500 bytes, BW 100000 Kbit/sec, DLY 100 usec, reliability 255/255, txload
  1/255, rxload 1/255
Encapsulation ARPA, loopback not set Keepalive set (10 sec)
Half-duplex, Auto-speed, media type is 10/100BaseTX

(Output omitted)

S2(config)# interface fa 0/20
S2(config-if)# duplex auto
S2(config-if)#
```

网络管理员把设置更正为 **duplex auto**，让设备自动协商双工模式。由于 S1 上的端口被设置为全双工，因此 S2 也使用全双工。

用户报告说不再有任何性能问题。

12.5.5 步骤 3：验证本地网络上的编址

在排除端到端的连接故障时，验证目的 IP 地址和各网段上第 2 层以太网地址之间的映射非常有用。在 IPv4 中，该功能由 ARP 提供。在 IPv6 中，ARP 功能被邻居发现过程和 ICMPv6 取代。邻居表缓存了 IPv6 地址及其解析的以太网物理（MAC）地址。

本节介绍了用于验证第 2 层和第 3 层编址的命令，并给出了相应的示例和解释。

Windows IPv4 ARP 表

Windows 中的 **arp** 命令能够显示和修改 ARP 缓存中用于存储 IPv4 地址及其解析后的 MAC 地址

的条目。如例 12-8 所示，Windows 中的 **arp** 命令列出了 ARP 缓存中当前所有的设备。

针对每台设备显示的信息包括 IPv4 地址、MAC 地址及地址类型（静态或动态）。

如果想要用更新后的信息重新填充缓存，可以使用 Windows 命令 **arp -d** 清除缓存。

注 意 Linux 和 MAC OS X 中的 **arp** 命令有类似的语法。

例 12-8 Windows IPv4 ARP 表

```
C:\> arp -a
  Interface: 10.1.10.100 --- 0xd
  Internet Address         Physical Address     Type
  10.1.10.1                d4-8c-b5-ce-a0-c0    dynamic
  224.0.0.22               01-00-5e-00-00-16    static
  224.0.0.251              01-00-5e-00-00-fb    static
  239.255.255.250          01-00-5e-7f-ff-fa    static
  255.255.255.255          ff-ff-ff-ff-ff-ff    static
C:\>
```

Windows IPv6 邻接表

在例 12-9 中，Windows 命令 **netsh interface ipv6 show neighbor** 列出了邻居表中当前所有的设备。

例 12-9 Windows IPv6 邻居表

```
C:\> netsh interface ipv6 show neighbor
Internet Address                             Physical Address   Type
--------------------------------------------  -----------------  -----------
fe80::9657:a5ff:fe0c:5b02                    94-57-a5-0c-5b-02  Stale
fe80::1                                      d4-8c-b5-ce-a0-c0  Reachable (Router)
ff02::1                                      33-33-00-00-00-01  Permanent
ff02::2                                      33-33-00-00-00-02  Permanent
ff02::16                                     33-33-00-00-00-16  Permanent
ff02::1:2                                    33-33-00-01-00-02  Permanent
ff02::1:3                                    33-33-00-01-00-03  Permanent
ff02::1:ff0c:5b02                            33-33-ff-0c-5b-02  Permanent
ff02::1:ff2d:a75e                            33-33-ff-2d-a7-5e  Permanent
```

针对每台设备显示的信息包括 IPv6 地址、MAC 地址及地址类型。通过检查邻居表，网络管理员可以验证目的 IPv6 地址是否已映射到正确的以太网地址。R1 上所有接口的 IPv6 链路本地地址都被手动配置为 FE80::1。与之类似，R2 在其接口上配置了链路本地地址 FE80::2，R3 在其接口上配置了链路本地地址 FE80::3。一定要记住，链路或网络上的链路本地地址必须是唯一的。

注 意 在 Linux 和 Mac OS X 中，可以使用 **ip neigh show** 命令来显示邻居表。

IOS IPv6 邻居表

在例 12-10 中，**show ipv6 neighbors** 命令显示了思科 IOS 路由器上的一个邻居表示例。

注 意 IPv6 中的邻居状态要比 IPv4 ARP 表中的状态复杂很多。有关更多信息，请参阅 RFC 4861。

例 12-10　IOS IPv6 邻居表

```
R1# show ipv6 neighbors
IPv6 Address                              Age  Link-layer Addr  State  Interface
FE80::21E:7AFF:FE79:7A81                    8  001e.7a79.7a81   STALE  Gi0/0
2001:DB8:ACAD:1:5075:D0FF:FE8E:9AD8         0  5475.d08e.9ad8   REACH  Gi0/0
R1#
```

交换机 MAC 地址表

交换机在 MAC 地址表中查询到目的 MAC 地址时，仅将帧转发到具有该 MAC 地址的设备的端口。为此，交换机会查询自己的 MAC 地址表。MAC 地址表列出了与各个端口连接的 MAC 地址。使用 **show mac address-table** 命令可显示交换机上的 MAC 地址表（见例 12-11）。

例 12-11　交换机 MAC 地址表

```
S1# show mac address-table
               Mac Address Table
--------------------------------------------
Vlan     Mac Address          Type      Ports
All       0100.0ccc.cccc      STATIC    CPU
All       0100.0ccc.cccd      STATIC    CPU
10        d48c.b5ce.a0c0      DYNAMIC   Fa0/4
10        000f.34f9.9201      DYNAMIC   Fa0/5
10        5475.d08e.9ad8      DYNAMIC   Fa0/13
Total Mac Addresses for this criterion:  5
S1#
```

请注意 PC1（VLAN 10 中的设备）的 MAC 地址以及 PC1 所连接的 S1 交换机端口是如何被发现的。需要记住的是，交换机的 MAC 地址表中只包含第 2 层信息，其中包括以太网 MAC 地址和端口号。IP 地址信息不包括在内。

12.5.6　VLAN 分配的故障排除示例

在排除端到端的连接故障时，需要考虑的另一个问题是 VLAN 的分配。在交换网络中，交换机中的每个端口都属于一个 VLAN。每个 VLAN 都视为一个独立的逻辑网络，发往不属于该 VLAN 的站点的数据包必须通过支持路由的设备转发。如果一个 VLAN 中的主机发送广播以太网帧（例如 ARP 请求），那么同一 VLAN 中的所有主机都会收到这个帧，而其他 VLAN 中的主机不会收到。即使两台主机位于同一个 IP 网络，如果它们所连接的端口分配到两个不同的 VLAN，那么这两台主机无法通信。此外，如果删除了端口所属的 VLAN，则端口将变为非活动状态。如果 VLAN 被删除，则与属于该 VLAN 的端口连接的所有主机都无法与网络的其余部分通信。可以使用 **show vlan** 命令查看交换机上的 VLAN 分配。

例如，为了改善布线间的布线管理，您的公司已重新整理了连接到交换机 S1 的电缆。刚完成该工作，用户就开始给技术支持服务台打电话，指出他们无法再访问其网络外部的设备。

本节对用于解决该问题的过程进行了解释。

检查 ARP 表

使用 Windows 中的 **arp** 命令查看 PC1 的 ARP 表，发现该 ARP 表不再包含默认网关 10.1.10.1 这个条目，如例 12-12 所示。

例 12-12　检查 ARP 表

```
C:\> arp -a
Interface: 10.1.10.100 --- 0xd
  Internet Address        Physical Address      Type
  224.0.0.22              01-00-5e-00-00-16     static
  224.0.0.251             01-00-5e-00-00-fb     static
  239.255.255.250         01-00-5e-7f-ff-fa     static
  255.255.255.255         ff-ff-ff-ff-ff-ff     static
C:\>
```

检查交换机 MAC 表

路由器上没有发生配置更改，因此 S1 是故障排除的重点。S1 的 MAC 地址表如例 12-13 所示。可以看到，S1 的 MAC 地址在另一个 VLAN 中，与 10.1.10.0/24 子网中的设备（包括 PC1）所处的 VLAN 不同。

例 12-13　检查交换机的 MAC 地址表

```
S1# show mac address-table
               Mac Address Table
-------------------------------------------
Vlan      Mac Address         Type        Ports
All       0100.0ccc.cccc      STATIC      CPU
All       0100.0ccc.cccd      STATIC      CPU
 1        d48c.b5ce.a0c0      DYNAMIC     Fa0/1
10        000f.34f9.9201      DYNAMIC     Fa0/5
10        5475.d08e.9ad8      DYNAMIC     Fa0/13
Total Mac Addresses for this criterion:   5
S1#
```

更正 VLAN 的分配

在重新布线时，R1 的配线电缆从 F0/4（VLAN 10）移动到了 F0/1（VLAN 1）。网络管理员把 S1 的 F0/1 端口配置为 VLAN 10 后（见例 12-14），问题得到解决。MAC 地址表现在显示出端口 F0/1 上的 R1 MAC 地址现在属于 VLAN 10。

例 12-14　更正 VLAN 的分配

```
S1(config)# interface fa0/1
S1(config-if)# switchport mode access
S1(config-if)# switchport access vlan 10
S1(config-if)# exit
S1#
S1# show mac address-table
               Mac Address Table
-------------------------------------------
Vlan      Mac Address         Type        Ports
All       0100.0ccc.cccc      STATIC      CPU
All       0100.0ccc.cccd      STATIC      CPU
10        d48c.b5ce.a0c0      DYNAMIC     Fa0/1
10        000f.34f9.9201      DYNAMIC     Fa0/5
```

```
10        5475.d08e.9ad8      DYNAMIC     Fa0/13
Total Mac Addresses for this criterion: 5
S1#
```

12.5.7 步骤 4：验证默认网关

如果路由器中没有详细的路由，或者主机上配置了错误的默认网关，那么不同网络中的两个终端之间将无法通信。图 12-32 所示为 PC1 如何使用 R1 作为其默认网关。

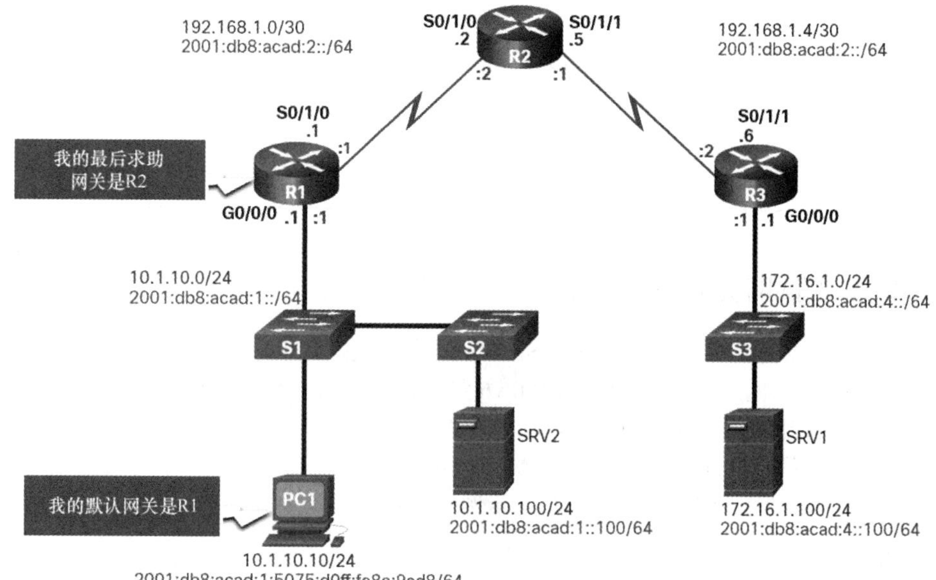

图 12-32 PC1 和 R1 默认网关

与之类似，R1 使用 R2 作为其默认网关或最后求助网关。如果主机需要访问本地网络以外的资源，则必须配置默认网关。默认网关是通向本地网络之外目的地的路径上的第一台路由器。

IPv4 默认网关故障排除示例

在本例中，R1 上配置了正确的默认网关，即 R2 的 IPv4 地址。但是，PC1 具有错误的默认网关。PC1 的默认网关应该是 R1，IP 地址为 10.1.10.1。如果在 PC1 上手动配置了 IPv4 编址信息，则必须手动配置该默认网关。如果 IPv4 编址信息是从 DHCPv4 服务器自动获取的，那么必须检查 DHCP 服务器上的配置。DHCP 服务器上的配置问题通常会影响多个客户端。

R1 路由表

思科 IOS 命令 **show ip route** 的输出内容用于验证 R1 的默认网关，如例 12-15 所示。

例 12-15 R1 的路由表

```
R1# show ip route | include Gateway|0.0.0.0


Gateway of last resort is 192.168.1.2 to network 0.0.0.0
S* 0.0.0.0/0 [1/0] via 192.168.1.2


R1#
```

PC1 路由表

在Windows主机上，Windows命令 **route print** 用于验证主机上是否存在IPv4默认网关，如例12-16所示。

例 12-16 PC1 的路由表

```
C:\> route print
(Output omitted)

IPv4 Route Table
===========================================================================
Active Routes:
Network Destination        Netmask          Gateway       Interface  Metric
          0.0.0.0          0.0.0.0        10.1.10.1     10.1.10.10      11
(Output omitted)
```

12.5.8 IPv6 默认网关故障排除示例

在IPv6中，可以使用无状态自动配置（SLAAC）手动配置默认网关，也可以使用DHCPv6配置。使用SLAAC时，默认网关由路由器使用ICMPv6路由器通告（RA）消息通告给主机。RA消息中的默认网关是路由器接口的链路本地IPv6地址。如果默认网关是手动配置在主机上的（这不太可能），则默认网关可以设置为全局IPv6地址或链路本地IPv6地址。

本节给出了IPv6默认网关问题的故障排除示例和说明。

R1 路由表

如例12-17所示，思科IOS命令 **show ipv6 route** 用于检查R1上的IPv6默认路由。R1具有通向R2的默认路由。

例 12-17 R1 的路由表

```
R1# show ipv6 route

(Output omitted)

S ::/0 [1/0]
via 2001:DB8:ACAD:2::2
R1#
```

PC1 编址

Windows中的 **ipconfig** 命令用于验证PC1是否有IPv6默认网关。在例12-18中可以看到，PC1上缺少了IPv6全局单播地址和IPv6默认网关。PC1启用了IPv6，因为PC1有IPv6链路本地地址。链路本地地址由设备自动创建。在检查网络文档时，网络管理员确认该LAN上的主机应该使用SLAAC从路由器接收其IPv6地址信息。

注 意 在本例中，同一LAN中使用SLAAC的其他设备在接收IPv6地址信息时也会遇到相同的问题。

例 12-18 PC1 的编址

```
C:\> ipconfig
Windows IP Configuration
   Connection-specific DNS Suffix . :
   Link-local IPv6 Address . . . . : fe80::5075:d0ff:fe8e:9ad8%13
   IPv4 Address . . . . . . . . . . . : 10.1.10.10
   Subnet Mask . . . . . . . . . . . : 255.255.255.0
   Default Gateway. . . . . . . . . : 10.1.10.1
C:\>
```

检查 R1 的接口设置

在例 12-19 中，R1 上 **show ipv6 interface GigabitEthernet 0/0/0** 命令的输出显示，虽然接口上配置有 IPv6 地址，但它不是全 IPv6 路由器组播组 FF02::2 的成员。这意味着路由器未启用为 IPv6 路由器。因此，该路由器不会在该接口上发出 ICMPv6 RA。

例 12-19 检查 R1 的接口设置

```
R1# show ipv6 interface GigabitEthernet 0/0/0
GigabitEthernet0/0/0 is up, line protocol is up
  IPv6 is enabled, link-local address is FE80::1
  No Virtual link-local address(es):
  Global unicast address(es):
    2001:DB8:ACAD:1::1, subnet is 2001:DB8:ACAD:1::/64
  Joined group address(es):
      FF02:: 1
      FF02::1:FF00:1

(Output omitted)
R1#
```

更正 R1 的 IPv6 路由

使用 **ipv6 unicast-routing** 命令在 R1 上启用 IPv6 路由。如例 12-20 所示，使用 **show ipv6 interface GigabitEthernet 0/0/0** 命令验证 R1 是 FF02::2（全 IPv6 路由器组播组）的成员。

例 12-20 更正 R1 的 IPv6 路由

```
R1(config)# ipv6 unicast-routing
R1(config)# exit
R1#
R1# show ipv6 interface GigabitEthernet 0/0/0
GigabitEthernet0/0/0 is up, line protocol is up
  IPv6 is enabled, link-local address is FE80::1
  No Virtual link-local address(es):
  Global unicast address(es):
    2001:DB8:ACAD:1::1, subnet is 2001:DB8:ACAD:1::/64
  Joined group address(es):
      FF02:: 1
      FF02:: 2
      FF02::1:FF00:1
(Output omitted)
R1#
```

验证 PC1 是否有 IPv6 默认网关

要想验证 PC1 上是否设置了默认网关，可以在 Microsoft Windows PC 上使用 **ipconfig** 命令，或在 Linux 和 Mac OS X 上使用 **ifconfig** 命令。在例 12-21 中，PC1 有 IPv6 全局单播地址和 IPv6 默认网关。默认网关被设置为路由器 R1 的链路本地地址（FE80::1）。

例 12-21　验证 PC1 上是否有 IPv6 默认网关

```
C:\> ipconfig
Windows IP Configuration
   Connection-specific DNS Suffix  . :
   IPv6 Address. . . . . . . . . . . : 2001:db8:acad:1:5075:d0ff:fe8e:9ad8
   Link-local IPv6 Address . . . . . : fe80::5075:d0ff:fe8e:9ad8%13
   IPv4 Address . . . . . . . . . . . : 10.1.10.10
   Subnet Mask . . . . . . . . . . . : 255.255.255.0
   Default Gateway. . . . . . . . . . : fe80::1
                                         10.1.10.1
C:\>
```

12.5.9　步骤 5：验证路径是否正确

在排除故障时，通常需要验证通向目的网络的路径。图 12-33 中的参考拓扑显示了数据包从 PC1 到 SRV1 的预期路径。

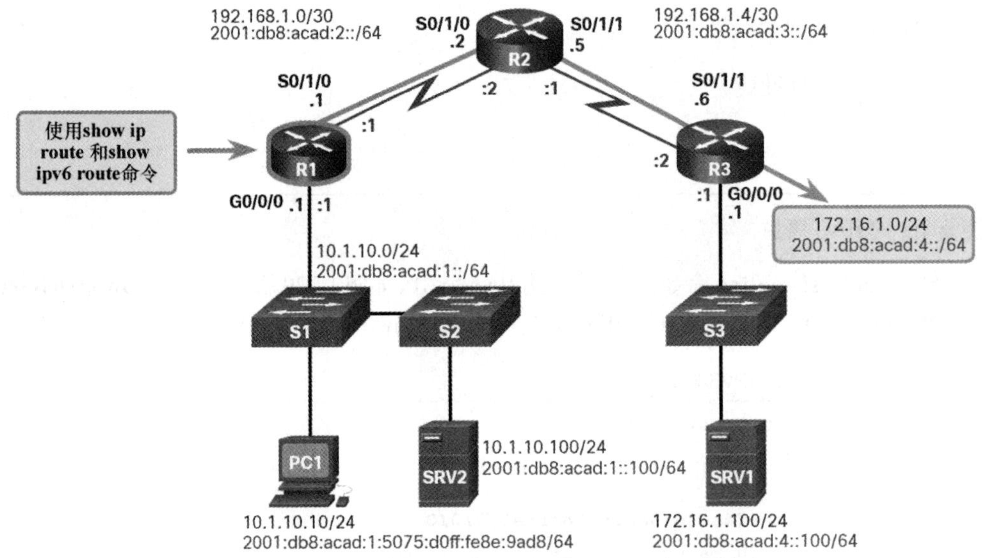

图 12-33　参考拓扑：带有从 PC1 到 SRV1 的预期路径

路径中的路由器根据路由表中的信息做出路由决策。例 12-22 和例 12-23 所示为 R1 的 IPv4 和 IPv6 路由表。

例 12-22　R1 的 IPv4 路由表

```
R1# show ip route | begin Gateway
Gateway of last resort is 192.168.1.2 to network 0.0.0.0
O*E2 0.0.0.0/0 [110/1] via 192.168.1.2, 00:00:13, Serial0/1/0
      10.0.0.0/8 is variably subnetted, 2 subnets, 2 masks
```

```
C       10.1.10.0/24 is directly connected, GigabitEthernet0/0/0
L       10.1.10.1/32 is directly connected, GigabitEthernet0/0/0
     172.16.0.0/24 is subnetted, 1 subnets
O       172.16.1.0 [110/100] via 192.168.1.2, 00:01:59, Serial0/1/0
     192.168.1.0/24 is variably subnetted, 3 subnets, 2 masks
C       192.168.1.0/30 is directly connected, Serial0/1/0
L       192.168.1.1/32 is directly connected, Serial0/1/0
O       192.168.1.4/30 [110/99] via 192.168.1.2, 00:06:25, Serial0/1/0
R1#
```

例 12-23 R1 的 IPv6 路由表

```
R1# show ipv6 route
IPv6 Routing Table - default - 8 entries
Codes: C - Connected, L - Local, S - Static, U - Per-user Static route
       B - BGP, R - RIP, H - NHRP, I1 - ISIS L1
       I2 - ISIS L2, IA - ISIS interarea, IS - ISIS summary, D - EIGRP
       EX - EIGRP external, ND - ND Default, NDp - ND Prefix, DCE - Destination
       NDr - Redirect, O - OSPF Intra, OI - OSPF Inter, OE1 - OSPF ext 1
       OE2 - OSPF ext 2, ON1 - OSPF NSSA ext 1, ON2 - OSPF NSSA ext 2
       a - Application
OE2 ::/0 [110/1], tag 1
     via FE80::2, Serial0/1/0
C   2001:DB8:ACAD:1::/64 [0/0]
     via GigabitEthernet0/0/0, directly connected
L   2001:DB8:ACAD:1::1/128 [0/0]
     via GigabitEthernet0/0/0, receive
C   2001:DB8:ACAD:2::/64 [0/0]
     via Serial0/1/0, directly connected
L   2001:DB8:ACAD:2::1/128 [0/0]
     via Serial0/1/0, receive
O   2001:DB8:ACAD:3::/64 [110/99]
     via FE80::2, Serial0/1/0
O   2001:DB8:ACAD:4::/64 [110/100]
     via FE80::2, Serial0/1/0
L   FF00::/8 [0/0]
     via Null0, receive
R1#
```

IPv4 和 IPv6 路由表可通过以下方法进行填充：

- 直连网络；
- 本地主机或本地路由；
- 静态路由；
- 动态路由；
- 默认路由。

转发 IPv4 和 IPv6 数据包的进程基于最长位匹配或最长前缀匹配。路由表进程尝试使用路由表中具有最大数量的最左侧匹配位的条目来转发数据包。匹配位的数量由路由的前缀长度来标识。

图 12-34 所示为 IPv4 和 IPv6 路由表的处理进程。

根据图 12-34 中的流程图，分别考虑下述场景。

- 如果数据包的目的地址与路由表中的条目不匹配，则使用默认路由；如果没有配置默认路由，则丢弃数据包。

- 如果数据包的目的地址与路由表中的单个条目匹配，则通过该路由中定义的接口转发数据包。
- 如果数据包的目的地址与路由表中的多个条目匹配，而且路由条目的前缀长度相同，则通向该目的地的数据包可以在路由表中定义的路由之间分发。
- 如果数据包的目的地址匹配路由表中的多个条目，而且路由条目的前缀长度不同，则通向该目的地的数据包将从与具有较长前缀匹配的路由相关的接口转发出去。

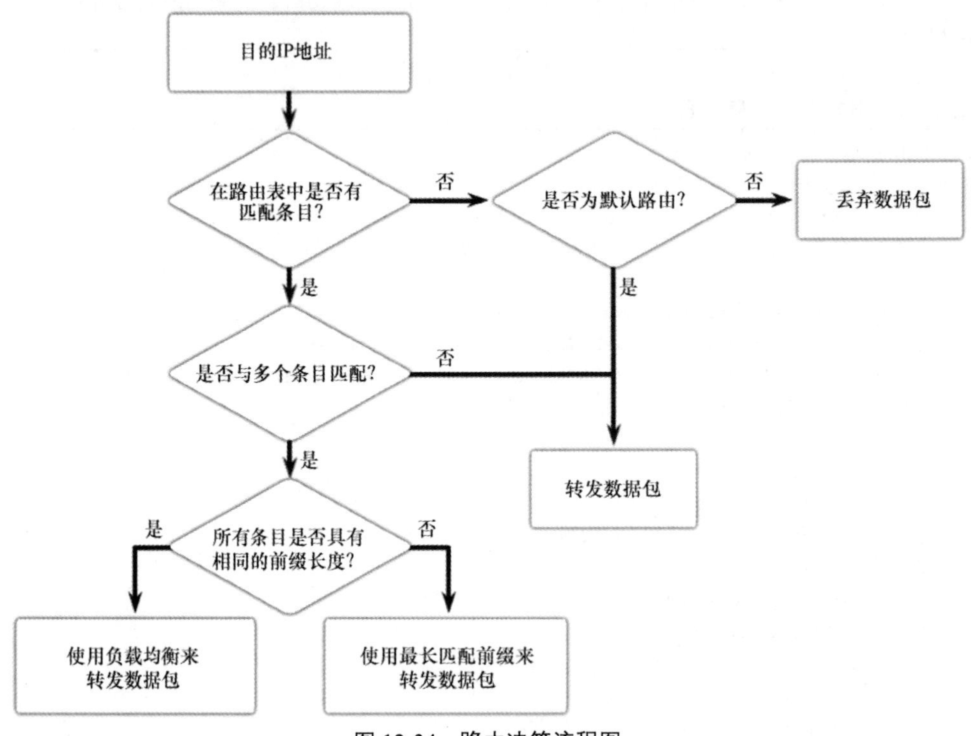

图 12-34 路由决策流程图

故障排除示例

假设设备无法连接到位于 172.16.1.100 的服务器 SRV1。管理员可以使用 **show ip route** 命令来检查是否有关于网络 172.16.1.0/24 的路由条目。如果路由表中没有具体的路由指向 SRV1 网络，那么网络管理员必须检查路由表中是否存在去往 172.16.1.0/24 网络方向上的默认或汇总路由条目。如果都不存在，则问题可能出在路由上。管理员必须检查动态路由协议配置中的网络，或者添加一条静态路由。

12.5.10 步骤 6：验证传输层

如果网络层如预期一样运行，但用户仍无法访问资源，那么网络管理员必须对更高的层进行故障排除。影响传输层连接的两个最常见的问题是 ACL 配置和 NAT 配置。用于测试传输层功能的一个常用工具是 Telnet 实用程序。

警 告 虽然可以使用 Telnet 来测试传输层，但出于安全考虑，应该使用 SSH 来远程管理和配置设备。

故障排除示例

网络管理员正在排查无法使用 HTTP 连接路由器的问题。管理员对 R2 发起 ping 测试，如例 12-24 所示。

例 12-24 验证与 R2 的连接

```
R1# ping 2001:db8:acad:2::2
Type escape sequence to abort.
Sending 5, 100-byte ICMP Echos to 2001:DB8:ACAD:2::2, timeout is 2 seconds:
!!!!!
Success rate is 100 percent (5/5), round-trip min/avg/max = 2/2/3 ms
R1#
```

R2 响应并确认网络层和网络层下面的各层都正常运行。管理员知道问题出在第 4 层或或更高层，必须开始对这些层进行故障排除。

接下来，管理员尝试使用 Telnet 连接到 R2，如例 12-25 所示。

例 12-25 验证到 R2 的远程访问

```
R1# telnet 2001:db8:acad:2::2
Trying 2001:DB8:ACAD:2::2 ... Open
User Access Verification
Password:
R2> exit
[Connection to 2001:db8:acad:2::2 closed by foreign host]
R1#
```

管理员确认 Telnet 正在 R2 上运行。尽管 Telnet 服务器应用在自己的周知端口号 23 上运行，并且 Telnet 客户端默认连接到该端口，但可以在客户端上指定另一个端口号，以连接到任何必须进行测试的 TCP 端口。使用 TCP 端口 23 之外的端口，可以测试出连接是被接受（由输出中的 Open 表示）、被拒绝，还是连接超时。根据这些响应，可以针对连接问题得出进一步的结论。某些应用如果使用基于 ASCII 的会话协议，甚至可能会显示一个应用程序旗标（banner）。通过输入某些关键字（如 SMTP、FTP 和 HTTP），可能会触发来自服务器的某些响应。

例如，管理员尝试使用 80 端口以 Telnet 方式连接 R2，如例 12-26 所示。从输出中可以看到，传输层连接成功，但 R2 拒绝使用 80 端口连接。

例 12-26 验证到 R2 的传输层连接

```
R1# telnet 2001:db8:acad:2::2 80
Trying 2001:DB8:ACAD:2::2, 80 ... Open
^C
HTTP/1.1 400 Bad Request
Date: Mon, 04 Nov 2019 12:34:23 GMT
Server: cisco-IOS
Accept-Ranges: none
400 Bad Request
[Connection to 2001:db8:acad:2::2 closed by foreign host]
R1#
```

12.5.11 步骤 7：验证 ACL

在路由器上可能存在 ACL，以禁止协议在入向或出向上通过接口。

使用 **show ip access-lists** 命令可以显示路由器上配置的所有 IPv4 ACL 的内容，使用 **show ipv6 access-list** 命令可以显示 IPv6 ACL 的内容。通过在命令中添加 ACL 名称或编号，可以显示指定的 ACL。使用 **show ip interfaces** 和 **show ipv6 interfaces** 命令可以显示 IPv4 和 IPv6 接口信息，从中可以看出接口上是否设置了 IP ACL。

故障排除示例

为了防止欺骗攻击，网络管理员决定实施 ACL 来阻止源网络地址为 172.16.1.0/24 的设备流量进入 R3 上的 S0/0/1 接口，如图 12-35 所示。所有其他 IP 流量将被放行。

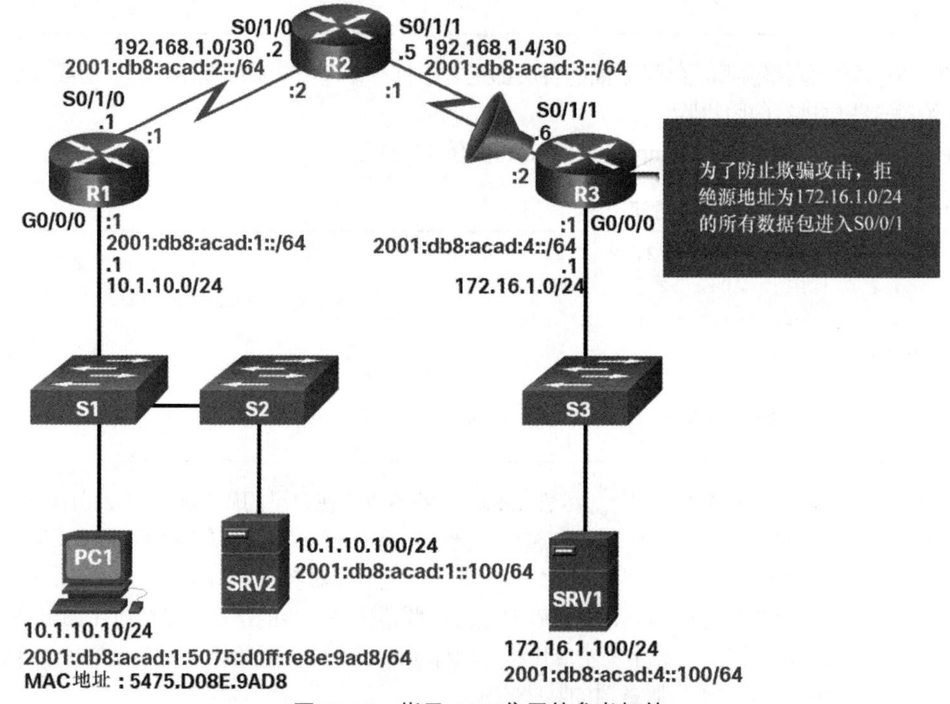

图 12-35　指示 ACL 位置的参考拓扑

但是，在实施 ACL 之后不久，10.1.10.0/24 网络上的用户无法连接到 172.16.1.0/24 网络上的设备，包括 SRV1。

本节提供了如何对该问题进行故障排除的示例。

show ip access-lists 命令

show ip access-lists 命令的输出表明 ACL 的配置是正确的，如例 12-27 所示。

例 12-27　show ip access-lists 命令

```
R3# show ip access-lists
Extended IP access list 100
    10 deny ip 172.16.1.0 0.0.0.255 any (108 matches)
    20 permit ip any any (28 matches)
R3#
```

show ip interfaces 命令

接下来，使用 **show ip interfaces serial 0/1/1** 命令和 **show ip interfaces serial 0/0/0** 命令来验证哪个

接口应用了 ACL。例 12-28 中的输出表明，S0/0/1 接口的入向方向上没有应用 ACL，这个 ACL 被意外地应用到了 G0/0/0 接口上，由此阻塞了所有来自 172.16.1.0/24 网络的出向流量。

例 12-28 show ip interfaces 命令

```
R3# show ip interface serial 0/1/1 | include access list
  Outgoing Common access list is not set
  Outgoing access list is not set
  Inbound Common access list is not set
  Inbound access list is not set
R3#
R3# show ip interface gig 0/0/0 | include access list
  Outgoing Common access list is not set
  Outgoing access list is not set
  Inbound Common access list is not set
  Inbound access list is 100
R3#
```

纠正问题

把这个 IPv4 ACL 正确应用到 S0/0/1 接口的入向方向后（见例 12-29），设备可以成功地连接到服务器。

例 12-29 纠正问题

```
R3(config)# interface GigabitEthernet 0/0/0
R3(config-if)# no ip access-group 100 in
R3(config-if)# exit
R3(config)#
R3(config)# interface serial 0/1/1
R3(config-if)# ip access-group 100 in
R3(config-if)# end
R3#
```

12.5.12 步骤 8：验证 DNS

DNS 协议用于控制 DNS，这是一个可将主机名映射到 IP 地址的分布式数据库。在设备上配置了 DNS 后，就可以在所有 IP 命令中使用主机名来代替 IP 地址，比如 **ping** 或 **telnet**。

使用 **show running-config** 命令可以显示交换机或路由器上配置的 DNS 信息。如果没有安装 DNS 服务器，可以将名称到 IP 地址的映射直接输入交换机或路由器配置中。使用 **ip host** 命令输入要使用的名称，而不是交换机或路由器的 IPv4 地址，如例 12-30 所示。

例 12-30 配置名称到 IP 地址的映射

```
R1(config)# ip host ipv4-server 172.16.1.100
R1(config)# exit
R1#
```

现在就可以使用这个主机名来代替 IP 地址了，如例 12-31 所示。

例 12-31 验证对主机名的 ping

```
R1# ping ipv4-server
Type escape sequence to abort.
```

```
Sending 5, 100-byte ICMP Echos to 172.16.1.100, timeout is 2 seconds:
!!!!!
Success rate is 100 percent (5/5), round-trip min/avg/max = 4/5/7 ms
R1#
```

要想在 Windows PC 上显示名称与 IP 地址的映射信息，可以使用 **nslookup** 命令。

12.6 总结

网络文档

常见的网络文档中包含物理和逻辑网络拓扑图、记录所有相关设备信息的网络设备文档、网络性能基线文档。记录在物理拓扑图中的信息通常包含设备名称、设备位置（地址、房间号、机架位置）、使用的接口和端口、电缆类型。路由器的网络设备文档可能包含接口、IPv4 地址、IPv6 地址、MAC 地址和路由协议。交换机的网络设备文档可能包含端口、接入、VLAN、中继、以太通道、本征和启用。终端系统的网络设备文档可能包含设备名称、OS、服务、MAC 地址、IPv4 和 IPv6 地址、默认网关、DNS。网络基线应该回答下列问题：

- 网络的日常或日均运行情况如何；
- 哪些地方出现的错误最多；
- 网络的哪一部分使用最频繁；
- 网络的哪一部分最不常用；
- 应监控哪些设备，以及应设置哪些告警阈值；
- 网络能否满足确定的策略。

在建立初始基线时，首先选择几个表示已定义策略的变量，例如接口利用率和和 CPU 利用率。逻辑网络拓扑有助于识别需要监控的关建设备和端口。用于收集基线信息的时间必须足够长，才能确定网络的“正常”情况。在记录网络时，可以使用 **show**、**ping**、**traceroute** 和 **telnet** 命令直接从路由器和交换机收集信息。

故障排除流程

故障排除流程应该以结构化方法为指导。其中一种方法是七步骤故障排除流程：确定问题、收集信息、分析信息、消除可能的故障原因、提出假设、测试假设、解决问题并记录解决方案。在与终端用户交流网络问题时，要使用开放式问题和封闭式问题。使用 **show**、**ping**、**traceroute** 和 **telnet** 命令可从设备收集信息。使用分层模式可执行自下而上、自上而下或分治法故障排除法。其他故障排除方法还包括跟随路径法、替换法、比较法、有根据的猜测。软件问题通常会使用自上而下的方法来解决，而基于硬件的问题则会使用自下而上的方法来解决。新的问题可以由经验丰富的技术人员使用分治法来解决。

故障排除工具

常见的软件故障排除工具包括 NMS 工具、知识库、基线建立工具。协议分析器（比如 Wireshark）对记录的帧中的各个协议层进行解码，并以一种相对易用的格式呈现这些信息。硬件故障排除工具包括数字万用表、电缆测试仪、电缆分析仪、便携式网络分析仪、思科 Prime NAM。syslog 服务器也可以用作故障排除工具。在网络故障排除中使用日志记录功能，思科设备可以记录有关配置更改、ACL 违规、接口状态和许多其他类型事件的信息。事件消息可发送给以下一个或多个组件：控制台、终端线路、缓冲的日志消息、SNMP trap、syslog。级别编号越低，严重级别越高。**logging trap** *level* 命令

（其中 *level* 是严重级别的名字或编号）会根据严重级别来限制记录到 syslog 服务器的消息。设备只会记录等于或小于这个指定级别的消息。

网络问题的症状和原因

物理层出现故障或处于欠佳状态时通常会导致网络关闭。网络管理员必须能够有效地隔离并纠正该层的问题。物理层的症状包括性能低于基线、连接中断、网络瓶颈或拥塞、高 CPU 利用率、控制台错误消息。这将导致电源问题、硬件故障、布线故障、衰减、噪声、接口配置错误、超过设计限制、CPU 过载等问题。

链路层故障会产生特定的故障症状，一旦识别出这些症状，就可以快速确定问题。数据链路层的症状包括网络层或以上各层不工作无连接、网络性能低于基线性能水平、过量的广播、控制台消息。这将导致封装错误、地址映射错误、成帧错误、STP 故障或环路。

网络层问题包括与第 3 层协议相关的问题，如 IPv4、IPv6、EIGRP、OSPF 等。网络层的症状包括网络故障、次优性能。这将导致一般的网络问题、连接问题、路由表问题、邻居问题和拓扑数据库问题。

网络故障可能因路由器上的传输层故障引起，尤其在进行流量检查和修改的网络边缘。传输层的故障包括连接问题和访问问题。原因很可能是 NAT 或 ACL 配置错误。ACL 配置错误通常发生在流量的选择、访问控制条目的顺序、隐式的 deny any、地址和 IPv4 通配符掩码、传输层协议的选择、源端口和目的端口、使用 **established** 关键字、不常用的协议上。有一些与 NAT 相关的问题，其中包括错误地配置了 NAT 内部、NAT 外部或 ACL。与 NAT 有互操作的常见区域包括 BOOTP 和 DHCP、DNS 和 WINS、SNMP、隧道协议和加密协议。

应用层故障会导致服务无法提供给应用程序，即使物理层、数据链路层、网络层和传输层都正常工作。应用层故障也会导致无法访问或无法使用资源。应用层故障很可能出现所有网络连接都正常，但应用就是无法提供数据的情况。还有这样一种应用层故障，即虽然物理层、数据链路层、网络层和传输层都正常工作，但来自某个网络服务或应用的数据传输和网络服务请求没有达到用户的正常预期。

排除 IP 连接故障

诊断并解决问题是网络管理员的必备技能。故障排除并没有唯一的方法，同样的问题可以通过不同的方法进行诊断。但是，通过在故障排除过程中使用结构化的方法，网络管理员可以减少诊断问题和解决问题所需的时间。

通常，当发现端到端的连接存在问题时，会引发故障排除。用来验证端到端连接问题的两个最常见的使用程序是 **ping** 和 **traceroute**。**ping** 命令使用称为 ICMP（属于 TCP/IP 协议簇的一部分）的第 3 层协议。当 **ping** 命令失败时通常会执行 **traceroute** 命令。

在排除 IP 连接故障时，可执行如下步骤。

步骤 1. 验证物理层。最常用来实现该目的的思科 IOS 命令是 **show processes cpu**、**show memory** 和 **show interfaces**。

步骤 2. 检查双工不匹配。接口错误的一个常见原因就是以太网链路两端之间的双工模式不匹配。在许多基于以太网的网络中，点对点连接现在已成为常态，而集线器以及相关半双工操作的使用越来越少见。使用 **show interfaces** *interfaces* 命令可以诊断该故障。

步骤 3. 验证本地网络上的编址。在排除端到端的连接故障时，验证目的地 IP 地址和各网段上第 2 层以太网地址之间的映射非常有用。Windows 中的 **arp** 命令能够显示和修改 ARP 缓存中用于存储 IPv4 地址及其解析后的 MAC 地址的条目。Windows 命令 **netsh interface ipv6 show neighbor** 列出了邻居表中当前所有的设备。**show ipv6 neighbors** 命令显示了思科 IOS 路由器上的邻居表。使用 **show mac address-table** 命令可显示交换机上的 MAC 地址表。

在排除端到端的连接故障时，需要考虑的另一个问题是 VLAN 的分配。在主机上，使用 **arp** 命令可以查看默认网关的条目。在交换机上，使用 **show mac address-table** 命名可以检查交换机的 MAC 表，并验证端口的 VLAN 分配是否正确。

步骤 4. 验证默认网关。思科 IOS 命令 **show ip route** 用于验证路由器的默认网关。在 Windows 主机上，**route print** 命令用于验证主机上是否存在 IPv4 默认网关。

在 IPv6 中，可以使用无状态自动配置（SLAAC）手动配置默认网关，也可以使用 DHCPv6 配置。思科 IOS 命令 **show ipv6 route** 用于检查路由器上的 IPv6 默认路由。Windows 中的 **ipconfig** 命令用于验证 PC 是否有 IPv6 默认网关。**show ipv6 interface** *interface* 命令的输出可显示路由器是否被启用为 IPv6 路由器。使用 **ipv6 unicast-routing** 命令可将路由器启用为 IPv6 路由器。要想验证主机上是否设置了默认网关，可以在 Microsoft Windows PC 上使用 **ipconfig** 命令，或在 Linux 和 Mac OS X 上使用 **ifconfig** 命令。

步骤 5. 验证路径是否已正确。路径中的路由器根据路由表中的信息做出路由决策。IPv4 路由表使用的是 **show ip route | begin Gateway** 命令，IPv6 路由表使用的是 **show ipv6 route** 命令。

步骤 6. 验证传输层。影响传输层连接的两个最常见的问题是 ACL 配置和 NAT 配置。用于测试传输层功能的一个常用工具是 Telnet 实用程序。

步骤 7. 验证 ACL。使用 **show ip access-lists** 命令可以显示路由器上配置的所有 IPv4 ACL 的内容，使用 **show ipv6 access-list** 命令可以显示 IPv6 ACL 的内容。使用 **show ip interfaces** 命令可验证接口是否应用了 ACL。

步骤 8. 验证 DNS。使用 **show running-config** 命令可以显示交换机或路由器上配置的 DNS 信息。使用 **ip host** 命令可将名称到 IPv4 的地址映射输入到交换机或路由器中。

复习题

完成这里列出的所有复习题，可以测试您对本章内容的理解。附录列出了答案。

1. 下面哪项描述了 LAN 的物理拓扑？

   A. 它定义了主机和网络设备连接到 LAN 的方式

   B. 它描述了 LAN 中使用的编址方案

   C. 它描述了 LAN 是广播网络还是令牌传递网络

   D. 它显示了主机访问网络的顺序

2. 应该在什么时候测量网络性能基线？

   A. 在正常工作时间以后，以减少可能的干扰

   B. 在公司的正常工作时间内

   C. 在主网络设备重启之后立即测量

   D. 在检测到并阻止网络上的拒绝服务攻击时

3. 网络工程师在收集症状的哪个阶段确定问题是在网络的核心层、分布层还是接入层？

   A. 确定所有权　　B. 确定症状

   C. 记录症状　　D. 收集信息

   E. 缩小范围

4. 网络技术人员正在对电子邮件连接问题进行故障排除。向终端用户问的哪个问题有助于技术人员获得清晰的信息，从而更好地定义问题？

   A. 您尝试发送的电子邮件有多大　　B. 您的电子邮件现在能用吗

C. 您使用哪种设备发送电子邮件　　D. 您第一次注意到电子邮件问题是在什么时候

5. 工程师团队已经确定了一个重大网络问题的解决方案。该解决方案可能会影响关键的网络基础设施组件。在实施解决方案时，团队应遵循哪些原则以避免干扰其他流程和基础设施？

A. 变更控制流程　　B. 知识库指南
C. 一种分层的故障排除方法　　D. syslog 消息和报告

6. 一位网络工程师正在对网络问题进行故障排除，并且两台设备之间可以成功 **ping** 通。但是，这两个设备之间的 Telnet 无法工作。管理员接下来应检查 OSI 的哪些层？

A. 所有层　　B. 从网络层到应用层
C. 从网络层到物理层　　D. 仅网络层

7. 哪种故障排除方法首先检查电缆连接和布线问题？

A. 自下而上的故障排除法　　B. 分而治之的故障排除法
C. 替代法　　D. 自上而下的故障排除法

8. 管理员正在对路由器的互联网连接问题进行故障排除。**show interfaces gigabitethernet 0/0** 命令的输出显示在连接到互联网的接口上，成帧错误高于正常水平。问题可能发生在 OSI 模型的哪一层？

A. 第 1 层　　B. 第 2 层
C. 第 3 层　　D. 第 4 层
E. 第 7 层

9. 用户报告无法访问新网站 http://www.company1.biz。服务台技术人员检查并确认可以通过 http://www.company1.biz:90 访问该网站。在解决该问题时，需要查看 TCP/IP 模型的哪一层？

A. 应用层　　B. 互联层
C. 网络接入层　　D. 传输层

10. 用户报告称，在将网络子系统的操作系统补丁应用于工作站之后，该工作站在连接网络资源时运行速度非常缓慢。网络技术人员使用电缆分析仪测试该链路，发现工作站发送过多的小于 64 字节的帧以及其他无意义的帧。导致这个问题的可能原因是什么？

A. 电缆故障　　B. 安装的应用程序损坏
C. 网卡驱动程序损坏　　D. 以太网信号衰减

11. 一台联网的 PC 在访问互联网时遇到问题，但它可以向本地打印机发送打印任务，并可以 **ping** 通该区域中的其他计算机。同一网络上的其他计算机没有任何问题。导致这个问题的原因是什么？

A. 默认网关路由器没有默认路由
B. PC 连接的交换机和默认网关路由器之间的链路断开
C. PC 的默认网关丢失或不正确
D. PC 所连的交换机端口配置了错误的 VLAN

12. 逻辑拓扑图中通常记录哪 3 项信息？（选择 3 项）

A. 电缆规范　　B. 设备位置
C. 设备型号和制造商　　D. IP 地址和前缀长度
E. 路由协议　　F. 静态路由

13. 一家公司正在使用 SSL 技术搭建一个网站，以保护访问该网站所需的身份验证凭据。网络工程师需要验证设置是否正确，以及身份验证是否确实已加密。应该使用哪个工具？

A. 基线工具　　B. 电缆分析器
C. 故障管理工具　　D. 协议分析器

14. 哪个数字表示最严重的 syslog 日志记录级别？

A. 0　　B. 1
C. 6　　D. 7

第 13 章

网络虚拟化

学习目标

通过完成本章的学习，您将能够回答下列问题：

- 云计算的重要性是什么；
- 虚拟化的重要性是什么；
- 什么是网络设备和服务的虚拟化；
- 什么是软件定义网络；
- 网络编程中使用了哪些控制器。

想象一下，您住在一个两居室的房子里。您将第二间卧室用作储藏室。尽管第二间卧室里已经装满了箱子，但您仍有很多箱子要放进来！您可以考虑多建一个储藏室。但是这样的成本很高，而且您在建好后可能永远都用不到。于是您决定租用一个储藏室来存放多出来的箱子。

与储藏室类似，网络虚拟化和云服务可以为企业提供选择，而不用在自己的数据中心添加服务器。除了存储功能外，虚拟化还提供了其他好处。本章将详细介绍虚拟化和云服务的功能。

13.1 云计算

在本节中，您将了解云计算的重要性。

13.1.1 云概述

云计算与通过网络连接的大量计算机相关，这些计算机可以位于任何物理位置。提供商很大程度上依赖虚拟化提供云计算服务。云计算可以通过更高效地使用资源来降低运营成本。通过执行以下操作，云计算解决了各种数据管理问题：

- 允许随时随地访问组织机构的数据；
- 通过允许组织机构仅订购所需的服务来简化组织机构的 IT 运营；
- 消除或减少对现场 IT 设备、维护和管理的需求；
- 降低设备、能源、物理设施需求和人员培训需求的成本；
- 能够快速响应不断增长的数据量需求。

云计算（及其“即付即用”模式）允许组织机构将计算和存储成本视为一种实用工具，而不是对基础设施的投资。它使组织机构能够将资本支出转换为运营支出。

13.1.2 云服务

云服务有多种选项，可根据用户的需求进行定制。美国国家标准与技术研究院（NIST）在 Special

Publication 800-145 中定义了 3 个主要的云计算服务，具体如下。

- **软件即服务（SaaS）**：云提供商负责访问通过互联网交付的应用和服务（比如电子邮件、通信和 Office 365 等）。用户无须管理云服务的任何内容，只需设置与自己相关的少量应用即可。用户只需提供数据。
- **平台即服务（PaaS）**：云提供商负责向用户提供用于交付应用程序的开发工具和服务。这些用户通常都是程序员，可以对云提供商的应用托管环境中的配置进行控制。
- **基础设施即服务（IaaS）**：云提供商负责让 IT 经理访问网络设备、虚拟网络服务，并提供网络基础设施。通过使用这个云服务，IT 经理可以部署和运行软件代码，其中可以包括操作系统和应用程序。

云服务提供商对 IaaS 这一服务模型进行了扩展，使其可以为每一种云计算服务提供 IT 支持。对于企业而言，IT 即服务（ITaaS）可以扩展网络的功能，而无须在新基础设施、新员工培训或新软件许可上进行投资。这些服务按需提供，并以经济的方式提供给世界任何地方的所有设备，同时不会影响安全性或功能。

13.1.3 云类型

有 4 种主要的云类型。

- **公有云**：公有云中提供的云应用和云服务可供大众使用。服务可以是免费的，也可以是即付即用的，比如付费使用在线存储。公有云利用互联网提供服务。
- **私有云**：私有云中提供的云应用和云服务仅供特定的组织机构或实体使用，比如政府。私有云可以利用组织机构的私有网络来建立，不过其构建和维护会非常昂贵。私有云也可以由具有严格访问安全控制的外部组织进行管理。
- **混合云**：混合云由两个或多个云组成（例如，部分私有云和部分公有云），其中每一部分都是一个独立的对象，但相互之间使用单个架构进行连接。基于用户访问权限，混合云中的个体可以访问不同程度的服务。
- **社区云**：社区云是专为特定社区的使用而创建的。公有云和社区云之间的区别在于为社区定制的功能需求。例如，医疗机构必须遵从要求特殊身份验证和保密性的政策与法律（比如 HIPAA）。

13.1.4 云计算与数据中心

数据中心和云计算这两个术语经常被错误地使用。这两个术语的正确定义如下。

- **数据中心**：通常是指数据存储和处理设施，该设施或由内部 IT 部门进行运营，或是直接在异地租用。
- **云计算**：通常是指一种场外服务，用于对可配置的计算资源共享池提供按需访问。这些资源可以用极少的管理工作进行快速调配和释放。

数据中心是提供云计算服务所需的计算、网络和存储资源的物理设施。云服务提供商使用数据中心来托管其云服务和基于云的资源。

数据中心可能会占用一栋大楼的一个房间、一个或多个楼层，甚至整栋大楼。数据中心的构建和维护成本通常很高。因此，只有大型企业会专门构建数据中心来存放数据并为用户提供服务。对于没有能力自行维护数据中心的小型企业来说，可以向较大的数据中心组织租用基于云的服务和存储服务，以降低总体拥有成本。

13.2 虚拟化

在本节中，您将了解虚拟化的重要性。

13.2.1 云计算和虚拟化

在上一节，您了解了云服务和云模型。本节将介绍虚拟化。术语“云计算”和“虚拟化”会经常混用，然而它们指的却是截然不同的事物。虚拟化是云计算的基础。如果没有虚拟化，如今广泛应用的云计算就不可能实现。

虚拟化实现了操作系统（OS）与硬件的分离。各个提供商都提供了虚拟云服务，可以根据需要动态调配服务器。例如，AWS 为客户提供了一种简单的方法，可以动态调配所需的计算资源。服务器的这些虚拟化实例都是按需创建的。如图 13-1 所示，网络管理员可以通过 AWS 管理控制台部署各种服务，其中包括虚拟机、Web 应用、虚拟服务器，以及与 IoT 设备的连接。

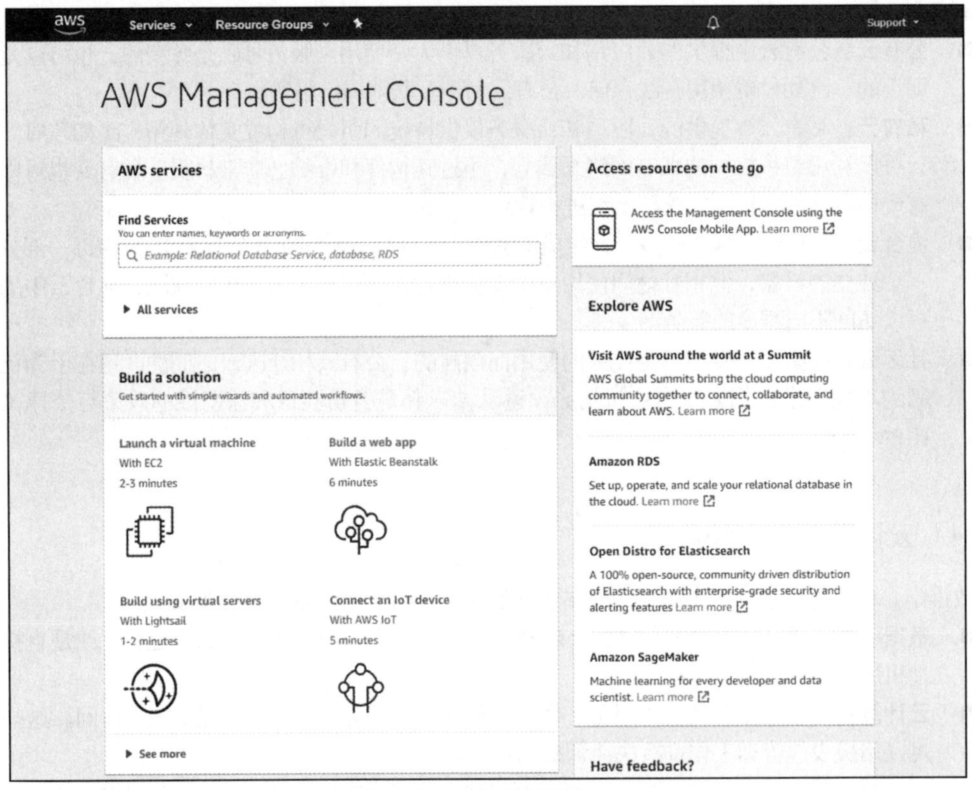

图 13-1 AWS 管理控制台

13.2.2 专用服务器

要充分理解虚拟化，就有必要了解一些服务器技术的历史。在历史上，企业服务器由安装在特定硬件上的服务器操作系统（如 Windows Server 或 Linux Server）组成，如图 13-2 所示。

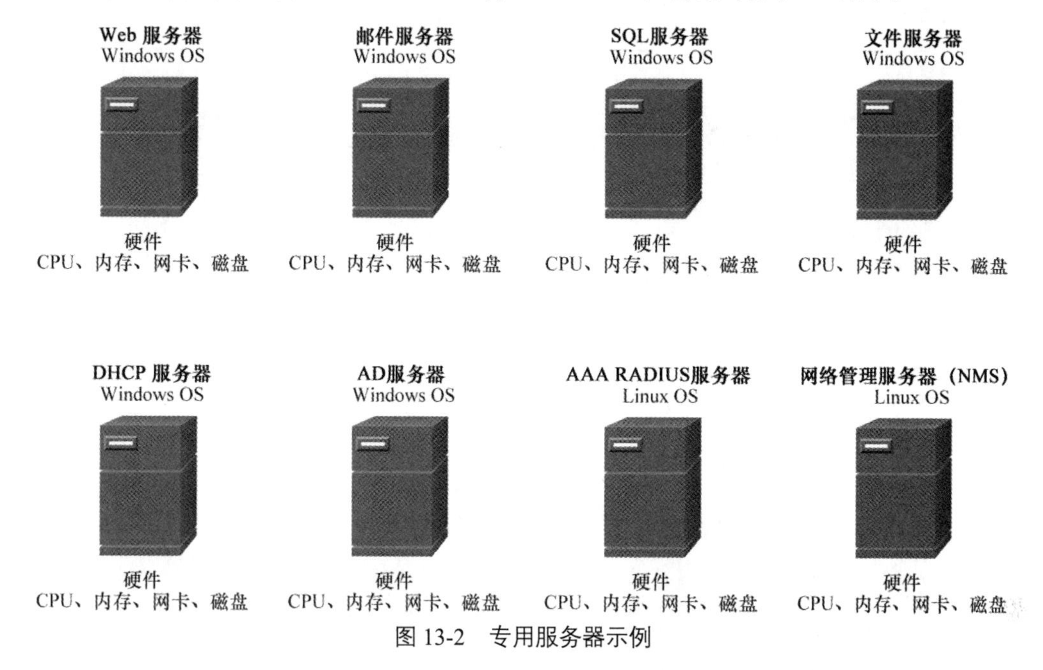

图 13-2 专用服务器示例

这台服务器所有的 RAM、处理能力和硬盘空间都是专用于所提供的服务（比如 Web 服务、电子邮件服务等）。这种配置最主要的问题是，当其中一个组件发生故障时，整台服务器所提供的服务将变得不可用。这称为单点故障。另一个问题是专用服务器未得到充分利用。专用服务器通常长时间处于空闲状态，直到需要交付它们提供的特定服务。这些服务器浪费能源，而且占用的空间超出了所提供服务的保证范围。这称为服务器蔓延（server sprawl）。

13.2.3 服务器虚拟化

服务器虚拟化利用了空闲资源并整合了所需数量的服务器。这还可以允许在单个硬件平台上存在多个操作系统。

例如在图 13-3 中，图 13-2 中的 8 个专用服务器已使用虚拟机监控程序（hypervisor）整合为两台服务器，以支持多个操作系统虚拟实例。

在使用虚拟化时，通常会包含冗余，以防止出现单点故障。冗余可以用不同的方式实施。如果虚拟机监控程序出现故障，则可以在另一个虚拟机监控程序上重新启动虚拟机。此外，同一台虚拟机可以同时运行在两个虚拟机监控程序之上，并在它们之间复制 RAM 和 CPU 指令。如果一个虚拟机监控程序发生故障，则虚拟机可以在另一个虚拟机监控程序上继续运行。在虚拟机上运行的服务也是虚拟的，并且可以根据需要动态安装或卸载。

虚拟机监控程序是在物理硬件之上添加一个抽象层的程序、固件或硬件。抽象层用于创建能访问物理计算机所有硬件（如 CPU、内存、磁盘控制器和网卡）的虚拟机。每一台虚拟机运行一个完整和独立的操作系统。利用虚拟化，企业现在可以整合所需服务器的数量。例如，使用虚拟机监控程序将 100 台物理服务器整合为 10 台物理服务器上的虚拟机并不稀奇。

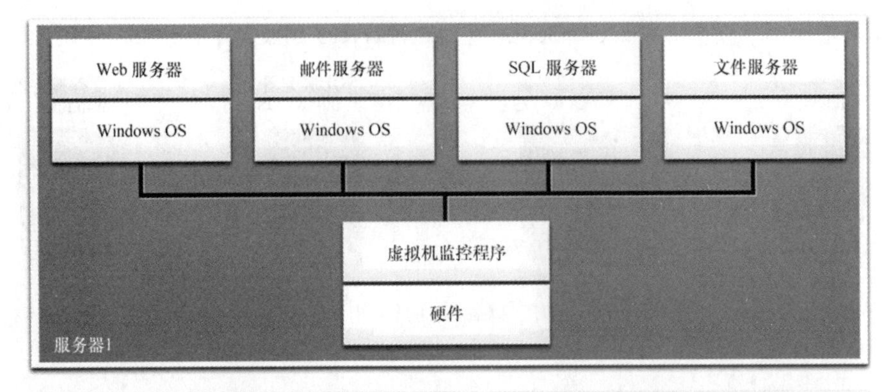

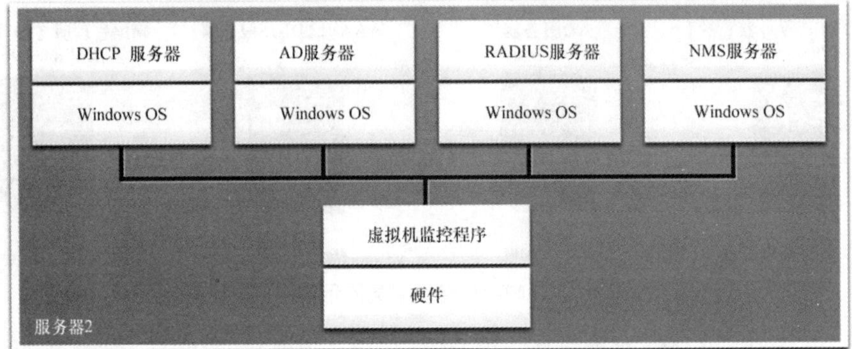

图 13-3 服务器虚拟化示例

13.2.4 虚拟化的优势

虚拟化的一个主要优势是总成本降低，这得益于下面几个因素。

- **所需的设备更少**：虚拟化实现了服务器的整合，这样便减少了所需的物理服务器、网络设备，以及提供支持的基础设施。这也意味着维护成本得以降低。
- **消耗的能源更低**：整合的服务器可以降低每月的电力和空调成本。降低功耗有助于企业实现更少的碳排放。
- **所需的空间更小**：通过虚拟化进行服务器整合可以减少数据中心的总占地面积。更少的服务器、网络设备和机架也就减少了所需的占地面积。

下面是虚拟化的其他优点。

- **更简单的原型设计**：可以在隔离网络上快速创建独立运行的实验室，以便进行网络测试，并进行原型化部署。如果出现错误，管理员可以简单地恢复到以前的版本。可以将测试环境上线，但是要与终端用户隔离。当测试完成后，可向终端用户部署服务器和系统。
- **更快速的服务器调配**：创建一台虚拟服务器的速度远远快于调配一台物理服务器。
- **增加服务器的正常运行时间**：大多数服务器虚拟化平台现在能够提供高级的冗余和容错功能，比如实时迁移、存储迁移、高可用性和分布式资源调度。
- **提高灾难恢复能力**：虚拟化提供了高级的业务连续性解决方案。它提供硬件抽象功能，以便进行灾难恢复的站点不再需要与生产环境中的硬件相同的硬件。大多数企业服务器虚拟化平台还有软件，可以在灾难发生之前帮助测试并自动进行故障切换。
- **支持过时的技术**：虚拟化延长了 OS 和应用程序的生命周期，为组织机构提供了更多的时间来迁移至新的解决方案。

13.2.5 抽象层

在计算机架构中使用抽象层有助于解释虚拟化是如何工作的。计算机系统由图 13-4 所示的抽象层组成。

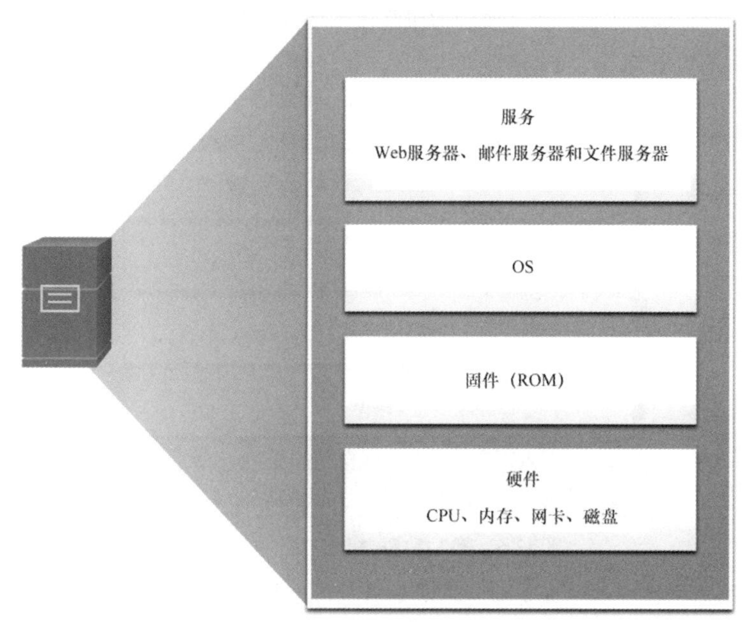

图 13-4 计算机抽象层

在这些抽象层的每一层，都使用某种类型的编程代码作为上层和下层之间的接口。例如，C 编程语言常用于对访问硬件的固件进行编程。

图 13-5 所示为一个虚拟化示例。虚拟机监控程序安装在固件和操作系统之间。虚拟机监控程序可以支持多个操作系统实例。

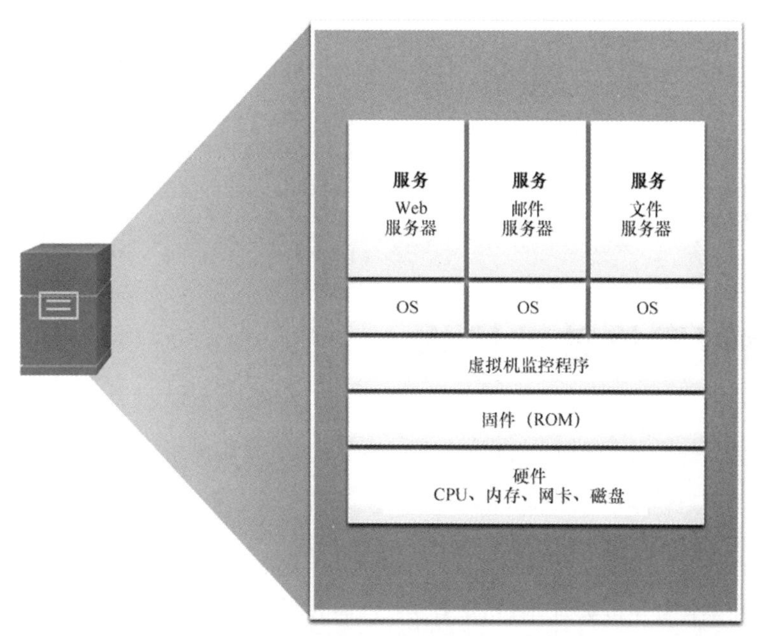

图 13-5 安装多个虚拟操作系统的计算机

13.2.6 第2类虚拟机监控程序

第2类虚拟机监控程序是创建并运行虚拟机实例的软件。安装有虚拟机监控程序以支持一个或多个虚拟机的计算机，称为宿主机。第2类虚拟机监控程序也称为托管的虚拟机监控程序。这是因为虚拟机监控程序是安装在现有主机操作系统之上的，例如macOS、Windows或Linux。此外，可以在虚拟机监控程序之上安装一个或多个其他操作系统实例，如图13-6所示。

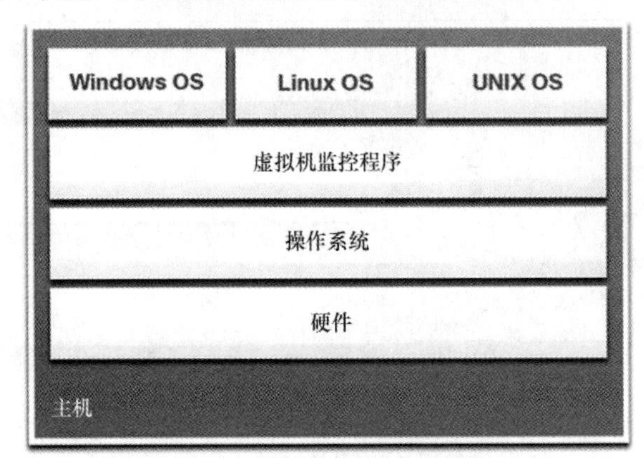

图13-6 第2类虚拟机监控程序的示例

第2类虚拟机监控程序的一大优势是不需要管理控制台软件。

第2类虚拟机监控程序受到了消费者和正在尝试虚拟化的组织机构的欢迎。常见的第2类虚拟机监控程序包括：

- Virtual PC；
- VMware Workstation；
- Oracle VM VirtualBox；
- VMware Fusion；
- Mac OS X Parallels。

许多第2类虚拟机监控程序是免费的。还有一些虚拟机监控程序是收费的，不过它们可以提供更多的高级功能。

注 意 有一点很重要，那就是要确保宿主机足够强健，能够安装和运行虚拟机，并且不会耗尽自己的资源。

13.3 虚拟网络基础设施

在前文中，您已经学习了虚拟化的相关知识。本节将介绍虚拟网络基础设施。

13.3.1 第1类虚拟机监控程序

第1类虚拟机监控程序也称为“裸机”方法，因为虚拟机监控程序直接安装在硬件上。第1类虚拟机监控程序通常用在企业服务器和数据中心的网络设备上。

第 1 类虚拟机监控程序直接在安装服务器或网络硬件上。操作系统的实例安装在虚拟机监控程序上，如图 13-7 所示。

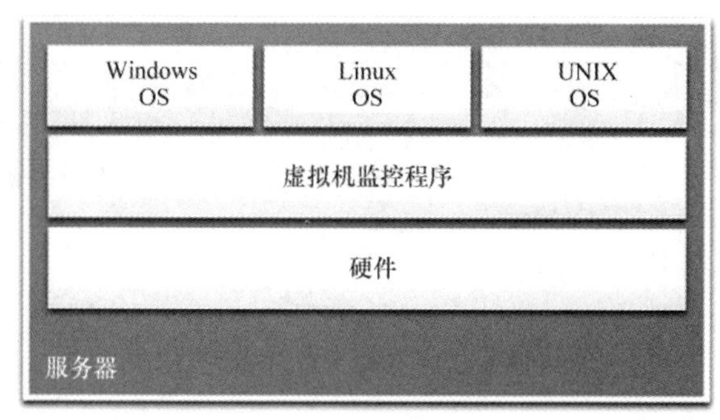

图 13-7 第 1 类虚拟机监控程序的示例

第 1 类虚拟机监控程序可以直接访问硬件资源。因此，它们比托管架构的效率更高。第 1 类虚拟机监控程序提高了可扩展性、性能和健壮性。

13.3.2 在虚拟机监控程序中安装虚拟机

当安装完第 1 类虚拟机监控程序并重新启动服务器时，仅显示基本的信息，例如操作系统的版本、RAM 的数量和 IP 地址。操作系统实例无法在该屏幕中创建。第 1 类虚拟机监控程序需要一个“管理控制台”来管理虚拟机监控程序。管理软件用于管理使用同一个虚拟机监控程序的多个服务器。管理控制台可以自动整合服务器并根据需要打开或关闭服务器。

例如，假设图 13-8 中的服务器 1 的资源不足。

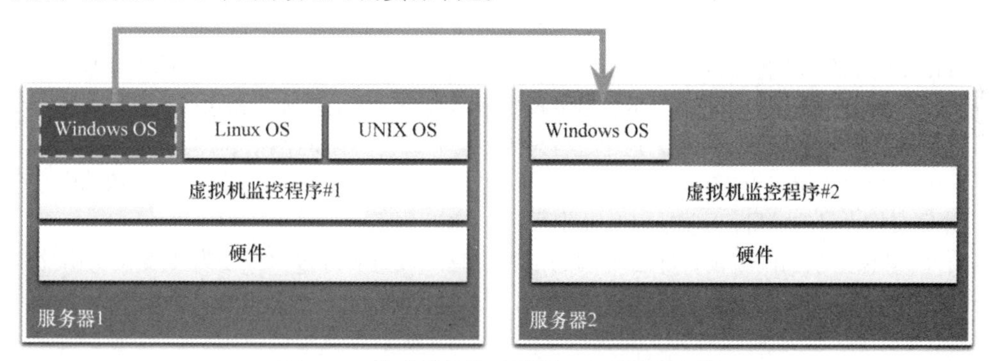

图 13-8 将虚拟机移动到另一台硬件服务器

要想获得更多可用的资源，网络管理员可以使用管理控制台，把 Windows 实例移到服务器 2 上的虚拟机监控程序中。管理控制台中也可以通过编程的方式设定阈值，从而自动触发迁移。

管理控制台支持硬件故障的恢复。如果服务器组件发生故障，管理控制台可以自动把虚拟机迁移至其他服务器。图 13-9 所示为思科统一计算系统（UCS）管理器的管理控制台。思科 UCS 管理器可以控制多台服务器，并管理上千台虚拟机的资源。

有些管理控制台还允许对服务器进行过度分配。通过过度分配，可以安装多个操作系统实例，但是它们的内存分配超出了服务器拥有的内存总量。例如，服务器有 16GB 的内存，管理员可以创建 4 个操作系统实例，并为每个实例分配 10GB 的内存。这种类型的过度分配是一种常见的做法，因为这 4 个操作系统实例在任何时候都很少需要所有的 10GB 内存。

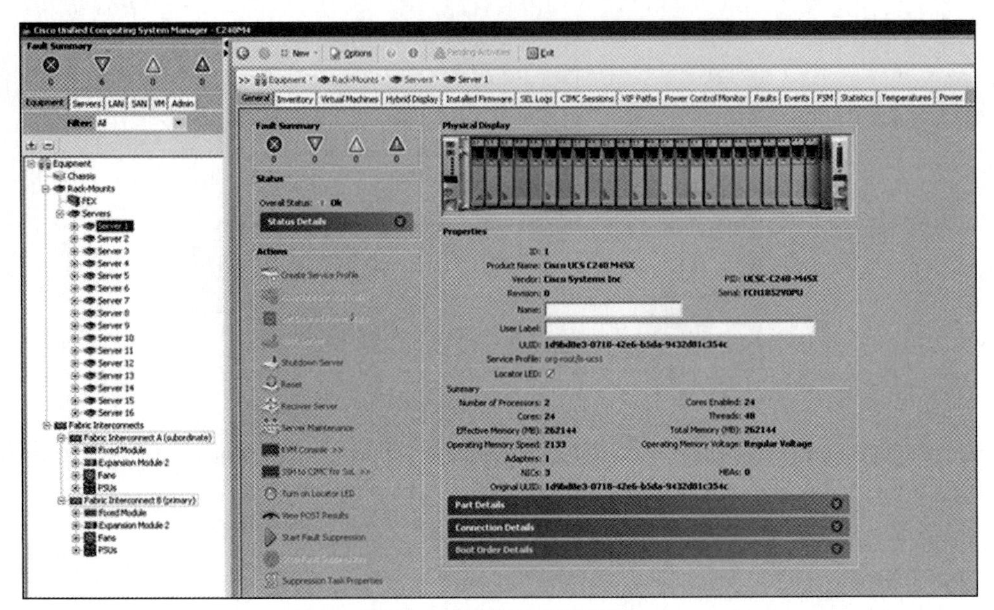

图 13-9 思科 UCS 管理器

13.3.3 网络虚拟化的复杂性

服务器虚拟化对服务器用户隐藏了服务器资源，比如物理服务器、处理器和操作系统的数量与标识。如果数据中心使用传统的网络架构，这种做法可能会产生问题。

例如，虚拟机使用的虚拟 LAN（VLAN）必须分配给与运行虚拟机应用程序的物理服务器相同的交换机端口。但是，虚拟机是可移动的，因此网络管理员必须能够添加、删除和更改网络资源与配置文件。如果使用传统的网络交换机，这个过程只能手动完成，而且非常耗费时间。

另一个问题是流量与传统的客户端/服务器模型中的流量完全不同。通常情况下，数据中心在虚拟服务器之间交换大量的流量，比如图 13-10 中所示的 UCS 服务器。

这种流量称为东西向流量，随着时间的推移，它的位置和强度可能会发生变化。南北向流量是分布层和核心层之间的流量，通常流向异地位置，比如另一个数据中心、其他的云提供商或互联网。

不断动态变化的流量需要有灵活的方式对网络资源进行管理。现有的网络基础设施可以通过配置服务质量（QoS）和单个流的安全级别，来响应与流量管理相关的不断变化的需求。但是，在使用多供应商设备的大型企业中，每次启用新的虚拟机时，必要的重新配置会非常耗时。

网络基础设施也可以受益于虚拟化。网络功能也可以虚拟化。一台网络设备可以分割成多台虚拟设备，每台虚拟设备都可以作为独立的设备运行。相应的示例有子接口、虚拟接口、VLAN 和路由表。虚拟化的路由被称为虚拟路由和转发（VRF）。

网络是如何虚拟化的？答案可以从网络设备使用数据平面和控制平面进行操作的方式中找到。

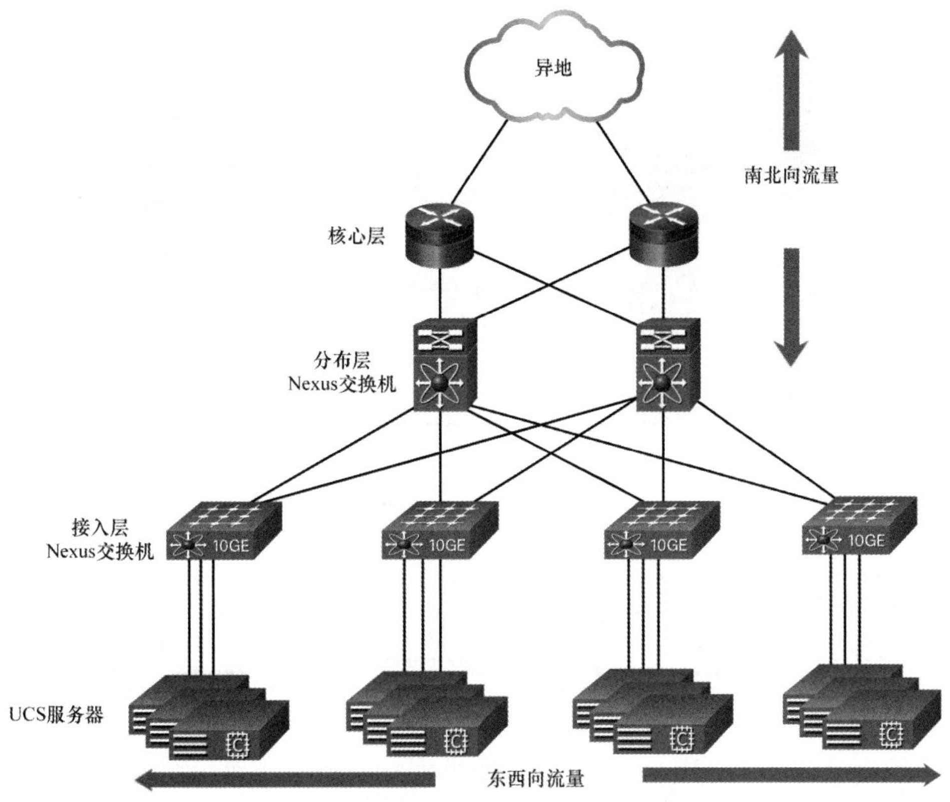

图 13-10 南北向流量和东西向流量的示例

13.4 软件定义网络

上一节介绍了虚拟网络基础设施。本节会介绍软件定义网络（SDN）。

13.4.1 控制平面和数据平面

网络设备包含以下平面。

- **控制平面**：通常被视为设备的大脑，它用于做出转发决策。控制平面包含第 2 层和第 3 层路由转发机制，例如路由协议邻居表和拓扑表、IPv4 和 IPv6 路由表、STP 和 ARP 表。发送到控制平面的信息由 CPU 处理。
- **数据平面**：也称为转发平面，这个平面通常是交换矩阵，连接到设备上的各种网络端口。每台设备的数据平面用于转发流量。路由器和交换机使用来自控制平面的信息将入向流量从相应的出向接口转发出去。数据平面中的信息通常由特殊的数据平面处理器进行处理，而不需要 CPU 的参与。

下文介绍了第 3 层交换机上的本地化控制操作与 SDN 中的中央控制器之间的区别。

第 3 层交换机和 CEF

图 13-11 所示为思科快速转发（CEF）如何使用控制平面和数据平面来处理数据包。

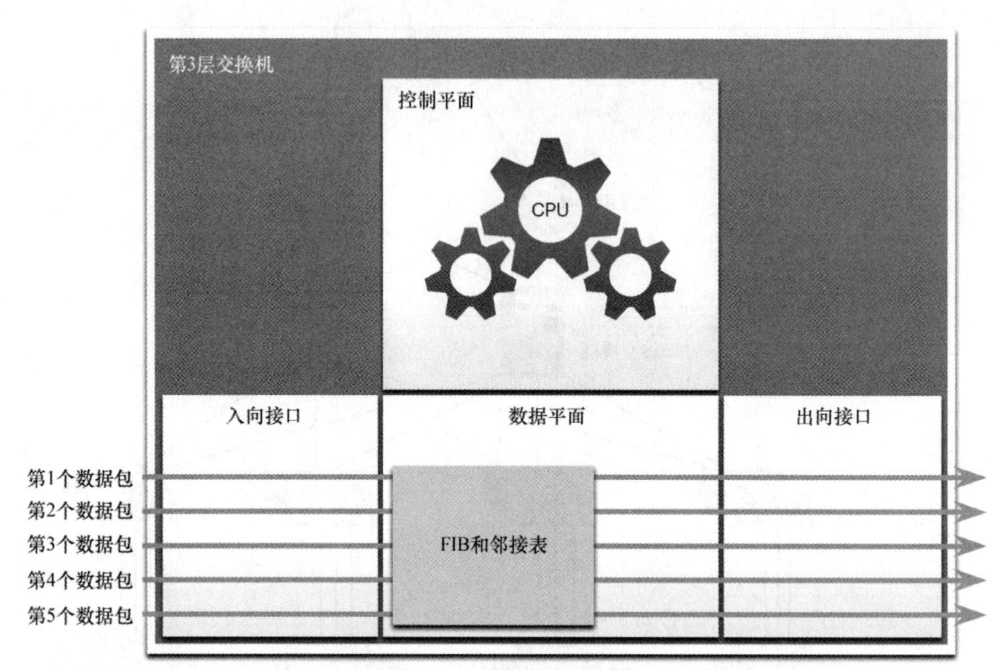

图 13-11 带有 CEF 的第 3 层交换机示意图

CEF 是一种高级的第 3 层 IP 交换技术，可在数据平面实现数据包转发，而无须咨询控制平面。在 CEF 中，控制平面的路由表在数据平面中预先填充 CEF 转发信息库（FIB）表。控制平面的 ARP 表会预先填充邻接表。然后数据平面根据 FIB 和邻接表中包含的信息直接转发数据包，而无须咨询控制平面中的信息。

SDN 和中央控制器

SDN 基本上涉及控制平面和数据平面的分离。控制平面的功能不再由每台设备单独提供，而是由中央控制器来提供。中央控制器将控制平面功能传达给每台设备。然后，在中央控制器管理数据流、提高安全性并提供其他服务的同时，每台设备可以专注于转发数据。

图 13-12 所示为将控制平面功能传达给每台设备的中央控制平面。

在图 13-12 的顶部是中央控制平面控制器。控制平面中有 5 个箭头分别指向 5 个数据平面。转发指令由控制器转发到每台设备。

管理平面

管理平面（图 13-12 中未显示）负责通过设备与网络的连接来管理设备。网络管理员可以使用 SSH、简单文件传输协议（TFTP）、安全 FTP 和 HTTPS 等应用来访问设备的管理平面并配置设备。在您学习网络时，您已经使用过管理平面来访问和配置过设备。此外，诸如简单网络管理协议（SNMP）之类的协议也会使用管理平面。

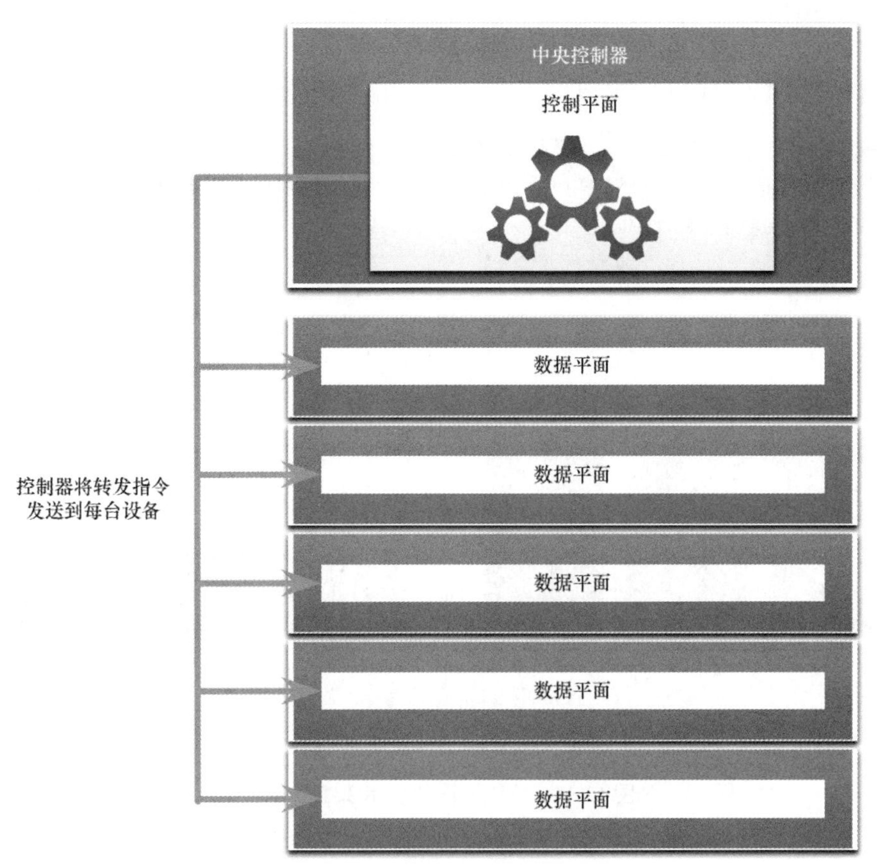

图 13-12 SDN 和中央控制器的示意图

13.4.2 网络虚拟化技术

十几年前，VMware 开发了一种虚拟化技术，该技术可使主机操作系统支持一个或多个客户端操作系统。现在大多数虚拟化技术都基于这项技术。专用服务器向虚拟化服务器的转变已经得到采纳，并正在数据中心和企业网络中迅速实施。

为了支持网络虚拟化，人们开发了两种主要的网络架构。

- **软件定义网络（SDN）**：对网络进行虚拟化的一种网络架构，为网络监管和管理提供了一种新方法，旨在简化管理过程。
- **思科以应用为中心的基础架构（ACI）**：一个为集成云计算和数据中心管理而专门构建的硬件解决方案。

SDN 的组件可能包括下面这些。

- **OpenFlow**：该方法由斯坦福大学开发，用于管理路由器、交换机、无线接入点和控制器之间的流量。OpenFlow 协议是构建 SDN 解决方案的基本要素。在网上搜索 OpenFlow 和开放网络基金会（ONF）可了解更多信息。
- **OpenStack**：该方法是一种虚拟化和编排平台，旨在构建可扩展的云环境并提供 IaaS 解决方案。OpenStack 通常与思科 ACI 搭配使用。网络中的编排是指自动配置网络组件（例如服务器、存储、交换机、路由器和应用等）的过程。在网上搜索 OpenStack 可了解更多信息。
- **其他组件**：其他组件包括路由系统的接口（I2RS）、多链路透明互连（TRILL）、思科 FabricPath（FP）和 IEEE 802.1aq 最短路径桥接（SPB）。

13.4.3 传统架构和SDN架构

在传统路由器或交换机架构中，控制平面和数据平面功能在同一设备中出现。路由决策和数据包转发是设备操作系统的责任。在SDN中，控制平面的管理被移动到中央SDN控制器。图13-13对传统架构和SDN架构进行了对比。

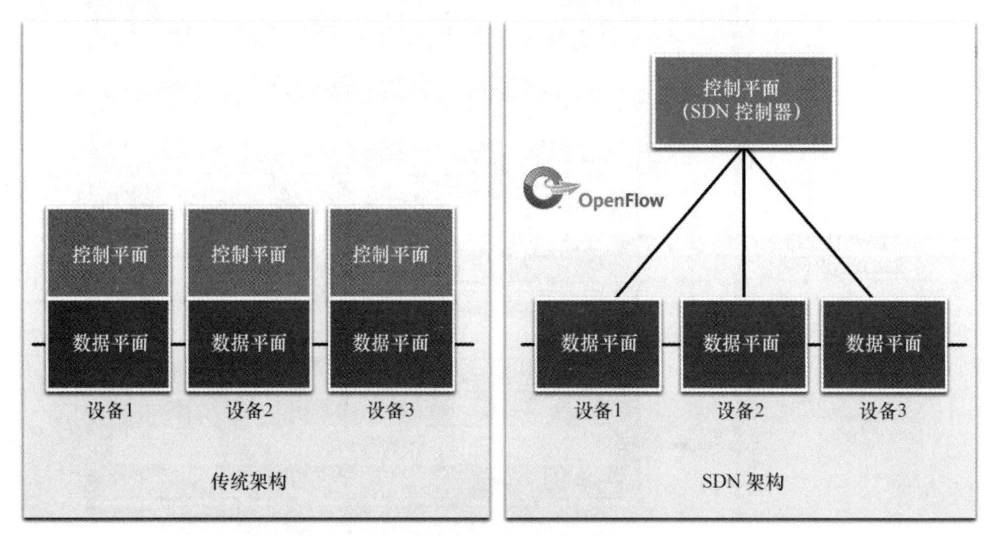

图13-13 传统架构与SDN架构的对比

SDN控制器是一个逻辑实体，可使网络管理员管理和指示交换机与路由器的数据平面如何处理网络流量。它协调、调整并促进应用和网络元素之间的通信。

完整的SDN框架如图13-14所示。

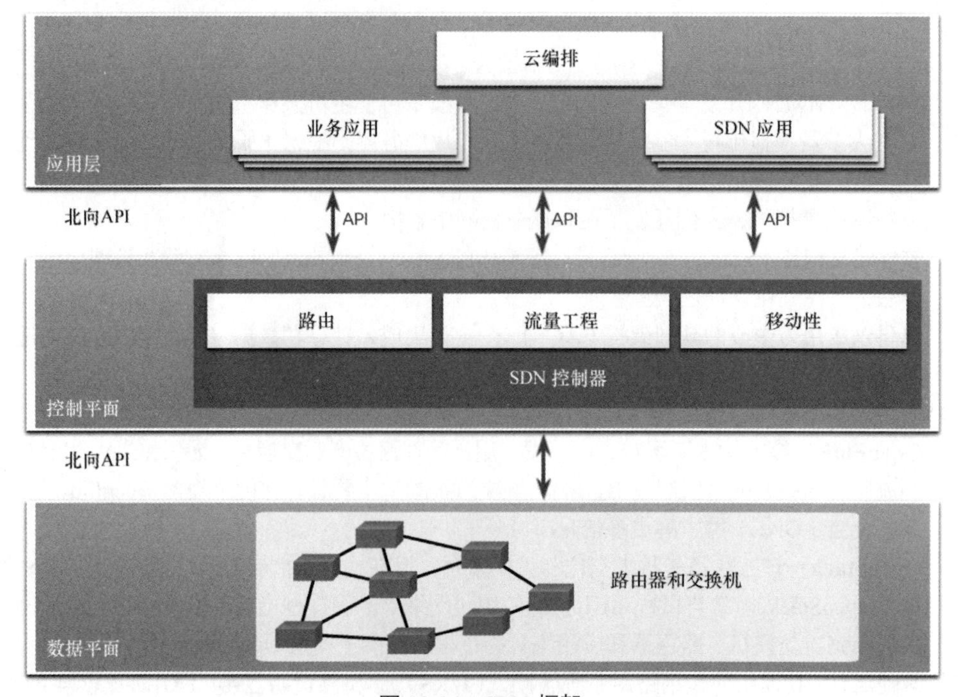

图13-14 SDN框架

注意 SDN 框架内使用的应用编程接口（API）。API 是一组标准化请求，定义了一个应用向另一个应用请求服务的正确方式。

SDN 控制器使用北向 API 与上游应用通信。这些 API 可帮助网络管理员控制流量和部署服务。SDN 控制器还使用南向 API 来定义下游交换机和路由器上数据平面的行为。OpenFlow 是最初的并广泛实施的南向 API。

13.5 控制器

上一节介绍了 SDN，本节将介绍 SDN 控制器。

13.5.1 SDN 控制器和操作

SDN 控制器定义了中央控制平面与各台路由器和交换机上的数据平面之间的数据流。

在网络中传输的每个流必须首先获得 SDN 控制器的许可，该控制器会根据网络策略来验证通信是否是许可的。如果控制器允许通信，它就会计算这个流会经过的路径，并在路径上的每台交换机中为该流添加一个条目。

所有复杂的功能由控制器执行。控制器填充流表。交换机管理流表。在图 13-15 中，SDN 控制器使用 OpenFlow 协议与兼容 OpenFlow 的交换机通信。

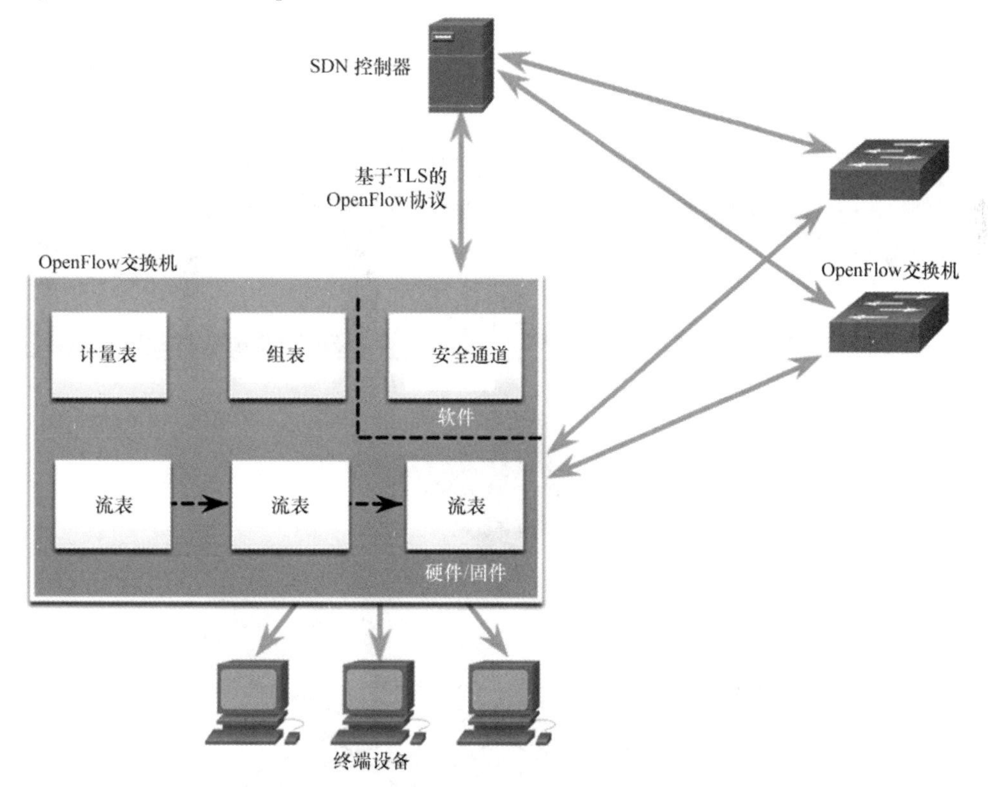

图 13-15 SDN 控制器的运行示例

OpenFlow 使用传输层安全（TLS）在网络上安全地发送控制平面通信。每台 OpenFlow 交换机连接到其他 OpenFlow 交换机。这些交换机还可以连接到属于数据包流一部分的终端用户设备。

在每台交换机内，使用在硬件或固件中实现的一系列表来管理通过交换机的数据包流。对于交换机而言，流是一系列与流表中特定条目相匹配的数据包。

图 13-5 中显示的 3 种表的类型如下所示。

- **流表（flow table）**：该表将传入的数据包与特定的流进行匹配，并指定要对数据包执行的功能。可能有多个流表以管道的方式运行。
- **组表（group table）**：流表可能会把流定向到组表，而组表可以触发影响一个或多个流的各种操作。
- **计量表（meter table）**：该表会在一个流上触发与性能相关的各种操作，其中包括对流量进行速率限制的能力。

13.5.2 ACI 的核心组件

下面是 ACI 架构的 3 个核心组件。

- **应用网络配置文件（ANP）**：ANP 是端点组（EPG）、端点组的连接，以及定义这些连接的策略的集合。诸如 VLAN、Web 服务和应用等端点组只是一些示例。ANP 通常要更复杂。
- **应用策略基础设施控制器（APIC）**：APIC 被视为 ACI 架构的大脑。APIC 是一个集中式的软件控制器，用于管理和操作可扩展的 ACI 集群矩阵。APIC 是为可编程性和集中管理而设计的，可将应用策略转换为网络编程。
- **思科 Nexus 9000 系列交换机**：这些交换机提供应用感知的交换矩阵，并与 APIC 一起管理虚拟和物理网络基础设施。

APIC 位于 ANP 和支持 ACI 的网络基础设施之间。APIC 将应用需求转换为网络配置，以满足需求，如图 13-16 所示。

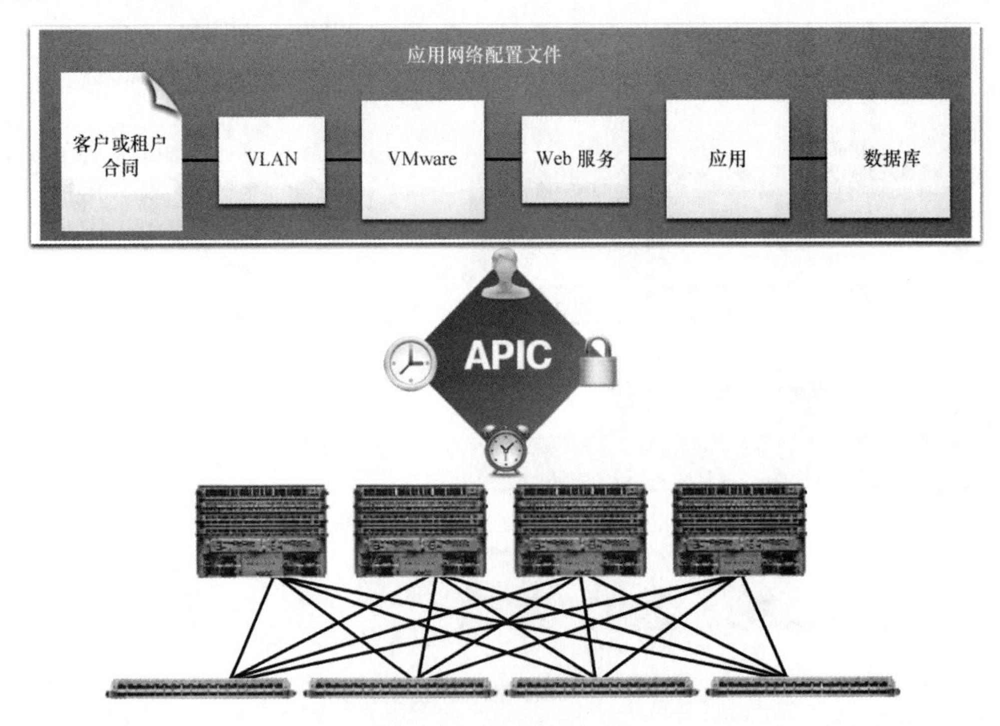

图 13-16 APIC 的运行示例

13.5.3 主干—枝叶拓扑

思科 ACI 矩阵由 APIC 和使用两层主干—枝叶（spine-leaf）拓扑的思科 Nexus 9000 系列交换机组成，如图 13-17 所示。

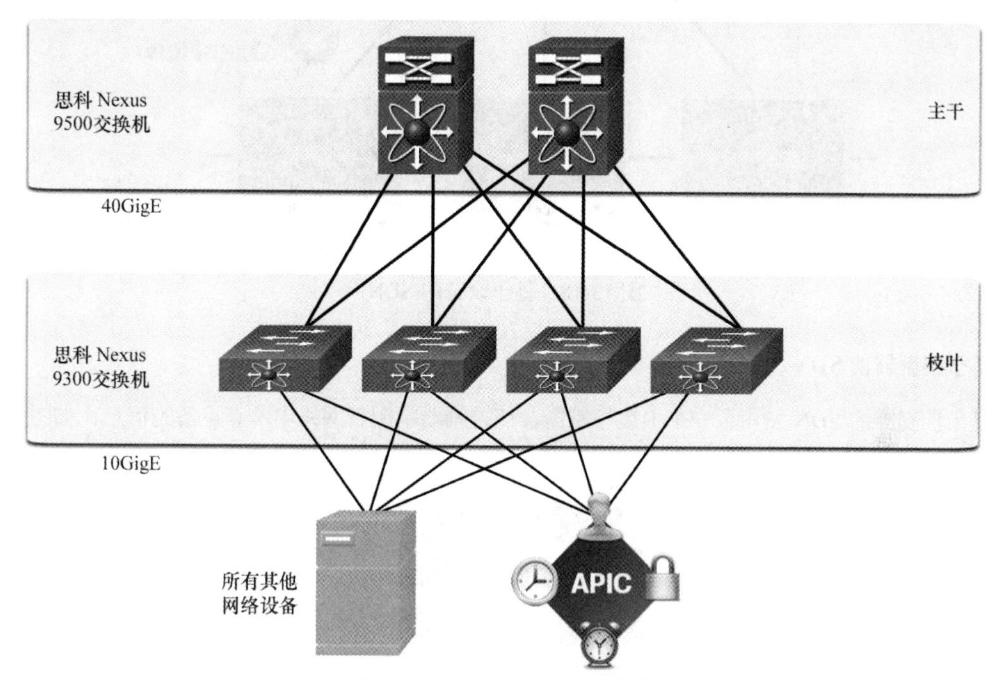

图 13-17 主干—枝叶拓扑示例

枝叶交换机始终连接到主干交换机，但是枝叶交换机之间不互相连接。与之类似，主干交换机只能连接到枝叶交换机和核心交换机（未显示）。在这个二层的拓扑中，所有设备之间都是一跳。

思科 APIC 和网络中的所有其他设备都物理连接到枝叶交换机。

与 SDN 不同，APIC 控制器不直接操纵数据路径。相反，APIC 将策略定义进行了集中，并对枝叶交换机进行编程，使其按照定义的策略来转发流量。

13.5.4 SDN 类型

思科应用策略基础设施控制器—企业模块（APIC-EM）扩展了针对企业和园区部署的 ACI。为了更好地了解 APIC-EM，我们先来泛泛地了解 3 种类型的 SDN。

基于设备的 SDN

在基于设备的 SDN 中，设备可以通过在设备本身运行的应用或在网络中的服务器上运行的应用进行编程，如图 13-18 所示。

思科 OnePK 是基于设备的 SDN 的示例。它可以使程序员使用 C、Java 和 Python 编程语言构建应用，从而与思科设备进行集成和交互。

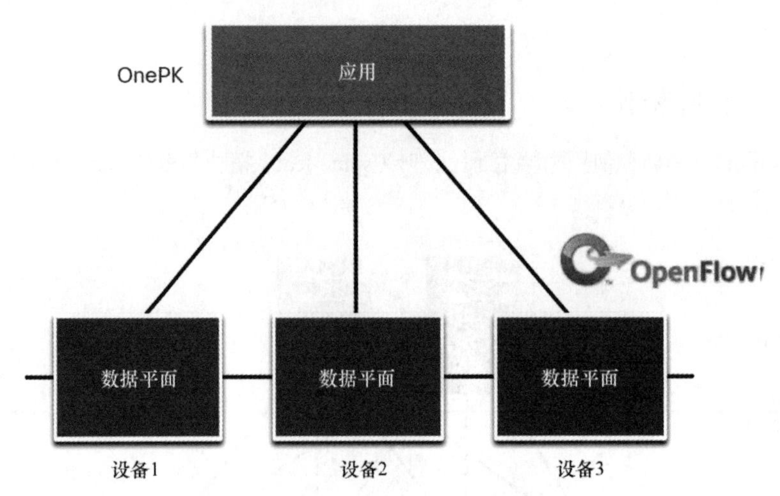

图 13-18　基于设备的 SDN

基于控制器的 SDN

基于控制器的 SDN 使用了一个中央控制器，该控制器掌握着网络中所有设备的信息，如图 13-19 所示。

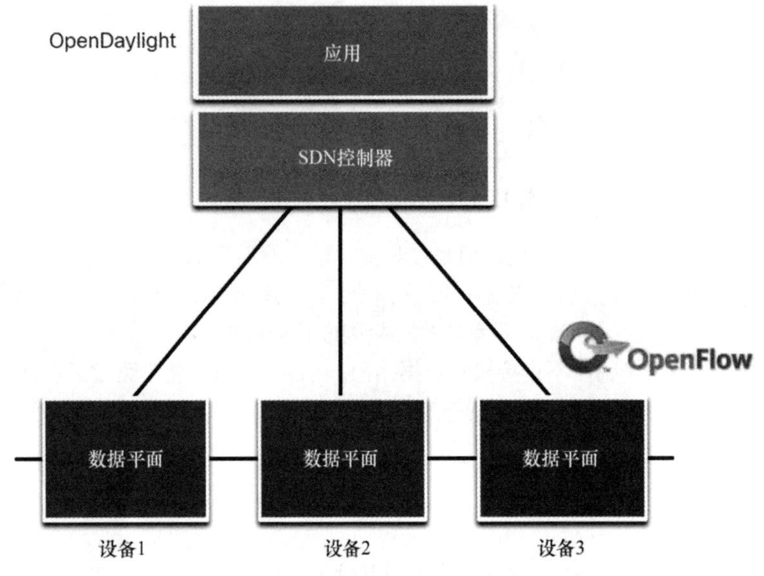

图 13-19　基于控制器的 SDN

应用可以与负责管理设备和操纵整个网络流量的控制器连接。思科开放式 SDN 控制器是 OpenDaylight 的商业版本。

基于策略的 SDN

基于策略的 SDN 类似于基于控制器的 SDN，它也有一个中央控制器可以查看网络中的所有设备，如图 13-20 所示。

基于策略的 SDN 包括一个附加的策略层，该层在更高的抽象级别上运行。它使用内置的应用，通过引导式工作流和用户友好的 GUI 自动执行高级配置任务。它不需要任何编程技能。思科 APIC-EM 是这类 SDN 的一个示例。

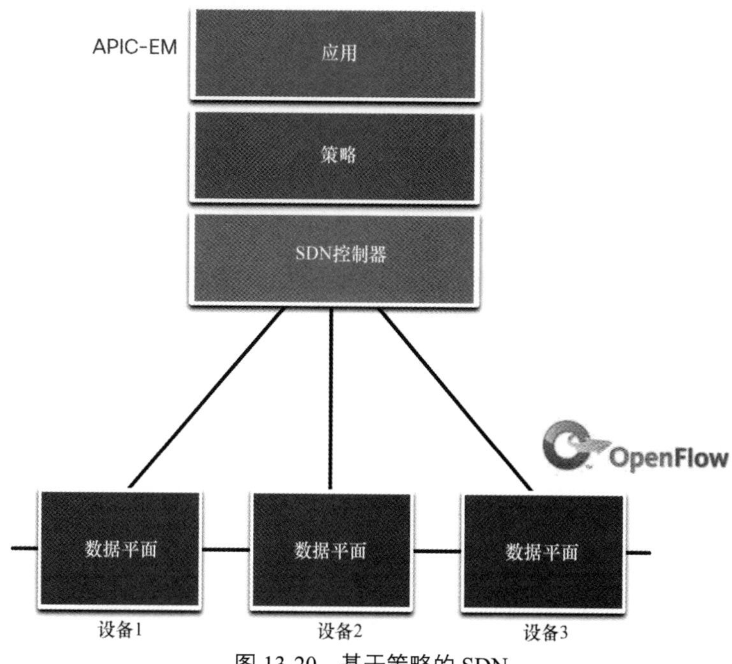

图 13-20 基于策略的 SDN

13.5.5 APIC-EM 功能

每种类型的 SDN 都有自己的特点和优势。基于策略的 SDN 是最强大的，它提供一个简单的机制来控制和管理整个网络中的策略。

思科 APIC-EM 就是一个基于策略的 SDN 的示例。思科 APIC-EM 提供了单一的接口来管理网络，它能够：

- 发现并访问设备和主机清单；
- 查看拓扑（见图 13-21）；
- 跟踪端点之间的路径；
- 设置策略。

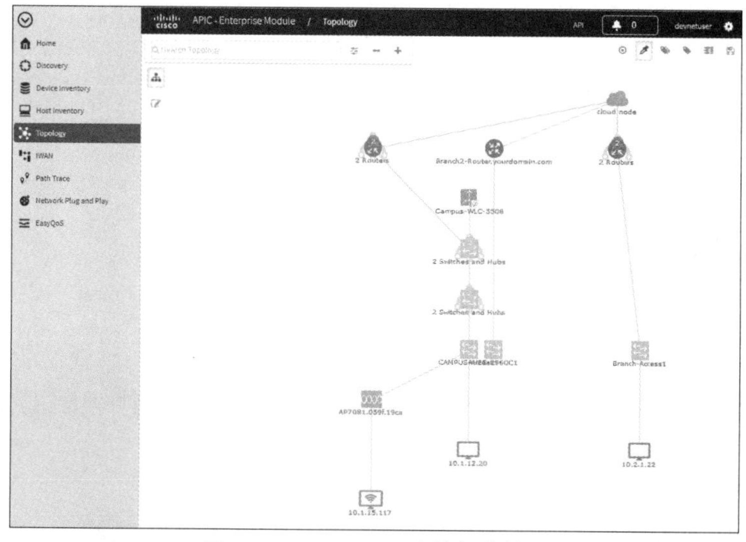

图 13-21 APIC-EM 中的拓扑特征

13.5.6　APIC-EM 路径跟踪

APIC-EM 的路径跟踪工具可以让管理员轻松地可视化流量，并从中发现冲突、重复和隐藏的 ACL 条目。该工具在两个端点之间的路径上检查特定的 ACL，并显示任何潜在的问题。您可以看到路径中放行或拒绝流量的任何 ACL，如图 13-22 所示。

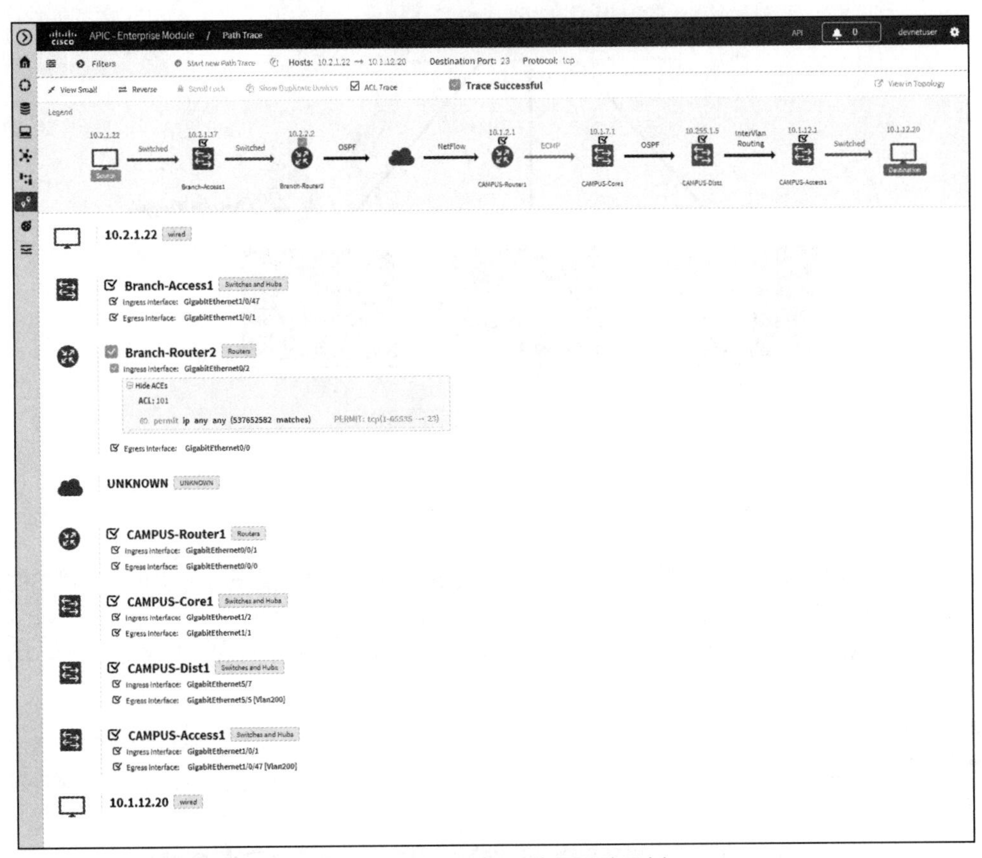

图 13-22　APIC-EM 路径跟踪示例

在图 13-22 中，请注意 Branch-Router2 正在放行所有流量。基于该信息，网络管理员可以做出调整，以便更有效地过滤流量。

13.6　总结

云计算

云计算与通过网络连接的大量计算机相关，这些计算机可以位于任何物理位置。云计算可以通过更高效地使用资源来降低运营成本。云计算解决了各种数据管理问题：

- 允许随时随地访问组织机构的数据；
- 通过允许组织机构仅订购所需的服务来简化组织机构的 IT 运营；
- 消除或减少对现场 IT 设备、维护和管理的需求；

- 降低设备、能源、物理设施需求和人员培训需求的成本；
- 能够快速响应不断增长的数据量需求。

美国国家标准与技术研究院（NIST）定义了 3 个主要的云计算服务，分别是软件即服务（SaaS）、平台即服务（PaaS）和基础设施即服务（IaaS）。通过 SaaS，云提供商负责访问通过互联网交付的应用和服务（比如电子邮件、通信和 Office 365 等）。通过 PaaS，云提供商负责向用户提供用于交付应用程序的开发工具和服务。通过 IaaS，云提供商负责让 IT 经理访问网络设备、虚拟网络服务，并提供网络基础设施。云的 4 种类型是公有云、私有云、混合云、社区云。公有云中提供的云应用和云服务可供大众使用。私有云中提供的云应用和云服务仅供特定的组织机构或实体使用，比如政府。混合云由两个或多个云组成（例如，部分私有云和部分公有云），其中每一部分都是一个独立的对象，但相互之间使用单个架构进行连接。社区云是专为特定社区的使用而创建的。

虚拟化

术语“云计算”和“虚拟化”会经常混用，然而它们指的却是截然不同的事物。虚拟化是云计算的基础。虚拟化实现了操作系统（OS）与硬件的分离。在历史上，企业服务器由安装在特定硬件上的服务器操作系统（如 Windows Server 或 Linux Server）组成。服务器所有的 RAM、处理能力和硬盘空间都是专用于所提供的服务。其中一个组件发生故障时，整台服务器所提供的服务将变得不可用。这称为单点故障。另一个问题是专用服务器未得到充分利用。专用服务器通常长时间处于空闲状态，直到需要交付它们提供的特定服务。这造成了能源和空间的浪费（服务器蔓延）。得益于下面几个因素，虚拟化降低了成本：所需的设备更少、消耗的能源更低、所需的空间更小。它还提供了更简单的原型设计、更快速的服务器调配、增加服务器的正常运行时间、提高灾难恢复能力、支持过时的技术等优点。计算机系统包含下述抽象层：服务、操作系统、固件和硬件。第 1 类虚拟机监控程序直接在安装服务器或网络硬件上。第 2 类虚拟机监控程序是创建并运行虚拟机实例的软件。它可以安装在操作系统之上，也可以安装在固件和操作系统之间。

虚拟化网络基础设施

第 1 类虚拟机监控程序也称为“裸机”方法，因为虚拟机监控程序直接安装在硬件上。第 1 类虚拟机监控程序可以直接访问硬件资源。因此，它们比托管架构的效率更高。第 1 类虚拟机监控程序提高了可扩展性、性能和健壮性。第 1 类虚拟机监控程序需要一个“管理控制台”来管理虚拟机监控程序。管理软件用于管理使用同一个虚拟机监控程序的多个服务器。管理控制台可以自动整合服务器并根据需要打开或关闭服务器。管理控制台支持硬件故障的恢复。有些管理控制台还允许对服务器进行过度分配。服务器虚拟化对服务器用户隐藏了服务器资源，比如物理服务器、处理器和操作系统的数量与标识。如果数据中心使用传统的网络架构，这种做法可能会产生问题。另一个问题是流量与传统的客户端/服务器模型中的流量完全不同。通常情况下，数据中心在虚拟服务器之间交换大量的流量。这种流量称为东西向流量，随着时间的推移，它的位置和强度可能会发生变化。南北向流量是分布层和核心层之间的流量，通常流向异地位置，比如另一个数据中心、其他的云提供商或互联网。

软件定义网络

为了支持网络虚拟化，人们开发了两种主要的网络架构：软件定义网络（SDN）和思科以应用为中心的基础设施（ACI）。SDN 是一种联网方法，可以采用编程的方式远程控制网络。SDN 可能包含 OpenFlow、OpenStack 和其他组件。SDN 控制器是一个逻辑实体，可使网络管理员管理和指示交换机与路由器的数据平面如何处理网络流量。网络设备包含控制平面和数据平面。控制平面被视为设备的大脑。它用于做出转发决策。控制平面包含第 2 层和第 3 层路由转发机制，例如路由协议邻居表和拓扑表、IPv4 和 IPv6 路由表、STP 和 ARP 表。发送到控制平面的信息由 CPU 处理。数据平面也称为转发平面，通常是交换矩阵，连接到设备上的各种网络端口。每台设备的数据平面用于转发流量。路由器和交换机使用来自控制平面的信息将入向流量从相应出向接口转发出去。数据平面中的信息通常由特殊的数据平面处理器进行处理，而不需要 CPU 的参与。思科快速转发（CEF）使用控制平面和数据平面来处理数据包。CEF 是一种高级的第 3 层 IP 交换技术，可在数据平面实现数据包转发，而无须咨询控制平面。SDN 基本上涉及控制平面和数据平面的分离。控制平面的功能不再由每台设备单独提供，而是由中央控制器来提供。中央控制器将控制平面功能传达给每台设备。管理平面负责通过设备与网络的连接来管理设备。网络管理员可以使用 SSH、简单文件传输协议（TFTP）、安全 FTP 和 HTTPS 等应用来访问设备的管理平面并配置设备。在您学习网络时，您已经使用过管理平面来访问和配置过设备。诸如简单网络管理协议（SNMP）之类的协议也会使用管理平面。

控制器

SDN 控制器是一个逻辑实体，可使网络管理员管理和指示交换机与路由器的数据平面如何处理网络流量。SDN 控制器定义了中央控制平面与各台路由器和交换机上的数据平面之间的数据流。在网络中传输的每个流必须首先获得 SDN 控制器的许可，该控制器会根据网络策略来验证通信是否是许可的。如果控制器允许通信，它就会计算这个流会经过的路径，并在路径上的每台交换机中为该流添加一个条目。控制器填充流表。交换机管理流表。流表将传入的数据包与特定的流进行匹配，并指定要对数据包执行的功能。可能有多个流表以管道的方式运行。流表可能会把流定向到组表，而组表可以触发影响一个或多个流的各种操作。该表会在一个流上触发与性能相关的各种操作，其中包括对流量进行速率限制的能力。思科开发了以引用为中心的基础设施（ACI），作为对早期 SDN 方法的高级改进和创新改进。思科 ACI 是一款集成了云计算和数据中心管理的硬件解决方案。在高层，网络的策略元素从数据平面中移除。这简化了数据中心网络的创建方式。ACI 的 3 个核心组件是应用网络配置文件（ANP）、应用策略基础设施控制器（APIC）、思科 Nexus 9000 系列交换机。思科 ACI 矩阵由 APIC 和使用两层主干—枝叶（spine-leaf）拓扑的思科 Nexus 9000 系列交换机组成。与 SDN 不同，APIC 控制器不直接操纵数据路径。相反，APIC 将定义策略进行了集中，并对枝叶交换机进行编程，使其按照定义的策略来转发流量。有 3 种类型的 SDN。在基于设备的 SDN 中，设备可以通过在设备本身或网络中的服务器上运行的应用程序进行编程。基于控制器的 SDN 使用了一个中央控制器，该控制器掌握着网络中所有设备的信息。基于策略的 SDN 类似于基于控制器的 SDN，它也有一个中央控制器可以查看网络中的所有设备。基于策略的 SDN 包括一个附加的策略层，该层在更高的抽象级别上运行。思科 APIC-EM 是基于策略的 SDN 的一个示例。思科 APIC-EM 提供了单一的接口来管理网络，它能够发现并访问设备和主机清单、查看拓扑、跟踪端点之间的路径、设置策略。APIC-EM 的路径跟踪工具可以让管理员轻松地可视化流量，并从中发现冲突、重复和隐藏的 ACL 条目。该工具在两个端点之间的路径上检查特定的 ACL，并显示任何潜在的问题。

复习题

完成这里列出的所有复习题，可以测试您对本章内容的理解。附录列出了答案。

1. 下面哪项是将互联网架构扩展到数十亿台互连设备的术语？

   A. BYOD　　B. 数字化

   C. IoT　　D. M2M

2. 哪种云计算服务为特定公司提供路由器和交换机等网络硬件的使用?
   A. 浏览器即服务(BaaS)　B. 基础设施即服务(IaaS)
   C. 软件即服务(SaaS)　D. 无线即服务(WaaS)
3. 哪种技术允许用户随时随地访问数据?
   A. 云计算　B. 数据分析
   C. 微型营销　D. 虚拟化
4. 对于无法负担物理服务器和网络设备,因此必须按需购买网络服务的新组织机构来说,哪种云计算服务最适合?
   A. IaaS　B. ITaaS
   C. PaaS　D. SaaS
5. 哪种云模型为特定组织或实体提供服务?
   A. 社区云　B. 混合云
   C. 私有云　D. 公有云
6. 虚拟化的好处是什么?
   A. 电力保障　B. 改进商业行为
   C. 提供稳定的气流　D. 支持实时迁移
7. 云计算和虚拟化功能之间的区别是什么?
   A. 云计算提供基于 Web 的访问服务,而虚拟化则通过虚拟的互联网连接提供数据访问服务
   B. 云计算需要虚拟机监控程序(hypervisor)技术,而虚拟化是一种容错技术
   C. 云计算将应用与硬件分离,而虚拟化则将操作系统与底层硬件分离
   D. 云计算使用了数据中心技术,而虚拟化不用于数据中心
8. 以下哪项适用于第 2 类虚拟机监控程序?
   A. 最适合企业环境　B. 不需要管理控制台软件
   C. 可以直接访问服务器硬件资源　D. 直接安装在硬件上
9. 第 1 类虚拟机监控程序的特征是什么?
   A. 最适合消费者而不是企业环境　B. 不需要管理控制台软件
   C. 直接安装在服务器上　D. 安装在现有的操作系统上
10. 哪种技术可以将控制平面虚拟化并将其移到中央控制器?
   A. 云计算　B. 雾计算
   C. IaaS　D. SDN
11. OSI 模型的哪两层与做出转发决定的 SDN 网络的控制平面功能相关?(选择两项)
   A. 第 1 层　B. 第 2 层
   C. 第 3 层　D. 第 4 层
   E. 第 5 层
12. 在数据中心中,最有可能使用哪种类型的虚拟机监控程序?
   A. Nexus 9000 交换机　B. Oracle VM VirtualBox
   C. 第 1 类　D. 第 2 类
13. 消费者最有可能使用哪种类型的虚拟机监控程序?
   A. Nexus 9000 交换机　B. Oracle VM VirtualBox
   C. 第 1 类　D. 第 2 类
14. 下面哪个组件被视为 ACI 架构的大脑并转换应用策略?
   A. 应用网络配置文件端点　B. 应用策略基础设施控制器
   C. 虚拟机监控程序　D. Nexus 9000 交换机

第 14 章

网络自动化

学习目标

通过完成本章的学习，您将能够回答下列问题：

- 什么是自动化；
- 什么是 JSON、YAML 和 XML 数据格式；
- API 如何实现计算机之间的通信；
- REST 如何实现计算机之间的通信；
- 什么是 Puppet、Chef、Ansible 和 SaltStack 配置管理工具；
- 思科 DNA Center 如何实现基于意图的网络。

您之前应该搭建过家庭网络或小型办公室网络吧？请想象一下在成千上万台终端设备、路由器、交换机和 AP 上执行这些任务，该有多麻烦！您知道么，有一些软件能够为企业网络自动完成这些任务？事实上，有些软件能够自动执行企业网络的设计。它可以自动为您的网络执行所有的监控、运行和维护任务。感兴趣吗？让我们开始吧！

14.1 自动化概述

在本节中，您将了解到自动化如何影响网管理。

14.1.1 自动化的增长

自动化是指一种自我驱动的过程，它可以减少并最终消除对人工干预的需求。

自动化曾经只是制造业中的用词。高度重复性的工作（比如汽车装配）被转交给机器来执行，于是就诞生了现代装配线。机器擅长执行重复性工作，它不会感到疲劳，也不会犯人类在这类工作中容易犯的错误。

自动化带来了以下好处：

- 机器可以一天 24 小时不间断地工作，可以带来更大的产出；
- 相较于人类，机器能够提供更加统一的产品；
- 自动化允许收集大量数据，通过对这些数据进行快速分析，可以提供有助于指导事件或流程的信息；
- 机器人可用于危险环境，如采矿、消防和工业事故清理，这降低了人类面临的风险；
- 在某些情况下，智能设备可以改变自己的行为，以减少能耗、做出医疗诊断、提高汽车驾驶的安全性。

14.1.2 会思考的设备

设备会思考吗？它们是否可以从所处的环境中进行学习？在这里，“思考”一词有许多定义。一个可能的定义是将一系列相关信息连接在一起，然后使用它们改变行动方案的能力。

现在有很多设备都采用了智能技术来帮助控制其行为。这可以像智能设备在需求高峰期间依然保持一个较低的功耗一样简单，也可以像无人驾驶汽车一样复杂。

只要设备能够基于外部信息来采取行动，这个设备就称为智能设备。现在，我们与之交互的很多设备中，其名字都有“智能”二字，以表明这些设备能够根据环境改变自己的行为。

为了使设备能够进行“思考”，需要使用网络自动化工具对设备进行编程。

14.2 数据格式

本节将比较不同类型的数据格式，包括 JSON、YAML 和 XML 数据格式。

14.2.1 数据格式的概念

在与人类分享数据时，信息的展示方式可以说是无穷无尽。例如，我们来考虑一下餐厅编排菜单的方式。菜单可以是纯文本、菜名列表、菜名加照片，或者只有照片。这些只是餐厅可用于编排菜单数据的一部分方法。一个设计良好的菜单要考虑如何让目标受众更容易理解其中展示的信息。相同的原则也适用于计算机之间的数据共享。计算机必须把数据设置为其他计算机可以理解的格式。

数据格式提供了一种以结构化的格式来存储和交换数据的方法。HTML（超文本标记语言）就是这样的一种数据格式。HTML 是用来描述网页结构的标准标记语言，如图 14-1 所示。

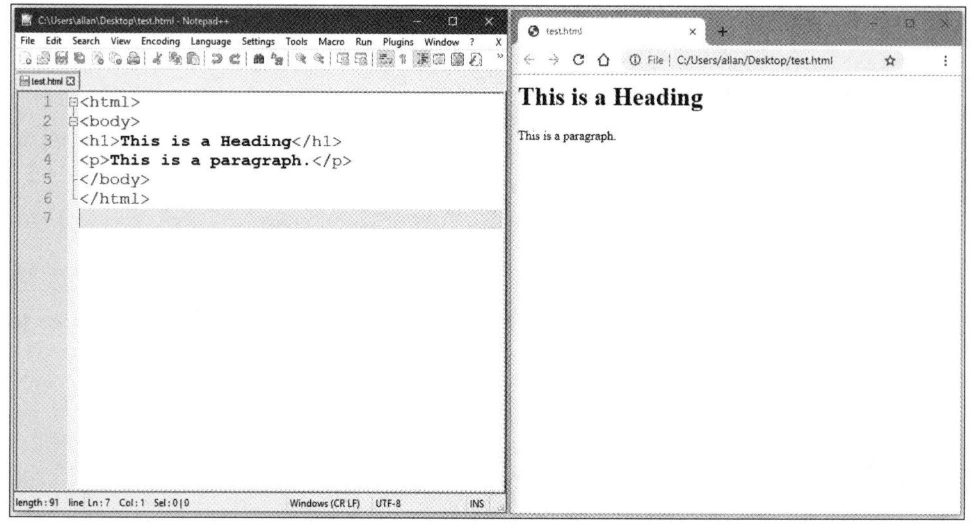

图 14-1 HTML 示例和生成的网页

下面是网络自动化和可编程应用中使用的常见数据格式：

■ JSON（JavaScript 对象表示法）；

■ XML（可扩展标记语言）；
■ YAML。

具体使用哪种数据格式取决于相关的应用、工具或脚本使用的格式。很多系统都支持多种数据格式，在这种情况下，用户可以选择其中的任何一种。

14.2.2 数据格式的规则

数据格式的规则和结构与编程语言和书面语言中的类似。每种数据格式都有特定的特征，如下所示。

■ 语法。其中包括使用的括号类型（如[ ]、( )、{ }）、空格、缩进、标点符号（如引号和逗号）。
■ 对象的表示方式。比如使用字符、字符串、列表和数组表示对象。
■ 键/值对的表示方式。键（key）通常位于左侧，用来对数据进行标识或描述。位于右侧的值是数据本身，可以是字符、字符串、数字、列表或其他数据类型。

在互联网上搜索 Open Notify，可以找到一个 Open Notify 网站，它会追踪国际空间站的实时位置。在这个网站上，可以看到如何使用数据格式，以及不同数据格式之间的相似之处。这个网站提供了一个链接，用于调用服务器的简单应用编程接口（API），服务器会返回空间站的当前经度和纬度，以及 UNIX 时间戳。例 14-1 所示为服务器使用 JSON 返回的信息。信息是以原始格式显示的，这不利于理解数据格式。

例 14-1 JSON 原始数据

```
{"message": "success", "timestamp": 1560789216, "iss_position": {"latitude":
 "25.9990", "longitude": "-132.6992"}}
```

在互联网上搜索 JSONView 浏览器插件或允许您以更可读的格式查看 JSON 的任何插件。例 14-2 显示了与例 14-1 相同的输出，但现在使用的是 JSONView。数据对象是以键/值对的形式显示的。相较于原始数据，键/值对的形式更容易解释。在例 14-2 中，可以较容易地看到键 **latitude** 及其值 **25.9990**。

例 14-2 格式化的 JSON 数据

```
{
        "message": "success",
        "timestamp": 1560789260,
        "iss_position": {
                "latitude": "25.9990",
                "longitude": "-132.6992"
        }
}
```

注 意　JSONView 可能会删除键前后的引号。但在对 JSON 键/值对进行编码时，需要使用引号。

14.2.3 数据格式的对比

要查看例 14-2 中格式化为 XML 或 YAML 的相同数据，请在互联网上搜索 JSON 转换工具。有一些在线转换工具可用于将例 14-3 中显示的 JASON 数据转换为例 14-4 中显示的 YAML 格式，以及转换为例 14-5 中显示的 XML 格式。就这里来说，我们不需要理解每种数据格式的细节，但应该能够了解每种数据格式的语法以及如何表示键/值对。

例 14-3 JSON 格式


```
{
   "message": "success",
   "timestamp": 1560789260,
   "iss_position": {
       "latitude": "25.9990",
       "longitude": "-132.6992"
   }
}
```


例 14-4 YAML 格式


```
message: success
timestamp: 1560789260
iss_position:
    latitude: '25.9990'
    longitude: '-132.6992'
```


例 14-5 XML 格式


```
<?xml version="1.0" encoding="UTF-8" ?>
<root>
  <message>success</message>
  <timestamp>1560789260</timestamp>
  <iss_position>
    <latitude>25.9990</latitude>
    <longitude>-132.6992</longitude>
  </iss_position>
</root>
```


14.2.4 JSON 数据格式

JSON 是一种人类可读的数据格式，应用（application）使用它进行数据的存储、传输和读取。JSON 是 Web 服务和 API 用来提供公共数据的一种非常流行的格式。它之所以流行，是因为它易于解析，并且可以在大多数现代编程语言（包括 Python）中使用。

例 14-6 所示为在路由器上执行 **show interface GigabitEthernet0/0/0** 命令后的部分 IOS 输出信息。

例 14-6 IOS 路由器输出

```
GigabitEthernet0/0/0 is up, line protocol is up (connected)
  Description: Wide Area Network
  Internet address is 172.16.0.2/24
```

例 14-7 所示为以 JSON 格式表示的同一信息。

例 14-7 JSON 输出


```
{
    "ietf-interfaces:interface": {
         "name": "GigabitEthernet0/0/0",
         "description": "Wide Area Network”,
         "enabled": true,
         "ietf-ip:ipv4": {
              "address": [
```

```
                    {
                        "ip": "172.16.0.2",
                        "netmask": "255.255.255.0"
                    }
                ]
            }
        }
}
```

需要注意的是，每个对象（即键/值对）都是与接口相关的不同数据，其中包括接口名称、描述、接口是否启用等。

14.2.5 JSON 的语法规则

JSON 具有以下特征：

- 使用分层结构并包含嵌套值；
- 使用大括号{ }来存储对象，使用方括号[ ]来存储数组；
- 数据是以键/值对的形式写入的。

在 JSON 中，称之为对象的数据是一个或多个用括号括起来的键/值对。JSON 对象的语法如下所示：

- 键必须是字符串，并且要写在双引号" "中；
- 值必须是合法的 JSON 数据类型（字符串、数字、数组、布尔值、空或其他对象）；
- 键和值之间使用冒号分隔；
- 一个对象中的多个键/值对之间使用逗号分隔；
- 空格会被忽略。

有时，一个键可能包含多个值，这称为数组（array）。JSON 中的数组是一列有序的值。JSON 中的数组包含以下特征：

- 键后面跟着冒号和一列有序的值，并由中括号[ ]括起来；
- 数组是一列有序的值；
- 数组中可以包含多种值类型，其中包括字符串、数字、布尔值、对象，或数组中的另一个数组；
- 数组中的每个值都以逗号分隔。

IPv4 地址的 JSON 格式列表可能如例 14-8 所示。

例 14-8 IPv4 地址的 JSON 列表

```
{
  "addresses": [
    {
      "ip": "172.16.0.2",
      "netmask": "255.255.255.0"
    },
    {
      "ip": "172.16.0.3",
      "netmask": "255.255.255.0"
    },
    {
      "ip": "172.16.0.4",
      "netmask": "255.255.255.0"
```

```
        }
    ]
}
```

在该例中，键是"addresses"。列表中的每一项都是一个单独的对象，以大括号{ }分隔。每个对象中都包含两个键/值对：IPv4 地址（"ip"）和子网掩码（"netmask"），它们之间以逗号分隔。这个列表中的对象数组在每个对象的右大括号后面用逗号分隔。

14.2.6 YAML 的数据格式

YAML 是另一种人类可读的数据格式，应用使用它进行数据的存储、传输和读取。YAML 具有以下特征：

- 与 JSON 类似，并被看作 JSON 的超集；
- 具有一个极简的格式，这使得读写都很容易；
- 它使用缩进来定义其结构，而不使用括号或逗号。

看一下例 14-9 中 Gigabit Ethernet 2 接口的 JSON 输出。

例 14-9 使用 JSON 格式显示 Gigabit Ethernet 2 接口的信息

```
{
   "ietf-interfaces:interface": {
      "name": "GigabitEthernet2",
      "description": "Wide Area Network",
      "enabled": true,
      "ietf-ip:ipv4": {
         "address": [
            {
               "ip": "172.16.0.2",
               "netmask": "255.255.255.0"
            },
            {
               "ip": "172.16.0.3",
               "netmask": "255.255.255.0"
            },
            {
               "ip": "172.16.0.4",
               "netmask": "255.255.255.0"
            }
         ]
      }
   }
}
```

例 14-9 中的相同数据在 YAML 格式中就很容易阅读，如例 14-10 所示。与 JSON 类似，YAML 对象是一个或多个键/值对。但是在 YAML 中，键和值使用冒号分隔，而不使用引号。在 YAML 中，连字符用来分隔列表中的每个元素。从例 14-10 中的 3 个 IPv4 地址中可以看到这一点。

例 14-10 使用 YAML 格式显示 Gigabit Ethernet 2 接口的信息

```
ietf-interfaces:interface:
  name: GigabitEthernet2
  description: Wide Area Network
```

```
    enabled: true
    ietf-ip:ipv4:
      address:
      - ip: 172.16.0.2
        netmask: 255.255.255.0
      - ip: 172.16.0.3
        netmask: 255.255.255.0
      - ip: 172.16.0.4
        netmask: 255.255.255.0
```

14.2.7 XML 的数据格式

XML 是另一种人类可读的数据格式，应用程序使用它进行数据的存储、传输和读取。XML 具有以下特征：

- 它与创建网页和 Web 应用的标准化标记语言 HTML 类似；
- 它是自描述（self-descriptive）的，它将数据封装在一组相关的标记中，比如<*tag*>data</*tag*>；
- 与 HTML 不同的是，XML 不使用预定义的标记或文档结构。

XML 对象是一个或多个键/值对，并且使用起始标记作为键的名称，比如<*key*>value</*key*>。

例 14-11 中的输出与例 14-9 和例 14-10 中显示的信息相同，只不过现在是以 XML 格式显示的。

例 14-11 用于 Gigabit Ethernet 2 的 XML

```
<?xml version="1.0" encoding="UTF-8" ?>
<ietf-interfaces:interface>
  <name>GigabitEthernet2</name>
  <description>Wide Area Network</description>
  <enabled>true</enabled>
  <ietf-ip:ipv4>
    <address>
      <ip>172.16.0.2</ip>
      <netmask>255.255.255.0</netmask>
    </address>
    <address>
      <ip>172.16.0.3</ip>
      <netmask>255.255.255.0</netmask>
    </address>
    <address>
      <ip>172.16.0.4</ip>
      <netmask>255.255.255.0</netmask>
    </address>
  </ietf-ip:ipv4>
</ietf-interfaces:interface>
```

注意观察值是如何包含在对象标记中的。在该例中，每个键/值对各占一行，而且有些行设置了缩进。缩进并不是必需的，但是有助于提高可读性。列表对其中的每个元素使用了重复的<tag></tag>实例。这些重复标记中的元素表示一个或多个键/值对。

14.3 API

在本节中，您将了解 API 如何实现计算机到计算机的通信。

14.3.1 API 的概念

API 几乎随处可见。AWS、Facebook，以及家庭自动化设备（比如恒温器、冰箱和无线照明系统）都使用了 API。API 还用于构建可编程的自动化网络。

API 是允许其他应用访问其数据或服务的软件。它是一组规则，描述了一个应用如何与其他应用进行交互，并且提供了如何进行交互的指导。用户向服务器发送一个 API 请求，用来请求特定的信息，并从服务器接收一个 API 响应，其中包含了所请求的信息。

API 类似于餐厅里的服务员，如图 14-2 所示。餐厅的顾客希望能够将食物送到餐桌上。食物在厨房里烹饪和摆盘。而服务员是信使，类似于 API。服务员（API）接受顾客订单（请求）并告知厨房该怎么做。在食物准备好后，服务员会把食物（响应）送到顾客的餐桌上。

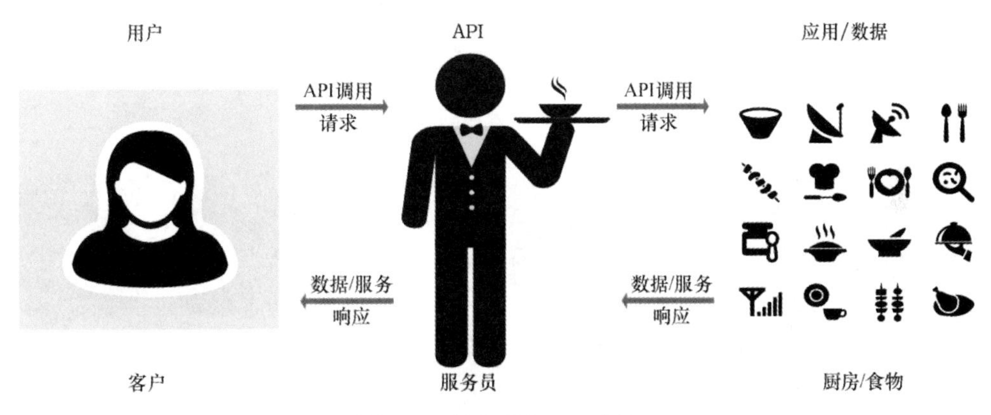

图 14-2 服务员和 API 类比

在前文中讲到，向服务器发出一个 API 请求，然后服务器返回国际空间站的当前经度和纬度。这是 Open Notify 提供的一个 API，用来通过浏览器访问 NASA（美国国家航空航天局）上的数据。

14.3.2 API 示例

为了真正理解如何使用 API 来提供数据和服务，我们看一下预定航班的两种方式。第一种方式是使用航空公司的网站，如图 14-3 所示。

在航空公司的官网上，用户输入一些信息来发出预定请求。该网站直接与航空公司自己的数据库进行交互，并向用户提供与用户请求相匹配的信息。

> **注 意** 这是一个航空公司网站未使用 API 的示例。但是，航空公司的网站也可以通过使用 API 实现相同的结果。

除了使用航空公司的官网直接访问航空公司的数据库之外，用户可以使用旅游网站访问多家航空公司的信息。在这种情况下，用户依然输入类似的预订信息。旅游网站会使用每家航空公司提供的 API，与各个航空公司的数据库进行交互。旅游网站使用每一家航空公司的 API 向各自的航空公司请求信息，然后将所有航空公司返回的信息都显示在自己的网页上，如图 14-4 所示。

API 充当了信使的角色，在发起请求的应用与提供数据或服务的应用之间传达信息。从发起请求的应用去往数据所在服务器的消息称为 API 调用。

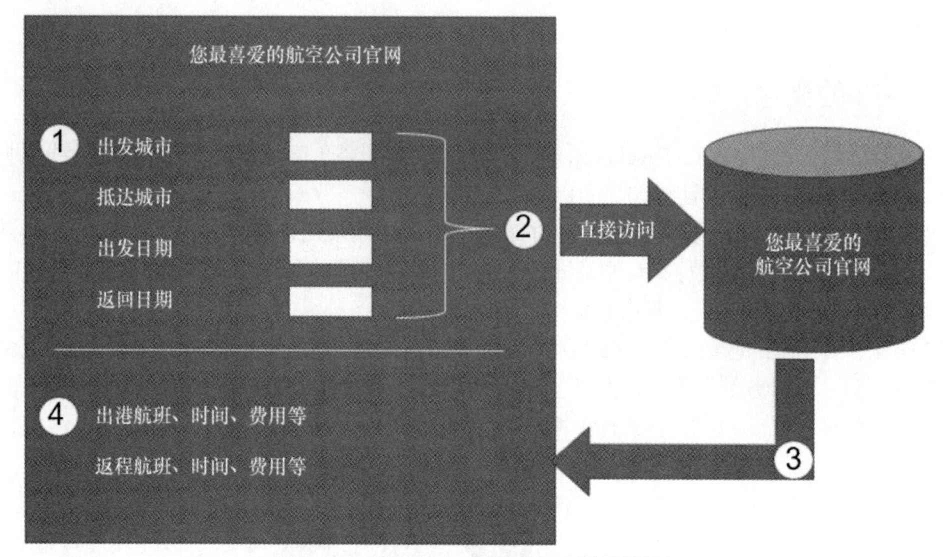

图 14-3　通过航空公司的网站进行预订

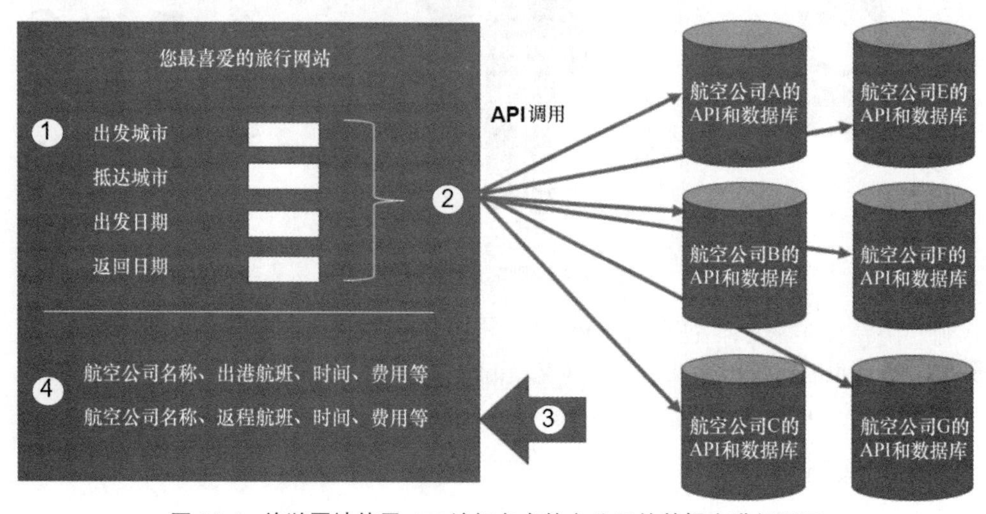

图 14-4　旅游网站使用 API 访问各家航空公司的数据库进行预订

14.3.3　开放 API、内部 API 和合作伙伴 API

在开发 API 时，必须要考虑开放 API、内部 API 和合作伙伴 API 之间的区别，如图 14-5 所示。

- **开放 API 或公共 API**：这些 API 是公开可用的，且没有任何使用限制。国际空间站 API 就是一个公共 API。由于这些 API 是公共的，因此很多 API 提供方（比如谷歌地图）会要求用户先获取一个免费的密钥或令牌，之后才能使用这个 API。这样做有助于 API 提供方控制它们接收和处理的 API 请求的数量。
- **内部 API 或私有 API**：这些 API 由组织机构或公司用于访问数据和服务，且仅供内部使用。比如，允许通过授权的销售人员通过他们的移动设备来访问内部销售数据的 API 就是内部 API。
- **合作伙伴 API**：这些 API 在公司及其业务合作伙伴或承包商之间使用，以促进相互之间的业务合作。业务合作伙伴必须拥有许可证或其他形式的许可，才能使用这些 API。使用航空公司 API 的旅游服务就是合作伙伴 API 的一个示例。

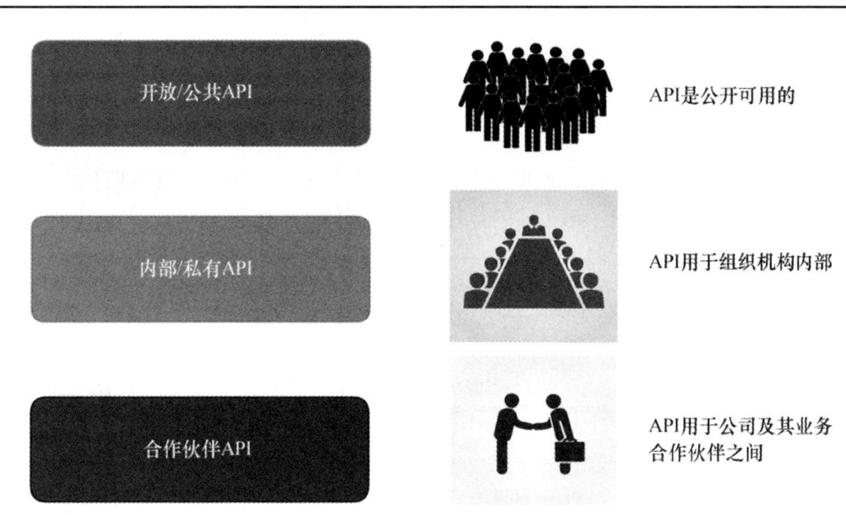

图 14-5 开放 API、内部 API 和合作伙伴 API

14.3.4 Web 服务 API 的类型

Web 服务是指在互联网上使用万维网提供的服务。Web 服务 API 分为以下 4 类：

- 简单对象访问协议（SOAP）；
- 表述性状态转移（REST）；
- 可扩展标记语言—远程过程调用（XML-RPC）；
- JavaScript 对象表示法—远程过程调用（JSON-RPC）。

表 14-1 列出了这些 Web 服务 API 的一些特征。

表 14-1 Web 服务 API 的特征

特征	SOAP	REST	XML-RPC	JSON-RPC
数据格式	XML	JSON、XML、YAML 等	XML	JSON
首次发布时间	1998 年	2000 年	1998 年	2005 年
优势	已具规模	格式灵活且使用最为广泛	已具规模且简单	简单

SOAP 是一种用来交换 XML 格式信息的消息传输协议，通常用在 HTTP 或简单邮件传输协议（SMTP）中。SOAP 是微软公司于 1998 年设计的，SOAP API 被认为解析速度慢、复杂且僵化。SOAP API 的缺点推动了一个更为简单的 REST API 框架的开发，这个框架不需要 XML。REST 使用 HTTP，更简单，也比 SOAP 更易用。REST 指的是一种软件架构风格，由于其性能、可扩展性、简易性和可靠性而广受欢迎。

REST 是应用最为广泛的 Web 服务 API，在所有使用的 API 类型中占据 80%以上。本章后文将进一步介绍 REST。

借助于 RPC，一个系统可以请求另外一个系统执行一些代码并返回信息。这样一来，就无须了解网络的细节。RPC 的工作原理很像 REST API，但是在格式和灵活性上存在差异。XML-RPC 是在 SOAP 之前开发的协议，后来演变为 SOAP。JSON-RPC 是一个非常简单的协议，类似于 XML-RPC。

14.4 REST

在本节中，您将了解 REST 如何实现计算机与计算机的通信。

14.4.1 REST 和 RESTful API

Web 浏览器使用 HTTP 或 HTTPS 请求（GET）一个网页。如果请求成功（HTTP 状态代码为 200），Web 服务器会对这个 GET 请求做出响应，它会返回一个 HTML 编码的网页，如图 14-6 所示。

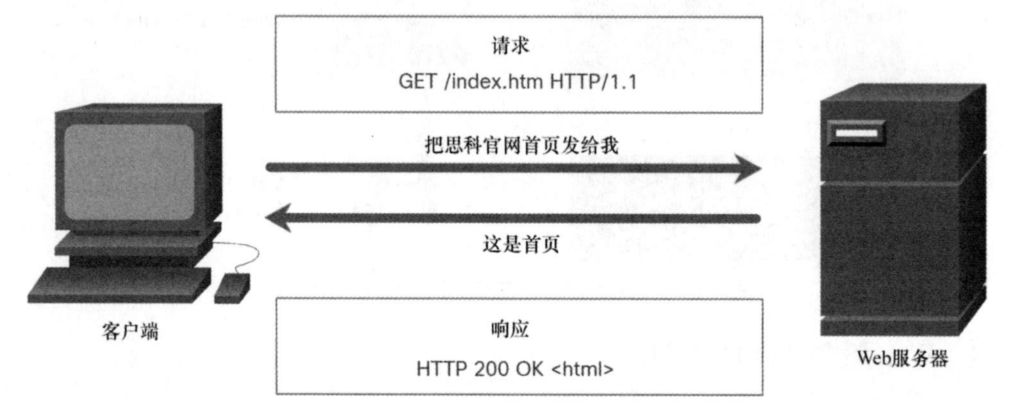

图 14-6 HTTP GET 请求示例

REST 是一种用来设计 Web 服务应用的架构风格。这种架构风格有很多基本特征，并可以控制客户端和服务器的行为。简单来说，REST API 是工作在 HTTP 协议之上的一种 API。它定义了一组功能，开发人员可以通过 HTTP（比如 GET 和 POST）来使用这些功能执行请求和接收响应。

符合 REST 架构的约束通常称为 RESTful。当 API 具有以下特性时，就可以认为它是 RESTful 的。

- **客户端/服务器**：客户端负责处理前端，服务器负责处理后端。两种角色可以相互转换。
- **无状态**：在请求期间，服务器上不储存任何客户端数据。会话状态储存在客户端上。
- **可缓存**：客户端可以缓存响应，以提升性能。

14.4.2 RESTful 的实现

RESTful Web 服务是使用 HTTP 实现的。它是一个资源集合并拥有以下 4 个方面的定义。

- Web 服务的基本 URI（通用资源标识符），比如 http://example.com/resources/。
- Web 服务所支持的数据格式。通常是 JSON、YAML 或 XML，但也可以是其他有效的超文本标准的数据格式。
- Web 服务使用 HTTP 方法所支持的一组操作。
- API 由超文本进行驱动。

RESTful API 使用了多种常见的 HTTP 方法，其中包括 POST、GET、PUT/PATCH 和 DELETE。如表 14-2 所示，上述方法对应着以下 RESTful 操作：创建、读取、更新和删除（或 CRUD）。

表 14-2 HTTP 方法和 RESTful 操作

HTTP 方法	RESTful 操作
POST	创建
GET	读取
PUT/PATCH	更新
DELETE	删除

在图 14-7 中，HTTP 的请求要求使用 JSON 格式的数据。如果根据 API 文档成功地构建了该请求，那么服务器就会以 JSON 数据进行响应。客户端的 Web 应用可以使用这个 JSON 数据来显示数据。比如，智能手机上的地图 App 可以显示加利福尼亚州圣何塞的位置。

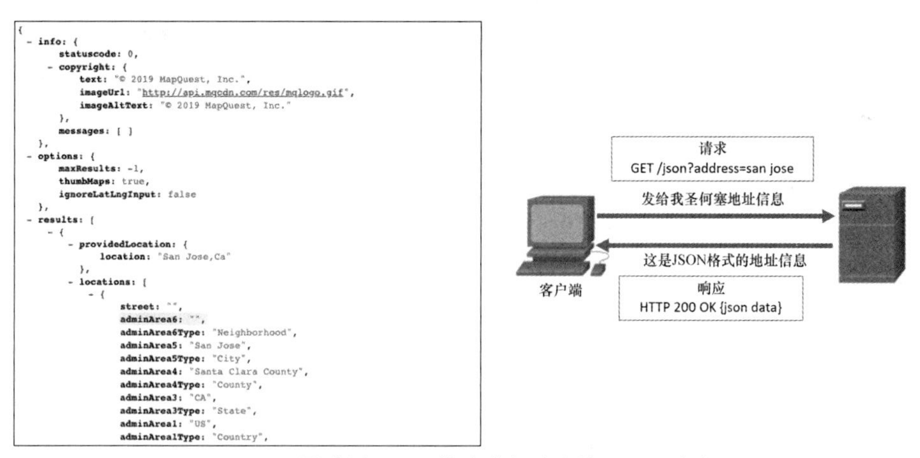

图 14-7　要求以 JSON 格式进行响应的 HTTP 请求

14.4.3　URI、URN 和 URL

Web 资源和 Web 服务（比如 RESTful API）是使用统一资源标识符（URI）进行标识的。URI 是一个字符串，它标识了一个特定的网络资源。在图 14-8 中可以看到，URI 有两个特殊形态。

- **统一资源名称（URN）**：仅标识资源（网页、文档、图片等）的命名空间，不涉及协议。
- **统一资源定位符（URL）**：定义了网络上特定资源的网络位置。HTTP URL 或 HTTPS URL 通常是在 Web 浏览器中使用的。其他协议，比如 FTP、SFTP、SSH，也可以使用 URL。使用 SFTP 的 URL 看起来是这样的：sftp://sftp.example.com。

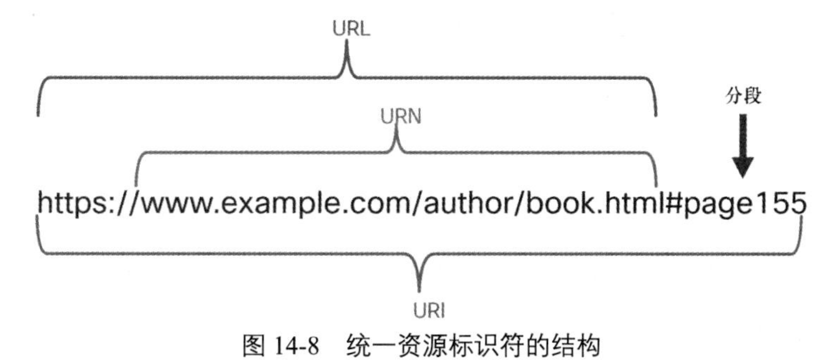

图 14-8　统一资源标识符的结构

URI 的构成部分如下所示。

- **协议/方案**：HTTPS 或其他协议，比如 FTP、SFTP、mailto 和 NNTP。
- **主机名**：www.example.com。
- **路径和文件名**：/author/book.html。
- **分段**：#page155。

14.4.4　RESTful 请求的解析

在 RESTful Web 服务中，对资源 URI 发出的请求会引起一个响应。响应的内容通常是一个 JSON

格式的负载，但也可以是 HTML、XML 或其他格式。图 14-9 所示为 MapQuest 导航 API 的 URI。这个 API 请求的导航路线是从加利福尼亚州圣何塞去往加利福尼亚州蒙特雷。

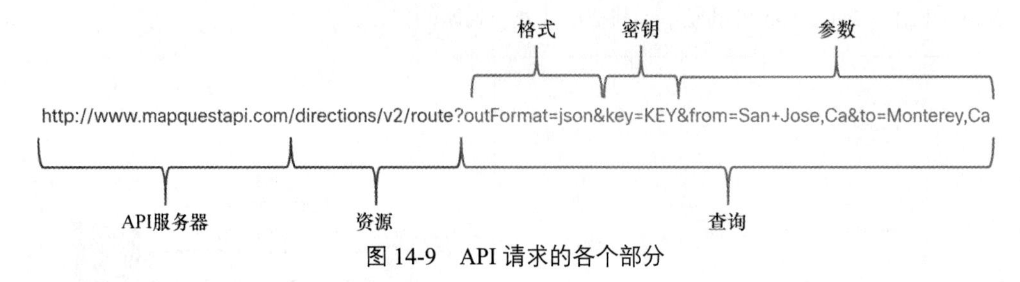

图 14-9　API 请求的各个部分

图 14-10 所示为 API 响应的各个部分。在该例中，MapQuest 使用 JSON 格式显示出从圣何塞到蒙特雷的路线。


```
{
  - route: {
        hasTollRoad: false,
        hasBridge: true,
      - boundingBox: {
          - lr: {
                lng: -121.667061,
                lat: 36.596809
            },
          - ul: {
                lng: -121.897125,
                lat: 37.335358
            }
        },
        distance: 71.712,
        hasTimedRestriction: false,
        hasTunnel: false,
        hasHighway: true,
        computedWaypoints: [ ],
      - routeError: {
            errorCode: -400,
            message: ""
        },
        formattedTime: "01:12:59",
        sessionId: "5celebf7-017f-5f21-02b4-1a7b-06b08100f026",
        hasAccessRestriction: false,
        realTime: 4378,
        hasSeasonalClosure: false,
        hasCountryCross: false,
        fuelUsed: 3.29,
      - legs: [
          - {
                hasTollRoad: false,
                hasBridge: true,
                destNarrative: "Proceed to MONTEREY, CA.",
                distance: 71.712,
```


图 14-10　从 API 请求接收到的部分 JSON 格式的内容

API 请求包含以下不同的部分。

- **API 服务器**：这是负责回答 REST 请求的服务器的 URL。在本例中是 MapQuest API 服务器。
- **资源**：指定正在请求的 API。在本例中是 MapQuest 导航 API。
- **查询**：指定客户端向 API 服务请求的数据格式和信息。在查询中可以包含下述信息。
  - **格式**：通常是 JSON，但也可以是 YAML 或 XML。在本例中是 JSON。
  - **密钥**：密钥用于授权（如果需要的话）。MapQuest 为其导航 API 请求一个密钥。在图 14-9 所示的 URI 中，需要把 KEY 替换成有效的密钥，这样才可以提交有效的请求。
  - **参数**：参数用来发送与请求相关的信息。在本例中，查询参数中包含 API 所需的导航信息（“from=San+Jose,Ca”和“to=Monterey,Ca”），这样 API 才会知道该返回什么导航信息。

RESTful API（包括公共 API）可能需要密钥。密钥用来标识请求的来源。API 提供方需要密钥的理由如下所示：

- 对请求的来源进行验证，确保它有权限使用这个 API；
- 限制使用这个 API 的人数；
- 限制每个用户的请求数；
- 为了更好地捕获并追踪用户请求的数据；
- 收集使用这个 API 的个人信息。

注 意　MapQuest API 需要一个密钥。使用搜索参数 developer.mapquest 在互联网上搜索 URL，可以获取 MapQuest 密钥。也可以在互联网上搜索当前的 MapQuest 隐私政策。

14.4.5 RESTful API 应用

很多站点和应用都使用 API 来访问信息，并为它们的客户提供服务。例如，提供旅游服务的网站会使用各个航空公司的 API，向用户提供航空公司、酒店和其他信息。

有些 RESTful API 请求可以通过在浏览器中输入 URI 来发起。MapQuest 导航 API 就是一个很好的例子。也有一些其他方式可以发起 RESTful API 请求，请见下文。

开发人员网站

开发人员经常维护包含 API、参数信息和使用示例的网站。这些网站还允许用户通过输入参数和其他信息在开发人员页面内执行 API 请求。

Postman

Postman 是一个用来测试和使用 REST API 的应用。它可以作为浏览器应用，也可以独立安装。它包含了构建和发送 REST API 请求所需的一切信息，包括输入查询参数和密钥。Postman 允许您收集经常使用的 API 调用，并将其保存在历史记录或集合中。Postman 是一个出色的工具，可以用来学习如何构造 API 请求，以及用来分析从 API 返回的数据。

Python

可以从 Python 程序中调用 API。这样可以实现 API 的自动化、自定义和应用集成。

网络操作系统

通过使用 NETCONF（用于处理网络配置）和 RESTCONF 等协议，网络操作系统开始提供一种替代的方法进行配置、监控和管理。例 14-12 中的输出是用户通过命令行建立 NETCONF 会话后，路由器所做的典型响应。

例 14-12　NETCONF Hello 消息

```
$ ssh admin@192.168.0.1 -p 830 -s netconf
admin@192.168.0.1's password:
<hello xmlns="urn:ietf:params:xml:ns:netconf:base:1.0">
<capabilities>
  <capability>urn:ietf:params:netconf:base:1.1</capability>
  <capability>urn:ietf:params:netconf:capability:candidate:1.0</capability>
  <capability>urn:ietf:params:xml:ns:yang:ietf-netconf-monitoring</capability>
  <capability>urn:ietf:params:xml:ns:yang:ietf-interfaces</capability>
  [output omitted and edited for clarity]
```

```
    </capabilities>
    <session-id>19150</session-id></hello>
```

但是，使用命令行并不能实现网络的自动化。网络管理员可以使用 Python 脚本或其他自动化工具（例如思科 DNA Center），以编程的方式与路由器进行交互。

14.5　配置管理工具

本节对 Puppet、Chef、Ansible 和 SaltStack 配置管理工具进行了对比。

14.5.1　传统的网络配置

路由器、交换机和防火墙等网络设备通常由网络管理员使用 CLI 进行配置，如图 14-11 所示。

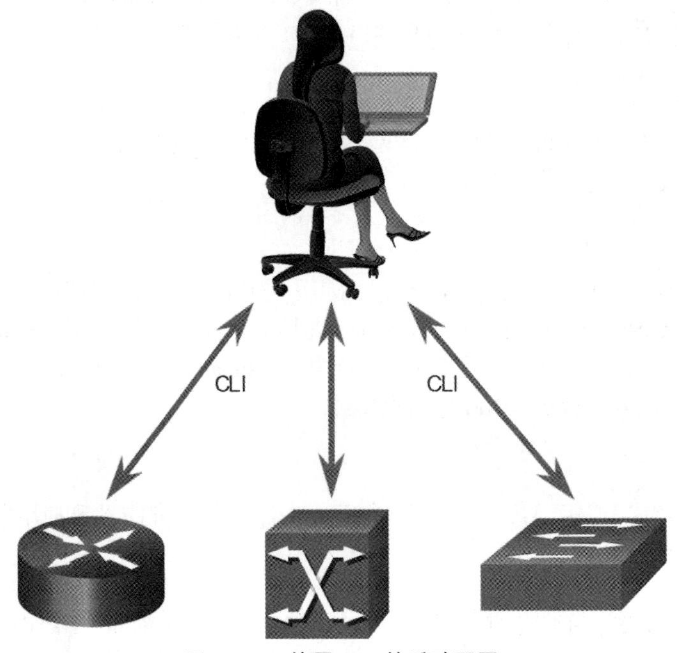

图 14-11　使用 CLI 的手动配置

每当需要变更或增加新功能时，都必须在所有相关的设备上手动输入必要的配置命令。在很多情况下，这种做法不仅耗时，而且容易出错。在大型网络或更为复杂的配置环境中，这成为一个主要的问题。

简单网络管理协议（SNMP）旨在让管理员管理 IP 网络上的各个节点，例如服务器、工作站、路由器、交换机和安全设备。通过使用图 14-12 所示的网络管理站（NMS）和 SNMP，网络管理员能够监控和管理网络性能、查找和解决网络问题，以及执行统计查询。

SNMP 可以很好地执行设备监控，但出于安全性和实现难度的考虑，通常不使用 SNMP 执行设备配置。尽管 SNMP 的部署相当广泛，但它不能充当当今网络的自动化工具。

还可以使用 API 来自动化地部署和管理网络资源。网络管理员不必手动配置端口、访问列表、服务质量（QoS）和负载均衡策略，而可以使用工具来实现自动配置。这些工具与网络 API 挂钩，以自动执行常规的网络调配任务，从而让管理员选择并部署所需的网络服务。这些自动化工具能够显著减少许多重复性的和单调的任务，让网络管理员腾出时间来处理更重要的事情。

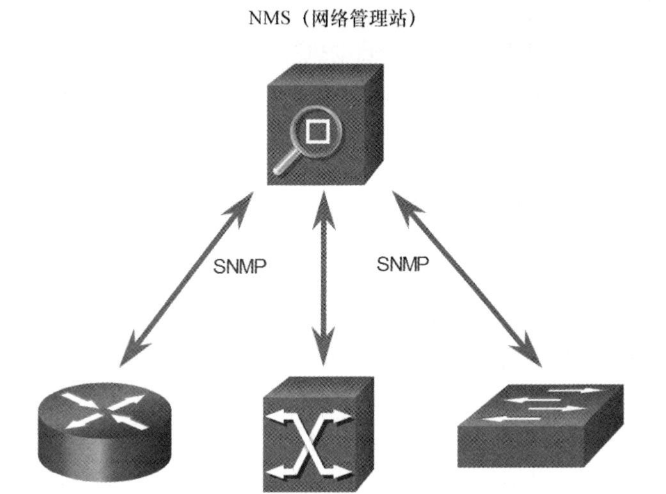

图 14-12 通过 SNMP NMS 配置设备

14.5.2 网络自动化

以前，一位网络管理员只需要管理几十台网络设备，现在，在软件的帮助下，一位网络管理员能够部署和管理成百上千，甚至上万台复杂的网络设备（包括物理设备和虚拟设备）。这种转变始于数据中心，并正在蔓延到网络中的所有地方。网络管理员可以采用各种不同的新方法对网络执行自动化监控、管理和配置。在图 14-13 中可以看到，与之相关的协议和技术包括 REST、Ansible、Puppet、Chef、Python、JSON 和 XML 等。

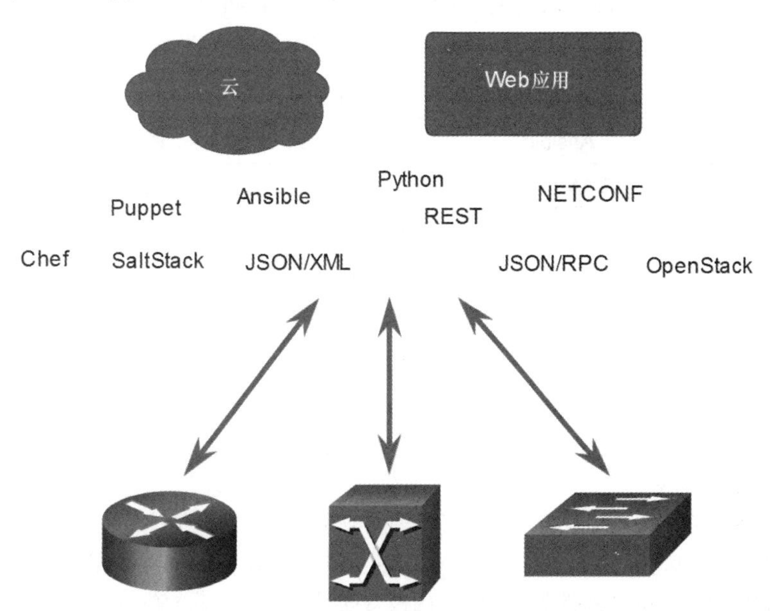

图 14-13 用于网络配置自动化的协议和技术

14.5.3 配置管理工具

配置管理工具会使用RESTful API请求来自动执行任务，这种自动化操作可以扩展到数千台设备上。配置管理工具有助于保持系统或网络特征的一致性。借助于自动化，网络管理员可以在网络的下述方面受益：

- 软件和版本控制；
- 设备属性，比如名称、编址和安全性；
- 协议配置；
- ACL配置。

配置管理工具通常包括自动化和编排这两个功能。自动化是指工具在系统上自动执行任务，比如配置接口或部署VLAN。编排是指设定所有这些自动化活动应该如何执行的过程，例如这些活动必须完成的顺序、在开始另一项任务之前必须完成的内容等。编排涉及对自动化任务进行安排，从而形成一个协调的过程或工作流。

可用于简化配置管理的工具如下所示：

- Ansible；
- Chef；
- Puppet；
- SaltStack。

所有这些工具都旨在减少与配置和维护相关的复杂性和时间，尤其是在拥有数百台甚至数千台设备的大型网络架构中。这些工具也可以为较小的网络带来好处。

14.5.4 比较Ansible、Chef、Puppet和SaltStack

Ansible、Chef、Puppet和SaltStack都附带了用于配置RESTful API请求的API文档。它们都支持JSON、YAML，以及其他数据格式。表14-3比较了Ansible、Chef、Puppet和SaltStack配置管理工具的主要特征。

表14-3 配置管理工具的特性

特征	Ansible	Chef	Puppet	SaltStack
支持的编程语言	Python和YAML	Ruby	Ruby	Python
基于代理或无代理	无代理	基于代理	都支持	都支持
如何管理设备	任意设备都可以充当“控制器”	Chef主服务器	Puppet 主服务器	Salt主服务器
该工具创建了什么	playbook	cookbook	manifest	pillar

下文对表14-3中比较的特征进行了详细介绍。

- **支持的编程语言**：Ansible和SaltStack是基于Python构建的，而Puppet和Chef是基于Ruby构建的。与Python类似，Ruby也是一款跨平台的开源编程语言。但是，人们通常认为Ruby比Python更难学。
- **基于代理或无代理**：配置管理是基于代理的或无代理的。基于代理的配置管理以拉取（pull）为基础，这意味着被管理设备上的代理会定期与主服务器进行连接，以获取自己的配置信息。配置的变更是在主服务器上完成的，由被管理设备进行拉取和执行。无代理的配置管理以推送（push）为基础：主服务器上会运行一个配置脚本，主服务器连接到被管理设备，并执行脚本中的任务。在上述4个配置工具中，只有Ansible是无代理的。

- **如何管理设备**：执行管理的设备在 Puppet、Chef 和 SaltStack 中被称为主服务器（Master）。由于 Ansible 是无代理的，因此任何计算机都可以成为控制器。
- **该工具创建了什么**：网络管理员使用配置管理工具创建一组需要执行的指令。对于这些指令，每个工具都有自己的名称。例如，在 Ansible 中是 playbook，在 Chef 中是 cookbook。公共工具指定了要应用到设备上的策略或配置。每种设备类型都可能有自己的策略。例如，所有 Linux 服务器可能都具有相同的基本配置和安全策略。

14.6 IBN 和思科 DNA Center

在本节，您将了解思科 DNA Center 如何实现基于意图的网络。

14.6.1 IBN 概述

基于意图的网络（IBN）是下一代网络的新兴行业模型。IBN 以软件定义网络（SDN）为基础，将设计和运营网络的方法从以硬件为中心的手动方法转变为以软件为中心的全自动方法。

网络所要实现的业务目标被表示为意图。IBN 可以捕获业务意图，并使用分析、机器学习和自动化功能持续动态地调整网络，以适应业务需求的变化。

IBN 捕获网络意图，并将其转化为可以在整个网络中自动执行并一致应用的策略。

思科认为 IBN 具有 3 个基本功能：转化（translation）、激活（activation）和网络状态感知（assurance）。这些功能会与底层物理和虚拟基础设施进行交互，如图 14-14 所示。

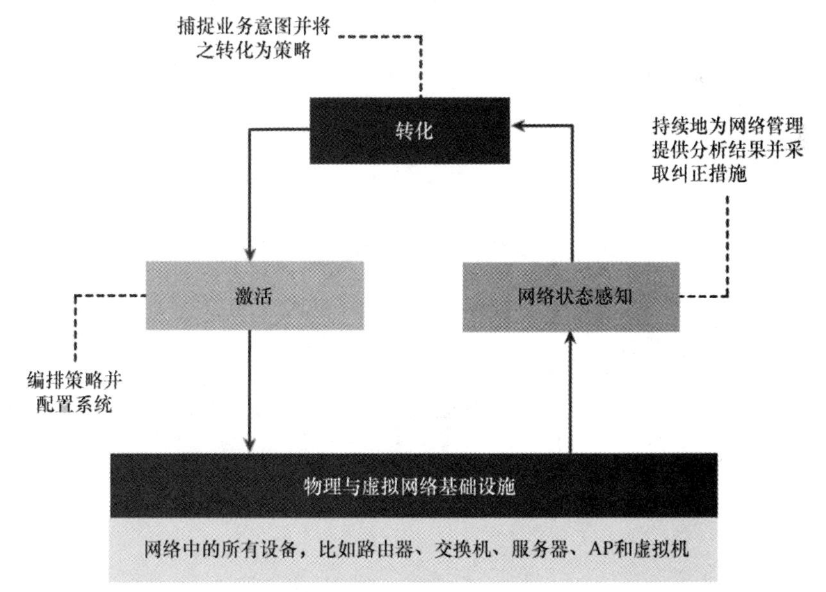

图 14-14 IBN 的流程图

14.6.2 网络基础设施即矩阵

从 IBN 的角度来看，物理和虚拟网络基础设施是一个矩阵（fabric）。fabric 这个术语描述的是一个 overlay 网络，overlay 网络表示的是一个逻辑拓扑，该拓扑用于虚拟地连接设备，如图 14-15 所示。

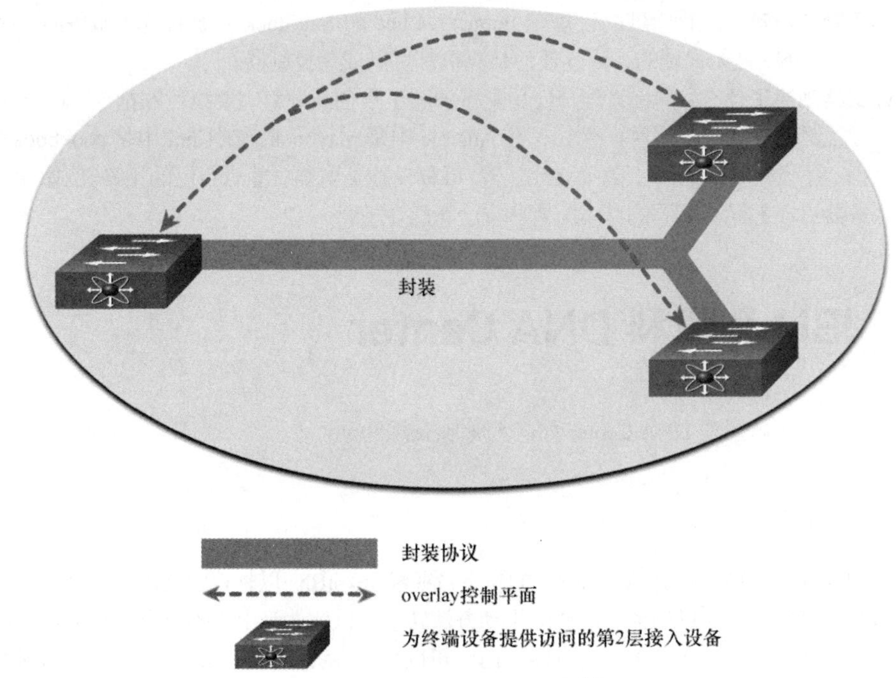

图 14-15 fabric overlay 示例

overlay 网络对网络管理员必须编程的设备数量进行了限制。它还提供了不受底层物理设备控制的服务和其他转发方法。例如，在 overlay 网络上，可以使用封装协议（比如 IPSec）和无线接入点控制和配置协议（CAPWAP）。通过使用 IBN 解决方案，网络管理员可以通过策略精确地指定 overlay 控制平面中发生的事情。需要注意的是，交换机的物理连接方式并不是 overlay 需要考虑的内容。

underlay 网络是一个物理拓扑，它包含了满足业务目标所需的所有硬件。underlay 网络中显示了其他设备，并指定了这些设备的连接方式，如图 14-16 所示。

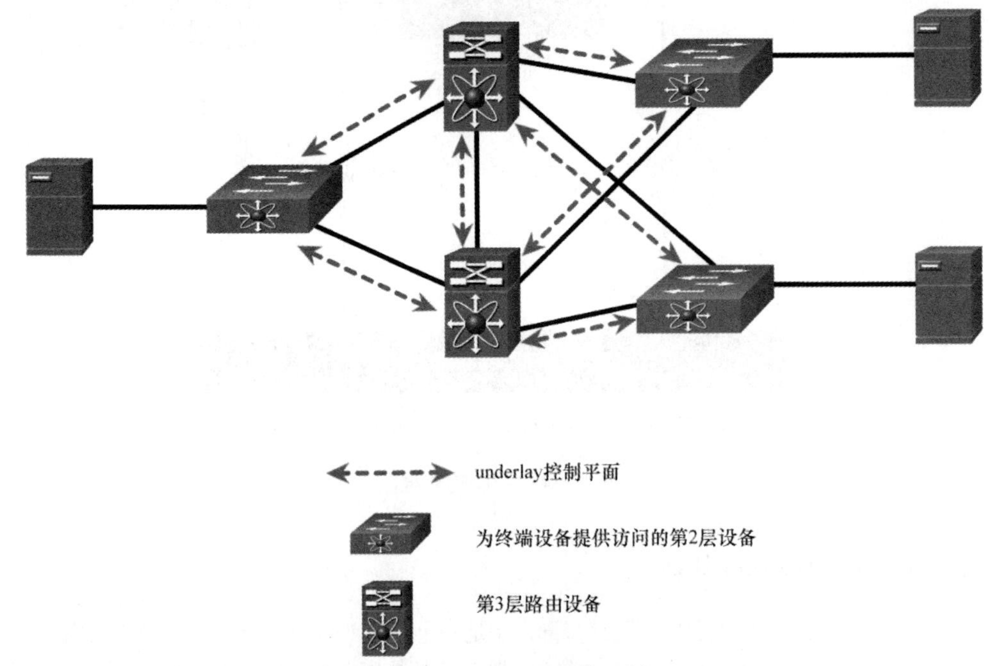

图 14-16 underlay 网络示例

端点（例如图 14-16 中的服务器）通过第 2 层设备接入网络。underlay 控制平面负责简单的转发任务。

14.6.3 思科数字网络架构（DNA）

思科通过使用思科 DNA 来实施 IBN 矩阵。如图 14-17 所示，业务意图已经安全地部署在网络基础设施（fabric）中。

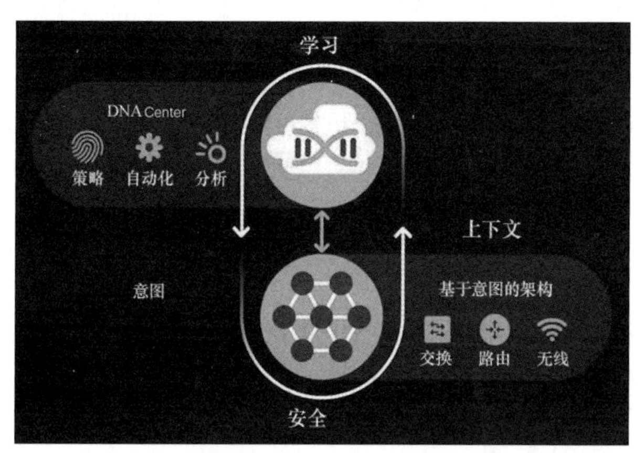

图 14-17 在思科 DNA Center 中实施的业务意图

思科 DNA 随后不断从众多来源（设备和应用）收集数据，以提供丰富的信息背景。可以对这些信息进行分析，以确保网络以最佳的水平安全运行，并且符合业务意图和网络策略。

思科 DNA 是一个不断学习和调整以支持业务需求的系统。表 14-4 中列出了一部分思科 DNA 产品和解决方案。

表 14-4 思科 DNA 解决方案的描述和优势

思科 DNA 解决方案	描述	优势
SD-Access	■ 第一个使用思科 DNA 构建的基于意图的企业网络解决方案 ■ 使用单一的网络矩阵在 LAN 和 WLAN 上创建一致且高度安全的用户体验 ■ 对用户、设备和应用流量进行分段，并自动执行用户访问策略，以便为网络上的任何用户或设备以及任何应用建立正确的策略	■ 允许用户或设备在几分钟内访问任何应用，而不影响安全性
SD-WAN	■ 使用安全的云交付架构来集中管理 WAN 连接 ■ 简化并加速安全、灵活和丰富的 WAN 服务的交付工作，以连接数据中心、分支机构、园区和托管设施	■ 为驻留在本地或云中的应用提供更好的用户体验 ■ 通过更轻松的部署和传输的独立性实现了更大的敏捷性并节省成本
思科 DNA 网络状态感知	■ 用于故障排除并提高 IT 生产力 ■ 使用高级分析和机器学习来提高性能、问题解决的能力和预测能力，以确保网络性能 ■ 为需要注意的网络情况提供实时通知	■ 允许管理员确定根本原因，并提供建议的补救措施，以便更快速地进行故障排除 ■ 提供了一个简单易用的仪表板，并在其上提供了分析和深入挖掘功能 ■ 通过机器学习不断提高网络智能，以便实现预测问题于未然

续表

思科 DNA 解决方案	描述	优势
思科 DNA 安全	■ 通过把网络当作传感器来进行实时分析和情报收集，提供了可视性 ■ 提供更细粒度的控制，以强制执行策略并遏制整个网络中的威胁	■ 能够降低风险并保护组织机构免受威胁，即使是来自加密流量的威胁 ■ 通过实时分析提供 360°的可视性，实现网络的深度智能 ■ 通过端到端的安全性来降低复杂性

这些解决方案并非互斥的。例如，一个组织机构可以实施表 14-4 中列出的所有 4 种解决方案。在这些解决方案中，有许多都是使用思科 DNA Center 实现的，它提供了用于管理企业网络的软件仪表板。

14.6.4　思科 DNA Center

思科 DNA Center 是位于思科 DNA 心脏位置的基础控制器和分析平台。它支持多个用例的意图表达，包括基本自动化功能、矩阵部署，以及企业网络中基于策略的分段。思科 DNA Center 是网络管理和命令中心，用于调配和配置网络设备。它是一个硬件和软件平台，具有单一界面，专注于网络状态感知、分析和自动化。

DNA Center 的启动页面为您提供了总体健康状况汇总和网络快照，如图 14-18 所示。网络管理员可以通过该页面快速深入到自己感兴趣的领域中。

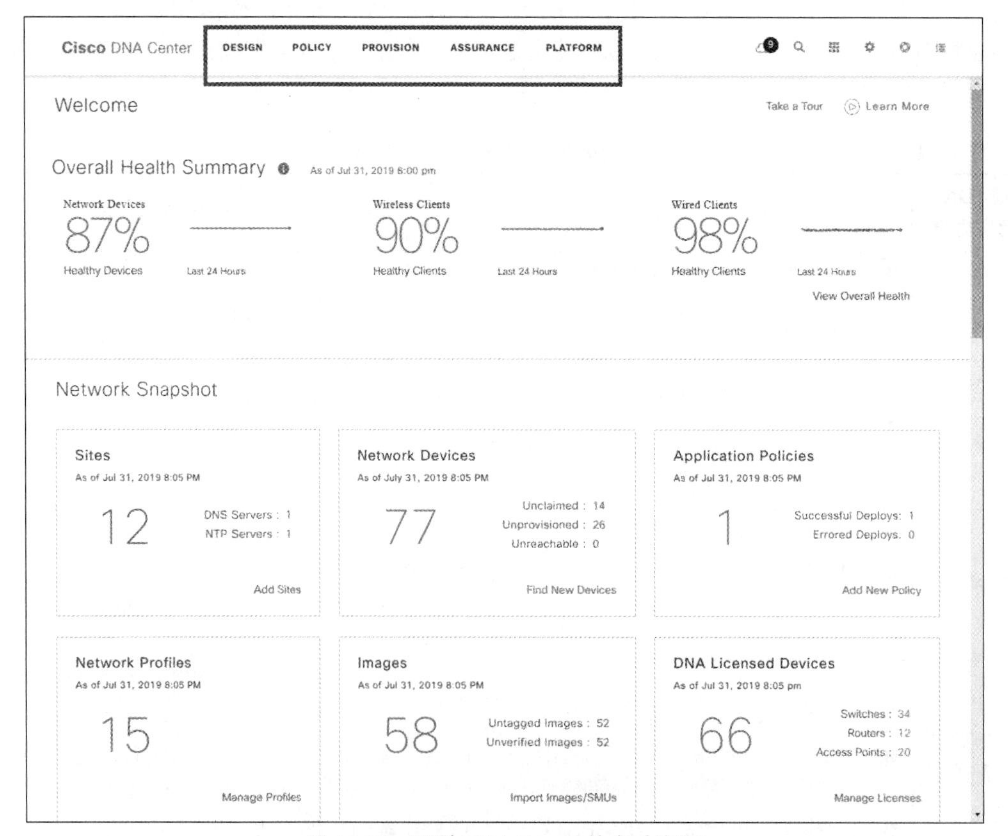

图 14-18　思科 DNA Center 的启动页面

位于 DNA Center 顶部的菜单提供了对 5 个主要区域的访问。

- **DESIGN（设计）**：在园区网络、分支网络、WAN 和云上对整个网络（从站点和建筑物到设备和链路）进行建模。
- **POLICY（策略）**：使用策略对网络管理进行简化和自动化，以降低成本和风险，同时加快新服务和增强服务的推出。
- **PROVISION（配置）**：无论网络大小和规模如何，都可以在企业网络上轻松、迅速且安全地为用户提供新服务。
- **ASSURANCE（网络状态感知）**：使用主动监测功能，并结合从网络、设备和应用中获取的洞察力，更快地预测问题，并且确保策略和配置的变更达到了您想要的业务意图和用户体验。
- **PLATFORM（平台）**：使用 API 与您首选的 IT 系统集成，从而建立端到端的解决方案，并为多厂商设备提供支持。

14.7 总结

自动化概述

自动化是指一种自我驱动的过程，它可以减少并最终消除对人工干预的需求。只要设备能够基于外部信息来采取行动，那么这个设备就称为智能设备。为了使设备能够进行“思考”，需要使用网络自动化工具对设备进行编程。

数据格式

数据格式提供了一种以结构化的格式来存储和交换数据的方法。HTML（超文本标记语言）就是这样的一种数据格式。在许多应用（包括网络自动化和网络可编程）中使用的常见格式有 JavaScript 对象表示法（JSON）、可扩展标记语言（XML）和 YAML。数据格式的规则和结构与编程语言和书面语言中的类似。

API

API 是一组规则，描述了一个应用如何与其他应用进行交互，并且提供了如何进行交互的指导。开放 API 或公共 API 是公开可用的。内部 API 或私有 API 且仅供组织内部使用。合作伙伴 API 在公司及其业务合作伙伴之间使用。Web 服务 API 有 4 种类型：简单对象访问协议（SOAP）、表述性状态转移（REST）、可扩展标记语言—远程过程调用（XML-RPC）、JavaScript 对象表示法—远程过程调用（JSON-RPC）。

REST

REST 定义了一组功能，开发人员可以通过 HTTP（比如 GET 和 POST）来使用这些功能执行请求和接收响应。符合 REST 架构的约束通常称为 RESTful。RESTful API 使用了多种常见的 HTTP 方法，其中包括 POST、GET、PUT、PATCH 和 DELETE。这些方法对应着以下 RESTful 操作：创建、读取、更新和删除（或 CRUD）。Web 资源和 Web 服务（比如 RESTful API）是使用统一资源标识符（URI）进行标识的。URI 有两个特殊形态：统一资源名称（URN）和统一资源定位符（URL）。在 RESTful Web 服务中，对资源 URI 发出的请求会引起一个响应。响应的内容通常是一个 JSON 格式的负载。API 请求的不同部分有 API 服务器、资源、查询。查询中可以包含格式、密钥和参数。

配置管理工具

网络管理员可以采用各种不同的新方法对网络执行自动化监控、管理和配置。与之相关的协议和技术包括REST、Ansible、Puppet、Chef、Python、JSON和XML等。配置管理工具会使用RESTful API请求来自动执行任务，这种自动化操作可以扩展到数千台设备上。借助于自动化，网络管理员可以在网络的下述方面受益：软件和版本控制；设备属性，比如名称、编址和安全性；协议配置；ACL配置。配置管理工具通常包括自动化和编排这两个功能。编排涉及对自动化任务进行安排，从而形成一个协调的过程或工作流。Ansible、Chef、Puppet和SaltStack都附带了用于配置RESTful API请求的API文档。

IBN和思科DNA Center

IBN以SDN为基础，它采用以软件为中心的全自动化方法来设计和运营网络。思科认为IBN具有3个基本功能：转化（translation）、激活（activation）和网络状态感知（assurance）。物理和虚拟网络基础设施是一个矩阵（fabric）。fabric描述的是一个overlay网络，overlay网络表示的是一个逻辑拓扑，该拓扑用于虚拟地连接设备。underlay 网络是一个物理拓扑，它包含了满足业务目标所需的所有硬件。思科通过使用思科DNA来实施IBN矩阵。业务意图安全地部署在网络基础设施（fabric）中。思科DNA随后不断从众多来源（设备和应用）收集数据，以提供丰富的信息背景。思科DNA Center是位于思科DNA心脏位置的基础控制器和分析平台。思科DNA Center是网络管理和命令中心，用于调配和配置网络设备。它是一个硬件和软件平台，具有单一界面，专注于网络状态感知、分析和自动化。

复习题

完成这里列出的所有复习题，可以测试您对本章内容的理解。附录列出了答案。

1. 在以下示例中，使用的是哪种数据格式？

```
message: success
timestamp: 1560789260
iss_position:
    latitude: '25.9990'
      longitude: '-132.6992'
```

A. HTML B. JSON
C. XML D. YAML

2. 在以下示例中，使用的是哪种数据格式？

```
{
   "message": "success",
   "timestamp": 1560789260,
   "iss_position": {
            "latitude": "25.9990",
            "longitude": "-132.6992"
   }
}
```

A. HTML B. JSON
C. XML D. YAML

3. RESTful API（比如公共 API）可能需要密钥。该密钥的作用是什么？
   A. 它是 API 查询的顶级对象
   B. 它用于 API 请求对消息进行加密
   C. 它用于验证请求的来源
   D. 它表示 API 请求中的主要查询组件
4. 哪两个配置管理工具是使用 Python 开发出的？（选择两项）
   A. Ansible
   B. Chef
   C. Puppet
   D. RESTCONF
   E. SaltStack
5. 哪个配置管理工具将一组指令组合在 manifest 中？
   A. Ansible
   B. Chef
   C. Puppet
   D. RESTCONF
   E. SaltStack
6. 哪个 RESTful 操作对应于 HTTP POST 方法？
   A. 创建
   B. 删除
   C. 读取
   D. 更新
7. YAML 数据的格式结构与 JSON 有何不同？
   A. YAML 使用方括号和逗号
   B. YAML 使用结束标记
   C. YAML 使用嵌套的层次结构
   D. YAML 使用缩进
8. 哪个配置管理工具将一组指令组合在 playbook 中？
   A. Ansible
   B. Chef
   C. Puppet
   D. RESTCONF
   E. SaltStack
9. 在以下示例中，使用的是哪种数据格式？

```
<root>
  <message>success</message>
  <timestamp>1560789260</timestamp>
  <iss_position>
    <latitude>25.9990</latitude>
    <longitude>-132.6992</longitude>
  </iss_position>
</root>
```

   A. HTML
   B. JSON
   C. XML
   D. YAML
10. HTML 和 XML 的数据格式有什么区别？
    A. HTML 将数据格式化为明文，而 XML 将数据格式化为二进制
    B. HTML 使用预定义标签，而 XML 不使用
    C. HTML 需要为每个键/值对使用缩进，而 XML 则不需要
    D. HTML 使用一对引号将数据括起来，而 XML 使用一对标记将数据括起来
11. 什么是 REST？
    A. 它是一种人类可读的数据格式，应用使用它进行数据的存储、传输和读取
    B. 它是一种允许管理员在 IP 网络上管理节点的协议
    C. 它是一种以结构化的格式存储和交换数据的方法
    D. 它是一种架构风格，用于设计 Web 服务应用

12. 哪个 RESTful 操作对应于 HTTP PUT 方法?
    A. 创建
    B. 删除
    C. 读取
    D. 更新
13. 什么是 JSON?
    A. 它是一种编译型编程语言
    B. 它是一种比 XML 更简单的数据格式
    C. 它是一种脚本语言
    D. 它是 YAML 的超集
14. 下面哪种场景描述了公共 API 的使用?
    A. 它可以没有限制地使用
    B. 它仅在组织机构内使用
    C. 它需要许可证
    D. 它在公司与其业务伙伴之间使用

附录 A
复习题答案

第 1 章

1. B。

解析：每台 OSPF 路由器将不同的网络作为唯一 SPF 树的根。每台路由器根据其在拓扑中的位置建立邻接关系。区域中的每个路由器表都是使用 SPF 算法单独计算出来的。但是，一个区域的链路状态数据库必须反映所有路由器的相同信息。无论路由器在哪个 OSPF 区域中，邻接数据库、路由表和转发数据库对于每台路由器都是唯一的。链路状态数据库列出了有关区域内所有其他路由器的信息，并且在参与该区域的所有 OSPF 路由器之间都是相同的。

2. B、C、E。

解析：OSPF 路由器上的拓扑表是一个链路状态数据库（LSDB），其中列出了有关网络中所有其他路由器的信息并表示网络拓扑。一个区域内的所有路由器都具有相同的链路状态数据库，可以使用 **show ip ospf database** 命令查看该表。SPF 算法使用 LSDB 为每台路由器生成唯一的路由表，其中包含已知网络中开销最低的路由条目。

3. A。

解析：邻接数据库用于创建 OSPF 邻居表。链路状态数据库用于创建拓扑表。转发数据库用于创建路由表。

4. A。

解析：OSPF Hello 数据包具有 3 个主要功能：发现 OSPF 邻居并建立邻接关系；通告 OSPF 邻居必须协商一致的参数；在必要时选举 DR 和 BDR。

5. E。

解析：链路状态更新（LSU）数据包包含不同类型的链路状态通告（LSA）。LSU 用于回复链路状态请求（LSR）并通告新信息。

6. B、E。

解析：OSPF 路由器 ID 不会参与 SPF 算法的计算，也不会促进 OSPF 邻居状态向 Full 的转换。尽管在建立路由器邻接关系时，路由器 ID 包含在 OSPF 消息中，但它与收敛过程无关。

7. B。

解析：一个多区域 OSPF 网络需要分层的网络设计（具有两个分层）。主区域称为骨干区域，所有其他区域都必须连接到主区域。

8. D、F。

解析：多区域 OSPF 网络可提高大型网络中的路由性能和效率。由于网络被划分为较小的区域，因此每台路由器都维护着较小的路由表，因为区域之间的路由可以汇总。同样，更新的路由越少，意味着交换的 LSA 越少，从而减少了对 CPU 资源的需求。对于多区域 OSPF 网络，同时运行多个路由协议并同时实现 IPv4 和 IPv6 并不是主要考虑因素。使用多区域 OSPF，只有一个区域内的路由器共享相同的链路状态数据库。一个区域中网络拓扑的更改不会影响其他区域，这可以减少 SPF 算法的计算量和链路状态数据库的数量。

9. A。

解析： **show ip ospf database** 命令用于验证 LSDB 的内容。**show ip ospf interface** 命令用于验证启用 OSPF 的接口的配置信息。**show ip ospf neighbor** 命令用于收集有关 OSPF 邻居路由器的信息。**show ip route ospf** 命令显示路由表中与 OSPF 相关的信息。

10. D。

解析： OSPF 支持区域的概念，以防止出现较大的路由表、过多的 SPF 计算和较大的 LSDB。只有区域内的路由器才能共享链路状态信息，这使得 OSPF 能够以分层方式扩展所有连接到骨干区域的区域。

11. D。

解析： OSPF 的操作步骤包括建立邻居邻接关系、交换链路状态通告、构建拓扑表、执行 SPF 算法，以及选择最佳路由。

12. A。

解析： 类型 2 数据库描述（DBD）数据包包含发送路由器的 LSDB 的缩略表，并由接收路由器用来与本地 LSDB 进行对比。在一个区域内的所有链路状态路由器上，LSDB 必须相同，以构建准确的 SPF 树。

13. A、D、F。

解析： OSPF 操作通过 7 个状态运行，涉及建立邻居路由器邻接关系、交换路由信息、计算最佳路由、达到收敛。Down、Init 和 Two-Way 状态与建立邻居路由器的邻接关系有关。

14. B。

解析： 当路由器通过公共以太网网络互连时，必须选举指定路由器（DR）和备用 DR（BDR）。

15. D。

解析： 在满足给定路由器的所有 LSR 之后，相邻路由器将被视为已同步并处于 Full 状态。仅在以下情况下将更新（LSU）发送给邻居：

- 当检测到网络拓扑更改时（增量更新）；
- 每 30min。

第 2 章

1. B。

解析： 在思科路由器上，默认的 Dead 间隔是 Hello 间隔的 4 倍，在本例中该计时器已过期。SPF 不能确定邻居路由器的状态，它可以确定哪些路由成为路由表条目。DR/DBR 的选举并不总是自动运行的，它取决于网络的类型以及停止运行的路由器是 DR 还是 BDR。

2. A。

解析： 在选举 DR 时，OSPF 优先级最高的路由器将成为 DR。如果所有路由器都具有相同的优先级，则具有最高路由器 ID 的路由器将被选举为 DR。

3. A。

解析： 通配符掩码可以通过从 255.255.255.255 中减去子网掩码来找到。

4. C。

解析： 尽管可以使用 **show ip interface brief** 和 **ping** 命令来确定是否存在第 1、2 和 3 层连接，但是这两个命令都不能用于确定是否建立了 OSPF 或 EIGRP 发起的特定关系。**show ip protocol** 命令可用于确定路由参数，例如计时器、路由器 ID，以及与特定路由协议相关的度量信息。**show ip ospf neighbor** 命令显示两台相邻路由器是否交换了 OSPF 消息以形成邻居关系。

5. C。

解析：show ip ospf interface 命令可验证活动的 OSPF 接口。**show ip interface brief** 命令用于检查接口是否正常运行。**show ip route ospf** 命令显示路由表中通过 OSPF 学到的条目。**show ip protocol** 命令检查 OSPF 是否已启用，并列出通告的网络。

6. C。

解析：show ip ospf interface serial 0/0/0 命令显示两个 OSPFv2 路由器之间的点对点串行 WAN 链路上已配置的 Hello 和 Dead 计时器间隔。**show ipv6 ospf interface serial 0/0/0** 命令在两个 OSPFv3 路由器之间的点对点串行链路上显示已配置的 Hello 和 Dead 计时器间隔。**show ip ospf interface fastethernet 0/1** 命令可在两个（或多个）OSPFv2 路由器之间的多路访问链路上显示已配置的 Hello 和 Dead 计时器间隔。**show ip ospf neighbor** 命令显示自收到最后一条 Hello 消息以来经过的 Dead 间隔时间，但不显示计时器的配置值。

7. A、B。

解析：show ip ospf interface 命令显示已知的路由表信息。**show ip ospf neighbors** 命令显示相邻 OSPF 路由器上的邻接信息。**show running-configuration** 和 **show ip protocol** 命令显示路由器上 OSPF 配置的各个方面，但不显示邻接状态详情或计时器间隔详情。

8. D。

解析：思科 IOS 会将 Dead 间隔自动修改为 Hello 间隔的 4 倍。

9. A、B。

解析：Hello 数据包中包含的 Hello 和 Dead 间隔计时器在相邻路由器上必须相同，以形成邻接关系。

10. B。

解析：路由器优先级值用于 DR/BDR 选举。所有 OSPF 路由器的默认优先级均为 1，但可以将其手动更改为 0～255 的任何值。

11. A。

解析：OSPF 路由器发送 Hello 数据包以监控邻居的状态。当路由器停止从邻居接收到 Hello 数据包时，该邻居将被视为无法访问，并且邻接关系被破坏。

12. A。

解析：OSPF 路由器 ID 的第一个首选项是显式配置的 32 位地址。该地址不包含在路由表中，也不由 **network** 命令定义。如果通过 **router-id** 命令配置的路由器 ID 不可用，则 OSPF 路由器接下来将使用环回接口上可用的最高 IPv4 地址，因为用作路由器 ID 的环回地址也是不可路由的地址。如果上面这两个选项都没有，则 OSPF 路由器将使用其活动物理接口的最大 IPv4 地址。

13. C。

解析：要只通告 10.1.1.0 网络，**network** 命令中使用的通配符掩码必须与前 24 位完全匹配。另一种配置方法是使用 **network 10.1.1.0 255.255.255.0 area 0** 命令。

14. A。

解析：OSPF 使用公式“开销=100 000 000/带宽”。因为 OSPF 仅使用整数作为开销，所以任何 100Mbit/s 或更高的带宽的开销都等于 1。

15. C。

解析：正确的网络语句是 **network 64.100.1.64 0.0.0.63 area 0**。

16. C、D。

解析：可能有几种原因导致两台运行 OSPF 的路由器无法形成 OSPF 邻接关系，包括子网掩码不匹配、OSPF Hello 或 Dead 定时器不匹配、OSPF 网络类型不匹配，以及 OSPF **network** 命令缺失或不正确。IOS版本不匹配、使用私有IP地址，以及使用不同类型的接口，都不是导致两台路由器之间无法形成OSPF邻接关系的原因。

第3章

1. D。

解析：内部威胁可能是有意或无意的，与外部威胁相比，它可能造成更大的损失，这是因为内部用户可以直接访问内部公司网络和公司数据。

2. B。

解析：网络犯罪分子的动机通常是金钱。众所周知，黑客会窃取身份。网络恐怖分子出于宗教或政治原因而实施网络犯罪。

3. B。

解析：黑客根据动机因素进行分类。激进黑客的动机是抗议政治和社会问题。

4. B。

解析：特洛伊木马恶意软件看起来像是有用的软件，但隐藏了恶意代码。特洛伊木马恶意软件可能会引起恼人的计算机问题，也可能导致致命问题。某些特洛伊木马可以通过互联网进行分发，也可以通过USB记忆棒和其他方式进行分发。专门针对特洛伊木马的恶意软件可能是最难检测到的一些恶意软件。

5. C。

解析：社交工程涉及尝试获得员工的信任，并说服他们泄露机密和敏感信息，例如用户名和密码。DDoS攻击、垃圾邮件和击键记录都是基于软件的安全威胁的示例，而不是社交工程的示例。

6. B。

解析：ping扫描是一种在侦察攻击中用于定位线路IP地址的技术。在此类攻击中可能使用的其他工具包括端口扫描或网络信息查询。侦察攻击用于收集特定网络的信息，通常是为另一种类型的网络攻击做准备。

7. A。

解析：僵尸是构成僵尸网络的受感染计算机。它们用于部署分布式拒绝服务（DDoS）攻击。

8. C。

解析：在使用非对称加密算法时，将使用公钥和私钥进行加密。可以使用任何一个密钥进行加密，但必须使用互补的匹配密钥进行解密。例如，如果使用公共密钥进行加密，则必须使用私有密钥进行解密。

9. C。

解析：通过实施SHA散列生成算法可确保完整性。许多现代网络都确保使用HMAC等协议进行身份验证。通过对称加密算法（包括3DES和AES）即可确保数据机密性，也可以使用非对称算法确保数据机密性。

10. A。

解析：入侵防御系统（IPS）的一个优点是它可以识别并阻止恶意数据包。但是，由于IPS是内联（inline）部署的，因此可能会增加网络延迟。

11. A。

解析：黑帽黑客是不道德的威胁发起者，他们利用自己的技能来破坏计算机和利用网络安全漏洞。他们的目的通常是经济利益或个人利益，甚至具有恶意意图。漏洞经纪人是灰帽黑客，他试图发现漏洞并将漏洞报告给供应商，有时是为了获得奖励或奖金。激进黑客是灰帽黑客，他们通过发布文章或视频、泄露敏感信息并进行网络攻击来公开抗议组织或政府。脚本小子是经验不足的黑客（有时是青少年），他们运行现有的脚本、工具和漏洞利用程序来造成危害，但通常不是不是为了牟利。

12. C。

解析：威胁是对公司资产、数据或网络功能的潜在危险。漏洞利用是一种使用漏洞的机制。漏洞是系统或其设计中的弱点，可以被威胁利用。

13. D。

解析：来源验证可确保消息不是伪造的，并确实来自应该发送该消息的人。数据不可否认性可确保发件人无法否认或反驳所发送消息的有效性。漏洞利用是一种使用漏洞的机制。缓解是一种消除或减少潜在威胁或风险的对策。

14. B。

解析：漏洞利用是一种使用漏洞的机制。威胁是对公司资产、数据或网络功能的潜在危险。漏洞是系统或其设计中的弱点，可以被威胁利用。

15. A。

解析：数据不可否认性可确保发件人无法否认或反驳所发送消息的有效性。漏洞利用是一种使用漏洞的机制。缓解是一种消除或减少潜在威胁或风险的对策。来源验证可确保消息不是伪造的，并确实来自应该发送该消息的人。

第 4 章

1. B、C。

解析：ACL 可以配置为一个简单的防火墙，通过使用基本的流量过滤功能来提供安全性。ACL 通过允许或阻止匹配的数据包进入网络来过滤主机流量。

2. C、D、E。

解析：如果数据包报头中的信息与一条 ACL 语句匹配，则跳过 ACL 中的其余语句，并按照匹配语句的规定，允许或拒绝该数据包。如果数据包的报头与一条 ACL 语句不匹配，则使用 ACL 中的下一个语句对数据包进行测试。该匹配过程将一直持续到 ACL 语句的最后一条。每个 ACL 的末尾都有一个隐含的 **deny any** 语句，该语句适用于未形成匹配的所有数据包，并产生一个 deny 操作。

3. A、D、E。

解析：扩展 ACL 应该放置在尽可能靠近源 IP 地址的位置，以便需要过滤的流量不会进入网络并使用网络资源。由于标准 ACL 没有指定目的地址，因此应将它们放置在尽可能靠近目的的位置。将标准 ACL 放置在靠近源的位置，可能会过滤所有流量并将限制对其他主机的服务。在进入低带宽链接之前对不想要的流量进行过滤，可以保留带宽并支持网络功能。决定放置入向 ACL 还是出向 ACL 取决于要满足的要求。

4. B、E。

解析：标准 ACL 仅根据指定的源 IP 地址过滤流量，扩展 ACL 可以按源或目的、协议或端口进行过滤。标准 ACL 和扩展 ACL 都包含一个隐式的 deny 语句作为最后一条 ACE。标准和扩展 ACL 可以通过名称或数字来标识。

5. A、E。

解析：使用入向 ACL，入向数据包会在路由之前进行处理。使用出向 ACL，数据包先被路由到出向接口，然后再进行处理。因此，从路由器的角度来看，入向处理更为有效。两种类型的 ACL 的结构、过滤方法和限制（即在一个接口上只能配置一个入向 ACL 和一个出向 ACL）相同。

6. D。

解析：当来自多个入向接口的数据包在通过单个出向接口离开时，应该使用出向 ACL。出向 ACL 将应用于单个出向接口。

7. D。

解析：子网 10.16.0.0～10.19.0.0 都共享相同的 14 个高阶位。匹配 14 个高阶位的二进制通配符掩码为 00000000.00000011.11111111.11111111。点分十进制形式的通配符掩码为 0.3.255.255。

8. A。

解析：两种类型的 ACL 是标准 ACL 和扩展 ACL。这两种类型都可以是命名 ACL 或编号 ACL，但是扩展 ACL 提供了更大的灵活性。扩展 ACL 提供最多的选项，因此提供了最多的过滤控制。

9. D。

解析：标准 IPv4 ACL 只能根据源 IP 地址过滤流量。与扩展 ACL 不同，它不能基于第 4 层端口过滤流量。但是，可以使用数字或名称来标识标准 ACL 和扩展 ACL，并且两者均以全局配置模式进行配置。

10. C。

解析：/26 是 255.255.255.192。因此，255.255.255.255–255.255.255.192 = **0.0.0.63**。

第 5 章

1. D。

解析：access-list 110 permit tcp 172.16.0.0 0.0.0.255 any eq 22 ACE 匹配端口 22（用于 SSH）上的流量，且该流量来自网络 172.16.0.0/24，可以去往任何目的地。

2. B、D。

解析：当在 ACL 中使用一个具体的设备 IP 地址时，使用 **host** 关键字。例如，**deny host 192.168.5.5** 命令与 **deny 192.168.5.5 0.0.0.0** 命令相同。**any** 关键字用于允许任何符合条件的掩码。例如，**permit any** 命令与 **permit 0.0.0.0 255.255.255.255** 命令相同。

3. C、D。

解析：扩展 ACL 通常根据源和目的 IPv4 地址以及 TCP 或 UDP 端口号进行过滤。可以为协议类型提供其他过滤。

4. D。

解析：可以使用 **ip access-list** 命令编辑现有的编号或命名 ACL。可以使用 **no** 命令和序列号删除一条 ACE。

5. A、D。

解析：要允许或拒绝一个特定的 IPv4 地址，可以使用通配符掩码 **0.0.0.0**（在 IP 地址之后使用）或通配符掩码关键字 **host**（在 IP 地址之前使用）。

6. B、D。

解析：要拒绝来自 10.10.0.0/16 网络的流量，可使用 **access-list 55 deny 10.10.0.0 0.0.255.255** 命令。要放行所有其他流量，可添加 **access-list 55 permit any** 语句。

7. B。

解析：必须首先过滤主机，因此在 ACE 的开头添加序列 5，可将其插在 192.168.10.0/24 网络之前。

8. A。

解析：线路配置模式命令 **access-group** ***acl-name*** **in** 将标准 ACL 正确地应用到 VTY 接口。

9. D。

解析：来自 10.10.100/24 的流量允许发送到所有侦听 TCP 端口 80（即 www）的目的地。

10. A。

解析：在输入命令后，进入命名扩展 ACL 配置模式 R1(config-ext-nacl)。

第 6 章

1. C。通常，从私有 IPv4 地址向共有 IPv4 地址的转换是在公司环境中的路由器上执行的。在家庭环境中，该设备可以是具有路由功能的接入点，也可以是 DSL 或电缆路由器。

2. D。

解析：通常的做法是配置 10.0.0.0/8、172.16.0.0/12 和 192.168.0.0/16 范围内的地址。

3. B。

解析：PAT 通过将会话映射到 TCP/UDP 端口号，允许私有网络上的许多主机共享一个公有地址。

4. D。

解析：内部本地地址到内部全局地址的一对一映射是通过静态 NAT 完成的。

5. D。

解析：许多互联网协议和应用都依赖于从源到目的地的端到端编址。由于修改了 IPv4 数据包报头的某些部分，因此路由器需要更改 IPv4 数据包的校验和。使用单个公有 IPv4 地址可以保留合法注册的 IPv4 编址方案。如果需要修改编址方案，则使用私有 IPv4 地址会更便宜。

6. D。

解析：动态 NAT 提供了内部本地到内部全局 IPv4 地址的动态映射。NAT 只是一个地址到另一个地址的一对一映射，无须考虑该地址是公有地址还是私有地址。DHCP 涉及将 IPv4 地址自动分配给主机。DNS 将主机名映射为 IPv4 地址。

7. A。

解析：为了使 **ip nat inside source list 4 pool NAT-POOL** 命令起作用，需要执行以下过程。

（1）创建访问列表，该列表定义了受 NAT 影响的私有 IPv4 地址。

（2）使用 **ip nat pool** 命令建立一个包含起始公有 IPv4 地址和终止公有 IPv4 地址的 NAT 池。

（3）使用 **ip nat inside source list** 命令将访问列表与 NAT 池关联。

（4）通过使用 **ip nat inside** 和 **ip nat outside** 命令将 NAT 应用于内部接口和外部接口。

8. D。

解析：如果 NAT 池中的所有地址已被使用，则设备必须等待可用的地址，然后才能访问外部网络。

9. C。

解析：使用 **ip nat inside source list 1 interface serial 0/0/0 overload** 命令，路由器被配置为将范围 10.0.0.0/8 内的内部私有 IPv4 地址转换为单个公有 IPv4 地址 209.165.200.225/30。其他选项将不起作用，因为在池中定义的 IPv4 地址 192.168.2.0/28 无法在互联网上路由。

10. B、E。

解析：配置 PAT 所需的步骤是定义用于重载转换的全局地址池；通过使用关键字 **interface** 和 **over-load** 配置源转换；确定 PAT 中涉及的接口。

11. A。

解析：从内部网络看，内部本地地址是源地址。从外部网络看，外部全局地址是目的地址。

第7章

1. A。

解析：对于这个小型办公室，可以通过公司的本地电话服务提供商提供的通用宽带服务（例如数字用户线[DSL]）或电缆公司的电缆连接来与互联网进行适当的连接。由于公司的员工人数很少，因此带宽足够他们使用。如果公司规模更大，并且在偏远地区设有分支机构，则租用线路将更为合适。VSAT 用于提供到远程位置的连接，通常仅在没有其他连接选项可用时才使用。

2. D。

解析：当出差的员工需要通过 WAN 连接来连接到公司电子邮件服务器时，VPN 会通过 WAN 连接在员工笔记本电脑和公司网络之间创建安全隧道。通过 DHCP 获得动态 IP 地址是 LAN 通信的功能。通过 LAN 基础设施，可以在公司园区中不同的楼宇之间共享文件。DMZ 是位于公司 LAN 基础设施内部的受保护网络。

3. D。

解析：WAN 用于将企业 LAN 互连到远程分支站点 LAN 和远程办公站点。WAN 由服务提供商拥有。尽管 WAN 连接通常是通过串行接口进行的，但并非所有串行链路都连接到 WAN。LAN（而不是 WAN）在组织机构中提供终端用户网络连接。

4. B。

解析：数字专线需要通道服务单元（CSU）和数据服务单元（DSU）。接入服务器集中了拨号调制解调器的拨入和拨出用户通信。拨号调制解调器用于暂时启用模拟电话线进行数字形式的数据通信。第 2 层交换机用于连接 LAN。

5. C。

解析：面向连接的系统预先确定网络路径，在数据包传递期间创建虚拟电路，并要求每个数据包都带有一个标识符。无连接的分组交换网络（例如互联网）要求每个数据分组都携带编址信息。

6. B。

解析：与通常需要昂贵的永久连接的电路交换网络不同，分组交换网络可以采用备用路径（如果可用）到达目的地。

7. B。

解析：密集波分复用（DWDM）是一项较新的技术，它通过使用不同波长的光同时复用数据来提高 SDH 和 SONET 的数据承载能力。ISDN（综合业务数字网）、ATM（异步传输模式）和 MPLS（多协议标签交换）而不是光纤技术。

8. D。

解析：公共 WAN 上的企业通信应使用 VPN 来确保安全性。ISDN 和 ATM 是通常在私有 WAN 上使用的第 1 层和第 2 层技术。市政 WiFi 是一种无线公共 WAN 技术。

9. D、E。

解析：SDH 和 SONET 是高带宽光纤标准，定义了如何使用激光或发光二极管（LED）传输数据、语音和视频通信。ATM（异步传输模式）是第 2 层技术。ANSI（美国国家标准协会）和 ITU（国际电信联盟）是标准组织。

10. D。

解析：租用线路在两个站点之间建立专用的恒定点对点连接。ATM 是信元交换，ISDN 是电路交换，帧中继是分组交换。

11. A。

解析：涉及站点之间专用链路的私有 WAN 解决方案提供了最佳的安全性和机密性。专用和公共

WAN 解决方案可根据选择的技术提供可比较（comparable）的连接带宽。使用私有 WAN 连接来连接多个站点可能非常昂贵。网站和文件交换服务与这里不相关。

12. B、D。

解析：互联网上的 VPN 为远程用户提供了低成本、安全的连接。VPN 部署在互联网公共基础设施上。

13. B。

解析：LTE（长期演进）是支持互联网访问的第四代蜂窝访问技术。

14. B。

解析：位于电缆服务提供商办公室的设备，即电缆调制解调器终端系统（CMTS），在电缆网络上发送和接收数字电缆调制解调器信号，以向电缆用户提供互联网服务。DSLAM 为 DSL 服务提供商执行类似的功能。CSU/DSU 用于专线连接。接入服务器用来同时处理多个到中心局（CO）的拨号连接。

15. B。

解析：MPLS 可以使用多种技术，例如 T 载波和 E 载波、光载波、ATM、帧中继和 DSL，所有这些技术都支持比以太网 WAN 更低的速率。诸如公共交换电话网（PSTN）或综合业务数字网（ISDN）之类的电路交换网络，或分组交换网络，都不是高速网络。

第 8 章

1. D。

解析：GRE IP 隧道不提供身份验证和安全。与使用 VPN 的高速宽带技术相比，租用线路并不划算。在多个站点之间使用 VPN 时，不需要专门的 ISP。

2. B。

解析：站点到站点 VPN 是在使用 VPN 网关的两个站点之间静态定义的 VPN 连接。内部主机不需要安装 VPN 客户端软件，它们发送正常的未封装的数据包到网络上，由 VPN 网关进行封装。

3. C。

解析：IPSec 框架使用各种协议和算法提供数据机密性、数据完整性、身份验证和安全密钥交换。散列消息验证码（HMAC）是一种数据完整性算法，它使用散列值来保证消息的完整性。

4. A。

解析：IPSec 框架使用各种协议和算法提供数据机密性、数据完整性、身份验证和安全密钥交换。用于确保数据不被截获和修改（数据完整性）的两种流行的算法是 MD5 和 SHA。AES 是一种加密协议，它提供数据机密性。DH（Diffie-Hellman）是一个用于密钥交换的算法。RSA 是一种用于验证的算法。

5. C、E。

解析：IPSec 框架使用各种协议和算法提供数据机密性、数据完整性、身份验证和安全密钥交换。用于确保数据不被截获和修改（数据完整性）的两种流行的算法是 MD5 和 SHA。

6. A、E。

解析：IPSec 框架使用各种协议和算法提供数据机密性、数据完整性、身份验证和安全密钥交换。在 IPSec 策略中，可以使用两种算法来保护感兴趣的流量，它们是 AES（一种加密协议）和 SHA（一种散列算法）。

7. A。

解析：通用路由封装（GRE）是思科公司开发的一种隧道协议，用于封装远程思科路由器之间的多协议流量。GRE 不加密数据。OSPF 是一种开源路由协议。IPSec 是一套允许对交换的信息进行加密和验证的协议。互联网密钥交换（IKE）是与 IPSec 一起使用的密钥管理标准。

8. B。

解析：当使用 Web 浏览器安全访问企业网络时，浏览器必须使用安全版本的 HTTP 来提供 SSL 加密。远程主机上不需要安装 VPN 客户端，因此使用的是无客户端 SSL 连接。

9. B。

解析：机密性是 IPSec 的一个功能，它利用了加密功能，使用密钥保护传输的数据。完整性是 IPSec 的一个功能，通过使用散列算法确保数据未经更改地到达目的地。身份验证是 IPSec 的一项功能，为用户和设备的特定访问提供有效的身份验证因素。安全密钥交换是 IPSec 的一个功能，允许两个对等体在共享公钥的同时保持其私钥的机密性。

10. C、D。

解析：VPN 可以作为企业 VPN 或服务提供商 VPN 进行部署和管理。企业 VPN 是一种在互联网上保护企业流量的常见解决方案，包括站点到站点 VPN 和远程访问 VPN。服务提供商 VPN 即在提供商网络上创建和管理的 VPN，比如第 2 层和第 3 层 MPLS VPN、传统的帧中继 VPN 和 ATM VPN。

11. A、B。

解析：由企业管理的远程访问 VPN 可以根据需要动态创建。远程访问 VPN 包括基于客户端的 IPSec VPN 和无客户端的 SSL VPN。

12. D。

解析：站点到站点 VPN 是静态的，用于连接整个网络。主机知道 VPN 的存在，它将 TCP/IP 流量发送给 VPN 网关。VPN 网关负责对流量进行封装，并通过 VPN 隧道转发给对端网关，由对端 VPN 网关负责对流量解封装。

13. A。

解析：IPSec 框架使用各种协议和算法提供数据机密性、数据完整性、身份验证和安全密钥交换。DH（Diffie-Hellman）是一种用于密钥交换的算法。DH 是一种公钥交换方法，它允许两个 IPSec 对等体在不安全的通道上建立共享密钥。

14. B。

解析：在 GRE over IPSec 隧道中，术语“乘客协议”是指被由 GRE 封装的原始数据包。承载协议是对原始乘客数据包进行封装的协议。传输协议是用于转发数据包的协议。

15. A。

解析：IPSec VTI 是一种较新的 IPSec VPN 技术，它简化了支持多站点和远程访问所需的配置。IPSec VTI 配置使用虚拟接口发送和接收加密的 IP 单播与组播流量。因此，无须配置 GRE 隧道即可自动支持路由协议。

16. A。

解析：客户端与 VPN 网关协商 SSL VPN 连接时，使用 TLS 协议进行连接。TLS 是 SSL 的新版本，有时表示为 SSL/TLS。这两个术语经常互换使用。

17. B。

解析：MPLS VPN 有第 2 层和第 3 层两种实施方案。GRE over IPSec VPN 使用的是由 IPSec 封装的非安全隧道协议。IPSec VTI VPN 通过虚拟隧道接口路由数据包，以进行加密和转发。ISSec VTI VPN 和 GRE over IPSec VPN 允许在安全的站点到站点 VPN 上发送组播和广播流量。SSL VPN 使用公钥基础设施和数字证书。

18. E。

解析：SSL VPN 使用公钥基础设施和数字证书。MPLS VPN 同时具有第 2 层和第 3 层两种实施方案。GRE over IPSec VPN 使用的是由 IPSec 封装的非安全隧道协议。IPSec VTI VPN 通过虚拟隧道接口路由数据包，以进行加密和转发。IPSec VTI VPN 和 GRE over IPSec VPN 允许在安全的站点到站点 VPN 上发送组播和广播流量。

19. A、D。

解析：IPSec VTI VPN 通过虚拟隧道接口路由数据包，以进行加密和转发。IPSec VTI VPN 和 GRE over IPSec VPN 允许在安全的站点到站点 VPN 上发送组播和广播流量。MPLS VPN 同时具有第 2 层和第 3 层两种实施方案。GRE over IPSec 使用的是由 IPSec 封装的非安全隧道协议。SSL VPN 使用公钥基础设施和数字证书。

20. A、C。

解析：GRE over IPSec 使用的是由 IPSec 封装的非安全隧道协议。IPSec VTI VPN 和 GRE over IPSec VPN 允许在安全的站点到站点 VPN 上发送组播和广播流量。MPLS VPN 同时具有第 2 层和第 2 层两种实施方案。IPSec VTI VPN 通过虚拟隧道接口路由数据包，以进行加密和转发。SSL VPN 使用公钥基础设施和数字证书。

第 9 章

1. B。

解析：流量需要足够的带宽来支持业务。当带宽不足时，会发生拥塞，这通常会导致丢包。

2. C。

解析：QoS 需要在路由器上启用，以支持 IP 语音和视频会议。QoS 是指网络为选定的网络流量（如语音和视频流量）提供更好服务的能力。

3. B。

解析：当网络流量大于可以通过网络传输的数据量时，设备会对流量进行排队处理，或将流量存储到内存中，直到有资源可以传输它们为止。若待排队的数据包的数量继续增加，设备中的内存将被填满，随后将丢弃数据包。

4. A。

解析：CBWFQ 扩展了标准 WFQ 功能，为用户定义的流量类别提供支持。每个类别都保留了一个 FIFO 队列，属于某个类别的流量被定向到该类别的队列中。

5. D。

解析：借助于 LLQ，对延迟敏感的数据将先发送，然后再处理其他队列中的数据包。尽管可以将各种类型的实时流量放入严格的优先级队列，但思科建议只将语音流量定向到优先级队列。

6. B。

解析：当没有配置其他排队策略时，除 E1（2.048Mbit/s）及以下的串行接口外，所有接口默认使用 FIFO。E1 及以下的串行接口默认使用 WFQ。

7. D。

解析：当没有配置其他排队策略时，除 E1（2.048Mbit/s）及以下的串行接口外，所有接口默认使用 FIFO。E1 及以下的串行接口默认使用 WFQ。

8. A。

解析：尽力而为模型没有办法对数据包进行分类，因此所有网络数据包都以相同的方式处理。如果没有 QoS，网络将无法区分数据包之间的差异，从而无法优先处理数据包。

9. C。

解析：集成服务（IntServ）使用资源预留协议（RSVP）来表示应用的流量在通过网络的端到端路

径设备时对 QoS 的需求。如果路径上的网络设备能够保留必要的带宽，那么原始应用就可以开始传输。如果请求的预留在路径上失败，则原始应用不会发送任何数据。

10. C。

解析：标记意味着给数据包报头添加一个值。接收数据包的设备会检查该字段，以确认它是否与已定义的策略相匹配。标记应尽可能靠近源设备，以建立信任边界。

11. B。

解析：可信端点具有将应用流量标记为合适的第 2 层 CoS 值和/或第 3 层 DSCP 值的功能和智能。可信端点的示例包括 IP 电话、无线接入点、视频会议网关和系统以及 IP 会议站。

12. A。

解析：802.1p 标准使用标记控制信息（TCI）字段的前 3 位。这个 3 位的字段被称为优先级（PRI）字段，用来标识服务等级（CoS）标记。这 3 位意味着第 2 层以太网帧可以被标记为 8 个优先级中的一个（值为 0～7）。

13. D。

解析：RFC 2474 使用一个 6 位的 DSCP QoS 新字段重新定义了 ToS 字段。这个 6 位字段提供多达 64 种服务类别。

第 10 章

1. C。

解析：LLDP 需要两个命令来配置接口：**lldp transmit** 和 **lldp receive**。

2. B、C。

解析：no cdp enable 命令是接口配置命令，不能在全局配置提示符下执行。选项 D 和 E 是无效的命令。

3. C。

解析：这两个命令都提供选项 A、B 和 D 的信息，但是只有 **show cdp neighbors detail** 提供了 IP 地址。

4. D。

解析：选项 A 到选项 C 是无效命令。在接口上启用 LLDP 协议的选项有 **lldp transmit** 和 **lldp receive**。

5. C。

解析：要在接口上启用 LLDP 协议，可使用 **lldp transmit** 和 **lldp receive**。**lldp run** 全局配置配置命令在全局启用 LLDP 协议。接口 LLDP 配置命令会覆盖全局配置命令。

6. B.

解析：这些都是 syslog 消息，但最常见的是链路 up 和链路 down 的消息。

7. A。

解析：级别越小，告警越紧急。紧急（第 0 级）消息表示系统不可用。这是一个会导致系统停止运行的事件。警报（第 1 级）消息表明需要立即采取行动，比如与 ISP 的连接失败。严重（级别为 2）消息表示发生了关键事件，比如与 ISP 的备份连接失败。错误（第 3 级）消息表示错误事件，比如接口 down。

8. D。

解析：思科开发 NetFlow 的目的是收集流经思科路由器和多层交换机的数据包的统计数据。SNMP 可以用来收集和存储与设备相关的信息。syslog 用于访问和存储系统消息。NTP 是网络设备进行时间同步的工具。

9. B。

解析： syslog 消息可以被发送到日志缓冲区、控制台线路、终端线路或 syslog 服务器。但是，调试级别的消息只能被转发到内部缓冲区，并且只能通过思科 CLI 访问。

10. A。

解析： 默认情况下，控制台接收所有 syslog 消息。思科路由器和交换机的 syslog 消息可以被发送到内存、控制台、TTY 线路或 syslog 服务器。

11. A。

解析： **logging trap** *level* 命令允许网络管理员根据日志的严重性来限制发送到 syslog 服务器的事件消息。

12. D。

解析： 选项 A 为 syslog，选项 B 为 TFTP，选项 C 的解释不正确。

13. B 和 D。

解析： A 不正确。NTP 与 MTBF 无关。可以部署多台 NTP 服务器，以实现冗余。

14. C。

解析： 必须访问 ROMMON 模式才能在路由器上执行密码恢复。

15. B。

解析： 在配置寄存器的值为 0x2142 时，设备在启动过程中会忽略启动配置文件，而启动配置文件也是存放遗忘的密码的地方。

16. D。

解析： 项 A 和选项 C 是全局配置命令。选项 B 是默认设置，可查找启动配置文件。

17. D。

解析： 管理员必须使用控制台连接来物理访问设备，以便执行密码恢复。

18. B。

解析： **show flash0:**命令显示可用闪存（free）和已用闪存的数量。该命令还显示存储在闪存中的文件，包括文件的大小和复制时间。

19. A、E。

解析： 在升级思科 IOS 时，需要将设备的 IOS 镜像文件放置在可访问的 TFTP 服务器上。镜像文件被复制到闪存中。因此，验证设备上可用的闪存量是很重要的。

20. B。

解析： SNMP 代理是驻留在托管设备上的代理，用于收集和存储关于设备及其操作的信息。该信息被代理存储在本地 MIB 库中。NMS 通过使用 get 请求定期轮询驻留在托管设备上的 SNMP 代理，以查询设备上的数据。NMS 使用 set 请求来更改代理设备中的配置或在设备内发起操作。

21. D。

解析： 为了解决事件发生与 NMS 通过轮询发现事件之间存在的延迟问题，可以使用 SNMP trap 消息。SNMP trap 消息由 SNMP 代理产生，并立即发送给 NMS，以向其通知某些事件，而不用等待 NMS 轮询设备。

22. A。

解析： SNMPv1 和 SNMPv2 使用团体字符串来控制对 MIB 的访问。SNMPv3 使用了加密、消息完整性和来源验证。

23. B。

解析： SNMPv1 和 SNMPv2c 都使用由团体字符串组成的基于团体的安全形式。但是，这些字符串都是明文密码，因此不是一种强壮的安全机制。SNMPv1 是一个过时的解决方案，在当今的网络中并不常见。

第11章

1. C。

解析：思科无边界网络架构分布层的一个基本功能是在不同的VLAN之间执行路由。核心层的功能是充当骨干和聚合园区块。接入层的功能是向终端用户设备提供访问。

2. D。

解析：可折叠的核心设计适用于小型的具有单一建筑的企业。这种类型的设计使用了两个层（折叠的核心层和分布层合并为一层，外加接入层）。较大的企业使用传统的三层交换设计模型。

3. D、E。

解析：融合网络提供了将语音、视频和数据结合在一起的单一基础设施。模拟电话、用户数据和点对点视频流量都包含在融合网络的单一网络基础设施中。

4. D。

解析：没有必要总是维护3个独立的网络层，而且这样也不具有成本效益。所有的网络设计都需要一个接入层，但是在两层的设计中可以将分布层和核心层折叠为一层，以满足用户较少的小型位置的需求。

5. A。

解析：在该例中，一台固定配置交换机可满足律师事务所的所有要求。

6. A。

解析：交换机通过检查入向帧中的源MAC地址来构建MAC地址和相关端口号的表。为了继续转发帧，交换机会检查目的MAC地址，在其中查找与该目的MAC地址相关联的端口号，然后将数据包发送到特定的端口。如果目的MAC地址不在表中，则交换机会将帧从所有端口转发出去（接收到该帧的入向端口除外）。

7. C。

解析：交换机提供了微分段，因此没有其他设备竞争同一个以太网带宽。

8. D。

解析：当交换机接收到源MAC地址不在MAC地址表中的帧时，交换机将该MAC地址添加到表中，并将该地址映射到一个特定的端口。交换机在MAC地址表中不使用IP编址。

9. D、F。

解析：交换机能够在直连的发送网络设备和接收网络设备之间创建临时的点对点连接。这两个设备在传输过程中具有全带宽、全双工连接。网络分段通过添加冲突域来减少冲突。

10. B。

解析：在使用具有微分段功能的LAN交换机时，每个端口代表一个分段，进而形成一个冲突域。如果每个端口都与一台终端用户设备连接，则不会发生冲突。但是，如果将多台终端设备连接到Hub，并且将Hub连接到交换机上的端口，则在这个特定网段中会发生一些冲突，但冲突不会在网段之外发生。

11. 融合网络。

12. B、C。

解析：思科企业架构由分层设计组成。网络被分为3个功能层：核心层、分布层和接入层。在较小的网络中，功能层的这种三层划分可折叠成两层，其中核心层和分布层组合在一起形成一个折叠的核心层。

13. D。

解析：路由器或多层交换机通常成对部署，接入层交换机在它们之间平均分配。该配置称为楼宇交换块或部门交换块。每个交换块均独立于其他交换块起作用。因此，单台设备的故障不会导致网络中断。即使整个交换块发生故障，也不会影响大量的终端用户。

14. C、E。

解析：提供无线连接具有许多优势，例如增加灵活性、降低成本，以及增长和适应不断变化的网络和业务需求的能力。

15. A。

解析：链路聚合允许管理员通过将多条物理链路分组在一起，创建一条逻辑链路来增加设备之间的带宽。以太通道是交换网络中使用的一种链路聚合形式。

16. B。

解析：思科 Meraki 云托管接入交换机可实现交换机的虚拟堆叠。该交换机可通过 Web 监控和配置数千个交换机端口，而且无须现场 IT 人员的干预。

17. D。

解析：交换机的厚度决定了它将在机架上占用多少空间。交换机的厚度是以机架单元来测量的。

18. A、C。

解析：路由器通过确定发送数据包的最佳路径，在网络中扮演着至关重要的角色。它们通过将家庭和企业连接到互联网来连接多个 IP 网络。它们还用于互连企业网络中的多个站点，并提供到目的地的冗余路径。路由器还可以在不同的介质类型和协议之间充当翻译器。

第 12 章

1. A。

解析：物理拓扑定义了计算机和其他网络设备连接到网络的方式。

2. B。

解析：基线测量不应该在单一的流量模式期间执行，因为数据无法提供正常网络操作的准确描述。网络的基线分析测量应在组织机构的正常工作时间内定期进行。需要对整个网络进行年度分析，或轮流对网络的不同部分进行基线分析。必须定期进行分析，以了解网络如何受到增长和其他变化的影响。

3. E。

解析：在收集症状的“缩小范围”阶段，网络工程师确定网络问题是在网络的核心层、分布层还是接入层。在完成该步骤并确定问题层之后，网络工程师可以确定哪些设备是最有可能的原因。

4. D。

解析：为了有效地确定用户首次遇到电子邮件问题的确切时间，技术人员应提出一个开放式问题，以便用户可以说出首次发现该问题的日期和时间。封闭式问题只要求回答“是”或“否”，因此还需要进一步的问题来确定问题的实际时间。

5. A。

解析：应该为每个阶段建立和应用变更控制流程，以确保采用一致的方法来实施解决方案，并在变更导致其他不可预见的问题时能够回滚。

6. B。

解析：成功的 **ping** 操作表明物理层、数据链路层和网络层都工作正常。应该调查所有的其他层。

7. A。

解析：在自下而上的故障排除法中，您从网络的物理组件开始，然后向上移动到 OSI 模型的各个层，直到确定问题的原因。

8. B。

解析：成帧错误是OSI模型的数据链路层（第2层）问题的症状。

9. D。

解析：问题是新网站为HTTP配置了TCP端口90，这与正常的TCP端口80不同。因此，这是一个传输层问题。

10. C。

解析：残帧和jabber帧过多通常表明是第1层的问题，例如由损坏的网卡驱动引起，这可能是在网卡驱动升级过程出现软件错误的结果。电缆故障会导致连接时断时续，但这里并没有碰触到网络，并且电缆分析仪已经检测到帧问题，而不是信号问题。以太网信号衰减是由电缆延长或过长引起的，但这里并没有改变电缆。网卡驱动程序是操作系统的一部分，它不是一个应用。

11. C。

解析：同一网络中的其他计算机工作正常，默认网关路由器有一条默认路由，工作组交换机和路由器之间的链路正常工作。配置错误的交换机端口VLAN不会导致这些症状。

12. D、E和F。

解析：逻辑网络图中记录的信息可能包括设备标识符、IP地址和前缀长度、接口标识符、连接类型、虚拟电路的帧中继DLCI（如果适用）、站点到站点VPN、路由协议、静态路由、数据链路协议和所使用的WAN技术。

13. D。

解析：协议分析器对于研究流经网络的数据包内容非常有用。协议分析器对记录的帧中的各种协议层进行解码，并以相对易使用的格式显示该信息。

14. A。

解析：级别编号越低，严重级别越高。默认情况下，级别0～7的所有消息都被记录到控制台。

第13章

1. C。

解析：物联网（IoT）是一个短语，表示数十亿种能够连接数据网络和互联网的电子设备。

2. B。

解析：通过IaaS，云提供商负责网络设备和虚拟化网络服务的访问，并提供对网络基础设施的支持。

3. A。

解析：云计算允许随时随地访问组织数据；通过仅订阅所需的服务来简化组织机构的IT运营；消除或减少对现场IT设备、维护和管理的需求；降低设备、能源、工厂的需求和人员培训需求的成本；能够快速响应不断增长的数据量需求。

4. A。

解析：IaaS是最佳解决方案，因为云提供商负责网络设备和虚拟化网络服务的访问，并提供对网络基础设施的支持。

5. C。

解析：私有云的应用和服务面向特定的组织或实体，如政府。

6. D。

解析：虚拟化的优势是通过高级冗余容错功能（如实时迁移、存储迁移、高可用性和分布式资源调度）来提高服务器的正常运行时间。

7. C。

解析：云计算和虚拟化这两个术语经常互换使用，但是它们具有不同的含义。虚拟化是云计算的基础。没有虚拟化，应用最为广泛的云计算就不可能实现。云计算将应用与硬件分开。虚拟化将操作系统与硬件分开。

8. B。

解析：第2类虚拟机监控程序（也称为托管虚拟机监控程序）是用于创建和运行虚拟机实例的软件。该程序的一大优势是不需要管理控制台软件。

9. C。

解析：第1类虚拟机监控程序直接安装在服务器或网络硬件上。操作系统实例安装在虚拟机监控程序上。第1类监控程序可以直接访问硬件资源，因此它们比托管架构更高效。第1类监控程序提升了可扩展性、性能和健壮性。

10. D。

解析：软件定义网络（SDN）是为虚拟化网络而开发的一种网络架构。例如，SDN可以实现控制平面的虚拟化。它也被称为基于控制器的SDN。SDN将控制平面从每台网络设备移动到称为SDN控制器的中央网络智能和决策实体。

11. B、C。

解析：控制平面包含第2层和第3层路由转发机制，例如路由协议邻居表和拓扑表、IPv4和IPv6路由表、STP和ARP表。发送到控制平面的信息由CPU处理。

12. C。

解析：第1类虚拟机监控程序也称为“裸机”方法，这是因为虚拟机监控程序是直接安装在硬件上的。第1类虚拟机监控程序通常用于企业服务器和数据中心网络设备。

13. D。

解析：第2类虚拟机监控程序受到了消费者和尝试虚拟化的组织机构的热烈欢迎。常见的第2类虚拟机监控程序包括Virtual PC、VMware Workstation、Oracle VM VirtualBox、VMware Fusion和Mac OS X Parallels。

14. B。

解析：APIC被认为是ACI架构的大脑。APIC是一个中央软件控制器，用于管理和运行可扩展的ACI集群矩阵。它旨在实现可编程性和集中管理。它将应用策略转换为网络编程。

第14章

1. D。

解析：YAML使用冒号（但是不带引号）来分隔键/值对。YAML还使用缩进来定义架构，而不使用方括号或逗号。Java对象表示法（JSON）将键/值对括在大括号{}中。键必须是双引号" "内的字符串。键与值之间用冒号分隔。可扩展标记语言（XML）数据放在一组相关的标记中，比如<tag>data</tag>。

2. B。

解析：JSON将键/值对括在大括号{}中。键必须是双引号" "内的字符串。键与值之间用冒号分隔。YAML使用不带引号的冒号来分隔键/值对。YAML还使用缩进来定义结构，而不使用方括号或逗号。可扩展标记语言（XML）数据放在一组相关的标记中，比如<tag>data</tag>。

3. C。

解析：RESTful API（包括公共 API）可能需要一个密钥。密钥用于通过身份验证识别请求的源。

4. A、E。

解析：Ansible 和 SaltStack 是使用 Python 开发的配置管理工具。Chef 和 Puppet 是使用 Ruby 开发的。Ruby 通常被认为是一种比 Python 更难学的语言。RESTCONF 是一个网络管理协议。

5. C。

解析：Puppet 是基于代理的配置管理工具，构建在 Ruby 上，允许创建一组称为 manifest 的指令。Ansible 是基于 Python 构建的无代理配置管理工具，允许创建一组称为 playbook 的指令。Chef 是基于代理的配置管理工具，构建在 Ruby 上，允许创建一组称为 cookbok 书的指令。SaltStack 是基于 Python 构建的无代理配置管理工具，允许创建一组称为 pillar 的指令。

6. A。

解析：HTTP 的 POST 操作对应于 RESTful 的创建操作，GET 对应于读取，PUT/PATCH 对应于更新，DELETE 对应于删除。

7. D。

解析：YAML 使用不带引号的冒号来分隔键/值对。YAML 还使用缩进来定义其架构，而不使用方括号或逗号。可扩展标记语言（XML）数据放在一组相关的标记中，比如<tag> data </tag>。JSON 将键/值对括在大括号{}中。键必须是双引号" "内的字符串。键与值之间用冒号分隔。

8. A。

解析：Ansible 是基于 Python 的无代理配置管理工具，允许创建一组称为 playbook 的指令。Chef 是一个基于代理的配置管理工具，构建在 Ruby 上，允许创建一组称为 cookbook 的指令。Puppet 是基于代理的配置管理工具，构建在 Ruby 上，允许创建一组称为 manifest 的指令集。SaltStack 是基于 Python 构建的无代理配置管理工具，允许创建一组称为 pillar 的指令。

9. C。

解析：可扩展标记语言（XML）数据放在一组相关的标记中，比如<tag> data </ tag>。JSON 将键/值对括在大括号{}中。键必须是双引号" "内的字符串。键与值之间用冒号分隔。YAML 使用不带引号的冒号来分隔键/值对。YAML 还使用缩进来定义其架构，而不使用方括号或逗号。

10. B。

解析：与 XML 一样，HTML 使用一组相关的标记来封装数据。但是，HTML 使用预定义的标记，而 XML 不使用。XML 是一种人类可读的数据结构，应用可用它来存储、传输和读取数据。

11. D。

解析：REST 不是协议或服务，而是一种用于设计 Web 服务应用的软件架构风格。REST API 是在 HTTP 之上运行的 API。它定义了一组开发人员可以使用的功能，用于执行请求并通过 HTTP 接收响应，比如 GET 和 POST。

12. D。

解析：HTTP 的 PUT 操作对应于 RESTful 的更新操作，POST 对应于创建，GET 对应于读取，DELETE 对应于删除。

13. B。

解析：JSON 是一种用于存储和传输数据的轻量级数据格式。它比 XML 更简单、更易读，并且得到了 Web 浏览器的支持。与 JSON 一样，YAML 是应用用来存储和传输数据的一种数据格式。YAML 被认为是 JSON 的超集。

14. A。

解析：公开或开放的 API 没有任何限制，可供公众使用。某些 API 提供商确实要求用户在使用 API 之前获得一个免费的密钥或令牌，以便控制接收和处理的 API 请求的数量。